数字化时代研发效能跃升方法与实践

姚冬　王立杰　徐磊　许舟平　编著

北京航空航天大学出版社

内容简介

本书内容涵盖 IDCF 研发效能框架的各个维度，覆盖研发效能全领域。作者从互联网企业研发工作中归纳精选了约 100 个问题，将整本书分为心法篇、组织篇与技法篇等方面，将跃升效能理念贯穿于应用实践当中，结合 IDCF 研发效能 DevOps 人才成长地图进行针对性且详细的解说，应用性强，实用价值高。

本书的目标读者为广大 IT 从业者，包括研发总监、测试总监、运维总监、架构师、DevOps 转型推动者和实施人员、敏捷或 DevOps 教练、软件和系统工程师、DevOps 工程师、产品和服务管理者、项目经理、测试工程师、IT 服务管理运营和支持人员、流程经理、敏捷和精益实践者，以及各大院院校在校师生。

图书在版编目(CIP)数据

数字化时代研发效能跃升方法与实践 / 姚冬等编著. -- 北京 : 北京航空航天大学出版社, 2023.5

ISBN 978-7-5124-4084-5

Ⅰ. ①数… Ⅱ. ①姚… Ⅲ. ①软件工程—研究 Ⅳ. ①TP311.5

中国国家版本馆 CIP 数据核字(2023)第 078027 号

数字化时代研发效能跃升方法与实践

姚冬　王立杰　徐磊　许舟平　编著

策划编辑　杨晓方　　责任编辑　杨晓方

*

北京航空航天大学出版社出版发行

北京市海淀区学院路 37 号(邮编 100191)　http://www.buaapress.com.cn

发行部电话:(010)82317024　传真:(010)82328026

读者信箱: copyrights@buaacm.com.cn　邮购电话:(010)82316936

北京时代华都印刷有限公司印装　各地书店经销

*

开本:787×1 092　1/16　印张:27.5　字数:704 千字

2023 年 5 月第 1 版　2023 年 5 月第 1 次印刷

ISBN 978-7-5124-4084-5　定价:138.00 元

若本书有倒页、脱页、缺页等印装质量问题，请与本社发行部联系调换。联系电话:(010)82317024

前　言

只是因为在人群之中，多看了你一眼。这一切，都要从 IDCF 的发端讲起。

1. 缘起 IDCF(International DevOps Coach Federation)

时间如白驹过隙，我们成立 IDCF 一晃已有三年，而距离上一本书《敏捷无敌之 DevOps 时代》的出版也两年有余。

IDCF 缘起于 2019 年 5 月的一次聚会，有感于国内 DevOps 运动的热潮，以及缺乏体系化和有深度的 DevOps 人才培养体系，我们有了成立 IDCF 的念头。

IDCF 的中文是"国际 DevOps 教练联合会"，IDCF 原本定位是 DevOps 教练。但在随后的推广和演化过程中，我们越来越觉得联合会不应该只是关注于 DevOps 教练层面，由此改为"培养端到端的 DevOps 人才与教练"的 Slogan(口号)，即泛化 DevOps 教练的概念。一路前行，初心始终不变，"培养端到端的 DevOps 人才与教练"，迄今依然是我们最想做的事情。

今年年初，我们开始考虑 IDCF 的使命愿景与价值观。因为 DevOps 有广义与狭义之说，我们常宣导前者，但沟通时往往会存在歧义，而研发效能是这两年新兴的词汇，与广义 DevOps 相匹配，我们决定将使命微调为"培养端到端的研发效能人才"，并由此衍生出"连接高效组织与个人"的愿景，希望"聚合一切，萃取精华，成就不凡!"。

勤为本，以诚辅之，勤则虽愚必明，诚则金石可穿。三年以来，初心未改，相信我们的诚心和勤奋，足以支持、维系和连接彼此，并推己及。

2. 研发效能之 DevOps 是一场修行

随着"冬哥有话说"，案例研究、黑客马拉松等活动陆续展开，我们在不断与 IDCF 社群所有小伙伴一起前行，不断精进，涉及的范围也越来越广。从人才成长地图的思考，到端到端的研发效能人才应该具备什么技能，再到研发效能技术技能标准的编写，我们在持续精进的同时，也看到更广阔的领域及前景。

如果每一种成长都是一次旅行，那么沿途会有哪些风景，会有哪些注意事项，一路又可以有哪些陪伴?

研发效能 DevOps 也可看作一场旅行，如果要为这一旅行写一个"攻略"，那么研发效能的攻略应会是怎样的?

3. 提出一个问题往往比解决一个问题更为重要

研发效能是近年的热词，企业言必谈效能。那么，研发效能因何产生? 研发效能如何解决企业日益增长的业务诉求呢? 要重点解决什么问题? 企业的数字化转型与研发效能如何结合呢? 会有哪些挑战? 效能与效率、效果、效益有什么关联? 如何衡量研发效能的应用效果? 路径应该如何规划？应用的每个阶段又有哪些需要注意的问题？提到研发效能，很多人会有无数疑问。正是基于以上若干问题，我们将研发效能在企业应用中的问题进行了归纳和总结，进而深入探讨了研发效能的运用及价值。

本书作者4人在研发效能领域深耕多年，曾在IBM、微软、华为、京东、百度等企业任职，指导过如京东、华为、小米、海康威视、百度、招商银行、农业银行等上百家组织的敏捷与DevOps转型，并发起了IDCF社区和中国DevOps社区。在日常工作与社区活动中，我们被问过无数与研发效能相关的问题，这些各式各样的问题，事实上体现了受众群体很多共性的诉求。也许借助问题来展开讨论，会是一种有意思并且也有意义的事情。

爱因斯坦曾说："提出一个问题往往比解决一个问题更为重要。"一个好的问题往往会发人深省。

作者从接触到的各类问题中归纳提炼，精选了约100个问题，将其与IDCF研发效能DevOps人才成长地图结合组织成本书，内容涵盖IDCF研发效能框架的各个维度，覆盖研发效能全领域知识点，体现了宗旨：研发效能是端到端的事情。

4. 内容结构

全书围绕IDCF独家提出的5P框架为蓝本，5P即价值观(Philosophy)、原则(Principle)、人(People)、技法篇(Practice)以及工具平台(Platform)。

其中，心法篇包括价值观与原则内容，从研发效能出现的大时代背景切入，针对数字化时代的特征、何谓数字化转型、数字化与IT信息化的相关性及差异进行分析，再进而分析研发效能的定义及解读、必要性以及带来的价值、关键原则。之后讲解狭义与广义的DevOps的区别，DevOps现状报告解读，研发效能度量误区及相关建议等。

组织篇核心是关于人，书中从个体能力建设、团队及个人领导力、团队与组织文化、工程师文化、团队结构以及团队建设、教练型领导、组织内外部社区建设等维度进行介绍，并以特斯拉的员工手册为案例进行解读分析。

技法篇内容是大家关注的焦点，也是全书的重点。技法篇的第1部分精益思想是整个敏捷、DevOps与研发效能的底层基础，我们从精益思想与原则、约束理论TOC、5 Why、价值流映射进行解读。第2部分是团队级敏捷实践，也是整个研发效能管理和流程的重点。关于团队级敏捷实践的书很多，我们重点围绕需求、用户故事、DoR与DoD、敏捷计划、Spotify模式、站会与回顾会议等进行解说，接着以产品生命周期各阶段来展开说明。第3部分的CE持续探索介绍产品与商业创新以及需求管理等知识。第4部分以演进式架构介绍云原生与微服务架构。第5部分CI持续集成讲解开发与集成。第6部分CT持续测试/质量管理介绍了敏捷测试相关方法实践。第7部分持续安全将DevSecOps这一概念进行落地拆解。第8部分CD持续交付与持续部署讲解流水线相关实践，包括基础设施即代码/一切皆代码、低风险发布等相关内容，主题围绕按节奏开发与部署展开。第9部分按需发布与持续反馈讲的是产品生命周期的最后一个环节，围绕发布工程、SRE、韧性工程、无指责时分析会议等内容进行介绍，主体核心是按需求发布。

通过以上内容学习，希望读者对研发效能有更为完整和细致的理解，如果刚好回答了您关心的问题，说明产生了共鸣；如果您看过之后依然有新的问题，也欢迎和本书作者沟通交流。研发效能是一条精进之路，没有尽头，希望在这条路上我们可以一起同行！

对这些问题的答疑，您未必可以完全解惑，但如果可以给到您些许启示，唤起内心求知的好奇心，那么也就达到我们的目的了，这也是这本书的发心：学习和成长终归是自己的事，希望您的旅途，有 IDCF 的陪伴！

本书在编著过程中，参阅了众多相关资料及文献，在此表示感谢！另，由于时间及水平所限，书中难免出现不妥或疏漏之处，敬请广大读者朋友批评指正，我们将不胜感激，并在再版时改正，谢谢！

编　者

目　录

心法篇

组织篇

技法篇

心 法 篇

心法篇一　研发效能管理的重要性及跃升原则

IDCF 关于端到端 DevOps 5P 模型包括价值观（Philosophy）、原则（Principle）、组织与人（People）、方法与实践（Practice）、平台与工具（Platform），其中价值观与原则是最根本的，我们开篇从心法讲起。

第 1 问　为什么要关注研发效能

I wanted you to know，Your time has come. Believe me all the time. I'm seeing all the signs.

——The Coral Sea *Your Time Has Come*《你的时刻已来临》

当下时代是技术与工程的年代，是个体认知升级的好时代，也是研发效能觉醒的时代。

1. 觉醒的年代

过去，我们执着于埋头写代码，对代码是如何编译成二进制包，进而如何部署直至上线的，则一概不关心，往往只是简单地遵循配置管理员所制定的配置管理方案，执行构建管理员制定的部署流程和脚本，至于为什么要这样，并不关心。

直到有一天，我们了解了敏捷开发，发现原来软件和产品是有流程阶段的。直到我们接触了 IBM 和微软，感知到完整的应用生命周期 ALM 解决方案，才知道原来写代码不能只是写代码，明白了写好代码需要许多的支撑工作，例如配置与变更管理，又如编译与构建服务。才知道原来需求管理是一个系统工程，原来沟通与协同如此重要却又困难重重。

之后，我们看到软件开发之外的世界，各种产品形态，不只是软件，还有嵌入式系统、硬件。操作系统也不只有我们熟知的 Windows 和 Linux，还有 AS400、Z，嵌入式的操作系统更是有数百种之多，而应用的生命周期之外，还有产品生命周期。这些形态各异产品的研发过程，又如此相似。多变事物的背后似乎有一个不变的统一模式，原来我们在 2000 年前后接触的 RUP（Rational Unified Rrocess）统一软件开发过程竟然如此超前于时代，在新的时代，继敏捷开发，又出现了 DevOps 技术。

当我们沉溺于开发的生命周期不能自拔，当开发和运维很自然地被认为就是两个部门，甚至 IBM 负责开发的产品线 Rational 和负责运维的产品线 Tivoli 似乎没有交集，其各自的客户群体一个是开发中心，一个是数据中心。DevOps 却已“喊出”——开发运维一体化。

慢慢地，云计算 Cloud 开始出现，OpenStack 成了 IT 企业全员都要学习的技术，我们开始聊云计算和自来水、电力的相似性，开始讨论旅馆服务和租户概念。当 IBM 开始整合软件部时，有两个产品线与我们直接相关，一个是 Cloud 产品线，另一个是 System 产品线，System 中聚合了原来的 Middleware、Rational 和 Tivoli，即应用中间件、开发和运维，这在之前，我们是无法理解，而现在看来不就是 PaaS 平台相关的内容吗？

当我们纷纷开始接触云，开始将技术栈分层为 IaaS、PaaS 和 SaaS，开始站在应用的角度看待整个的工具栈，发现原来不能只关注产品开发过程，还要关注运行过程和运维过程。而 PaaS 也开始继续分层，聚焦于应用的服务开始被称为 aPaaS，容器提供运行环境，作为基础设施服务开始下沉为 gPaaS。aPaaS 统一提供了应用的开发时、运行时和运维时能力，真正地“打穿”了 Dev 和 Ops。

此刻，我们仿佛刚从梦中觉醒，原来一直埋头做事，从来没有如此清晰地看一下周围的世界，原来软件的世界不只是自己工作的这一个个“竖井”而已。

2. 打破边界

觉醒的过程，常常是不断打破边界，同时又不断重塑的过程。

觉醒之后，我们开始探究 DevOps 出现的根本原因，开始思考原来的软件工程，以及 DevOps 为何突然成了“香饽饽”，包括其背后的时代背景。开始关注云原生、微服务、容器化、DevOps 之间的技术相关性以及业务相关性。认识到应用架构的设计事实上是需要考虑其运行时诉求的关注，即便是从运维的角度，也需要考虑应用的部署和运行时可观测性。之后，我们再给数据中心的客户讲述时，建议建设时不仅要考虑基础设施，还要从应用的角度思考，毕竟这些基础设施建设是为了应用运行。

我们开始从应用的角度看待问题，从技术与实践之间的关联中捋出其脉络，而这些在此前，在单一领域埋头工作过程中我们是根本不会发现的。是的，我们开始升维思考，似乎一切的因与果都开始明晰起来。

打破边界，个人角色的重构，就是指不给自己设限，开发活动右移至测试、运行、运维甚至运营，左移至架构、设计、业务甚至是客户侧。打破边界，还包括打破组织内的“竖井”，这很难，但尤其重要。即便是存在实体的组织关系，依然可以不设限地与各个团队、各个部门积极互动。打破边界，还涉及打破组织的边界，数字化时代是生态构筑的时代，毁灭你的，从来不是同维的竞争对手，而是来自降维的打击。

打破边界，最终需要再回到个体身上。数字化的时代，是从 IT 向革命 OT，技术与业务更加深度的融合时代。我们不再拘泥于清高的技术身份，躬身入局，将手弄脏，开始用好奇心看待业务，开始如痴如醉地学习和了解新的业务领域。

此刻，你的边界已经在拓宽，而这一变化，来自外部，更来自你的内部。

3. 你的视界决定你的世界

每一刻，每个人的意识形态都在塑造着其眼中的世界。每个人眼中的世界都不一样，尝试换一个视角，你会发现更广阔的天地。地球上有人类视角的世界、蚂蚁视角的世界、海豚视角的世界等，由于意识频率不同，你可能从未意识它们那独特世界的存在，它们可能也不知道人类世界的存在。

软件的世界，存在无数完全不同的解释，他人理解的研发效能与你的理解完全不同是有可能的，而存在即有其合理性。谁说互联网行业发展就一定超越传统行业？有多少互联网人才降维到传统行业而折戟沉沙的？这不仅涉及文化匹配问题，还有心态。保持一颗开放且好奇的求知心态，允许失败，允许自己可以不是某个行业的专家，放下身段，真正了解那个世界正在发生的事，把手弄脏去真正体验真实的业务流程。

这些都取决于你的意识边界，每一个存在都是一个意识的聚集点，每一个聚集点都创造了属于它们自己的世界，即使这些世界都是相互联系的。

关键要放下自己的意识边界。

4. 这是一场无限游戏

世界上有两种游戏，一种是有限游戏，一种是无限游戏。

有限游戏的目的在于取胜；无限游戏的目的在于延续游戏。有限游戏有时间限制，地点和成员也受限；无限游戏着眼未来，而非眼前的胜利。有限游戏参与者在界限内游戏；无限游戏参与者与界限游戏。有限游戏的所有限制都是自我限制，自我屏蔽了自由；无限游戏不给自己设限，不断地打破边界。

研发效能是一场无限游戏，我们追求的不是短期的胜利，而是持久的延续。佛陀说世事无常，无常是万事万物的本质。没有什么可以永远不变，一切事物要么成长，要么消亡。只有能够变化的，才能够持续下去，变化是万物得以延续的本质。拥抱变化，保持对未来的开放，对新事物保持好奇，每一次的惊奇都展现出全新的开端。因为过去一直保持变化，未来总是令人惊讶。

研发效能是一个过程，没有终点。过程，即是结果，过程比结果更重要，因为过程就是每一个当下。享受当下，享受每一个困难与跨越时的喜悦，却不执着于过往，不惧怕不可知的未来。

研发效能是持续的对抗熵增的过程，没有熵增就只有一片死寂。有效对抗熵增需要耗散结构，具备两个最为重要的特性，开放性与非平衡。保持开放，用“成长型思维”替代“固定型思维”，成为终身学习者，保持好奇，终身探索。远离平衡态，离开舒适区，走进学习区，甚至是恐慌区。

第 2 问　关于研发效能提升，有哪些关键原则

We come from the land of the ice and snow. From the midnight sun where the hot springs flow. The hammer of the gods. Will drive our ships to new lands.

——Led Zeppelin *Immigrant song*《移民之歌》

每一个企业、每一个团队，都需要根据自己的具体情况，选择适合的流程实践与工具平台，并且需要进行适配和调整，而选择的依据，就是原则。原则是万变中不变的那个宗旨。

综合研发效能端到端的实践，我们提炼成十大原则，如图 1 所示。

图1　IDCF 研发效能(DevOps)十大原则

1. 遵循第一性原理

现有的创新想法，往往是采用类比设计的方法，例如银行创新，想的是如何将线下的网点业务，搬到线上，搬到手机侧，而整个过程依然是遵循银行现有的方式和流程，例如，需要有一张银行卡，需要有密码输入，必要时还得到线下网点先开通业务。这不叫创新，顶多叫创意。

类比设计的基本思想是通过技术和工程能力的提升，用更快、更好的方法解决问题，但类比设计最大的问题在于被原有的方式束缚，所以只是积累小的进步，而无法达成革命性的改变。

第一性原理原本是量子力学中的一个术语，意思是从头算，无须任何经验参数，只用少量基本数据(质子/中子、光速等)做量子计算，得出分子结构和物质的性质的原理，称为第一性原理。

与类比思维不同的是，第一性原理强调回归问题的本质，回归设计是为了解决问题，而不是如何更好地实现现有的方案。第一性原理的思维方式强调独立思考，而不是人云亦云，意味着直击问题的本质真相，然后从那里进行推理。所以：

(1) 我们要的不是一匹快马，而是一辆汽车(福特)；

(2) 我们要的不是更好音质的音乐播放器，而是将几千张 CD 装进口袋(iPod)；

(3) 我们要的不是音质更清晰的手机，而是随时随地连接世界的入口(iPhone)；

(4) 我们要的是便捷的交通，而不是拥有一辆车(优步，摩拜单车)。

(5) 正如埃隆·马斯克要的，不是更快、续航能力更强的电动汽车，而是要制造超级充电网络、太阳能充电站、自动驾驶系统、在线升级系统，从而打造极致的用户驾乘体验。

第一性原理就是要从最基本的原理引出最深层次的思考，摆脱现有方式的束缚，摆脱类比的方法，直击根源的诉求，从而用最佳的方式解决核心问题。

第一性原理就是“勿忘初心”，从头开始，思考如何最优地解决一个问题，而不是从既有的产品或方案出发。

我们以第一性原理作为开篇的原则，不仅因为是第一条原则，还因为它是商业模式探索、颠覆式创新、破坏性技术产生的根本，而研发效能，原本就是为商业/业务服务的。从业务来，到业务去,完整的闭环才是广义的敏捷与 DevOps。

2. 采纳经济视角

Don Reinertsen 在著作 *Product Development Flow* 中说"你可能会忽略经济,但经济不会忽略你"。其整本书核心的内容就是如何围绕经济视角展开产品的开发流程。Roger Royce (Winston Royce 之子,Winston 提出了瀑布开发模式)是软件经济学的奠基者,提出了一整套软件中经济学的理论。事实上,软件开发就是用有限的投入,产出预期,获取相应的回报的过程,这原本就是经济的范畴。敏捷软件开发过程,也同样存在很多与经济相关的话题与实践。

对个体而言,将时间用在什么事情上,即体现了其什么样的价值观。对于产品开发而言也是一样的,开发有限的精力投入到哪些类型的需求中,即体现对产品的哪些价值观念。需求的优先级排序,就是软件经济学的体现。将资源投入在哪些需求上,是对哪些价值衡量比较的结果。Don 用 WSJF 加权最短作业优先的算法为依据进行需求排序,是综合考虑业务价值、延迟成本、风险、投入成本等因素进行评估的方法。传统项目管理中,范围管理、时间管理、成本管理、风险管理、人力资源管理、采购管理等超过一半的过程域,都是经济范畴的体现。

增量式的价值交付,应将价值快速变现并持续积累。同时获取反馈,对于无法创造价值的需求,尽快止损,忽略沉没成本,调整方向而不是纠结于已投入的成本。

消除浪费是精益软件开发中最为重要的一个原则,是其他精益软件开发原则的基础,也是其目的所在。经济效能的出路,通常就是开源与节流,而消除浪费正是节流,同时也是聚焦精力。

传统生产制造中的浪费有:闲置的零部件、不需要的功能、交接、等待,额外的工序、产生的缺陷等,这些对应到软件开发中的浪费有部分完成的工作,额外的过程、额外的特性、任务切换、等待、移动、缺陷。要消除浪费,第一步是识别浪费,第二步是消除最大的浪费源。

在软件开发中,存在增值与不增值的活动。Winston Royce 提出,所有软件开发的基本步骤是分析和编码,其他的每一个步骤都是浪费。对于端到端的研发过程而言,前半段的分析与编码过程是价值产出的过程,是创造性工作,无法强调效率或是要求缩短时间;后半段的编译、构建、测试、部署、上线等,都不增加额外的价值,这些过程,称之为必要的非增值过程,是有必要强调效率的,如果条件允许,应该交由机器和工具自动化执行。这也是研发效能管理的核心,即如何将效率提升到极致,如何真正产生效果。

技术债务也是软件经济学的体现,就是将经济词语隐喻到软件研发。将创业过程与贷款买房进行类比,以及 Kent Beck 的 3X 模型,都是在价值收益、投入成本,与背负债务之间进行平衡。

3. 拥抱成长型思维

美国心理学家 Carol Dweck 在《终身成长》书中提出了两种思维模式:

(1) 固定型思维模式的人,相信自己是最聪明的人,在面对挑战时,会选择那些能明确证明自己能力的任务,而放弃那些可能会导致失败却能开辟一片新天地的任务。

(2) 具有成长型思维的人,他们具有好奇心、喜欢接受挑战,喜欢在挑战和失败中不断学习和成长,喜欢在不确定中胜出。

这两种思维模式，对待成功与失败的方式不同。成长型思维模式下，从失败中学习：不仅不会因为失败而气馁，反而会认为自己是在学习。将挫折转变为成功，勇于敞开心扉，接受新的变化和想法。从失败和挫折中受益，让自己变得更为强大。成长型思维，也是反脆弱原则的体现。

这两种思维模式，体现到组织层面，就是组织的思维模式，就是文化。

遵循规则是固定型思维模式，认为遵循规则就能够成功的，事实上是缺乏安全的表现。如果探索遵循规则的背后是什么心理，那应是安全期望。缺什么补什么，遵循规则却失败了，可以推卸责任，容易向领导交代。当发现组织中大部分人都跟着规则走，而不是遵循一定的原则，朝着组织的目标努力做得更好，就要认真考虑，这种文化到底是怎么形成的。当我们都喜欢跟随规则时，说明组织的症状，就比较严重了，因为这是大家怕担责而致。我们要质问："组织"为什么形成了"跟着规则走就更安全"的文化，为什么不鼓励大家追求更大的目标。

实际上，拥有成长型思维模式的领导者，对于尝试、探索与失败更加包容，无论是看待自己、他人，还是组织，他们都更注重发展潜能。成长型思维的领导者，善于构建一个充满信任、摒弃评判的学习氛围，"我会来教你""你努力试试"，而不是"让我来评判你的能力"。

只有在安全的氛围下，人们才会彰显个性，会勇于暴露问题。缺乏安全的环境，人们会趋同，从众。我们要思考，要动脑筋。

4. 采用系统思维思考

Cynefin 模型是 Dave Snowden 在知识管理与组织战略中提出的，其可用于描述问题、环境与系统之间的关系，说明什么环境适合使用什么解决方案。我们周边的系统，大多属于复杂系统，起因与结果，只有关联关系，却没有直接的因果对应。换而言之，同样的事情做两次，结果未必相同。

复杂系统中局部到整体系统，并非简单 1+1=2 的因果关系，既无法从局部行为解释或推测系统行为。至少在当前，人类是无法理解和解读复杂系统的行为表现，试图用因果关系解释复杂系统。传统泰勒的科学管理理论，是还原论的思维模式，即由局部个体推论出整体系统的行为。这对于相对简单的机械生产系统而言，是奏效的，但对于复杂系统，并不适用。

当个体众多时，系统的行为会表现出一个涌现的过程。个体简单的蚂蚁，汇聚成蚁群，只需要极其简单却有效的指令，就可以做出极其精巧复杂、充满智慧的事情。蜂群也是如此，蜂巢是最完美利用空间的建筑，蜂舞是最高效的沟通方式，蜂群的分工与蜂群大小的比例如此合理，而事实上单一蜜蜂的智力并不高，即使是蜂后也只是选择的结果而非其基因突出使然。人的大脑神经元也很简单，上千亿个神经元汇集在一起，能够形成人体的智慧和意识，其中的潜能至今没有完全挖掘。

智慧是涌现出来的，创新也是。涌现是量变到质变的过程。涌现的前提，第一要求数量，第二要多样性；不团结，不盲从，往往是创造力的来源。

管理学大师彼得·圣吉在《第五项修炼》讲了创造学习型组织的五项技术，其中的第五项修炼就叫作系统思考。第五项修炼是最重要的一项，也是创建学习型组织的基础。

软件研发的对象，软件系统与解决方案，是一个复杂系统。软件研发的过程本身，是一个复杂系统。软件研发的主体，研发组织，也是一个复杂的系统。精益软件开发中，可视化价值流的过程提供了一个用系统的方法审视产生价值的过程。价值流图将系统的边界、系统自身以及系统内部与外部的交互过程可视化出来。而这一过程，是一个整体的价值流动，而不是局部行为体现。通过识别价值流动中的阻塞点，从系统角度进行整体优化，而不是站在单点的角度进行局部的优化。

采用系统思维，不只是运用《系统思考》一书中的 CLD（Casula Loop Diagran）因果回路图那么简单，更需要结合 VSM（Valae Steam Mapping）可视化价值流，WIP（Work in Progress）限制在制品，TOC（Theory of Constraints）约束理论等结合起来提供安全不问责的企业文化，从整体进行优化而不是做局部的改善。

5. 让价值流动

流动才能创造价值，才是价值的真正体现。价值必须通过流动体现。研发的过程，同样是一个价值交付的过程，更是价值流动与交付的过程。

精益方法里，第一条就是价值流分析，分析价值在端到端过程中的流动。

这里面，第一强调是一个端到端，完整的价值闭环。第二强调可视化，暴露问题，去除阻塞。第三，持续改进，在价值闭环前提下，进行全局的持续优化。

这一过程，是价值流动，价值反馈，不断加速循环迭代创新的过程。

产品价值的交付过程，我们要做的是去移除阻塞，正如大禹治水道理，发现问题进行疏通，而不是人为设置层层的管控，有交通灯的地方往往容易造成交通堵塞，研发过程也是一样。

所有的流程与管控都容易造成阻塞，交通灯的初衷是防止交通阻塞，但不合理的设置不仅不会缓解，反而恶化。更重要的是，阻塞会相互影响，这是一个复杂系统，无法通过简单的红绿灯控制就能实现最大化利用，（不负责任地说）倒不如放权让车辆自主控制，以复杂应对复杂。

要持续识别并消除开发中的约束点，常见的约束点以及消除开发中的约束点相关建议有：环境搭建的约束点，采用基础设施即代码的实践，应该让环境搭建与配置的过程自动化、版本化，提供自服务平台，使能开发者；代码部署过程的约束点，采用自动化部署实践，利用容器化与编排技术，让应用部署与运行的过程幂等性；测试准备和执行的约束，采纳自动化测试实践，分层分级进行测试，针对不同的阶段，建立不同的测试环境，设置不同的测试目标，建立不同的反馈闭环；紧耦合的架构会成为下一个阻塞点，进行架构解耦，采用松耦合的架构设计，将重构等实践纳入日常的技术债务清理过程，演进式地采用服务化、微服务化的架构。

一切的过程都与人有关，要建立全功能、自组织、学习型的团队，进行分布式、去中心化的决策机制。积极调动员工的主观能动性，激发知识工作者的内在动力。而领导者是其中的关键，任何组织的演进，都不是自下而上能够完成的。系统是必须被管理的，它不会进行自我管理，只有管理者才能改变系统。

6. 赋能员工

企业应根据员工的能力以及决策的影响程度决定使用哪种程度的授权，授权从低到高，依次是：告知、推销、咨询、同意、建议、询问、授权。

投资员工像是种地，你是想要立即收割，还是让庄稼长一会儿？做一个园丁式的领导，缔造员工生长的环境，维系组织的氛围，尝试让员工放飞一下，你会收获不一样的惊喜。

需要注意的是，员工赋能与授权并不完全是一回事。员工赋能强调的是决策力赋予和自主管理导向，并能让客户得到更好的直接服务与体验。而员工授权则是管理者将工作分配至下属，从而将经理人从事无巨细的微观管理中解放出来。赋能首先要放权。

赋能是赋予他人能力，相信员工，不断锻炼员工的能力，不断完善组织架构。赋能就是让正确的人去做正确的事，给员工空间，让他们勇于尝试不同的做法，哪怕预先知道这并非正确的做事方式，在可控的前提下，也给他们尝试的机会。

领导者是通过别人的工作来体现自己价值的人。领导者要真正关心自己的下属和他们的工作，当员工不顺的时候你要成为他的后盾，要建立互信的倾听模式，对下属要有同理心。领导者应该有勇气，敢于做出不受欢迎的决定，说得出得罪别人的话以保护团队。领导者要保持好奇心，同样要保护员工的好奇心。勇于承担风险、勤奋学习、成为表率。同时要学会庆祝，抓住一切庆祝的机会，庆祝每一个小胜利。

Kent Beck 说，Good decision comes from experience，experience comes from bad decisions，我们可以找有经验的人来避免犯错，但这种人很少。我们也可以找没有经验的人，通过鼓励他们在工作中不断尝试，不断犯错，缩短反馈周期，降低犯错的成本，增长经验，避免更大的错误。

赋能就是放手让员工不断尝试，不断犯错，从中获得"反脆弱"的能力，领导要以"成长型思维"来看待员工。

7. 暂缓开始，聚焦完成

传统生产制造中，库存是明显可见的，哪里有堆积，哪里有停滞一目了然。而软件研发中的库存却是不可见的，所以精益软件开发中，第一步就是可视化价值流，将库存、停滞、瓶颈等显性化。解决问题的第一步是暴露问题。

对于交通，我们看的是车速，看的是是否拥堵，而道路的使用率不是我们最关心的。反观软件研发，关注资源利用率是无效的，核心是看价值如何快速地流过交付管道，所以我们会考核前置时间，而并行工作量不是越大越好，应聚焦于快速完成工作，而不是最大化填充管道。

可视化价值流，将价值流动显性地体现在看板上。然后通过限制在制品，让所有人聚焦在完成在制工件工作，避免被上游推动而干扰，暴露出瓶颈点，逐步解决并发现下一个瓶颈点。增加交付管道的流速，最终也将增加流量，而不是反过来。

有很多实践体现减小批量大小：

例如需求，我们有不同大小类型的需求，Epic、Feature、Story 分别以月、周、日计量，越高优先级的需求，越放在产品待办列表的顶端，越要清晰可测并且大小适中，大的需求进入到迭代中，会造成估算严重偏差，占用过多资源，流动缓慢，一旦延迟会造成巨大破坏，所以需求要大拆小。

再比如架构，单体的架构，牵一发而动全身，编译、构建、测试、部署等耗费的时间与资源巨大，无法独立部署与发布，无法满足按需求发布 Release on Demand 的快速要求。所以需要架构解耦，服务化、微服务化。包括持续集成，持续部署，短的迭代，快速反馈等，都是体现了减小批量大小的原则。

小批量能产生稳定质量，加强沟通，加大资源利用，产生快速反馈，从而进一步加强控制力。大的批量，会造成在制品的暴涨，因为每项工作占用的资源以及时间都较长。

小的批量，能够快速流过价值交付管道，从而减少在制品，降低库存，从而进一步降低资源占用。使得前置时间更短，可以更快完整价值交付闭环，快速获得客户反馈，提升客户满意度的同时，提高了产品的整体质量。

完成得越多才交付越多，而不是开始越多交付越多。效率高低不取决于开始了多少工作，而在于完成了多少。让价值流动起来，而不是让任务多起来。要聚焦于完成，而暂缓开始。

8. 构建反脆弱能力

当前我们处于一个 VUCA 乌卡时代，世界的“脆弱性”正在日渐增强，越来越多的不确定性，如何在充满变数的世界里，应对这些未知的挑战和风险？

免责的事后回顾，安全的企业文化，成长型思维，从失误中获益，这都是反脆弱的核心体现，也是反脆弱的思想来源。

在事件处理完毕，尽快组织，不指责地进行事后分析。不指责，意味着所有人的言论导向，都是分析事件本身，话题不会涉及责任。

免责文化，给了员工安全感，犯错误时难免心虚，难免自责，第一直觉会是掩盖，这不是我的错，考虑要不要让别人知道。

只有通过真实的，触动人心的实例，使员工明白不仅不会问责，反而会让犯错的人，会成为日后这个事件领域的专家——最大的坑我都踩过，事后我主导性地进行了全面的分析，这个领域我有绝对的把握是专家。这样当之无愧的信心，来自于组织为个人营造的安全，以及个人对组织的信任。

在生产环境中注入故障，要以安全为前提，以特定和受控的方式发生，我们要的是可恢复和学习的能力，而不是真的去毁灭一个机房。（关于弹性工程实验，在后面会有单独的章节介绍）

我们所架构的系统本身也是一个复杂系统，Design for failure，我们要为失败而设计，基于云计算的系统设计，正是在一个不可靠的 x86 集群环境下，构建系统的可靠性。所以底层的基础设施本来就是会出错的，要训练系统在失败中重生的能力，而不是试图建立一个不会出错的系统。我们无法防范所有的问题，这就是安全系统Ⅰ型与安全系统Ⅱ型的区别，前者是试图发现尽可能多的，甚至是消除错误的部分，达到绝对的安全，这过于理想，不可实现。所以我们推荐的是后者，弹性安全，尤其是适用于云化的场景，即便是发生了错误，也不影响我们追求的是快速恢复的能力。

DevOps 现状报告显示，“高效能 DevOps 组织会更频繁地失败和犯错误，这不但是可以接受的，更是组织所需要的”。

要建立公正和学习性的文化，需要建立可恢复型组织，团队能够熟练地发现并解决问题。在整个组织中传播解决方案扩大经验的效果，将局部经验转化为全局改进，让团队具有自我愈合的能力。构建学习型组织，将每一次的故障、事故和错误视为学习的机遇。重新定义失败，鼓励评估风险。

9. 按节奏开发，按需求发布

DevOps 的目标，是可持续快速交付高质量的价值，但只是快是不行的，还需要质量上达到平衡，同时要是可持续的，不能拖垮团队。

我们经常把软件开发过程比喻为长跑，在长跑中，节奏很关键。按节奏开发，保证价值的可持续交付是技术领域的事。而按需求发布，则是业务领域的决策：什么时候发布，发布哪些特性,发给哪些用户。发布节奏不需要与开发节奏保持一致,开发保证环境和功能是随时可用的,业务来决定发布策略。

节奏帮助开发团队保持固定的、可预测的开发韵律,目的是为保障价值的交付能够顺畅、频繁且快速地通过整个价值交付流水线。使用定期的节奏可以限制变化累积,可以让等待时间变得可预测。通过使用定期的短的节奏,可保证小批量。通过可预测的节奏计划频繁的会议。

按节奏开发,是从技术层面对业务的保障,通过功能开关、灰度发布等能力,赋能给业务发布决策。从业务上,并非每一个功能都需要发布给每一位用户,而是根据不同的业务上下决定哪些功能发布出来,要针对哪些用户进行开放。发布决策,由业务来做,而技术需要的,是提供高效的交付能力,并保持随时可发布的版本状态。

低风险的发布,按需求发布让特性发布、目标人群、发布节奏成为业务和市场决策目标,而不是技术决策。

通过“金丝雀”发布,可以小批量地选择环境进行试验,待金丝雀验证通过再发全量。而滚动发布,使得这一流量切换过程更加平缓,一旦出现问题,可以自动回滚。

特性开关将部署与特性发布解耦,通过特性开关,可以保证应用上线后,功能开关先不打开,然后由业务人员根据场景进行决策,通过开关中心打开新功能,经过流量验证新功能。

要实现部署与发布解耦,需要代码和环境架构能够满足:特性发布不需要变更应用的代码。如果混淆了部署和发布,就很难界定谁应对结果负责。而这恰恰是传统的运维人员不愿意频繁发布的原因,因为一旦部署,他既要对技术的部署负责,又要对业务的发布负责。

解耦部署和发布,可以提升开发人员和运维人员快速部署的能力,通过技术指标衡量。同时产品负责人承担发布成功与否的责任,通过业务指标衡量。

按需部署,视技术的需要进行部署,通过部署流水线将不同的环境进行串联,设置不同的检查与反馈。

按需发布,让特性发布成为业务和市场决策,而不是技术决策。

按节奏开发,按需求发布,几乎是敏捷与 DevOps 核心理念的代名词,将技术与业务解耦,让技术来使能业务,彻底打穿两者之间的竖井,真正实现让技术释放业务的巨大潜能。让发布不再是痛苦两难的选择,频繁发布能建立起信任,包括团队内部的信任,开发团队与业务团队的信任,开发团队与运维团队的信任。

10. 以终为始

做事的准则是什么,取决于目的是什么。我们应该看到目标,然后朝着目标前进,目标就像是一座灯塔,指引我们行事的航向。

史蒂芬·柯维在《高效能人士的七个习惯》中提出,以终为始,就是我们应该以原则为中心,指导我们的规划,并始终牢记这座灯塔的位置,使自己不至于偏离航向。

“第一性原理”,有些类似于平常说的“透过现象看本质”,与“以终为始”事实上是异曲同工。就是让我们把目光从那些表面的事和别人做的事情上挪开,做任何选择和决定都从事物最本质之处着眼,并且在做的过程中,以最根本的那个原则为参照点,不断纠偏,直到达成目标。

经常有人问,在敏捷与 DevOps 中,持续集成应该怎么做,自动化测试应该怎么做,那些都是解决方案域的东西，应该回归初心，回到问题域。很多人还没有搞清楚讨论的是什么问题，就着急寻找答案。在开始敏捷与 DevOps 实践之前，你要想清楚，需要解决的是什么问题，而不是去问，应该采纳什么实践。

不探求具体问题，直接问询解决方案，这就好像直接去找医生说"给我开这种药"。反之，你应该问清楚自己得的是什么病，再判断对症应该开具体的药。

此外，实践的目的是解决问题，而不是拿着一个锤子到处敲。我们经常能得到一把锤子，锤子很重要，它是你聚力的方式，通常适用于解决特定的问题，但并非普遍适用于解决大部分问题。"圣诞节收到一把锤子的孩子会发现所有的东西都需要敲打"，了解一个 DevOps 实践的同学喜欢到处应用。只是在你用锤子敲打之前，先搞清楚被敲的是不是钉子。

敏捷与 DevOps 中，同样有很多的实践，体现了以终为始的原则。

(1) 例如敏捷宣言强调客户参与，因为我们一切形式的目的，是为客户服务；

(2) 精益软件开发中强调价值的顺畅流动，因为只有流动起来，才能产生价值，才能快速交付价值；

(3) 暂缓开始，聚焦完成，只有完成发布与交付，才能最终创造价值，才是对用户可见的；

(4) DevOps 中强调的持续反馈，持续优化，形成反馈闭环，因为只有获得最终用户的反馈，才知道我们做的是否是正确的事；

(5) 测试要前移，为了尽快获取反馈，为了让测试人员在更早的阶段介入，加入验证的手段；测试又要右移，要在产品发布上线以后，依然进行相关的测试和验证活动；

(6) 定义就绪的标准以及完成的标准，将需求分析与开发工作的目标在团队内达成一致，并显性地公布出来，就是需求与开发活动的指路明灯。

心法篇二　数字化时代研发效能价值的理解及度量指标

第3问　数字化转型与IT信息化有哪些"坑"

I wish you could swim. Like the dolphins, like dolphins can swim. Though nothing will keep us together. We can beat them for ever and ever. Oh we can be Heroes, just for one day.

——David Bowie *HEROS*《英雄》

相比对数字化转型定义的争论,IT信息化更容易理解,没有歧义(当然在早些年的信息化初期是否有过争论也未尝可知)。毕竟IT信息化与技术关联较多,主要包括改变各种治理流程和改造组织孤岛,一切变化都以技术为中心。

我们可以参考TechTarget Search公司CIO网站的定义:"IT转型是对组织信息技术(IT)系统的彻底改革。IT转型可能涉及网络架构、硬件、软件以及数据存储和访问方式的变化。"

对于数字化转型与IT信息化缺乏清晰的认知,混淆两者的定位差异与彼此关联,容易造成极大的风险,如下是其过程中容易踩的坑。

1. 数字化转型与IT信息化的五个陷阱

数字化转型与IT信息化过程中,我们需要注意的陷阱有哪些?

(1) 陷阱:重视其一,而忽视其二

在许多情况下,IT与业务是相辅相成的。通常客户优先事项就是IT优先事项。但两者并非一码事。IT信息系统的背后或者说建设IT系统的目的,可能是直接服务于业务诉求,例如ERP(企业资源计划)、CRM(客户关系管理)系统;也可能是内部的流程流转,例如HR(人力资源)和考勤系统等。

数字化转型是整个企业端到端的转型,会影响组织的所有部分,当然也包括信息化部门(传统企业)或产研部门(互联网企业)。

数字化转型是战略性业务转型,IT信息化建设是战术性技术改变。在实践中,如果数字技术没有将战略重点放在客户身上,IT转型最终总是会专注于更多的战术目标,如成本节约和风险缓解。节省资金或降低风险本身并没有错,但节流不能影响开源,或者说钱真的不是省出来的。"IT无关紧要,IT不过是一个成本中心",持这样论调的依然大有人在。一味考虑节省资金或降低风险的保守做法,最终结果势必是:公司将一路省钱,直至"早逝"。战略层面需要考虑的是如何将整个盘子做大,数字化转型将为企业的竞争助力。

从数字化转型视角出发,植入技术基因是企业的核心任务,真正的技术思维是从客户的视角洞察需求,用技术的手段创造未来,单方面聚焦传统意义上的业务或技术都是南辕北辙的。

(2) 陷阱:过度热衷于炫酷的 IT 技术

IT 信息化需要注意另一个常见陷阱:将战术性的技术选择归咎为战略性技术选择不当。

这种模式随处可见:IT 热衷于这样或那样的新潮技术,并说服业务领导者相信它是治愈组织所有弊病的灵丹妙药。从 C/S(Client 客户端/Server 服务器)架构到三层架构,从 4GL(第四代编程语言)到云计算、微服务、容器化,甚至人工智能、区块链,数十年来伪装成业务战略的技术黑科技已经导致企业陷入一个又一个的技术陷阱,最终使他们远离成功的业务战略,而不是更接近。

无论 IT 自身改造得多么好,但缺乏数字化战略参照物,就没有任何技术可自行解决业务的弊病。

(3) 陷阱:IT 信息化伪装成数字化转型

经常有企业误以为他们正在规划的 IT 信息化与数字化转型是一回事,或者至少会实现相同的目标。

这种情况太过普遍,其中一个很重要的原因是某些技术供应商根据自身技术来定义(所谓的)数字化转型,新瓶装旧酒,以数字化之名向毫无戒心的甲方 IT 高管出售更多价格过高的设备/产品/软件/服务。

以某 IT 公司的以技术为中心的数字化转型定义为例:“数字化转型是将数字技术融入企业各个方面的过程,需要在技术、文化、运营和价值交付方面进行根本性变革。”这里面只字未提客户,很显然这个定义更多的是 IT 信息化而不是数字化转型。

(4) 陷阱:以战术的勤奋掩盖战略的懒惰

一味地遵循“软件正在吞噬世界”的口号,将转型工作重点放在 IT 而不是客户驱动的数字化转型上,企业很可能会发现,软件最终会推动他们的业务——但客户却始终看不到什么好处。如果没有将战略重点放在客户身上,再加以持续不断向更高的业务敏捷性迈进,单纯的技术努力最终将缺乏战略方向。

陷入这种陷阱的公司可能已将大部分 IT 迁移到“云中”,试图节省资金,结果却发现成本节约难以实现,其他更具战略意义的收益更是难以确定。使用云计算本身并非仅为了成本节约,而是更能响应业务需求。添加某项 IT 功能可能看起来像是数字化转型的一部分,但实际上既没有考虑到客户体验,也没有考虑业务发展,只能是 IT 部门的“一厢情愿”。

数字化转型应该推动 IT 信息化,而不是反过来。有了适当的数字化转型业务优先级,IT 组织就有了一个可以跟随的目标引领。

为了满足客户不断变化的需求,IT 必须成为以产品为中心的组织,而不是以项目为中心的组织。所谓产品,是以客户长期的诉求为目标,而非企业短期利益。产品如同生命体一样,是有“生老病死”,出生(发布 1.0 版本)才仅仅是开始,未来的路还很长,需要精心维护。

(5) 陷阱:视双模 IT 为转型目标

Gartner 的“双模”IT 模式席卷了企业 IT 领域。Gartner 将双模 IT 定义为“管理两种独立、一致的 IT 交付模式的实践,一种专注于稳定性,另一种专注于敏捷性。模式 1 是传统模式和线性模式，强调安全性和准确性。模式 2 是探索性和非线性的，强调敏捷性和速度。”

尽管双模 IT 为企业开始敏捷之旅提供了宝贵的指导，但存在误导性和严重的问题，如果企业将其视为 IT 转型的目标本身也是危险的。

双模模式存在三个严重问题：

第一个问题是该模型过于简化。在 Gartner 的世界中，我们从一种“一刀切 one-sizes-fit-all”的模型转移到了一种“二刀切 two-sizes-fit-all”的模型。

第二个问题是，那些快速发展且面向用户的服务总是与记录型系统深度耦合，难舍难分。

最后，也是最重要的问题，是 Gartner 的模型基于一个错误的假设，这个错误假设仍然在我们的行业中普遍存在：我们必须权衡响应性与可靠性。

双模模型最根本的问题是，高绩效的组织实际上并没有在敏捷性与安全性之间进行权衡。传统的看法是，如果我们更快，更频繁地对产品和服务进行更改，我们必将降低其稳定性，增加成本并降低质量。实际上，通过同时加强敏捷和安全性可以获得高的效能。

在转型的 IT 组织中，对客户需求的端到端重新调整也使 IT 部门摆脱了双模式 IT 陷阱。将 IT 分成两部分，将组织的一部分降级到“慢速”模式不再有意义。

相反，当数字化转型推动 IT 转型时，整个 IT 组织将摆脱这种陈旧的孤立区别——慢的和快的、传统的和现代的、本地的和基于云的。

2. 数字化与 IT 信息化相得益彰

企业存在的唯一理由就是为客户创造价值，为客户创造和传递价值的过程为价值流。

IT 信息化与数字化转型的主要区别在于：IT 信息化侧重于 IT 优先事项，而数字化转型侧重于客户优先事项；真正关心 IT 信息化的只有 IT 人员。每个人——包括公司内部及其客户、合作伙伴、供应商等——都应该关心数字化转型；IT 信息化有一个清晰、定义明确的最终状态。数字化转型是随着时间的推移更好地应对变化的持续过程，因此没有最终状态。

数字化转型需要的是业务与技术的双轮驱动，回归业务本质，为客户和用户创造价值。数字化的对象本质还是业务，不是仅换个名字。数字化转型本质上是业务转型，数字化转型本质上是新一代信息技术驱动下的一场业务、管理和商业模式的深度变革和重构，技术是表象、业务是内核，是信息技术在实体经济和实体产业中的应用和推广。

数字化是信息化的延伸，并且以信息化为基石，其不是空中楼阁，而是长期愿景。信息化是将整个业务以数据的形式记录下来，即我们通常所说的业务数据化，数字化是数据业务化，数字化并不会脱离信息化。数字化是信息化的高阶阶段，是信息化的广泛深入的运用，是从收集、分析数据到预测数据、经营数据的延伸，脱离了信息化的支撑空谈数字化就是空中楼阁，没有坚实的信息化基础，数字化也是不稳定的。

从工程的角度看，信息化阶段更关注实现，而数字化阶段应更关注现实。数字化代表比信息化更高的生产力形式，也必然要求更高的生产关系形式。

数字化转型更强调利用云计算、大数据、物联网、人工智能等新一代信息技术对传统管理模式、业务模式、商业模式进行创新、颠覆和重塑。转型就是要从旧的信息化转变为新的数字化、从企业内部信息化转变为利益相关者的数字化、从技术上的信息化转变为业务上的数字化、从局部的信息化转变为全面数字化。数字化打通了各个信息孤岛，让数据得以连接，通过对这些数据进行综合、多维分析，对企业的运作逻辑进行数字建模，指导并服务于企业的日常运营。

数字化是以客户为中心的价值主张，管理层必须制定富有远见的数字化价值主张，宣扬企业可以利用数字技术和信息改善公司现有资产和能力，为客户创造新价值。

第 4 问　如何正确理解研发效能

Imagine there's no heaven. It's easy if you try. No hell below us. Above us only sky.

——John Lennon *Imagine*《想象》

研发效能该如何解读，效果、效率、效益与效能，是什么关系？

1. “效”与“能”的释义

“效”的汉语词义：形声字。从攴，交声。形旁攴是人持器械之象，表示效字本义与持械训教有关，声旁交是人交胫而立之象，在“效”字中表声，效与交并牙音或牙喉邻纽、宵部。交是效的源头、声首、初文，甲骨文已见此字。本义盖为训诫、教诲。毛公鼎：“善效乃友正。”引申指效法。《易・系辞上》：“天地变化，圣人效之。”又引申指效验、检验。秦简中的“效律”就是查验官府物资财产的法律。

“能”的汉语词义：能字初文始见于商代甲骨文，其古字形像熊一类的野兽，这个意思后来写作“熊” 。后来能假借为技能、能力的意思，又指有才能的意思。用作动词，指具备某种能力。能还表示主观上能够，其后常跟动词，如能行、能达到。由技能、能力引申，“能”在现代物理学上也指能量。（注：以上摘自百度百科）

根据以上词义解析，对应到企业研发场景，“效果”“效率”“效益”和“效能”这 4 个词语值得关注。

2. 效果、效益、效率、效能

图 2 引自 ThoughtWorks 的一个贴图，我认为很好地说明了效果、效益、效率和效能之间的关系。

所谓效果，是指由某种力量、做法或因素所产生的结果，通常是指好的结果，比如教学效果、演出效果。在行为学上，“效果”与“动机”是一对具有因果关系的概念。动机是指人们行动的主观愿望，效果是指人们实践活动的客观结果。根据福格（Frog）教授的行为理论（B=MAT，即 Behavior = Motivation x Ability x Trigger），人们的任何行为都是由一定的动机引起的，动机是效果的行动指导。而效果是动机的行动体现和检验根据。动机和效果在本质上是统一的，但有时候，客观效果并不能完全反映行为的动机，而好的动机也不一定能有好的效果。因此，我们在看待一件事情的时候，既要看动机，又要看效果。

所谓效益，是指效果和利益，比如社会效益、经济效益。在经济领域，效益是指劳动占用和劳动消耗与所获得的劳动成果之间的一种比较。如果劳动成果的价值超过了劳动占用和劳动消耗的代价，即产出多于投入，那么就产生了正效益。反之，则为负效益，也就是没有效益。在相同的劳动占用和劳动消耗的情况下，所得到的劳动成果越多，则效益越高。反之，则效益越

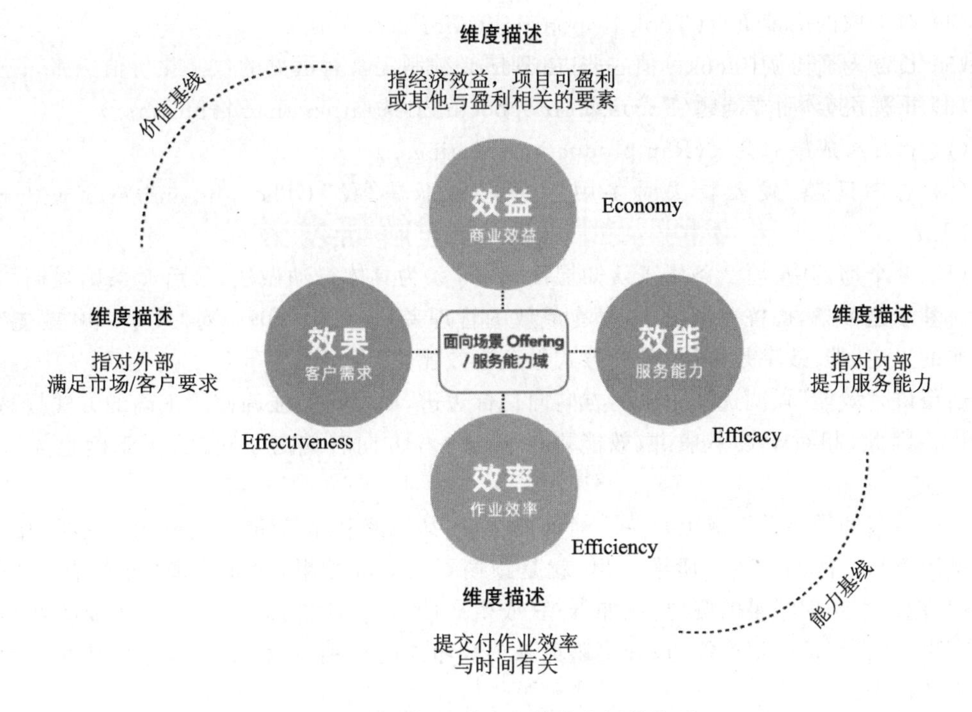

图 2　效果、效益、效率和效能之间的关系

低。效益的高低，可以反映出一个国家、地区、部门或者企业的经济管理水平。提高效益，宏观上是社会发展的物质保证，微观上讲是企业兴旺发达的标志。

所谓效率，是指单位时间内完成的工作量，比如办事效率、工作效率、生产效率。所谓效率高，就是在单位时间里完成的工作量多，意味着节约了时间。在科技领域，效率是指机械、电器等工作时，有用功在总功中所占的百分比，比如机械效率、热效率。在管理领域，效率是指在特定时间内，组织的各种投入与产出之间的比率关系。效率与投入成反比，与产出成正比。在企业的实际经营中，要准确把握企业的效率，就必须对企业的投入和产出进行一系列的量化。从广义上讲，企业效率的管理问题，就是企业对有限资源的配置问题。

所谓效能，是指事物所蕴藏的有利的作用，比如水利工程的效能、材料的效能、法律的效能。在行政管理领域，行政效能是指行政管理活动达成预期结果或影响的程度，是指政府向公众提供服务的水平和能力，它包括数量、质量、效果、影响、能力、公众满意度等多方面的要求。对于企业和个人而言，效能是指办事的效率和工作的能力。它是衡量工作结果的一种尺度，而效率、效果、效益则是衡量效能的具体依据。

3. 大师见解

2004 年，德鲁克在《哈佛商业评论》上发表了一篇题为 *What makes an effective executive?* 的文章，结合自己 65 年的顾问经理，对“如何成为有效的管理者”这一问题给出了答案，那就是每位有效的管理者在处理问题时都遵循以下 8 个惯例：

(1) 思考需要完成什么(Asked, What needs to be done?)

(2) 思考哪些对企业有帮助(Asked, What is right for the enterprise?)

(3) 提出行动计划(Developed action plans.)

(4) 对采取的决策负责(Took responsibility for decisions.)

(5) 负责沟通协调(Took responsibility for communicating.)

(6) 重视机会,而非问题(Focused on opportunities rather than problems.)

(7) 召开有成果的会议(Ran productive meetings.)

(8) 思考问题、发表看法时多用“我们”而不是“我”(Thought and said we' rather than' I.)

以上8个惯例中:前2条属于认知层面,3~6条为具体行动做法,最后2条则强调团队与责任。基于这8条,德鲁克出版了《卓有成效的管理者》。在这本书中对“效率”和“效能”做出了经典的界定,即:效率是“以正确的方式做事”,效能是“做正确的事”。

通俗讲,“效能”强调选择正确的方向向目标迈进,而“效率”强调使用正确的方法提高达成的速度。因此,相对于效率来讲,效能更加重要——方向若偏离了,方法再正确也无法达成目标。

美国著名的领导学权威史蒂芬·柯维博士,在其畅销书《高效能人士的七个习惯》中认为,效能是产出与产能的平衡。所谓产出,就是预期要收获的结果,比如鸡蛋(或产品)。所谓产能,就是能产生预期结果的资源,比如母鸡(或生产能力)。所谓高效能,就是既要收获尽可能多的产出,又要维护好生产能力;既要避免杀鸡取卵式的短视行为,又要避免母鸡光吃食不下蛋的无效行为。

综上所述,无论我们采取什么措施提高研发效能,都要讲究效果,不能只满足于做过了哪些事情,更重要的是看有没有得到了我们所预期的结果。同样,我们平常做工作时一定要注重效率,提高办事效率。对于一个企业来说,效益是一切工作的根本目标,企业必须有效益才能生存和发展。而一些大型企业为了全面检查与监督企业的运营水平和综合能力,开展了从上至下的效能监察活动,这就是效能的问题。

第5问　如何向领导阐述研发效能的价值

There are nine million bicycles in Beijing. That's a fact. It's a thing we can't deny. Like the fact. That I will love you till I die.

——Katie Melua *Nine Million Bicycles*《900万辆自行车》

“领导,您想获得Netflix、AWS、Google那样的研发效能吗?”

“想啊,想想而已。”

大部分和领导的沟通,恐怕都会像上面的对话一样无疾而终。你会觉得研发效能非常有必要,但是必要性在哪里,好像又没办法给出极具说服力的解释。

1. 研发效能该从何说起?

举个例子,大家都知道加强身体锻炼的重要性,有多少人真正可以保持锻炼习惯呢?所有人都知道减肥的不二法门就是“管住嘴,迈开腿”,真正做到的又有几个?听过很多道理,依然过不好这一生。知道是一方面,行动是另一方面,知行合一需要一个触发的理由。

在健身房，我们通常会看到两类人群，一类是新生代健身达人，他们是真心喜欢运动，并非将其视为受虐，这种是内发的，自小耳濡目染建立起来的价值观，无须外界因素的推动；另一类是腰带渐宽终于后悔的中年人，触发点可能是身体机能开始出现状况，生存欲望之下的应激反应，也可能是年度体检脂肪肝加"三高"在医生催促之下不得不为之，抑或是不愿再被称为，也不愿在镜子里再看到一个中年的自己。

如果与我们讨论的研发效能相类比，前一类人群像是数字化与互联网的"原住民"，天生会借助技术手段解决业务问题，会自发地借助开源工具打造自己的工具链，会主动对外探寻优秀实践并引入企业内部。在这类企业中，几乎不需要劝导领导采纳研发效能实践，因为领导大多是技术出身，深谙此道。

而后者则更像是传统行业中的传统企业，也是研发效能的重灾区。单纯传递转型的好处，想要说服领导，如同陈述锻炼的好处就想让领导跑 5 km 一样，说话是一码事，真正行动起来是另一码事。从领导切身体验的痛点出发也许是一条可行之路。

所以，直接阐述研发效能带来的价值或许有用，但效果甚微，毕竟类似"如果我们快速地反馈利益关系人与客户的需求该有多好？如果我们可以快速地通过发布生产修复程序，轻松地解决生产问题，该有多好？"，过于理性，不够感性。

换一种思路效果也许更佳：

"领导，还记得上次的生产事故吗？我们用了一晚上的时间定位问题，又用了整整半天修改 Bug（缺陷），结果 hotfix（热修复）上线的过程既漫长又充满风险，大伙熬了一个通宵才搞定。如果我们可以快速地通过发布生产修复程序，轻松地解决生产问题，该有多好啊！"

"领导，还记得客户 A 提出来那个需求吗，我们光是需求调研和分析就用了半个月，结果又整整用了 1 个月跑立项审批流程，最后需求交付到客户手里，"黄花菜"都凉了。如果我们快速地反馈利益关系人与客户的需求该有多好！"

领导听罢，可能会激动地说，

"当然好啦，我一直在苦苦寻觅问题的解决办法，有啥好主意，速速拿来！"

玩笑归玩笑，道理没有错，对痛苦回忆本能的抗拒，可以是激发求变的动力所在。所以在一次大会上，有人问类似的问题时，我们建议那位观众从近 6～12 个月发生的生产事故出发，看研发效能可以在里面帮到什么，借此引起领导的兴趣，以此作为切入点，再进一步和领导深入沟通研发效能更为完整和深远的影响。效果会不同的！

2. 研发效能的价值

总体而言，研发效能所要达成的目的，同时也是存在的价值，就是"持续并且快速地交付高质量的有价值的产品或服务给客户"，这里面有几个关键词：持续的、快速、高质量、对客户有价值。

(1) 响应市场变化，快速交付

研发的效与能，此前已经讨论过，其不单纯是技术层面的内部效率，更关键的是要关注业务的敏捷性，快速响应市场变化。有朋友问敏捷对创新绩效的影响，可以从哪些特征表述敏捷方法的价值，我的回答是 TTM（Time to Market），也就是市场响应速度。

"每一个行业都值得用（互联网/数字化/软件）重新定义一遍"，"每一家公司都将成为软件公司"，"银行也只是具有金融牌照的软件公司而已"，比尔·盖茨等讲过无数这样的话术。仅

仅是信息化时代，就已经是号称要用软件重新定义一切了。信息化只是迈开了第一步，数字化会带来更大的变革和颠覆，我们已经不知道有什么不能让软件来定义了。在数字化浪潮之下，如何将物理世界转化为数字世界，如何快速应对 VUCA 乌卡时代瞬息万变的行业大势，如何构筑数字孪生体，进而在数字化的基础上产生洞察。在数字化的时代，单纯靠一个商业模式的创新已经无法保持领先。如何让企业能够快速应变，在加快业务和产品创新节奏的基础上，更快速地获取信息并加持到反馈环中，是我们一直强调的业务敏捷性的体现。

为什么要强调速度和敏捷性？

① 速度至关重要，因为不交付软件会产生机会成本。

② 敏捷宣言说，“响应变化 胜于 遵循计划”，我们需要的不仅仅是响应，而是更快的响应。更快指的是比竞争对手还要快，这一追求永无止境，因为对手也在加速。

③ “在我们这个世界，只有拼命奔跑，才能留在原地”，这句话很喜欢，每一次看到这句话都会有一丝淡淡的哀伤，仿佛这是一场看不到尽头的赛跑。但这就是商业的本质，优胜劣汰，无可置疑的现实。

④ 天下武功唯快不破，这是快鱼吃慢鱼的时代，快速节奏的创新步伐、瞬息万变的业务前景以及新型技术趋势迫使企业以同样迅捷的方式作出转变。研发效能正是在组织内部不同团队之间将业务敏捷性贯穿于协作、沟通与整合工作的重要手段。

⑤ 更快地部署与发布，意味着客户更快感受到价值。

(2) 创造客户价值

创造客户价值是企业存在的意义，我们要做的是能卖得出去的产品，而不是卖能做出来的产品。研发效能的目标在不断地追求经济效益，需要与业务指标挂钩。价值快速交付的同时，通过客户反馈对已交付产品进行真实“价值”判断并调整策略。如果实施研发效能的结果不能增加现金流、提高股价、降低成本、提高盈利能力或改善其他一些业务指标，那么就需要重新考虑效能改进的出发点和着力点。效能改进最终需要明确支持实现业务价值的指标或 KPI/OKR(关键绩效指标/目标与关键成果)。

(3) 提高交付质量

交付速度和质量可以兼得，高效能的组织不仅可做到高效率，还可实现高质量。高效的 IT 团队比低效的 IT 团队交付速度更快，交付质量更好。DevOps 现状报告显示，与低效能团队相比，高效能团队的部署频率高了 46 倍，变更前置时间快了 2 500 多倍，服务恢复时间也快了 2 600 多倍，失败率低了 7 倍。

在吞吐量和稳定性之间进行权衡是常见的实践，尤其在政府、金融等强监管的领域中。但 DORA 多年的研究证明，最优秀的高效能组织总能在吞吐量和稳定性上同时得到卓越的成绩，而非在两者之间进行取舍。事实上，吞吐量与稳定性是相辅相成，相互辅助的。

亚马逊的数据显示，在保持目前每周部署 1 000 次的情况下，同时还能保证99.999%的成功率！

高效能组织相比低效能同业者，花费在人工操作、计划外工作/返工、安全修补以及客户支持上的时间明显少很多，投入到新工作的时间更多，用于修复安全问题或缺陷的时间也更少。由于这些组织从一开始就能够把控好质量，它们用于在下游修复问题的时间更少，节省出了更多时间来做增值工作。

(4) 实现可持续性

可持续意味着兼顾长期收益的良性循环,而非只顾眼前利益的恶性循环。所以,可持续要在架构愿景、业务需求、优先级和资源约束之间进行平衡,并非盲目迁就业务诉求而忽视了技术的熵增,也不是一味追求技术卓越罔闻市场需要。

Intuit公司的创始人,Scott Cook一直在组织的各个层面,不停倡导“犀利创新文化”,“每一位员工应该能够做到快速,高速地交付等,我们的消费者部门,接手的时候,我们一年只做几次部署,但是通过营造一个犀利的创新文化,在报税季节的3个月里,现在能作165次部署。商业价值? 网站转化率高达50%! 员工价值? 这帮家伙们真的喜爱它,因为可以将他们的想法很快交付到市场中!”

Intuit的故事最令人震惊的是,他们在繁忙的报税季节依然在做所有这些部署! 在销售旺季,大多数组织都会冻结任何变更。如果你能提高交付率,而你的竞争对手在整整3个月内都无法发布新功能,这就是一个真正的竞争优势,凭空多出1/3的时间,这才叫真正的可持续!

Intuit的故事与《微服务实战》一书中描述的因实施微服务而出现问题的故事形成截然不同的反差,故事中的企业按照微服务架构重新开发,在5个月的时间里,既没有发布任何新功能,也没有将任何微服务的功能发布到生产环境。然而,在业务最繁忙的那段时间里,这个团队上线了他们这套新的微服务应用,上线后完全是一团乱麻,最终他们被迫将系统回到当初的单体应用上。

实现可持续性,收益包括:

首先,研发交付过程的可持续。将宝贵的人力资源从枯燥的重复性劳动中释放出来,真正从事高价值创造力的工作,才是可持续交付的核心。

其次,可持续的业务价值交付。快速交付带来的业务创新响应闭环加快,单位时间可以交付业务进行尝试的成本与风险都大大降低,从而让业务可以放手进行大胆试错,持续创造客户价值。高频率部署发布带来了快速和持续不断的创新。

最后,通过消除浪费实现经济上的可持续。精益思想的核心是消除浪费,软件价值流中存在着巨大的浪费,这些浪费是缘于交付期限延长,不良的交接,计划外工作和返工,以及最大的浪费:交付没有人要的功能。通过投资构建、测试、部署和环境自动化,消除了与发布过程相关的许多固定成本,从而大大降低了对软件进行增量更改的成本。通过快速交付、持续反馈、持续优化与快速试错,可以大量消除浪费,挽回巨大的损失,进而把这些省下来的钱重新投资到研发过程,从而形成飞轮效应:提高组织的有效性,将时间花在真正增值活动中,减少浪费,同时交付更多的价值至客户手中。

3. 最大的价值来自员工满意度的提升

研发效能提升带来的额外价值 ,往往被忽略的,同时也是最大的价值是,员工满意度的提升,减少职业倦怠。

在企业内部建设DevOps工具平台的价值是什么? 我们也经常被问到这个问题,我们费尽心思通过平台能力建设,如果能够提升5%的交付效率,也是了不得的成绩。即便节省下来的时间只是让员工多休息了一会儿,也是非常有意义的事情。

首先,这句话说明研发效能本身也包含了改善软件从业人员的生存状态,提升他们的幸福水平的理念。

其次，通过研发效能的不断改进，加速业务反馈闭环，让员工可以更为直接地看到自己的付出对业务产生的正向影响。持续改善企业内部的工程师文化，提升员工信心，激发员工的活力和价值创造。

另一方面，也可以让大家关注同一个目标，彼此信任，高效协作，调动员工的积极性和创新能力，从而让整个团队进入一种积极创造价值的状态，而这所带来的深远影响远非建设一两个项目可比拟的。

第 6 问　如何破解度量指标的误区

Let me go, I don't wanna be your hero, I don't wanna be a big man.

——Family of the Year *Hero*《英雄》

聊到研发效能，度量是一个绕不开的话题，我们以往的直播过程中也不断的有度量的问题提出来，有必要专门讨论一下关于度量。包括度量指标如何选择？度量如何不变成 KPI(即考核)？度量的 What 与 Why。

度量是对工作的过程和产出进行数据定义、收集、和分析的持续性量化过程。建立一个度量体系包括选取度量指标、确定指标的度量标准、确定度量频率、数据收集方法和分析方法的过程。

1. 我们经常误用了指标

指标本质上并不是一件坏事，只是经常不恰当地被使用。

组织喜欢指标，因为它使设定目标更容易，并阻止人们质疑指标背后的目标。与强大指标关联的巨大激励导致人们只专注于工作中与指标相关的部分，而忽略了可能使目标更加成功的其他促成因素。组织必须警惕这种破坏性焦点，它会导致人们忽视其他重要因素。

管理者喜欢度量指标，通过数字来衡量表现，数字有助于衡量成功与否。出发点是好的，但纯基于数字的管理会不自觉地导致有问题的行为，最终有损于更大的组织目标。

(1) 指标不是目标

当我们说度量指标，度量应该是动词，指的是度量那个指标，以作为了解现状、发现问题并加以改进。如果将指标简单地对应为目标，仅看指标，就失去了度量的意义。

设置一个数字的指标使人们特别容易将其作为传达目标的唯一手段。告诉人们一个尺度和一个数字通常比解释一个复杂得多的目标要容易得多。度量是对复杂属性的一种简化，简化复杂性的代价是以忽视真正的最终目标为代价的，并以追求次优结果告终。

正如甚嚣尘上的各种成熟度评级，评级是为了反应组织当前的研发水平，更重要的是发现差距，作为输入参考指导进一步的改进。把评级当作终极目标、相互攀比甚至数据造假，就失去了其真正的意义。

(2) 指标不是目的

度量指标本身不是目的，是手段。禅宗说“以手指月，指并非月”，意思是说，有人用手指出月亮的方向，就应该顺着手指去找月亮，如果把这个手指当成是月亮，那么就不但迷失了月亮，也迷失了手指。

度量的目的是收集反馈，以持续改进，是为了确认与目标相比，我们当前做得如何，趋势怎样，是在正确方向并且加速趋向目标，还是南辕北辙越跑越远。指标有欺骗性，指标是短期的，而目标是中长期的，一旦将指标与目的本身混淆，就会为了达成指标而产生急功近利的行为，从长远来看会损害最终的目标。

(3) 指标不是绩效

有了一个既定的数字而不是一个明确的目标，管理人员很容易使用这个数字代称的衡量标准跟踪人们朝着目标前进的速度。许多组织将这些数字与个人绩效目标联系起来。这也是效能并非效率的缘由，效能是一个结果性目标，并非仅看过程的效率。

如果将指标结果与绩效评估关联，只会落到传统 KPI 式管理的陷阱中，造成团队只关注被考评的度量指标，而忽略其他指标；或者造成度量指标被局部优化，甚至造假。这对团队文化和组织利益都是极大的伤害。

世易时移，目标是动态变化的，目标也通常是不靠谱的，目标通常是一个拍脑门的数字。组织花费大量时间确定该数字应该是多少，追求目标的精确性是浪费时间，而将其作为质量进行考核就更离谱。

(4) 指标不是方向

将指标同时用作目标和绩效衡量标准会导致意想不到的副作用，这意味着该指标是实现目标唯一的和最佳的方法。当团体使用数字目标衡量其他人时，它会对从事工作的人施加巨大的压力，来达到既定的数字。由于经常仅根据该指标的绩效进行衡量，因此会尽其所能实现该特定指标。这意味着即便有更好的方法来实现最终的目标，但为了达到考核的指标，我们会放弃更好最适合实现最终目标的方法。

(5) 指标不是帮凶

我们可以通过度量来发现问题，通过度量作为抓手，进而将度量值作为效能改进方向的理由和依据。度量数量是有用的，但也要看如何去解读，不要唯数据论，更不要让数据变成竞争内卷的帮凶。

经常有人说效能实践落地太难，团队抗拒，“不推不动”。我们经常见到通过指标的晾晒来达到推动的目的，通过横向的团队数据比对，来表扬先进，更重要的刺激后进。

(6) 指标不要晾晒

晾晒指标是很简单粗暴的行为，效能改进原本应该是好事，效能团队通过帮助产研团队达成改进的目标，而非强迫或通过指标晾晒强制达成。

不同地平线的产品类型，需要的度量指标不同；不同阶段的团队，需要的指标也不同。对于一个团队，随着时间的推移，在多个维度上的纵向比较是有意义的，通过纵向比较，我们可以了解这个团队的成长性。指标仅用于自己跟自己比，不应进行横向团队绩效晾晒。针对团队的度量应看团队成长，而非横向比较。度量就是度量，度量的目的是改进，不要和考核挂钩。

(7) 真正重要的东西可能是无法度量的

创意如何度量？员工幸福度如何度量？投入度如何度量？对团队和企业的认同感如何

度量？

真正重要的东西可能是无法度量的，研发效能的各类要素中，人是最重要的，德鲁克告诉我们，知识工作者的世界，体力管理者不懂。知识工作者的工作内容是无法通过简单的数据衡量的。

2. 如何适当地使用指标

德鲁克常说“度量什么，就得到什么”，换句话讲：度量什么，就只得到什么。

关于度量和指标，我们应该如何选取，如何进行呢？我们都在用各种各样的工具，网上的工具更是一抓一大把，能够度量的指标很多，但哪些是最需要关注的？

如果我们只是从可以简单度量的数值入手，最终度量的作用就会很有限。因此，与其选择指标，再想出对应的目标，不如从想要的目标反向推导出具体的指标。

即使是敏捷技术也不能保护团队免受因测量和跟踪错误数字而导致不良行为的影响。比如，我们使用看板来可视化团队的工作，并通过 Lead Time 前置时间度量需求的流动效率，Lead Time 的含义如图 3 所示。但是在实际看板实施中，会发现团队为了减小 Lead Time，而迟迟不将需求放入需求待办列表，这虽然意味着需求前置时间还未开始计算，但对于完整的客户体验而言，并未产生收益。

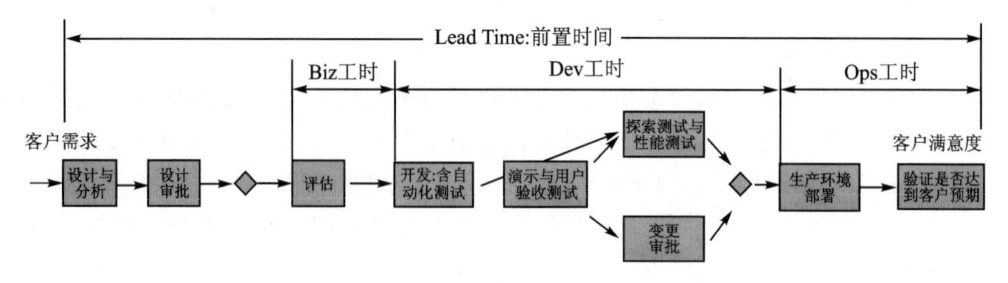

图 3　前置时间

(1) 想要得到什么，就度量什么

德鲁克的“度量什么，就得到什么”，可以换一个思路：想要得到什么，就度量什么。

我们总是在问需要度量什么，但有没有问过自己想要得到什么结果？目的是什么？为什么需要度量这些指标而不是另外的一些？

直播时 IDCF 的各位一直在试图解释为什么以及如何选择，但有些听众只是关心度量什么。关于度量指标，我们随便就能给一大把，网上搜一下，能够得到的更多。但度量的指标越多就越好吗？别人度量的指标适合吗？答案不言自明。

如同谷歌 SRE（站点可靠性工程）里的 SLA/SLO/SLI、黄金圈的 WHY/HOW/WHAT 以及影响地图的 WHY/WHO/HOW/WHAT，度量指标的选择，需要根据度量目的来定。目的是核心，是需要始终谨记于心的。度量指标只是目的外显的代理，不要让代理指标取代了我们的目标。

如果缩短上市时间是追求的结果，那就度量周期时间，了解需求产生到发布实际上要花多长时间。如果交付效率是追求的目标，那就度量流动效率，通过 WIP 限制定位瓶颈点，将重点放在能够最大化改善价值流动的方面，关注流动效率而非资源利用率。

(2) 以终为始,明确地将指标与目标联系起来

理想的情况,我们会为了实现特定目标选择最佳措施;然后,根据该措施设定目标,通常是用数字表示。为监控目标进展而选择的措施与实际目标本身之间的界限很模糊。随着时间的推移,衡量背后的原因消失了。即便是该指标与最终目标不再相关,人们却依然专注实现指标。

更合适的方式是确保所选的进度度量(指标),始终与其目的(目标)相关。适当地使用度量标准,每一项措施都应明确地与其最初的目的联系起来。明确目标可以帮助人们更好地理解指标的意图,存在于更丰富的上下文信息中的度量指标将指导人们为实现目标做出更合适、更务实并且更有用的决策。缺乏目的,付出的努力意味着人们想方设法创造性地和系统做游戏,最终将偏离真正的目标。

相比于“方法必须少于 15 行,一个方法的参数不能超过 4 个,方法圈复杂度不得超过 20。”的指标描述,“我们希望我们的代码不那么复杂并且更容易改变。因此,我们的目标应该是编写具有低圈复杂度(小于 20 行)的短方法(少于 15 行)。我们还应该瞄准少数参数(最多四个),以便方法尽可能保持专注。”就会更容易被接受和更好地实现最初的目标。将指标与目标明确联系起来,可以让人们更好地挑战其相关性,找到满足需求的其他方法,并帮助人们理解数字背后的意图。

(3) 度量外部(经济)指标,而非内部(代理)指标

我们应该度量每天部署次数吗?只有当部署成为瓶颈时,每天部署次数才有意义。

不要让代理指标取代了我们的目标,度量指标是目标的代理,从一定程度上体现了我们与目标的距离,所选的指标应该是在目标的关键路径上。我们需要定义面向业务结果的指标,而不是依赖于面向活动的代理指标。每天部署次数是否需要度量,关键在于它是否在关键路径上,在此之前搞清楚你要的是什么,为什么需要。

举例来说,SmartIDE(英捷创软公司的一款工具)在当下阶段,更重要的指标是核心用户关注度,这一点可以通过 B 站观看次数、互动评论数、页面访问次数、早鸟群人数和发言数、产品使用数量频度及单次时长、提交 Issue 数量等综合指标得到。这个阶段也不需要一个“核心用户关注度”的量化数字,尽管可以通过前面的指标加权得到,但没必要投入太多精力。如果只需要关注一个指标,也许是互动评论数。SmartIDE 目前需要评估每天部署次数吗?也许需要,因为快速响应用户需求毕竟是好的。但是需要用每天部署次数作为考核优化工程能力吗?不需要,因为团队的工程能力早已在多年的积累中铸造成型,并且当下的部署和发版频度已经足够,过快响应客户需求也不是当下需要追求的指标。

这也是我们为什么在直播时,一再回避给出一套简单的度量指标的原因,适合于我们的未必适合你,适合于我们当下的未必适合未来。问题不在于代理指标本身的使用;问题在于,我们依赖代理指标进行决策,而不是找到与业务成果相对应的指标。德鲁克指出,任何组织的绩效都只在外部反映出来,研发组织也应该优先选取其客户可感知的外部指标作为研发组织绩效指标。

(4) 得势得机得位,度量的时机和选择的方式

组织中度量的时机和选择的方式是否合理有效,通常要打个问号,那么如何选择时机和方式呢?我们从杰弗里·摩尔的三地平线模型说起,摩尔将企业业务分为如图 4 的三条地平线:

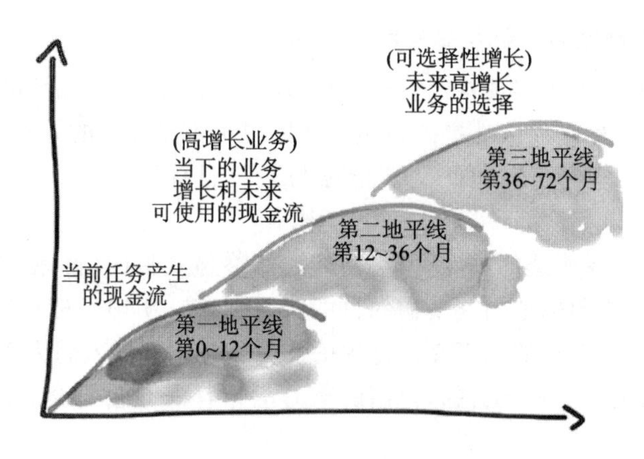

图 4　三地平线模型杰弗里·摩尔

① 地平线 1：在下 1 个财政年度，现有的产品及运营计划可以产生可预测的回报，也就是当前的现金流来源。

② 地平线 2：在 1～3 年的时间里，当下高增长的业务，收支可能还不平衡，会是未来的现金流来源。

③ 地平线 3：在 3～6 年的时间里，需要计划以外的研发投入，以便发现“next big thing”。

在《赢得区域》中，摩尔又提供了一个具有四个不同产品投资组合区域的模型，与三地平线对应。在定义不同产品线的价值指标时，必须确定区域及其目标。例如，在孵化区，业务目标可能是每月活跃用户；转型区，重点更多是收入增长而不是利润；绩效区域，核心才可能转为利润增长。

指标的选择要得势得机得位，根据不同产品的势头，在合适的时机，选择恰当的指标。理想的情况是：根据软件所处的不同阶段确定不同的度量目标，选取合适的度量方式，并根据所处阶段的变化适时调整，周期性地度量软件质量；每次度量的产出是形成有效的改进项，行动并观察效果，持续的对软件质量产生积极影响。

(5) 跟踪趋势，而非绝对数字

当我们将一个定性和高度解释性的问题(例如生产力、质量和可用性)转化为一个数字时，任何数字都是相对的和随意的。与其花费大量时间拍脑门给一个“精确”的数字目标，不如看数字的变化趋势。与目标是否实现相比，查看趋势提供了更有趣的信息。相关人员可以一起来观察工作的趋势，看看他们是否朝着期望的方向和是否以足够快的速度前进。

当趋势越来越与理想状态背道而驰时，关注绝对的数字显然毫无意义。趋势对于我们采取的措施及其结果可以提供很好的关联。在复杂的世界，我们需要不断尝试观察变化和响应。如果团队发现自己正趋向于理想状态，可以自问是什么在帮助他们朝着目标前进，还有什么可以做来加快这个速度。

绝对数字有时也会造成无助感，尤其是当目标较为宏大，而当前进展相对落后时，距离感容易让团队陷入习得性无助。趋势和增速有助于将人们的努力集中于朝着正确的方向前进的方面，而不是在看似无法解决的差距之间陷入瘫痪。

当考虑影响趋势的因素以及可以采取哪些措施时，就会浮现更好的问题，而不是简单地指出数字与现实之间的差距。

(6) 整体思考，关联制衡

创新型工作（比如编码）的复杂度和不确定性相比标准化的工作（比如搬砖）高很多。面对如此复杂的工作，单一的 KPI 是不可能照顾到管理的方方面面的。例如度量指标应该是以更低的成本交付更多的业务价值，而非单纯降低成本，但实际交付能力却大大降低。

我们倾向于关注容易看到的特性，这些特性通常是开发过程性能最不重要的驱动因素。例如我们很容易看到开发团队都戴着红帽子，于是认为红帽子是技术卓越的关键，却很难看到他们用来管理 WIP 的控制规则，这就是著名的红帽子效应。当我们观察现象时，可能会因为某些特征比其他特征更容易被观察到而产生偏见，这种可见性的增加使我们的发现产生了偏差。当我们与其他公司进行基准对比时，发现对方某些过程特征非常明显，于是很快得出结论，这些可见的特征是卓越表现的根本原因。

我们需要度量系统整体性指标，而非局部性指标。优化整体意味着确保使用的指标不会推动次优行为实现交付有用软件的真正目标。例如，我们想要缩短需求前置时间，这也是敏捷和 DevOps 的核心度量指标，但是如果我们只关注前置时间，忽略了发布质量，就可能因为速度而牺牲质量，进而损害业务价值。发布时间、需求范围、产品质量应该视为一体，都是组织 ROI 投入产出比的一部分。价值、质量、范围、成本、时间，度量所有五个要素的指标，并依据度量结果及时调整约束关系。这五个要素是彼此制约的，体现了整体性和关联制衡，这样就避免了采用单一维度的度量指标可能造成的危害。

(7) 累积跬步，以至千里

Chris Stevenson 在他的一篇博文中提出棘轮机制这一概念，指的是将代码分析工具添加到持续集成的构建中，当某个指标超过某个值时，就会失败。团队通常以这种方式作为一个小小的开端，将其添加到持续集成构建中，以免进一步朝着错误的方向趋近。在交付其他功能和业务价值的同时，逐步解决所选代码异味的问题，一次一小步。在每次小的改进上，团队都会向下修改指标的当前值。一个似乎无法解决的问题，被每次拆成一小块。“棘轮”卡到位以防止车辆向后移动，每个小小的改进都会将趋势推向正确的方向。我们可以先从简单较为容易直接获得的指标开始，逐步向着更为复杂的需要加权和卷积计算的指标迈进。

奇普和丹·希思在《瞬间的力量》中说：通过增加里程碑，我们将一场漫长而充满不确定性的比赛转变成了一场中间有许多“终点线”的比赛。当我们穿过每一个“终点线”时，我们会体验一种自豪感和冲击我们向下一个目标前进的能力。

与我们强调价值流的快速交付、快速反馈一样，指标的周期时间也需要缩短，快速获得反馈并加以调整。跟踪期越长，指标失效的风险和无效投入的成本就会增加。度量周期的设置也不宜过短，太短可能还来不及产生效果，进而导致耐心不足产生团队震荡。跟踪相对较小的周期有助于识别趋势，在短的周期中，你会获得更多关于实际发生的事情而不是关于计划的臆断，可以用来推动举措来影响结果。组织可以从使用较短的跟踪周期中受益，因为它为重新规划创造了更多机会，从而实现了最大价值。

(8) 度量有成本，投入需谨慎

人们很容易认为，因为某些指标是好的，所以指标越多越好这，这就是为什么经常见到一款将自己能够生成数以千计的报告列为亮点功能，可事实是客户经常迷失在报告的“海洋”之中。

指标的关键是少即是多，保持简单，只衡量重要的事情，保留有用的指标。度量是有成本的，度量也是工作量，需要大量的投入，包括定义指标、收集数据、分析数据、做出决策等。保持简单，减少度量工作量。

度量成本不应超过其引发的持续提升所带来的价值，否则，就需要调整度量指标、提升度量效率，或者降低度量频率。当然持续提升的有效性也可能需要提高，但持续提升超出了度量的讨论范畴。过于复杂的汇总模式可能会掩盖某种系统性能的变化，同时也更难以理解。

度量投入需要讨论的内容包括我们试图达到什么目的，指标对团队是否有用，指标的适用期限是什么，行动周期时间，备用指标是否与业务要求一致，指标是加强还是削弱了团队的所有权，收集和分析数据的实际成本是什么，指标有哪些副作用。

降本增效最好的方法是自动化，在适当的技术投入下，通过工具或脚本自动收集度量数据，自动分析度量结果，自动产生触发预警。

精度在可信的范围内，过度精确反而不可信，并且投入过大。

不能从失败中吸取教训，才是真正的失败。我们可以从最基本的步骤开始行动，与所有团队成员沟通度量指标及其背后的目标与目的，定期检查指标的有效性，定期调整和更换。

第 7 问　关于研发效能，我们应该度量什么

Take me into the flight, and I'm an easy brother, and I'm on fire.

——Kasabian *Fire*《火焰》

度量的好处在于我们能够提供基于事实的数据，问题在于，事实可能没有那么明显，这取决于如何去选择数据，以及如何解读这些数据。有了度量的原则，具体度量什么反而变得简单。

1. 度量指标选择维度

假设我们要评估一个出租车司机的工作效能，我们会评估哪些维度？首先当然是是否能满足客户从 A 点到 B 点的诉求，这最基本的有效性前提；其次是看他是否能够在单位时间内接送更多的订单，这个是看他的效率，例如是否对路况熟悉（即便是有导航），车技是否娴熟，是否了解打车高峰低谷人群分布（即便是有打车软件），当然这些是在有限性前提之下的；最后，我们要看可持续性，这包括身体健康，饮食合理，定期活动不要久坐（当然很难），热爱这份工作不要职业倦怠，家庭和睦（很重要）等。

组织的度量标准也可以参考上面的例子，业界普遍使用平衡计分卡的方法进行度量和绩效管理。平衡计分卡中包括财务、客户、内部流程、组织能力四个维度。因为研发效能的本质是提升研发运营效率、提升组织能力。研发效能是以高效可持续的过程达成高质量客户满意的结果，被度量的各项指标基本上归结为三个因素：最终结果、实现过程和具备的能力。所以我们从这三个维度选择度量指标：价值交付有效性，价值流动效率，可持续交付能力。

（1）有效性指标（价值）：满足客户和业务需求的结果如何？

（2）流动性指标（效率）：组织交付价值的效率如何？

(3) 可持续性指标(能力):组织在实现业务敏捷性的可持续交付方面的能力水平如何?

结果与过程是关于有效性和效率。所谓有效性,就是什么是正确的事情;所谓效率,就是怎么正确(快速、高质量、可持续)地做事情。没有办法既关注效率又关注有效性,所以要把这两类指标分开。而可持续性则是衡量团队如何能够长期兼顾有效性和高效性的能力。

2. 有效性指标(价值)

业务结果有助于确定开发组织的努力是否有效,是否会产生预期的业务收益。赞助软件开发的人通常对开发指标(例如部署到生产的速度或频率)不太感兴趣。他们更关心软件将提供的商业价值,例如更少的人员、更好的销售转化、更高的客户满意度,即业务成果。

结果可以衡量外部面临的问题,例如收入增加、客户保留等。业务性指标,通常为销售、市场或运营所关心,例如 NA 价值客户收入占比、销量、销售周期及成本、客户满意度等销售指标,市场份额、市场占有率等市场指标,日活月活、获客成本、转化率、留存率、复购率、客户净推荐值等运营指标。

除此以外,我们可以度量与交付质量相关的指标,例如可用度,反映研发组织管理的系统或服务的稳定性,包括系统可用度或服务可用度指标,以及故障平均解决时长 MTTR;对外交付质量,反映研发组织交付质量,包括生产缺陷需求比,测试缺陷需求比两个指标;市场响应度,反映研发组织响应市场要求的能力,包括需求前置时间,需求前置时间分布指标。

需要注意的是,业务价值通常难以衡量,而且存在时间滞后。因此,也许要等到正在构建的软件发布几年后才能衡量团队的生产力。

3. 流动性指标(效率)

Mik Kersten 创建的流动框架提供了五个指标,可用于衡量流动的不同方面,包括流量分布、流动速率、流动时间、流量负载和流动效率。我们参考 Mik 博士的框架,提供如下的流动性指标。

(1) 需求(LeadTime)前置时间,即流动时间

其指的是从团队确认接受用户提出的需求开始,到需求上线所经历的平均时长。它反映团队(包含业务、开发、运营等职能)对客户问题或业务机会的响应速度。需求前置时间是一个外部指标,确保组织和团队专注于重要的事情——在尽可能短的时间内为业务和客户提供价值。流程时间越短,客户花在等待新功能上的时间就越少,组织产生的延迟成本也就越低。它也是一个整体性指标,需要牵动组织内部从业务到产研直至运维和运营的所有团队,所以是较为理想的指标。通常按不同的起止阶段,我们会有多个前置时间,其中需求的前置时间最为重要,因为这是端到端的,而其中每一段的前置时间则是分段速率的体现。

(2) 需求吞吐率,即流动速率

其是单位时间内交付需求的数量,也可以平均为每个开发工程师完成的需求数量。由于工作项的大小不尽相同,因此更常见的度量是在时间范围内某类型工作项的已完成故事点总数。需求吞吐率反映了研发组织的产能,相对于绝对的数字,我们更关注趋势变化。吞吐率的提升固然是好事,但它不可能一直增加下去,到一定阶段,吞吐率的稳定性会变成我们的关注指标,因为它体现了可预测性。吞吐率的忽上忽下会暴露问题的存在。我们也可以通过分析需求前置时间的分布，看到团队交付需求的平稳性。吞吐率带来的是让产研与业务团队之间对需求交付的沟通有了事实数据基础。

(3) 流量负载

其表示系统中当前有多少“在制品”。限制在制品数量，保持健康的活动事项对于实现系统中的快速流动至关重要。累积流图是一种常用工具，可以有效地可视化随时间推移的流量负载。累积流图显示给定状态下的工作量、项目被接受到工作队列中的速率（到达曲线）以及它们完成的速率（离开曲线）。

(4) 流量分布

测量每种类型的工作分布，简单的比较方法就是在任何时间点统计每种类型的工作项的数量，或者通过故事点的数量考虑每个工作项的大小。流量分布可以帮助我们分析时间都花费在哪儿了，真正花费在新特性上的时间才是团队效能的体现。而精英效能团队也只能做到50%，也就意味着我们在这个层面有巨大的潜力可以挖掘。

(5) 流动效率

流动效率：衡量总流程时间中有多少用于增值工作活动与步骤之间的等待。流动效率是通过价值流映射分析得到的，识别系统中的有效工作步骤和延迟的过程。流动效率的计算方法是将总活动时间除以流程时间，以百分比表示。低流动效率凸显了系统中的大量浪费以及应该解决的瓶颈和延迟。流动效率越高，系统就越能快速交付价值。

4. 可持续性指标(能力)

(1) 发布频率：单位时间内的有效发布次数

尽管 DevOps 现状报告通常选择部署频率作为度量值，但我们知道部署是技术行为，发布是业务决策，发布频率最终定义了团队对外响应和价值的流动速度，所以我们选择发布频率而不是部署频率也是基于 Outcome over Output（成果胜于过程产物）的原则。

(2) 变更前置时间

指从代码提交到功能上线花费的时间。这是前置时间的不同划分方法，体现了团队基本工程能力，也是我们狭义 DevOps 即 CI/CD 最为看重的指标之一，如果变更前置时间过大，频繁的交付频度就会成为负担。Don Reinertsen 指出，批量并非越小越好，要综合考虑持有成本和交接成本。当批量过小，也就是交付频度过快，而此时团队的变更前置时间还不足以支撑，整体成本反而会极剧上升。所以变更前置时间给了我们一个很好的参考，一方面是如何在批量大小和发布频率之间找到最优区间，另一方面其也是衡量团队工程能力的良好指标。

(3) 技术债务水平

技术债务普遍存在于代码、架构、文档、测试中，其并非一个度量指标就能评估的。基于生命周期期望的软件质量评估是一个不错的起始点，它是一种通用方法，独立于语言和源代码分析工具，是一种支持软件应用程序源代码评估的方法。静态扫描工具（SonarQube）中的技术债务就是基于 SQALE 方法，是通过代码规则和问题来实现的。SonarQube 将技术债务放在可维护性维度，但其复杂度、调用嵌套、代码重复率等同样体现了债务的存在。此外，除了静态的分析，动态的调用链分析等方法也可以更为精确地观察架构耦合度。

(4) 团队满意度与员工净推荐值 NPS

工程师对工具有多满意？工具满足工程师需求的程度如何？他们对工作和最终产品的满意度如何？工程师是否感到筋疲力尽？你会向别人推荐你的公司吗？你会向别人推荐你们的研发实践吗？团队满意度和净推荐值决定了团队的认同感和敬业度，如果你对自己开发的产品不满意，如果都不愿意向别人推荐自己团队的研发实践，内部研发效能做得到底好不好也就不言而知了。

除此以外，还可以度量 MTTR，变更成功率，构建成功率，测试覆盖率，正交缺陷分类等指标。

心法篇三　关于 DevOps 的产生

第 8 问　什么是狭义的 DevOps 和广义的 DevOps

Things are getting kind of gross. And I go at sleepy time. This is not really happening. You bet your life it is.

——Tori Amos *Cornflake Girl*《玉米片女孩》

有人说"DevOps 开发与运维之间的协作"，有人说"DevOps 是自动化"，"DevOps 是敏捷基础设施"，还有人说"DevOps 是快速部署"，"DevOps 是把基础设施当作代码一样对待"，"DevOps 是特性开关"，"DevOps 是自动化运维"，也有人说"DevOps 是业务协同"，"DevOps 是安全"，还有人认为"DevOps 是工具链"。由此可见，大家对DevOps 的理解如同盲人摸象一般，看到的仅仅是一个侧面而已。

1. DevOps 到底是什么？

摘自百度百科的定义：DevOps（Development 和 Operations 的组合词）是一组过程、方法与系统的统称，用于促进开发（应用程序/软件工程）、技术运营和质量保障（QA）部门之间的沟通、协作与整合等，它是一种重视"软件开发人员（Dev）"和"IT 运维技术人员（Ops）"之间沟通合作的文化、运动或惯例。透过自动化"软件交付"和"架构变更"的流程，使得构建、测试、发布软件能够更加地快捷、频繁和可靠，它的出现是由于软件行业日益清晰地认识到：为了按时交付软件产品和服务，开发和运维工作必须紧密合作。

再来看看维基百科的定义：DevOps 是一组软件开发实践，它结合了软件开发（Dev）和信息技术运维（Ops）缩短系统开发生命周期，同时交付与业务目标紧密一致的特性、修复和频繁更新。

从上面两处对 DevOps 的定义，我们可以看到 DevOps 涉及开发与运维的协同，这就是我们通常讲的狭义的 DevOps，那这个概念是如何诞生的呢？

2. 狭义 DevOps 的诞生

时间要追溯到 2008 年 6 月，在美国加州旧金山，O'Reilly 出版公司举办了一场名为速率的技术大会，这个大会的话题范围主要围绕 Web 应用程序的性能和运维展开。这个会议被设计用来分享和交换构建和运维 Web 应用的性能、稳定性和可用性上的最佳实践。大会吸引了来自 Austin 的几个系统管理员和开发人员。他们对大会中分享的内容十分感兴趣，于是记录下了所有的演讲内容，并决定新开一个博客，让敏捷管理员分享这些内容和自己的经验。

同年8月，在加拿大多伦多的2008敏捷大会上，Andrew Shafer 提交了一个名为“敏捷基础设施”(Agile Infrastructure)的临时话题。由于对这个临时话题感兴趣的人不多，Andrew 认为没人会对“如何跨越 Dev 和 Ops 的鸿沟”这个话题感兴趣。所以当这个话题时间开始讨论时，作为话题提交人的 Andrew 并没有出现，但却有一个人出席了。这个人就是比利时的 IT 咨询师 Patrick（后来的 DevOps 四大天王之一）。Partrik 在这次会议上分享了自己的话题：“如何在运维工作中应用 Scrum 和其他敏捷实践”。他十分想把这些经历和别人分享，Patrick 在会议厅的走廊里找到了 Andrew，并进行了一场漫长的讨论。他们意识到在这次会议之外会有很多的人想要继续探讨这个广泛而又系统化的问题。

尽管在这次会议中，持续集成的流行已经使敏捷实践慢慢走向部署了，可是这仍然把运维工作和开发完全割裂开。于是他俩决定在谷歌讨论小组(Google Group)上建立了一个敏捷系统管理员(Agile System Adminstration)的讨论组继续这个话题。虽然有一些话题和参与者，但是访问者寥寥。

2009年6月，美国圣荷西，第二届 Velocity 大会，“10+ Deploys Per Day: Dev and Ops Cooperation at Flickr（每天10次部署，Flickr 开发与运维的协同）”的演讲轰动世界，成为 DevOps 萌发的标志。这个演讲提出了 DevOps 的“一个中心，两个基本点”——即以业务敏捷为中心，构造适应快速发布软件的工具(Tools)和文化(Culture)。

2009年10月，Patrick 在比利时根特召开了第一次 DevOpsDays 大会。Patrick 因为错过了第二次速率大会上 Flickr 的精彩分享，就想通过 Twitter 召集开发工程师和运维工程师在比利时举办一个类似于 Velocity 的大会。但如果要召开一个会议，就得有一个名字。Patrick 首先就想到了 Dev 和 Ops，由于这个会议会持续两天，所以他加上了 Days，于是就有了 DevOpsDays。由于 Twitter 上有140个字符的限制，因此他想用 DOD 作为 DevOpsDays 的缩写以提醒自己“死在交付上”(Dead On Delivery)，但不知什么原因，最后没有这么做。

虽然这是一届“社区版 Velocity 大会”，但这届大会出乎意料的成功。人们从世界各地蜂拥而至，除了开发工程师和运维工程师，还有各种 IT 管理人员和工具爱好者。两天的会议已经结束后，参与 DevOpsDays 的人们把这次会议的内容带回到了世界各个角落。会议结束后，DevOpsDays 的讨论仍在 Twitter 上继续着。由于 Twitter 140个字符的限制，大家在 Twitter 上去掉了 DevOps 中的 Days，保留了 DevOps。于是，DevOps 这个称谓正式诞生，这就是最初的狭义 DevOps，即解决 IT 部门内部在敏捷软件开发和传统系统维护之间的矛盾。

3. 广义 DevOps 的蓬勃发展

2011年，著名咨询机构 Gartner 发布了一个预测，企业未来将会大量采用DevOps。可谓一石激起千层浪，这一有着风向标的预测，为整个 DevOps 的蓬勃发展，起到了很好的催化剂作用，从此无论是社区、还是企业，以及工具厂商，一起推动了 DevOps 的在各个维度的延伸与应用，最终形成了覆盖端到端价值链的广义 DevOps，如图5所示。

广义上的 DevOps 从原始需求出发，来自于客户、业务、产品等最初的环节，延伸到开发与测试，再到运维，最终再到用户运营，不再只局限于开发和运维两个部门。目的是实现价值的端到端快速流动，帮助组织达成业务目标。所以，广义的 DevOps 其实是包含了一些细分方向，譬如 BizDevOps、DevTestOps、DevSecOps、AIOps、ChatOps、noOps、AgileOps 等，或者说，这些都是 DevOps 的变体，本质上都涵盖在广义的DevOps 里面。

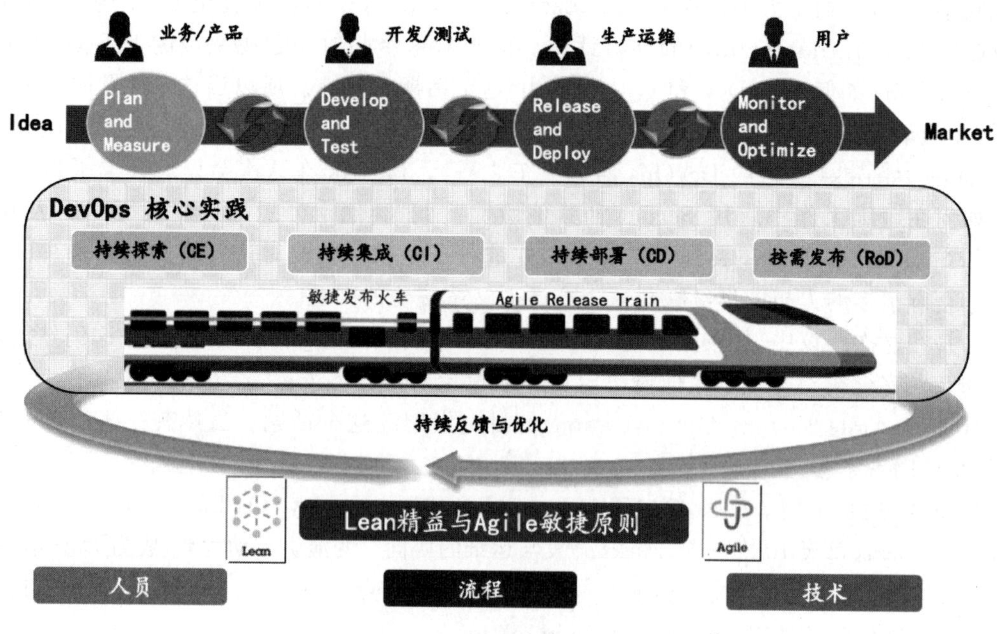

图 5　端到端的 DevOps

组 织 篇

组织篇一　组织效能跃升所需要的人员素质

文化将战略当“早餐”，文化就是一群人的行为方式背后的共性部分。企业研发效能的改进，根本是在组织和人层面。一切实践都需要通过人来落地，一切工具都是为了辅助人的活动。在组织篇，我们将聊聊高效能组织的员工、领导力、文化、团队以及社区建设。

第9问　高效能组织，到底需要什么样的员工

I didn't really know what to call you. You didn't know me at all. But I was happy to explain.

—— The Cardigans *Communication*《沟通》

高效能组织，到底需要什么样的员工？

人永远是第一位的，高效能组织，一定拥有不同于一般组织的员工。像奈飞、特斯拉、亚马逊、Google这样的公司，到底都有什么样的人才呢？想要构建一个高效能组织和团队，我们应该招募哪一类员工？想要加入高效能组织，我们首先应该把自己变成什么样的人？

有一点可以肯定的，一定不是“职场巨婴”。

1. “职场巨婴”

“大多数成年人，心理水平是婴儿，大多数人都是大号婴儿”，此言不虚。巨婴进入职场，就成了“职场巨婴”。巨婴从来不认为自己没长大，而是觉得自己天性使然、天真烂漫。事实上，所谓的自我表现是任性与推责，天真是因无知与自私，直率是缺乏情商，不懂体谅，无同情心，更不用说同理心的存在。在他们身上体现出的是各种“不靠谱”的负面标签：任性、消极、被动、推脱、甩锅、无视、幼稚、怨天尤人，等等。

职场巨婴的一些具体表现包括：

(1) 推卸责任，事前推脱不做，事后出错甩锅，随时随地撂挑子。出了问题从来不会从自身找原因，总是怪环境，怪别人协作不力。总是喜欢找各种借口，逃避工作，一旦事情出了问题，总是能将责任推到别人身上，“都怪某某”“我按照领导的指示做的，之前都可以，这次为什么会这样我就不知道了”“我做的都没有问题，一定是别人的问题”。在高效能组织，“没人告诉我”是一个永远不会被接受的借口。

(2) 消极逃避，极度拖延，默认拒绝，绝不主动，问题面前，消极以待。遇到问题他们总是选择不去直面对待，“这个我真的做不了，你找谁谁吧”“这事儿不归我管”“我下班了啊”。

(3) 稀里糊涂，不知道是真糊涂还是装糊涂，问他一个问题，总是感觉答不到点上，来回来去在自己的话术里绕来绕去，就是不给痛快的答复。

(4) 墨守成规，不愿逃离舒适区，缺乏安全感，墨守成规不愿改变，不愿意学习新事物，遇

到新的挑战会出现畏惧心理,不愿面对。"这个工具没用过啊""没人教过""按规矩是这样的""我们一直都是这么做的,不能变""这个我不敢保证,出了问题谁负责"。

(5) 不懂感恩,一边对工作不认真、不负责,指望着同事帮自己把每一件事都安排妥当;一边又颐指气使,各种抱怨。喜欢以自己为中心,将自己作为焦点,心智不成熟,认为别人的付出和努力是理所应当的,丝毫不感恩。

如何破除困局呢?我们仔细研究了《奈飞文化手册》《特斯拉反手册之手册》《Valve员工手册》,得出了下述观点。

2. 只招"成年人"

破除职场巨婴貌似也没有其他更好的办法,著名的《奈飞文化手册》第一条准则就是:我们只招成年人。毕竟成长是个人的事情,企业自然不会也没有义务招募一个"巨婴",然后将其培养为真正意义上的成年人。

所谓成年人,并不是年满18周岁的人,而是指那些积极、主动、有担当的人,渴望接受挑战的人。他们负责任,所以能更好地行使权利;他们够自律,懂得守护公司和个人的边界。

招聘这样的成年人,只需要持续清晰地向他们传递所面对的挑战是什么即可。毕竟成年人渴望的是成功,而不是安慰。每一个成年个体都应该非常明确自己的职责和作用,他们会为了共同的目标而行动,以实现结果,达到预期要求为出发点,简单而高效。这些要求事实上并不是太高,而是最基本的职场诉求,试问谁家的招聘信息上会写需要的人是:消极任性,被动不担责,推脱爱甩锅,幼稚喜欢怨天尤人?

3. 自由与责任

自由与责任的核心就是将主动权交还给员工,让他们在自由的氛围中充分发挥自己,并承担起自己的责任。自由与责任好比是一个硬币的两面,不可分割。缺乏自由只有责任无法从内心认同,所以会想方设法规避责任;只有自由没有责任是虚假的自由。

有责任有担当的成年人,应该是像奈飞公司所要求的,同时也是自由和责任的基础:自律,自主,自发,自愿,自立,自励,自勉,自知,自治,自我提升。有责任感的人因为自由而成长,也配得上这份自由。公司成长的同时应该增进员工的自由极限,而非限制。正向循环,员工自我成长的同时,也让公司足够放心给予更大的自由度。

管理、流程和纪律(而非自律)是普通的领导者能够想到的方法。命令与控制,严格流程驱动的结果就是各司其职严守界限,视流程为雷池绝不越其半步。给员工带来的是不用也不敢主动思考突破,墨守成规就是这样来的。

特斯拉的员工手册,命名为反手册手册(*The Anti-Handbook Handbook*),就是要反对传统的流程和管控方式:"如果你想找的是一本填满了各种政策和规则的传统员工手册,你是找不到的。政策和规则告诉你底线是什么——它们会在你被解雇前告诉你,自己的表现可以有多差。"

毕竟创新求变需要主动营造自由的环境和氛围,需要鼓励"不太守规矩"的人,需要对结果极度地渴望并且愿意主动推动事情往前进行的人,需要不计较短期的个人得失而更加看重团队和公司的长期价值。

"和对的人一起工作,而非用流程去束缚他们,我们因而建立起富于创新精神和自律精神,自由和负责的企业文化”,奈飞公司强调尽可能简洁的工作流程和强大的纪律文化,远比团队的发展速度更重要。

好的流程帮助人们搞定事情,坏的流程用条条框框约束人们,不要让规章与制度限制了高绩效的成年人。“以防万一”,为了预防错误发生而采取的各种管控措施只是借口,只是懒政的表现。应该以业务和结果为导向,适度承担应该承担的风险,尽可能去除繁文缛节,强化工作重点。如若一切不好的都严格控制不让其发生,那么也就不会有美好的事物发生了。

做正确的事,比正确做事更重要。公司建立起各种规章制度,目的是让人正确做事,规章和流程不是目的,目的是要做成那件事。比起正确地做事,员工更需要知道的是,他们最需要完成的工作是什么,即什么是正确的事情。和正确的人,做正确的事,然后才是正确地做事。

4. 招募最好的人

想象一下,如果真的有机会和一群最优秀的人一同改变世界,我们会心潮澎湃,每天都盼着去工作,和优秀的同仁一起解决问题。人们最希望从工作中得到的东西:加入到让他们信任和钦佩的同事团队中,同大家一起专注于完成一项伟大的任务。

“最好的工作环境是拥有一群超级棒的同事”,平凡的同事和无挑战的工作是杀死员工工作技能的最大元凶,对杰出人才最好的奖励就是使其拥有一群杰出的同事以及足够大的工作挑战。给予员工自我发展的机会,提供周围一群杰出同事的方法帮助他们发展,同时也给予他们足够大的挑战去为之奋斗。

《特斯拉的反手册手册》明确定义了什么是优秀人才,“我们更愿意设定极高的标准,并聘用那些喜欢每天都把自己推向最高水平的优秀人才。我们希望周围的人都被驱使着去做正确的事情,即使在没有人注意的情况下也要正直行事。”

其反手册手册的特色在于,它毫不掩饰特斯拉对员工最高的期待,毫不掩饰公司对于追求更多价值而对员工提出的比普通公司更高的要求。“我们是特斯拉人。我们将改变世界。我们愿意重新思考一切事物。我们与众不同,我们喜欢这样的自己。正是与众不同,才让我们标新立异,完成在其他人眼中是不可能的任务。我们更强调的是极高的标准,同时聘用最与众不同的人才。”

“员工与岗位的关系,不是匹配而是高度匹配”,招募现岗位上能够找到的最好的人,千万不要凑合。如果一个人不适合,不值得信赖,最好早点请他离开,一个负能量的人带来的损害极大。与不匹配的人合作,就像咬合不紧密的齿轮一样存在内耗,长久以往会严重消耗双方的能量。假设每个齿轮与齿轮之间的内耗是10%,事实上整体带来的损害远不止10%,不合适的齿轮每多一次咬合就造成一次90%的折扣,可以很容易地看出来,交互得越多,损害就越大,这也是为什么很多情况下,团队增加了人反而效率下降的原因。

不合适的人造成的影响不仅是工作效率上的,拥有一群超级棒的同事所带来的幸福感,会被一个消极成员轻易打破。物以类聚,人以群分,真正优秀的人会去寻找并加入同样优秀的团队。

匹配是双向选择的过程,无论企业还是员工,都在相互匹配。员工希望做自己最喜欢做的有挑战,能成长的事,企业希望员工能最完美匹配岗位的要求。

不仅是奈飞公司的文化手册,在硅谷有大量的科技公司强调类似的观点。例如《Valve员工手册》在扉页上写着“在无人为你指路时,你要无所畏惧继续前行”。尽管Valve的员工没有固定的岗位描述或者责任限制，但他们总能够清楚地理解自己在当前阶段的工作定位。

Valve 认为“加入一个新鲜的个体对我们成功的影响要远大于他对其他任何公司——无论是好影响还是坏影响。不要只接受有用但不如我们自己的人。我们应该吸收比我们更能干的人。”

这世上最重要的事情莫过于招聘了——无一出其左右，甚至比呼吸还重要。因此当你在负责招聘时——面试一个新人或改进用人标准——站在未来 6 个月的时间考虑现在需要的人，我们很难在 6 个月之内培养起一个超级棒的同事(尤其是对巨婴)。所以提早布局，不要负重前行直至过载，无论对团队，还是对我们现有的超级棒的同事，都不是一件好事。

Valve 公司在评估一个员工的时候主要看四点。

第一是技能水平，看是不是能解决复杂问题，关键问题，或者在某方面的技能是独一无二的；

第二是产出，产出不是指你上班时间的长短，加班很可能是你工作效率不行或者能力不行，看的是真正的产出；

第三是在组织内的贡献，比如你在组织里面招聘，培训新人了，或者开发了厉害的内部工具等；

第四是产品贡献，就是你对产品产生的影响力，比如你做了一个很好的决策，或者你发现了一个非常重要的问题等。

5. 超级棒的同事

总结下来，我们认为超级棒的同事是这样的：

(1) 眼里有光，“如果你想造一艘船，先不要雇人去收集木头，也不要给他们分配任何任务，而是去激发他们对浩瀚汪洋的渴望。”(*Antoine De Saint-Exupery*，《小王子》作者)。我们喜欢的员工，是眼里有光的，是渴望成功的，是追求完美与卓越，热爱胜利又不惧失败的人。

(2) 正直并且坦诚，曾经有老板问最看重一个人什么特质，我毫不犹豫地回答“人品”。人品是重中之重，人品若是欠缺，即便短期可以合作，长期定会出问题。

(3) 明辨轻重缓急，能很聪明地分清楚哪些事现在必须完成，哪些事可以稍后跟进，哪些必须自己全力以赴，哪些可以授权或请求别人做，哪些甚至不用做。不要让自己一个人太忙，当一个人太忙，往往会产生井窥效应，不要把水挤干，需要留给自己空间和时间去思考，什么是更重要的事情，什么是新的工作方式，如何能一通百通解决问题。

(4) 善于聆听，捕捉对方话语背后真正的意图。心要能静下来才能听到言外之意，心若过于忙碌是无暇感知的。

(5) 求同存异，对事不对人，对人就别谈事，要么先搞事，要么先把人搞定。目标是一起把事情做成，而非谁赢谁输，当然更不是争权夺利。

(6) 扛得住压力，懂得自我调整，无须时不时有人来安抚一下。

(7) 能够系统思考，具有自知之明，并尽全力。

(8) 值得依靠，但不是被依赖，不让自己变成瓶颈。

(9) 注重结果，也享受过程。有时候过程中学到的，甚至比结果更为重要。不要太在意短期的得失，欲速则不达。

(10) 终身成长，保持学习的欲望，保持对事物的好奇心，童心未泯。

(11) 基于事实,挑战现状,积极给出建设性意见而非一味批评。勇于尝试新鲜事物,敢于犯错,不惧重新出发。

第10问 高效能组织,到底需要什么样的领导力

Everybody seems so far away from me. Everybody just wants to be free.

——Mazzy Star *Look on down from the bridge*《桥头俯视》

IDCF转发过一系列的"如何搞垮一支团队"的文章,无论是团队还是公司,在此表示致敬!

只要领导者肯卖力,没有"搞不垮"的团队,具体招数有:坚持内卷、绝不外卷;内战内行,外战外行;不懂装懂、外行管内行;一味唯KPI考核论,或从来不进行考核;唯流程文化,或全无流程;管得过细,或管得过粗;甩锅文化,绝不躬身入局;任人唯亲,拉帮结派;能够动嘴绝不动手;"俄罗斯套娃",弱将不敢招强兵;责权利不分清楚;本位主义,各自为政,壁垒林立,官僚主义。

1. 领导力

对于领导者的能力结构,我们称之为领导力。关于领导力的解释不计其数,市面上关于领导力的书很多。百度百科的解释是,领导力指在管辖的范围内充分地利用人力和客观条件,以最小的成本办成所需的能提高整个团体的办事效率的能力。沃伦·班尼斯(Warren Bennis)说,领导力就像美,它难以定义,但当你看到时,你就知道。杰克·韦尔奇的定义是我最喜欢的:在你成为领导者之前,成功都同自己的成长有关;在你成为领导者之后,成功都同别人的成长有关。

从图6能够看出来,领导力是企业生命体的核心,承接人、组织、流程与系统。一个好的领导者应该有哪些能力呢?我们希望他可以同时具备:学习能力、战略能力、识人用人、带队育人、影响感召。我们似乎对领导者有着种种的期许,但似乎真正能够做到的凤毛麟角。

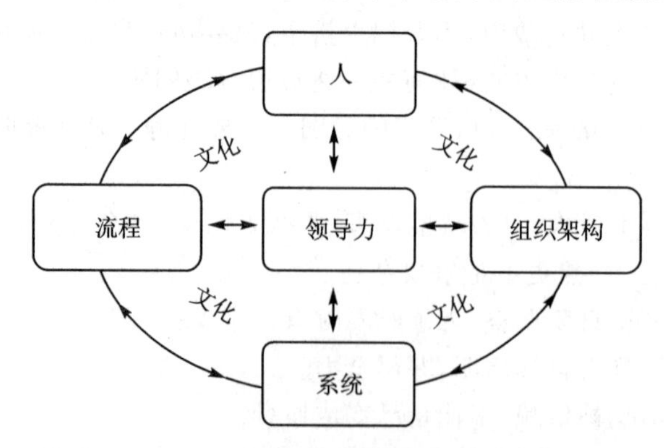

图6 领导力是企业生命系统的核心

领导者到底是超人,还是在自欺欺人?我们到底需要什么样的领导力?

2. 时代在变化，管理学也在演化

设想一下，假如你是来自外太空的生物，定期寻访地球，并分析和汇报寻访期间发生的变化。200 年前你所拜访的地球，和你刚刚到访的这一次，两次之间发生了多大的变化！

200 年前，我们信心满满，科学家们告诉我们这个世界是确定的。如图 7 所示的各位科学家，拉普拉斯说，如果我们知道宇宙中所有质点的运动和位置，那么我们就可以计算出它在过去和未来任一时间的行为表现。牛顿说，宇宙是绝对、真实和可计算的。我们认为时间的流动是独立和持续的，能量和物质是分离的，空间是持续和相互分离的，在 200 年前，我们认为物质要么是波，要么是粒子。

（人物依次为拉普拉斯、波尔、薛定谔、牛顿、普朗克、爱因斯坦）

图 7　200 年间的著名科学家

然后，这个世界开始展现出不确定性的一面：相对论告诉我们，物质不是"非此即彼"，而是"即此又彼"；空间与时间相互连接，并且是相对的；时间并非恒定，而是取决于谁在哪里以及速度如何；时空是弯曲的。量子力学告诉我们，不确定性和概率，现实是确定性与非确定性力量之间相互矛盾且看似混乱的动态；物质同样呈现自相矛盾的形态，既是一个波，也是一个粒子。

相对论研究的是宏观层面广大的宇宙全景，而量子力学研究的是微观层面的亚原子世界。"相对论回答了很多问题，而量子力学似乎提出了比答案更多的问题"，"当一个人第一次听到量子力学理论的时候，如果没有感到义愤填膺，那就是没理解这个理论"。测不准原理说，我们不可能同时测量粒子的准确位置和运动。逻辑并非一种，现实并非你所见，可能性比确定性更符合现实。

首先混沌出现了，然后秩序从混沌中显露。

——赫西俄德《神谱》

自然的本性看起来相互矛盾和有些混乱，但是在矛盾和混乱之中存在着秩序，这是一个悖论。混沌理论阐述了混沌如何具有内在的秩序和规律。混沌是表面上看起来复杂和表面上看起来无规则的行为，而这种行为实际上却具有一种简单而确定性的解释。

管理学也能够看出同样的趋势变化，泰勒《科学管理的原则》是上一个时代最经典的管理学，它的理念是"如果……那么……"。分析思维方法是通过将整体分解成局部，并将局部进行分析来获得对整体的理解。非决定论的不确定性，复杂性科学强调的是自组织，复合型高适应系统理论，思路是"既然……那么……"。

这是一个易变的、不确定的、复杂的、模糊的时代。管理学大师沃伦·班尼斯所说，领导力是技术与艺术的共同体，与此同时管理学也是一项复杂性学科。领导力看似简单却又充满挑战，灵活机动却又难以驾驭，全是常识却又总有微妙，易于上手，却又难以深入。

任何复杂问题都有一个清晰、简单但错误的答案。人脑的结构决定了能不用脑就不用脑。我们习惯于线性思维，更倾向于选择因果关系。我们喜欢把事情简单化，但事实是，我们无法通过把整体分解为局部来预测其行为，整个系统并非各个组成部分的简单叠加。如图 8 所示，自组织和涌现行为，是无法通过简单的各个部分的简单叠加来解释的。我们通过解剖学了解到的生物体的组成和机理，却无法通过各个部件组装成一个有机体，纯粹拼装得到的结果只能是弗兰克斯坦这样的科学怪人。

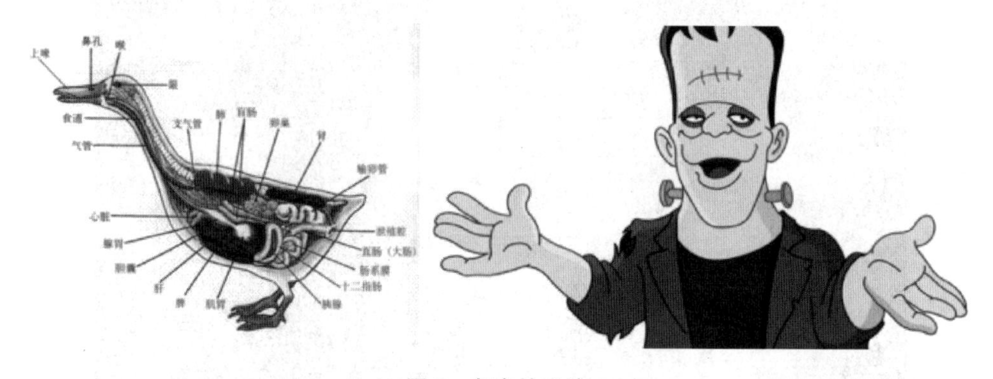

图 8 复杂性系统

时代在变化，管理理念也在随之变化，我们历经的是图 9 所示的从管理 1.0 到管理 3.0 的演进。

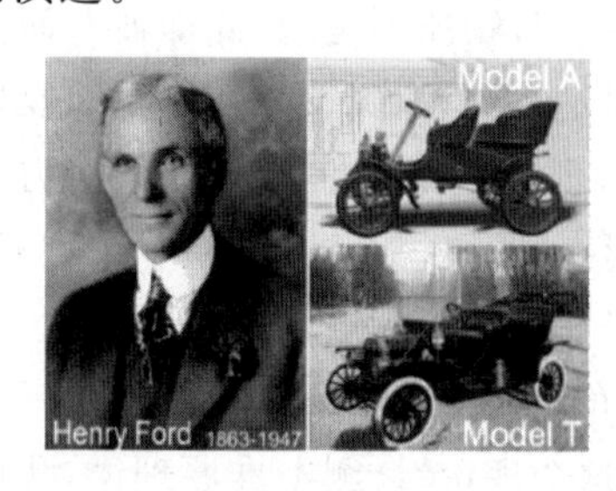

图 9 从管理 1.0 到管理 3.0 的演进

泰勒科学管理方法可谓是管理学 1.0 的时代，简单的因果关系，面向体力劳动者，以物质和金钱作为驱动力。丰田精益生产 TPS，开始强调系统思维，重视知识工作者，驱动力从物质开始转向内在动机，驱动力 3.0 的时代。管理 3.0 是 Jurgen 的书里提出的概念，融合了复杂系统和自适应理论，强调相关性而非简单的线性关系，自组织的团队，学习型的组织，阿米巴文化，反脆弱的理念，以及《驱动力》一书中的驱动力 3.0，即自驱力，强调内在动机。（驱动力 1.0 是农业社会的生物驱动，驱动力 2.0 是工业社会的外在动机驱动）

我们从复杂系统和自适应理论谈起。

3. 复杂自适应系统

为何群鸟聚集在一起自由飞翔，却能如此协调而不会相撞？

为何音乐会结束时，一个人鼓掌就会引起更多的人都鼓掌？

为何路上有一个人凝望着某处，可以诱使越来越多的行人一起凝望？

人们每时每刻都存在并能看到许许多多的复杂系统，如蚁群、生态、胚胎、神经网络、人体免疫系统、计算机网络和全球经济系统。

所有这些系统中，众多独立的要素在诸多方面进行着相互作用。在每种情况下，这些无穷无尽的相互作用使每个复杂系统作为一个整体产生了自发性的自组织，约翰·霍兰在《隐秩序》中把这类复杂系统称为复杂适应系统。

复杂适应系统（Complex Adaptive Systems，简称 CAS），也称复杂性科学（Complexity Science），是 20 世纪末叶兴起的前沿科学阵地，是指系统中个体能够与环境中的其他个体进行交流，在这种交流的过程中"学习"，或"积累经验"不断进行演化学习，并且根据学到的经验改变自身的结构和行为方式。

对复杂适应系统的定义也是"复杂"的，尚无统一的公认定义。但对复杂适应系统的研究越为深入，则越能感受这是对现有科学理论，甚至哲学思想的一大冲击。与复杂适应系统表现出来的不确定性、不可预测性、非线性等特点相比，长期以来占统治地位的经典科学方法显得过于确定，过于简化。可以说，对复杂适应系统的研究将实现人类在了解自然和自身的过程中在认知上的飞跃。

管理科学发展的一个趋势，就是将企业管理作为一个复杂系统的管理来研究，利用复杂性科学尤其是 CAS 理论的成果，探讨复杂环境条件下企业管理的原理与方法。

4. 自组织与涌现

CAS 理论很容易适用到社会和城市规划中，我们经常说企业就是一个小社会，现在大型的企业规模堪比一个小城市，而且是跨国跨地域的。现代企业系统的特征和 CAS 理论有很好的契合性，用 CAS 理论对企业更具有描述性和表达能力，这也使 CAS 理论在管理领域的应用具有广阔的前景。

复杂适应系统中的成员是具有适应性的主体（Adaptive Agent），简称为主体。所谓具有适应性，就是指它能够与环境以及其他主体进行交互作用。主体在这种持续不断的交互作用的过程中，不断地"学习"或"积累经验"，并且根据学到的经验改变自身的结构和行为方式。整个宏观系统的演变或进化，包括新层次的产生，分化和多样性的出现，新的、聚合而成的、更大的主体的出现等，都是在这个基础上逐步派生出来的。

沃尔·德罗普认为：复杂的行为并非出自复杂的基本结构，极为有趣的复杂行为是从极为简单的元素群中涌现出来的。

个体简单的蚂蚁，汇聚成蚁群，只需要极其简单却有效的指令，就可以做出极其精巧复杂、充满智慧的事情。

蜂群也是如此，蜂巢是最完美利用空间的建筑，蜂舞是最高效的沟通，蜂群的分工与蜂群大小的比例如此合理，而单一蜜蜂的智力却并不高，即使是蜂后也只是选择的结果而非基因的使然。

人的大脑神经元也很简单，上千亿个神经元汇集在一起，能够形成人类体的智慧和意识。

涌现现象产生的根源是适应性主体在某种或多种毫不相关的简单规则的支配下的相互作用。在涌现生成过程中，尽管规律本身不会改变，然而规律所决定的事物却会变化，因而会存在大量的不断生成的结构和模式。涌现是复杂适应系统层级结构间整体宏观的动态现象。

企业是一个复杂系统，个体组成不同的团队，进而组成不同的部门。每一个个体、团队乃至部门都具有智能性、适应性、主动等特征。涌现是量变到质变的过程。领导者需要考虑图10的不同维度，进行适当的匹配调整。

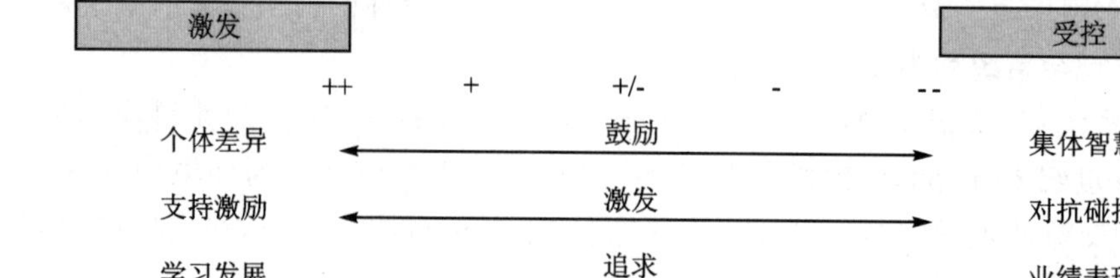

图 10　创意相关不同维度的平衡

智慧是涌现出来的，创新也是。如何能够在企业里产生自组织，进而让智慧不断涌现？涌现的前提，第一要求数量，企业太小是无法产生涌现的，也不需要用复杂系统理论进行管理，这是为什么我们经常看到50人左右是企业发展的一个门槛，只有很好地在50～100人的发展过程有效建立起良性机制，才可以更好支撑后续的快速发展；第二要多样性，林子大了什么鸟都需要，这才是生机勃勃的生态系统。不团结、不盲从、不人云亦云，往往是创造力的来源；第三，也许再关注以下几点，鼓励开放的安全的场域产生。

总结而言，富有创意和活力的组织具有以下特征：

目标清晰：定义清晰的目标，组织目标与个人目标，足够具体，又不能太过具体而束手束脚，保证每个人在目标实现时立即知道。

规则简单：几条简单规则，足够的规则，保证成员尽职尽责，又要允许成员充分的行动自由。

边界模糊：权、责、利分明，边界相对模糊，鼓励适度的越界行为，出圈才能创造新事物。保证行动的自由不会带来混乱，但又不能扼杀主动性和灵活性。与此同时，需要注意隐形边界，包括权力边界、任务边界、政治边界、身份边界等，存在即合理，但需要注意不要对创新产生危害。

涌现需要参与者保持对未知和模糊的容忍度，与此同时，注意持续的获取反馈，持续并且坚决的赋权。赋权意味着赋能之后的放权，而放权需要兼顾领导放手的意愿以及下属采取主动的意愿。下属的意愿度决定于其技能水平，明确定义的边界范围内的自主和自由，以及下属内在的动机。

5. 信任、自由与责任

责任是令人愉快的，履行责任让人快乐。

——亚伯拉罕·马斯洛

驱动力3.0基于的假设是：人们想要负责任，而确保他们对自己的工作内容、工作时间、工作方法、工作团队有控制权，是达到这个目标的必经之路。与生俱来的自我管理能力就是驱动力3.0系统的核心所在。

负责任不必被视为义务，反而可以与自由联系在一起。人们负责任的行为不是受他人控制的，而是自主的。自由意味着真正的自主，自由意味着有自主的意愿，意味着人们在行动中被真正自我所掌控。伴随着自由而来的是责任，因为这是我们真实身份的一部分。在我们努力与社会整合的过程中，负责任地成长是我们的本性。

自由的核心是选择的体验。当人们自主时，便会体验到关于如何行事的选择，但当他们受到控制时（无论是顺从还是反叛），他们就体验不到选择。

信任是高效、团结一致的团队的核心，领导者的具体表现包括开放接受彼此的批评，敢于承认自己的弱项，真正坦诚地把自己暴露在别人面前；主动寻求别人的帮助，欢迎别人对自己所负责的领域提出问题和给予关注；在工作可能出现问题时，相互提醒，愿意给别人提出反馈意见和帮助；赞赏并且学习别人的技术和经验；必要时向别人道歉，同时也乐于接受别人的道歉。

信任的本身不足以奏效，单纯的放权也不足以见效，真正起作用的是基于信任引发的内在自由以及人们内化的对成就自我的渴望，进而产生自我责任的外显。

信任、自由与责任，目的是持续激发团队和员工的潜能，目标是建立活力和创新的工作环境，达到同行最佳实践标准，成功的标志是提升企业的市场竞争力及给客户提供更多的价值。

理解目标是成为高效能团队的必要条件，工作动机（为什么）工作内容（做什么）如何衡量，以及何时需要。

高度信任的文化加上每一个人都知道业务目标并对结果负有责任，是活力与创新的基础。帮助团队取得所有权意味着不要给答案，要善于提问。如果向团队提供解决方案，说明你已经收回了所有权，不要纠正错误，要提出问题。我们总是习惯于直接给出解决方案，而不是耐心等待团队自己探寻，不要在你提出的问题里给出答案。

作为领导者可以通过好奇而不是质疑，提问而不是给出解决方案，通过善意引导，而不是指挥与命令，引发思考，表现信任，激发团队潜力。将个人目标、团队目标和公司目标有机结合起来，向下传递愿景、价值和紧迫感，向上传递风险和危机。帮助团队取得所有权，保持有底线和有原则的信任，而不是软弱或强势。

信任、自由的结果在于引发责任感，而最强的责任，来自于员工的内在动机。思考如何激励他人？可以做什么才能让员工动力满满？

6. 激发内在动力

谈到激励，我们通常想到的方法是金钱、职位、物质等外部激励。外部激励效果如何呢？答案是：有效果，但不够好。那惩罚呢？相对于外部激励，惩罚效果显然更不理想。到底用何种方法能最大限度地激发出员工的内在积极性是需要研究的。事实上，任何用外部的方式，寻求奖励、避免惩罚或鼓励员工工作的尝试都只能是短期的解决方案，属于驱动力 2.0 范畴。我们希望用奖励提高其他人的积极性，提高预期行为发生的频率，但这一行为往往会破坏人们的内在积极性，徒增隐形成本，包括时间、金钱以及最重要的注意力。实际上有形的奖励会对内在激励因素产生消极影响，只有工作本身就是激励时，驱动力才能可持续动态循环。

胡萝卜加大棒是普遍采用的激励因素，你用什么样的方法对待他们，他们就会表现成什么一样。胡萝卜加大棒、最后期限、强加的目标、监督和评估等，都破坏了内在动机。一旦你开始用奖赏来控制，就不可能轻易回头。而当人一心想着获得奖赏时，很可能会选择走捷径，并且破坏内在动机。它们会使人将注意力从工作本身转移到工作所能带来的回报上，毫无疑问，这将降低解决问题的效率和创造性。竞争机制同样不奏效，就像奖赏会分散人对活动本身的注意力一样，竞争可以让人们专注于赢结果，而不是专注于活动本身。它们会令内在动机消失，会扼杀创造力，鼓励欺诈、走捷径以及不道德行为，产生短视思维。

如果坐在你车上的人是合适的人，他们会自己激励自己。这时真正的问题就变成了：为了不让他们消极，那么应该用什么方法管理团队？

正确的问题不是“人们如何激励他人”，而是“人们怎样才能创造条件让他人激励他们自己”，真正优秀的员工会自我激励。所以，我们不应该问自己，“要如何激励员工”，而应该问“如何做才能让人自己激励自己”。

7. 自主(Autonomy)、胜任(Competence)和联结(Lelatedness)

《内在动机》一书中归结每个人都有三种最基本的心理需求：自主(Autonomy)、胜任(Competence)和联结(Lelatedness)。满足这些需求，特别是自主的需求，才能持续激发人们的内在动机，让人们全心全意地投入某件事情，同时拥有最好的体验和表现。《驱动力》一书中总结的是自主、专精和目的，总体因素大体相同。

自主(Autonomy)一词源于自我管理(self-governing)。实现自主，意味着根据自己的意愿行事，也就是说，凭自己的意志做事，并感到自由。自主行事时，人们完全愿意做他们所做的事情，并且带着兴趣和决心沉浸在做事的过程中，其行为源于他们真正的内在动力。

真正的自主意味着人们的行为来自自己的真正选择，意味着人们在行动中真正能自我掌控。人们为自己而做某件事，为了行为本身固有的回报而做某件事。当人们被物质奖赏控制时，便会失去与内在自我的联系，会有倦怠及被操控感。

内在动机驱动的行为的背后，除了自主以外，还存在第二种重要的心理需求，即人们在胜任感的驱使下可能从事各种各样的活动，只为了增强自己的成就感。胜任感是指人们对行为或行动能够达到某个水平的信念，相信自己能胜任该活动感到自豪。胜任，对外在动机和内在动机都很重要。人们非常渴望在与自身环境交互时有强烈的胜任或高效感，因此，胜任可以被视为人类的一种基本需求。

人们要想感到自己可以胜任，不一定非要做到最好或者拿第一，也不一定非得取得“A”的成绩，“最理想的挑战”时，人们只需要接受有意义的个人挑战，并且全力以赴，就能感到自己是有胜任力的。

人们需要感到自己有胜任力和有自主感，才能保持内在动机，真正重要的是个人的感知，人们需要感到自己是高效的和自主决定感的。

归属感（Relatedness），或称关系需求，是指人们感觉到自己与别人有关联，是一种在意别人，也同时希望受别人在意，人们需要来自周围环境或其他人关爱、理解和支持，体验到归属感。

人类是有机体，他们的天性是探索、发展和接受挑战；人们天生具有主动性，并且往往通过对环境的作用来产生影响，并在这个过程中学习和成长。人们也需要从群体中寻找认同，寻找志同道合的群体。处在一个格格不入的群体中，无疑会削弱内在动机。因此我们需要寻找一个合适的互助氛围，在群体中成长。

8. 创造心流状态

“心流”是指我们在做某些事情时，那种全神贯注、全情投入、享受并忘我的状态——这种状态下，你甚至感觉不到时间的存在，在这件事情完成之后我们会有一种充满能量并且非常满足的感受。

人们生活中最兴奋、最令人满意的体验就是他们处在心流之中的时候。在心流中，人们深深地活在当下，感觉控制权完全在握，对时间、地点，甚至自我感觉都消融散去。投入在心流状态时，就像奥登诗里写的那样，“仿佛忘了自己还在工作。”事实上工作已经变成了心流状态额外附加的结果。

一旦心流出现，我们就开始享受由此产生的这种体验。我们的行动变成一种目的本身，从事活动的理由在于能感觉到由这些活动提供的体验。心流状态与内在动机相辅相成，内在动机是良好心流状态的前提，而心流状态时自主的掌控感与胜任感又会进一步加强内在动机。清晰的目标、即时的反馈以及与能力相匹配的挑战，是产生心流的必要条件。心流的出现需要与能力以及挑战水平匹配，如图 11 所示右上角的部分。

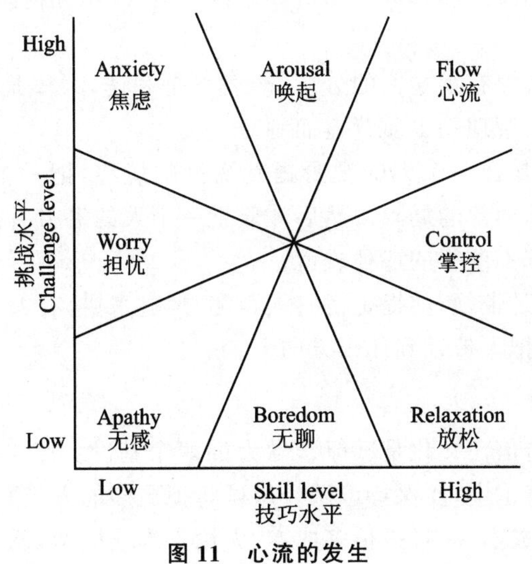

图 11 心流的发生

心流发生的七个特征：完全沉浸，感到狂喜，内心清晰，力所能及，平静感，时光飞逝，内在动力。在心流状态发生时，我们能够感觉到每一步都有明确的目标，对行动有迅速的反馈，行动和意识相融合。在挑战和技巧之间有一种平衡。我们会摒除杂念，摆脱日常生活中导致压抑和焦虑，根本不担心失败。此刻自我意识消失，专注于所做的事，根本没有心思来关心自我的存在。时间感消失，一般会忘掉时间。在心流中，行动即有自身的目的，不需要额外的激励。

9. 领导力需要具备的特质

(1) 管理者和领导者/领导力之间的关联

我们需要先聊聊管理与领导，两者既相关又有所不同，管理太多，领导太少，会打造出组织的混乱。但缺乏管理的领导人是无效的。很少有人能同时做好领导者和管理者的角色。一个没有实施者做支撑的领导者可能很失败。

“管理”这个词我们经常用来描述系统或者事物的组织；而领导力我们通常指的是人。领导者是带领人做对的事情，管理者是把事情做对。没有人喜欢被管理，但从不会觉得被人领导是有损尊严的。

领导者要意识到人们是有思想的个体，他们需要被说服、激发和引导。领导者谈的是愿景、使命和激情，而管理者关心的是目标、控制和效率。管理者依赖于被授予的职位权力和行政权威，而领导者则需要通过自己的努力获取权威。

想成为领导者，你需要了解你自己，了解你想去的地方，了解你身边的人，保持谦逊并倾听。如果你关心他们所关心的，他们就会关心你所关心的。

(2) 管理是为了最大激发他人的善意

所有的道理回归本质以后，都是趋同的。所有管理的问题，最后都回归于人的问题。所有企业里的问题都是人的问题，都是人的心智模式的问题。管理者天天都要面对不完美的人，既可爱有时又有点可恨，面对人性中的善与本性中的弱点。管理的本质，就是如何激发和释放每一个人最大的善意。

对客户的同理心，愿意为别人服务，这是一种善意；愿意帮助队友、改善工作环境，也是一种善意。管理者要做的是激发和释放人本身固有的潜能，思考如何激发人的潜能与长处，创造价值，这就是管理的本质。

德鲁克对胡萝卜加大棒有很精辟的分析，胡萝卜是利诱，大棒是威胁，两者都是在利用人的弱点，操控工作者，这与管理的本质背道而驰。

德鲁克说，领导力就是把一个人的视野提到更高的境界，把一个人的成就提到更高的标准，锤炼其人格，使之超越通常的局限。然后才能把一个人的潜力、持续的创新动力开发出来，让他做出他自己以前想都不敢想的那种成就。

领导者，字面的定义是带领，前提是得有人跟随；反过来讲，有人跟随，你就是领导者，无关乎头衔。最重要的，是你把人带领到什么方向上。

(3) 保持绝对的坦诚

追求绝对真实和打造信任文化是敏捷领导力的两个基准。奈飞公司文化手册的要求是，绝对坦诚。杰克·韦尔奇也说，要保持坦诚。坦诚将把更多的人吸引到对话中；坦诚可以推动加快速度；坦诚可以节约成本，而且是很多成本，无论是沟通成本，还是经济成本。

业绩考核的过程尤其需要保持坦诚，领导者往往心口不一，为了顾及面子而不去及时指出问题，最糟糕的是出于善意想要保护那些表现不佳的员工的面子，但长期而言反而会使他们受到伤害。不给严格反馈，会给管理者带来不必要的压力，他们不得不掩饰事实并欺骗员工，进而导致员工丧失改进的机会，百般粉饰，最后却对员工造成了伤害。

绝对坦诚帮助人们成长，定期、坦率和务实地传达业绩考核的结果。以坦诚精神，透明度和声望，建立别人对自己的信赖感。鼓励坦言的氛围，就事论事，有安全感，畅所欲言，才能暴露问题，创新创造。缺乏坦诚精神影响是毁灭性的，会从根本上扼杀敏锐创意、阻挠快速行动、妨碍优秀的人们发挥自己的才华。

正直的企业文化，诚实、透明、公平，以及严守准则和规章。处理危机时也是如此，保持坦诚，没有瞒得住的秘密。解聘时也是如此，如果因为违反了公司价值观，坦言对方的离职原因，这是建立公信力的最佳时机。

可以坦言自己的错误，领导者能够保持坦诚，员工就能畅所欲言。领导者不但坦然接受错误，而且乐于公开承认错误，传递了一个强烈的信息给员工：请畅所欲言。

（4）注重人才培养

在你成为领导者之前，成功同自己的成长有关；在你成为领导者之后，成功都同别人的成长有关。你最宝贵的资源就是你的精力，把你的精力放在关心那些顶尖的人才，关心那些有潜力加入你团队的人身上。

领导者在招募人才、建设团队方面需要持续判断团队长期的人才需求，包括近期和长远的需求。永远关注和寻求适合的人才，不断招募新人。发现和留住最好的选手。

永远不在个性、能力或特点上妥协。保护表现不佳的员工总是会产生反作用力，最糟糕的事情是保护那些表现不佳的员工反而会使他们受到伤害。必须作评估，让合适的人做合适的事，让不合适的人走开。

必须提供指导，引导、批评和帮助下属。坚持不懈地提升自己的团队，把同员工的每一次会面都作为评估、指导和帮助他们机会，珍惜每一次树立员工自信心的机会。传递你的激励、关心和赏识。深入员工中间，向他们传递积极的活力和乐观精神。不要招缺乏积极活力的人，没有活力的人将削弱整个组织的动力。

用人所长是基础，但补其所短也很关键。团队的强大战斗力，来自核心成员价值观一致且优势互补所形成的合力。

举个例子，一个加拿大籍的香港老板，很资深的经理人，也很专业。他会做什么事情来培养人呢？他举办了一个活动叫 English3.3，就是英语学习的活动，每周五上午 8 时开始，整体是半个小时或到一个小时左右。不只是他主管部门的人，其他的部门的人愿意也可以参与。他会在活动中教学英语的一些语言层面的技巧，一些软技能，比如说阅读应该怎么去做，他会自己整理一些文章。比如其中一个主题就是讲 leadership，材料是一篇英文文章，让大家来读，然后相互分享，只能讲英语。所以大家一方面是练习了英语，另一方面也学习了语言之外的一些知识或者技能。

他做这件事情就是一个完全自发的，而且完全是为了培养员工素养，甚至不是自己团队的成员。

为什么放到早上 8 时？因为这件事情是一个与工作不直接相关的事情，他不会占用工作的时间，这是他专业职业操守的体现。早上 8 时开始，活动结束以后，所有人都还有一些时间可以稍微准备一下，正常来说9时可以开始进入到正常的工作状态。

他是非常令人佩服的一位老板，他是管理者，更是一位领导者，一位值得尊重激发人们愿意去跟随的领导者。

后来，他退休回加拿大了，每次逢年过节，都会主动微信问候大家，每次回国也都会召集大家相聚，这样的影响力和感染力，已经不是简单的领导力可以概括的。

(5) 钝感力是一种智慧

领导者要有意识培养钝感力，不要太过敏感。渡边淳一有一本书叫作《钝感力》，其实讲的是成长型思维。

皮肤过于敏感的人，在被蚊虫叮咬之后，鼓的包也比别人要厉害，也更容易发痒发炎，此时，反应迟钝、皮糙肉厚的人就显现出了优越性。身体方面是这样，精神方面更是如此。钝感是一项技能，可以是天生的，更可以后天习得。

"钝感力"是一种生活智慧、处世态度和生存技巧，学会降低敏感度，保持宽容、淡定、从容、平和的心态，更易取得成功，并同时求得自身内心的平衡。

与敏锐相比，不为琐事动摇的钝感，才是更为重要的基本才能。只有具备这种钝感力，敏锐才能成为真正的才能，否则就只是敏感而已。对自己保持钝感，对外界钝感一些，对别人的看法钝感一些。钝感一些，皮实一些，皮糙肉厚，不畏惧击打。对自己的员工保持钝感，对失败钝感一些。

在钝感力之上，可以敏感一些，不是对失败本身，而是对其中蕴含的学习和成长机会，对组织和团队的帮助，知识和经验的积累这样的机会敏感，并且保持兴趣。

(6) 给团队赋能与放权

领导者是依靠其所领导的员工的努力而成功的，领导者的基本任务是建立一个高度自觉的、高产出的工作团队。

《管理3.0》里的团队授权模型与团队决策方式(图12)，默认是放权，除非必要。授权事实上是一种对员工的投资，无论是能力还是心理上，这就像对孩子，不放手永远学不会走路。投资员工像是种地，立即收割，还是让庄稼长一会儿？让员工放飞一下，会带给你不一样的惊喜。

(图片引自《管理3.0：培养和提升敏捷领导力》)

图12　团队授权模型与团队决策方式

10. 教练式领导

重要的不是要成为一名领导者，而是成为你自己，充分地发掘你自己——以你所有的天赋、技能和精力，使你的梦想成真。你无须任何保留。未来的领导者除了需要拥有清晰的企业价值观和愿景，保持真实和内外合一使命必达的敏捷行动力，还需要加上自我觉察与对员工的同理心与觉察。

教练式领导会是未来企业中的主导领导风格，教练是一种坚定的信念，相信自己和他人的能力、智慧和潜能，多关注于他人的优势、面向未来的成功，而不是弱点、问题或过去的表现。

教练型领导遵从教练核心理念，以埃里克森教练的五大原则（图13）来说，相信每个人都是可以的，每个人都是资源富足的，相信每个行为背后都是正向的意图，相信每个人都有能力基于当下作出最好的选择，相信改变是常见的事。

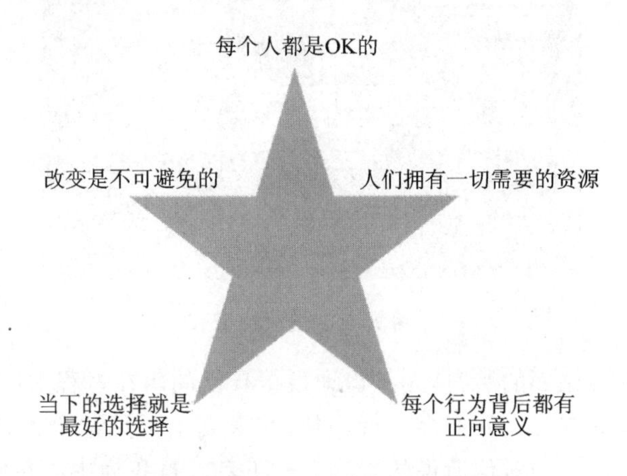
每个人都是OK的
改变是不可避免的
人们拥有一切需要的资源
当下的选择就是最好的选择
每个行为背后都有正向意义

图13 埃里克森教练的五大原则

未来的领导者需要采用教练式领导，而不是命令和控制。教练帮助他人建立他们的自我觉察、责任和信仰，侧重人而不是技能，侧重潜力而不是错误。从命令到教练风格的变化，管理的层级让位于伙伴与支持，外部激励让位于激发内在动机，拥抱变革而不是害怕变化，短期对事救火让位于长期对人培养，从被动到主动，从推动到拉动。教练式领导通过聆听与提问激发员工的自我觉察。

老子道德经有一段描述，恰如其分地描述了一位好的领导应该有的样子：

太上，不知有之；其次，亲而誉之；其次，畏之；其次，侮之。信不足焉，有不信焉。悠兮，其贵言。功成事遂，百姓皆谓"我自然"。

最好的统治者，人民并不知道他的存在；次之的统治者，人民亲近他并且称赞他；再次之的统治者，人民畏惧他；更次之的统治者，人民轻蔑他。统治者的诚信不足，人民才不相信他，最好的统治者是多么悠闲。他很少发号施令，事情办成功了，老百姓说"我们本来就是这样的。"

(1) 积极聆听

所谓聆听不是只调用耳朵，也不是只有大脑参与信息分析的，更不是用嘴来表达自己的想法。

汉字繁写体的"聽"说明了这一切："耳"代表你用什么听（听到）；"王"代表关注（服从），好似对方是你的国王；“十和目”代表好像你有十双眼睛（留意）那样善于观察；“一”代表全神贯注地倾听（专注）；“心”代表用心倾听（除了耳朵和眼睛，还要用心）。

上善若水，水善利万物而不争，领导者应该能够理解现实并提出正确问题的智慧。下属应为了跟随而质疑，上司须为了引领而倾听。在教练体系里，定义了三个层次的聆听，如图 14 所示。

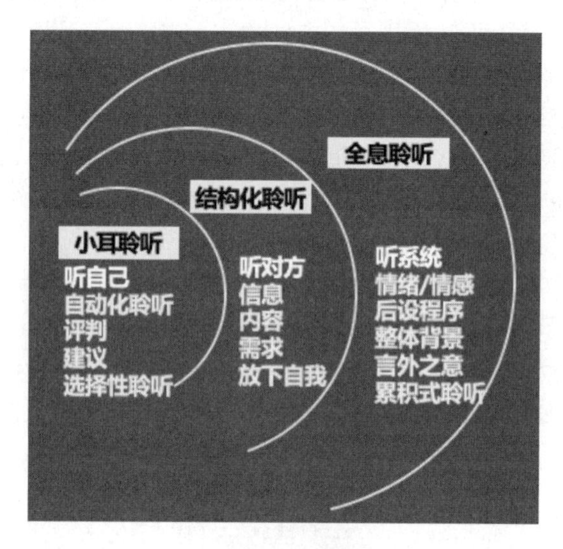

图 14　三层次聆听

第一层次聆听：内容层面的聆听，无意识地根据自己的内在过程去回应，根据自己的想法、感受和理解，回应听到的内容。我们会进行评判，并未真正听见这个人，听到的大部分是我们事先早已持有的观点，或我们对他所说的看法。是听者以自我为中心在聆听，会错失聆听对方真实意图的机会。

第二层次聆听：背景、结构和流程的聆听，专心聆听，仔细聆听对他们而言最为重要的，是积极专注地聆听。第二层次聆听来自于深深的尊重与关怀，会产生深切的亲和关系。建立起切实的联系，完全专注在对方和对方的话语里。能够听到问题的本身，并据此作出客观无我的回应；或者保持沉默，让说话的人能够自由表达自己的想法。

第三层次聆听：全息聆听、背景聆听，全心聆听。结合当时环境中的每个因素真正收听每句话，例如，说话人的语气、姿势、室温、周围的声音。对语调，情绪，语速，能量和情绪的精微特点精确把握。通过一种一致性的，整体系统平衡的模式去听，全面涵盖了第二层次的聆听，并跨越此范畴，看到此人随着时间展开的成长过程。

(2) 有力发问

真正的发现之旅，不在于寻找新的风景，而在于拥有新的眼睛。

——马赛尔·普鲁斯特

聆听伴随的是发问，From Talk to Ask (从说到问)提出好的问题，让员工去觉察、思考和担当。提出问题是产生觉察力和责任感的最好办法，提出有效的问题比问题本身更为重要。当你直接告知或提出封闭式问题，人们就不必思考，提出开放式问题，人们自然会思考。不建议用“为什么”式的问题，因为意味着批评并可能引起防御心态，建议可以用更为和缓与好奇的

"是什么原因"。

问题是有力量的，强有力的问题能够创建觉察和激发责任感，激发创造力和个人才智，目标导向及是非评判性的，支持性的和挑战性/激励性的，聚焦于解决方案而非追究问题。

强有力不是刻意，也不是挑战，指责、质疑，而是基于好奇与支持。强有力的背后，不要带着自己的评判。有力的发问应该是真实的，来自真诚的学习渴求，清晰的，强有力的、简明的问题后面跟随着停顿，采用支持的语气（语气尤其重要），最小化引发人们防御性行动的可能，表述的方式是真诚的，邀请人们给予最佳回应。重视启发过程，意图胜于问题，过程大于结果，不过于追求每一个问题的完美。鼓励开放式提问，能激发探索和多角度讨论。

有帮助的问题例如：还有什么？如果你知道答案，它会是什么？它的结果/影响会是什么？最难的部分是什么？如果是你，会给什么建议？如果是你，你会怎么做？如果别人这样，你有什么感受/想法/行动？

问对的问题意味着在对的时间、对的时刻，以对的方式，向对的人问出对的问题。"通用的好问题"不存在，问题好需要天时地利人和，意味着问的场景、人、语音语调、时机都是"对"的。

（3）身心合一

我们能够看到，上述的积极聆听和有力发问，听和问都是表现形式，而内在是对人深深的关切。教练的本质，是帮助人们聚焦最重要的事，从而将人们的潜能释放出来，帮助人们达到最佳状态。教练式领导创造性、挑战性地激发人们的激情，使其潜能实现最大化的发挥，其目标是使个人生活、职业发展更具成效。

领导者需要保持好奇心，关注人而非事，帮助员工产生内在的反思和学习。领导者要做到倾听与陪伴，保持中立，不作评判，同理心，保持当下，产生觉察力。

你不能教给别人什么。你只能帮他发现他已经拥有的东西。

——伽利略

真正的相信员工是"资源具足"的，当你带着"这个人有毛病、没能力、不正常、没救了"的态度去观察和倾听的时候，你就丧失了领导者和教练的位置。带着"他是整体的、完整的、有智慧、有力量、有能力"的态度去观察和倾听，你会发现真正的能量和资源就在员工自己那里。

意愿＋注意力＝精通，意愿在于心灵，注意力在于大脑和身体，当同时激活员工的意愿和注意力时，你就达到了身心合一的目的。

每个人都在说想改变一些事情，想帮助他人，想解决问题，但最终你能改变的只有你自己。这已经很不错了。因为，如果你能改变自己，就会产生涟漪效应。

——罗伯·莱纳

领导者作为一个兴致勃勃、关怀备至、不偏不倚的观察者，充满对人的好奇。放下所有个人的喜好、评判、观点和建议，全然支持对方的存在、行动、实现他自己想要的。

11. 团队与个人发展阶段与领导力采纳模型

无论是个人还是团队，都是有一条成熟度的生命周期，在不同的成熟度水平，所需要采纳的领导力模型是不同的。团队的成长模型有著名的塔克曼模型，相关领导力模型我们在"作为领导者，我们应该如何培养团队？"

需要说明的是，领导者在面向不同程度的团队或是个体进行对话时，可以采用不同的模式，如图15所示。具体而言，可以扮演导师Mentor，教师Teacher，教练Coach，引导者Facilitator等不同角色。前两者参与度更深，更加关注在对话的内容上；而后两者则参与度较浅，更关注在对话的流程层面。

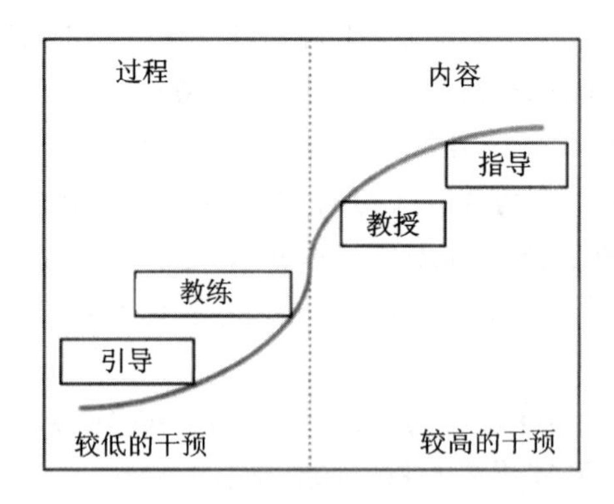

图15　领导者参与模式

但并非绝对。领导者自身的成熟度与所参与团队的成熟度之间的匹配，又可以进一步决定领导者的不同程度的行为。例如，聚焦于个人贡献还是团队协作，将自己定位成领域专家还是团队协助，追求产出还是追求提升团队表现，让自己告知所有的答案还是给团队时间去寻找，强管控型还是放权让团队自我寻找，推动型还是指导型风格，关注实施细节还是关注商业战略，追求最佳实践不容出错还是寻求好的实践允许试错，亲自解决问题还是交给团队自己处理。不同维度考虑的策略不同，可参考图16的决策模型。

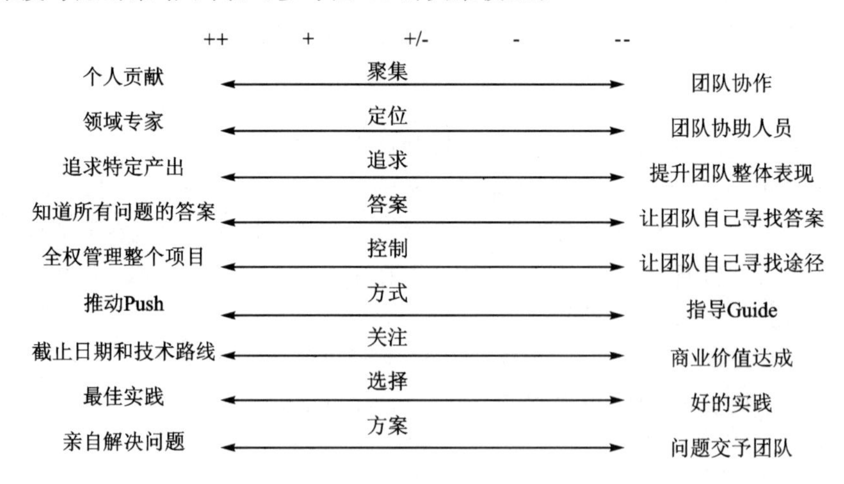

图16　领导者决策模型

以上没有一定之规，也没有绝对的一定要怎样才是好的。取决于领导者自己的格局和能力，团队的成熟度水平，事项的优先紧急程度，所处的外部竞争压力等因素综合考虑，所以最终的选择会是在每一个维度上不同的程度选择，并且会动态调整。

12. 敏捷领导者的品质

总结而言，敏捷领导者所需要具备的内在品质有：

(1) 开诚布公,以人为本,追求卓越,心怀团队,积极心态;
(2) 关心人本身,胜过关心产品与任务;
(3) 对自己以及他人培养并保持好奇心;
(4) 拥抱变化而不是固守计划;
(5) 渴望学习,不断提升和成长;
(6) 相信并坚持更高的目标,相信任何人都可以把事情做好;
(7) 愿意承担犯错的风险,并允许自己和他人犯错;
(8) 增加透明度,让自己与他人值得信赖;
(9) 保护团队疆界,给予团队安全的环境,心理与客观上都是;
(10) 快速、增量的交付小的成果,看到团队的进步和成功;
(11) 安全试错(Fail safe),快速试错(Fail fast),关注吸取教训,而不是失败本身;
(12) 成长型思维,把重点放在一个人的长处,而不是他的弱点上。

组织篇二　组织效能跃升需要的文化环境支持

第 11 问　高效能组织，到底需要什么样的文化

A long long time ago, I can still remember how that music mused to make me smile.

——Don Mclean American Pie《美国派》

古代有一句话叫大军未动，粮草先行。背后是什么概念呢？说的是我们做任何事都要有所准备，粮草是行军打仗第一件要筹划的事情。对于 DevOps 也是一样，转型未动，文化要先行。

1. 到底什么是文化？

那到底我们需要什么样的文化呢？我们先看看到底什么是文化？

每个人对此的认知通常不同，有很多人对文化有解读，这里我特别喜欢王东岳老师在《物演通论》里面的一段解读，说文化就是人类为生存所逼迫，所产生出来的思维方式与行为方式的综合。这段话背后有几个关键点，第一个讲到的是生存结构，也就是说所有文化的产生都是有外在环境所逼迫，从而影响你的生存方式。另外一点因为自然环境不同，从而影响到了我们如何去思考，如何去对待它。所以我们经常讲"一方水土一方人""靠山吃山，靠水吃水"，其实都是在讲生存结构的问题。

我们经常讲文化是有延展性的，可以很容易扩展到其他方面。但很多时候，忽略了另外一个关键点——文化的遮蔽效应。文化的遮蔽效应是什么概念呢？让你看不到你该看到的一些东西。文化为什么会有遮蔽效应？是因为每个体系在生存、发展、思维的变动过程中，一定是体系内恰。体系内恰的东西，它的逻辑性太强了，就会产生遮蔽效应。

企业文化，或称组织文化，是一个组织由其价值观、信念、仪式、符号、处事方式等组成的其特有的文化形象。简单而言，就是企业在日常运行中所表现出的各方各面。

每个人对一个事物有认知，通常来讲自己很难打破认知遮蔽，从而形成每个人自己的心智模式。组织也有组织的心智模式，组织文化的遮蔽效应，通常来讲会对任何变革产生阻碍。

2. DevOps 的文化

DevOps 转型的第一个要素就是改变文化。不同的大师对 DevOps 的原则是有不同的概念。最早 John Willis 提出的是 CAMS(Culture、Automation、Measurement、Sharing)，放在第

一位的就是文化。随后 Jez Humble 觉得我们要快速交付，要流动起来，所以提出了精益 Lean。再后来 SAFe 的方法论专家们认为在规模化敏捷框架下，推动 DevOps 落地时，提出来需要增加 Recovery。觉得要快速上线，不可避免会产生一些错误，产生错误的时候我们要能够具备一种能力，向前修复或者向后修复，即需要快速恢复。在度量的时候也经常会讲一个指标叫 MTTR，平均故障恢复时间。所以 Recovery 非常重要，把这个原则单独列了出来。从另外的角度讲，文化本身就应该是开放的，应该是支持共享的，所以就去掉了分享，认为这应该是文化的一部分。但各个大师们无论怎么讲，都是把文化这件事情放到了第一位。

为什么文化变革很难进行，却又如此重要呢？相信大家都吃过“海底捞”，海底捞的火锅非常好，很多人也在模仿。但是大家可以看到，不同的餐饮企业只是模仿了一些表皮，很难再造一个“海底捞”，或者说模仿海底捞的那些服务，但没有找到海底捞背后最根本的东西，一种企业文化——以客户为中心，为客户提供最好的服务。海底捞这个企业很奇怪，他说你可以到我的公司参观、来看，我也举办学习班你也可以学，但你就是模仿不了！所以，有人又写了一本书，叫《海底捞你学不会》，就是你学习了表象，但文化没有改变，学到的都是表层的东西。所以讲 DevOps，讲 DevOps 的转型，一定要从文化转变做起！

3. 创新的文化

这些年 DevOps 不断演进，我们已经从狭义的 D2O（开发到运维）已经扩展到 E2E（端到端），即端到端的这样一个 DevOps。端到端的 DevOps 意味着什么？从用户真实的需求出发，经过开发测试，再到部署，以及整个持续交付和最后监控上线的端到端过程，在这个过程中需要有很多的持续反馈环。

为什么要推到前面的业务创新呢？重要的是需要跟业务去结合。为什么业务如此重要？因为业务决定了企业的生存，每一家企业，每一个产品线，可以说都是一个生命有机体，每一个生命有机体一定会经过“生老病死”。每一条生命曲线都有一个极限点，在达到极限点之前会有一个倍速的增长。如果你的整个研发能力不能够支撑你倍速的增长，那么可想而知，会错过很多机会。

同样在到达极限点之后，要发现第二条曲线，需要做创新，我们讲 DevOps 需要支撑快速创新，快速验证，快速试错的能力。但是如果你不具备这一能力，很不幸，你有可能跨不了第二条曲线，所以企业有可能会衰弱。我们今天讲 DevOps 转型，一定是跟你的生存结构相关，很多企业在整个 DevOps 推动落地的过程中，从他的业务发展路径上来看，都是非常贴合这个演进路径的，后面我们看案例。

4. “懒蚂蚁”效应

在企业内经常会存在特殊的人，我们称之为“懒蚂蚁”。什么意思呢？在生物学中经常提到的一个“懒蚂蚁”效应。蚂蚁这个群体大家都知道，它很多，量非常大。通常是数十万、数百万的蚂蚁聚集在一块生存。到了一个地方，很快就有可能把一个地方的资源耗尽，资源耗尽的时候，蚂蚁就没有了方向。但是在蚂蚁群内经常存在一些懒的蚂蚁，经常不干活，也跟大家不一致。它们就是在四处游荡，然后帮大家去发现新的资源。当整个蚂蚁群的整个资源将要耗尽的时候，它们会站出告诉大家说那边有新的资源，我们可以往那个方向前进。对于企业来讲，业务创新、产品创新、孕育企业第二条曲线，同样需要“懒蚂蚁”的存在。我们把这些“懒蚂蚁”称之为企业内懒于杂务，勤于动脑的人。提醒：如果允许这些人存在，公司的文化一定是有包容性的，要有信任、担当。

业务要快速适应外界的变化，我们经常讲，“要让听见炮火的人发出指令”。这意味着我们需要给一线的人，真正懂得市场的人授权，让他能够自治。但是仅仅授权也是不够的。就像图17右下角：授权太大，每个人都很自由、开心，但缺乏了方向的一致感，整个效率与效果，包括未来成功的可能性会大大降低。我们特别期望大家真正达到的是什么？既要有自治，同样要有高效的对齐，就是图17右上角所展示的效果！

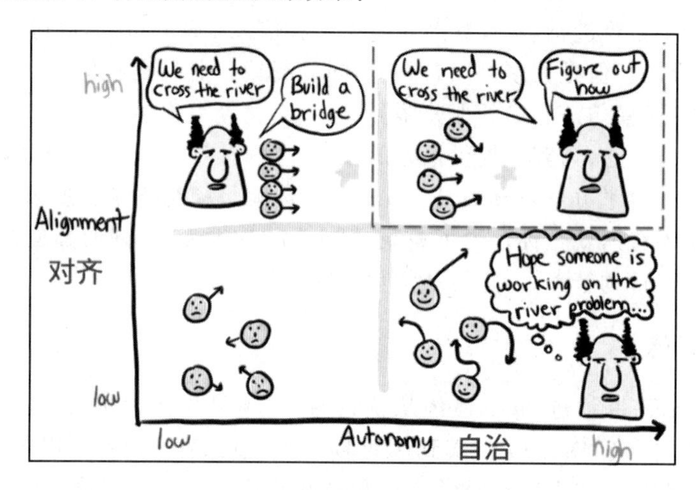

图17 团队对齐与自治模型

这个过程中，同样离不开我们对文化的改造。接下来我给大家讲几个案例，看这些公司在他们演进的过程中，如何通过文化的改造与改进，从而实现DevOps的转型。

5. 案例1：Microsoft刷新企业文化，从固化思维到成长思维

我们先来看微软。大家都很清楚，微软是PC时代的王者。在Windows时代，微软是王者，那时我们的商业节奏也很慢，大家开发的周期也很长，没有关系。但是到了移动互联网时代，也就是鲍尔默时代，却没微软什么事了。微软在移动互联网时代的操作系统不工作。这里边所以微软很快有一个衰弱期。但是最近到了纳德拉时代，微软又再次重生，因为它又抓住了云。这个过程中是你会发现，业务这条线会跨越，在不同的几条曲线内跨越。这个过程中是如何演进的呢？

在鲍尔默时代，微软其实是有一种封闭、傲慢、反协作的一种文化。其实大家可以看图18，相互内部的管理部门之间，是不合作的互相拆台的。在这种文化下，我们讲DevOps要跨部门的，端到端的打通有可能吗？非常难。

微软以前我们经常称之为大瀑布时代。做什么项目都周期非常长，像微软的Vista操作系统，其周期非常、非常长，但是却是微软历史上最短命的一个操作系统。可能很多人都没有用过Vista的操作系统。刚才也提到了移动互联网时代，你要快速适应用户的需求，快速迭代，但是微软根本就快不起来。所以在业务上是支撑不了转型的。

纳德拉要做的第一件事就是刷新微软的文化，把固化型思维，改变为成长型思维。因为成长型思维，我们要更多地试错和包容。那么怎么做到呢？

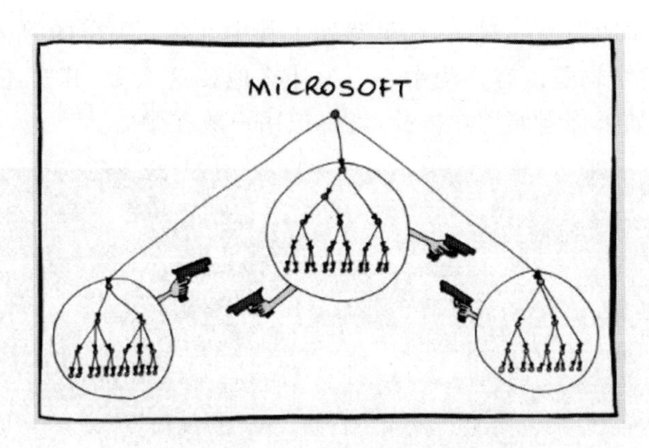

图 18 微软组织架构漫画

纳德拉以身作则，敢于承认自己的错误。2015 年，纳德拉出席一个关于女性的论坛，讲了一句不太妥当的话，主持人问他说，女性可不可以申请加薪？他回答得不太漂亮，说“你就等着吧，将来一定给你加。”这句话被人批评得很厉害，他心里也不舒服，但是却决定利用这个事件，展示什么是压力下的成长型思维。

几个小时以后，纳德拉给公司全员发了一封邮件，鼓励他们看那个视频，并在第一时间指出，他对那个问题的回答完全是错误的。几天以后，在一次公司全员沟通会上，他再次表示道歉。

一个公司的 CEO，通常会在内外保持一个伟大、光荣、正确的形象，但纳德拉居然会道歉说自己错了，这件事情本身震动了整个微软，以前从来没有过。

另外，在对外的合作层面上，他真的开始做到开放。微软原来跟雅虎有关于搜索必应的合作协议，要求雅虎必须独家使用微软必应的搜索，后来雅虎不愿意，希望修改协议。要知道，这对于以往的微软是不可能的，如果你修改，我们就去打官司，你要赔我大量的钱，我才能干。但是这次怎么办？没有要任何的损失赔偿，纳德拉居然同意修改原来独家性排他条款。这件事情在微软的历史上从来没有发生过，纳德拉居然做出了这么大的让步。

纳德拉说没问题，我们允许修改。这其实也体现了自信和开放。所以后来微软开始与 Linux 合作，一块儿跟开源社区发展。

正是通过这种文化的刷新，微软才不断体现了内外的协同。比如我们讲 DevOps，一直在讲跨部门的打通。这里面有一些案例，在第一个里面就是讲的 No Silos(打破筒仓)，如果没有打破筒仓的协同，整个企业对外来讲就不可能表现得像一个个体一样，端到端交付，为你的客户提供服务。当然快速迭代、试验，这是它后面自然而然达成的效果。

6. 案例 2:Amazon 主人翁意识与试错文化

这是 Amazon 的业务发展过程，也就是它的生存是逐步如何演变的。其最早就是卖书的，从卖书的单一品类扩到综合性电商，再从综合性电商变到他现在所谓的云的概念，再到他的会员。所以他现在有三大业务板块电商、AWS 亚马逊和 Prime 会员。当然还有很多其他的一些尝试，包括他做的手机，Kindle 等，有些成功了，有些不成功，但就是在不断的努力。从业务演进过程中，我们来看，他一直在倡导的是什么？

贝索斯每年都会给股东写一封信，这里罗列了其中几封，如图 19 所示。在每一封信里边大家可以看到，其关键字均是以客户为中心。为什么他要这么做，其实还是在电商领域，特别强调是用户的体验。如果你强调用户体验，就得把用户放在中心。

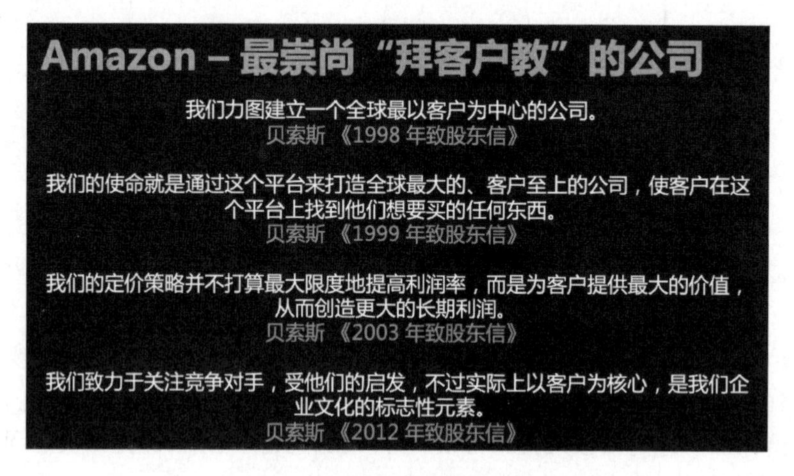

图 19　贝索斯历年致股东的信

所以他在 2000 年前后，就开始打造图 20 这样的一个飞轮。飞轮里面最核心的是以用户为中心。如何以用户为中心是要三个要素：给用户更多的选择；更低的价格；更快速地交付。如果实现了这一点，客户体会体验提升，客户的体验提升，就会带来更多的流量，更多的流量就会带来更多的卖家，更多的卖家接下来就会降低整体的成本，实现边际效应。所以飞轮一旦打造成功，其业务就会飞速成长起来。

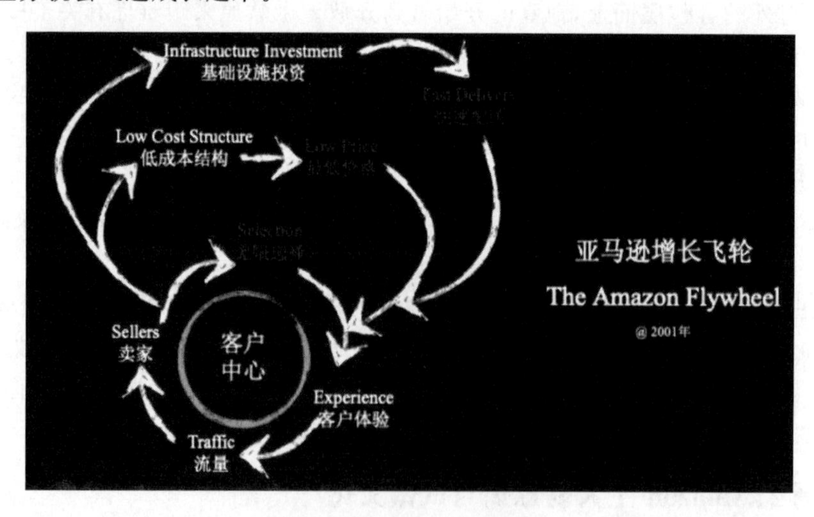

图 20　亚马逊飞轮模型

但是打造飞轮肯定不容易，飞轮的高效运转，一定离不开 IT 的研发支撑，所以他在 2002 年就开始 DevOps 的转型。贝索斯在内部发信，最早讲他所有的服务要转向微服务，当时不叫微服务，叫 SOA(面向服务的架构)。其中第六条大家可以看，如果你不遵守规定就开除！

(1) 从今天起,所有的团队都要以服务接口的方式,提供数据和各种功能;

(2) 团队之间必须通过接口来通信;

(3) 不允许任何其他形式的互操作:不允许直接链接,不允许直接读其他团队的数据,不允许共享内存,不允许任何形式的"后门"。唯一许可的通信方式,就是通过网络调用服务;

(4) 具体的实现技术不做规定,HTTP、Corba、PubSub、自定义协议皆可;

(5) 所有的服务接口,必须从一开始就以可以公开作为设计导向,没有例外。这就是说,在设计接口的时候,就默认这个接口可以对外部人员开放,没有讨价还价的余地;

(6) 不遵守上面规定,就开除。

从上到下,这就是他们被生存所逼迫,做不到这一点那么你就离开。他的整个核心价值观里面,一定是在提倡主人翁、创新、行动这些都是非常难得的文化。他还设了放手去做的奖项,就是鼓励大家去折腾,然后去做一些创新的事情。刚才我们也提到了懒蚂蚁,在亚马逊里面会有很多的"懒蚂蚁"。

7. 案例 4:Netflix 自由与责任

Netflix 强调的是自由和责任,如何实现自由和责任呢?在整个 Netflix 发展过程中,早期其实文化也不是这样,是跟随自己业务的调整不断进行的。最早 Netflix 就是租赁 DVD 的,还是邮寄的。后来这个业务不符合趋势,又转型到线上的流媒体业务,但是还是在帮别人卖东西,帮别人赚钱,自己却赚不了太多钱,或者说都是辛苦钱。所以在 2013 年开始做原创,其卖自己的产品和内容。现在有一个新的预测,大约到 2025 年,Netflix 产生的原创内容会超过整个好莱坞,这是非常厉害的。在整个增长的过程中,Netflix 需要自己的 IT 服务进行相应的升级去变化。

对于面向 C 端提供的产品和服务,必须也是要强调用户体验,尤其是在线媒体的播放很重要的就是在于基础设施的稳定性,虽然已经架设在 AWS 上,但依然觉得 AWS 不够,我们需要在 AWS 做一个深层的包装,所以 Netflix 在内部会有很多的工作方式。其中有一个大家可能最熟悉的就是混沌工程。混沌工程其实是由一帮猴子来造就的。在工作日内,有一些员工专门设计一些程序,或者做一些意外事件把系统搞瘫,从而来看整体的反应能力和快速修复能力。里面会有捣乱猴子、看门猴子、医生猴子、一致性猴子等,组成了猿猴军团,从而实现了技术上的反脆弱。除在技术上达到反脆弱能力,还有个非常重要的业务反脆弱能力,即做到简单、透明的业务模式,使其更简单以支撑业务的时效。

8. 案例 6:Facebook 永远像黑客一样思考

Facebook 其中最强调像黑客那样思考。我们知道黑客的行动能力是非常强的,所以在 Facebook 里面强调快速行动,扎克伯格就说,如果你没有犯错,那就说明你不够快。因为现在的商业模式就是快,唯快不破。

如何在快的过程中,又避免损失最小,这是非常重要的话题。所以在 Facebook 内部强调的是什么?大量的实验。所以他现在说 Facebook 可能不是一个版本,而是一万个版本在同时运行。所有的 idea 都是假设,假设的东西都是不靠谱的,我们需要快速验证。

另外就是不要太追求完美,因为现在我们太多的情况就是说我还没准备好,所以我要拼命优化,但优化的东西就有价值吗?真不一定,用户都不关心。所以这里面有一个尴尬理论,就是说如果你推出的第一版产品,无法让你觉得不好意思,那说明你做多了。

允许失败,不用多讲了,所以在 Facebook 里面,曾经有一个实习生搞瘫了整个 Facebook 网站 30 min,这在任何一家公司,都是大事,我们要找个“背锅炉侠”!但这个实习生没有背锅,后来却非常有名。在 Facebook,还专门建了一个测试就与这个人名字相关,就叫“Ben 测试”。总体来讲就是去尝试一些失败的东西,没问题,跟 Etsy 一样,事后不指责,其实是帮助所有人真正地去实现学习和技能的提升。所以在 Facebook 经常会搞黑客马拉松。每年 10 月 24 日,会看到国内很多公司也在搞这个黑客马拉松。黑客马拉松就是要在短时间内各种角色拼命配合,快速产生案例,快速去上线,快速验证一个短时间的疯狂想法。

9. 案例 7:京东,客户为先与创新

京东一直在提倡客户为先和创新。这个是跟亚马逊是有直接对标关系。京东的核心价值观其中有一条就是以客户为先,另外一条是创新。

如何实现创新呢?其在内部也会经常举办各种马拉松。在京东,参加马拉松就是一种福利,很多优秀的项目就是这么筛选出来的,因为好的 idea 平时可能没有施展的空间,那么公司提供一个平台,把你的好主意贡献出来。然后你再去找一群跟你志同道合的人,在 24 h 或者 48 h 之内把它做出来,让别人看到一个方向、一个原型就够了。

京东也会举办代码赌场,图 21 就是我们当时代码赌场的宣发内容。很多人特别崇尚 Code review,很多公司的代码评审可能做得不好,没时间坚持下去,那怎么办?赌一赌。你代码写得好,我代码写得好,那我们就 PK 一下,谁赢了,谁把对方的钱赢过去,真刀真枪的,真掏钱的一个玩法。还有很多创新项目,带着大家一块做快速的验证。

其实除了京东之外,国内也有很多公司,像美团、字节跳动,也强调责任担当与共享的文化,大家可以去搜一搜,也有相应的文章。

本篇给大家分享了很多案例,最重要的就是想给大家一种启示:先把文化基础打好,文化需要的是信任、尊重与担当。

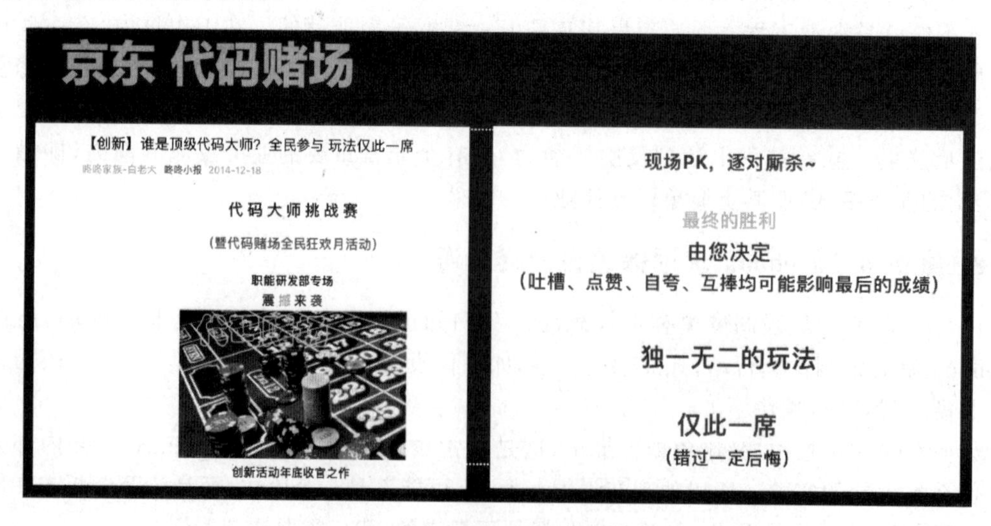

图 21 京东代码赌场

第12问 高效能组织,如何打造工程(师)文化

Move fast and break things.

——Facebook 工程文化

我们总是听到"工程(师)文化"(Engineering Culture)一词,现在,越来越多的企业开始推崇工程师文化。这一术语发源于硅谷,谷歌、网飞和 Spotify (一家音乐流媒体公司)等大公司都表现出了令人惊叹的工程文化或者工程师文化。

在工程文化为核心的公司中,每分钟都会交换数百个想法并且相互协作。招聘和保留优秀工程师对于工程组织能够推动并保持长期的成功至关重要。与此同时,以健康工程文化而闻名的公司也会吸引该领域的顶尖人才,并且可以比业界平均水平更久地留住人才。

所以,工程文化越来越多出现在诸多技术职位的岗位描述中,从入门级软件工程师一直到最高职位的首席技术官。对于那些既没有接触过工程技术也没有接触过工程师文化这一词汇的人来说,"莫名散发出一种微妙但明确无疑的自命不凡的气息"。

毕竟,这是最好的年代,现在是成为软件工程师的最好时机。根据美国劳工统计局的数据,从 2018—2028 年,计算机软件工程师的就业人数预计将增长 21%。此外,软件工程师的失业率低于 2%。大多数工程师不需要求职——他们会很容易收到 offer。

当然,这也是最坏的年代,内卷,996,ICU,抑郁,焦虑,加班,35/40 岁,各种负面情绪也同样的充斥着这个行业。"城里的人想出来,城外的人想进去",逃离北上深,远程工作不再遥不可及,自由职业更是大有人在。

为了吸引顶尖的工程人才,创建独特且引人入胜的工程文化至关重要。候选人知道健康的工程文化会带来产品创新和职业发展,良好的工程文化让团队中的每个人都觉得他们有平等的机会提出新的想法并获得反馈。

那么,到底什么是工程文化?如何打造呢?我们来深度解读一下,其中可能轮换使用工程文化与工程师文化,并不对其进行区分。

1. 何谓工程文化

什么是工程文化?

工程文化(字面含义上是更广泛的组织"文化"的一个子集)是技术行业中经常引用的一个术语,主旨是尊重工程,以动手解决问题为导向。在这一文化的激励和熏陶下,工程师们勇于创新,不断突破边界,用技术改造世界。

一个伟大的工程文化会有助于事情完成(高效交付)、正确完成(高度质量),以及带来快乐的员工和客户(最终效果)。

认同这种文化、执行这种方针,并不要求当事人本身是个工程师。工程文化以解决问题的第一线人员为核心,除部分公司发展方向的制定者外,所有其他人员均为第一线人员服务。层级要扁平,第一线要具有极大的自由度,权责要向下转移。

工程师文化就是自由+效率!

2. 工程文化在企业中的体现

微软从成立之初就是工程师文化，这是伴随着比尔盖茨自身气质而来的，工程师在产品研发中很强势，但随着鲍尔默的继任，工程文化与微软的股价一样日渐衰落。纳德拉上任后，重拾工程师文化，提升产品研发能力，提升研发工程师在决策中的话语权，尊重工程师的专业意见，激发工程师的创新热情，以用户体验和客户痛点为中心，而不是盲目由市场项目和利润牵引。

(1) 微软的工程师文化具体体现

① 工程师也有很好的发展通道，在工资级别和称谓上和管理者是一样的；

② 软件项目不能强压进度，工时估算由工程师及技术主管决定，而不由管理者说了算；

③ 软件在技术/质量上能否发布由开发者和基层团队决定，尤其是云服务项目；

④ 工程师既要懂技术，也要有商业能力，不能纯技术导向；

⑤ 没有纯管人的人员管理者，管理者的基本角色首先是工程师；

⑥ 基层的项目群主管做规划和业务设计，逐层上报形成路标，而不是产品管理团队做规划，然后传递给开发团队；

⑦ Program Manager 有和客户签署实验局的权力，他们 1/3 的时间在客户现场；

⑧ 用数据决策，通过度量获得产品运行数据，通过分析数据作出决策，而不是臆断；

⑨ 鼓励员工参加培训和认证，提升能力，费用由公司报销。

(2) 其他优秀的工程文化示例

① 网飞公司的“自由与责任”文化，休假无须申请，充分相信员工，因为“有责任感的人因为自由而成长，也配得上这份自由”。招募最好的人才，因为“最好的工作环境是拥有一群超级棒的同事”。

② Tesla 的反手册开头如此写道，“我们与众不同，我们喜欢这样。与众不同让我们可以做别人没做的事；去做别人告诉我们是不可能的事”，“我们更愿意设定极高的标准，并聘用那些喜欢每天都把自己推向最高水平的优秀人才”。

③ Facebook(已更名为 Meta)的价值观包括 Be Bold 大胆，Focus on Impact 专注于影响，Move Fast and break things 行动要快，Be Open 开放，以及极具特色的 bootcamp 营地文化，让工程师有机会选择自己感兴趣的团队，有机会做自己最想做的事情。

④ Etsy 的座右铭“衡量所有，衡量一切”。支持了监控和制图工具 Graphite 和 Statsd 的开源，强调自动化必须由数据和监控驱动，“如果没有监控和日志你怎么知道什么事情错了，为什么错”。随后座右铭更新为“衡量所有，衡量一切，并尽可能自动化。”

⑤ 小米有强调开源的工程文化，小米创始人雷军曾表示，“创新之火将会照亮每个疯狂的想法，小米将成为工程师向往”。

⑥ 在晨星公司(MorningStar)，重要的是才能、好奇心和强烈的批判性思维，并保证在个人和专业方面抓住最多样化，视角越多越好。营造一个非恐吓环境，让每个人都可以分享他们的意见。允许并鼓励内部流动，流动性的本质促进了一种跨团队的有机协作。

很多技术型公司都有别具一格的工程师文化。无论是硅谷的高科技公司，还是传统行业的 IT 企业，对于工程文化都有自己独到的解读。

3. 良好工程文化的行为体现

综合各大企业的案例实践和相关信息，总结而言，良好文化之下的工程师，具有如下的一些行为特质。

(1) 技术至上的同时，尊重结果

① 技术至上：工程师用科学和技术来解决问题。建立工程师文化，意味着所有人，包括老板在内。制度、流程、愿景、价值观固然重要，但比它们更重要的是通过技术方式而不是管理手段解决问题。

② 尊重结果：工程师文化里面即便存在领导层级，但在具体的问题上，遵循唯一的准则判断谁的意见更重要，那就是谁的方案产生的结果更好。

(2) 理性思考的同时，保持疯狂

① 理性思考：不做无用之事。

② 保持疯狂：疯狂到相信自己能够改变世界，工程师真的是这么一群会改变世界的人，而且已经改变了很多年了(想想四大发明，工业革命)。

(3) 弄脏双手的同时，热衷工具

① 弄脏双手：工程师愿意弄脏自己的手，并引以为豪。管理者也鼓励并参与动手，而不是叉腰动嘴。

② 热爱工具：工具是工程师的命根子，它们的祖先，是人类第一个举起的那根木棒和钻木取火的那根柴火。企业会为工程师提供称手的工具，如果没有，工程师会自己打造一个，企业会鼓励而不是限制这种行为。

(4) 追求完美的同时，敢于试错

① 追求完美：总有可以改进的地方，总有可以优化的地方，总有可以完善的地方。永不满足，不断精益求精，不仅和他人比，还要和自己已取得成就比。

② 敢于试错：工程师勇于尝试，敢于犯错，而所在环境对此保持宽容，甚至鼓励犯错，而不是一味追求安全稳妥，追求完美不应成为试错的阻碍，而是变成动力。

(5) 保持好奇的同时，思想升维

① 保持好奇：求知若饥，虚心若愚。工程师会始终保持对自己专业的好奇，对不同专业的好奇，对生活的好奇，对世界的好奇，对(求知若饥；虚心若愚)宇宙的好奇。工程师知道技术发展太快，所以他们热爱学习新的技术，敢于尝试无惧失败，勇于拓宽视野开阔眼界。

② 思想升维：工程师深知升维的重要性，不希望自己成为二维世界里兜兜转转的“小蚂蚁”。所以他们除了学习技术以外，还会尝试了解新的思维方式，突破原有的固化的思维方式，不让自己在原地打转。敢于跳出常规思维框架，从一般人忽视的地方发现潜在问题、寻求解决方案。

4. 如何打造良好的工程文化

我们应该如何打造一个良好的工程文化呢？我认为需要从以下方面进行。

(1) 文化与价值观：透明、公正、公开、安全、开放、包容、尊重

这一系列的关键字是一种文化的体现，同样也是价值观的表征，“文化将战略当早餐”，有了正确的文化与价值观认同,其他一切都是水到渠成,都会随之而来。

各级的透明度和坦率创造了良好的工程文化,努力让员工能够畅所欲言,犯错并从中学习。培养协作和以团队为导向的环境,成功是由整体团队的成就来衡量的,而不仅仅是个人的成就。

良好的工程文化是一种开放和包容的文化,团队中的每个人都应该很自在地表达他们的意见,并为我们如何解决问题的对话作出贡献。

良好的工程文化让团队中的每个人都觉得他们有平等的机会为问题提出新想法。在这种文化中,每个人都相信最好的答案会获胜,并且它可以来自任何人。

彼此之间的尊重构成了开放式交流的基础后,人们就可以轻松地挑战彼此的想法,通过辩论形成合理想法。工程通常跨越广泛的领域(系统、机器学习、产品等),并不是每个人在每个领域都拥有相同的专业知识。事实上,一个强大的团队可能应该拥有在某些领域特别强大的人,即使他们最终在其他领域有所欠缺。这有时会让系统工程师很难评估产品工程师的熟练程度,但在健康的工程文化中,尊重这些差异而不是仅仅根据自己的优势进行判断很重要。

(2) 员工行为表现:自由、自主、自治、自驱

对于任何技术文化的蓬勃发展而言,给予工程师对其正在参与产品的创作自由至关重要。有些人对此并不认同,甚至认为会适得其反:如果营销和销售主管对客户的需求有更清晰的认识,为什么不直接对工程团队发布这些指令呢?为什么工程师需要自由和自主权?为什么工程师会比一线销售更了解客户和行业?

虽然高级管理层可能对客户需求有更多了解,但“他们并不是我们如何构建系统的专家。”经理的角色是制定“愿景、指导方针、战略和路线图”,但“开发人员、测试人员和工程师”才是公司建立一切的基础。工程师应该被赋予创造性的自由,不仅可以为短期设计,还可以设定长期目标,这样他们就可以拥有并使用他们制造的产品。

Daniel Pink 的《驱动力》一书指出,自主动机是完全出于自我意志、由自我决定的行为,而受控动机则是需要承受压力、需要达成外在力量强加到自己身上的某个特定目标的行为。自主不同于独立,它是有选择权的行动,其含义是我们既可以自主又可以愉快地与人互相依靠。在自发组建的团队中工作的人,比在成员早已固定的团队中工作的人满意度更高。驱动力3.0之下的人们想要负责任,而确保他们对自己的工作内容、工作时间、工作方法、工作团队有控制权,是达到这个目标的必经之路。

Google 的 20%的时间闻名天下,Gmail 起源于 Paul Buchheit 保罗 · 布克海特 的 20%项目,他在一天之内开发了第一个版本。Google News、Google Transit 和 Google Suggest 也作为 20% 的项目开始并推出。让工程师将 20% 的时间花在产品地图上没有的事情上的想法仍然是小型工程组织创新的摇篮。

为了鼓励团队拥有更多的自主权,请确定哪些事项可以信任团队自行决策,而不是由与日常工程师工作无关的部门强制执行。高度的自主性可以带来更好的产品、更敬业的员工,最终带来更快乐的客户。

所有的自主权里面有一个最敏感的,也是最重要的,就是代码的所有权。在组织上,共享代码所有权提供了诸多好处。首先,保持代码共有可以大大减轻维护人员的压力,在维护人员离开时降低团队的风险。其次,共享所有权使在特定领域不够深入的工程师能够贡献新的见解,让工程师们从某些项目中解脱出来,鼓励他们从事多样化的项目,这有助于保持工作的趣味性并促进员工的学习和积极性。从长远来看，它降低了工程师感到能力停滞并决定离开的组织风险。另外，共享所有权还为在需要更快完成战略目标时让多个团队成员聚集在一起（敏捷开发）解决好优先级问题奠定了基础。对于孤立的所有权，负担通常落在一两个人身上。建立共享代码所有权，这使得工作幸福感和生产力方面都可以取得长足进步。

(3) 创新和实验的文化，鼓励接受挑战性工作

数字化的发展速度如此之快，组织在几周内从概念转变为产品的能力将改变游戏规则。创新必须是团队使命的核心，不是一次性的，而是从始至终。

所有工程努力的核心是创新。如果创新者被僵化的工作文化实践束缚，他们将无法制造出伟大的产品。事实上，即使公司发展壮大，他们也必须具有"创业感和团队自主性，即使挑战越来越大"。

每个大公司都曾经是一家初创公司，大多数领导者都知道，导致突破性成功的关键因素之一是能够做一些与该领域其他人已经做过的所不同的事情。如果高级管理人员不断地压低你的脖子并推动你以某种方式做事，而不是让"实干家"拥有创作自由，那么这种跳出思维定式的天赋就不会出现。

创新的前提是：在自由的环境下对提高效率的痴迷，就一定会发生创新。

当最优秀的工程师被授权处理具有挑战性的问题、可以公开表达自己的想法、看到他们的代码和产品被使用、获得平等的成功机会并与他们尊重和信任的人一起工作时，他们就会茁壮成长。

对于工程师来说，积极且快速的反应是他们在下一个任务中取得成功的动力，由于快速的发布周期，他们可以立即看到自己的工作对客户的影响。

将创新融入日常生活，团队可以使用例如黑客马拉松加速创新并快速解决问题。相信你的团队，他们将表现出强大的实验和学习文化特性。

(4) 打破现状，关注不断变化的环境

对系统的信念源于让工程团队尽可能深层次自给自足。为了让这一想法落地，可以建立由各个工程团队参与推动的技术论坛，相互协调并相互学习。举办诸如极客会议，小组内分享最佳实践，以及其他诸如代码道场或读书分享会之类的活动。所有这些活动都应该在高级管理层的最小监督下组织起来，鼓励团队勇于挑战和自主创新。

这种方法的好处显而易见。与自上而下的管理方法相反，业务团队和工程团队彼此分开，而横向的交流则试图将他们团结起来。不会惩罚失败，鼓励工程师大胆创新并打破现状。

业务目标始终是企业存在的根本，客户的期望水涨船高。随着客户变得愈加精通数字技术——你也必须如此。无论行业或市场如何，客户都在寻求最佳的数字化体验，他们会不断将你与他们经历过最好的产品进行比较和评判。

快速响应，未来变得越来越难以预测和控制，因此响应能力和敏捷性现在至关重要。市场条件不断变化，团队必须准备好在持续中断的环境中运作，密切监控发展并根据需要重新定位。

这也是实验和学习方法至关重要的原因。在达成完美之前不断改进，快速启动并使用用户反馈调整和优化，然后应该再次实验并进一步优化，而完美将永远会是下一个目标，或者说每一次的完美之下会有下一个完美目标在远远地招手。

(5) 打破孤岛,学习合作,寻求共同目标

只有强大的工程文化才能克服混乱和破坏。构建一个有凝聚力的团队文化,成功的关键在于:重视实验,个人自主,知识共享,实现共同目标的动力。从小事做起,从大处着眼。平衡团队努力和个人之间的“有趣竞争”,以营造持续、渐进改进的环境。

更多地相信技术而不是管理,相信并用技术会真的解决问题,相信管理就只会有制度和流程。

互相学习并实施他们学到的东西,让“工程匠人”在各个团队之间建立联系,分享知识并传播最佳实践。

跨团队共享,在公会内共享。企业敏捷的方法是基于不断的实验和个人的自主性,通过创意和创新,使每个人都可以用的最佳实践和不断优化校准并支持共享。这既适用于工程团队内部和团队之间,也适用于企业的各团队核心角色之间,例如敏捷教练、工程教练、产品经理、业务分析师和相关关系人。

将自己不能做的事情分配给高技能的合作伙伴,尝试去自己解决所有的问题会减慢你的进度。认识到自己何时需要专业技能支持,并善于建立可依赖的合作伙伴生态系统,以及与外部的开源社区生态体系建立良好的联系。

建立学习文化的必然结果是专注于指导和培训,以确保每个人都拥有成功所需的基本算法、系统和产品技能。工程组织发展得越多,在招聘上花费的精力就越多,就需要在指导和培训上投入更多的精力。

(6) 小型的跨角色的团队

在小型的跨角色的团队中工作,而不是传统的部门。只有当组织能够打破孤岛时,团队才能蓬勃发展。孤岛会导致部门边界,限制协作的产生,内卷也随之而生。

初创公司以小型、敏捷的团队而闻名,这些团队的个人需要身兼数职(例如,软件工程师也负责技术基础设施)。尽管这些公司拥有其他有趣的文化,免费的零食等,但都不是帮助公司扩大规模和取得成功的关键。

如团队要小,要热爱学习和尝试,学习尝试新的技术,开阔眼界,学习尝试新的思维方式。

较小的团队使用敏捷实践来确保每个人都专注于尽快解决正确的问题,确保每个成员都专注于一个共同的目标,认可和奖励个人成就以及团队的成功。以敏捷的方式工作,设法减少浪费和延迟的工作流程。清楚地定义结果和指标,团队对交付它们完全负责并因此获得奖励。

(7) 快速行动,打破常规

快速迭代增加了工作动力和兴奋度。部署代码和发布功能的基础设施缺失和官僚主义的障碍通常是工程师最为沮丧的事情,并且也通常是他们之所以会离职的原因。在组织上,快速的迭代速度意味着赋予工程师和设计师灵活性和自主权,无须征得许可即可作出日常决策。优化迭代速度还意味着有明确定义的产品发布流程,因此在投入大量时间后不会意外取消。

在基础架构上,优化迭代速度意味着构建持续部署以支持快速验证、提高测试覆盖率以减少构建和环境损坏、快速的单元测试以鼓励人们运行而不是规避它们,快速的增量编译和重新加载以减少开发时间。持续部署,即提交即可投入生产(当然前提是满足质量要求,这一点会通过流水线中的质量门禁保证),产品必须快速上市,这样质量检查就不能留到流程的最后,确保在流程的每个阶段都建立质量保证。

缩短新产品和服务的上市时间，实时倾听、实验、学习和迭代。来自客户互动的反馈不仅使团队能够提供更加及时和个性化的体验，还使他们能够快速将产品推向市场并在开发过程中不断完善。使用数据来改善和个性化客户体验，数字“原住民”的本质是每次客户互动都会生成数据，这些数据可用于完善他们的用户档案，并更好地针对他们下次提出的建议。

在团队方面，快速的迭代意味着拥有一组强大的领导者来帮助协调和推动团队努力。决策中的关键利益相关者需要有效地作出决定并承诺他们的选择。借用比尔沃什的一句话，强大的领袖需要“承诺、爆发、恢复”，这意味着承诺进攻计划，执行它，然后对结果作出反应。优柔寡断的团队只会使个人努力陷入困境。

(8) 相信工程与工具，自动化一切

工程活动是一种新颖的、本质上需要主观判断的工作。它是符合长期战略的，会对你的服务进行长久性的改善的工作。

手动应用快速修复这样的创可贴，短期而言总是诱人的选择，但长期来看自动化的解决方案，并针对重复性任务编写脚本非常重要，因为它们可以让工程团队腾出时间来处理实际产品。确保服务在发生故障时尽可能自动重启，并在高峰流量时轻松快速地复制服务，这是管理大规模与复杂性的唯一明智方法。

自动化测试是持续集成和持续部署的脚手架，自动化测试为提高代码质量所需的大规模重构提供了信心和有意义的保护。在没有严格的自动化测试的情况下，工程团队或外包测试团队手动测试所需的时间很容易变得令人望而却步，并且很容易陷入害怕改进一段代码的文化，因为它可能会导致破坏。

自动化依赖于数据和监控驱动。不通过数据和监控来了解出现问题的原因、方式，自动化实现就很困难。有一句很好的后续格言是：衡量任何事情，衡量一切，并尽可能实现自动化。

组织篇三　如何培养高效的组织及技术社区

第 13 问　作为 Leader 主管，我们该如何培养高效团队

There's there moon asking to stay. Long enough for the clouds to fly me away. Well it's my time coming, i'm not afraid to die.

——Jeff Buckely *Grace*《优雅》

一个团队领导者看到团员需要帮助时，往往会伸手援助，但是，你看到的就代表团员真实的情况和想法吗？如何判断"该与不该"？如果慎一下，是否是一个团员更好的锻炼机会？此时出手，是否会让团员失去了一次极好的锻炼和成长机会？即便出手，出到什么程度合适，不会过犹不及？

1. 塔克曼团队发展阶段模型

团队如同有机体，是慢慢生长出来的，而非一蹴而就的。团队如同个体，从出生到长大成人，会历经不同的阶段，我们可以称之为团队的生命周期。关于团队从组建到产出的生命周期，有不少模型对其进行描述，其中"塔克曼团队发展阶段模型"是广为接受的一种。

布鲁斯·塔克曼(Bruce Tuckman)在 1965 年提出图 22 的团队发展阶段模型，以五个阶段来描述团队构建与发展的关键因素：组建期(Forming)、激荡期(Storming)、规范期(Norming)、成熟期(Performing)和休整期(Adjourning)(休整期是在 1977 年后加入的)。所有五个阶段都是必需的、不可逾越的，团队在成长、迎接挑战、处理问题、发现方案、规划、处置结果等一系列经历过程中必然要经过上述五个阶段，如图 22 所示。

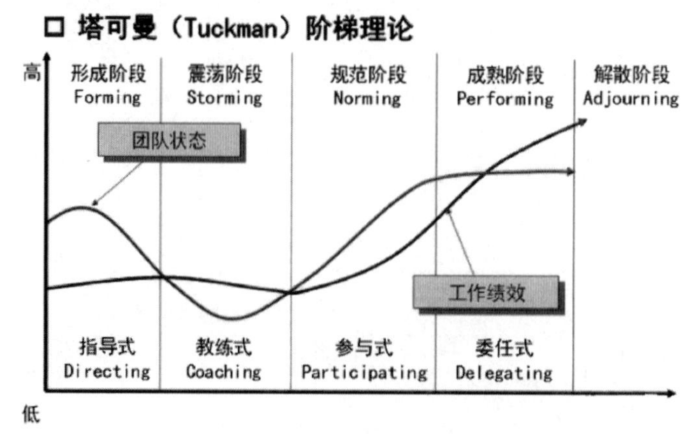

图 22　塔克曼团队阶梯理论

2. IDCF 案例研究工作模式

佛家云:“借假修真”,案例研究的伟大之处就在于通过一个个具体的案例深度研究,把案例当作“假体”,寻找案例背后的“真理”,提升认知。

基于以上的信念,IDCF 从 2019 年成立起,第一个开展的活动就是案例研究。站在巨人的肩膀上,萃取他们的最佳经验,是学习 DevOps 最有效的方式!至今,IDCF 共组织了 6 期 DevOps 案例深度研究活动,超过百名队员参与,研究并解读了脸书、微软、谷歌、亚马逊、网飞、华为、头条、平安、携程、网易、京东等国内外优秀公司的 DevOps 实践,也针对传统金融、金融科技、电商、ICT 等行业进行了分析,同时也针对端到端的 DevOps 全流程进行了分析,包括如何实行 DevOps、敏捷和工程文化,也发现了很多有意思的做法。

案例研究是一个纯社区化的组织方式,从启动招募,到案例分享,约为 2 个月的时间周期。每期约招募 40 人,分为 4 个小组,各自选择一个案例进行研究。IDCF 各位导师作为发起方,起到的是平台、引导、协助作用,案例研究的主体是以小组为单位的各位伙伴。所有的材料、沟通、研究输出,均是以小组为单位展开。

3. 案例研究过程与塔克曼模型的对应

案例研究的过程本身,就是团队组建到成长再到成熟到产出的过程,我们连续做了 6 次,所以是一个极好的研究团队生命周期的范例,下面我们结合塔克曼模型进行说明。

(1) 组建期

① 特征。组建期,开始酝酿并形成团队,团队启蒙阶段,在内外部进行各种尝试,目的是辨识团队的人际边界以及任务边界,建立起团队成员的相互关系、团队成员与领导者之间的关系,并建立初步的团队规约等。在此阶段,团队成员行为具有相当大的自发性和独立性,普遍而言,这一时期他们缺乏团队目标相关信息,部分团队成员还有可能表现出不稳定、忧虑的特征。

② 团队状态。在案例研究的过程中,团队的组建期涵盖从招募到分组,再到召开全员启动会,并延续到小组独立运作一周左右时间。此时,我们像是一个保姆式的领导,而团队也恰好处在人之初学步的阶段,需要搀扶一下,需要有保护,需要定义边界。

启动会上,我们作为组织方,会给出相关建议,例如每周要达成什么样的目标,具体包含哪些事情。这样大家进到案例研究小组以后,对最终目标、整体计划,以及当周活动,就有一个相对初步的认知。

作为案例研究大团队的领导者,我们会明确告诉结果输出的形式是什么样子,案例研究结束时需要分享的视频有哪些建议,输出的 PPT 是什么样子,然后输出的文章是什么样子。

第一周,团队处于组建期,我们会全程参与团队会议。在会上,我们发言会相对比较多,会给一些建议。一开始的时候,整个团队实际上是在磨合的阶段,所以我们会提的建议会比较多一些。

目标与标准越明确,越能减少歧义,越可以让大家专注在案例内容的研究上面。

③ 团队领导者工作方式。这一阶段,作为团队领导,在带领团队的过程中,要确保团队成员之间建立起一种互信的工作关系。领导者作为指挥或告知式领导,与团队成员分享团队发展阶段的概念,达成共识。

同样，需要明确地告知团员预期是什么，做这件事情的目的是什么，希望有什么样的一些输出，这些输出应该达到一个什么标准，这些输入和输出都遵循 SMART 原则（S＝Specific 具体的、M＝Measurable 可衡量的、A＝Attainable 可达成的、R＝Relevant 相关的、T＝Time-bound 有时限的）。

这里面需要注意避免两个极端：一个极端就是控得非常严，具体到每天做什么事情，甚至每个小时做什么事情都给设定好，员工就完全没有什么自主性；另外一个极端就是完全放手，只是告诉你说把那个事情做了，但是为啥要做这件事情，做完了以后应该交一个什么东西，都不告诉你。两个极端都有问题，应该是在中间去找一个平衡，而平衡的点，与你团队的成熟度阶段以及事情的重要性有关。

(2) 激荡期

① 特征。很快，团队内部会开始形成各种观念，团队成员面对其他成员的观点、见解，更想要展现个人性格特征。对于团队目标、期望、角色以及责任的不满和挫折感被表露出来。此刻团队会表现出激烈竞争、碰撞的局面，也可能存在人际冲突、分化的问题。

② 团队状态。同样，案例研究进入第二周时，如果说第一周是靠承诺、个人成长来驱动，到了第二周各种问题会开始出现。例如有些人会开始懈怠，毕竟需要依赖业余时间进行投入；团员之间会开始有摩擦，毕竟是新组建的团队，大家彼此在现实中还没有什么关联，甚至都没相互见过。

此时需要密切关注小组的动向，采用正向激励鼓励大家，鼓励大家有问题抛出来，出现问题拉动大家讨论。小组通常会设置组长和副组长，是至关重要的角色，两位组长的积极性和带动性，会直接影响团队的氛围和士气。以上的事情我们不会一个人来做，通常是两位组长进行，我们会作为第一个响应者进行声援。

我们会去参加每周两次的迭代，但是会让大家来去讨论，让大家去根据收集的材料进行脉络梳理，比如分几个部分进行研究，分别是什么，由哪两个人互为结对来进行整理。如果不是明显的偏差，我们通常不会指出来，而是放手让大家去做，让团队自己去解决小的问题只会成长的更快更稳。但需要注意大的问题，例如大家忽略掉的一些关键性问题，案例分享的时间、需要交付材料的截止时间等，领导者会明确提醒。

③ 团队领导者工作方式。作为团队领导，你需要指引团队尽快度过激荡转型期。此刻的定位，是引导式的领导，保持管理流程规范，并注重成员的差异，相互间包容。

此时需要关注团队动向，可能是波涛汹涌，也可能是暗流涌动。你需要具备足够的敏锐度，及时将苗头化解；又要有一定的钝感力，不要草木皆兵，相信团队可以借助小的失败积累小的胜利，逐渐在这个过程中团结成长。需要保证一切围绕正轨进行，但无须严丝合缝，否则会让团员丧失自主性，产生依赖，从而失去动力。

注意，激荡期不宜过长，否则会产生倦怠；需要让团队逐渐形成共识，从而快速进入规范期。

(3) 规范期

① 特征。团队如果顺利，会进入规范期（如果不顺利，可能停留在激荡期，不断震荡，直至震散）。

此时团队的内部规则、团队价值观、行为理念、方式方法，以及相关工具等逐步建立。团队工作效能提高，团队开始形成自己的身份标识，团员的个人标识与团队的身份标识开始融合。团队成员调适自己的行为，以使得团队发展更加自然、流畅。有意识地解决问题，实现组织和谐。

② 团队状态。到第三个迭代的时候，案例研究团队已经开始相互熟悉，我们会逐渐从看护角色，切换到教练式的引导位置。

基本上经过前两个迭代，框架大的方向就已经定下来了，并且大家对材料的质量其实也相对来说有所了解，团队成员之间大家已经磨合了两周了，相互也都比较了解彼此是什么背景，例如我是做运维的，你是做开发的，他是一个 Scrum Master，还有一个产品经理，大家知道彼此的强项是什么，背景是什么。

此时我们和组长也知道大家的投入情况是什么样子，是真的可以投入很多，还是说有些人特别忙没有时间投入。真的没有办法去投入，我们会和组长讨论，是不是有一些分工需要调整等。所以到了这个阶段，60%以上的人已经心里有数了。

此时团队已经进入正轨，形成了一套内部适用的规则，例如，沟通频度、形式、产出框架等。第三周的会议，我们可能会参加一次，或者干脆就找个借口不去参加，放给团队自己执行。会后我们会跟组长来沟通一下进度，通常来说，组长可能都不需要去沟通，因为如果谁有事他会主动来找。如果他不找，就默认认为进展良好。此外，我们也会关注小组群里的动态，以及大家分享出来的材料，我们会观察质量，但不会过多干涉或干扰。

③ 团队 Leader 工作方式。团队的自主与自发已经激发出来，形成了靠自身发现问题，解决问题的心理。团队逐渐长大"成人"，成为有独立意志和思维的个体。作为规范期的团队领导，需要首先尊重并欢迎团队的自我意志，允许团队有更大的自治性，作为参与式领导存在。

> 在你成为领导者之前，成功只同自己的成长有关，那么在你成为领导者之后，成功都同别人的成长有关。
>
> ——杰克·韦尔奇

像有些父母，会对即将步入社会的孩子不依不舍、紧抓不放。孩子的成长过程，伴随的也是父母自身的成长过程。与此相同，团队领导是通过团队的成功体现自身价值的，团队领导也无须通过自己的事必躬亲体现自身价值。首先领导自身需要成长起来，内心需要足够强大和自信。

(3) 成熟期

① 特征。从规范期开始，团队逐渐成熟，开始高速产出，团队角色更为灵活和功能化，团队能量积聚于一体。团队运作如一个整体，工作顺利、高效完成，任何冲突出现都可以自行快速解决，不需要外部监督。团队成员对于任务层面的工作职责有清晰的理解，无须监督，高度自治，互助协作，即便在没有监督的情况下自己也能作出决策，随处可见"我能做"的积极工作态度。

② 团队状态。案例研究进入最后一周，进入成果产出阶段。团队会开会，我们有可能会在第一次的时候去听一下组员的预演，旁听，我们可能会提出来一些建议，组员接受或者不接受其实都没问题，此时充分尊重团队的意见。

此时的案例研究小组为一个成熟团队，彼此信任，无须多言，成果产出的心流感会在团队内部流淌，为统一的目标全心付出而责无旁贷的团队自驱力产生。

此时我们需要做的,只是静静地等待成果的产出。

③ 团队领导者工作方式。成熟期团队领导,只需让团队自己执行必要的决策,作为委任式领导存在,可以借助《管理3.0培养和提升敏捷领导力》中的授权模型,尽可能将更多的决定权放给团队来执行。

第14问 作为教练型领导,我们该如何有效的给出反馈

Thank you for hearing me. Thank you for seeing me. Thank you for staying with me. Thanks for silence with me. And saying I could be. Thank you for helping me.

——Sinead O'Conner *Thank you for hearing me*《谢谢你听我说》

刚入门的教练,特别是从领导转型过来的教练,或者想以教练方式工作的领导,很多时候意图是好的,表达方式却简单粗暴,结果自然不必多言。你认为自己给的是反馈和建议,对方心理上却感觉是在指责。自己事后往往还不自知,认为错在对方。即便有时意识到自己的问题,下一次还是照样犯。

这里面的原因比较多,其中一个很重要的点,是给予反馈和建议时的自我定位和传递方式出了问题。

1. 给予反馈时的错误角色扮演

通常在给对方反馈和建议时,以下的几种典型错误角色,你有没有扮演过?

第一种,无所不能的救世主。典型话术:我这都是为了你好!

我们认为,我们的反馈和建议都是为了接受者好。背后的意思是——自己永远是对的,却从来没有考虑过对方真正想要什么。我们往往给着最简单粗暴的反馈和建议,还美其名曰是为了对方。

第二种,苦口婆心的传道士。典型话术:我说了多少次了!

我们认为,自己的行为和反馈会导致他人的行为,我们致力于让对方作出改变。说过多少遍还不奏效,只能说明方式和内容不对路,但大家却容易将不改变归罪于对方。毕竟行为是有相应背景和关联的;反馈通常不会带来改变,行为是相互关联的,一个表面行为的改变可能需要个人更深层次的改变。

第三种,百般无奈的受害者。典型话术:我不管你了!

我们经常用消极负面的感受或失去威胁他人。但是,我们没有意识到消极负面的反馈,相对于积极正面的反馈,更容易让对方陷落而无法自拔。我们没有意识到消极负面反馈可能涉及接收者正投入在做且不想改变的事情。

2. 对反馈的反思

反馈的核心主体,到底应该是给予者,还是接收者呢?

答案显而易见,聚光灯要打在接收者身上。

人们往往从自己的角度给出反馈，却没有思考接受者的需要，如反馈及建议到底想要达成什么目的。往往是为了反馈而反馈，为了给建议而给建议，更多满足的是给予者而不是接收者的心理诉求。

谁对反馈的结果负责，或者有最大的影响？是给予者，还是接收者呢？

答案同样显而易见，接收者是行为的主体。

接收者相对于给予者更多地影响着反馈的内容，人们只会听到自己想听的东西，接收者会对反馈的内容进行过滤，尤其是当信任关系不存在，或是接收者感到威胁时，他会把自己关闭和保护起来。

总是反馈给别人，你反馈给过自己吗？

就审判自己，但这是最难的。审判自己要比审判别人难得多。要是你能审判好自己，那你就是一个真正的智者。

我们没有意识到聆听我们反馈的最重要的人，可能就是我们自己。我们只能或者只愿意看到自己阳光灿烂的一面，却意识不到或者天真地看待我们自己的阴影部分。我们给予对方反馈的过程，在自己心理上的投射是什么呢？

那么，有效反馈，应该达成的预期结果是什么？

(1) 对方必须能够理解这些信息。

(2) 对方必须能够接受这些信息。

(3) 对方必须能够对此作出回应。

(所以，关键都是在对方，不是吗？)

3. 示例：从低到高的五级反馈

我们先来看几个反馈示例：

(1)“你太没用了”。这类是最差的反馈，这是对人格的批判，会摧毁对方的自尊和自信。

(2)“这个材料毫无用处”。稍好，从对人改为对事的批判，程度稍轻，但也没有任何有关修正的信息。

(3)“你的材料内容清晰、简洁，但编排和表述方式对于读者太过粗糙”。避免了批判，也提供了一定的改善信息，但不具体，也没体现自主权。

(4)“你对这份材料感觉如何?”执行者现在有了自主权，但对改善方向没有概念。

(5)“你这份材料的主要目的是什么？你认为多大程度上实现了这一目的？是否还有其他方面需要强调？目标读者是谁？他们看到材料的第一反应会是什么？”最好的反馈，双方都不加批判，并针对具体方向引发思考，体现自主权，并激发主动参与和责任感。

如果我们真的希望发挥他人的最佳潜能，就要在反馈的本质层面作出思考和调整。基本目标必须是懂得对方能够做好工作所需要的是什么，并通过询问、讨论或其他必要的事情，帮助其满足这种需要。

“谁来承担这份工作?”“你有多大信心可以按时完成这项工作?”“你对什么因素还没有太大把握?”“阻碍目标实现的因素可能有哪些?”所有这类的问题会带来责任和自主权，而且会提升对其他因素的意识。

4. 有效反馈的特质

让我们看看有效反馈有哪些特质：

(1) 有效反馈面向未来，而非面向过去。

(2) 有效反馈是成果导向，给予发展性的反馈，面向成果而非面向失败。

(3) 有效反馈解决想要啥，如何解决问题，而非有什么错，是谁的错。

(4) 有效反馈是主观性的、描述性的反馈，而不是针对个人的、评判式的反馈。可以描述我们的感受，这一感受是由别人行为引发的，用意是让别人知道我们正经历着什么。当作出评价性或评判性反馈时，用意往往是评判别人，或对他人的行为进行评价。

(5) 有效反馈站是在对方的角度看待问题。让我们的控制欲、展示自己高人一等意愿，退居次席，打破自己固有的模式。应该针对接受者理所当然会有所回应的行为。低效反馈，往往是从自己的角度看问题，往往只是随口说说，没有意识自己所说的话产生的效应。

(6) 有效反馈要顾及给出者和接受者双方的需求。发泄情绪的反馈是不会有建设性或具有成效的，因为没有考虑到他人的感受，所以往往是破坏性或有害的。

(7) 有效反馈的目的是让对方拥有对自己绩效的责任感。防卫心理一旦出现，真理和事实就会淹没在不准确的接口和辩解中。描述性而不是批判性的词汇，可以避免唤起执行者的防卫心理。

(8) 有效反馈是具体的，而不是笼统的。

5. 用前馈代替反馈

所有类型的反馈都有一个根本性的问题：它聚焦于过去已经发生的事情，而不是未来可能发生的无限可能。反馈本身是静态、有限的，而不是动态、扩展的。

前馈，即为对方的未来提供建议，并且提供尽可能多的帮助；而对方听取对未来的建议，并且尽可能多地学习。

(1) 我们能够改变未来，却无法改变过去，前馈能够帮助人们聚焦于积极的未来，而不是失败的过去。

(2) 告诉人们如何能够成功，而不是回忆过去的失败，更容易提高未来成功的概率。

(3) 帮助人们学到如何做到正确，比证明他们什么地方做错了更有成效。即便是最有建设性的反馈，也常常被认为是负面的，因为反馈有必要客观地涉及错误、缺点、问题等。相反，前馈几乎总是正面的，因为它关注的是解决方案，而不会是问题。

(4) 前馈更容易被接受，因为人们喜欢针对他们的目标收集建议，倾向于拒绝负面的评判。

(5) 任何人都可以给出前馈，而无须对对方有所了解；但反馈却是基于对对方过去的了解。前馈只需要对所完成的目标有想法即可，所以前馈甚至可以从根本不认识的人那里获得。

(6) 人们不会把前馈视为是针对个人的，积极的前馈聚焦于绩效而非个人；而实际上，几乎所有的反馈都是针对个人的，不管反馈的方式如何。前馈是讨论还没有发生的事情，因此不涉及对个人评判。正面的建议通常较为客观，而对个人的评价相对难以接受。

(7) 前馈更容易增加改变的可能性，而反馈会加强失败的感觉。反馈会加强自我的模式以及消极的自我实现预言。前馈是基于对方能够在未来做出积极的改变的假设。

(8) 前馈更容易让人面对现实，我们大多数人不喜欢负面的反馈，也不喜欢给人负面的反馈。“及时提供发展性的反馈”与“鼓励并接受建设性的批评”通常都很难做到。

(9) 前馈几乎能够覆盖反馈所涉及的各方面，甚至更加全面。

(10) 前馈会比反馈更快并且更加有效。对建议没有评判，提供前馈的人以及接受前馈的人也变得更加积极正面。

(11) 前馈适用性更强，可以用于不同的层级，前馈并不意味着更加优越，更像是有帮助的“同路人”，而不是一位“专家”，人们本身会更愿意听取没有站在权威位置的人的建议。

(12) 前馈更为可取，收到前馈的反应通常更加欢乐，而反馈往往让人精神紧张。

(13) 前馈能够显著提高组织中沟通的品质，确保正确的信息得到传递，接受信息的人也更乐于接受内容。组织更具活力，更加开放，更加关注对未来的承诺，而不是沉溺于过去的错误之中。

6. 如何接受反馈

那么，对于接受者而言，应该如何接受反馈呢？以下是几点建议：

(1) 仔细聆听；

(2) 不要变得有抵触情绪——思想上留意到分歧即可；

(3) 复述你所听到的内容，核实你的理解；

(4) 对你不太肯定的地方提问澄清或求例证，然后再次复述；

(5) 仔细评估你所听到内容的准确性与潜在价值；

(6) 从其他人那里搜集附加信息，或者观察自己的行为以及他人的反应；

(7) 不要对反馈反应过度，根据建议的方向作出改变，然后静待结果；

(8) 找出他人观点与自己的观点不同的地方，请他们多说一些，这样可以多了解一些；

(9) 不要争辩，不论他人说什么，不要反对和辩护，这样会破坏你所需要的反馈信息；

(10) 可以获取多方反馈，横向比较，核实一致性；

(11) 接纳不同的声音，这是一个学习的机会；

(12) 真心说出感谢的话，这是他人在帮助你。

(13) 寻求灵活性而非绝对的是非对错，当你听到不同的反馈时，很有可能双方都是部分正确的，不要纠缠谁对谁错。

归结而言，无论是否作为领导，我们给出反馈都应该遵循：放下自我，聚焦对方；面向未来，成果导向。

第 15 问　如何做好组织内部社区

When the sun goes down, And the band won't play. When you look at me, And the whole world fades. I'll always remember us this way.

——Lady Gaga *Always Remember Us This Way*《永远记住我们》

在《2019 DevOps 实施状态报告》中，提到推动 DevOps 转型时，内部技术社区是非常重要的一环！通过内部技术社区，不仅可以实现技能的分享，更可以实现横跨组织的人员互动，此外，公司要挽留人才，关键之一在于提高员工忠诚度，互动社区让员工有展示的舞台，可以加强员工之间联系，激发创造力，让所有人在组织中找到“归属感”，更加投入地执行日常使命。

在Spotify公司的部落制中，甚至专门设立了“行会”机制，追根溯源，这其实就是内部社区。在很多大厂，都有这种运作机制，譬如京东内部有“敏捷创新社区”、招商银行有“精益部落”、兴业银行有“DevOps技术部落、云原生技术部落”，再大些的如华为心声社区，通过企业内部社区的运营机制激励员工贡献与消费内容，凝聚企业员工智慧，使个人发展得到认可。

那么如何才能做好组织内部社区呢？关于这方面的文章也很多，大家可以网上搜索，这里不想赘述，而是把视角放到更大的范围，以中国DevOps社区的运作为例，给大家打开思路。

1. 中国DevOps社区的组织结构

中国DevOps社区是一个纯志愿、纯公益性质的社区。DevOps背后是全国的志愿者，其所有的志愿者都来自于全国各地，分属不同的城市，包括大连、北京、上海、深圳、广州、天津等，每个城市有核心的组织群体，在核心组织之上还有一个群体就是理事会。社区是一个完全分布式的组织架构，所有的活动都是自发进行的，理事会每年都会进行选举，姚冬是第三届理事长，王立杰是第一届理事长。

2. 组织活动的自豪感，伙伴相聚的存在感，以及自我成长的存在感

中国DevOps社区正式迈入第三年，成立至今，社区的愿景与理念始终未变：成为中国DevOps运动的领航人与催化者，传播DevOps文化，落地DevOps实践。

回首过往，中国DevOps社区是一个大家庭，一群有着相同理念的人，秉承开放、专业与使命感的核心价值观，在过去的两年多时间里，一同将中国DevOps社区建设成了国内最具特色的社区。

“家”给到成员的，不仅是心之向往和灵魂寄托，更多的是可以彼此促进、相互扶持、携手前行。

我们发起核心组织者调研，收获到的是：参与，成就，好玩，有趣，成长，收获，交流，表达，自豪，同在，存在，自主。

社区对我们意味着组织活动的自豪感，聚首的同在感，以及自我成长的存在感。

2021年，中国DevOps社区会致力于创造了一个可以让所有人共同成长的平台，构建开放和分享的场域。

当我们所有的包括组织者、志愿者以及社区受众的群体，都可以在社区自由的分享困惑与卡点，并展开讨论从而获得反馈，进一步也乐于贡献自己的心得与实践，为他人答疑解惑。

这才是一个良性循环的社区，这才是可以让所有人都能够贡献以及汲取能量的平台，这才是我们心之向往并满富动力去构建的家园！

3. 找到“金钱以外的兴趣”

社区的赞助商有一个身份极为特殊，中国香港滙嘉国际智造公司，是我们的服装赞助商，赞助了我们多年的社区峰会，以及社区日常Meetup的各类志愿者服装。与滙嘉国际智造CEO张总的沟通，让我们对社区的意义有了新的认识。

张总 2019 年在杭州参加了社区的第一届技术峰会，在峰会现场感受到志愿者的全情投入并且享受其中的欢乐，好奇同时也感动于这样的一个纯公益化运作的技术社区。张总从事服装精益生产以及相关咨询多年，对精益生产和智能制造有深厚的理解，并且坚定认为软件的精益敏捷化是服装行业数字化转型的未来，对于中国 DevOps 社区的使命愿景与价值观非常认同，会后他找到我们的核心组织者并表达想要赞助服装的意愿。

开始对赞助回报表示了质疑被张总一番话解惑，张总说：这是我金钱之外的兴趣。当我们的组织者表示对本届大连峰会志愿者服装的喜爱，自己的跑团想要采购一批服装的时候，他的回复是：这些衣服先穿 3 年没问题再说。

社区的组织过程中总是会涌现出众多非常给力的志愿者，各类活动得以成功举办，有赖于他/他们的全力支持，无法一一列数。

大连软件协会秘书长秦健参与过几次大连峰会的组织者周会，我们的周会每次到晚上 10 时许依然热情满满，所有事项井然有序，所有人都积极献计献策，积极认领工作，而这一切居然是靠一群不拿钱不计回报的志愿者进行的！

这也许就是大家在“金钱之外的兴趣”。

4. 从这一刻起开始不同

2021 年 9 月，大连峰会的前一天我们组织了一次星海湾的夜跑，这是历次社区峰会的惯例。来大连的航班刚好可以俯视星海湾，在飞机上大家就开始拍照。星海湾大桥对我们来说有了不一样的含义，因为与星海湾，与大连产生了不一样的连接。

《小王子》里狐狸对小王子说，“现在对我来说，你还只是一个小男孩儿，跟成千上万的男孩儿没有什么两样。我不需要你，你也不需要我。我对你来说，也只不过是只狐狸，跟成千上万别的狐狸也没两样。但是，你要是驯养了我，我们就彼此需要了。你对我来说，就会是世界上独一无二的。我对你来说，也是世界上独一无二的。”

从此以后，大连不再是过往的那个大连，和其他的城市不一样了，有了特殊的含义。因为组织的峰会，因为一起度过的这一切：夜跑、峰会、聚餐、团建等。

5. 社区做什么？

关于社区做什么？我们从两个故事来解释。

第一个是柏拉图的洞穴隐喻（图 23）。柏拉图对人类的认知有一个隐喻：假设人们都存在于洞穴中，看到的东西都是别人给他看到的，好比在一个洞穴里有很多的影子，你看到的这些影子都不过是别人给你创造的影像，你会自然地认为影子是唯一真实的事物。而我们其中的一些人会很好奇，他会去探索，他偶然间爬到了洞穴之外，看到了外面真实的世界，原来是有阳光照耀，微风吹拂，有鲜花和绿草；他会意识以前所生活的世界只不过是一个洞穴，而以前所认为的真实事物也只不过是影像而已；他返回洞穴，告诉他们洞穴外面别有洞天，试图劝说他的同伴走出洞穴，但他的同伴认为他在胡言乱语，根本不会相信反而认为他疯了。

DevOps 也是一样，我们一直在埋头开发，我们认为研发流程就应该是这样的，因为前人和领导告诉我们就是这样，我们的同行也一直是这样做的；而有一些先行者，他们看到好像可以有不一样的研发模式，原来还有敏捷和 DevOps，原来可以有云原生和微服务，原来外面的世界是这样的；于是他们把这些消息带回“洞穴”，希望可以带来转变，然后别人说，我们的企业

图 23 柏拉图的洞穴隐喻

是做金融的、做军工的、做政企的，我们有合规的要求，安全与质量是红线，但是如果我们的系统都可以放到云上，都可以做到持续交付到生产环境，可以通过流水线完成 80% 以上的合规检查，你又有什么理由呢？所以，人类对外在世界认知的边界，是由内在认知的边界所决定的。

第二个故事，大家有没有看《肖申克的救赎》这部电影？里面墨菲和安迪的一段对话发人深思：这些围墙很有趣的。开始，你恨它们；接着，你适应了它们；时间久了，你开始离不开它们。那就是被体制化了。你一开始加入一家企业会感到各种束缚，逐渐发现这层束缚是一层保护屏，再想跳出来舒适区也很难了。

自我设限是生活最大的监狱，DevOps 社区就是希望构建这样一个开放的平台让大家相互交流，我们每个人看到的东西都是不一样的，我以为自己爬出了洞穴，但可能我是处于另外一个更大的洞穴。我们把彼此看到的影像和信息拼凑起来，可能这是一个更为完整的世界。

DevOps 社区就是构建这样一个场域。我们的使命是传播 DevOps 文化，落地 DevOps 实践，愿景是成为中国 DevOps 的领航人，更多的是催化者，我们就是一道菜中关键的调味剂，那个企业发生变化的催化剂。我们要打造的是一个开放的平台，让大家相互碰撞之后去产生新的洞察和觉察。

第 16 问　技术社区，从想到做到有哪些关键点

Wheels turning around, into alien grounds. Pass through different times, leave them all behind.

—— Ride *Leave them all behind* **《把它们都抛在身后》**

肖恩·扬的《如何想到又做到》提出的 SCIENCE 模型，其中的理念与实践，与我们在做的中国 DevOps 社区不谋而合：

阶梯模型(Stepladders)，是梦想落地到实际的过程；

社交磁力(Community)，是采纳社区运作的方式；

要事为先(Important)，思考什么是最重要的事；

极度容易(Easy),努力降低人们参与的门槛;

行为在前(Neurohacks),踏踏实实地做事,不要瞎吹;

致命吸引(Captivating),持续累积小的胜利,small wins;

反复铭刻(Engrained),让我们坚持去做一些有益的事情。

中国 DevOps 社区的核心理念,活动形式,人员的组织模式,这套我们大家集思广益,摸着石头过河,逐渐摸索出来的社区组织形式,在肖恩的 SCIENCE 模型中处处能找到理论依据。

我们很幸运,坚持做了正确的事,而碰巧又采用了正确的做事方式,最关键的,还是找到了一群正确的伙伴,现在回想,这应该也是大概率会发生的,因为这是:一群靠谱的人,用一个靠谱的方式,做了一件靠谱的事。

1. 采纳阶梯模型

不积跬步无以至千里,梦想是主动力,目标才是关键;人应该更多地关注短期目标,而不是长期梦想。

实施非常小的步骤,使用阶梯、目标和梦想的模型;社区目标到具体步骤的拆解,正如同敏捷开发中的 Epic 到 Feature 到 Story 的拆分。中国 DevOps 社区,由大小、频度、形式都不同的三种类型的活动组成,社区峰会、MeetUp 与线上分享。这样的组织形式,让所有有志向的人都有机会贡献自己的智慧。

人是因为环境的关系,因为在正确的时间处在了正确的时空,才去做事情的。如果人们认为这件事很重要,他们就能坚持了,DevOps 社区的组织形式,也是恰好在正确的时间出现在了正确的时空。如果这是他们的决定,而不是你的,他们更大可能将该决定坚持到底。

2. 社交磁力

DevOps 社区的社交属性是我们一直坚持的,我们致力打造的,是一个大家目标一致,平等相处,活泼有爱的社区;我们希望吸引志同道合的人,加入到这个正在“做你想做的事”的队伍中。

怎样才能建立起富有吸引力的社群呢,一个强大的社群需要具有“社交磁力”,拥有共同的使命,需要足够多的人为社群提供滋养,创造社交磁力。

一个有社交磁力的社区,需要 15%的参与者投身于社交磁力的建设工作,形成同伴榜样作用;而中国 DevOps 社区的组成模型,就像一个洋葱模型,从里到外分别是全国的十几位理事会成员,几十位成员,以及近 500 位社区志愿者,链接整个 DevOps 社区近 10 万人。

建立社群经常使用的 4 类榜样:专家、名人、传播者、本土榜样,我们一个都不缺。

3. 致命吸引

致命吸引,实质上讲的是激励机制;对于自己需要做的事情,如果能得到激励,就容易坚持做下去;如果人们做某件事感觉得到了奖励,就会继续做下去。

持续的小的胜利。每当大脑获得奖励,人体内的多巴胺就会喷涌而出;大脑是从相对而非绝对价值的角度来理解奖励的;人们为快而小的奖励赋予的价值,高于延迟到来的大奖励;所以激励的门槛要低,反馈要及时。无论是每次大会、MeetUp 以及线上分享上的抽奖、赠书,抑或是峰会上对优秀志愿者的嘉奖,精神上的奖励都远远胜于物质奖励。

激励与奖励,未必一定要是金钱,甚至一定不要是金钱。人不需要额外的奖励做本来就感兴趣的事,金钱奖励反而会适得其反;如果为人本来就喜欢做的事支付奖励,无论是微小的,还是巨大的,他们往往都会失去继续做下去的动力。

所以,社区工作需要金钱奖励吗?社区关系本身就很能让人开心,往往它比金钱更能让人坚持做事,我们不想把大家的兴趣折算成经济奖励;采纳游戏化的机理机制,让做"正确的事"变得好玩,就好像我们统计大家的贡献值,还有排名,不是为了统计而统计,更多是激发大家的参与感,荣誉感,游戏感。

游戏化激励的关键元素包括社会资本、自尊和趣味性;游戏化激励需要精心设计,过于简单地引入某种激励机制,大多都会以失败告终,常见的原因:

强调外在动机,却忽略了内在动机;

没有考虑参与者的动机;

在原本应该合作、创造或学习为重的环境下,引入了竞争;

主要侧重于管理目标,而不是参与的动机。

4. 极度容易

要把事情变得真正容易,人们喜欢做容易的事,也会坚持做那些容易做的事;面对障碍,人很快会放弃做某件事;反过来说,如果你学会了怎样消除障碍,就能很容易继续做下去;消除复杂性,让事情变得极其的简单、容易,才是聪明的做法。

无论是 MeetUp,还是线上分享,甚至是 DevOps 社区峰会,我们都极力去打破门槛,消除障碍;社区峰会我们有极低的社区票,MeetUp 通常只收一杯咖啡的价格,而线上分享更是免费参与。

消除障碍不只体现在金钱上,更体现在时间和空间方面:各地举办的 MeetUp,就是试图消除人们在空间上的障碍,让无法参加社区峰会的人有机会参与到当地的社区活动中,而线上分享更是进一步打破时间与空间的限制,可以参加直播与互动,也可以观看视频和音频回放;同时我们还建立了微信群作为日常大家沟通的渠道。

相信通过中国 DevOps 的介绍,你会对受众为什么要参与社区,作为志愿者和组织者,在一个社区中所获得的感受是怎样的有一个基本的了解,期待你在自己的组织内也建立起自己的社区,不需要很大,可以先从几人、十几人做起,星星之火,可以燎原,关键你要找到里面的乐趣,以及一帮志同道合的人!

第 17 问　著名的特斯拉反手册说了什么

Today is gonna be the day that they're gonna throw it back to you. By now you should somehow realized what you gotta do.

——Oasis *Wonderwall*《迷墙》

特斯拉内部的员工手册在网上泄露,有意思的是,特斯拉员工手册这四页的文档名为"The Anti-Handbook Handbook"(反手册手册)。

这是一份非常独特的文件，特斯拉的每位新员工都会在入职时拿到，宣讲特斯拉强烈的野心、职业道德和公司文化。

员工手册告诉员工“我们认为您需要了解的入门知识”，除了一些“小事情”，例如薪酬政策、进餐和休息时间以及休假政策，这些都可以在公司内部网站上找到。

1. 体现特斯拉的独特文化

让我们假设这本四页的手册是正式对新员工发出“欢迎来到特斯拉!”的讯息。如果是这样的话，那么很明显特斯拉试图将其作为公司文化的宣讲。

第一行写道：“我们是特斯拉。我们正在改变世界。我们愿意重新思考一切。”许多公司都会这样说，但特斯拉手册真的自始至终保持了这一主题。

随后的内容持续传递的信息是，这并不是一份满是规章制度的传统员工手册，毕竟，这些传统的员工手册“只会告诉你各种底线在哪里，在你真正被扫地出门之前，你的行为及绩效表现有多糟糕。”。相反，特斯拉说：“我们更愿意拥有令人难以置信的高标准，并雇用杰出的人才。”

不同于传统的员工手册，反手册手册的行文无不体现着特斯拉的独树一帜，以及它本身对这种与众不同的追求与骄傲。

反手册手册的与众不同在于，它毫不掩饰公司对员工最高的期待，毫不掩饰公司对于追求更多价值而对员工提出的比普通公司更高的要求。

它向员工显示了可接受的最低标准，如果您想要低一些的标准，该手册说：您将在其他地方取得更大的成功。我们并不是要听起来苛刻；这是事实。

手册正文写着：“我们是特斯拉人。我们将改变世界。我们愿意重新思考一切事物。我们与众不同，我们喜欢这样的自己。正是与众不同，才让我们标新立异，完成在其他人眼中是不可能的任务。我们更强调的是极高的标准，同时聘用最与众不同的人才。你在其他地方也许会更加成功。我们并不是刻薄讽刺，但这只是事实罢了。”

这种不掩饰像是特斯拉筛选人才的一道门槛，选择加入，也就意味着员工对于特斯拉价值观的认同，以及对其使命的一致追求。

您可能会喜欢，也可能不会。但是，很明显，它试图清晰地阐述了特斯拉文化。

2. 保持如一的基调

这是一本对话性质形式的手册，阅读时你会发现自己在微笑或者大笑，会发现其他公司的员工手册里装满了法律条款，或者看起来像是由委员会撰写的文件。

尽管本文档攻击了大多数公司可能会遇到的一些常见问题，但它以一致且与众不同的方式进行了处理。

为了不只是设定期望的基准，特斯拉手册在“沟通”，“工作职责”和“目标与反馈”等标题下加入了以下内容：

(1) “特斯拉的任何人都可以并且应该根据他们认为是解决问题的最快方法为所有人发电子邮件或与其他人交谈，从而使整个公司受益。您可以与您的经理交谈，也可以与您经理的经理交谈，可以直接与另一个部门的副总裁交谈，也可以与马斯克交谈。”

(2) “‘没人告诉我’是一个永远不会被接受的借口。”

(3)“你的#1职责—每个人的#1职责—是使这家公司成功。”

(4)“如果您不可靠,那么这里就不适合您。”

(5)“如果你不值得信赖,那特斯拉就不适合你。你也最好离开特斯拉(可能你也没得选)。”“我们认为,如果你在工作中不主动,无法胜任工作的话,那你就是个懒人。”

3. 特斯拉反手册全文[①]

我们是特斯拉。我们在改变世界。我们愿意反思一切。

我们是一家与众不同的高科技公司。我们是一家与众不同的汽车公司。

我们与众不同,我们喜欢这样。与众不同让我们可以做别人没做的事;做别人告诉我们是不可能的事。

如果你想找的是一本填满了各种政策和规则的传统员工手册,你是找不到的。政策和规则告诉你底线是什么——它们会在你被解雇前告诉你,自己的表现可以有多差。那不是我们的方式。

我们更愿意设定极高的标准,并聘用那些喜欢每天都把自己推向最高水平的优秀人才。我们希望周围的人都被驱使着做正确的事情,即使在没有人注意的情况下也要正直行事。

你是这样的人吗?如果是这样,我们很高兴你在这里,我们期待着一起做了不起的事。如果这不是你,你在其他地方会更成功。我们并不是有意要显得苛刻;这只是事实。

(1)我们的一些高标准

如果你正在阅读这部手册,你可能是刚来特斯拉的新人,对这里的一些基本情况有疑问。以下是我们认为你需要知道的事情。至于其他问题 ,例如我们的薪水策略、餐饮、午休和休假政策等,可以前往内部网站检索或询问。

(2)信任(Trust)

我们给予每一个加入团队的新人以极大的信任和责任。我们假设每个人都能够做好分内的工作,包括你在内,公司在这个假设的基础上运营。事实上,会有人打破这份信任,也会有人疏忽自己的责任。我们不会为那些让我们失望的人改变自己的做法。取而代之的,我们会让他们离开。

(3)沟通交流(Communication)

为了公司整体的利益,特斯拉的所有员工都可以,也应该向其他任何人发邮件或者与其交谈,只要他们认为这是解决问题最快速的方式。你可以与领导交流,可以与主管的领导交流,可以直接找另一个部门的里的领导交流,你甚至可以找 Elon(Musk)——不需要其他人的允许,你可以与任何人沟通。此外,你应该意识到,在问题解决之前,自己有义务这么做。

(4)工作职责(Job Duties)

了解公司对你的期待,这是你的责任。你的上司会向你解释你的职责以及对你的期待;然而,如果任何时候觉得不清楚,直接问。在这里,“没人跟我说过”这种借口永远说不过去。

你的第一职责——每个人的第一职责——是让这家公司成功。如果你看到能够改善我们工作方式的机会,大声说出来,就算它不属于你工作职责领域。特斯拉的成功与你息息相关,

---

① 本部分内容引自“极客公园翻译内容”。

所以，说出你的建议，分享你的主意。只有自己知道的好主意一文不值。

（5）目标与反馈（Goals and Feedback）

我们鼓励你和你的上级就你的工作表现和目标作非正式的日常讨论。如果你希望主管给你反馈或者任何形式的输出，积极主动询问。不要等到主管主动和你聊，或者公司例行的复盘过程才收到你为了更好的工作表现而需要的反馈。

（6）安全（Safety）

我们认为安全很重要。我们希望你每天安然无恙地回到家里。

我们认为，创造安全文化的最佳方式，是让那些在这里工作的真正聪明的人运用一些良好的判断力和常识。这意味着：

① 时刻保持安全意识；

② 遵守所有安全政策和程序，包括穿戴必要的防护设备；（相信我们，如果我们建立了某条政策或规则，那仅是因为它是绝对必要的。我们没有随意的规则。）

③ 切勿执行你认为不安全的工作；

④ 保持工作区域清洁，人行道畅通无阻，尤其是在生产区域；

⑤ 如果发现安全问题，请与他人交流；

⑥ 向环境健康与安全部门报告不安全或危险情况。

（7）考勤（Attendance）

如果你是那种对自己要求最高的人，我们的出勤规定正是你所期望的那种：成为你的团队可以信赖的那种人。在该出现的时候出现。我们需要你。你不在的时候，我们无法完成工作。

如果你不能出勤，尽快告知你的上司，说明他原因。你的上司也会很通情达理，并且尊重你。

如果你并不可靠，那么这个地方不适合你。你会被要求离开（可能没有选择）。

（8）拖延迟到（Tardiness）

“你迟到了”，这是学校里对孩子说的话。这里不是学校。按时到公司，准备好工作。交通问题是发生的，我们理解，但不应足球赛季的每个周一都出问题。

（9）病假（Sick Days）

如果你生病了，在家待着。别让我们其他人生病。在你计划上班之前，尽快联系你的主管。如果你有带薪假，使用它，你会得到当天的薪水。

（10）假期（Vacations）

我们知道你需要休息，所以提前安排好时间，得到上司的批准，然后再休息。用上你的带薪假——这就是它的用途。

记住，不是每个假期的要求都能被满足。其他人可能已经请了同一时期的假，或者在关键项目的截至目前，都可能会被禁止休假。

（11）无故缺勤（No Call，No Show）

我们的假设是，如果你没电话通知也不来上班，你就是差的。你最好说明一个很好的理由，让我们知道你为什么不来，否则你就得离开这里。这种情况出现一次就够了。

（12）外部雇佣关系（Outside Employment）

只要你在这里的工作做得很好，并且不透露任何机密或私有的信息，你就可以同时持有一份其他公司的工作。

我们不会因为你还有一份工作就放松对你的要求。我们会以对其他人一样的标准来评价你。如果其他工作影响了你的工作表现，除非你不想留在特斯拉，否则你可能会被要求终止该工作。

（13）很不合理事（Stupid Stuff）

如果你做了很不合理的事，根据不同的情况，你可能会得到指导，或者得到一次新的机会，你也可能会被要求离开。当我们有这么多重要的事情要做时，我们不能把时间浪费在处理很不合理的事情上。

如果你需要，下面是一些很不合理的范例可了解：

① 盗窃或者故意损坏公司财产；

② 泄露机密信息；

③ 骚扰或欺负他人；

④ 对他人造成身体伤害或威胁使用暴力；

⑤ 拥有非法毒品；

⑥ 拥有炸药、武器或火器。

类似的例子不胜枚举。如果你认为你是那种可能会做一些很不合理的人，那就算帮我们所有人一个忙，立刻离开。

（14）乐趣（Fun）

确保你在工作时是有乐趣的——认识新的朋友，用全新的方式鞭策自己，尝试新的事物。一定程度上，如果你感受不到乐趣，你就会不快乐。我们不想要那样。我们希望你努力工作，爱你的工作，同时收获乐趣。

（15）故事的寓意（Moral of the Story）

以上这些规则的主题很简单：只要表现得像你想要的那种同事就行了。像你希望别人如何对待你一样对待别人。特斯拉一定要期待着在早上来上班的公司那种人。

（16）解决顾虑（Resolving Concerns）

我们想要提供一个积极的工作环境，把员工当成独立的个体来对待。如果你有顾虑，请与任何你认为可以帮助评估和解决问题的人畅所欲言。如果你不确定该找谁谈，那就联系人力资源部。我们将竭尽所能提供一个健康、充实、高效、友善的工作环境。

技法篇

技法即实践，而实践是我们最常接触到的，也是最容易理解的。技法篇从作为敏捷与 DevOps 底层思维模式的精益思想说起，再延伸到团队行为模式的敏捷实践，之后是沿着产品生命周期为主线，从持续探索、演进式架构、持续集成、持续测试、持续安全、持续交付与部署、持续发布与反馈等方面逐一拆解。

技法篇一　精益思想

实践就像武术招式，知道容易，做到很难，做到位就更难。究其原因，在于人们的思维意识层面，所以我们先从精益思想说起，这对于我们有效地落地实践至关重要。

第 18 问　精益思想价值与原则什么

I'm not afraid to take a stand, Everyboby come take my hand I guess. We'll walk this road together through the storm.

——Eminem *Not Afraid*《不怕》

精益思想是适于任何组织消除浪费、创造价值的最强有力的工具。

——《精益思想》修订前言（2003 年 2 月）

精益思想(Lean Thinking)源于 20 世纪 80 年代日本丰田发明的精益生产(Lean Production)方式，精益生产方式为日本汽车带来了质量与成本优势，一度反超美国汽车工业，让世界汽车工业的重心向日本倾斜。

精益思想从理论的高度归纳了精益生产中所包含的新的管理思维，并将精益方式扩大到制造业以外的所有领域，尤其是第三产业，把精益生产方法外延到企业活动的各个方面，使其不再局限于生产领域，从而促使管理人员重新思考企业流程，消灭浪费，创造价值，赋能员工，打造持续改进的文化。

精益思想最初是体现在对产品质量的控制中，即指不追求产品的成本优势和技术领先，而是强调产品的成本与技术的合理匹配、协调。此后，企业界将精益思想逐步引申、延展到企业经营活动的全过程，即追求企业经营投入和经济产出的最大化、价值最大化。

从字面意思来看，“精”体现在质量上，追求“尽善尽美”“精益求精”；“益”体现在成本上，只有成本低于行业平均成本的企业才能获得收益。因而，精益思想不单纯追求成本最低、企业眼中的质量最优，而是追求用户和企业都满意的质量、追求成本与质量的最佳配置、追求产品性能价格的最优化。

精益思想落地实践包括精益生产、精益管理、精益设计、精益产品开发、精益用户体验、精益供应和精益创新等一系列思想，其核心是通过“及时适量”“零库存”“信号卡”“价值流”等现场管理手段实现"订单拉动生产",从而确保产品质量并降低成本,提高质量,创造更多价值。

1. 思想核心

James Womack 和 Daniel Jones 的《精益思想》是一本有趣而且写得很好的总结精益原则的书,在这本书里面,认为精益思想的核心就是(消除浪费)以越来越少的投入——较少的人力、较少的设备、较短的时间和较小的场地创造出尽可能多的价值;同时也越来越接近用户,提供他们确实要的东西。这可能会给读者一个错误的印象,即精益的关键在于减少浪费,提高效率,但我们一定要认识到,除此之外,精益重点关注持续改进,创造组织知识,尊重公司各个层次的精益团队成员化。

2. 精益思想的五大原则

James Womack 和 Daniel Jones 在他们精辟的著作《精益思想》中提炼出精益管理五原则(图 24),即顾客确定价值、识别价值流、价值流动、拉动、尽善尽美。

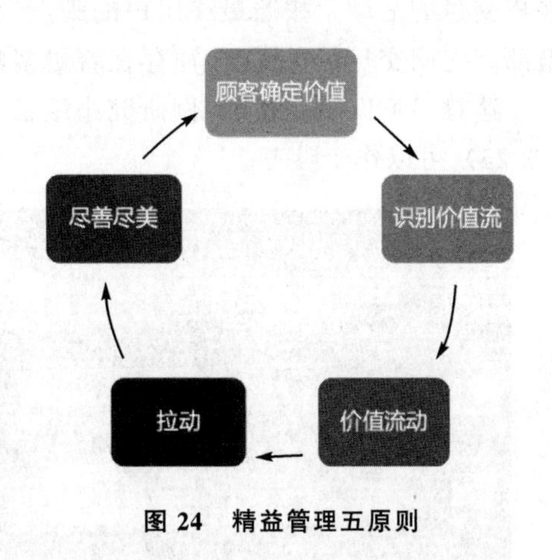

图 24 精益管理五原则

(1) 顾客确定价值

顾客确定价值就是以客户的观点确定企业从设计到生产到交付的全部过程,实现客户需求的最大满足。以客户的观点确定价值还必需将生产的全过程的多余消耗减至最少,不将额外的花销转嫁给用户。

举个简单的例子,比如你从京东买了一件商品,但因为京东配货错误,给了你错误的商品,须要快递员上门取回,并把新的货品发给你,你是否愿意为额外快递服务多付费呢?作为客户,你肯定不想多付。而作为京东,肯定也不会跟你多收费,没准会给你其他补偿。

精益价值观将商家和客户的利益统一起来,而不是过去那种对立的观点。这其实就是提倡以客户为中心。

以客户为中心的价值观来审视企业的产品设计、制造过程、服务项目就会发现太多的浪费,从不满足客户需求到过分的功能和多余的非增值消耗。当然,消灭这些浪费的直接受益者既是客户也是商家。

与之对照的是,企业过去的价值观都是以自己为中心的。完全由商家设计和制造的产品、完全由商家设计好的服务项目,常夸大那些目的在于增加盈利的、额外的、甚至是"画蛇添足"的功能,并不一定是用户所需要的或必需的。最后将大量的浪费以成本的方式转嫁给了用户,而用户享受到的仅是为实现这个转嫁的"殷勤"。

(2) 识别价值流

价值流是指从原材料转变为成品,并给它赋予价值的全部活动。这些活动包括从概念到设计和工程,再到投产的技术过程,从订单处理到计划,再到送货的信息过程,从原材料到产品的物质转换过程,以及产品全生命周期的支持和服务过程。

《精益思想》一书将价值流中的活动分为三类：能创造价值的活动、不能创造价值但在目前的技术条件下又不得不做的活动（Ⅰ型浪费）和不创造价值且可以立刻去除的活动（Ⅱ型浪费）。

精益思想识别价值流的含义是在价值流中找到哪些是真正增值的活动，哪些是可以立即去掉的不增值活动。精益思想将所有业务过程中消耗了资源而不增值活动叫作浪费。识别价值流就是发现浪费和消除浪费。

识别价值流的方法是“价值流分析（Value Stream Map Analysis）”——首先按产品族为单位画出当前的价值流图，再以客户的观点分析每一个活动的必要性。价值流分析成为实施精益思想最重要的工具。

价值流并不是从自己企业的内部开始的，多数价值流都向前延伸到供应商，向后延伸到向客户交付的活动。按照最终用户的观点全面地考察价值流、寻求全过程的整体最佳，特别是推敲部门之间交接的过程，往往存在着更多的浪费。

这是 IDCF DevOps 案例研究小组在分析“火神山、雷神山建设项目”时，做的价值流分析（图 25），可以作个参考。

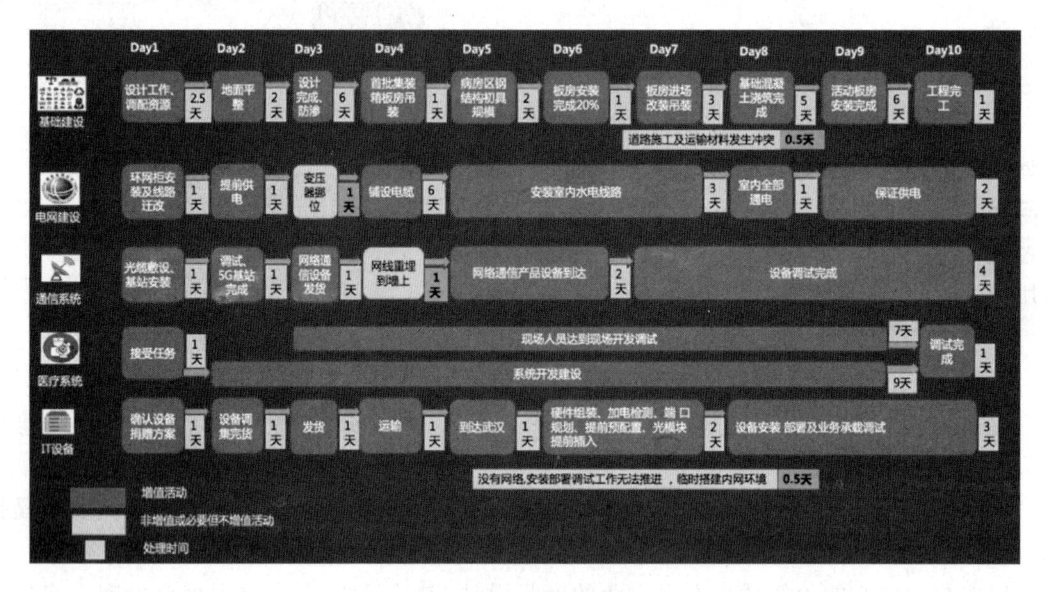

图 25　二神山价值流图

(3) 价值流动

如果正确地确定价值是精益思想的基本观点，识别价值流是精益思想的准备和入门，“流动”和“拉动”则是精益思想实现价值的中坚。

精益思想要求创造价值的各个活动（步骤）流动起来，强调的是不间断地“流动”。“价值流”本身的含义就是“动”的，但是由于根深蒂固的传统观念和做法，如部门的分工（部门间交接和转移时的等待）、大批量生产（机床旁边等待的在制品）等阻断了本应动起来的价值流。

一旦管理者学会看懂流动技术，就有可能把流动用于任意活动，而且在所有情况下流动原理都相同。

精益将所有的停滞作为企业的浪费，号召“所有的人都必须和部门化的、批量生产的思想作斗争”，用持续改进、JIT、单件流等方法在任何批量生产条件下创造价值的连续流动。

当然，使价值流流动起来，必须具备必要的环境条件。这些条件是：过失、废品和返工都造成过程的中断、回流。实现连续的流动要求每个过程和每个产品都是正确的。

环境、设备的完好性是流动的保证。全员生产保全是价值流动的前提条件之一，有足够规模的人力和设备能力，避免瓶颈造成的阻塞。

此外，要善用缓冲，平衡流量变动时的冲击，以免在拉动时一拉就断。

(4) 需求拉动

“拉动”就是按客户的需求投入和产出，使用户精确地在他们需要的时间得到需要的东西。

拉动起源于超市的补货系统，服务人员完全根据消费者买走商品的数量和品种再上架，采购部门根据消费者买走商品的数量和品种进行采购。这样，超市就避免了过量的采购和库存，进而降低了经营的风险和成本。

实行拉动以后用户或制造的下游就像在超市的货架上一样取到他们所需要的东西，而不是把用户不太想要的产品强行推给用户。拉动原则由于生产和需求直接对应，消除了过早、过量的投入，而减少了大量的库存和现场在制品，大量压缩了提前期。

以丰田汽车为例，顾客订购什么样的车型，它就生产相应的车型，没有订单就不生产，从而避免汽车的过量生产。企业内部的零件生产也是如此，上游工序按下游工序领取零件的品种和数量进行生产，没有领取就不生产，从而避免零件的过量生产。其实，过量生产是精益生产的万恶之首。因为，一旦技术更改，或者市场从此不再需要此种产品，将会造成极大的浪费。

拉动原则更深远的意义在于企业具备了当用户一旦需要，就能立即进行设计、计划和制造出用户真正需要的产品的能力，最后实现抛开预测，直接按用户的实际需要进行生产。

实现拉动的方法是实行 JIT 生产和单件流。当然，JIT 和单件流的实现最好采用单元布置，对原有的制造流程做深刻的改造。流动和拉动将使产品开发时间减少 50%、订货周期减少 75%、生产周期降低 90%，这对传统的改进来说简直是个奇迹。

(5) 尽善尽美

奇迹的出现是由于上述 4 个原则相互作用的结果。改进的结果必然是价值流动速度显著加快。这样就必须不断地用价值流分析方法找出更隐藏的浪费，作进一步的改进。这样的良性循环成为趋于尽善尽美的过程。

Womack 反复地阐述了精益制造的目标是：

“通过尽善尽美的价值创造过程(包括设计、制造和对产品或服务整个生命周期的支持)为用户提供尽善尽美的价值”。

“尽善尽美”是永远达不到的，但持续地对尽善尽美的追求，将造就一个永远充满活力、不断进步的企业。

> 也许追求尽善尽美的最重要的驱动力是透明度。
>
> ——《精益思想》

这句话展示了透明的重要性，也为我们追求尽善尽美指明了方向，这也是后来的很多敏捷方法论，都强调透明的重要性，列为经验管理的支柱之一。

3. 精益屋

精益屋是将丰田精益生产方式的各个要素系统化图示的一种形式，由于其形状像一间屋，因而称为精益屋，图 26 为经典的丰田精益屋(2001 Toyota Way)。

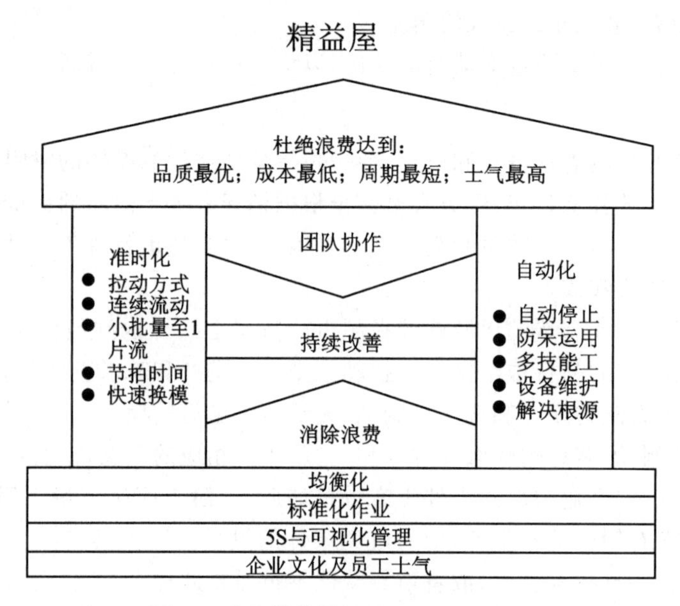

图 26　丰田精益屋(2001 Toyota Way)

也有从精益文化培育的角度描绘精益屋，如图 27 所示。

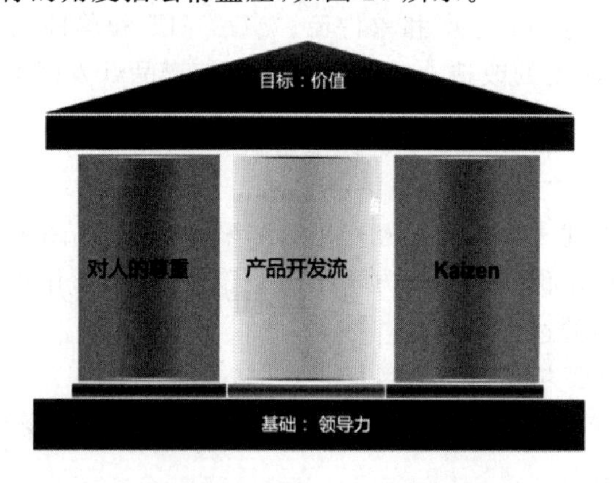

图 27　精益文化培育的角度描绘精益屋

(1) 目标：价值

可持续的最短交货时间，最好的质量和价值(对人和社会)，最大的客户满意度，最低的成本，高昂的士气，以及带给员工的安全感。

丰田生产系统(Toyota Production System，TPS)的创始人大野耐一(Taiichi Ohno)的话与这一目标相呼应。我们所做的一切就是观察时间线，从客户给我们订单的那一刻到我们收到现金的那一刻。我们正在通过减少不增值的浪费缩短时间。

(2) 基础:领导力

精益的基础是领导力,领导力是团队成功的关键要素。领导者对成功采用精益—敏捷方法负有最终责任。

质量管理大师 爱德华兹·戴明博士曾经说过:“这样的责任不能委派。”

一个人对精益了解得越多,他就越领悟到基础是管理者—教师,他们实践和教授精益,并且拥有长期的实践经验。基础不是工具或减少浪费。

任何希望通过精益获得成功的公司高管团队都需要注意这一基本教训——他们不能“打电话”支持“精益”。

(3) 第一支柱:对人的尊重

对人的尊重听起来模糊不清,但包括丰田内部的具体行动和文化。它们广泛地反映了对士气的尊重和敏感,而不是让人们做无用的工作,真正的团队合作,指导培养有技能的人,使工作和环境的人性化,创造安全和干净的环境(丰田内部和外部),以及管理团队的哲学诚信。

持续改进它包括不因改进而裁员。工作安全是丰田的一项重要原则。如果人们觉得改善会导致他们的就业结束,你认为会发生什么?然而,工作安全不同于角色安全或职位安全。改进可能意味着消除间接或单一职能的角色,但在精益文化中,会为员工找到新的角色。

对人的尊重还包括培养一种工作文化和士气,这与对工作场所满意度和增加动力的研究是一致的,这将有助于持续改进。这包括自我导向的工作、挑战和掌握的机会以及目标感。

① 尊重客户:持之以恒地关注价值交付。精益组织通过消除浪费尊重他们的顾客,浪费被定义为顾客不愿意掏钱购买的任何东西。这意味着不要在不能满足客户需求的产品、服务或功能上浪费客户的时间,一个糟糕的流程会浪费精力和资源在不能直接让客户受益的事情上,这也意味着流程需要不断进行改进。

精益组织尊重他们的客户,把精力集中在改进流程以最大化价值交付上。

这也意味着倾听客户的声音,精益组织尊重客户,而不是依靠对客户问题的猜测,通过参与有意义的对话来改善他们的产品和服务,以更好地满足客户的需求。

② 尊重员工:自主,专精,目的。精益组织尊重他们的员工,赋予他们成为问题解决者和决策者的权力。

自主:我做什么,我决定;

专精:把想做的事情做得越来越好;

目的:超越自身的渴望。

精益型领导者通过提供清晰、轻量、指导式的领导力表达对员工的尊重。这有助于员工专注于提供客户价值,例如:

销售人员不会被迫徒劳地、疯狂地追逐任何线索;相反,他们会投资于特定的、有针对性的线索;

营销人员不会把时间浪费在那些不会真正有助于营销过程的材料上,也不会把钱花在错误的线索上;

客户成功团队可以在未来几个月或几年内,通过客户目标地图得到一个干净、清晰的交接。尊重员工反过来有助于精益组织展示对其客户的尊重,因为它瞄准了精益旨在消除的浪费:客户和直接为该客户生产产品的人之间的各层开销。通过消除这一开销,我们可以以更低的成本、更可持续的方式生产更好的产品。

③ 尊重团队：系统思考和过程焦点。团队通过系统思考和运作实现对人的尊重。在许多企业文化中，“团队”一词指的是一群为实现个人目标而努力的人，他们愿意付出巨大的努力推进自己的职业生涯。精益思想者会争辩说，这些根本不是团队，因为他们没有作为一个系统进行优化，以满足有利于客户的目标。

如果有人因为做了三个人的工作而被奖励为“英雄”，那么这个人不仅为团队的其他人设定了一个不健康、不现实的标准，而且他们也成为了一个瓶颈，减缓了向客户交付价值的速度。

精益团队通过可视化和以任何方式分配工作来优化系统，以最快、最可持续的方式为客户提供价值。他们通过协作和在团队中平均分配工作表示对彼此的尊重。他们通过在团队和个人层面限制在制品阻止低效、不可持续的营销行为。他们将工作作为一个系统管理，而不是作为一组个人管理，在他们做出的每一个决定中优先考虑价值的交付。

系统思考的一个例子：精益鼓励团队记录有效的过程，这样团队中的任何人都可以重复它们。这使得团队能够更快地完成工作，向同事传授新技能，而不是严重依赖少数专业人员。

精益团队也通过专注于过程实现对人的尊重：当问题出现时，精益团队通过专注于改进过程展示尊重，而不是指责。通过开发和优化标准流程，将质量构建到系统中，使团队能够更快地前进，并获得更好的工作质量。

(4) 第二支柱：持续改进/Kaizen

持续改进是一种识别简化工作和减少浪费的机会的方法，以提高价值交付的速度和质量。努力不断改进是任何组织减少浪费、持续创造价值的最佳方式。

持续改进植根于对学习的承诺。传统上，精益是削减成本、浪费、人员等的代名词。今天的精益专注于增加价值，而不是消除浪费。原因如下：通过只关注增值活动，我们创造了产生价值的系统，并通过这样做消除了系统中的浪费行为。如果我们只关注减少浪费，我们可能会对整体进行次优化，而不会让客户受益。

持续改进可以被看作是一种正式的做法或一套非正式的指导方针。许多公司已经将重点转移到更为正式的项目和过程管理方法上，比如精益 / 敏捷方法(Kanban、Kaizen、Scrum、XP)。

例如，可以集成持续改进和看板，以便通过工作流可视化实现持续改进。在所有精益/敏捷方法中，持续改进是主要的焦点，此外还有高客户服务标准，以及减少成本、时间和缺陷(返工)形式的浪费。

持续改进事件可能需要 1～5 天的时间来完成，这取决于所涉及的主题的深度和广度，团队成员通常带着“待办事项”离开，这些“待办事项”有助于新流程在组织中扎根，并且可能需要少量的时间来执行。

(5) 第三支柱：产品的流式开发

关于这方面内容，可以参考 Donald G. Reinertsen 的 *The principles of product development flow*。

“运用经济理论证明决策的正确性”是此书反复出现的主题，它的目标是帮助我们认识我们产品开发过程中的每一个工件实际上只是一个代理变量，包括时间表，效率，吞吐量，甚至质量。为了使它们相互抵消，我们必须将它们的影响转化为经济条件。即使利润或收入等经济变量最大化，它们都是我们真正目标的代表。因此，为了最大限度地提高我们开发工作的真正生产力(也就是盈利能力),我们需要理解这些代理变量之间的关系。

除此之外,Reinertsen 将精益生产、战前机动、排队论,甚至计算机操作系统架构和互联网的思想融合在一起。

Reinertsen 对当前的产品开发现状进行了控诉,这些控诉是基于他广泛的采访、调查和咨询工作,包括:

① 未能正确地量化经济学;
② 对排队视而不见;
③ 崇尚效率;
④ 对可变性的敌意;
⑤ 对顺从的崇拜;
⑥ 大批量生产的制度化;
⑦ 节奏利用不足;
⑧ 管理时间线而不是排队;
⑨ 缺少在制品约束;
⑩ 缺乏弹性;
⑪ 非经济流量控制;
⑫ 集中控制。

4. 自动化和准时制

图 28 来自丰田 TPS(Toyota Production System,丰田精益生产系统)手册,可以看出准时制(JIT) 和 自动化(Jidoka)是 TPS 的两大关键支柱。

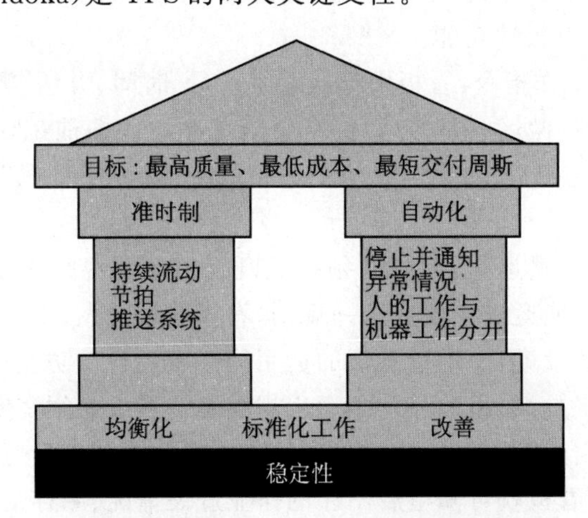

图 28 丰田精益生产系统两大关键支柱

(1) 准时制(JIT)

准时生产方式(Just In Time,JIT),又称作无库存生产方式,零库存,单件流或者超级市场生产方式,是日本丰田汽车公司在 20 世纪 60 年代实行的一种生产方式,1973 年以后,这种方式对丰田公司度过第一次能源危机起了突出的作用,后引起其他国家生产企业的重视,并逐渐在欧洲和美国的日资企业及当地企业中推行开来,现在这一方式与源自日本的其他生产、流通方式一起被西方企业称为“日本化模式”。

准时制生产方式以准时生产为出发点，首先暴露出生产过量和其他方面的浪费，然后对设备、人员等进行淘汰、调整，达到降低成本、简化计划和提高控制的目的。

在生产现场控制技术方面，准时制的基本原则是在正确的时间，生产正确数量的零件或产品，即时生产。它将传统生产过程中前道工序向后道工序送货，改为后道工序根据“看板”向前道工序取货，看板系统是准时制生产现场控制技术的核心，但准时制不仅仅是看板管理。

准时生产制是一种理想的生产方式，这其中有两个原因。一是因为它设置了一个最高标准，一种极限，就是“零”库存。实际生产可以无限地接近这个极限，但却永远不可能达到零库存。二是因为它提供了一个不断改进的途径，即降低库存—暴露问题—解决问题—降低库存……这是一个无限循环的过程。

① 精益生产方式 JIT 的主要特征表现。

品质—寻找、纠正和解决问题；

柔性—小批量、一个流；

投放市场时间—把开发时间减至最小；

产品多元化—缩短产品周期、减小规模效益影响；

效率—提高生产率、减少浪费；

适应性—标准尺寸总成、协调合作；

学习—不断改善。

在实现 JIT 生产中最重要的管理工具是看板，看板是用来控制生产现场的生产排程工具。具体而言，是一张卡片，卡片的形式随不同的企业而有差别。看板上的信息通常包括零件号码、产品名称、制造编号、容器形式、容器容量、看板编号、移送地点和零件外观等。

② JIT 生产方式中，看板的功能。

a. 生产以及运送的工作指令：看板中记载着生产量、时间、方法、顺序以及运送量、运送时间、运送目的地、放置场所、搬运工具等信息，从装配工序逐次向前工序追溯，在装配线将所使用的零部件上所带的看板取下，以此再去前工序领取。“后工序领取”以及“JIT 生产”就是这样通过看板来实现的。

b. 防止过量生产和过量运送：看板必须按照既定的运用规则来使用。其中一条规则是：“没有看板不能生产，也不能运送。”根据这一规则，看板数量减少，则生产量也相应减少。由于看板所表示的只是必要的量，因此通过看板的运用能够做到自动防止过量生产以及适量运送。

进行“目视管理”的工具：看板的另一条运用规则是“”看板必须在实物上存放”，“前工序按照看板取下的顺序进行生产”。根据这一规则，作业现场的管理人员对生产的优先顺序能够一目了然，易于管理。通过看板就可知道后工序的作业进展情况、库存情况等。

③ 改善的工具。在 JIT 生产方式中，通过不断减少看板数量减少在制品的中间储存。在一般情况下，如果在制品库存较高、即使设备出现故障、不良品数目增加也不会影响到后道工序的生产，所以容易把这些问题掩盖起来。而且即使有人员过剩，也不易察觉。根据看板的运用规则之一“不能把不良品送往后工序”，后工序所需得不到满足，就会造成全线停工，由此可立即使问题暴露，从而必须立即采取改善措施来解决问题。这样通过改善活动不仅使问题得到了解决。也使生产线的“体质”不断增强，带来了生产率的提高。JIT 生产方式的目标是要最终实现无储存生产系统，而看板提供一个朝着这个方向迈进的工具。

(2) 自働化(JIDOKA)

福特流水线将汽车的总装时间缩短了 8 倍,从 12 h 缩短到了 1.5 h 以下;成本降低了一半。而丰田佐吉发明的自働化,让一个工人可以同时照管 30～40 台设备,将人的价值创造能力提高了 30 倍以上。

作为丰田生产方式两大支柱之一的“自働化”,是丰田佐吉对工业文明的最大贡献。

自働化包含了两重含义:

一是自动化,即用机器替代人的操作,发展到今天,演变成了“简易自动化”。

二是自働化,即机器具备异常发现和报警功能。

但是,授权给一线操作者,让人的智能来发现异常和报警,在其他地区没有普及开,反而是追求了让“机器智能”取代“人的智能”。这两种不同的道路,可能就是日本制造和欧美制造理念上的分歧所在。

① 自働化的本质。自动换梭、自动运行,是机器取代人的操作,减轻了人的劳动强度。生产效率的提升是机器速度提高带来的,体现出了专业技术人员的价值,但操作者的价值并未提高。这叫“自动化”。

异常停机并报警,是让机器具备了人的识错能力,从而让操作者不再是机器的“保姆”,减少了操作者不创造价值的动作(闲视),提高了操作者的价值创造率(多机台作业),专业技术人员和操作者的价值都得到了体现。因此,丰田佐吉造了个新字,叫“自働化”。

② 安灯系统。安灯系统(图 29 所示)指企业用分布于车间各处的灯光和声音报警系统收集生产线上有关设备和质量等信息的信息管理工具。安灯系统起源于日本丰田,主要用于实现车间现场的目视管理。

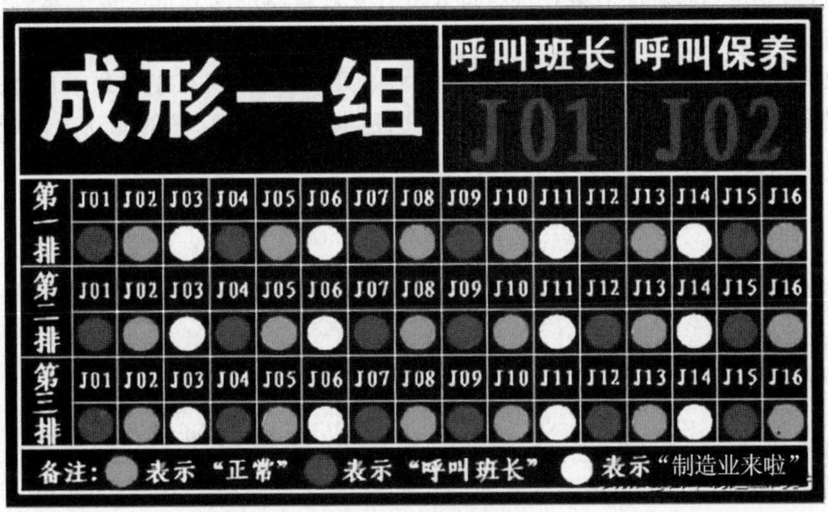

图 29 安灯系统

在一个安灯系统中每个设备或工作站都装配有“呼叫灯”,如果生产过程中发现问题,操作员(或设备自己)会将灯打开引起注意,使得生产过程中的问题得到及时处理,避免生产过程的中断或减少它们重复发生的可能性。

随后,该工段班组长在得到报警后会立刻赶往相关工位,与员工共同临时确认和解决问题。如果立刻能够解决,则由班组长解决后关闭安灯,则全线不会停,也不会对其他工位、工人造成任何影响。反过来,在一个节拍时间内解决不了的问题,车会在被流水线传送带运送进入到下一个车位(工位)时,自动停止,即为“定位置停止”,即生产线某一段停线(而不是整条线),如图 30 所示。

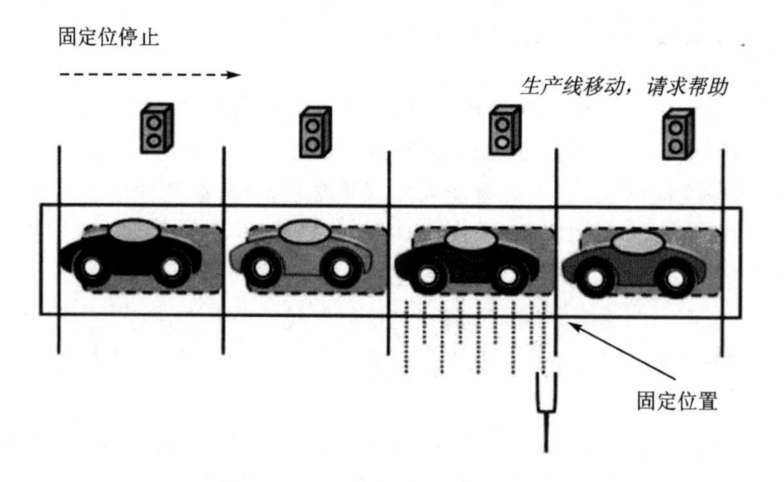

图 30　安灯系统在生产线的应用

在丰田公司,每一个班组干一天活,平均要叫停生产线 1 000 次! 丰田人的厉害之处就在于持续改善,每当安灯亮起,丰田人就知道改善的机会来了。而且这个改善,不是表面上“形”的改善,丰田不会把错误归结于某一个人,而是把错误归结于系统。毕竟,现场班组长和员工一起采取的,只能是临时解决对策,所以,每天所有安灯暴露的问题都会被汇总后得到防止再次发生的彻底对策。

于是拉绳次数才越来越少。但是即便这样做了几十年,到现在丰田每天也还是有 3%～5%的“停线率”,也就是说会真的“停止”。而这也是丰田“持续改善”的原动力,只要企业在发展,现场就一定有新问题发生,就一定需要”改善“。

第 19 问　精益思想里提到哪 8 种浪费现象

It’s funny what you find, when you’re not looking for it.

——*Clove Everybody’s Son*《每个人的儿子》

我是彻底的现场主义者。与其在领导办公室内冥思苦想,倒不如到生产现场的各个角落,直接获得第一手的生产信息和感受直接的刺激。

——大野耐一,丰田生产方式之父

大野耐一提倡直接去现场工作,在那里才能看到价值与浪费,毕竟生产过程就是一个创造产品价值的过程。

1. 价值和增值

价值是满足客户要求的产品或服务的特性，客户愿意为之付费。如产品的外观、功能、可靠性等质量特性要求，比如手机对顾客的价值是功能良好、不卡、信号强、可靠度好、通话质量良好、外观无破损划伤等；同样也包含成本特性的要求，产品的价格要符合客户的期许。

同样，第一次就将事情做对，也是价值的体现。

增值：为了满足客户对产品特性的要求，使产品发生物理或者化学变化的过程。

从增值定义来分析，增值活动须同时满足两个前提条件：

(1) 制造的产品特性满足客户需求，对客户来说是价值的。比如，客户要的是手机，工厂制造的是电脑，不是客户需要的，不增值；客户要的是红色的手机，工厂制造的黑色的手机，不增值；客户要求手机制造成本不超过 1 000 元，工厂花费了1 500 元，不增值。

(2) 产品本身发生了物理或者化学变化。物理变化与化学变化的根本区别是有无新物质产生。物理变化是指产品形状、颜色、外观发生变化，无新物质产生。如锁螺丝、包装、钣金折弯、喷漆等，常见的组装、加工都属于物理变化，生产过程的大多数都属于这类。而化学变化是物质本身发生变化并有新物质产生，这类常见于化工行业，如化工合成或者分解，如氧化铝进行电解，制造铝。

2. 浪费，过载和不均衡

在精益思想里，定义了在任何工作中存在令组织痛苦的三类现象："浪费""不均衡"和"过载"。在日语中，他们分别是"muda""mura"和"muri"。在这三类现象中，"muda"浪费往往是进行精益改善活动中最为关注的一点。当然，相比于其他两类现象，它也是其中最易于明确和消除的。

(1) 浪费(Muda)，浪费就是生产过程中不增值的活动。浪费时间、资源，最终体现是浪费钱。大野耐一在丰田生产方式(TPS：Toyota Production System)中归纳了 7 种浪费形式：不良的浪费、加工的浪费、动作的浪费、搬运的浪费、库存的浪费、制造过多过早的浪费、等待的浪费。

(2) 过载(Muri)，是勉强、超负荷状态，是一种"费劲"状态，给员工、机器及生产系统很大的压力。例如，一个新员工，如果没有接受充分训练就接替有丰富经验的资深工人，那么他就可能不堪重负，从而效率低下、产生不良，最终导致浪费；工厂生产计划排产不均衡，生产线连续作业，员工得不到休息、设备得不到保养，可能会导致设备故障频发、产品品质下降，最终造成浪费。

(3) 不均衡(Mura)，是不均衡、不规律化。一旦本来平稳进行的工作中断，或者零件、机器没有跟上，抑或是生产计划发生意外，就会产生无稳。例如，假设作业员在流水线上工作，每个人都在重复规定的动作，然后送到下一个工人处，只要有一人用的时间比别人长，就会产生不均和浪费，瓶颈站工人无理，其他员工等待，这就需要每个人都必须调整速度，以配合最慢速度的人员的工作；生产与销售计划不均衡，生产时忙时闲，就会产生过载，从而导致浪费。

导致产生过载的原因可能是不均衡，也可能是无标准作业、员工缺乏培训、错误或不合理的工具、糟糕的生产现场、不合理的绩效考核等。

不均衡是根源，体现形式是过载，最终导致更多的就是浪费，从改善逻辑顺序应该是不均衡、过载、浪费。

一个简单的例子就可以说明浪费，不均衡和过载之间的关联，因此只要消除其中的一个就可以消除其他两个。

假设一个公司正在考虑为顾客运送 6 t 材料的方案。一个方案是用一辆货车，只用一次就把 6 t 材料全部送去。但是这将会成为过载，因为这将导致卡车超载，而出现故障(卡车的额定载荷是 3 t)，从而导致浪费和不均衡的出现。

第二个方案是运送两次，其中一次运 4 t，另一次运 2 t。但是这将会成为不均衡，因为顾客所收材料的不平均将会导致收货仓库先出现拥堵，然后又出现工作量不够的问题。这种方案同样会导致过载，因为其中一次运输，卡车超载了；浪费也一样，因为不均衡的工作节拍，导致了搬运工人等待的浪费。

第三种选择是用这辆卡车运输三次，每次运送 2 t 的材料。但是即便这不会产生不均衡或过载，也将会导致浪费，因为每次的运输卡车只是部分负载。

消除浪费，不均衡和过载的唯一途径就是共运输 2 次，每次运输 3 t(卡车的额定负载)材料。

3. 7 种浪费

丰田生产方式认为，不产生附加价值的一切作业都是浪费，它把浪费分为以下 7 种：

(1) 生产过剩的浪费，一心想要多销售而大量生产，结果在人员、设备、原材料方面都产生浪费。在没有需求的时候提前生产而产生浪费。

(2) 不合格品的浪费，在生产过程中出现废品、次品，会在原材料、零部件、返修所需工时数、生产这些不合格产品所消耗的资源方面产生浪费。

(3) 等待的浪费，在进行机械加工时，机器发生故障不能正常作业，或因缺乏零部件而停工等活等，在这样的状态下所产生的浪费都是停工等的浪费。

(4) 动作的浪费，不产生附加价值的动作、不合理的操作、效率不高的姿势和动作都是浪费。

(5) 搬运的浪费，除去准时化生产所必需的搬运，其他任何搬运都是一种浪费。比如在不同仓库间移动、转运、长距离运输、运输次数过多等。

(6) 加工本身的浪费，把与工程的进展状况和产品质量没有任何关系的加工当作是必要的加工而进行操作，此种状况下所产生的浪费。

(7) 库存的浪费，因为原材料、零部件、各道工序的半成品过多而产生的浪费。这些东西过度积压还会引起库存管理费用的增加。

4. 第 8 大浪费

精益生产中定义的 7 种浪费，通常都是有形的，可以觉察的。但除此之外，还有第 8 大浪费，即未能使用的员工创造力：由于未使员工参与投入或未能倾听员工意见而造成未能善用员工的时间，构想，技能，使员工失去改善与学习机会。

第 20 问　如何通过价值流映射，实现研发效能 10 倍速提升

She eyes me like a pisces when I am weak. I've been locked inside your Heart Shaped box for weeks. I've got a little complain. Forever in debt to your priceless advice.

——Nirvana *Heart Shaped Box*《心形的盒子》

一看到 10 倍速提升，你的直觉一定是，这怎么可能，我们改进提升 10%都了不得了，怎么可能实现几倍的提升？如果一般人的目标是在现在的基础上改进 10%，马斯克的目标就是在现有基础上做到 10 倍。我们首先看看马斯克是如何做到的。

1. 第一性原理是一个行动方法

马斯克的第一性原理虽然没有这么终极，但确实是一个可以有效行动的方法。他说：

不管它是哪个领域，一定要确定最本源的真相，一定要有非常高的确定性。在你作出结论之前，必须在这些最本源的真实性上得出结论。所以，物理学思维方式是一个非常好的框架，包括我们能源的消耗、产品等，这些都涉及第一定律的应用……类比思考就是随大流。

所谓类比，就是看看别人做得怎样，然后通过自己的努力达到相对的优势，在竞争中胜出。这是人类的一种普遍思维方式。

迈克尔·波特曾经说过日本企业的优势常常是"经营有效性"，基于模仿和改良的精益算不上是战略。AlphaGo 击败人类棋手用的也是这种方式，而 Alpha Zero 轻松击败阿尔法狗，用的就是所谓"第一性原理"。

马斯克所谓"类比的思考是随大流"，是指人们常用的思维方式是互相比较，自身的存在需要由同伴来定义，这样就只能改良或陷入模仿，很难产生革命的创造。最好的状态近乎自然生长，这样的改进就是非常有限的。

2. 运用第一性原理实现 10 倍好

马斯克的计划和思维总会制定更加疯狂、更加大胆、更加不可思议和更激进的目标。如果一般人的目标是在现在的基础上改进 10%，马斯克的目标就是在现有基础上做到 10 倍。

《连线》杂志的 Jack Stewart 发现：在马斯克的世界里，如果一件事要用 1 年完成，到了别人的世界就要七八年。马斯克相信一切事情的发展都比大多人预料得快，因此在他的世界里，所有目标规划都超乎常人。

他遵循了硅谷非常流行的一个观念：把一件事情做到 10 倍好，比做到 10%更容易得多。

主管谷歌实验室 Google X 的阿斯特罗·泰勒也是这个 10 倍思维的信徒。泰勒说："尝试做一样新东西，不外乎那么两种风格，一种是小幅变动，比如改变生产模式，这时往往得到的就是 10%的改进，但如果要获得真正的巨大革新，一般，就得重新开始，尝试另一种方式或很多种方式，你必须打破一些基本的假设。"

循序渐进式的进步依靠的是苦干，是更多的资源、更多的努力，而 10 倍的进步，则建立在勇气和创造力之上，是巧干。也就是说，10 倍的目标逼着你走效率更高的创新的智慧捷径。

10倍速成长，你可能觉得不可思议，但有人正在作一切努力的尝试。其实，真的这样去琢磨并不是绝对不可能完成的事情。听着似乎很抽象，让我们来看看马斯克是怎么做的？

3. 案例：拆解电池的成本

马斯克要弄一特斯拉电动汽车，他发现光电池就得5万美金，太贵了。

后来埃隆·马斯克怎么办呢，他买来一块性能好的电池，然后把电池拆了，电池拆完看里边到底有啥。有铅、有铜、有锡、有什么连线等，不就这些东西吗？到市场上一打听，这些东西值不了多少钱，约为电池总成本的13.7%。

换言之，电池成本高昂的直接原因，并不在于原材料，而在于原材料的组合方式。于是，马斯克立马决定寻找新的程序，将电池重新组合。为此，他与松下公司达成合作，采用松下18650钴酸锂电池的电池管理程序，重组特斯拉电动汽车的电池，并取得了重大成功，一举把电池的价格大幅下降，成为全世界最便宜效能又好的电池。

这里马斯克的逻辑是，“我不管现在的电池有多贵，我就回到本质问一个问题，电池的硬成本是什么构成的？无论如何也减不下去的成本是什么？无非就是铁、镍、铝这些金属，除了买这些金属的成本是绝对降不下去的，剩下来的成本都是人类协作过程中产生的，那就有优化的空间。”

4. 运用马斯克的拆解基本要素方法实现研发效能10倍速提升

(1) 拆解分析一下企业的研发价值流

一般而言，都可以拆解成如图31，这些步骤：

图31　拆解分析企业的研发价值流

(2)对每一步骤再拆解关键要素进行度量

如图32所示，我们可以列出三个关键指标：

① 处理时间(PT)：工作的实际增值时间；

② 前置时间(LT)：从前一步骤后工作可用到下一步骤完成的时间，包括等待时间和处理时间；

③ 完成且准确的百分比(%C&A)：下一步骤可以处理的工作百分比。

针对每一个步骤都计算出来这三个关键指标的数据，如图33所示。

(3) 将三大关键指标进行汇总

累加汇总得到全部的处理时间PT是31 h，全部的LT时间是75 h，全部的等待时间是44 h，滚动的C&A%只有33.7%，平均完成一个Feature的时间应该是75×(1+0.7)=128 h。

(4) 对关键要素分别进行提升

如果整体处理时间(PT) 缩短10%，也就是31～28 h；

整体等待时间缩短50%，因为大多数的时间浪费是在等待与交接，也就是44～22 h；

那么整体的前置时间LT可以缩短22+28=50 h；

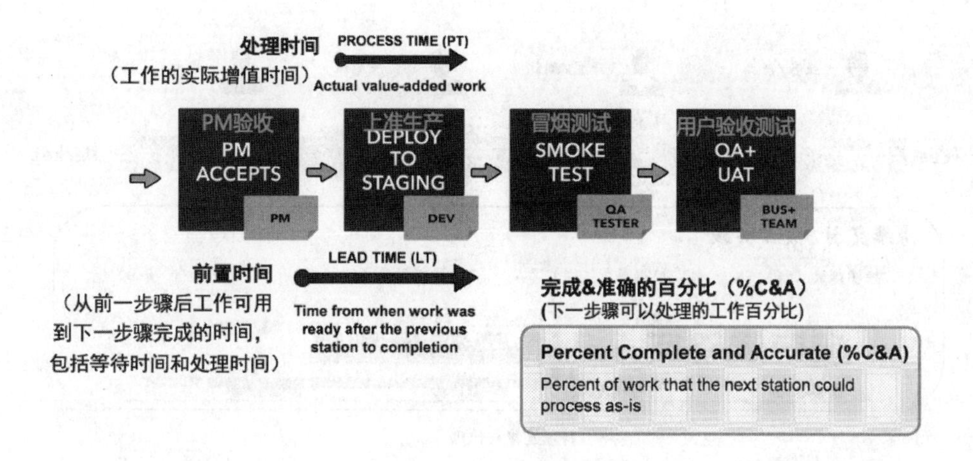

图 32　拆解关键要素

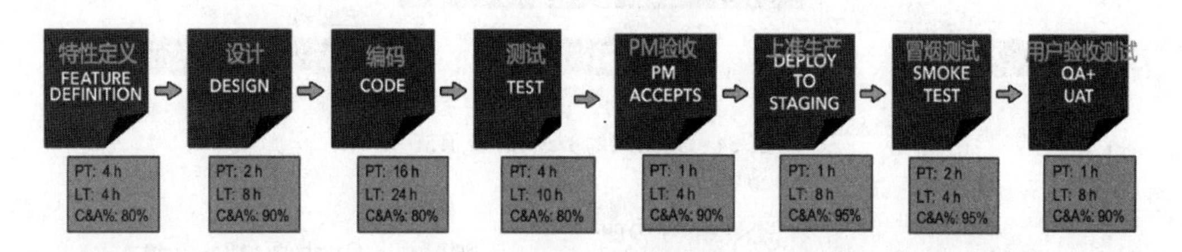

图 33　计算关键指标数据

假设我们将整体的完成及准确百分比(%C&A)提升 1 倍,也就是提升到 68%;

那么 50×(1+0.32)=66 h。

单个 Feature 的完成时间就从 128 h 降低到了 66 h!

一般一个团队 1 个月可以完成 10 个 Feature,对应的研发效能是不是就提升了 10 倍!

5. 端到端的 DevOps 价值流包括 4 个阶段,16 个步骤

我们现在讲 DevOps,都是指端到端的 DevOps,也就是类似图 34 所指的从客户 idea 出发,经过持续探索、持续集成、持续部署、按需发布发布给客户使用的全过程。

针对里面的每一个大块,IDCF 人才成长地图里面,又拆成了 4 个子维度及若干实践。当然这 16 个维度,每一个都可以再进行细化拆解,譬如“开发”可以拆解成 设计→编码→单元测试→代码评审→冒烟测试→提交等细化阶段。我们先从宏观来看,不看那么细,这 16 个维度都可以定义若干个细化问题,分别进行评估,那就可以生成一个雷达图。

如果每个维度都可以按照图 5 分评估健康度,假设得到如图 35 所示的能力雷达图。

6. 找到“阈值”,单点突破

我们再来回顾一下二战时的马其诺防线。

整个防线共构筑各种用途的永备工事约 5 800 个,密度达到每公里正面 15 个。最坚固的钢筋混凝土工事的顶盖和墙壁厚度达 3.5 m,装甲塔堡的装甲厚度达 300 mm,均能抗两发 420 mm 炮弹的直接命中;防线内的防坦克障碍物主要有防坦克壕、崖壁、断崖及金属和混凝

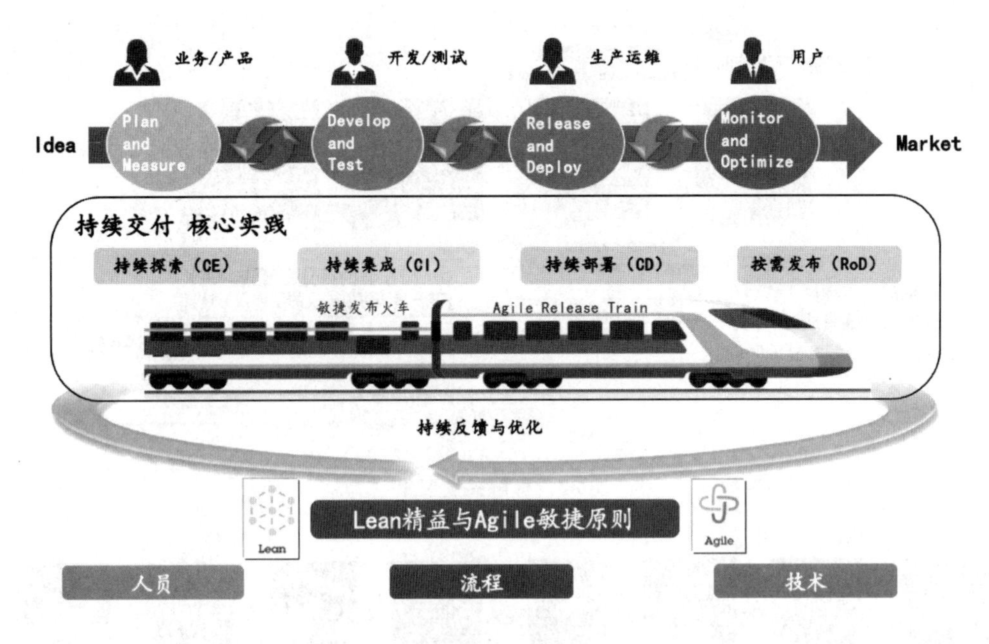

图 34　端到端的 DevOps 价值流

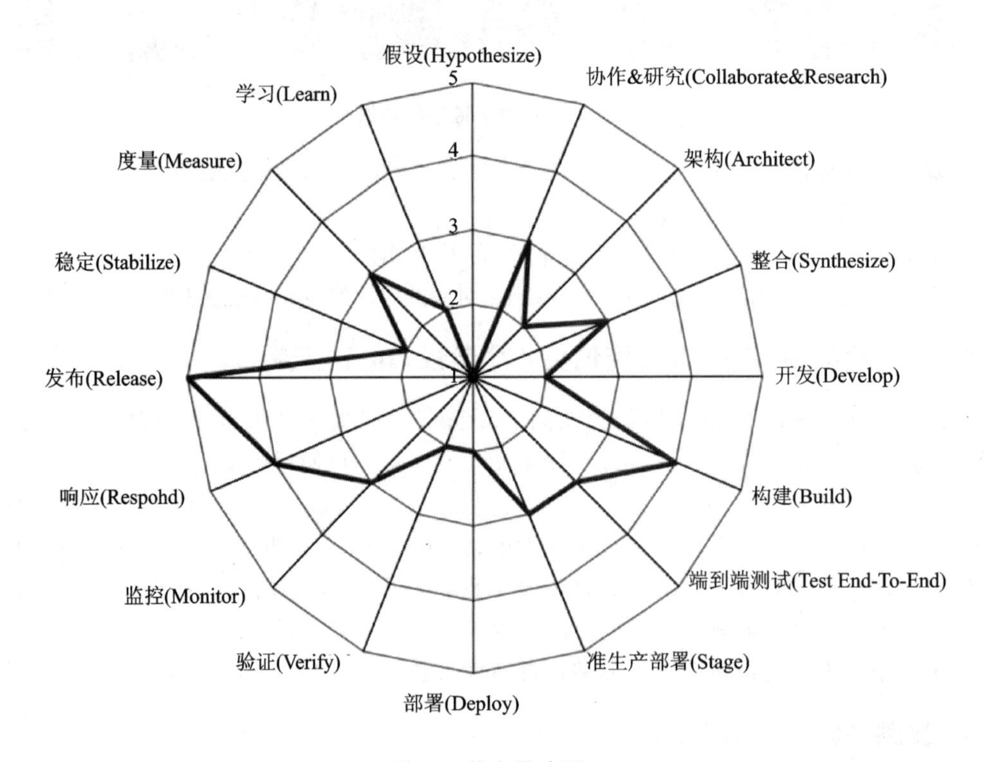

图 35　能力雷达图

土桩营垒，并用地雷场加强；防步兵障碍物一般为金属桩或木桩铁丝网，有的地段还设置了通电铁丝网。这就是二战历史中最出名的法国马其诺防线，为修建这一要塞，法国投入了大量的资金，但是在二战中却没有起到任何作用，很快就被德国人突破了。

为什么马其诺防线没有起到作用呢？原因就在于马其诺防线有一个防御漏洞，这个漏洞就是阿登森林，这是法国的战略要地，自古以来都是欧洲的兵家必争之地，但是法国的马其诺防线的坚固却没有涉及到这一地区。原因是什么呢？当时的法国军部认为这一地区军队是不可能穿过的，于是不仅没有在这一地区修建防线，甚至在这一地区没有什么防御，于是这一地区成为了德军的突破口。

作为“单点突破，击破阈值”的经典应用，德军很快就灭亡了法国。

对于任何组织变革或者组织转型而言，必须将足够的资源（利出一孔）投入到一个单点上，将“阈值”一举击穿，从而带动其他要素，形成正向循环。

众所周知，支持京东成功的最强大的东西主要有两点：一点是商品质量，另一种就是服务到家的物流体系。我们也知道，京东的模仿者有很多，但成功的似乎只有京东。

很多人无缘无故就“栽”在自建物流上。要知道自从京东自建物流取得显著的行业服务优势之后，自建物流，一直以来是很多电子商务公司的重点投资项目。而最终的结果就是这些人都“栽”在了这一条路上。自建物流其实最大的问题，马云已经提到过，京东售出的商品，远远不及阿里巴巴，但是京东的员工数量却远远超过阿里巴巴，这里最大的原因就是因为京东有太多的送货员。

这些送货员带来了巨大的人工成本和管理成本。对于那些刚刚成立没有几年的公司来说，这么大的资产压力和管理压力，足以压垮年轻公司的生产模式和管理团队。而且自建物流需要不断的有资金进入，对于那些盈利能力弱的电商公司，一旦融不到资金，那么等待他的就只有破产。

那为什么京东能成功呢？其实答案也很简单，首先京东的物流体系不是一年两年建立起来的，而是京东集团十几年的结果，这些管理问题和融资问题是京东一步步克服过的，所以才会有今天的成功。

正是在物流领域的“单点突破”，形成了京东的核心竞争力，不仅让京东在2003年的非典之后，快速发展；在今年这次新肺炎疫情下，能够及时大面积全国送货的电商又非京东莫属；而且还在疫情最严重的武汉地区，将储备已久的无人车、无人机送货方式，送上了战场，实现了无接触送货新模式，为避免疫情传播作出了巨大贡献。

再回到DevOps转型上来，前面我们已经拆解到了16个子维度，我们同样需要在这16个子维度选择一个关键实践作为单点，进行重点突破。

7. 案例：京东找到阻挡研发效能的突破点

我们再来看京东在敏捷DevOps转型过程中，是如何通过突破“部署”这个单点，击破阈值，带动整体转型的。

京东2013年之前是“HumanOps”（人力运维），通过脚本手工上线，无法做到自动化；原有的部署方式比较偏向于传统，从申请虚机、准备环境再到部署，在准备阶段占用了大部分时间，尤其是在业务扩张太快，资源却十分紧张的情况下，无形中拉长了全公司研发部署上线的战线。

2014—2016年是Jone（京东持续交付平台）时期，在Jone1.0交付采用Rsysnc的方式进行，但上线过程经常会线上排队。这个点还是没打透！

于是，在2016年启动了2.0的迭代，Jone采用了Ansible作为发布的工具，重点期望做到：

(1) 扩展架构，解决 Deploy 系统在上线日排队情况的发生，提升发布效率；

(2) 将 Jone 和 deploy 合二为一，消除用户上线跳转的时间；

(3) 简化并规范部署流程，优化部署方式；

(4) 编译、上线发布、部署在一个系统搞定；

(5) 界面更简洁、操作更方便；

(6) 线上环境的规范验证；

(7) 灵活的实例设置，多层分级化配置；

(8) 多应用批量授权，邮件通知授权结果；

(9) 非 0，1 级应用可自行选择测试类型；

(10) 安全测试接入代码漏洞扫描，上线更放心、更安全；

(11) 上线零排队；

(12) 上线不再区分类型(紧急和正常)；

(13) 重启、停止、启动无须预约，即时操作；

(14) 秒级回滚；

(15) 免开通拥有线上“堡垒机”功能。

如今的 Jone 平台不仅提供公有云资源的申请入口，还在流程上简化了申请资源的过程。另外，容器能在部署时快速扩容，也能按需缩容，实现资源利用率最大化。

再结合业界最先进的理念和技术潮流，Jone 提供镜像部署的功能。先构建出一个可以部署的镜像，然后再发布到生产环境中，在镜像部署中线下测试验证，保证测试环境和生产环境的环境一致性，同时日志和监控自动同步对接，省去研发不少麻烦。

如果说原有传统部署平均时效是 3 个 h，那么现在通过镜像部署，可以分分钟之内搞定部署任务。

自从将“部署”这个单点突破之后，京东的研发效能明显提升，反过来又促进了对其他实践的应用，譬如敏捷迭代开发、新业务功能快速闭环验证、创新业务高效试错、代码质量扫描、安全左移等。

技法篇二　团队级敏捷

敏捷开发是 DevOps 的前站，两者事实上有很多重叠部分。团队级敏捷聚焦在需求与计划等管理维度，对规模化敏捷稍作探索。

第 21 问　如何在敏捷开发中管理需求

Everybody knows that the dice are loaded. Everybody rolls with their fingers crossed. Everybody knows that the boat is leaking. Everybody knows that the captain lied.

——Concrete Blonde *Everybody knows*《每个人都知道》

通常而言，软件开发起始于需求收集与分析。

传统的瀑布研发模式基于三个假设：用户准确地知道自己想要什么，开发人员能够完全理解用户在说什么，需求在研发过程中不会发生变化。

但事实上这三个前提假设都不存在，需求沟通之后做出来的产品，往往如同图 36 的蛋糕（笑而不语）。

图 36　因需求沟通错误产生的蛋糕

1. 以用户故事来描述需求

维基百科上说，用户故事的目的在于以更快的速度、更少的消耗应对现实世界需求的快速变化。

敏捷开发中，我们以用户故事的形式记录需求。以往也用需求规格说明书以及用例的形式，但这样的方式非常乏味、容易出错、编写耗时，而且说真心话没人愿意去读。

采用用户故事的好处在于：

(1) 用户故事强调对话而不是书面沟通；

(2) 故事更容易被客户和开发人员理解；

(3) 用户故事大小适中，适合做迭代计划；

(4) 用户故事鼓励重要的事情先做；

(5) 鼓励推迟决策，延迟考虑细节；

(6) 支持随需求而变的开发。

用户故事将重点从以往的文档转换到了更实用的对话，面面俱到的文档看上去固然很美，但费时费力而且还没人去看。取而代之以通过与客户沟通来获取需求，通过与用户协作来澄清需求，通过频繁地发布确认需求。

用户故事通常按照如下的格式来表达：

As a ＜Role＞, I want to ＜Activity＞, so that ＜Business Value＞.

作为一个＜角色＞，我想要＜活动＞，以便于＜商业价值＞。

三段式的用户故事，核心是从用户角度出发描述问题，站在用户的立场思考问题。

好的用户故事讨论的是为谁做和为什么做，而不仅是做什么。作为 Who，我想要 What，以便于 Why。有了 Who，Why，What 的信息，How 就变得呼之欲出了。

以往我们上来就写需求的，往往注意到的是 What(干什么)，却忽略了 Who(为谁做)以及 Why(为什么做)。

而 Who-Why-How-What 的逻辑模式，恰好也是影响地图的结构，有关影响地图，我们找机会单独聊。

2. 遵循 Ron Jeffries 提出的 3C 原则

关于用户故事，Ron Jeffries 用 3 个 C 来描述它：

(1) Card，卡片，我们在用户故事编写工作坊中使用贴纸或卡片编写，随后录入成为工作项，展现方式可以是卡片、列表或树状结构。卡片代表需求而不是记录需求，详尽的需求内容可以用其他文档表述。

(2) Conversation，讨论的过程建议是面对面的，如果你的成员分布在不同地域，可以通过电话或工具进行，将重要的结论写在工作项提供的讨论功能中，简单的讨论可以直接通过工作项的讨论进行。但需要牢记的是，文字的讨论永远无法取代面对面或是电话的沟通。

(3) Confirmation，确认，用户故事并不具备契约性质，达成协议的验证要点是测试的依据，用来验证用户故事是否符合用户的期望。在用户故事编写工作坊中，验证信息可以写在故事卡片的背面，随后录入工作项。针对每一个测试要点都应该变成完整的测试用例。测试用例会与需求进行关联，由此完美地将 3C 结合在一起。

卡片是用户故事的展现形式，无论是物理看板，还是电子看板，我们通常在迭代视图，通过拖动卡片完成状态更新。

讨论是沟通的方式，不要让讨论的内容蒸发掉，讨论过程中最大的浪费就是大量的信息随后被遗失掉了。如果采用的工具，可以在工作项的评论中记录讨论结果，或是直接在评论中进行讨论，并用邮件通知他人。

确认是验收方式，验收信息可以填写在描述信息中，也可以在项目设置中在工作项的模板中添加一个属性字段完成，具体实现方式不一，并且实现起来非常灵活，所以并未做进预置的项目模板中。

一个用户故事工作项，事实上是一个需求的入口，以条目化或是卡片的形式展现，同时可以进行多方位的关联。

(4) 由验收信息生成的测试用例，会关联到工作项的"关联用例"中。

① 在对话和沟通的过程中会产生的有用信息，可以通过 Wiki(知识共享)、Docman(文档协同)来保存，并且可以关联到 Story 工作项；

② 也可以将现有的文件添加为工作项的附件。

3. 如何创建和收集故事

通常有几种方式进行用户故事的创建和收集，其中前两种是最经常采纳的：

(1) 用户访谈；

(2) 故事编写工作坊；

(3) 问卷调查；

(4) 观察。

用户访谈的关键是找到真正的用户，所以用户访谈之前是用户画像，也就是找到 Who 的过程。

"你们的确开发了我所说的功能，但它并不是我真正想要的"，用户往往不知道或很难准确表达自己想要的，所以沟通需要频繁，需要拿着不同阶段的产物进行确认。

用户故事编写工作坊是捕获需求最有效的方式，原则是：数量优先而不是质量优先，鼓励大家输出，而不要去评判某个故事的好坏；深度优先而不是广度优先，先把一条路走通，而不要中途跳到岔路上。

用户最可能做什么？可能会犯什么错误？会有什么困惑？会需要什么信息？

在工作坊里最好用贴纸，便于交互，随后再整理到工具平台上。

观察用户真实使用产品的机会是难能可贵的，你会发现用户永远不会按照你设计的方式使用产品。

4. 如何拆分用户故事

如图 37 所示，需求通常以 Epic-Feature-Story 进行层级拆分：

(1) Epic 通常是公司重要战略举措或者巨大的需求，例如做一个电商网站就是一个 Epic。

(2) Feature 通常是在 Epic 之下，对用户有价值的功能，用户可以通过使用特性满足他们的需求。比如"电商网站"的"门店网络查询功能"，特性通常会通过多个迭代持续交付。

(3) Story 通常是对一个功能进行用户场景细分，并且能在一个迭代内完成，Story 通常需要满足 INVEST 原则：Independent 独立的，Neogociable 可讨论的，Valuable 对客户/用户有价值的，Estimatable 可估计的，Small 小的，Testable 可测试的。

(4) Story 又可以继续拆成 Task，Task 是实现层面的，无须遵循 INVEST 原则。

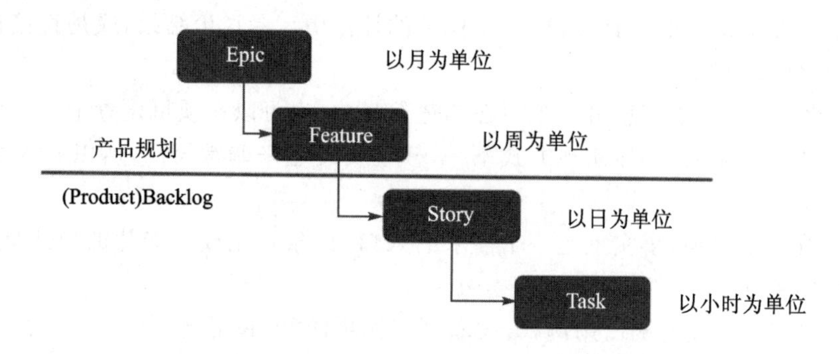

图 37　Epic-Feature-Story 需求层级

战略、功能、需求、任务等的在具体项目中很难进行归类，也可以简单地按月、周、日、小时为单位进行判断，通常一个 Epic 可能会跨多个 Release 交付，Feature 跨多个 Sprint，Story 需要在一个 Sprint 中完成，而 Task 通常是更短小以小时至多以天计。

5. 非功能性需求以及技术类需求

非功能性需求往往是决定产品/项目成败的关键，却往往容易被忽视。

当非功能性需求欠缺太多，就背负了技术债务，需要通过定期的技术类活动进行清理。

典型的非功能性需求包括：性能、可移植性、可扩展性、可用性、易用性、可维护性、可重用性、可操作性、安全性、容量等。

技术类需求的例子包括重构、搭建持续交付流水线、测试自动化活动、环境的维护与搭建、架构改造等。

6. 如何识别用户故事的坏味道

如同低质量的代码会有 Bad Smell，用户故事也一样会有坏味道：

(1) 如果你发现几十页上百项需求堆在 Product Backlog 里；

(2) 如果你发现提交的需求，自始至终没人和你沟通，某一天突然发现需求被实现了；

(3) 如果你发现排在 Product Backlog 中段和后段的用户故事太过详尽；

(4) 如果你发现大家依赖 Product Backlog 电子系统，而不是面对面进行沟通；

(5) 如果你发现用户故事符合需求规格说明书；

(6) 如果你发现说不出故事的目标用户以及带来的价值；

(7) 如果你发现很难为众多故事排优先级(不是高中低，而是唯一顺序)；

(8) 如果你发现故事之间牵一发而动全身。

7. 有关用户故事的一些建议

关于用户故事的一些零散建议：

(1) 需求要有时间点，多问一句"什么时候需要?"，你往往会发现对方其实心里没数，ASAP 不是一个好答案，越快越好只能说明不信任。尽管会有顾虑，我依然会如实说"这个功能与一个月之后的某个活动相关，在此之前实现即可，但需要预留给我一周的时间进行验证和修复"。

(2) 进行故事优先级排序时,需要考虑成本,一个重要的需求有可能因为成本过高而延后,另一种方法是对其进行拆分。

(3) 不要着急给用户故事添加细节,遵循 Kent Beck 提出的最后责任时刻(Last Responsible Moment)原则,团队要等到开始实现软件特性前才写下特性的具体细节。优先级排序,近期、中期、长期需求的详略程度。

(4) 纸质卡片/贴纸,还是电子工具?在需求收集和引导的前期,例如,需求编写工作坊,建议采用纸质卡片,便于交互,并且卡片的有限文字空间保证了我们不会过早进入细节。当需求收集告一段落,统一将需求录入到工具平台,需求不只是一个维度,多方位的信息需要有工具平台支撑和记录。同时平台也提供了团队成员之间的协同,团队异地的协同场景就需要基于工具平台进行。

第 22 问　如何通过用户故事驱动敏捷开发

They say it's matter of time, a thousand days and the sun won't shine, before I come back to you. And I'm happy, nothing's going to stop me. I'm making my way homeI'm making my way.

——Zwette, Tom Rosenthal *Go Solo*《独行》

我们希望能够找到一个可以遵循的敏捷项目管理模型。虽然,一个放之四海而皆准的方法是不存在的,但在更高的层面上,笔者仍然觉得这是可行的。也就是说,管理模型是一致的,但是其中采用的方法可能各有不同。最终目标是唯一的:打造一支可以快速适应变化的高质量团队,并输出高质量的产品!

1. 用户故事的主要问题

用户故事可以帮助开发团队从用户的角度理解需求,同时在交付的过程中按照用户可用的场景进行交付,确保开发团队可以持续交付用户关心的功能。但是在实际开发中,团队往往不知道如何入手。

如何用好用户故事,需要解决几个关键问题:

(1) 如何产生用户故事,让用户将故事讲清楚?

(2) 如何将用户故事的内容原汁原味传递给开发团队?

(3) 如何将用户故事中的内容转换为开发功能点,识别与其他功能点的依赖,形成详细的产品规格?

(4) 如何在使用用户故事进行增量开发的过程中保持架构的稳定性,同时驱动架构的优化和演进?

(5) 如何在开发过程中按照故事进行交付,协同开发、测试、架构以及 UI/UE 等团队?

(6) 如何使用各种开发工具和平台,借助如任务跟踪、分支计划、持续集成、持续发布、自动化测试等工具让开发过程变得更加高效?

用户故事的需求整理方式与传统需求的整理方式有很大的不同。传统软件开发中,我们依赖用户需求、技术需求、规格说明书等工具,试图使用规范的文档解决需求收集和传递的问题。在这个过程中,我们将用户的需求转换成技术可以理解并可实施的规格。对于已经习惯了这种方式的人来说,要转换成使用用户故事的方式需要进行比较大的思维方式转变,大家往往遇到的疑问是,难道使用用户故事就不需要规格了吗？其实不然,首先我们要了解用户故事到底是什么。

2. 用户故事到底是什么

很多人认为既然我们使用用户故事替代传统需求,那么用户故事就是记录需求的方式了。其实不然,用户故事不是用编写需求的,而是用来讨论和跟踪的。

使用用户故事的目的是让用户可以自然地讲述需求,这样才能确保信息的真实性。因为任何软件产品都是为了帮助用户完成某种任务,也可以说任何的软件产品或者系统都是通过交互解决问题的,而交互的双方可能是人和系统,可能是系统和系统,也可能是模块和模块。这样理解,任何的需求其实都是某个个体(人、系统或者模块)在和其他个体进行交互的过程中,通过我们希望的行为方式,达到我们想要实现的目的。用户故事的3个关键点:人、过程和目的,可以帮助我们将这个行为方式讲清楚。在讲故事这个过程中,我们应该专注于故事主线,而不是如何实现。

一旦用户讲清楚了故事,下一步我们需要产生相应的可开发的功能点,这里我们需要专注于如何实现。一般我们很难通过一个功能点满足一个用户故事,而必须要不同的功能点配合完成。但是我们仍然必须确保讨论的范围仅围绕当前的故事,这时候技术人员非常容易发散,会考虑一些和当前功能点相关,但是和当前故事不相关的内容。例如,这个功能可能以后还要用到的,所以我们还要这样那样等。这时,用户故事可以起到控制讨论范围的作用。你可能会觉得,技术人员的角度是对的,因为可扩展、可复用等是软件设计的基本原则。但是我们应该从发展的角度看待这些问题,假设我们可以预见的其他用户故事确实会影响这个功能点,那么这样考虑是可以的,但是应该到讨论那个用户故事的时候再去考虑;如果我们没有其他可以预见的故事会影响这个功能点,那么这些所谓的扩展性复用性设计就是浪费,因为你不知道是否会需要这个功能。

讨论清楚了功能点,进入开发阶段以后,用户故事是控制技术团队开发进度和交付进度的引线,也就是我们应该按照故事一个一个地进行开发测试和交付。这样才能确保我们交付的永远和用户预期一致,所有的开发、测试投入都是可以产生用户认可的价值的。这个时候用户故事起到了跟踪和驱动开发过程的作用。

通过以上分析,我们可以看到用户故事如何编写并不重要,重要的是它所驱动的过程,通过这个过程,我们可以把用户和技术团队紧密结合,并让大家产生对交付内容的统一认识。所以,用户故事是一种沟通工具,而不是编写工具或者需求模板!

3. 故事讲给谁

在真正开始讲故事之前,我们首先要确保正确的人都参与进来。规划一款产品时,你至少需要:最终用户代表、产品经理或类似 Scrum 中的产品经理、项目经理(或类似 Scrum 中的 ScrumMaster)、团队中的技术骨干(那些对实现的业务很熟悉,对所要使用的技术或者系统很熟悉的技术人员)。技术骨干又可以分成架构、开发和测试三个不同技能的人。这样看来,你至少需要6个人参与这个讲故事的过程(除非有些人可以互相替代)。

故事是讲给参与的每个人听的,同时也希望每个人都能够在讲故事的时候有所输入,而不仅仅是在听故事。

(1) 最终用户代表:这些人一般会作为讲故事的主角,因为他们是最了解故事的人。但是最终用户代表只能从用户的角度描述故事,这里会缺失很多技术细节。当他们开始讲故事的时候,技术人员就需要补充这些细节,将那些从用户角度看上去可能很简单的故事后面所涉及的复杂度暴露出来。

(2) 产品经理和项目经理:这两名成员基本起到协调人的作用,一般产品经理偏向用户,项目经理(ScrumMaster)偏向团队。我们希望他们的这种倾向性能够在讨论过程中体现出来,将故事的优先级、重要程度、实现难度等问题进行归纳总结,形成我们的项目计划。同时,这个故事讨论的过程一般都是以会议形式进行,这两个人应该作为会议的组织者(主持人)出现,引导团队高效完成讨论过程。

(3) 技术骨干:首先技术人员要明确自己也是主角,而不仅是旁听者。很多人都有这样的体会,明明很简单的一个功能,为什么做起来会那么慢?这里面有两个原因:第一个是用户自己没有把这个所谓的"简单"功能想明白;第二个是一个对用户"简单"的功能,对于技术,恐怕没有那么简单,但这个信息一般很难跟用户讲明白,所以很多技术就倾向于不说或者说得很少,结果就是双方对于难度的认知不一致。技术骨干参与这个讲故事过程的目的,主要就是为了帮助用户从技术实现的角度理解故事,同时自己也能够将技术实现的思路想明白。

4. 怎样讲故事?

讲故事的过程通过3个步骤进行:找线索,画主线,规格化。

(1) 找线索:画出故事的主角

用户不知道从哪里开始讲故事,这是我们会遇到的第一个问题。

这里我们可以借助两个工具来协助找线索:影响地图和用户画像。(关于影响地图和用户故事地图的概念和使用方法,后文有介绍。)

大家会发现,当团队开始整理不同的类型的用户的时候,他们已经开始自然地讲述故事,因为要把一个角色说清楚,就必须考虑他要做的事情,故事自然就出来了。但是在这个阶段,我们切记不要过于发散,明确我们的目的是整理用户画像,只要不同用户类型间的边界清晰了,就可以结束,不要为细节纠缠。另外,在后续的过程中我们也会发现可能有些角色还需要添加进去,那么就到时说。

最终将我们整理出的每个用户类型用一张即时贴粘在白板的最左侧,通常我们可以按照距离最终用户的远近摆放这些即时贴,同时对每个角色进行编号,以便后续可以很容易地进行引用,如图38所示。

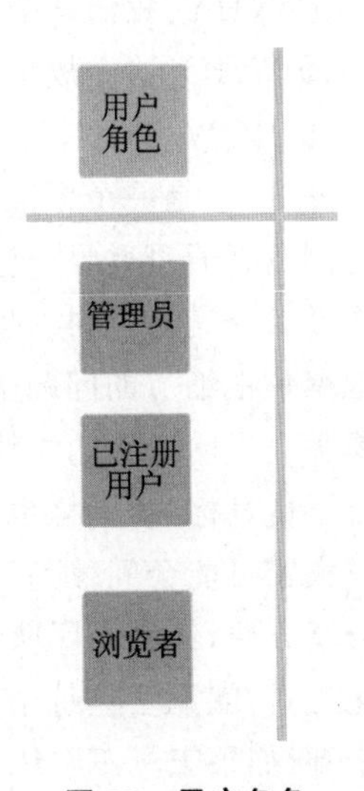

图38 用户角色

(2) 画主线:使用影响地图画出故事主线

有了故事的主角,讲故事就相对容易了。在这个阶段,我们希望能够帮助团队尽量将故事的每一个步骤都想清楚,通过在看板上进行可视化,我们就可以达到这个目的,如图 39 所示。

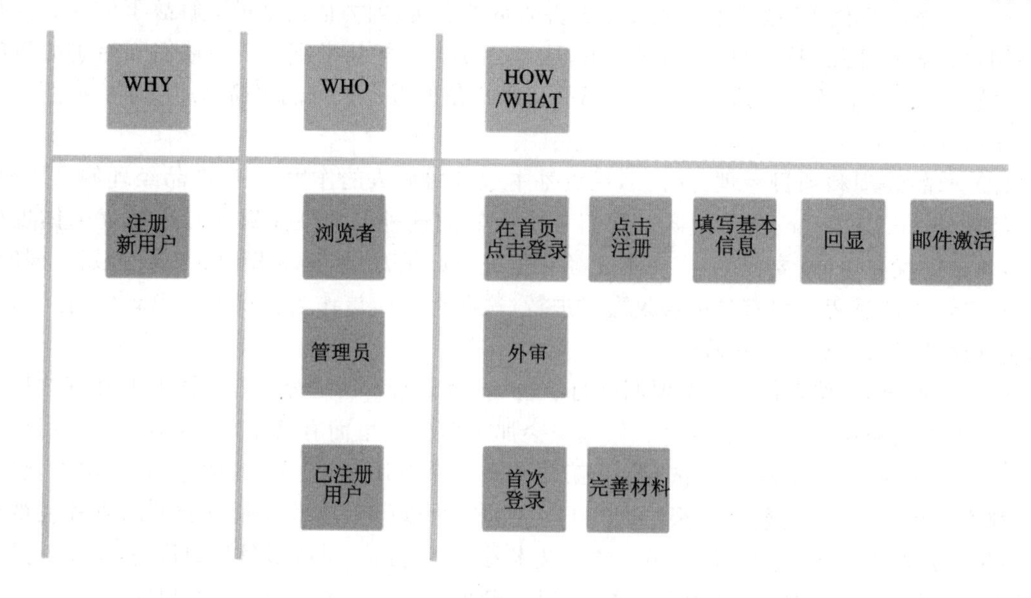

图 39 影响地图画出故事主线

标准的影响地图上有 4 个列,分别是 WHY、WHO、HOW 和 WHAT,这种结构在进行比较大的模糊的目标讨论的时候,如战略规划,会很好用,因为 HOW 和 WHAT 比较容易区分;但是用在讨论用户故事的步骤时候,其实 HOW 和 WHAT 区别不大,如果坚持使用规范的影响地图会让团队感到困惑。所以,我建议将 HOW/WHAT 合并。具体来说:

① WHY:我们这个用户故事是什么?为什么我们要做这个故事?

② WHO:这个故事里面都有哪些角色?

③ HOW/WHAT:这些用户为了完成这个故事,需要做些什么,怎样操作?

图 39 中是一个标准的"新用户注册"的用户故事,大家一定都非常熟悉。基本上这个故事就是浏览者通过登录→注册→填写信息→验证邮件提交注册\管理员审核\成为已注册用户后首次登录→完善资料。但通过卡片的方式将每个步骤放入白板后,你会发现整个团队可以很好地聚焦很细节的问题上,同时又具备全局观。如果不借助这种可视化方式,那么团队可能很容易丢失当前讨论的主线,从一个细节延展开到其他的部分去了。注意这里对每个用户故事进行了信息标注,同样也为了后续可以容易进行引用。

大家可能会问,那我用思维导图一类的工具不是更好吗?电子化工具的好处是信息保存和分享方便,但是在团队讨论中,我们更加重视团队讨论的氛围、聚焦和整体效率,如果使用电子化工具,就无法让每个人都可以同时对这张图进行操作,而必须由一个人操作,其他人很容易走神,如果工具不熟练还会耽误时间。所以看上去"白板貌"似是可以淘汰的工具,但是对于团队讨论来说,它的效率高于任何的电子化工具。

通常的一次用户故事讨论,大家都聚集在白板周围,整个讨论都是站立进行,任何人都可以随时发表意见,用手指着某个即时贴就可以开始说:"这个"步骤怎样怎样。如果没有可视化工具，或者使用电子化工具，希望每个人都可以用"这个"聚焦所有人的注意力是很困难的，你可能需要解释"这个"到底是什么，又或者需要在电子工具中鼠标来点，如果操作者不是讲解者，那会更加麻烦。细节决定效率！

(3) 规格化：使用用户故事地图进行功能分析

有了故事主线，我们就可以进行下一步的功能细化，这一步所产出的其实就是传统软件开发过程中的软件规格说明书。软件规格说明书对于开发人员实现产品功能非常重要，是软件开发中不可缺少的部分。

① 敏捷开发中的文档和传统的需求文档的区别。

a. 敏捷开发重视的是文档产生的过程，希望通过透明化的过程和集体讨论确保内容的完整性，以及信息在过程中的传递。对于文档本身的格式没有具体的要求，只要确保讨论中的内容都被记录就可以。敏捷开发中的文档并不是用来传递需求的主体，人才是传递需求的主体。

b. 敏捷开发的文档是一份活的文档，所以我们更希望通过系统记录需求，而不是传统的word或者excel等静态文档来记录。这些文档的作用是帮助团队成员回忆和讲述，同时也作为过程追踪的手段。

c. 传统软件开发中往往有两份项目计划：一份列出需求并在需求上进行估算以便推导出预算；另外一份是时间和资源计划，这份计划又往往是按照阶段进行规划的。敏捷开发只有一份项目计划，就是按照用户故事组织时间、资源和各个阶段的跟踪，这其实就是用户故事驱动的敏捷开发的含义。

规格化的过程，我们可以使用用户故事地图的方式进行，团队一起根据故事主线中的每个步骤进行讨论，分析出在产品的特定区域（模块）中的功能点，并使用技术人员容易理解的方式描述这部分的功能。整个过程就是从将需求从用户角度的描述转换到技术实现角度描述的过程。在这个过程中你会发现一些在故事主线中看不到的技术细节。

这个过程中，我们希望综合考虑架构和测试的输入，这两个角色需要从自己的角度确保每个故事的分解都满足架构的要求，并且是可以进行测试的。由于每个用户故事都会穿越多个功能区域，架构师必须协助团队确保架构的扩展性、复用性以及性能等要求。对于测试，要确保每个用户故事都是可测试的，才能确保后续的测试计划和样例可以配合团队的开发过程，并按照故事逐个交付给用户。

② 标准的用户故事地图格式。

a. 最上面是产品的功能区域（模块）；

b. 每个模块下面的功能点，来自于用户故事中的某个步骤的分析；

c. 每个功能点的即时贴可以标注出用户故事的ID，这样便于我们比对地图找到对应的功能点；

d. 一些在影响地图中没有明确列出的内容在图40上被显示出来，比如后台管理和系统功能部分的内容。

e. 功能点按照优先级高低及相关性进行排列和聚合；横向分割，就可以形成发布。

5. 如何组织需求讨论会

讲故事的过程一般通过需求讨论会的形式进行，确保以上应该参与的人员都到场。既然是个会议，我们就必须确保会议是高效的，这里可以参考三星公司高效会议的8点原则：

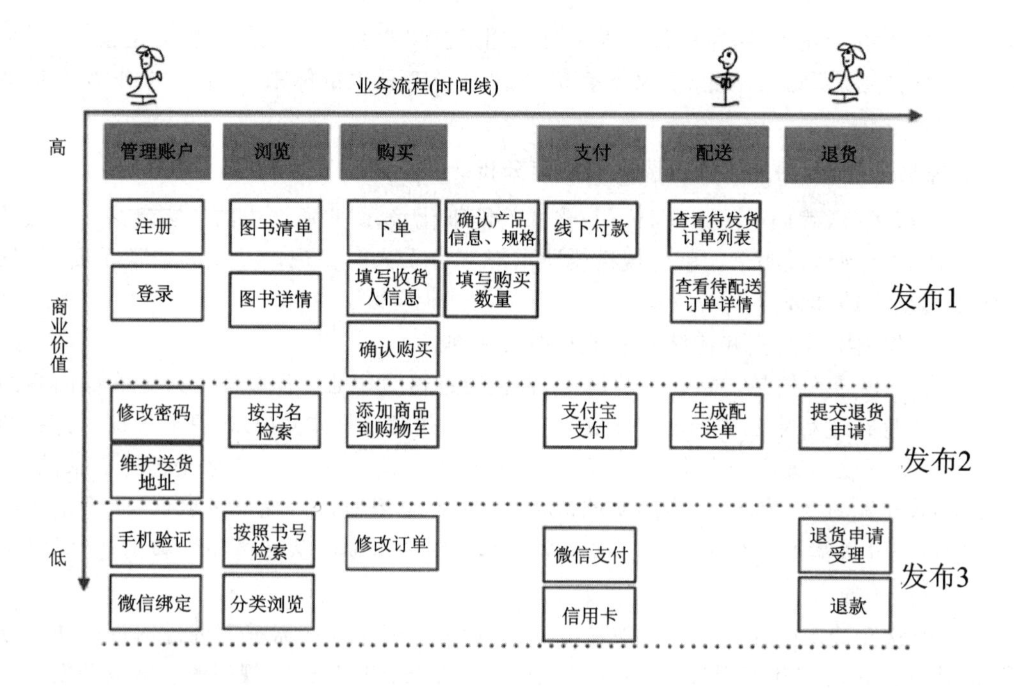

图 40　用户故事地图

凡是会议，必有主题；
凡是主题，必有议程；
凡是议程，必有决议；
凡是决议，必有跟踪；
凡是追踪，必有结果；
凡是结果，必有责任；
凡是责任，必有奖罚；
凡是奖罚，必须透明。

(1) 会议安排事项

针对需求讨论会，我们至少需要有以下安排。

① 会议主题

×××产品需求讨论会，目的是在 4 h 内对×××产品的×××内容进行讨论。

② 会议议程

a. 组织者：产品经理×××或者项目经理×××；

b. 参与者：业务方或最终用户、产品/项目经理、团队技术人员（架构、开发、测试等）；

c. 讨论内容：按照优先级排序的故事列表。

③ 会议分工

a. 主持人：由产品经理和项目经理轮换组织；

b. 需求记录人：由技术团队内某人承担，负责在讨论过程中将用户故事和所产生的功能点进行详细记录，形成文档或者录入系统；

c. 问题记录人：由技术团队内某人承担，负责在讨论过程中将无法现场确认的问题进行记录，形成文档或者录入管理系统。

④ 会议交付物

a. 针对议程中的每个用户故事所产生的文档或者管理系统进行记录；

b. 讨论过程中所记录的问题列表或者管理系统记录；

c. 针对用户故事文档的做下一步操作，如制定开发计划，预算等；

d. 针对问题的跟踪方式，如问题列表的状态由谁负责维护，每个问题由谁负责解决进行跟进，预计每个问题解决的时间。

(2) 会议流程

需求讨论会的过程就是按照以上 3 个步骤讨论故事和分析故事的过程，我们可以按照以下流程进行。

① 讨论会前期准备

可以在进行正式的需求讨论会前先进行一次头脑风暴，邀请用户和技术一同参与，在这个过程中大家可以自由讨论，目的是让大家先对产品的大致情况有所了解。

② 讨论会过程

a. 首先由主持人(产品经理 PO/项目经理 Scrum Master)向团队列出会议所要讨论的故事列表，这个过程不用讨论细节，目的是让大家知道会议的内容和目标，便于控制进度；

b. 根据所列出的故事列表优先级，从第一个故事开始梳理故事主线，分解功能点，并由专人负责记录。

c. 重复以上过程，直到完成列表中所有故事的讨论。

③ 注意事项

a. 一定要按照故事列表逐个讨论，每个讨论都要细化到功能点并完成记录，再进入下一个故事的讨论；不要先讨论所有故事主线，再一一分解功能点。这样做的目的是让团队可以聚焦，避免多条线索交织造成干扰；

b. 在讨论每个故事的时候，不要讨论与当前主线无关的内容，特别是技术团队容易从一个功能点扩散到其他功能点，因为这是技术团队对产品的视角，这种扩散会降低效率。主持人在看到这种情况的时候应该适时制止，告诉团队其他的功能点可以留到其他故事中讨论，只要的产品的一部分，我们在后续的故事中肯定会涉及；

c. 完成每个故事的讨论后可以进行短暂休息，在讨论过程中要确保每个参与成员都集中精力，避免形成小组讨论的形式，建议每个故事的讨论时大家都站立在白板前进行；

d. 主持人可以按照故事进行轮换，主持人的主要职责是确保过程的顺畅，团队精力的集中；

e. 待确认事项：建议在白板上开辟一片区域，对讨论中出现的团队无法当场确认的问题进行记录，避免在这些问题上纠结太久，影响会议效率。

第 23 问　DoR 与 DoD 的关联与差异是什么①

I opened up the pathway of the heart. The flowers died embittered from the start,
That night I crossed the bridge of sighs and I surrendered.

——David Sylvian *I Surrender*《投降》

1. DoD 与 DoR

一个迭代是固定时间的循环，依次把迭代 backlog 上高优先级的任务变成产品增量。但是，要把事项顺利拉到当前的迭代中，如何定义用户故事"已经准备好"是很重要的——把没有完成或没有细化的用户故事放到迭代中，会在开发阶段产生问题，因为它遵循一个古老的原则："进去的是垃圾，出来的也是垃圾"。如果开发基于没有充分细化或定义的用户故事来开发，他们不太可能产出高质量的代码。

一个"准备好"的 backlog 事项应该是清晰的，可行的，可测试的：

"清晰的"意味着所有的 Scrum 团队成员对该条目达成了共识。通过协同编写用户故事，对高优先级事项添加验收标准，有利于需求的澄清。

"可测试的"意味着能通过有效的办法决定该条目是否符合期望。验收标准可确保每个故事都能被测试。

"可行的"意味着根据 DoD，该条目能够在一个迭代中完成。否则，条目需要进一步分解。

简单地讲，DoR 定义了一些标准，用户故事在开始估算或者进入迭代前，必须先符合这些标准。

如图 41 所示，"DoR"关注用户故事级别的特性，"DoD"的关注点则在迭代或者发布层面。两者的关系如上图所示。本质上，"DoD"代表着迭代或者发布的验收标准。它清楚地列出了为完成产品增量，开发团队必须要达到的要求。

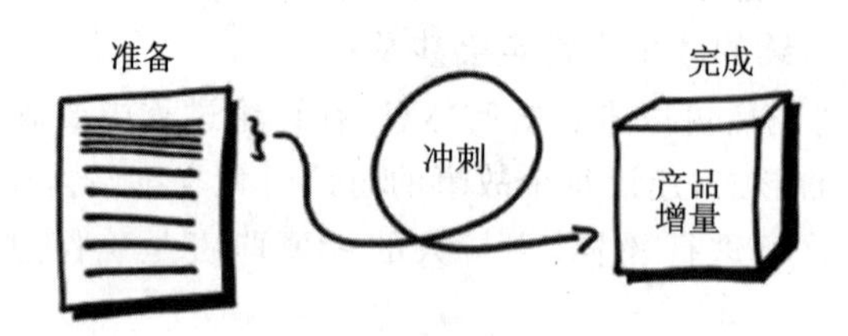

图 41　就绪与完成

2. DoR 是什么

DoR 是一个待办(backlog)是否能够被团队接受，认为可以作为开发候选所需要达到的最小要求，是团队针对 PO 的要求。一个 DoR 的例子：

---

① 引自《侬家铺子》文章，特此说明。

Clear,用户故事描述清晰;

Feasible,用户故事可以放入一个迭代;

Testable,验收条件得到定义。

需要注意的是,DoR只需要针对产品待办事项列表PBL中高优先级的需求进行,通常是准备能够满足两个迭代的即可。PBL越是近期会做的,需求越清晰,越是符合INVEST原则;越是暂时不会做的,越不需要花太多精力去澄清和拆解。

而DoD则相反,是PO针对团队的产出进行验收的最低验收标准,文中已经给出了样例。

最初DoD只有一级,即研发迭代完成,用户故事可以被视为完成的标准。逐渐出现了多级的DoD,针对每一个研发阶段,出现了这一阶段的DoD标准,例如从Henrik Kniberg的Kanban kick-start example图中,分析阶段的DoD,开发阶段的DoD,验收测试阶段的DoD等;典型的Kanban是拉动的过程,后一阶段拉取上一阶段完成(Done)的工作时,会检查相应的DoD是否完成,因此上一阶段的DoD事实上就是下一阶段的DoR。

越往前的DoD越偏业务,然后是偏技术实现,越往后的越要加入运维和非功能性要求。

3. DoR的一些例子

(1) 用户故事是清晰的;

(2) 用户故事是可测试的;

(3) 用户故事是可行的;

(4) 用户故事已定义;

(5) 用户故事验收标准已定义;

(6) 用户故事依赖已明确;

(7) 用户故事已由开发团队做过粒度划分;

(8) Scrum团队已接受UI原型设计;

(9) 指定场景下的性能指标已明确;

(10) 指定场景下的可扩展性指标已明确;

(11) 指定场景下的安全指标已明确;

(12) 验收用户故事的人已明确;

(13) 团队都清楚用户故事所表达的意思。

4. DoD是什么

“DoD”是开发团队和产品经理对每个用户故事需要做什么的协定——通常在公司层面统一标准,以保证交付质量一致。

“DoD”通常会说明:

用户故事所处的系统环境(哪个版本的Linux,Android,iOS或者浏览器)?

需要输出什么样的文档(自动生成的javadoc,还是完整的终端用户手册)?

有什么质量要求(用于演示的基本功能,还是一个功能完整,健壮的app)?

有什么安全要求(无安全要求,还是从代码评审,代码扫描到网络安全性等各方面都要求做安全审查)?

有什么扩展性要求(10个并发,还是10万个并发)?

本质上说，“DoD”是基于验收标准的协议，在迭代结束时同它验收产品增量。

请注意，针对迭代和发布阶段，DoD 标准可能会不一样。中间迭代的 DoD，比起临近发布的几个迭代，要求不会那么严格。

5. DoD 的一些例子

(1) 代码已完成(所有代办事项已经完成编码)；
(2) 代码已注释，已提交。版本库当前版本能正常运行；
(3) 结对检视已完成(或者采用结对编程)，代码符合开发标准；
(4) 构建没有错误；
(5) 单元测试全部通过；
(6) 部署到测试环境并通过系统测试；
(7) 通过 UAT(用户验收测试)并签字确认符合需求；
(8) 任何编译/部署/配置变化都已实现/记录/沟通；
(9) 相关文档/图表已完成或已更新；
(10) 任务剩余的小时数已设置为 0，任务已关闭。

6. DoD，通常需要从几个维度考虑

为 Sprint 中任务给出明确的“Done”定义是非常重要的，但即使遵循这个最佳实践，最终仍然会有集成问题，会存在 Bug，以及晚期的需求变更。所以，对于大型复杂产品，在正式发布前，单独计划几个 Sprint，专门做 Bug 修复，也是合理的。

关于 DoD 的例子，通常需要从几个维度考虑：

(1) 需求/用户故事 DoD

① 用户故事的描述及拆解符合 INVEST；
② 用户故事有验收标准 AC(Acceptance Criteria)。

(2) 开发任务 DoD

① 代码已经提交到 Git；
② 代码通过单元测试；
③ 代码经过 Code Review；
④ 代码通过集成测试。

(3) 迭代 DoD

① 所有代码通过静态检测，严重问题都已修改；
② 所有新增代码都经过 Code Review；
③ 所有完成的用户故事都通过测试；
④ 所有完成的用户故事得到 Product Owner 的验证。

(4) 发布 DoD

① 完成发布规划所要求必备的需求；
② 至少完成一次全量回归测试；
③ 符合质量标准(Quality Gate)，譬如所有等级为 1、2 的缺陷均已修复；3、4 级缺陷不超

过10个；

④ 有 Release Notes；

⑤ 有用户手册；

⑥ 产品相关文档已全部更新；

⑦ 代码已部署到发布服务器上，并通过；

⑧ 原始需求提交人完成 UAT；

⑨ 对运维、市场、客服的新功能培训已完成。

Tips：DoD 及 DoR 必须是团队共同讨论出来的，团队愿意共同遵守的原则，一旦确定，团队就应共同遵守。

7. DoD 和 DoR 应该上墙

无论是用物理的 Kanban、TaskBoard，还是电子的，建议定义清晰的 DOD，将标准内容张贴出来，便于统一想法，并且在板子上进行挪动时，无论是挪到 Done 的专题，还是拉到下一个状态，都可以随时看到 DoD 的标准，提醒所有人遵守并检查。保证每个人对一件工作是否完成有一个统一的认识，交付和接纳时时也保持清晰的交接界面。

8. DoR 和 DoD 另外的用法

DoR 和 DoD 的本意是创建一份简明的文档，用于在项目关系人，产品经理和开发团队间达成一致。但是，随着越来越多的工作被外包或分包，DoR 和 DoD 也更多地用于合同协议和 SOW，用以清楚、准确阐述对于需完成工作的期望。

DoR 和 DoD 是很实用的项目范围商议工具，因为它们定义了期望和双方的职责；DoR 帮助客户产出良好的用户故事，为开发团队所用，DoD 帮助交付伙伴根据整体项目需求产出可工作的产品增量，而不仅仅是特定的用户故事功能。

DoR 和 DoD 就像流水线上的两道关，一个管进，一个管出。我们不像牛那么厉害，吃的是草，挤出的是奶。对团队来说，第一道关更加重要，正如作者说的，进去的是垃圾，出来的也是垃圾。没有 DoR 的把关，后面的持续改进，工程实践效果都不会太好。

第 24 问　如何在敏捷开发中有效的做计划

Who are we Just a speck of dust within the galaxy. Woe is me, if we're not careful turns into reality. Don't you dare let our best memories bring you sorrow. Yesterday I saw a lion kiss a deer. Turn the page maybe we'll find a brand new ending.

——Adam Levine *Lost Stars*《逝去的星》

冬哥(姚冬)在华为云 CodeArts(原名 DeCloud)工作，CodeArts 团队在践行精益敏捷 DevOps 的同时，也在使用 CodeArts 工具进行实践落地。本章结合华为云 CodeArts 的敏捷实践，介绍一下在敏捷开发中是如何做计划的。

需要说明的是：

这些实践方式，CodeArts 团队自己在践行，所以具有一定的示范性；

但不具备普适性，每个团队都应该根据自己团队的业务特性、团队成熟度、流程以及对方法论的解读进行落地实现；

里面有很多优化的空间，并没有最佳的实践，只有适合的实践。

1. 关于敏捷计划的一些常见误解

关于敏捷计划有很多误解，常见的包括如下三个。

(1) 误解一

敏捷宣言里说，响应变化胜于遵循计划。所以，"敏捷团队不用做计划"。

艾森豪威尔说，"开始作战后不久，原本的作战计划就变得几乎毫无用处。"为什么？因为战争是活的、动态变化的，瞬息万变的战局不会按照此前纸面上的设想来发展。软件开发中也是一样，市场千变万化，用户需求也是层出不穷，那么我们是否还要做计划？计划不代表万事大吉，更重要的是做计划的过程而不是计划本身，计划在做出来那一刻就已经失效。

在这一刻，此前做计划付出的努力，都变成了沉没成本，如果计划过程中投入过多，就难免对抛弃计划的决定慎之又慎，所以敏捷中计划的过程是轻量级的，遵循适时与恰好原则，即在需要的时候进行适度刚刚好的投入。所以要响应变化而不是固守计划，同时需要将计划的过程做薄。

(2) 误解二

敏捷宣言的原则里说，"欣然面对需求变化，即使在开发后期也一样。"所以，"敏捷开发中需求想怎么变化就怎么变化"。这个原则还有后半句"为了客户的竞争优势，敏捷过程掌控变化。"并非是对变化毫不受限地全盘接受。

敏捷对变化的控制在于：通过"持续不断地及早交付有价值的软件"交付价值并获取客户反馈，通过"业务人员和开发人员必须相互合作"不断沟通需求与变化，通过控制需求的粒度控制变化的影响面，通过时间盒控制交付频度及对时间盒内变化的限制。

(3) 误解三

敏捷计划"很简单"，几个人，写写卡片，排排优先级，打打计划扑克，拆拆任务，就出来迭代计划了。

的确是这样，敏捷计划的过程正如前面说的是轻量级的，花费一个月做计划的过程很容易变成闭门造车。详尽计划的出发点是认为通过严密的事先分析可以识别并规避项目过程中的风险，降低不确定性，并为决策提供支撑。前提假设是客户明确知道自己要什么，客户准确表达自己的诉求并且我们能够清晰理解，客户需求不会发生变化。但这些假设都不存在。不确定性是无法通过计划消除的，因为我们面对的是未知的事物，消除不确定性最好的方式就是先去做，然后获取反馈，进行调整，即戴明环的 PDCA 过程。

计划很重要，调整计划更为重要。敏捷是打移动靶的过程，通过每一段小的快速的交付，及时获取反馈并指导下一步的调整建议，最终达成的往往不会是预先设定好的那个目标，如图 42 所示。

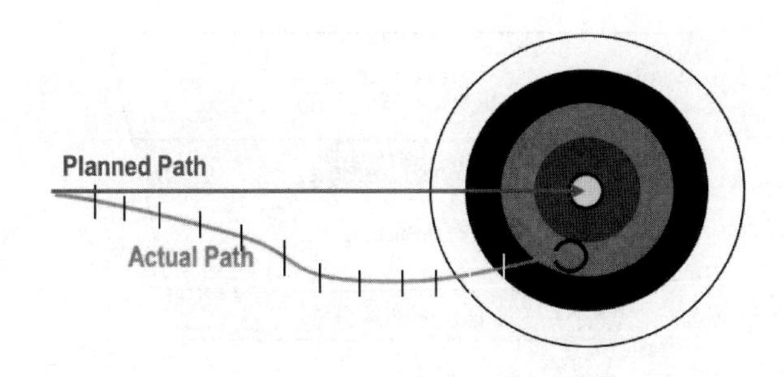

图 42 敏捷计划与传统计划

敏捷的核心在于“沟通、勇气、反馈、透明”的价值观，所以实践是否走偏，关键还是看团队与人。（敏捷宣言以及 12 条原则，一半讲的是快速交付的模式，一半讲的是团队协作的模式。）

2. 两级项目计划内容

(1) 需求之前有什么

“软件开发起始于需求收集与分析”，这句话是需要斟酌的，因为在需求之前还有很多活动。

As a <Role>, I want to <Activity>, so that <Business Value>。用户故事的三段式里面，最重要的是什么？目标角色，也就是 Who，不同的角色提出来的相同需求，背后想要达成的目标是不一样的。

所以不要急于上来就写需求，而应该分清楚目标客户群体是谁，都有哪些角色，痛点和诉求是什么。这属于问题域的梳理，通常会采用例如用户画像、同理心地图、用户体验地图等实践，或是进行一个完整的设计思维工作坊进行。

(2) 需求的来源

需求的来源是多方位的，客户提交的、竞品分析来的、一线销售或是市场来的、内部解决方案的、产品的，以及从技术层面规划的。

客户在使用过程中提交的意见反馈，可以通过例如 VOC 系统（客户的声音）进行反馈，VOC 类似的功能，在大部分产品里都有设置。进入 VOC 可以看到自己的反馈，以及所有被采纳的用户反馈。用户反馈是产品最重要的闭环之一，所以 VOC 是我们获取客户功能、体验以及缺陷最重要的窗口之一。

通过 VOC 以及其他渠道，例如，一线销售、售前解决方案、客户、内部对标等进来的原始诉求，会进行预审判断是否采纳，进入到产品的 Backlog；这里是产品需求的大池子，包含各类未经打磨的原始需求，再通过 RAT 需求评审委员会的评审，进行优先级排序，才能正式采纳进入到迭代 Backlog 的候选列表中。

上述过程如图 43 所示。

(3) 两级项目计划

计划是演进的，试图在项目一开始制定“完备”的甚至是“完美”的计划是不现实的。做计划的目的之一是减少风险，但在信息最少的项目初期阶段做出最重要的决定是不切实际并且风险巨大的。敏捷计划的模式是渐进式的，一开始只规划一个大的方向，并制定最近 1～2 个迭代需要构建什么以及何时完成的计划，随着项目的进展，新特性不断增加并交付给客户，团

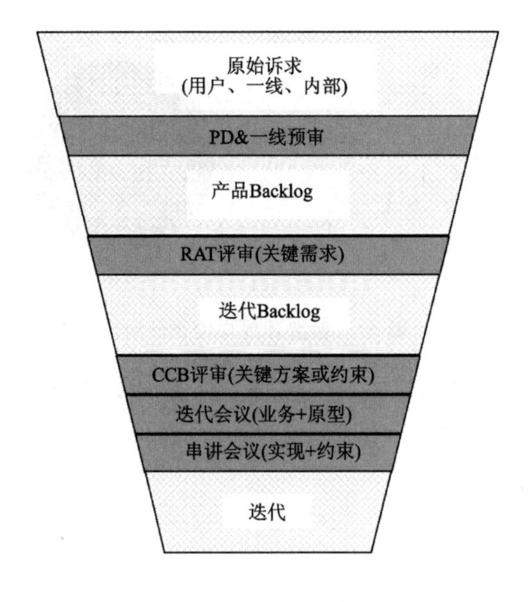

图 43　两级项目计划

队不断获取有关产品、技术、市场、用户相关的信息，新的迭代计划也在不断演进，但依然是只规划最近的几个迭代。在此过程中，通过不断交付价值与沟通反馈，建立团队内部彼此之间以及团队与客户之间的沟通、信任与信心。

以华为云为例，通常计划是分为两级的，第一级是大的发布计划，以月、季度、年度为粒度，称之为路标；第二级是具体的迭代计划，以周或双周为粒度，这是团队开发及交付的节奏和心跳。

针对 Product Backlog 进行分层，近期要做的拆分到 Story 级别，例如 2～3 个迭代内的；中期要做的拆分到 Feature 级别，例如 3 个月之内的；长期待定的就留成 Epic，例如 3 个月以上的。

3. 产品发布计划

例如 CodeArts 这样的 DevOps 平台，整体是一个大的 SaaS 服务集合，包括敏捷项目管理、云测、代码托管、编译构建、代码检查、部署、流水线、发布管理等多个服务，每个服务每周固定都会有一个上线版本，特殊情况可以做到按天发布周期。在此情况下，将相关的新功能放在一个发布计划中依然是有必要的，发布计划就是产品的路线图，在华为称之为路标。

路标代表我们产品演进的方向和关注的重点，是中长期的目标。目标一定会发生变化，所以路标会定期进行调整，体现了对市场变化的判断以及对客户反馈的响应。

华为目前的版本流程中，以双周为单位定期发布产品的 ReleaseNotes。Release Notes 很重要，它是产品新特性的发布公告，是一种事后的告知方式。通常会放出来 Release Plan 产品路标，这是一种事先的预告，让客户有所预期甚至提前获得反馈。

关于是否要放路标出来，在内部是有过讨论的。对外公开产品发布计划，将产品的演进路线进行透明化，对客户而言是一种期待。以往交付团队会担心如果做不到会被诟病而不敢公示，但越是这样就没有压力越容易做不到。反过来如果把发布计划当成是一种对外的承诺，更是团队对自己的承诺，再结合复盘以及调整，从而可以形成良性循环。

计划是一个目标，计划的目的是更好响应变化；制定计划很重要，但盲目遵循计划就没必要了；更重要的是做计划的过程，而不是计划本身。

敏捷也好，DevOps 也好，都是为了应对快速的市场变化，以及更好地响应需求的变化。产品的发布计划也是如此，没必要盲目依从，也不会 100％都达成（这种情况只能说明目标太不强烈了），路标需要定期检查与调整；路标的发布同时也是一种获取反馈的机制，客户可以提出反馈意见，例如对在规划发布的一个功能非常喜欢或是非常不喜欢，都可以通过 VOC 系统进行反馈，产品会基于反馈信息进行判断进而调整发布计划。

4. 迭代计划

一个发布由多个迭代组成，每一个迭代都要有具体的目标，迭代过程需要度量迭代速率，团队要根据自己的速率以及工程能力确定迭代长度。

CodeArts 目前的迭代长度为一周，由于设计与开发的依赖关系，所以产品的设计迭代与开发迭代会有一个错位，UCD 设计会超前一周完成低保真及高保真设计，随后开发会进行前后端的开发工作，如图 44 所示。

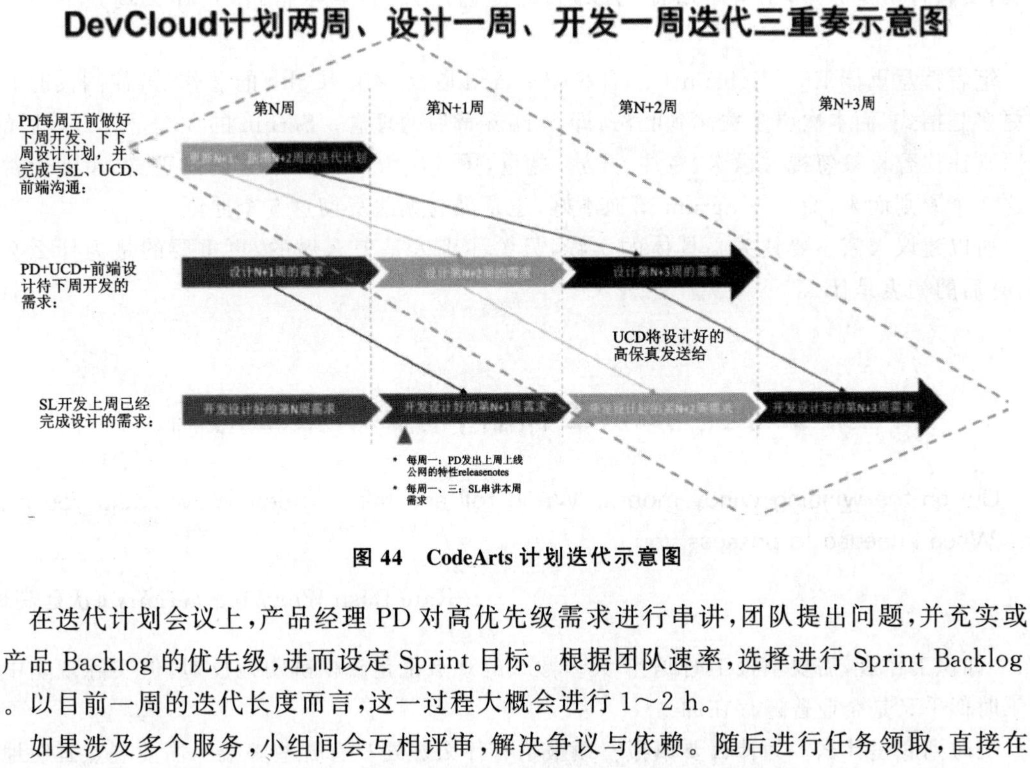

图 44　CodeArts 计划迭代示意图

在迭代计划会议上，产品经理 PD 对高优先级需求进行串讲，团队提出问题，并充实或调整产品 Backlog 的优先级，进而设定 Sprint 目标。根据团队速率，选择进行 Sprint Backlog 填充。以目前一周的迭代长度而言，这一过程大概会进行 1～2 h。

如果涉及多个服务，小组间会互相评审，解决争议与依赖。随后进行任务领取，直接在迭代视图上设置处理人以及抄送人（如果有必要），相关人会收到邮件通知。

通常整个 CodeArts 的整体需求规划会在一个项目区域，会便于信息对齐；而具体服务团队会在另一个项目区域进行实际的开发活动，此时可以将选择的多个工作项快速复制到另一个项目区域，也可以选择批量导出/导入。

少即是多，计划的目的不是开发更多而是开发更少功能，以最小化的投入，获取最大化成果和影响;日常工作不是更快开发更多功能,而是使那些投入精力开发的功能在成果和影响上可以最大化。

如果有 Deadline,你会怎么做?当然是先做最重要的。

什么是最重要的?最大化客户价值的。

你怎么知道客户价值最大化?通过反馈机制。

如何获得反馈?快速交付。

所以敏捷项目管理是以固定的时间盒(迭代)节奏,固定的资源(团队),动态交付高价值需求,并在此过程中不断调整需求(范围),逐步趋近产品目标。

5. 最后,关于 Scrum

Scrum 因为有一套 3355 的框架,我们可以依照它定义角色,定义活动,定义输入输出物。

Scrum 不太好是因为它定义了一套框架,当你不遵循这些,别人就会说"你没有在做 Scrum"。

敏捷计划的招式很简单,做好了却不容易,就像武侠小说里独孤九剑就只有九个剑式一样,却能够破天下武功。往往很多人想听的是如何做,却不去关心为什么这样做。招式背后是心法,实践背后是原则,了解了敏捷的原则,才能遇山开山,遇水搭桥,在什么场景下用什么招式。

笔者特意重读 Jim Highsmith、Jeff Sutherland 以及 Mike Cohn 的著作,过往阅读时看到的更多是招式,而本次更多关注到心法,即 Scrum 背后的理念。Scrum 的 3355 框架,最后的 5 个原则往往容易被忽视,"承诺,专注,开放,尊重,勇气",Scrum 框架背后的理念,事实上都是因这 5 个原则而来,而往往 Scrum 落地不好,也是因为无法贯彻这 5 个原则。

所以建议大家不要只关心具体的实践,只关注别人是怎么做的,更重要的是为什么会这样,背后的初衷是什么。

第 25 问　知识工作者,需要填报工时吗

Out on the winding windy moors. We'd roll and fall in green. How could you leave me. When I needed to possess you.

——Kate Bush *Wurthing heights*《沃廷高地》

"知识工作者,需要填报工时吗?"大多数人的观点也是旗帜鲜明地反对,但实际现实中填报工时似乎又是企业普遍存在的。

工时到底是什么?为什么要填报?填报了有什么好处?有哪些弊端?需要观点鲜明地走两个不同的极端,还是有折中的方式?孰优孰劣?想想似乎又有很多可以思考的内容,不妨试着探讨一下。

1. 工时是什么?目的是什么

百度百科上说:工时又称"人时",是一种表示工作时间的计量单位,一个工人劳动一小时

称一个工时，它是企业计算工人劳动时间、制定劳动定额、编制各项计划，衡量劳动生产率发展水平的重要的计量单位。对工时利用情况的统计分以下几个类别：日历工时数；公休工时数；制度工时数；出勤工时数；缺勤工时数；停工工时数；非生产工时数；班内实际工作工时数。在劳动定额管理中，工时还可按完成定额工时和实际工时分类：完成定额工时；实际工时，也称实作工时、实耗工时、实用工时。

看上去就是“管控”二字，管控是两个词的缩写：管理与控制。这让我们想到常讲的C&C：Command and Control。对工时的考核还停留在工业化大生产的时代，而我们都知道，知识工作者的时代已经有70多年。对于工时制度，心里只有一个想法就是“过时”。

考勤打卡和考勤工时统计软件哪个更重要呢？大家普遍的反应是：过度强调考勤打卡是对员工的不信任；考勤打卡不是管理的重点，企业别再本末倒置。

2. 工时管理用在哪里？

存在即合理，一味地批判工时似乎容易走到另一个极端，所以我们先尝试从正面的角度探讨工时有哪些作用。

搜索百度上的问题：工时管理的作用有哪些？如何做好工时管理？答案有如下几点：

工时可以提高员工工作积极性；

通过工时管理所提供的数据进行有效的绩效考核；

提供了客观的绩效考核依据，最终实现企业利润最大化；

提高员工工时利用率，合理分配员工工时，有利于对下一步的工时利用做出详细计划；

对于员工来说，高效利用工时也能在工作中起到事半功倍的效果，对项目工作能够有更加明确的方向和更加详细的规划。

“填报工时可以提高员工工作积极性”，这个逻辑在一些人身上不存在。喜欢的工作内容不用打卡也会完成，不喜欢的工作内容打卡与否似乎也不相关。

利润最大化与人力资源规划，度量不同类型工作的分布是有价值的，这一点我们会在度量一篇讲到。但单纯依靠工时的填报，第一增加工作量，第二无法避免漏报误报瞎报乱报。

“需要借助信息化手段”，这一点没错，但不是工时填报系统，而是自动填报系统。何谓自动填报？员工几乎所有的行为都需要借助企业IT系统进行，这类信息完全没必要再填报一次，直接抓取数据就可以完成。这才是信息化或者我们讲数字化的手段。人工填报方式太过于传统。

工时能“提供客观的绩效考核依据”，这似乎就更是开玩笑了，绩效考核看工作时间还是看工作成果？同样的工作成果是用时多的好还是用时少的好？如何衡量有效工时？如果相比预期高效地完成任务，你会记录越多的工时，还是越少？所以工时填报这件事，在我们看来就是所有人都不认真对待，所有人又都在认真陪着玩的一场游戏。

另外的观点是：“在成本、效率、质量等之间，透过有效之工时管理，使企业创造更大之利润”。人力资源管理的确必须努力思考，既然都提到成本、效率、质量了，我们的看法是进行所谓的“有效的工时管理”，不如进行“有效的成果管理”，并“有效的控制工时”，借以达成“有效的成本管控、效率和质量提升”。

我们再看某人力资源工时管理系统所宣传的优势：

每天填写工时的范围可以自定义，超出或不足都将不能提交；

开启工时控制功能后，可以控制实际工时不能超出计划工时；

设定锁定日期范围后，无法填写超出部分的工时数据；

启用考勤功能后，将对所填工时数据与考勤数据进行比对和校验。

这简直是玩笑，槽点包括但不限于：

“超出或不足都不能提交”，这样的填报意义何在呢？一天填报 8 h 好了，这也是当初公司要求填报工时时，我们三年前的做法，每周集中 5 min 填报工时，按不同的项目去分配一下时间（现在已经通过机器人自动填报了），这个时间完全没有参考意义。每个项目都有自己的预算，人员工时填报的目的是证明预算用之有道。

“控制实际工时不能超出计划工时”，我们都说计划赶不上变化，想不通实际发生不能超出计划的意义所在，唯一能想到的是如果实际工时超出计划，也就意味着超出了预算？

“锁定日期范围”：问题同上，为什么要锁定日期范围？

“工时数据与考勤数据进行比对和校验”：考勤，考核，考察，所有需要核查的，都是基于不信任的原则。凡是存在不信任就会存在对立，凡是存在考核就会存在应付，所谓上有政策下有对策。工时数据即便是出于优化和改善的目的，也会因其与绩效挂钩而扭曲。

总之，大部分的工时管理理念，还停留在“把工时结合计件工资进行考核，实现多劳多得，应考虑提高工人的劳动积极性，创造企业效益和提高收入相结合”的水平。工时整体的设计，还是基于制造行业对工人的管理和控制机制所制定的。

关于科勤的科学管理的方法论，百度百科对此的描述是：泰勒认为科学管理的根本目的是谋求最高劳动生产率，最高的工作效率是雇主和雇员达到共同富裕的基础，要达到最高的工作效率的重要手段是用科学化的、标准化的管理方法代替经验管理。泰勒认为最佳的管理方法是任务管理法，他在书中这样写道：广义地讲，对通常所采用的最佳管理模式可以这样下定义：在这种管理体制下，工人们会发挥最大程度的积极性；作为回报，则从他们的雇主那里取得某些特殊的刺激。这种管理模式将被称为“积极性加刺激性”的管理，或称任务管理，对之要作出比较。

3. 敏捷模式下是如何管理工时的

我们认为工时的管理对于知识工作者而言弊大于利，但针对工时的估算和计划是有用的。

首先，跟踪工时的分布可以帮助更好评估“时间都去哪儿了”，帮助团队成员有意识地提升效率，减少时间浪费，进而有效管理和控制进度，优化人员的分配、分工，节省人力成本支出。自动化的工时分布统计，可以帮助团队更为有效地管理时间，掌握员工工作时间内的效率、效能和成果，从而提高员工工作效率。

其次，历史工时是有参考意义的，无论是相似需求实际工作量、团队迭代速率还是需求前置时间分布等信息，都可以提供可借鉴的计划和评估依据，提供更好的决策支持。

再次，工时估算可以增进团队协作与沟通，传递隐藏信息，提高对项目中的各项风险认识，建立团队成员之间的互信，降低项目执行过程中团队沟通成本。

最后，以项目为核算单位，统计和分析项目或员工的工时及人力成本，可以实时有效地掌控人员投入，降低不确定性，实现成本管控，并进一步减少风险。通过分析各部门的工时数据也可以优化部门人员结构，预测部门人员需求，为人力资源部招聘新员工提供非常有价值的参考依据。

4. 计划与估算的关系

计划对任何开发项目都是不可缺少的组成部分,但是需要注意计划具有欺骗性。计划和估算无法做到精确,不确定性决定了任何的计划都赶不上变化,如果没有不确定的存在也就无须计划了,接受计划的不确定性。接受了计划本身没有意义,有意义的是计划的过程,与此同时也需要了解计划的收益边界渐减法则,即做计划的回报的增长幅度随着投入的增加而减小,过多投入到计划工作上的时间收益递减,如图 45 所示。

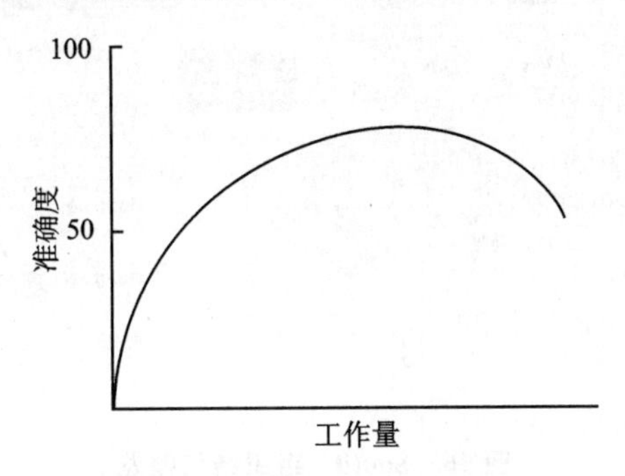

图 45　计划的收益边界渐减

《敏捷软件开发实践:估算与规划》一书中的建议包括在不同层次上作出估算和计划,并频繁重新计划;计划是根据特性而不是根据任务做出的;首先估算大小,然后根据大小估算值推算出持续时间;小故事保持工作的流动,而且每次迭代结束时会消除未完成的工作;在团队层次而不是个人层次对进度进行度量;承认不确定性并为之做计划。

第 26 问　Spotify 敏捷规模化框架的组织架构有什么奥秘

I saw the north star shining, from the airport bar. Hear the tape deck hissing, when I press the rewind.

——The Zephers *Modern Beats*《现代节拍》

Spotify 为大家所熟知,不仅因为它是一家了不起的音乐公司,或者说是一家商业上很成功的公司,更是因为 Spotify 是一个规模化敏捷框架。Spotify 遵循精益敏捷的思想,随着公司的发展壮大,逐渐进化,成为一个成熟的规模化敏捷模式。以一家公司的名称来命名一个可供参考和实施的敏捷模型,可以看出来人们对于 Spotify 的敏捷实践是多么认可。

Spotify 是从精益敏捷这么一个简单的动机开始,不停变化发展到现在,它的敏捷框架到底是怎样的呢? 如 Spotify 的敏捷教练所说,他们现在依然在路上,并没有到终点,不管是组织机构还是敏捷实践,都在不停地变化。

1. Spotify 组织结构概览

Spotify 的组织架构是其规模化敏捷最为知名的实践,我们详细看一下。Spotify 的规模化组织重建之路，使用了如图 46 的一种新型的矩阵组织：部落、小分队、分会和协会。

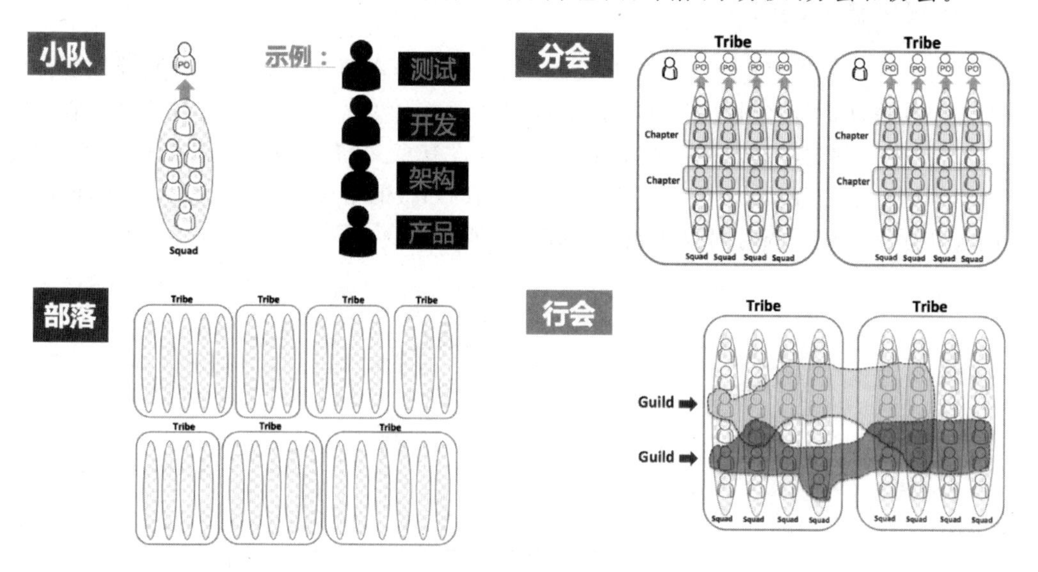

图 46 Spotify 组织结构概览

从图 46 可以很清楚地看到，整个 Spotify 公司都围绕着四种类型的单元运行，在这四种单元的分工协作下为全球数以亿计的用户提供一个优质的音乐平台。

这样一种组织结构组成了 Spotify 最重要的特征。在这个组织结构图中我们可以分别看到：

(1) 小分队为最小工作单元，类似 Scrum Team 的全功能团队，也就是一个特性团队，一般 10 个人左右。组成如图中示例所描述的，可以由测试、开发、架构和产品等不同技能的人构成。需要注意的是，除了产品经理，其他人并没有角色的区分，只是说明小队里的人具有这些技能，而不是必须有测试工程师来负责测试工作。

(2) 在实践中人数不拘泥于 7±2 人，因为公司的现状可能极少人是全栈工程师，小队是根据一个业务里面具体的功能组建的，所以人数可能会比 7±2 更多或者更少。

(3) 小队组成部落，一般不超过 100 人。设计原则参考邓巴数的原则：人类智力将允许人类拥有稳定社交网络的人数是 148 人。在实践中一般不超过 100 人。人数过多管理复杂度容易提升，沟通的成本也会迅速增加。部落一般按照业务领域划分，后面将详细介绍。设计原则为大部分需求部落内完成。

(4) 分会，类似于职能组织，只是原来的职能经理改变成为赋能角色。

(5) 行会，是一个跨部落的兴趣社区，类似于传统的 CoP。

Alistair Cockburn（敏捷软件开发创始人之一）在参观 Spotify 时曾说道："太棒了！我从 1992 年开始就一直希望有人能够实现这套矩阵式组织结构的设计，很高兴今天我看到了"。

2. 小队(Squads)

(1) 特性小团队

小队为 Spotify 最小工作单元，类似精益团队的全功能团队，也就是一个特性团队，一般 10 个人左右。团队可以由测试、开发、架构和产品等不同技能的人构成。需要注意，除了产品经理，其他人并没有角色的区分，只是说明小队里的人具有这些技能，而不是必须有测试工程师负责测试工作。

在实践中人数不拘泥于 7±2，因为公司的现状可能极少人是全栈工程师，小分队是根据一个业务里面具体的功能组建的，所以人数可能会比 7±2 更多或者更少。

（2）自组织

小分队是自组织的，可以决定自己的工作方式——有的分队使用精益团队中的迭代，有的分队使用看板，还有的综合使用上述方法，可以非常灵活。

一个小分队没有正式任命的领导，但是会有一个产品负责人。产品负责人负责把团队的待办任务进行优先级排序，但从不干涉团队如何完成这些任务。不同小分队的产品负责人紧密合作，共同维护一个宏观层面上的产品路线图文档，指引整个 Spotify 产品发展方向；与此同时，每个产品负责人也各自维护一个自己所在分队的产品待办项列表。

理想情况下，每个小分队是一个高度自治的“迷你型创业公司”，他们可以和利益相关者直接对话，且和其他小分队没有阻塞型依赖关系。对于一个拥有 30 多个团队的公司，想要达到这样的状态，绝对是个挑战！我们虽然已经取得了很大的进展，但是仍有许多改进工作要开展。

（3）长期使命

每个小分队都会有一个长期的使命，比如开发和优化 Android 客户端、打造 Spotify 广播功能的用户体验、扩展后台系统、提供支付解决方案等。不同分队负责用户体验的不同部分。这一点非常关键，这样才能保持一定时间内成员稳定。

由于一个小分队长期持续地从事某一类任务以及开发产品的某一个部分，所以分队成员逐渐都成了该领域的专家——比如，如何打造非常棒的广播体验。

（4）自设计

大部分的小分队都拥有属于自己的非常适合的工作环境：办公区、休息区、个人杂物室、几乎所有的墙都是白板，这样的环境将会非常适合团队协作，这也体现了团队的自设计原则。

除了环境自设计之外，还涉及设计自己的流程与工作机制。在 Spotify，每小分队也可以有一位敏捷教练，帮助团队改进工作方式。敏捷教练负责主持回顾会议、组织 Sprint 计划会议、做一对一辅导等。

（5）鼓励创新

Spotify 鼓励每个小分队都运用精益创业原则，比如 MVP（Minimum Viable Product，最小可行产品）和验证性学习（validated learning）等。MVP 意味着尽早地、频繁地发布。验证性学习意味着使用度量和 A/B 测试确认什么可行，什么不行。用一条标语总结的话，就是“思考、构建、交付、调整（Think it，build it，ship it，tweak it）”。

为了激励学习和创新，公司鼓励每个小分队把大概 10% 的工作时间用在“黑客日（hack days）”上。在黑客日期间，大伙可以做任何自己想做的事情：通常大家会尝试一些新想法并和伙计们分享。有的团队每两周举办一天黑客日；有的团队则攒够了日子，搞一个“黑客周”。黑客日不仅有趣，还是一个让大家紧跟新工具、新技术的好途径，有时候非常重要的产品创新也诞生于黑客日！

(6) 季度调研并改进

Spotify 每个季度会对每个小分队进行一次调查,帮助其聚焦于需要改善的地方以及了解每个小分队需要哪些组织层面上的支持。图 47 是某次对一个部落中的 5 个小分队的调查结果。

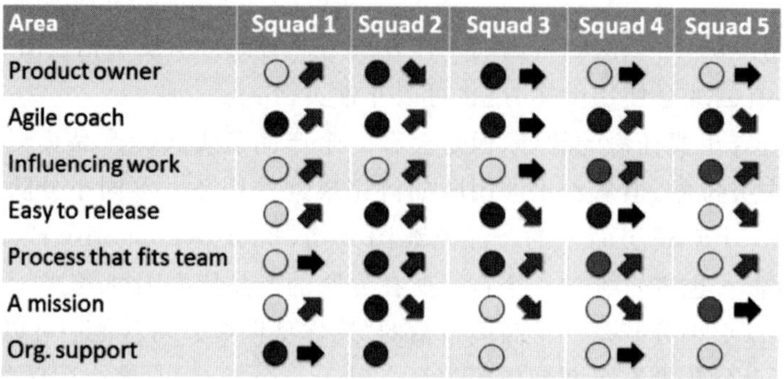

Area	Squad 1	Squad 2	Squad 3	Squad 4	Squad 5
Product owner	○ ↗	● ↘	● →	○ →	○ →
Agile coach	● ↗	● ↗	● →	● ↗	● ↘
Influencing work	○ ↗	○ ↗	○ →	● ↗	● ↗
Easy to release	○ ↗	● ↗	● ↘	● →	○ ↘
Process that fits team	○ →	● ↗	● ↗	● ↗	○ ↗
A mission	○ ↗	● ↘	○ ↘	○ ↘	● →
Org. support	● →	●	○	○ →	○

图 47　Spotify 季度调研

图 47 中圆圈表示当前状态,箭头表示趋势。比如,可以看到这样一个情况:3 个小分队报告了发布方面的问题,但是问题似乎并没有得到改善——这方面需要得到紧急关注!还可以看到第 4 小分队没有很好地得到敏捷教练的支持,但是这个问题已经在改善中。

以下是各个调查项的评判参考标准:

① 产品负责人—分队内有专职的产品负责人对任务的优先级进行排序;排序时,产品负责人能够综合考虑商业价值和技术因素;

② 敏捷教练—分队有一位敏捷教练帮助团队识别障碍、指导团队持续进行过程改进;

③ 支配自己的工作—分队内的每个成员都可以支配自己的工作、可以积极参与工作计划的制订、可以选择自己做什么任务。每个成员都可以把自己 10%的工作时间投入到黑客日中;

④ 分队可以(并且确实做到!)轻松发布产品,而不需要很多的争论和同步;

⑤ 量身定制的流程—分队拥有自己的工作流程并且持续对其进行改进;

⑥ 使命—分队有队内所有人都知道并关心的使命;待办项列表中的故事都是和这个使命相关的;

⑦ 组织层面的支持—分队知道去哪里寻求解决问题所需的支持,无论是技术问题还是“软性问题”。

这种调查的定期举行,以及对问题的及时响应,也是敏捷持续改进的关键所在,而且是在组织层面上。

3. 部落(Tribe)

一个部落是在相关领域工作的小分队集合——比如音乐播放器,或者后台基础设施。

(1) 同一栖息地

部落是和业务对应的组织,不同部落间具有隔离性。这一点,跟原始部落的形态是非常接近的，毕竟在原始社会，部落与部落之间，都是依据领地来区分的。

部落可以看作是迷你型创业分队的“孵化器”，每个部落都非常地自主自治。每个部落有一名酋长，他负责为部落内的各分队提供最好的栖息地(habitat)。一个部落中的所有小队在同一个办公地点工作，通常各小队的办公区都是彼此相邻的，办公区附近的休息区促进小分队间的交流与合作。

同一办公地点的原因也是有利于沟通，减少交流的成本。

但现在远程办公越来越成为一种常态，或者说是一种趋势，比如疫情也成了远程办公的加速器，同一个办公地点的物理限制也越来越弱。在 Spotify 的敏捷转型里，我们可以看到有的公司已经组建了跨 Site，甚至跨国家的部落，全球化势不可挡。

当然，理想的情况下，最好部落还是本地化的！毕竟这样的成本是最低的！

(2) 100 人以下

部落规模的确定是基于“邓巴数(Dunbar number) 理论”的。“邓巴数理论”认为在超过 100 人的组织中，大部分人很难维持稳固的社会关系(信不信由你，对处于强烈生存压力下的组织来说，“邓巴数”实际上要比 100 大。Spotify 并不属于这样的情况)。当一个组织变得过大后，我们就会开始看到限制性的规定、官僚主义、政治斗争、冗余的管理层级，以及其他各种“浪费”。

所以 Spotify 的每个部落都小于 100 人，有的特定领域可能人数为 20 以上人也可以，再小的话就没必要组建部落了。

(3) 部落内非正式会议

部落内会定期举办非正式的聚会，大家会在聚会上给部落中的其他人(以及任何出席聚会的人)展示自己正在做什么、已经交付了什么、别人能从自己正在做的事情中吸取到什么经验或教训。展示内容包括可工作的软件、新工具与新技术、酷毙了的黑客日项目。

(4) 相互依赖的小队

加入到部落的人，会组成各个小分队，每个小分队都要能给整个部落的生存带来价值，因为每个小分队的专注方向不一样，类似有负责捕鱼的、有负责摘果子的、还得有负责种植庄稼，大家一定是相互依存，互为补充。

所以，在部落中，多个小分队之间必然会有依赖关系。有依赖关系并不一定是坏事——小分队间有时确实需要一起工作才能完成真正超棒的产品特性。然而，我们的目标是分队间越独立自治越好，尤其是要把阻塞或拖慢了某个分队工作的依赖项减到最少。

为此，需要经常对所有的分队进行调查：你们的工作依赖于哪些分队？这些依赖是否阻塞或拖慢了你们的工作？严重到了什么程度？根据结果作出针对性的调整，譬如重排任务优先级、重组团队、调整架构或技术方案。

(5) 可选的 SOS 会议

在 Scrum 中，有一个实践叫 SoS(Scrum of Scrums)——这是一个同步会议，会议由每个 Scrum 团队出一名代表参加，大家在会上讨论团队间的相互依赖。在 Spotify，通常并不怎么进行 SoS，主要原因是大部分的小分队都相当独立，他们并不需要这样的协调会议。

然而，如果有必要，也会“按需”进行 SoS。在 Spotify，曾经有一个大型项目，需要多个小队协同工作几个月。为了更好地合作，小队队间每天会开一个同步会议，会议上大家一起识别和解决分队间的依赖关系，并使用白板和记事贴跟踪尚未解决的依赖。

（6）特殊目的的小队

在原始社会，也会存在一类特殊的人，他们不从事“出去打猎或者采集植物果实”等工作，他们是为整个部落的人制造并修理工具的，在 Spotify 的部落也会存在这种的特殊小分队。

在 Spotify，会有一支独立的运维团队，专职运维团队负责赋能，也就是给其他的开发小分队提供运维的技能培训和技术支持，如图 48 所示。他们的工作是为各个小分队自己发布代码提供支持；支持可能是以下形式：基础架构、脚本或程序。在某种意义上，运维团队是“为产品铺路”。

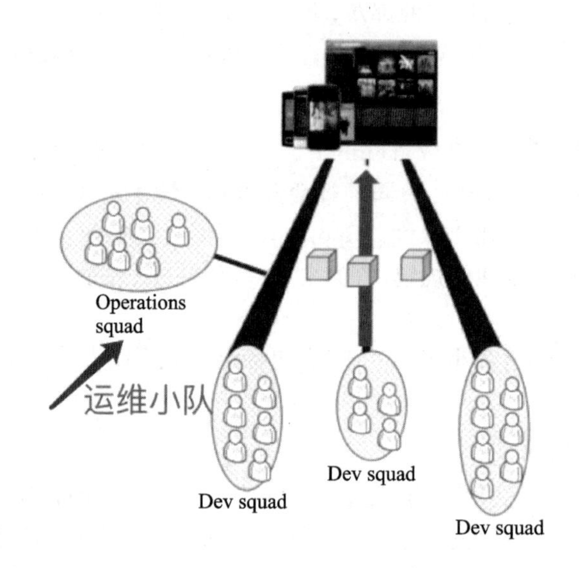

图 48　Spotify 运维小队

（7）不可或缺的酋长

酋长是一个部落的首领。在古代，酋长的权力是非常大的，而且通常是世袭的。

在 Sptofy，作为负责人的酋长，这是个虚拟角色。对于酋长的能力要求有两个，一是协同能力，另一是业务的切分能力。切分是为了正确地根据业务分出来独立工作的小队，而协同则是协同小队进行必要的合作，一分一合的平衡，考验酋长的能力，只有做到了二者的平衡，酋长才能真正地给小分队提供一个舒适的栖息地。为小分队提供交流、合作、分享、创新、改进的环境和支持。

4. 分会

任何事物都有缺点，一定是相辅相成的。过于强调充分自主，可能缺点就是损失了规模经济效益。

譬如，小队 A 的测试人员碰到的问题可能和小分队 B 的测试人员上周刚刚解决的一样。如果所有的测试人员可以凑在一起，跨越小分队和部落的话，那么他们就可以分享知识以及创建对所有小分队都有益处的工具。如果每个小分队充分自主，且互相之间没有沟通的话，那么为什么还需要有公司呢？

这就是在为什么在 Spotify，还会有分会和协会的缘故。分会和协会使公司团结在一起，在不牺牲太多自主权的情况下，带来一定的规模经济。

分会是在同一个部落、相同能力领域内拥有相似技能的一些人，组成的组织，这就像传统企业内存在的职能部门，分会领导是该分会成员的直线经理，和传统的直线经理一样，他们的职责是发展员工、设定薪水等。但是，分会领导也是分队的一分子，也要参与日常工作，这样才不会和实际情况脱节。

每个分会定期凑在一起讨论专业领域知识及他们遇到的挑战——比如测试分会，网页开发分会，移动分会或者后台分会等。

5. 协会(Guild)/行会

协会则是一个具有更广泛影响的“兴趣社区”，它包含这样一群人，他们想要分享知识、工具、代码和实践。分会是在部落内的，而协会通常跨越整个组织。比如，网页技术协会，测试协会，敏捷教练协会等。

协会包含所有相关领域的分会成员，比如测试协会包含所有测试分会的成员，不过每个对协会感兴趣的员工都可以加入其中。

有兴趣的人可以随时加入行会，也可随时离开：分会的成员是固定的，行会则是自由的。

每个协会都有一个“协会协调人”，他就负责协调，也是一个虚拟角色 。

6. 沟通

Spotify组织里的沟通和其他敏捷沟通并没有特别之处。因为Spotify的组织设计是小队和部落尽可能独立的，所以并没有设计特别的沟通方式，而是按需进行跨小队、部落对齐会议，如图49所示。只是在有需要的时候，比如在某个周期里需要跨小分队或者跨部落的合作，那么可以使用白板进行跨小队跟踪，面对面沟通来解决问题。

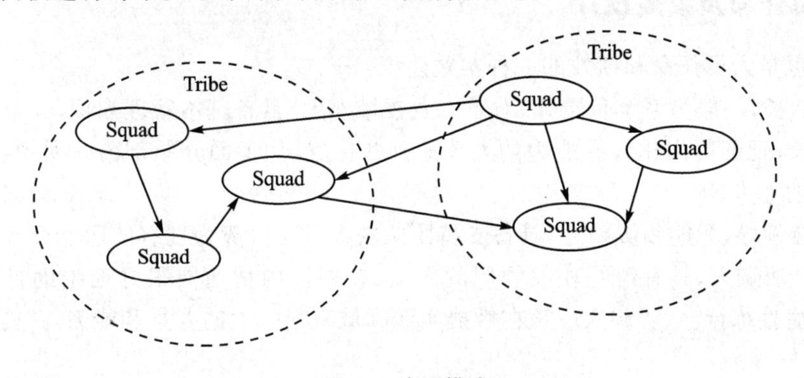

图49 沟通模式

7. 划分原则

Spotify如何实践？从划分原则开始！如果你去和现有组织比较，相对比较类似，但本质不同。

（1）部落制落地的核心在于此，难点也在于此。部落与业务条线对齐，是一个强交付的组织形式。如何把一个网状的业务结构梳理分割为一个个独立的部落结构，就是部落制度成功落地的关键所在。比如在银行，可能会有零售，对公部等；在通信行业，可能会有操作维护部，或者载频部;在资讯类软件公司中,可能有新闻部,小视频部,或者直播部等。

(2) 小队所负责系统模块保障端到端交付,划分的时候将小分队间的依赖尽量减到最少。

(3) 分会按职能划分,组织结构上类似职能线,实践的时候基本上就是原来的职能部门转变过来的。

(4) 行会根据不同业务,技术领域等组建社区,比如测试行会、敏捷教练行会等。

8. 组织结构调整

Spotify 的规模化,在划分上降低了沟通成本,使规模化更容易。因为在同一个组织内部的沟通,成本总是要低于跨组织的沟通。如前面所述,部落制度的落地难点在于业务的划分,也就是部落的划分。所以经常关注、反思、审视小分队和部落间的依赖就成了很必要的事,且要根据结果作出相应的组织结构调整。Spotify 的组织结构调整如图 50 所示。

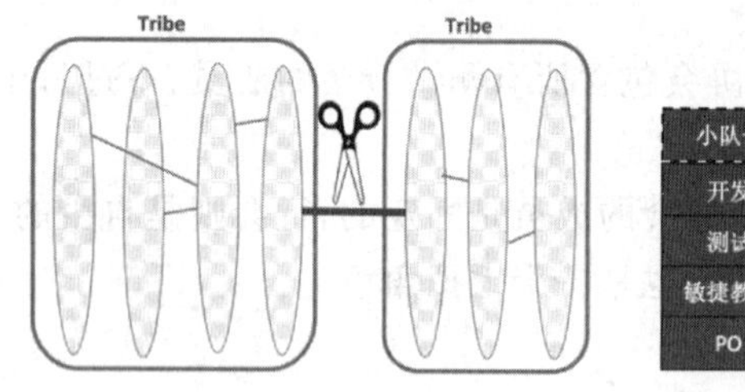

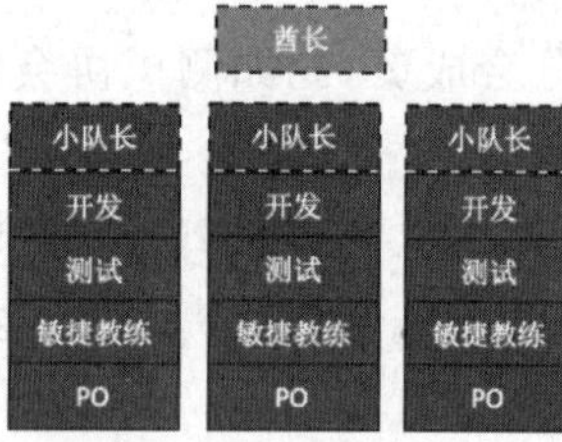

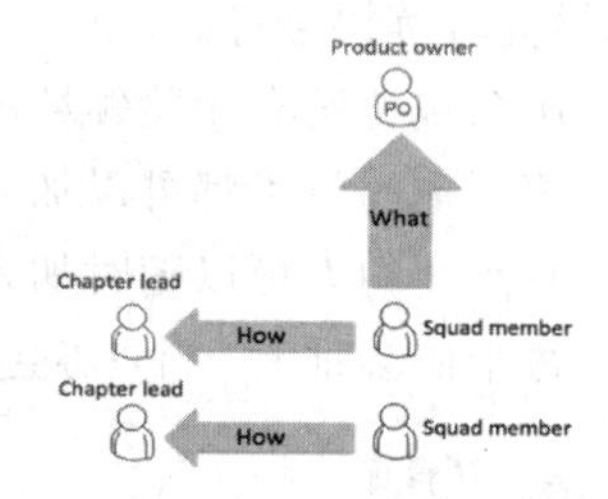

图 50　组织结构调整

值得注意的是,在实践过程中,形成之后,重新审视调整,会遇到挑战,需要领导支持渐渐形成一种文化。酋长、小队长等虚拟角色则给这种拆分整合带来很大的便利。

9. 人员任命及绩效设计

此部分也是人员任命和绩效的一种实践建议:

(1) 小队长,一般为系统负责人,对系统及领域熟悉,具备基本管理知识。

(2) 酋长,把部落内比较有能力的人才放到此位置,如上面介绍部落时所说,酋长应该具有一分一合的能力。

(3) 分会领导,职能领域精通,具备支持团队的人员。一般为现有的职能经理。

(4) 行会协调人,具有组织相关领域的人员,在领域内精通能很好地帮助行会活跃及发展。比如敏捷教练行会,协调人应该在敏捷实践领域有很强大的背景和能力,并能组织行会活跃发展。

(5) 对于绩效设计,以部落的业绩为基础,酋长和分会领导共同打分,相互约束。比如某小队成员的考核,酋长给出 A,分会领导给出 C,那么这个互相约束指的是:不能 A 妥协成 C 或者相反,而是上下浮动一级,可能最后这个同学的绩效为 B。

10. 部落运作模式

对于部落的运作模式,通过图 51 我们可以有一个高水平的印象。可以看到整个组织中不同的角色是如何协作,提供给客户价值的,以及在其中的工程实践。比如“think it”中 Prod、Tech、Design 的合作,“Build it”中小分队的工作迭代,“Ship it”中的 MVP 和 A/B test 等。

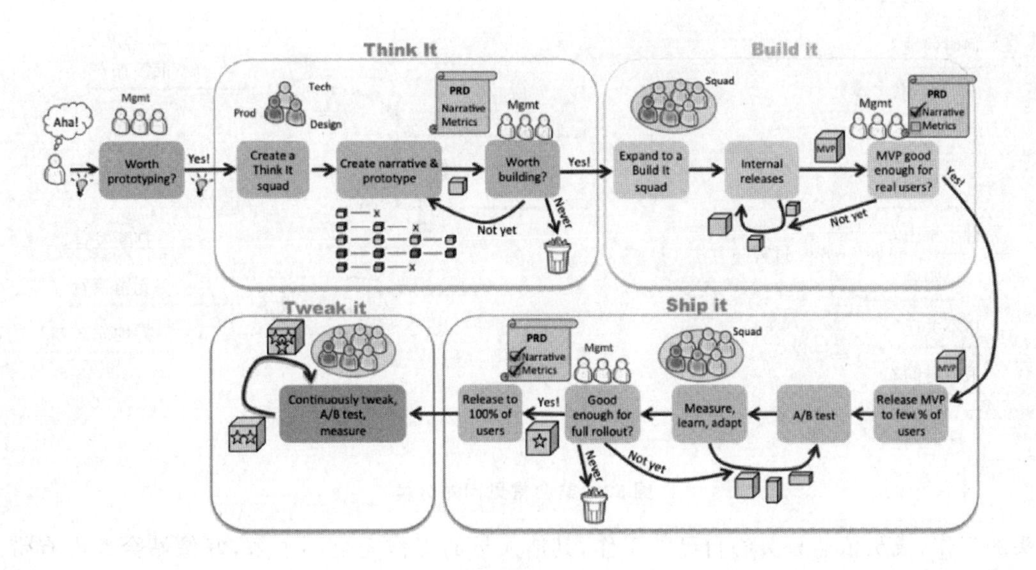

图 51　部落运作模式

第 27 问　如何开好每日站会[①]

You shoule have racing stripes, the way you keep me in pursuit.

——Arctic Monkeys *Dangerous Animals*《危险动物》

站会谁需要参加？站会经常性超时怎么办？经常被打断发言怎么办？站会过程中跑题怎么办？站会开完即结束，没有任何留痕，没有后续怎么办？站会什么时间，什么地点开？团队成员觉得站会很浪费时间怎么办？站会到底是什么？异地团队怎么开站会？关我什么事，事不关己的态度怎么办？经常有人迟到怎么办？站会需要站着开会吗？站会时，成员精神不集中怎么办？

一个简单的站会，怎么会问题如此多？我们慢慢介绍。

为了便于理解与记忆，从过程改善的角度将问题进行分类，大致可分为三类：人(People)、过程与方法(Procedures and methods)、工具与设备(Tools and equipment)，如下面的图 52 站会常见问题分类图所示。

便于更深刻理解，我们采取实践案例(Scrum 团队)分析的方法进行后面的讲解。

1. 背　景

首先，我们来研究一下背景。

企业的一些项目团队每天都开站会，像 Scrum 里面建议的一样说那三个问题，但是效果不理想，好像是形式化的内容，并没有起到什么实质的作用。比如，开完站会后，成员继续做着

① 引自 IDCF 社区 FDCC 认证学员黄隽(Charlie)的文章。

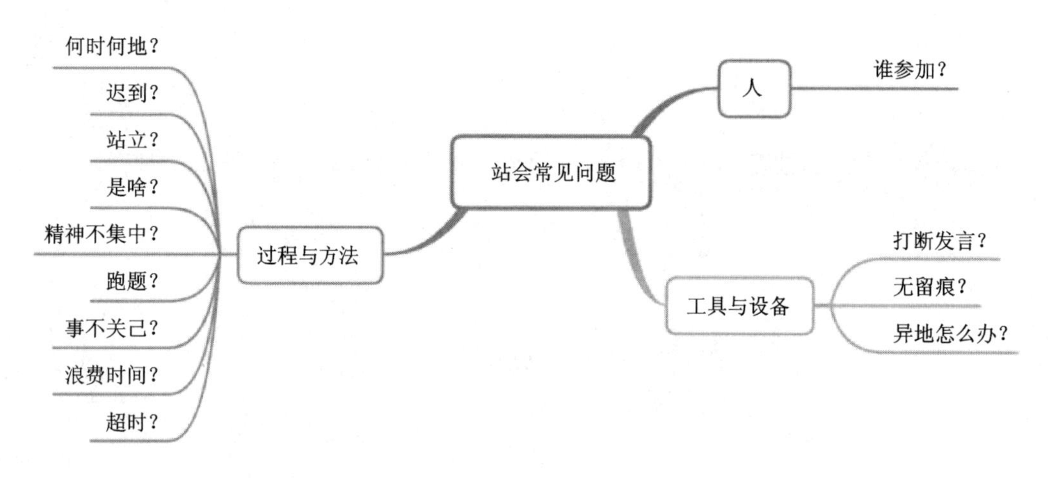

图 52　站会常见问题分类

手头的工作，成员依然只关心自己的工作，其他人员的工作完全不了解，好像站会并没有带来什么效果。再比如，开站会本身也有很多问题，如桃花岛团队的戏剧性站会。再如上面“问题分类图”所示的诸多问题。

到底如何正确地开站会？站会的意义在哪里？可以不开站会吗？这些问题一直困惑着不少团队。

2. 问题分析

大概了解了背景后，方便更好地分析问题。关于站会的问题大致分为两类情况：

第一种，团队非常清楚为什么开站会，认识到站会确实有一些价值，但是对于目前的站会状况不是很满意，如何玩转站会是团队关心的。对于这类的团队，问题的根源是非常不清楚站会的核心价值，以及不知道怎么样进行实践，团队更需要一些具体的措施帮助他们更好实施。

第二种，团队在试着开站会，不知道站会有什么价值，好像开和没开没有什么区别。针对这种情况，是因为团队没有尝到站会的价值带来的益处，团队没有概念，也缺乏最佳实践。

综上，不管是第一种还是第二种情况，都需要对站会的价值进一步理解，也就是为什么要开站会，它的意义是什么？然后，需要明确正确的站会应该怎么样开？最后，需要一些最佳实践和关键点帮助团队开好站会。

3. 解决方案

接下来我们解决方案。如何玩转站会？这里分享一个案例的解决思路，也许能给大家带来一些灵感。经验主义主张知识源自实际经验以及根据当前观察到的事物作出的判断所获得这种思路只是案例总结中相对通用的，拒绝“一招鲜，吃遍天”的想法。具体解决思路如图 53 站会问题解决思路图所示。

图 53　站会问题解决思路

(1) 理解站会价值

团队每天站着召开的短时间会议称之为每日站会。每日站会是团队对每天工作的检视和调整，或提前进行自组织。

通过站会，团队每个人可以了解工作的全局状态，知道发生了什么事情，实现冲刺目标的进展如何，对当天的工作是否需要修改计划，有什么问题或者障碍需要处理。每日站会是以检视、同步、适应性制定每日计划的活动，以帮助自组织团队更好地完成工作。

有些团队认为每日站会是解决问题的，是传统意义上向项目经理汇报状态的会议，其实都是不准确的，或者说误解了它的核心意义和价值。

每日站会对于让团队成员每天集中精力放在正确的任务上是十分有效的。因为站会团队成员在同伴面前当众作出承诺，所以一般不会推脱责任，这给团队成员一种精神激励，对每日的工作目标有信守和承诺。每日站会还可以保证 Scrum Master 和团队成员快速处理障碍，培养团队文化，让每个人意识到我们是“整个团队在一同战斗”，一些没有使用敏捷的组织有时候也同样做每日站会。

归纳一下站会的价值和意义，以及误解，如图 54 所示。

价值和意义	误解
• 同步状态，了解全局	• 会上解决问题
• 识别问题和障碍	• 向项目经理汇报状态
• 检视和调整计划	• …
• 集中精力在正确任务	
• 彼此承诺，增加责任感	
• 一种精神激励	
• 培养团队文件	
• 帮助快速处理障碍	
• …	

图 54　站会的价值和意义以及误解

(2) 明确正确站会

正确的站会应该怎么开呢？我们一起学习下。

对于每天的工作，为了提前进行自组织，团队成员准时围绕白板前站立(增加仪式感)。

① 三个问题。需要团队成员在站会上轮流发言，回答如下三个问题：

我昨天做了什么？(从上次站会到现在，我做了什么？)

今天计划做什么？(在下次站会之前，我会做什么？)

我遇到了哪些问题和障碍？(哪些问题和障碍阻止了我的工作或使我的工作放缓？)

这简单的三个问题可以促使团队成员每天都要检视自己的工作、制定自己的工作计划、获得清除障碍的帮助以及对团队作出承诺。三个问题看起来比较固定和流程式，一定非要回答这三个问题吗？2020 版 Scrum 指南中对站会的内容作了一些优化。实践中可以不按照这三句话的方式组织站会发言，比较成熟的团队往往三言两语就能沟通清楚，站会效果达成即可。

② 站会效果图。如果团队按正确的方式开站会，进行得好，可以达到如站会效果图所求的效果，如图 55 所示。

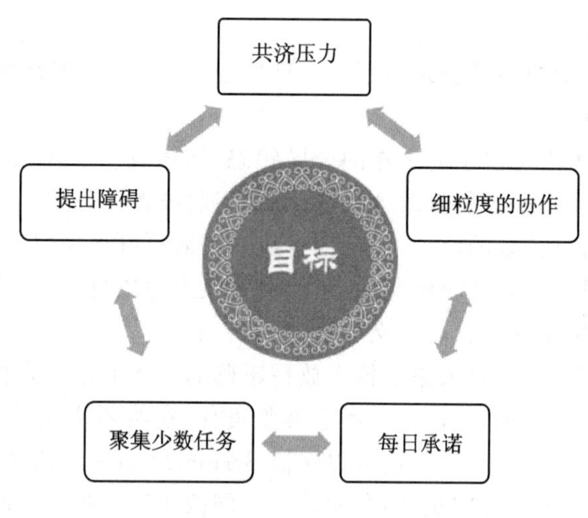

图 55　站会效果图

a. 共济压力。健康的敏捷团队都会共济压力。所有的团队成员都要承诺要一起完成冲刺的工作。这就使得团队成员之间相互依赖并且对彼此负责。如果一个团队成员连续几天都做相同的事情，并且没有进展，显然缺乏前进的动力，而其他团队成员不能视而不见，因为他未完成的工作会变成其他成员的障碍。

b. 细粒度的协作。在站立会中，团队成员的交流应该快速而且有重点。举例，当一个成员说完今天计划做什么后，另外一个成员可能会说："哦，原来你今天计划做这个啊，这就意味着我要调整我的工作优先级，没关系，按照你的计划做吧，我可以调整。很高兴你说了这些。"这种细粒度的协作使得团队成员知道他们之间如何及何时尊重对方。一个敏捷团队应该追求高效、零等待，避免等待浪费。

③ 聚焦少数任务。在站会期间，团队中的每位成员都知道哪些工作正在进行，哪些工作已经完成。健康的团队应该关注事情的完成，也就是说任务不能一直处在进行中。在站会中，团队需要确认哪几个少数任务是当前的焦点，这样团队就可以尽快把焦点任务做完。换句话说，做完 10 件事，远比正在做 100 件事儿更有意义。

④ 每日承诺。在站会上，团队成员需要对团队做出承诺。这样团队成员就知道敏捷交付什么成果并如何保持彼此负责。

⑤ 提出障碍。其实在敏捷中任何时间都可以提出障碍，但是站会是一个黄金时刻，团队成员可以停下来认真思考"有什么事情阻碍了我或让我的工作放缓了"。

(3) 最佳实践和关键点

前面理解和明确了站会的价值和站会怎么开，以及开得好会获得什么样的效果，但是没有讲怎么可以把站会开好，实践的关键点是什么并没有讲。接下来一起来总结下站会开好的关键点。通过大量实践总结出一些能够帮助开好站会的关键点，也许这些关键点并不是全适用，所以还要根据现实情况做出合适自己团队的选择和裁剪。这些关键点，我称之为"站会 18 key"，如图 56 所示。

站会18key同样按照人(People)、过程与方法(Procedures and methods)、工具与设备(Tools and equipment)划分,帮助大家记忆和学习。

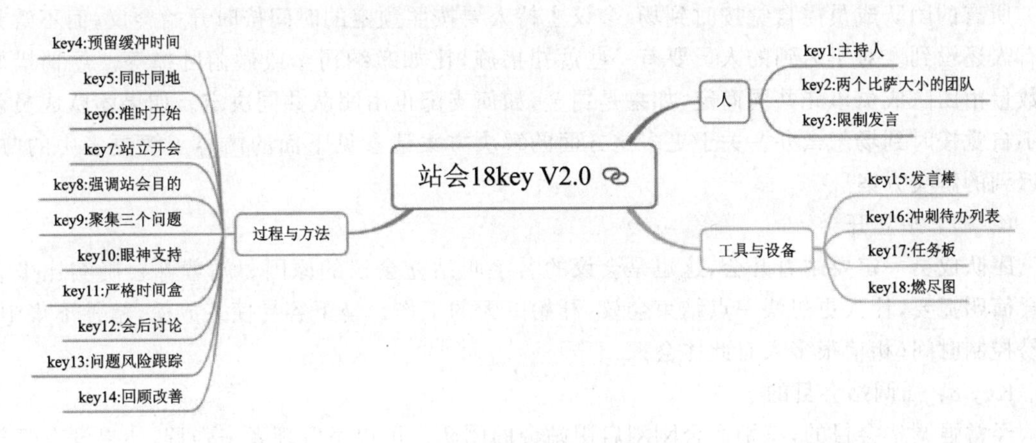

图56 站会18Key V2.0

Key 1:主持人

会议主持人(比如Scrum Master,也可以团队成员轮班,轮流感受下站会的节奏)确保会议的举行,并控制会议时间,团队成员进行简短有效的沟通。

Key 2:两个比萨大小的团队

在《Scrum敏捷软件开发》一书中,作者麦克·科恩提出了一个简单的方法用来辨别什么是合适的团队规模,那就是,如果两个比萨够整个团队成员吃,那么这个团队的规模比较适合。

因为两个比萨大小的团队跟家庭的规模相似,站立会的目标可以轻松达成。当团队是家庭规模大小时,人们头脑中就很容易追踪到团队中发生的事情。人们可以很容易地记住每个人每天的承诺,以及每个人对于其他成员或团队成果的责任。Scrum管理中也建议团队规模不要太大,一般为7~9人。

Key 3:限制发言

团队外成员也可以参与,但没有发言权。

Scrum中曾经使用过术语"猪"和"鸡"来区别在每日站会中哪些人应该参与发言,哪些人就站在旁边看就行了,不过这两个术语现在已经不用了。这两个农场动物术语来自一个笑话:"在早餐吃的火腿鸡蛋中,鸡是参与者,猪是全部投入了。"显然,Scrum使用这些术语是为了区分参与者(鸡)和为了实现冲刺目标而全力投入的人(猪)。在每日站会中,只有猪应该发言,如果有鸡参加例会的话,应该作为旁观者。

Key 4:预留缓冲时间

建议开发团队在上班时间后的30 min或者1 h后开每日站会。这样可以给堵车、喝咖啡、查看邮件、去卫生间或其他每天上班后的例行工作提供一些缓冲时间。晚点开会还可以给开发团队一点时间检查前一天的工作(比如,前一天晚上开始运行的自动化测试工具所生成的缺陷报告)。

Key 5:同时同地

每日站立会议应尽可能在同一时间、同一地点召开,最好的方式是在团队的可视化的任务板前面召开。同一时间和地点也可以有效帮助团队成员形成固有的节奏,不用在找地点和确认当天的开会时间浪费时间。

Key 6：准时开始

所有的团队成员需自觉按时到场，会议主持人要按照预定的时间按时开始会议，而不管是否有人还没到。对于迟到的人员要有一些惩罚措施，比如缴纳罚金或做俯卧撑等。惩罚措施和数量由团队成员事先共同商定，如果是罚金，如何支配也由团队共同决定。如果团队成员就是不自觉按时到场怎么办？关于更多这方面的解决方案请参见下面的内容了解更多中的“成员迟到的解决方案”。

Key 7：站立开会

团队成员一定要站着开会，这也是会议的名字叫站立会议的原因。站着开会确实比坐着开会简明扼要，让人更想快一点结束会议，开始一天的工作。坐下容易使人放松，精神不集中，不易控制时间（相信很多人有此体会）。

Key 8：强调站会目的

经常强调站会目的，特别适合刚刚启用站会的团队。可以由管理者来强调，如果没有管理者也可以由其他领导者（轮值的主持人也可以）强调。然后询问团队成员“站会对你们来说怎么样？你们得到了什么成果？”几次以后，团队成员可能选择目标声明作为每天的度量，在每次站会之后，团队成员对自己的表现做出相应的评价，是一种强有力的自我管理工具。

Key 9：聚焦三个问题

站会期间，团队成员就说那典型的三个问题（昨天…今天…障碍是…），其他事情不说。只讨论已完工和即将开始的工作，或者在这些工作中碰到的问题和障碍。目的不是向领导汇报工作，而是团队成员之间相互交流，以共同了解项目情况和共同解决问题。

Key 10：眼神支持

这是一个好玩的游戏：当一个人站在前面发言时，要求其他团队成员都直视发言人，并进行眼神交流。别让发言人抓到你在看别处。这个游戏帮助发言人发言简洁，同时可以加强成员对发言人所讲内容的理解。这样可以帮助团队加速完善每日计划。

Key 11：严格时间盒

站会是开发团队的一个时间限定为 15 min 的事件。时间建议不要太久，对于5～9 人的团队来讲 15 min 的会议时间足够。

Key 12：会后讨论

某位团队成员在发言期间，其他人员应认真倾听，如有疑问可简短确认，但不应作过多讨论。如果对某位成员的报告内容感兴趣或需要其他成员的帮助，任何人都可以在每日站立会议结束后即刻召集相关感兴趣的人员进行进一步的讨论。

Key 13：问题风险跟踪

将站会成员遇到的问题和风险做概要的记录（不必详细，只要说明重点即可，不需要在记录上花费更多的时间），然后保留到方便大家跟踪的地方。此目的是确保这些问题和风险得到了闭环（例如，问题和风险可以会后安排专题讨论、跟踪）。

Key 14：回顾改善

每日站会就是最小化的戴明环（PDCA），另外团队在回顾会议上时也可以对站会开的效果进行回顾，哪些地方做得好，哪些地方做得不好，有哪些改善点可以在下一轮迭代中改善等。（站会只是回顾会议中一个回顾点，如果没有问题不用作专题回顾）

Key 15：发言棒

站会时可以利用一些小道具保证会议不会超时。可找一支笔或者一个娃娃(女生多的团队)作为发言棒传给一位成员，让他拿着发言棒陈述完“三个问题”，然后将其交给下一位。没有拿发言棒的成员不允许发言。如果有人用时过长，我会把发言棒换成一个水桶(当然是盛满水的)让他托起，直到托不动为止。如果他想说就让他说，要么会议很快结束，要么我们的开发人员练成强大的臂力，按经验，一般都会挑重点说，会议按时结束。

Key 16：冲刺待办列表

站会中，成员在发言时可以利用冲刺待办列表检视当前工作项的完成状态。冲刺待办事项列表记录了团队成员工作的进展，需要每天更新并跟踪。电子化的冲刺待办列表更能很好解决异地团队开站会思路不聚集的问题。发言人在讲述“三个问题”时，同步可以展示冲刺待办列表给团队。

Key17：任务看板

在站会期间，通过任务板，团队中每一个人都可以知道哪些工作正在进行，哪些工作已经完成。团队关注事情的完成，一直处于进行中的任务被发现，成为当前的焦点，这样团队就可以尽快把这些焦点问题解决掉。

Key 18：燃尽图

燃尽图是将进展和剩余工作情况可视化的有力工具。一般竖轴表示剩余工作量(小时、故事点或工作项个数)，横轴表示冲刺时间(一般单位为天)。

开站会时，发言人可以利用燃尽图做进展讲解。燃尽图让所有团队成员一眼就可以看出冲刺的状态，进展情况非常清楚，看出工作是否在按计划进行，状态是否良好。这些信息可以帮助团队确定是否可以完成预定数量的工作项，并在冲刺阶段早期作出明智的决定。使用燃图易达成如下效果：

高可视性，直观展示进度情况和剩余工作；

快速识别风险；

帮助团队建立信心，了解自己的能力；

了解团队成员工作步调；

了解团队冲刺计划；

和任务墙能非常高效地匹配使用。

关于 18key，这里想强调一下，并不是站立会议时要把所有 18key 都要执行一遍，这里的 18key 只是提供了一些参考实践和关键点，18key 来源于大量的实践，也解决过团队站会的问题，所以大家在站会遇到了问题时，可以先想到这个 18key，然后选择适合自己团队的 key。没有绝对的对与错，只有适合和不适合。举一个例子，这里有四个 key 是关于工具的，这些工具我们都要使用吗？当然不一定。敏捷宣言里提到“个体和互动高于流程和工具”，工具是为团队服务的，不是团队的负担，更不能被工具所绑架。所以团队一起选择适合的，才是正确的做法。

(4) Sprint 回顾，识别改善点

最后介绍站会问题解决思路图中的最后一项，回顾和改善。

回顾和改善是敏捷中比较重要的事情。Mike Cohn 也表达过类似的观点。他认为衡量一个团队敏捷实践质量的最好标准是看他们对待回顾会议有多认真。上述 Key14 中也提到了在回顾会议上时可以对站会开的效果进行回顾，哪些地方做得好，哪些地方做得不好，有哪些改善点可以在下一轮迭代中改善等。（站会只是回顾会议中一个回顾点，如果没有问题不用作专题回顾）

4. 了解更多

也许小伙伴儿们还有其他问题想了解。比如，成员迟到有什么好的建议？如何应用燃尽图等，这两个问题也是经常被问到的。时间关系，这部分内容可以选择性阅读。

(1) 成员迟到的解决方案

对于经常有人迟到的现象，团队成员在回顾会议上可以认真分析原因，重新征求团队成员意见，为什么每日站会的开始时间一定是早晨 9 时，其他时间是否可以，是否有什么困难，团队成员共同找出问题原因并作出决定。

促进团队成员需要自觉按时到场的意识，尊重别人的意识。会议主持人要按照预先定的时间、地点开始会议，而不管是否还有人没到场。有人迟到不要重复信息，否则会传达"可以迟到"的信号。

对于迟到的人员要有一些惩罚措施，比如红包、做俯卧撑、全体下午茶等。惩罚措施和数量由团队成员事先共同商定。如果是红包，如何支配由团队共同决定。相比别人给你的规则，大家更愿意执行自己提出的规则，守自己的承诺。

如果说发红包和下午茶这样的惩罚对于有些人无约束，那就把惩罚做到可视化。比如在白板中规划出一个特定区域，每迟到一次就把照片贴上去，次数累加。这个特定迟到的区域是迟到信息的扩大器，让更多的人看到，相信会有所收敛（此方法要考虑多一些，避免意外）。

对于经常迟到的人需要谈话，试着理解他有哪些问题，是否有真正的困难，关心团队成员，大家一起帮助解决困难。

如果迟到现象严重，可能不是团队能解决的问题了，可以试着从公司政策方面施压，严格执行公司的考勤制度，但其实不符合敏捷的自管理模式，不是真正解决问题的方法。

总结一下解决迟到现象应该关注以下因素：

分析原因，关心成员，共同决定；

同一时间，同一地点，准时开会；

有人迟到，不重复同步信息；

建议小惩罚机制；

理解迟到原因，是否有困难。

5. 燃尽图的应用

燃尽图是在项目完成之前，对需要完成的工作的一种可视化表示。从燃尽图中我们可以直观地获取信息，信息主要体现剩余工作量与时间的关系。燃尽图可以帮助我们发现问题，了解团队成员的工作步调是否一致，把握团队进展，了解团队计划等。燃尽图有一个 Y 轴（承诺的工作量）和 X 轴（工期）。燃尽图有哪些特性呢，让我们一起学习下。

(1) "烧尽"至零

理想情况下，该图表是一个向下的曲线，随着剩余工作的完成，"烧尽"至零。

(2) 反映冲刺

一般的,如果没有特别说明,燃尽图反映一个冲刺之内工作完成的情况。但同时,也可以应用于整个产品的燃尽,以用于了解整个产品的开发进程。但需要说明的是,由于产品相对冲刺比较复杂,不确定因素较多,清单可以不断维护、渐进进行明细,产品燃尽图的精准程度和冲刺燃尽图很难相比。

(3) 公共视图

燃尽图向项目组成员和企业主提供工作进展的一个公共视图。

(4) 每日更新

燃尽图的更新频率一般是每天一次,常见燃尽图一般有 3 类,具体如下:

① 燃烧剩余工时;

② 燃烧剩余故事点;

③ 燃烧剩余用户故事的个数。

(5) 易达效果

使用燃尽图的方式容易达成以下效果:

① 高可视性,直观展示进度情况和剩余工作;

② 快速识别风险;

③ 帮助团队建立信心,了解自己的能力;

④ 了解团队成员工作步调;

⑤ 了解团队冲刺计划;

⑥ 和任务墙能非常高效地匹配使用。

6. 燃尽图的常见问题和解决办法

学习了燃尽图的特性,相信大家在实践中会遇到很多问题,下面我们来总结几个常见问题和解决办法。

问题一:燃尽图每个冲刺画出来的样子都不太一样,如何根据燃尽图来获取有价值的信息?

答案:如何根据燃尽图来获取信息,下面总结一个实战团队的第 1 个冲刺燃尽图和第四个冲刺燃尽图来一起分析,帮助大家更好地通过图形特点来分析团队现状。

冲刺 1 的燃尽图如图 57 所示。大概可以分析出团队成员开始第一个冲刺尝试,对于任务的分解掌握得不够好,对团队的工作生产效率不是很清楚,对团队的生产力估算过高。团队的实际情况是每天工作进度缓慢,对于新的技术掌握度不够,没有按期完成冲刺目标,剩余工作量较大。

冲刺 4 的燃尽图如图 58 所示。从图中可以大概分析出团队在一开始进展比较顺利,但是在第四天突然间工作量增加,可以推断出现了需求变更、突然发现技术障碍或者需要进一步确认获得更准备的工作量等。团队实际情况确实发生了需求变更和需求进一步理解后工作量增加的情况。团队自我调节能力较前三个冲刺大大增强,本轮冲刺通过加班等赶工手段把增加的工作量追赶了回来。事后团队进行了认真回顾总结。团队认为"冲刺中的产品待办事项列表中的内容一定要清晰明确,需求的细节变更要沟通及时"。

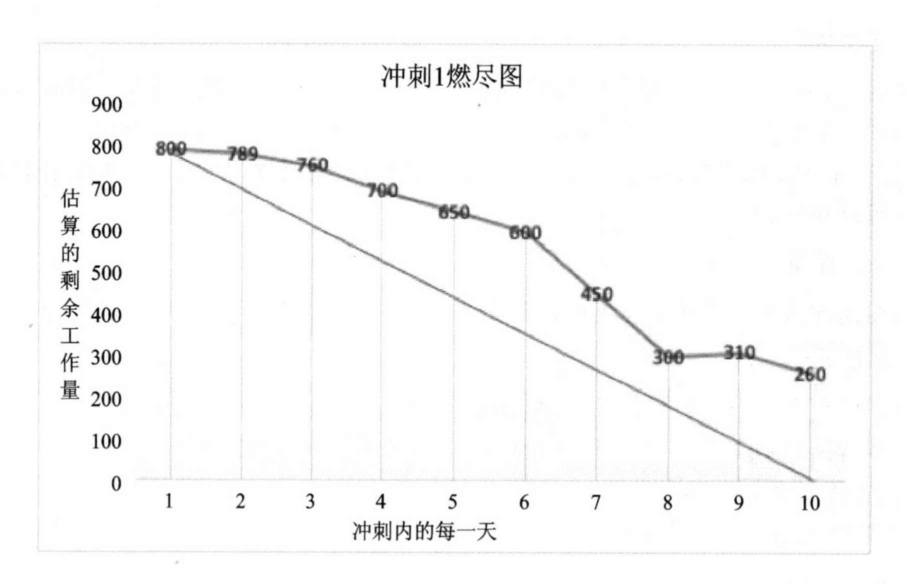

图 57　冲刺 1 燃尽图

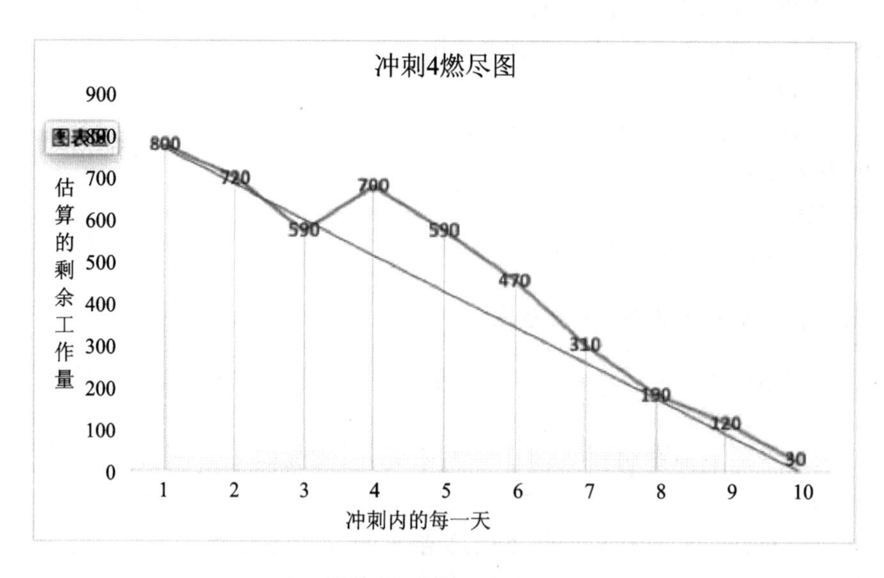

图 58　冲刺 4 燃尽图

问题二：燃尽图需要每天都更新吗，怎么更新？

答案：燃尽图需要团员成员每天按真实情况更新。如图 59 每日更新燃尽图示例图，详细记录了团队个体成员每天剩余工作量(按工时统计)与时间的真实状态。强调每个成员当天工作结束时，需要统计下剩余工作量，然后体现在燃尽图中。有了每个成员的燃尽图后，整个团队的燃尽图也可以得出。

问题三：为什么我们团队的燃尽图实际进度曲线总是突然下滑？

答案：大概两点原因：一是，团队成员更新不及时，等到冲刺最后时间才想起更新。二是，Story 过大，过少。

问题四：哪些因素会影响燃尽图的效果？

每日燃尽

任务	Mon	Tues	Wed	Thur	Fri
编写基础数据维护界面	8	4	8		
编写用户权限	16	12	10	7	
测试基础数据维护功能点	8	16	16	11	8
Create基础数据表	12				

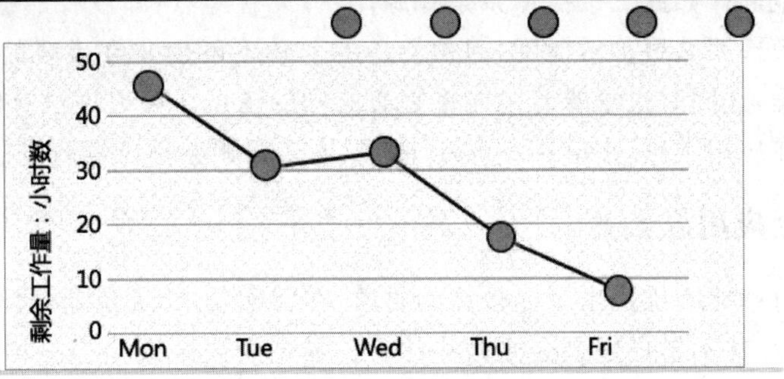

图 59　每日更新燃尽图

答案：如下常见因素可以影响燃尽图的效果：

① Story 的拆分粒度对燃尽图的影响很大。Story 的拆分越小则越能反映真实的状况。但是也不能太小，如果过小，那么就会对团队的工作量估算准确度提出更高的要求，也会带来更多的交流成本；

② Story 的数量过少，绘制出来的燃尽图就会呈明显的折线形状，也会对工作进展和风险的判断带来影响；

③ 剩余工作量不是按天更新，更新不及时；

④ 团队有绩效考核时，团队成员就会倾向于让曲线更漂亮而隐瞒真实的完成结果。

总之，燃尽图的主要收益为：燃尽图主要体现剩余工作量与时间的关系，直观获取有价值的信息，为及时作出响应提供参考依据。

第 28 问　如何开好敏捷回顾会议[①]

From the moment I held it, I knew I'd found a friend.

—— Johnny Reid *A Good Friend To Me*《我的挚友》

了解敏捷的人应该对回顾会不陌生，回顾会是在 Scrum 框架五个活动中的最后一个活动，但是在敏捷的实际应用中，回顾会并不只是会在应用 Scrum 的团队中使用，在其他敏捷实践中也会引入回顾会作为反馈环节。

① 引自 IDCF 社区 FDCC 认证学员魏相迎文章。

那么什么是回顾会呢？在Scrum中，回顾会是回顾当前迭代中的流程、工具、实践、沟通、环境、资源等方方面面，检视各个过程并提出改进项的活动。这个会议重点在于聚焦问题并持续改进。这个是一个最容易被忽略的会议，尤其是在开发压力比较大时，回顾会往往会是第一个被裁剪的过程。

1. 为什么需要进行回顾？

孔子曰：吾日三省吾身。只有不断反思/回顾才能找到自己需要改进的地方并持续改进，在软件开发中也同样如此。敏捷体系是开源体系，没有终点；即没有最敏捷只有更敏捷。那么如何让我们的敏捷团队更加敏捷呢，回顾会是一个必不可少非常重要的会议。每个迭代中运行着相同的过程，这同时也意味着可能重复着同样的错误。可以说没有回顾就没有持续改进。如果你的团队在应用敏捷，在应用Scrum框架，那么回顾会是持续改进的必要过程和活动。

2. 回顾会应用怎么开？

这个问题对敏捷教练提出了比较高的要求，在回顾会上，尤其是在刚开始实践敏捷的团队回顾会上，团队往往不知道回顾会要做些什么。常见的误区就是会把回顾会理解为总结会或者反思会。此时，敏捷教练要给予正确的引导。

回顾会的流程比较简单，如图60所示，通常有以下几个议程。

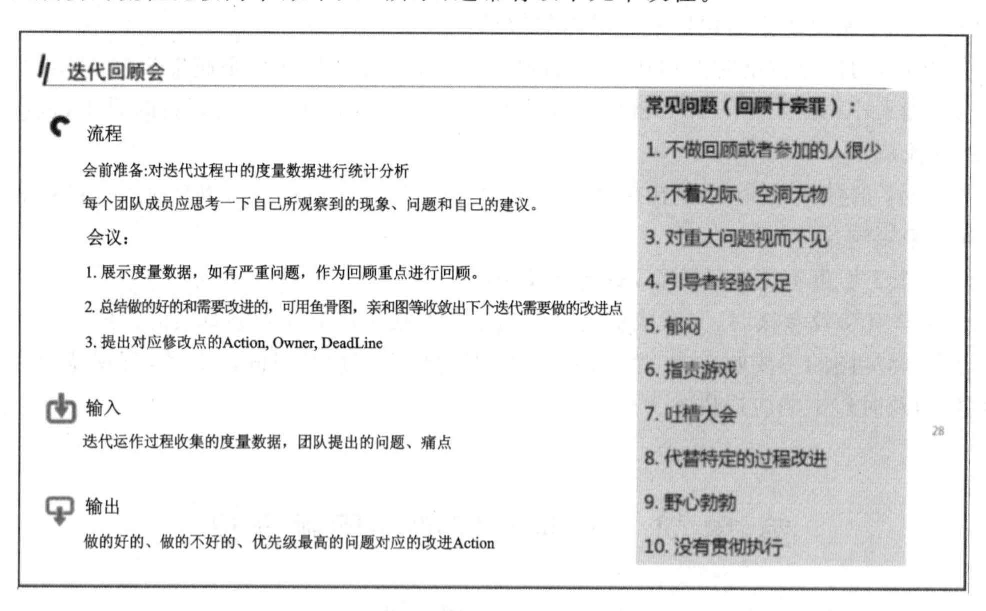

图60 迭代回顾会

(1) 会前准备

回顾会之前一定要收集足够的数据，包括迭代中故事完成度，燃尽图，速率图，每个故事耗时情况等，收集数据后需要向团队进行展示。其次，确定好要邀请的人员以及回顾形式和议程。回顾会的准备是非常重要的，准备是否会很大程度上决定能否开一个有效的回顾会。

（2）会议主要议程

① 向团队展示度量数据，通过数据进行初步分析，鼓励团队参与讨论，是否有显而易见的重大问题，是否有特殊情况导致本迭代的数据问题。如果有重大问题，在回顾时作为重点进行回顾。

② 让团队成员各自总结需要继续保持的和需要改进的项，这里有很多方法，包括三栏式（Well，Less Well，Puzzle）、海星图（Start，Stop，Do Less，Do More，Keep）以及 SSCC（Start，Stop，Continue，Change）等，如图 61 所示。

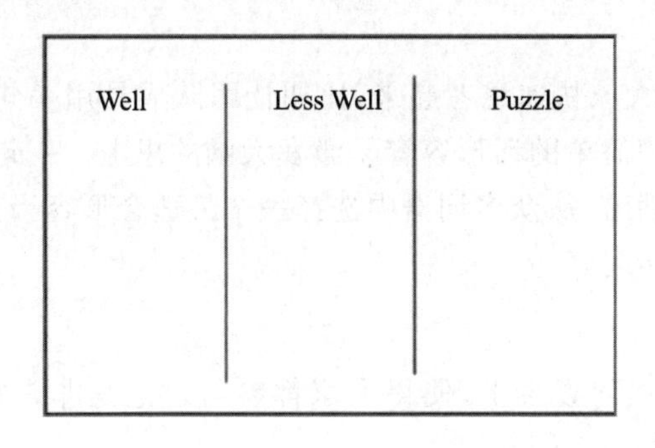

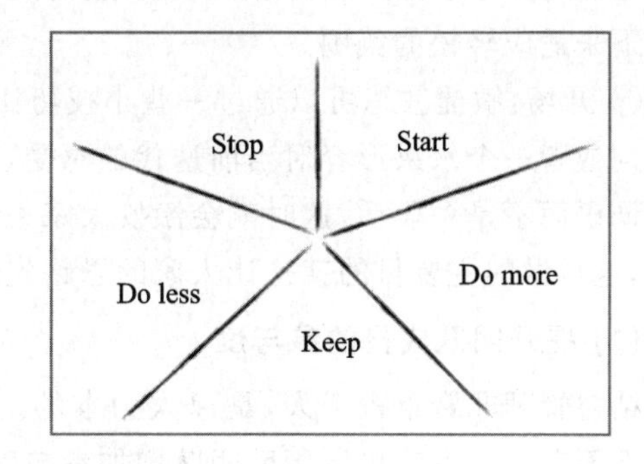

图 61　迭代回顾模型

③ 将大家的反馈进行分组，并针对需要改进的问题进行分析，这时也可以采用一些原因分析的工具，包括鱼骨图等，最后收敛出需要做的改进点。

④ 针对改进点制定行动计划（Action）及负责人（Owner），并就行动计划在团队内达成一致。

（3）结束会议

回顾会的结束，可以添加一些仪式感，比如由几个人说一下这个迭代中需要感谢的人，为他提供帮助的人，简单地表示感谢；然后作一个简单的总结，对会上讨论达成一致的改进项、负责人和行动计划进行重申，最后需要对大家表示感谢后结束会议。

3. 如何开好回顾会？

怎样使回顾会开得最有效果？可以将迭代中的问题全面暴露出来就是有效果的；可以将上个迭代重复发生的问题减少甚至避免；团队成员都认为每个迭代我们都在持续改进中，并且乐于每个迭代进行回顾改进。最后，只有回顾后贯彻执行持续改进才是最有效的。那么如何使回顾会有效果呢？

（1）营造轻松的氛围

① 会议场地：大部分的回顾会都会选择在会议室进行。在工作单位中会议室确实是大家集体讨论事宜比较合适的场所，但是容易给大家一种紧张严肃的感觉，不利于团队成员畅所欲言。建议的咖啡间等。

② 会议时间：一般回顾会会定在迭代最后一周的周五，迭代评审会之后。这个时间点一般迭代都已经完成，大家只剩下一些收尾的工作，会比较容易营造大家放松的气氛，团队不用

去考虑仍未开发完的功能、未修复的问题等,团队更容易参与到回顾中。

③ 参会人员:回顾会需要大家畅所欲言,针对相关问题进行解决方案和行动计划制定的活动,是团队内部自我改进的活动。由于领导层通常掌握着团队成员的绩效奖金等切身利益,如果有领导层的参与会容易大家感觉到紧张,以至于会报喜不报忧,没有办法持续改进。这时一般建议如果不是有非常严重且必须要领导解决的问题,不会建议领导层参会。对于产品经理是否应该参加回顾会的问题,产品经理是团队的一员,原则应该要参加,但是如果产品经理的在场会导致团队紧张或者不敢提出问题,那产品经理还是不建议参加会议的。

④ 暖场:为了让大家放松下来,一般需要有开场一个笑话,一个简单小游戏开场,让大家放松下来适应轻松的氛围。

⑤ 开场:敏捷教练可以通过一些小技巧让大家快速思考起来,比如让团队成员用一句话、一个词或者一个水果形容对当前迭代的感受,用简单的话形容容易激发大脑的思考。一句话,一个词语而不是一段话,这时就会激发大家去动脑,从众多词语中选择一个最适合形容当前迭代的,这样做的主要目的就是让大家的思路先转起来。

(2) 提升团队成员的参与度

精益管理非常重视个人,是以人为本的。在回顾会上,使得大家都参与讨论是非常重要的。下面有几个方法可以帮助团队增加参与度。

① 大家匿名写出需要改进的和需要继续保持的,这样可以保护大家避免因为写出不好的地方而感到尴尬。

② 每次会议的议程和展开方式可进行调整。如果每次回顾会的内容和方式都是相同的,大家会变得越来越形式化,觉得回顾会没有意义。每次调整暖场方式或者大家的参与方式,这样可以在保持新鲜感的同时提升大家的关注度。

③ 鼓励发言,在感谢和感悟环节,鼓励大家表达自己的感悟以及对团队成员(某位成员)的感谢。这时需要鼓励大家发言,无论发言如何都要给以尊重和认可。如果没有人发言,前期建议可以通过抽签或者有趣的方式找到人来发言,增加大家参与热情。

(3) 贯彻执行改进项

为了保证改进项能够顺利落实,需要选择对大家目前影响最大的项目,即优先级最高的,同时需要综合考虑改进项的成本和开销后选择。需要做的改进项建议一定要写入下个迭代的 backlog 中,方便跟进的同时也能使得改进项负责人认真对待。

4. 回顾会重要注意点

知道了如何开和如何开好回顾会议,还需要了解如下的注意事项:

(1) 加强重视度,不要让回顾会变成很少人员参加的可有可无的会议。有些团队的误区就在于每次回顾的重点都是相同的,这就使得团队认为每次回顾会的内容是相同的,可裁剪的。这时需要去引导团队聚焦当前迭代是否已贯彻执行上一迭代改进项,是否有新的需要改进的问题,以便持续改进。

(2) 避免天马行空的谈论不切实际、不可能完成或者不相关的话题。由于回顾会是比较轻松让大家畅所欲言的活动,这时很容易天马行空漫无目地谈论,要及时将大家的讨论拉回到正确的思路上来。

(3) 避免对重大问题视而不见,回顾会上要敢于提出大家都认为是有问题,但是没有人敢于提出的问题。

(4) 避免团队成员陷入郁闷自责,这一点跟营造轻松的氛围和会议参与人员非常相关。此外要相信所有成员在现有条件下已经作出了最大的努力。

(5) 避免陷入相互指责,相互吐槽的境地。要通过回顾当前迭代的问题改善后续迭代的情况。如果团队有追责文化,很容易出现这种情况,这时需要循序渐进改变大家的思维定式,同时减少追责,增加鼓励和奖励机制。

(6) 回顾会上的改进项一定要贯彻执行,没有执行就等于没有改进,没有改进回顾会就失去了意义。

(7) 避免为了过程而过程,要每期制定回顾重点,避免形式主义。如果仅仅为了会议而进行会议,那比不开会议还要糟糕。

回顾会不建议裁剪,只有持续回顾才能持续改进。在工作过程中,需要我们时不时地停下回顾下,我们是否做了最好的方案,是否有更好的方案?如果对现状非常不满且急需改变,停下来回顾思考下,也许是个不错的开始。

技法篇三　CE持续探索

持续探索是 DevOps 核心实践的第一个关键实践。DevOps 核心实践包括持续探索(CE, Continuous Exploration),持续集成(CI,Continuous Integration),持续部署(CD, Continous Deployment)和按需发布(RoD,Release on Demand),如端到端的 DevOps 中所描述。

第29问　持续探索,需要探索什么

Just because it burns, doesn't mean you're gonna die. You've gotta get up and try try try. Gotta get up and try try try.

——Pink *Try*《尝试》

持续探索(Continuous Exploration)是通过持续探索市场和客户需求,并为实现这些需求定义产品愿景、产品路线图和一系列特性,来促进创新及构建必要一致性的过程。

持续探索的输入来自客户、敏捷团队、产品负责人、业务负责人和利益相关者,以及战略投资组合的关注点。在产品和解决方案管理方向的指导下,研究和分析活动用于进一步定义和评估特性。这一过程的结果是一组输出,包括产品愿景、为进一步实现而充分定义在待办列表中的一组特性,以及这些特性将何时交付的产品路线图预测。在持续探索的过程中,新提出的想法经过提炼,成为需求待办事项列表中的按优先级排序的特性列表。

与传统的瀑布模式相比,在更广泛的、理论上完整的预先定义方面,持续探索减轻了对要完成的工作的完备性要求。取而代之,它通过持续的探索过程,提供了一致性的新工作流程,并为团队实施作足了准备。定义好的新功能以小批量输入到开发团队,就可以轻松地通过持续集成、持续部署和进行发布了。

1. 持续探索的四个子维度

持续探索的四个子维度如图 62 所示。

(1) 假设验证

① 新的灵感始于假设——人们永远不会真正知道它们是否可行,一切假设均需验证。

② 精益创业思维——最小可行产品(MVP)的定义有助于在投资过多之前迅速对假设进行评估。最小可行产品是能用评估假设是否有效的最小单元。

③ 创新会计——评估假设需要不同于度量解决方案最终状态所用的指标。创新会计关注于如何在最初的增量解决方案开发和最小可行产品评估过程中,度量假设的过程值并预测业务成果。

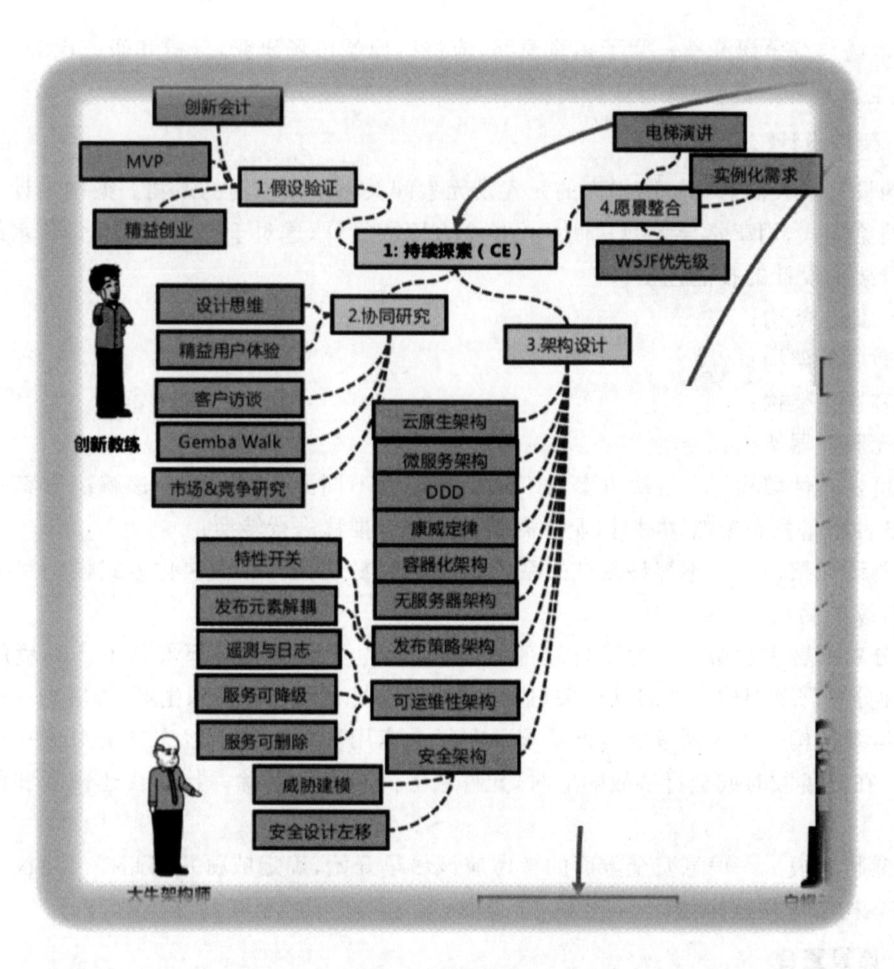

图 62　持续探索

(2) 协同研究

为了构建一个令人瞩目的差异化产品愿景，产品需求探索应该是持续的协作过程，应该从不同的利益相关方中征求意见。如下技能有助于协同研究：

① 设计思维——Design Thinking 作为一个创新框架，可以帮助作业快速验证需求。

② 精益用户体验思维——精益用户体验是一个与利益相关方协作的过程，旨在定义最小可营销特性(MMFs)，并快速向客户验证这些特性。

③ 客户拜访——即客户访谈，记录发现。

④ 作业现场走查——现场走查（“Gemba”就是执行工作的场所）观察这些利益相关者是如何执行其运营价值流中的环节和具体活动的。

⑤ 启发——可以通过使用各种结构化的启发技术，生成信息输入项以及确定用户需求的优先级。其中包括调查方法，如访谈和调查、头脑风暴和想法简化、问卷调查和竞争分析。其他技术包括需求研讨会、用户体验原型、用户画像、客户需求审查和样例建模。

⑥ 贸易研究——经常参与贸易研究，以确定解决方案的最实际的应用特征。他们审查技术问题的众多解决方案，包括用以解决主题领域或相邻需求的供应商端的产品和服务。然后根据效益假设对解决方案进行评估，以确定哪一个对特定环境最有效。

⑦ 市场与竞争研究——为了拓宽思路，应进行原始市场研究，分析和研究次级市场/行业趋势，锁定新兴客户群，访谈行业分析师，并审查竞争解决方案。

(3) 架构设计

架构设计是人们对一个结构内的元素及元素间关系主观映射的产物。架构设计是一系列相关的抽象模式，用于指导大型软件系统各个方面的设计，这对于打造持续交付流水线至关重要。支撑架构设计的技能包括：

① 云原生架构；

② 微服务架构；

③ 容器化架构；

④ 无服务器架构；

⑤ 可发布性架构——解决方案的不同部分需要不同的发布策略。该解决方案必须设计为支持各种增量发布策略，并根据业务需求随着时间推移进行转换；

⑥ 测试性架构——不容易测试的系统也不会轻易改变。以模块化方式设计和架构的系统支持持续的测试；

⑦ 分离部署和发布——为了持续部署，发布能力可能需要与部署到生产环境的工作分开。这种分离需要架构上的启动开关，这些启动开关将允许功能投入生产，而客户不可见；

⑧ 运维架构——必须考虑运维需求。在每个应用程序和整个解决方案中建立遥测和日志功能。在高负载时或进行事故响应时，允许服务降级甚至移除。构建快速恢复和前向修复的能力；

⑨ 威胁建模——信息安全方面的考虑应该尽早开始，确定威胁并据此提出建议的系统架构、基础架构和应用程序。

(4) 愿景整合

在这一阶段，将产品愿景、产品路线图，整合成带有优先级排序的特性待办列表。需要如下技能：

电梯演讲——产品愿景是团队理解为何开发该特性的基础；

方案路线图——解决方案路线图有助于对工作进行优先级排序；

效益优先级排序——特性必须经过优先级排序，开发才能有效。容量分配、投资范围和业务负责人持续参与的预算护栏对于优先排序至关重要，这里采用建议 WSJF 算法。

第 30 问　从 0 到 1 的商业模式探索，这些事儿做对了吗

Is it getting better, Or do you feel the same. Will it make it easier on you now. You got someone to blame.

——U2 *One*《唯一》

一个企业要做大做强，一定要有一个能做大做强的商业模式，有些企业可能一开始发展得不错，但发展到一定程度后出现了衰败，最致命的原因可能就是没有一个好的商业模式，其商

业模式本身就决定了它是无法做大,做强的。

1. 商业模式对企业至关重要

企业之间更多竞争的是商业模式,商业模式很重要,但不是一开始就是完美的,需要经过不断优化、调整,这个过程一定不是一蹴而就的,在创业早期。企业也是,做一个创新的产品,也需要去不断摸索,很多伟大企业现在做的事情和最初做的事情都已经不一样。

在新时代的浪潮冲击下,创业变得容易,可能两三个人利用移动互联网的开发平台再加上云技术的支撑,就可以开发一款产品,但是能够发展成熟的少之又少,真正成功的产品其实只有1%左右。

大多数APP或者产品都被我们下载—使用—卸载,变成了僵尸产品,这些产品占比达90%,由于用户不断流失,无法生存下去。

还有一种产品叫作现象级产品,宛如一种潮流,在红火的时候有大量的用户涌入,但是在潮流过后,用户又大量流失,无法长足生存下去。譬如旅行方面的青蛙、分答、你画我猜、OFO小黄车等公司。

做互联网容易,做移动互联网更容易,但是生存、持续发展最终成功并不容易,如图63所示,根据行业内调查,互联网移动产品失败的原因,缺乏商业模式排在前七位。

那到底什么是商业模式呢?这里我们用图64的三角形模式进行阐述。

三角形商业模式的三个要素为:

(1) WHAT:企业定位,企业准备解决客户的什么痛点,将要为客户创造什么价值;

(2) HOW:业务模式,企业准备如何解决客户痛点,如何持续有效提供产品服务;

(3) WHY:盈利模式,企业为何要为此类客户服务,能否实现自身价值。

企业定位一定要以客户价值为中心,这是一切商业模式的前提。不能更有效解决客户痛点,不能为客户创造独特客户价值的商业模式没有存在必要的。

业务模式运行需要企业及其合作伙伴相互合作。企业无法独自承担全部业务活动,因此企业要吸引合作伙伴参与,必须要能为它们创造足够的伙伴价值,否则没有吸引力。

盈利模式解决的是企业自身价值的实现问题。只有足够的经济回报,企业才有充足的动力组织合作伙伴持续参与,不断向客户提供优质的产品服务。

2. 火箭发射式创业思维是什么

如果你想做一个上门洗鞋、保养的服务,怎么做呢?一般创业者的思路可能是,先开发一个APP,然后通过网络推广、传单等方式让用户可以进入。

这种创业思路被称为火箭发射式思维,先想出一个伟大的想法,这个想法解决了人类一个伟大的问题,然后根据这个伟大的想法制定一种商业模式,然后招募一群人执行这个计划,希望在计划结束之后产品能一炮打响。通常在火箭发射式创业中,我们的客户都存在我们的假象中,其实根本不清楚客户在哪里,同时会过分强调上市时间,不切实际地期望产品上市之后客户就会接受。

火箭发射式创业的特征是:以自我为中心,依赖于天才式人物和天才式设想。

成功的前提是:需要高度控制的创业环境,基于有限的参数和已知的数据,可以对未来进行准确预测与分析。

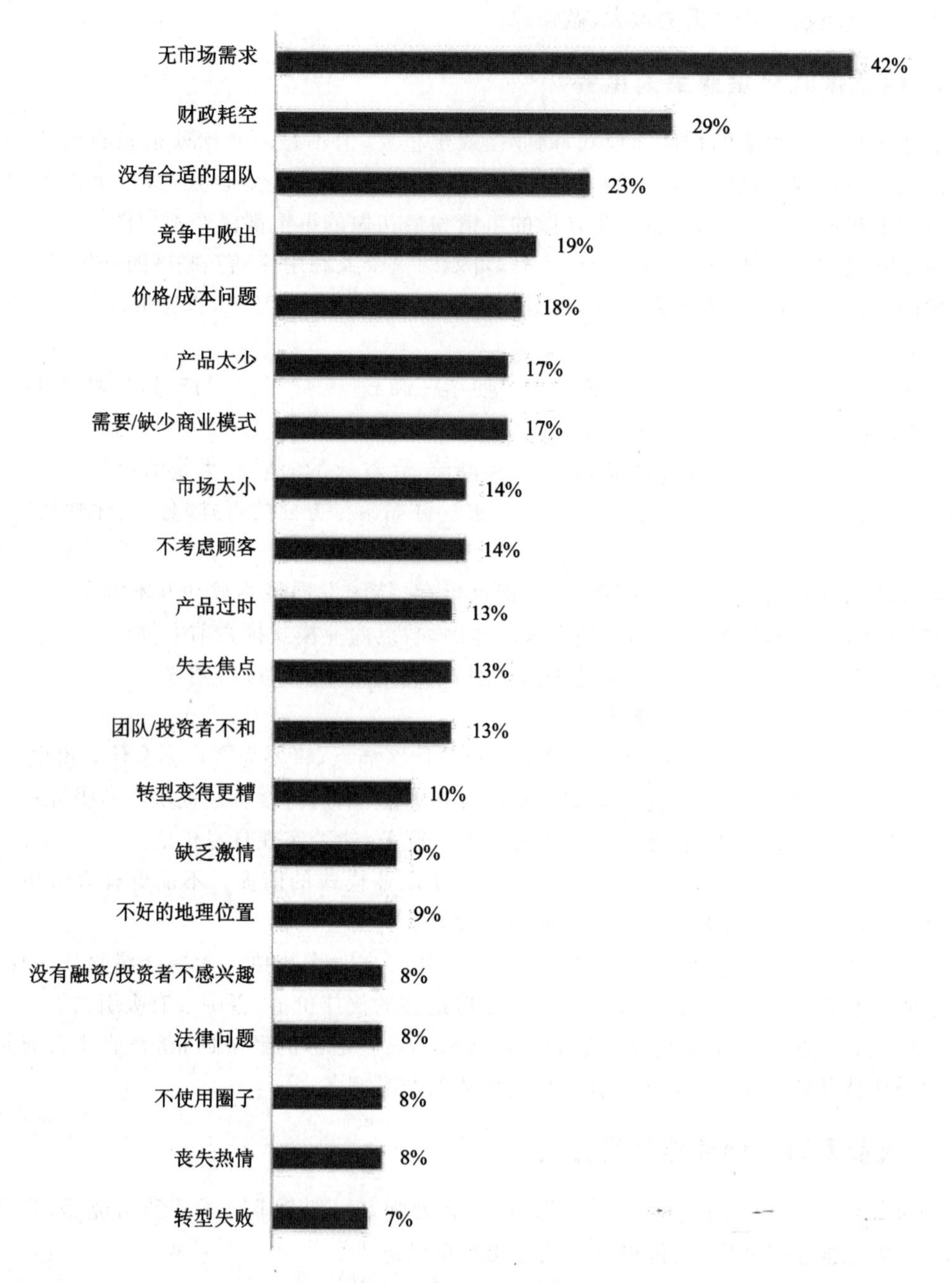

图 63　初创失败原因

由此看来，火箭发射式创业有一定的成功概率，但大多数都会无声无息，那我们应该如何去创业呢，这就是后来提出的精益创业思维。

3. 精益创业思维是什么

把精益创业比作跟踪式导弹，先发射出去，然后跟踪目标，快速调整方向，最终到达目的地。

这里有两种思维的明显对比，众所周知，微软之前发过一款叫作 VIAST 的系统，这个系统由 3 000 人封闭开发，耗费了大量的人力、物力，最后隆重推出，但是却成了最短命的操作系统，这样的做事方式就是火箭发射式创业思维。

而小米 UI 就是典型的创业思维，它最初由 4 个人利用 2 个月开发，最终推出了一个极简版本，在用户使用过程中，不断吸纳反馈，快速进行迭代，最终发展成如今有大量"米粉"的小米公司。

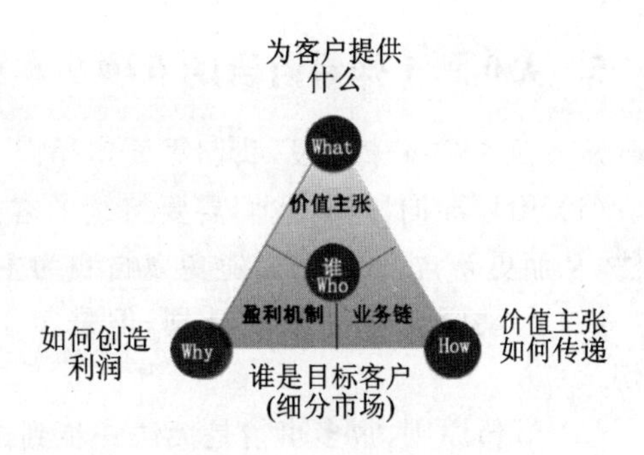

图 64 三角商业模式

4. 如何快速探索商业模式

火箭发射式思维想要成功，必须来自于类似乔布斯的天才，但是这样的超级产品经理是非常少的，普通人在创业过程中难免会有错误，往往不能预知犯什么错误，应快跑、尝试，去纠正我们的错误，去提高我们的认知。

新创企业或者创新性业务做的事是和大公司不一样的，新的企业需要更多探索，获得很多的认知，不断修正方向和道路。为什么会失败？因为混淆了探索与执行。

这里有一个截然不同的做法，我们称之为从产品开发方法到客户的发展方法，如图 65 所示，想要快速探索商业模式，把客户的问题和解决方案匹配起来，将产品和市场匹配起来，遇到问题学会快速转变策略或者转型，最后达成业务拓展。

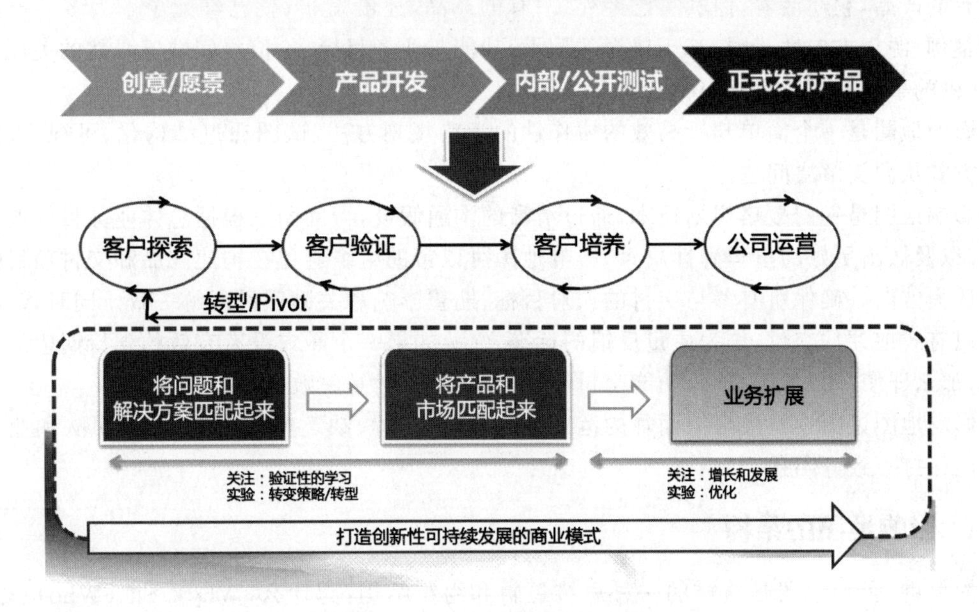

图 65 从产品开发到客户发展

5. 从0到1探索阶段的五项基本原则

从0到1的探索阶段，我们需要遵循以下五项基本原则：

(1) 用户导向原则，我们需要持续的客户互动，不断和客户接触，从客户中去验证自己的想法，从而更新自己的认知，避免以自我为主，从创业的第一天开始。

(2) 行动原则，可以制定计划，但是定制一些小的计划，并且一定要执行，靠行动去验证一切。

(3) 试错原则，很多事情是无法一步到位的，我们需要不断探索，不断地深化我们的认知，商业模式能够帮我们获得的商业价值其实就是我们的认知，只有认知不断升级才能最终达到目标。

(4) 聚焦原则，不要在一开始将项目做得太大，要做单点突破，在一个点上做透、做深。

(5) 迭代原则，一开始的一款产品不用做到最好，最完美，尽量使用低成本的最小可行产品验证想法，通过用户的反馈不断迭代产品，而不是一蹴而就。

第31问　如何协助影响地图快速探索、验证假设

I've been looking so long at these pictures of you. That I almost believe that they're real. I've been living so long with my pictures of you. That I almost believe that the pictures are all I can feel.

——The Cure *Pictures of You*《你的照片》

有的产品，它还活着，但其实已经死了；有的产品，还没发布，就已经死了。太多的产品失败的案例，源于方向性错误，基于错误的假设，功能与业务目标/价值之间缺乏必然的关联与一致性，做的事与期望的目标南辕北辙。

影响地图是一个简单却极高效的协作性的策略规划方法，试图通过结构化、可视化、协作化的方式从源头解决问题。

影响地图是一门战略规划技术，通过清晰的沟通假设，帮助团队根据总体业务目标调整其活动，以及做出更好的里程碑性决策，影响地图可以帮助组织避免在构建产品和交付项目的过程中迷失方向。确保所有参与交付的人对目标、期望影响和关键假设理解一致。同时，影响地图可以有效地评估交付，作为质量反馈的标准之一：如果一个需求没有有效的支持期望的行为影响，那么即使在技术上正确，功能交付给用户了，也仍然是失败的。

影响地图试图去解决组织面临的范围蔓延、过度工程、缺乏整体视图、开发团队和业务目标不能保持一致等困扰。

1. 影响地图的结构

简单讲，影响地图是这样的一种思维逻辑和组织结构：为什么(Why)→谁(Who)→怎样(How)→什么(What) 也就是：我们的目标是什么(Why)，为了达成目标需要哪些人(Who)去怎样(How)影响，为此我们需要做什么(What)。影响地图通过构建产品和交付项目来产生实

质影响，从而达到业务目标。如图 66 所示。

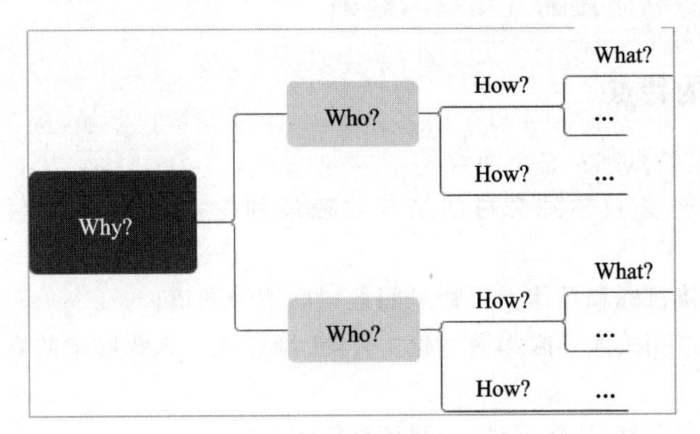

图 66 影响地图

(1) 为什么(Why)?

我们为什么做这些？也就是我们要试图达成的目标。找到正确的问题，要比找到好的回答困难得多。把原本描写在文档中，更多的是隐藏在高层利益关系人头脑中的业务目标，定性定量地引导出来。目标描述要遵循 SMART 原则：Specific 明确，Measurable 可度量，Action-Oriented 面向行动，Realisitc 现实的，Timely 有时限的。即确保每个人知道做事的目的是什么，帮助团队协作，针对真正/合适的需求设计更好的方案。

(2) 谁(Who)?

谁能产生需要的效果？谁会阻碍它？谁是产品的消费者或用户？谁会被它影响？也就是那些会影响结果的角色。考虑涉及的这些决策者、用户群和生态系统，注意角色同样有优先级，优先考虑最重要的角色。角色定义应该明确，避免泛化，可以参考用户画像的方式进行定义。

(3) 怎样(How)?

考虑角色行为如何帮助或妨碍我们达成目标？我们期望见到的影响。只列出对接近目标有帮助的影响，而不是试图列出所有角色想达成的事。影响是角色的活动，是业务活动而不是产品功能。理想情况下应展现角色行为的变化，而不仅仅是行为本身。不同的角色可能有不同的方法，帮助或阻碍业务目标的实现，这些影响彼此之间可能是相互参考，相互补充，相互竞争，或者相互冲突的。既要考虑正面的影响，也要考虑负面或阻碍的影响。

注意：业务发起方应该针对角色 Who 以及影响 How，而不是交付内容 What 进行优先级排序。

(4) 什么(What)?

作为组织或交付团队，我们可以做什么支持影响的实现？包含交付内容，软件功能以及组织的活动。理论上这里是最不重要的一个层次，避免试图一开始就将它完整列数，而应该在迭代过程中逐步完善。同时注意，不是所有列出来的东西都是需要交付的，它们只是有优先级的交付选择。

永远不要试图实现整个地图，而是要在地图上找到到达目标的最短路径。

影响地图足够简单，操作性强，又有足够的收益：能够帮助创建更好计划和里程碑规划，确保交付和业务目标一致,并更好适应变化。影响地图的首要任务是展示相互的关联,次要任务是帮助发现替代线路。

2. 影响地图的特点

影响地图有哪些特点呢?总结而言:

(1) 结构性,从业务目标到交付的结构化梳理和挖掘的方法,目标—角色—影响—交付物;

(2) 整体性,连接目标和具体交付物之间的树状逻辑图谱;

(3) 协作性,利益相关人一起沟通讨论协作,把隐藏在个人头脑中的默认的思维逻辑挖掘共享出来;

(4) 动态性,动态调整、迭代演进、经验证地学习;

(5) 可视化,统一共享的视图,结构清晰易读。

它将各个部门/角色不同的视角,不同的思维逻辑,不同的前提假设,通过可视化和协作的方式进行梳理、澄清和导出。通过连接交付内容、影响和目标,影响地图显示了之所以去做某个功能的因果链,同时也可视化了各利益相关人作出的假设。这些假设包括业务交付的目标,涉及目标关系人,试图达到的影响。

同时,影响地图沟通了两个层面的因果关系假设,如图 67 所示。

交付会带来角色行为的变化,产生影响;

一旦影响达成,相关的角色会对整体目标产生贡献。

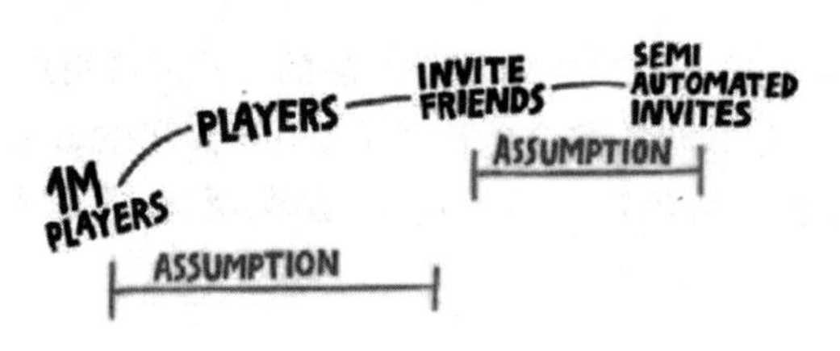

图 67 两个因果关系假设

3. 影响地图分层

是否可以将影响地图分层?我认为完全可以而且合理。《影响地图》也提到建议计划两次会议:第一次定义预期的业务目标和度量;第二次制作一张地图。第一步就是确定使命,而一个战略目标往往太大,无法快速见效,需要拆分成可短期达成的战术目标,根据优先级排序的战术目标,逐次进行影响地图分析,其间动态调整更新,定期决定是否需要继续。

因此可以有两层的影响地图:一份针对整体产品愿景,一份针对中期交付。

同时,通过分层,也可以有效控制参与两个会议的人员组成。高阶的领导者未必需要参加所有的影响地图活动,尤其是战术影响地图会议。

4. 参与人员

决策者,注意一定要有决策者参与,包括商业决策、技术决策、营销决策(为高级技术和业务人员)。如果发现一个问题讨论很久没有决定,也许是因为缺乏合适的参与人员,应该找更高阶的人员决策。参与人数:原书的建议是将第一次会议人数限制在不超过 5~6 人,确保关键的业务决策者和技术人员参与进来。随后的会议可以适当扩大规模分组讨论,随后汇总,但人数越多,会议的节奏和范围就越需要控制。

5. 影响地图与用户故事的关联

影响地图可以作为用户故事列表的有效输入。

影响地图的输出物,可以作为用户故事的输入,作为 Epic、UserStory 的来源。这些输入已经经过了价值判断,角色挖掘,优先级排序,甚至已经有了一 部分的验收标准(是否影响了受众同时为达成目标作出贡献),同时也因为有资深技术人员的参与,初步做过技术可行性判断。因此这些 backlog 的输入,往往更加靠谱,对交付团队更具价值。

(1) 输入形式

《影响地图》书中有明确的描述,把三段式的用户故事与影响地图几个层级进行布设:作为一个 Who,我希望 What,以便于 How。

(2) 影响地图可以很好地控制用户故事列表无限蔓延

看似动态调整的故事列表,根据精益消除浪费的思想,维护完整的故事列表,事实上也是浪费。存在的问题有两点:第一,看不到用户故事与业务价值直接的联系,往往为了实现功能去做,而不是考虑其背后交付的价值,以及这个价值是否被用户认可;第二,故事列表往往是各方头脑风暴的结果,同时还在不断更新,却很少剔除,这个长长的列表不仅需要定期维护,其背景、内容、优先级、价值等都在随着商业环境的变化而不断变化;事实上维护一个三个月或者半年以后才可能实现的需求就是浪费。

(3) 目标/里程碑与发布计划

业务目标可以与迭代的发布计划关联,每次迭代只处理少量的目标;《影响地图》建议一次只处理一个目标,目的在于快速反馈和调整;个人认为基于团队规模、迭代步速,一次迭代可以包含几个目标决定于目标的颗粒度以及时间估算,不可一概而论。当然在具体执行时,这里会是一个争论以及变数较多的点。

6. 如何防止思维蔓延,地图扩张

在先发散再收敛实战练习中,我们 40 多人分成 6 组,分别绘制自己的影响地图;实际场景中,如果每组都基于同一个目标,绘制出来的地图会各具特色而发散,最终需要引导将发散的地图进行收敛,在此过程中,会发现更好实现或是新的假设导出,最终得到如图 68 成形的影响地图。

分层和分拆时,掌握 80/20 原则,不求面面俱到,只需要涉及最关键重要的因素。考虑大部分团队会使用物理板和即时贴的方式进行影响地图的设计,原本因为物理空间受限以及可读性原因存在的物理白板的弊端,反而可以作为细化程度的一个有效限制原则(正如著名的两个比萨原则):以物理墙/白板为影响地图的最大边界。

相对于我们通常关心的业务功能/营销活动,即影响地图的第四层 What,我们更应该把注意力放在前三层目标、角色和影响上,尤其是角色和影响上,关注点如此,优先级排序也是如此;先不要关注在 What 即自己要做什么事情上,这往往会让我们陷入执行的细节,埋头做事,

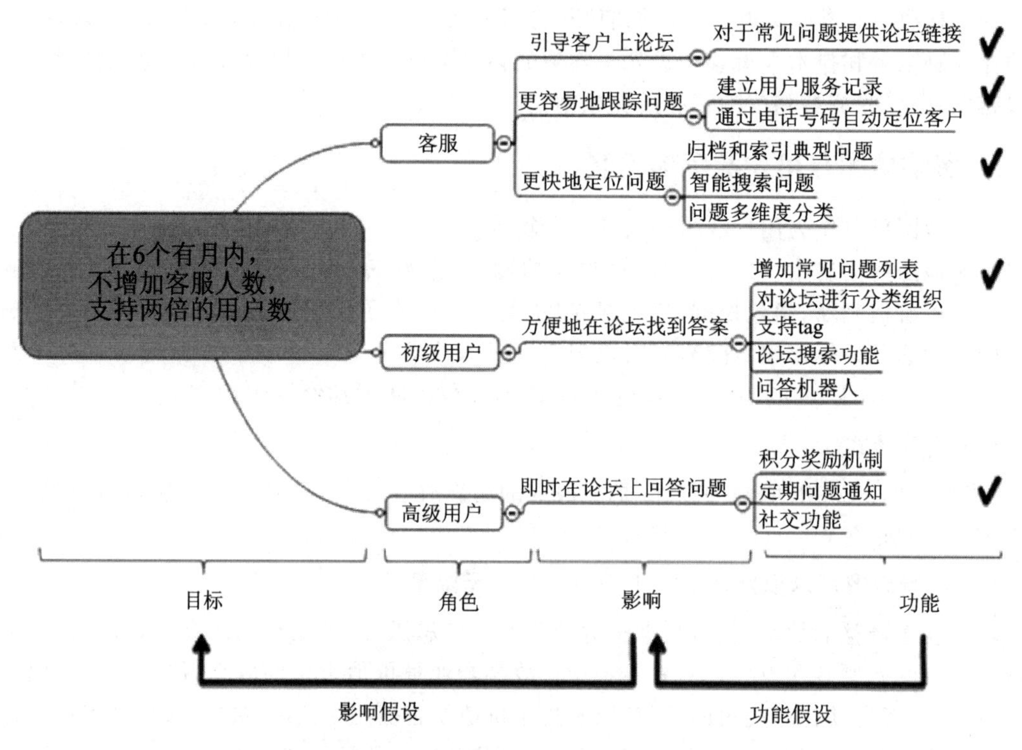

图 68　成长型影响地图示例

而忽略了事情的初衷。

多数的路径最终不会被执行，是否需要保存？首先要避免过早陷入过多的细节，未来一切都是未知的，所有的都是基于当前的假设，所以维护一份完整的地图，试图将所有想法都归纳在地图上，是没必要的。其次，目标导向，避免在那些对整体目标没有作用的影响上花费过多的时间。整理出来的路径，当然可以保留下来，作为下一次影响地图的部分输入。

此外，需要注意的是，What 包含交付内容、软件功能和组织的活动，如果交付的所有条目都是技术性，也许要重新审视影响地图，尤其是角色 Who 与影响 How 两部分，并非所有的目标都是需要通过产品功能达成，更多情况下，也许一个简单的营销活动就可以快速实现目标。

7. 什么时间结束

影响地图会议何时结束？当关键想法已经出现在地图上，当已经达成目标，并且确定最快/小路径，暂时也想不出更好的替代方案时，就可以结束。建议设定严格的时间盒，一旦出现时间点超时，或者团队陷入太过细节的讨论，没有找对合适的人，缺乏合适的决策者，也许是业务决策者，也许是技术决策者。

(1) 影响地图何时失效

如同计划，在制定出来的那一刻也许影响地图就已经失效，因此需要适时调整（注意是适时，未必是实时）。影响地图更像是迭代计划，每个影响达成，进行反馈评估，对影响地图的内容以及优先级进行调整；一旦目标达成，也许这张影响地图就完成了使命。

(2) 影响地图可以在哪些方面应用

影响地图的思维方法和逻辑结构是普遍适用的,因此可以应用到很多领域,诸如旅行,健身,减肥,教育,学习计划,战略目标,营销战略,销售计划等;但实际执行的过程未必要完整的按四个阶段进行。

8. “三心二意”

对影响地图实践的个人体会,归纳为“三心二意”:

(1) 不忘初心,始终牢记做事的初衷是达成业务目标,而不是实现功能,甚至不是达成影响(如果影响最终不能帮助实现目标);

(2) 不要贪心,不要试图一次完成好几件事,而应该分拆成多个里程碑,多张地图;不要试图一件事做完美,期望把所有列出来的事情都完成是不现实且没必要的;掌握 80/20 原则,达成目标即可,业务环境始终在变,业务关注点也会随之变化;

(3) 赤子之心,不偏不倚,不骄不躁,边走边学边调整,对目标和未来抱着一颗坦诚、恭敬与探索的心,不否定、不自大、不盲从;

(4) 批判主义,怀疑一切,多问几个为什么;把假设引导出来,通过分析和实践来验证假设;

(5) 实用主义,一切从实用出发,价值导向,目标导向,结果导向,保持简洁。

第 32 问 如何从零开始构建你的第一张用户故事地图

Sometimes I think to much, yeah, I get so caught up. I'm always stuck in my head. I wish could escape, I tried to yesterday.

——Alec Benjamin *Mind Is A Prison*《思想是一座监狱》

前文已经提及了用户故事地图,故事地图是非常重要的,也是特别好用的梳理产品规划的工具。下面我们来详细介绍如何从零开始构建一张故事地图。

1. 用户故事的价值

当开始规划一个产品或者项目,首先需要梳理出一个 backlog,在其中按照优先级列出所要实现的场景和具体功能。这时我们首先遇到的一个问题就是:如何确保 backlog 覆盖了最重要的用户体验路径,是否我们当前所规划的场景确实可以为用户提供价值?这点对于敏捷开发非常重要。

在精益中有 MVP(Minimum Viable Product,最小化可用产品)的概念。MVP 的目的是以最小的投入发布对用户有价值的产品,快速试错,并通过不停地迭代最终找到产品的正确方向。

这个思路很好,但如何确认 backlog 中的内容是“最小的”而且“可用”的产品却是件很困难的事情。

团队一起讨论初始产品需求的时候,常常会因为团队成员的理解不同而花费大量的时间进行梳理。即使每次讨论都将结果用文档记录下来，大家仍然缺乏对产品的总体认识，这就是所说的“只见树木不见林”的状态。因为，缺乏一种将用户故事可视化的方法。

有赖于《用户故事地图》作者 Jeff Patton 和其他人的大力推广，用户故事地图已经成为敏捷需求规划中的一个流行方法。用户故事地图可以将你的 backlog 变成一张二维地图，而不是传统的简单列表。用户故事地图主要用于解决敏捷需求分析过程中的问题：

（1）更容易看清 backlog 的全貌，backlog 的问题是只见树木不见林，重要的待办项容易淹没在各种细节中看不到全貌，因而难以排列优先级；

（2）从而为新功能筛选和划定优先级提供了更好的工具，帮助作出决策；

（3）进而帮助你更好进行迭代增量式开发，同时确保早期的发布可以验证整体架构和解决方案；

（4）不能明显地聚焦于用户需求；

（5）很难了解不同粒度故事（史诗故事、主题故事以及故事）之间的关系；

（6）不能方便地了解系统提供的功能的完整性；

（7）不能方便地了解系统提供的工作流以及价值流；

（8）不能方便地利用递增和迭代的方式去确定发布计划以及发布目标；

（9）故事地图产生的过程，使用静默头脑风暴模式和其他协作方式来产生用户故事，有助于激发讨论和管理项目范围，允许你从多个维度进行项目规划，并确保不同的想法都可以得到采纳。

2. 用户故事可视化——起床故事

讨论一个最简单的场景：早上从起床到出门的场景，作为第一个用户故事地图（图 69）。

每个人都非常熟悉这个场景，但是当我们开始讨论的时候，有两个问题开始浮现：

（1）每个人习惯不同，如何统一我们的故事？

（2）从起床到出门要经历几个不同的阶段，到底应该如何确定阶段？

第一个问题其实是“用户故事”要解决的首要问题：这个场景的角色是谁？这个通常我们通过用户画像 Persona 来描述。

第二个问题其实就是确认需求粒度的过程。

在敏捷需求分析过程中，对用户画像的确认非常关键，如何统一思路并让大家可以在讨论某个场景的时候可以聚焦到特定的用户画像上，是经常遇到的问题。讨论中经常会跑题：原本在谈用户画像 A，结果讨论到另外一个用户画像 B 了。

在讨论中，首先将用户画像的定义通过卡片贴在时间线的左侧，这个很小的动作，却让团队的成员可以非常专注于当前用户画像的场景讨论，效率很高。

粒度方面，经常有人问 Backlog Item 的粒度如何确定？过去的回答是，从实现的角度考虑，比如：控制在 2～3 d 的工作量上。其实这是个非常不靠谱的建议，因为在讨论需求的过程中还无法确认是否要做，更谈不上评估工作量。

这就暴露了 Scrum 的一个最主要的问题，Backlog 解决的是在 Story 确认以后如何进行开发过程规划的问题，而对 Story 该如何产生、如何设计的问题，并没有给出很好的解决办法。我们往往把 Story 当成需求来看，而实际上敏捷使用 Story 描述需求的目的是协助团队进行讨论，以便最终确认需求（也就是 Specification）。

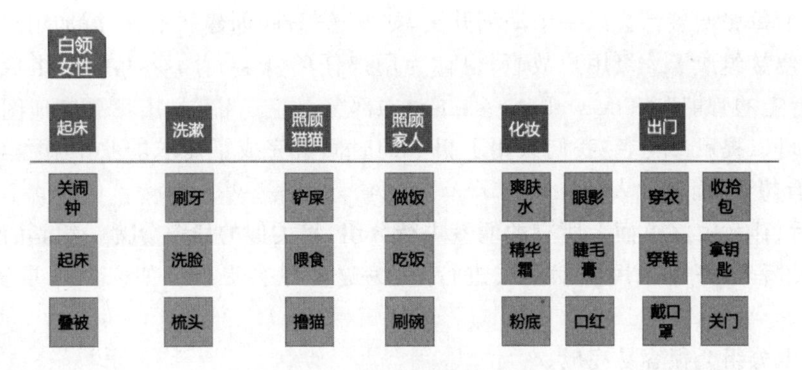

图 69　起床故事地图示例

用户故事地图的作用就是将 User Story,用可视化的方式展现在团队面前,让团队可以仔细梳理、讨论、确认这个 Story 包含的内容,最终产出 Specification 进行开发。

用户故事地图的讨论是我们在黑客马拉松中讨论产品—用户画像—用户场景—迭代计划链条中至关重要的一个环节。

即便是类似起床这样简单的场景,学员往往会发现每个人都会不同,这让大家真的理解如何才叫站在用户的角度去思考问题。有孩子的和没孩子的会不一样,有宠物的和没宠物的又不一样,我的起床故事不等于你的,不能想当然去曲解或者强加。

3. 用户故事地图的结构

每个用户故事地图代表一个完整的用户故事:

(1) 地图的核心是一条从左到右的时间线;

(2) 时间线的上部放置最大粒度的内容(可以理解为 Epic);

(3) 时间线的下部的第一行放置二级粒度内容(可以理解为 Backlog Item),并在每个一级粒度下按照从左到右的优先级进行放置;

(4) 每个二级粒度内容的下面,自上而下放置三级粒度内容(可以理解为任务)。

最终绘制出来一个完整的端到端的用户故事。

这样的用户故事地图构建体验中,很强烈感受的是:大家专注、目标明确,讨论完成的故事非常完整。

4. 创建用户故事地图(User Story Mapping)的 8 个步骤

(1) 召集到 3～5 名对产品非常熟悉的人员参与。3～5 人听上去像是个魔法数字,实际上是的。因为更少的人意味着你无法获得足够的建议,而更多人则会因为讨论和协调降低会议效率。

(2) 使用静默头脑风暴模式,让每个人在便笺纸上写下自己认为重要的"所要做的事情",也就是用户任务(User Tasks)。每个人都用同样颜色的便签书写自己的用户任务描述,这个阶段不要互相讨论。一旦大家都基本完成了准备,让每个人轮流大声读出自己的内容,并把便笺纸全部放置在桌面上。这时如果出现重复的内容就可以省略掉:

① 根据产品规模,这个过程可能需要 3～10 min 的时间,你可以观察大家的行为判断是否需要停止;

② 基本上每张便签都会以一个动词开头，如发送邮件、创建联系人、添加用户等；

③ 这些便签组成了一级用户故事，也称为用户任务(User Tasks)，它们组成了用户故事地图上的"行走的骨骼"(The walking skeleton)部分；

④ 这时可以提示参与者：我们只用了很少的时间就完成了需求的收集过程，而且有些内容你可能没有想到，而其他人帮你想到了。

(3) 然后，让大家将桌面上所有的便签进行分组，将类似的任务分为一组，其他的类似：

① 这个过程最好也采用静默模式进行，因为这样做会更快。如果发现重复的内容，就略过；

② 基本上分组会很容易完成；

③ 这时同样观察每个人的行为，判断大家是否已经做完，基本上这个过程需要 2～5 min。

(4) 选择另外一个颜色的便签，对每个组进行命名，并贴在每组便签的上部。

(5) 对这些分好组的便签进行排序，一般按照用户完成操作的顺序，从左到右摆放：

如果大家无法决定顺序，那么顺序可能没有那么重要(明显)；

这一组便签，Jeff Patton 称为用户活动 (User Activities)；

这时你的地图情况应该类似于图 70 所示。

A1	A2	A3	用户活动
T1,T2,T3	T4,T5,T6	T7,T8,T9	用户任务

图 70 故事地图分组示例

(6) 现在，按照"行走的骨骼"用户行为这行开始讲述用户故事，确保你没有遗漏任何用户行为和用户任务。这时一般由组织者进行讲述，其他人提出意见，甚至可以让最终用户来参与讨论。

(7) 这时，我们已经完成了用户故事地图的基本框架，可以在每个用户任务下面添加更加细节的用户故事(User Stories)了。此时仍然建议使用静默头脑风暴的模式来进行第一轮用户故事的产生，同时借助如 Persona 和 Scenario 等方式协助完成这个过程。一旦你完成了用户故事的创建，就可以开始制定发布计划(Releases)了：

一般在第一个发布中只选择每个用户任务的 2～3 个用户故事，这对于帮助大家排定优先级和范围将很有帮助。

基本上不必使用用户故事的标准句法(As a…)来书写这些故事，因为每张便签都处于地图的特定位置，很容易识别其所处的场景和角色。

(8) 最后，针对第一次发布的所有用户故事进行分解，确保我们的第一个发布越小越好，基本上需要保证在图 1～2 个迭代后就可以发布产品的第一个版本。

图 71 是一个蛋糕制作及心得分享系统的用户故事地图。

用户故事地图规范：

在签名的步骤中，第 2 个步骤中的便签表示用户任务(User Tasks)，也就是图中的绿色便签。

第 3～4 个步骤中的便签表示用户行为(User Activies)，也就是图样例中的深色便签。

Jeff 称这两行的内容为"行走的骨骼(walking skeleton)"和"主干(backbone)"。

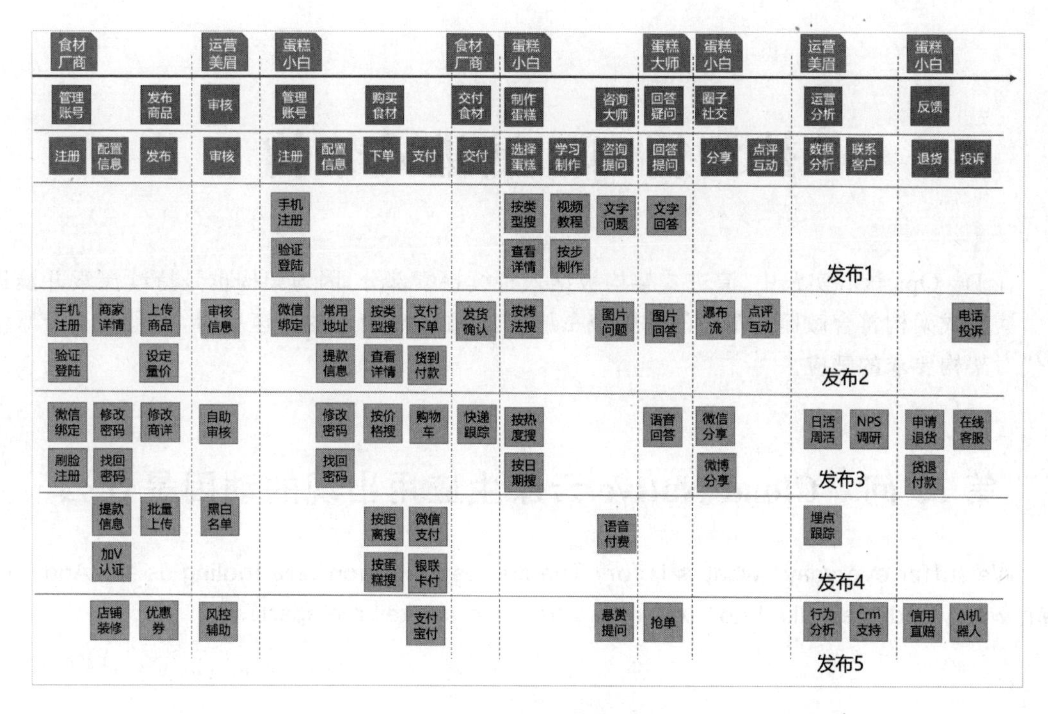

图 71　故事地图示例

用户故事(User Stories)，也就是相应便签在每个用户任务下自上而下排列，便于我们确定优先级。一般来说用户会按照从左到右的顺序来使用你的系统(用户故事地图)。

第三行所包含的内容就是"大家在电子邮件系统所要做的事情"，包括注册、配置信息、发布、下单、支付等。

第二行对这些事情进行了分组。

与一般用户故事地图不同的是，这张图当中增加了第一行的角色划分，以使整个流程更加清晰明了。

浅色的便签的第一行包含了最小化的用户故事，如"蛋糕小白"的注册只包括手机注册和验证码登录，其他如微信绑定则不在此行，放入更靠下的便签中。

在浅色便签上，可以贴上更小的深色便签，以表示不同的状态，比如代表完成，或代表进行中(WIP)，这样就可以看到项目的进展。

现在如果我们专注于从左到右完成第一行的便签，就可以确保很快发布一款包含了最基本功能的蛋糕制作及心得分享系统，这样就可以验证我们的系统整体架构可行。同时也可以帮助我们对系统的功能进行端到端的测试，确保我们可以从用户处获取到反馈，知道我们是否解决了它们的问题(提供了商业价值)。注意：在第一行没有包含"心得分享"这一功能，因为并不一定要完成所有用户任务的开发。

技法篇四　演进式架构

在 DevOps 核心实践中，演进式架构被纳入持续探索部分，因为架构也是持续探索并演进的。演进式架构符合敏捷与精益的消除浪费原则，匹配 DevOps 的快速反馈，更是对于云原生时代对架构要求的呼应。

第 33 问　Cloud Native 云原生应用出现的动因是什么

We suffer everyday' what is it for? The crimes of illusion' are fooling us all. And now I am weary and I feel like I do. It's only you' who can tell me apart.

——Portishead *Only you*《只有你》

人们现在讨论比较多的是如何采纳云原生架构，路径是什么，有哪些注意事项。而是否要采纳云原生架构，似乎已经不再是问题。事实上，云原生虽然是趋势，应用如何上云却存在诸多不确定性。很多人还是没想清楚到底有没有必要上云，以及是否要构建在云原生的架构之上。所以在此之前，还是有必要探讨一下云原生架构背后的动因，为何会产生，为何如此重要，为何这与你相关？

1. 软件产业正在向云原生化及服务化转型

(1) 数字化成为企业发展必由之路

随着云计算，IoT，AI 等技术的蓬勃发展，我们正在进入一个万物感知、万物联接、万物智能的世界。

数字化转型成为企业发展的必由之路，企业要数字化转型，才能具备“创新和敏捷”的业务能力，才能应对技术、需求和商业模式的变化，这是所有行业的企业发展的必经之路。

只是不同行业的数字化转型处于不同阶段，根据业界咨询公司的报告汇总了各行业数字化现状如图 72 所示。

互联网和电信运营商等信息服务提供商处于引领阶段，紧随其后的是金融/政府等社会服务单位；汽车等机电企业处于爆发阶段，如车联网和自动驾驶；其他企业刚好处于起步阶段。

企业在数字化转型的过程中不断收集和积累数据用于智能分析和精准控制以提升企业运行效率。我们可以看两个实际例子：

① 飞机引擎中的传感器每次飞行过程中平均产生超过 1TB 的数据，这些数据被用来诊断引擎的健康度，供引擎企业进行可预测性维护，降低维护成本，提升安全度。

② 农场通过给奶牛戴上项圈，读取奶牛的生物特征，识别出发情时间，提升奶牛配种的成功率和产奶效率。

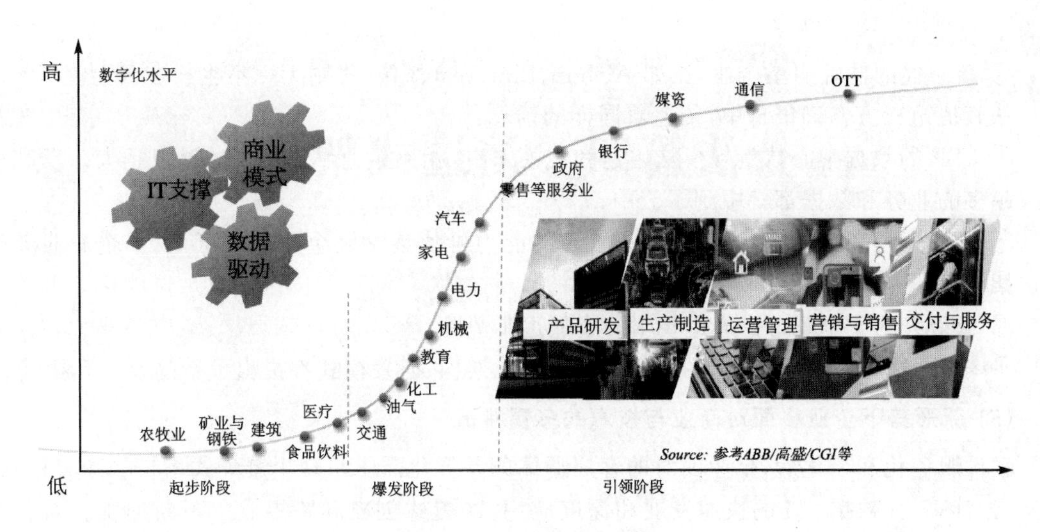

图 72 各行业数字化现状

这两个处于不同的行业，生产不同的产品的企业，但是都在积极通过数字化来获取商业利益。

(2) 数字化孕育了巨大的软件市场

企业在数字化转型过程中，必将面临海量的数据，如何有效地提取有效数据分析和处理，是大家面临的一个重要课题。

针对这个课题，唯一解决方案就是软件。从中国软件行业的成长和发展趋势来看，数字化转型为软件行业孕育出了巨大的市场机遇。

(3) 软件的发展趋势是服务化

软件服务化需要软件企业关注长尾效应、专注业务升级、降低开发与维护成本，要求面向服务的方式构建软件，“多、快、好、省”地持续推出新服务或者升级现有服务。

软件产业面临巨大的市场机遇，它的发展方向和趋势是什么呢？答案就是服务化。软件产业向服务化转型趋势在两家典型的软件公司也得到了验证：

① Salesforce：自 1999 年起，Salesforce 一直致力于打造按需定制的全新 SaaS 商业模式，提倡“No Software”，是 SaaS 模式的鼻祖；Salesforce 同时也是全球 SaaS 公司营收体量最大的公司，是云计算应用端的代表。2020 财年营收 171 亿美元，增速 29%。

② 再来看看微软的典型产品 Office，此前作为一个一次性的套装软件购买和出售，也早已推出在线订阅服务 Office 365，并作为后续的主推方向，确保用户始终拥有最新的 Microsoft 生产力工具。

(4) 云成为软件服务化的最佳承载方式

服务化对软件的可靠性带来了更高的要求，IT 形态云化也就成了必然的趋势，企业业务“服务化”“云化”的趋势不可逆，公有云大势所趋，“多云”是主要方式。来自 Gartner 的观点表明：

① 到 2020 年，云计算将成为最主流的 IT 形态；

② 云计算已经成为增长最快的科技领域，整体增长速度为 25%，而整体 IT 市场的增长率

仅为1.1%；

③ 新一代的硅谷明星企业，比如Airbnb、Pinterest、Lfyt等则无一不生长在云上。

从其他第三方咨询报告中，传递着同样的信息：

① CSP的数据中心数量规模从增速和规模来看，相比企业私有的DC越来越大。反映出越来越多的业务和数据都集中到了云中；

② 云计算越来越成为云基础设施了，云的能力价值逐渐被企业所认可，成了企业业务的首选架构；

③ 云最大的安全疑虑也通过技术的成熟逐步消除；

④ 软件服务化、云化对企业的商业模式、系统架构、研发模式都提出了新的要求和挑战。

(5) 新形势下企业将面对商业与技术的多重挑战

软件服务化和云化后，企业面对的客户群体的差异化需求呈现出爆炸式增长。随着移动、社交、云计算、大数据、AI的快速发展和深度应用，颠覆式创新和跨界竞争不断加剧。对企业来说，既是机遇又是挑战，不管是颠覆别人还是被颠覆，企业都面临交付、协同、安全等多方面挑战、都要具备快速持续的创新和交付能力。

在新形势下，企业必须快速高效地交付价值产品，才能抢占"蓝海"，获取最佳的商业回报，其次，软件系统复杂度不断增加、跨地域高效协作和多环境部署也是企业需要解决的重要问题，软件服务化对可靠性和安全性也提出了更高的要求，特别是核心数据更是企业的重要资产，不容闪失。

2. 软件交付趋势与挑战

数字化、软件化、服务化、云化的整体趋势，对企业自身的商业模式、系统架构和研发模式，都提出不同要求，而这也是数字化转型的核心。同样也是为什么云原生、微服务、DevOps与研发效能，在这几年行销尘上的根本原因。

(1) 软件生产力正在发生巨大变革

随着移动、社交、云计算、大数据、IoT、人工智能等众多新技术的快速发展，颠覆式创新和跨界竞争加剧，企业急需快速而且持续的创新能力，软件生产力正在6个方面发生巨大变革：

① 研发场景：据业界预测，到2025年，80%企业应用将运行在云中，100%应用将在云中开发，软件的开发、测试、部署、运维都在云中进行。研发工具本身将服务化、云化，并将和云平台进行集成，简化软件部署、发布和运维。

② 编程语言：Go、Scala、R、Node.js、Python等新型编程语言不断涌现，新型编程语言需要新型研发工具提供更加友好的支撑(编码调试、代码静态分析、多语言并行构建、部署)。

③ 软件架构：基于容器的微服务化架构、Cloud Native云原生应用代表着分布式软件架构的演进方向，这对软件研发提出了新的要求。

④ 研发工具：研发工具正向着轻量化、服务化、云化、容器化、社交化、智能化的方向发展。

⑤ 研发模式：DevOps成为继敏捷、精益之后被企业广泛接受的新型研发模式，软件服务化、云化对DevOps提出了更加强烈的诉求。

⑥ 交付形式：软件交付正在从包交付向着工程化交付转变，随着容器技术的广泛应用，软件交付将逐步标准化，未来交付给客户的可能是很多的容器(Container)或者Docker File。客

户只要在自己的云平台上加载即可运行，不需要安装、部署和配置。

(2) 企业业务价值交付链条中的混乱之墙

为了更好地应对各个时期的形势与挑战，软件企业的组织架构与协作流程，需要匹配价值流的快速交付。而现实的情况是，组织与部门的职责和目标分离，导致价值交付过程中的混乱之墙的出现，正如图 73 所示。

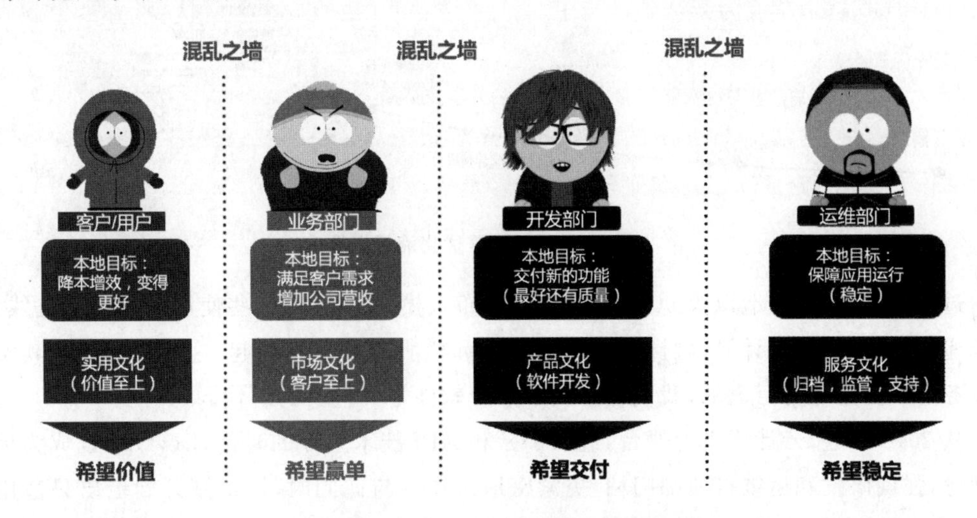

图 73 企业业务价值交付链条中的混乱之墙

① 客户最关心的是投入产出比，以最低的成本，获取最大的价值，并且保证质量；

② 业务部门的本地目标是销售额，希望能够尽可能满足客户的诉求，能够拿到订单来获取更大的营收；

③ 开发团队的本地目标是尽快尽量多地交付新的功能或者特性，并且在现网上线，从而体现自己的价值；

④ 对运维部门来说，最大的目标就是保障应用运行稳定，所以希望变化越少越好。

可以看出，各部门不仅存在如何保证价值有效传递的问题，也要解决目标和价值存在差异，如何有效协同的问题。敏捷和 DevOps 的出现就是为解决这种混乱之墙，敏捷主要解决客户、业务部门、开发部门之间的混乱之墙，DevOps 进一步延伸，解决了开发部门和运维部门之间的混乱之墙。

(3) 产品研发体系的适应与调整

混乱之墙并非一天形成的，业界的研发模式也不是一成不变，一直在推陈出新。在业界，软件的开发跟随不同阶段的业务发展经历了从瀑布到敏捷再到 DevOps 云原生的过程。

图 74 是对组织流程优化历程的一个概览，我们可以看到在客户端/服务器年代的末期，敏捷开发开始出现，它主张频繁交付、响应变化，背景是消费者市场的快速崛起。物质极大丰富，产品供大于求，客户群体开始成为买卖双方中具备主动权的一方。市场不再是“只需要一款黑色的福特 T 型车”，而是 Z 时代不同场景和诉求的个性化选择。产品由单一的技术导向，开始向服务导向转变，业界开始主张更加持续的交付，以便满足消费者不断变化的需求和持续创新的需要。

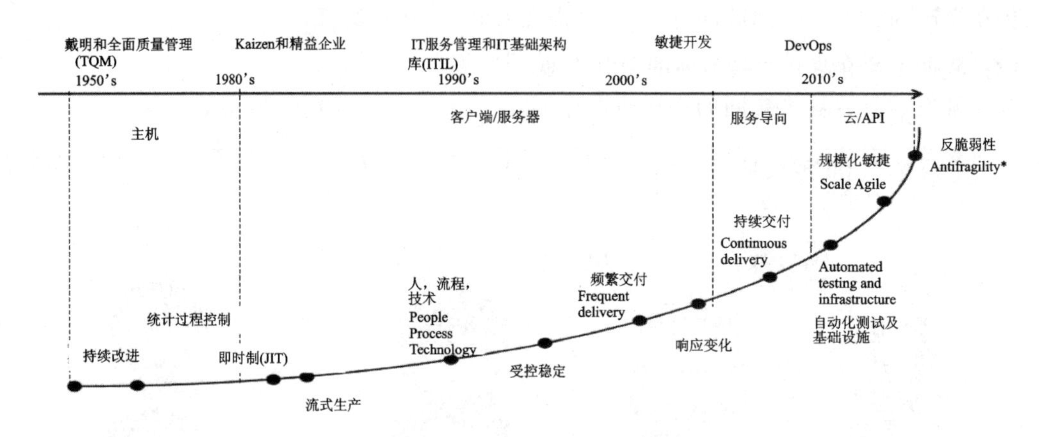

图 74　组织流程优化流程概览

过程管控、精益制造以及90年代开始的瀑布式模式，CMM这些使用的改变都是线性的、逐步递增的，而随着云计算、敏捷开发、DevOps和微服务的不断兴起，这些新兴技术其实对我们业务的改变是非常巨大的，我们已经到了一个软件定义世界的时代。

从2010年起，云计算走上舞台，进入了云和API技术主导的时代，DevOps也成为标志性的理念，强调研发和运维打通部门墙，更紧密地协作。与此同时，敏捷则开始走出只适用于小团队、小公司的迷思，为更大规模的企业所青睐，而能够指导大型企业实践敏捷的规模化敏捷方法论逐渐浮现并得到采纳。

敏捷开发颠覆了传统软件开发的瀑布式模式，通过快速迭代，保证开发人员可以尽可能快地把我们的产品原型迭代开发出来。DevOps文化、流程和工具的实践，打通了从研发到运维的各种部门墙，让持续交付流水线可以真正走到生产环境，"灰度"发布更是在众多企业中得到广泛使用。

从各个时代的代表性企业我们也能看到这一趋势，从福特到丰田再到特斯拉，每个时代都有自己鲜明的特点。福特是通过规模化降低成本，核心是保证大批量的产品供应。丰田的大野耐一提出的精益生产和按需生产对丰田汽车和整个制造业的改变非常巨大，其核心是柔性生产，满足小批量的定制化订单。特斯拉创始人埃隆马斯克的第一性原理、软件定义一切，将汽车变成了一部行走的电脑，产品的核心价值不再是硬件而是软件和服务。

新的市场需求下，对新型研发模式特征要求是：

价值驱动，聚焦最高价值最高优先级的工作；

持续研发，小步快跑，快速闭环；

拥抱变化，根据市场需要和研发能力按需发布；

客户深度参与，联合创新，运营驱动开发。

DevOps在这样的背景下应运而生，并迎合这些发展趋势而设计，加速软件生产力变革，释放软件生产力，致力为企业提供智能高效的研发平台，打造开放的云端研发生态，让企业专注核心业务创新，最终达到提高行业生产力和竞争力的目标：

减少不规范的手动配置和部署，减少重复性的人力工作；

IT 部门可以快速地去响应市场带来的变化；

提高产品上线速度的同时还需要保障产品的质量；

提高开发、测试、运维之间的沟通协助效率。

3. 云原生三剑客与应用平台

云原生应用旨在充分利用云计算模型，从而提高速度、灵活性和质量并降低部署风险。云原生应用就是为了在云上运行而开发的应用。万事俱备，只欠东风，云计算、容器化、DevOps 等的结合，为应用云原生的道路扫清了障碍，Cloud Native 云原生应用与微服务架构随之诞生。

微服务架构的流行与几种趋势是同时发生的，如图 75 所示。第一种趋势是 DevOps 技术得到主流接纳，其中的典型就是基础设施即代码(infrastructure-as-code)技术。第二种趋势是完全通过 API 进行编程的基础设施环境的兴起。第三个趋势是容器化与容器编排技术的发展。这几者的同时发生并不是巧合，几种趋势做了大量的基础工作，这才使得微服务在小型团队里具有可行性。

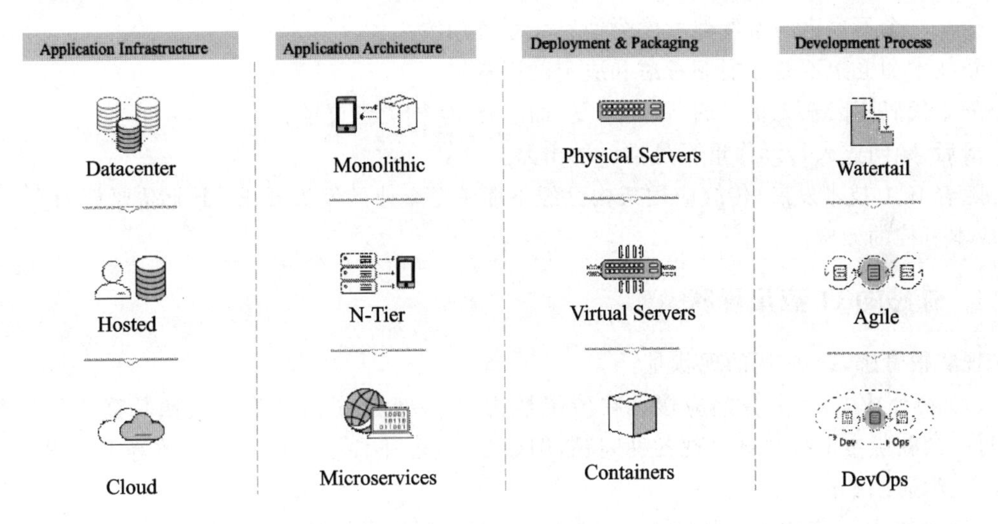

图 75　云原生技术趋势

云原生应用的产生有其时代背景和技术背景，数字化变革之下，对于企业快速应对市场变化提出更高的要求。

数字化转型本质是业务转型，强调利用云计算、大数据、物联网、人工智能等新一代信息技术对传统商业模式、管理模式、业务模式的创新、颠覆和重塑。企业的 IT 能力变成了核心竞争力，技术与商业双轮驱动成为必然。

IT 与业务的服务化，成为快速发展以及构建生态的最佳路径。应用架构的微服务化，基础设施的容器化，以及研发模式的 DevOps 化，这些都成为应用的云原生化不可或缺的技术驱动力。

第 34 问　云原生微服务架构的价值是什么

And bad mistakes I've made a few, I've had my share of sand kicked in my face. But I've come through. We are the champions-my friend, And we'll keep on fighting till the end.

——Queen *We Are the Champions*《我们是冠军》

你是否会发现，一想到自己负责的这些应用心里就感到不舒服，感觉自己逐渐开始失去了对应用程序的控制。随着时间的推移，这种感觉会越来越强烈，如果仔细列数，你会发现：

应用程序变得愈加复杂，以至于没有人能理解；

所有人都害怕对某些模块进行更改，每一次的更改都会产生意想不到的惊吓；

新增功能和代码修复变得棘手、耗时且实施起来成本高昂；

每个版本都需要完整部署整个应用程序，所以每一个版本都巨大无比；

任意一个不稳定的组件都可能会使整个系统崩溃；

新技术和框架不是你能够考虑和决定的因素；

随着代码库因永无止境的"快速修复"而恶化，架构受到侵蚀；

最后，顾问进来告诉你重写是唯一的出路。

随着 ICT 技术发展，传统应用架构已经不能满足企业的发展要求，企业需要更加安全、高效、成本可控的架构。

1. 骨感的 IT 应用现状

现实很骨感，IT 应用的现状是：

(1) 协作成本高，业务响应慢。在传统架构中，一般公司内部都会按照功能模块划分工作，每一次新版本上线总会出现各种问题，例如分支、合并、冲突、代码不一致等带来很大的协作成本、沟通成本。

(2) 系统复杂度增加，难以维护。随着业务量不断地增加和扩展，以及随着组织人员的变化，业务代码也会变得越来越难以维护，一次小小的改动可能会带来灾难性的风险。

(3) 错误无法隔离。当所有的业务功能模块都聚集在一个程序集当中的时候，如果其中一个小的功能模块出现问题，那么都有可能会造成整个系统的崩溃，这就是软件开发中常说的涟漪效应。被影响的系统如果较为复杂还可能会造成二次涟漪效应。

(4) 应用扩展能力差，传统架构无法按需扩展。应用现代化对于容错性、快速上线、处理功能复杂度、高可用性、可测试性、可观测性、技术多样性、可替代性、需求响应能力、服务可管理性、模块可独立发布等提出更高要求，以业务侧的不确定性所带来创新与探索的诉求。

2. 应用架构的三代演化历程

应用的架构，总体而言历经了三代的演化历程，如图 76 所示。

第一代的单体架构(Monolithic)，将所有功能都集中在一个项目中。单体架构顾名思义

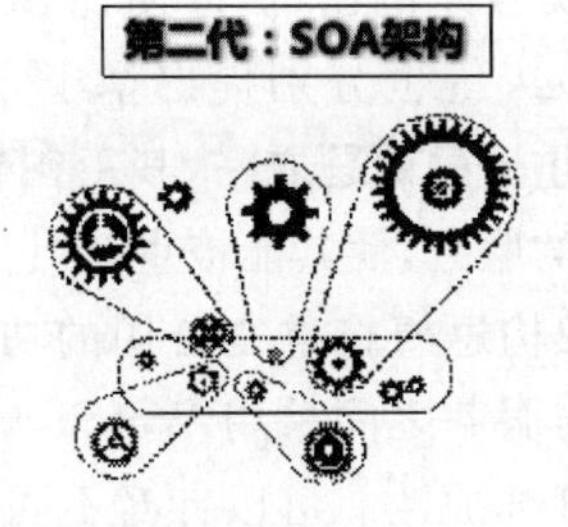

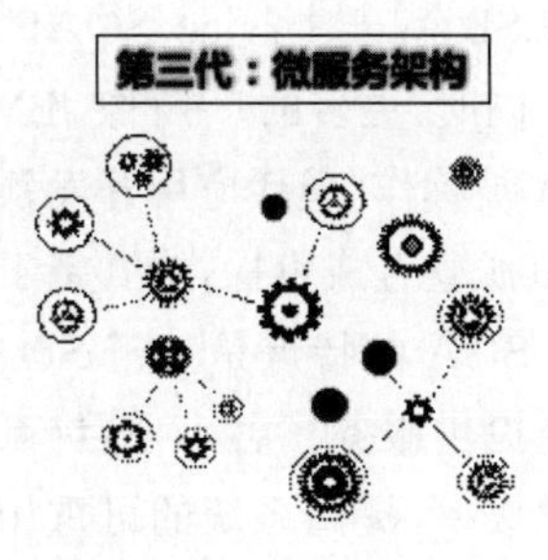

图 76　应用架构的三代演化历程

就是一个归档包，如 WAR 包或者 JAR 包，包含了所有功能的应用程序，这是一种比较传统的架构风格。在软件开发的早期，因为单体架构部署简单，前期开发成本低，周期短，技术单一、用人成本低等特点，大家基本都采用这一架构模式。即便是现在，单体应用也依然是小型应用或是初创应用的首选。

但是随着互联网时代的到来，随着业务需求复杂度的提高以及交付频率的不断加快，传统的单体架构，越来越难以满足开发人员的要求。

(1) 系统复杂性高。单体架构项目包含的模块非常多，模块的边界模糊，依赖关系不清晰，代码质量参差不齐，整个项目非常复杂，每次修改代码都心惊胆战，甚至添加一个简单的功能或者修改一个 bug，都会造成隐含的缺陷。

(2) 技术债务逐渐上升。随着时间的推移，需求变更和人员更迭会逐渐形成应用程序的技术债务，并且越积越多，已使用的系统设计或代码难以修改，因为应用程序的其他模块可能会以意料之外的方式使用它。

(3) 部署与发布缓慢。在其内部一个小改动，都会影响其他模块。任何一个小的改动，都需要统一编译和发布。部署速度逐渐变慢，随着代码的增加，构建和部署的时间也会增加，而在单体应用中每次功能的变更或缺陷的修复，都会导致我们需要重新部署整个应用，全量部署的方式耗时长影响范围大、风险高，这使得单体应用项目上线部署的频率较低，出错概率高。

(4) 无法按需伸缩，扩展能力受限。单体应用将全部功能集中在一个项目中，随着项目的变大，变得不易开发，扩展，维护。系统内部与系统之间紧耦合，系统复杂、错综交互，牵一发而动全身。单体应用只能作为一个整体进行扩展，无法结合业务模块的特点进行伸缩，对某个单一模块进扩展。

(5) 阻碍技术创新、单体应用，往往使用统一的技术平台或方案解决所有问题，团队的每个成员都必须使用相同的开发语言和架构，想要引入新的框架或技术平台非常困难。

(6) 重复制造各种轮子，包括操作系统、数据库、中间件等，各应用的底层运行环境相互不兼容，企业内部会重复建设无数的竖井式应用及其技术栈。架构也是完全封闭的，无法进行有效开放和扩展。

于是出现了第二代的 SOA 架构，SOA 也被寄予厚望，SOA 阐述了“对于复杂的企业 IT 系统，应按照不同的、可重用的粒度划分，将功能相关的一组功能提供者组织在一起为消费者提供服务”，其目的是解决企业内部不同 IT 资源之间无法互联而导致的信息孤岛问题。

在 1996 年，Gartner 就提出面向服务架构(SOA)，但是由于 SOA 本身的广义性以及抽象性，在其诞生的相当长一段时间内，人们对 SOA 存在着不同的认知和理解。直到 2000 年左右，ESB、WebService、SOAP 等这类技术的出现，才使得 SOA 渐渐落地。

同时，更多的厂商像 IBM、Oracle 等也分别提出基于 SOA 的解决方案或者产品，2002 年 SOA 被称作“现代应用开发领域最重要的课题之一，其正在帮助企业从资源利用的角度出发，将 IT 资源整合成可操作的、基于标准的服务，使其能被重新组合和应用”。

SOA 的特点是基于 SOA 的架构思想将重复公用的功能抽取为组件，以服务的方式给各系统提供服务。各个项目(系统)与服务之间采用 WebService、RPC 等方式进行通信。能提高开发效率，提高系统的可重用性、可维护性。可以针对不同服务的特点制定集群及优化方案。

SOA 架构的价值毋庸置疑，其特征和目的是松耦合，这一点符合我们对架构的预期。即便是 20 多年后的今天，SOA 在大型、超大型企业中仍然流行，这也说明了其价值和一定程度上无法轻易取代的地位。

SOA 架构的缺点是系统与服务的界限模糊，不利于开发及维护。抽取的服务的粒度过大，系统与服务之间耦合性高。SOA 通常通过 ESB 进行系统集成，这一点也成为其掣肘，松耦合的依赖被集中式的 ESB 所取代，ESB 成为那个最复杂的事务，进而成为瓶颈。另外，SOA 架构系统通常是大团队作业，动辄 100～200 人，TTM 在半年到一年，管理的复杂性未能解除，同时我们希望的快速发布未能成为现实。与此同时，SOA 应用的扩容和版本更新，伴随着集中式的计划内停机，互联网时代要求业务连续性保障，要求无间断的版本升级，这一点也是 SOA 无法满足的。

随之产生了第三代的微服务架构，实际上，微服务架构并不是一个全新的概念。仔细分析 SOA 的概念，发现其和我们今天所谈到的微服务思想几乎一致。那在 SOA 诞生这么多年后，为什么又提出了微服务架构呢？简单而言，两者的主要区别如表 1 所列。

表 1　SOA 与微服务区别

SOA 实现	微服务架构实现
企业级，自顶向下开展实施	团队级，自底向上开展实施
服务由多个子系统组成，粒度大	一个系统被拆分成多个服务，粒度细
企业服务总线，集中式的服务架构	无集中式总线，松散的服务架构
集成方式复杂(ESB/WS/SOAP)	集成方式简单(HTTP/REST/JSON)
单体架构系统，相互依赖，部署复杂	服务都能独立部署

对于单体架构(Monolithic)，其内部一个小改动，都会影响其他模块。特别是在云上发布，任何一个小的改动，都需要统一编译和发布。对某个模块进扩展，也需要整体扩展。所以出现通过一系列的微服务来构建应用，各个微服务之间可以独立部署、独立扩展以及提供模块化的边界，还可以使用不同的语言进行开发。

微服务是一种用于构建应用的架构方案。微服务架构有别于传统的单体式方案，可将应用拆分成多个核心功能。其每个功能都被称为一项服务，可以单独构建和部署，这意味着各项服务在工作(和出现故障)时不会相互影响。通过一系列的微服务来构建应用，各个微服务之间可以独立部署、独立扩展以及提供模块化的边界，还可以使用不同的语言进行开发。

云原生理论上是一个概念，而微服务则是架构的一种方式，两者没有本质的必然联系，但现在云原生的应用大部分会采用微服务架构，所以我们不去严格区分这两个概念。

3. 微服务的特征

2014 年，Martin Fowler 在其博文中首次提出了微服务架构的概念：

微服务架构模式是一种将单个应用程序开发为一组小型服务的方法，每个小型服务都在自己的进程中运行并通过轻量级机制(通常是 HTTP 资源 API)进行通信。这些服务围绕业务功能构建，并且可以由全自动部署机制来独立部署。这些服务通过最低限度的集中管理，可以用不同的编程语言和不同的数据存储技术。

“微服务”(Microservice)是软件大师 Martin Fowler，在总结亚马逊、Netflix 等互联网公司优秀实践基础上提出的一种软件架构模式 。Martin 只不过是将这些公司多年以来的一些架构实践进行了总结而已，正如 Jez Humble 在 2010 年提出持续交付理念之前。亚马逊早在十年前就开始进行了微服务化的拆分，只是那时候还不叫微服务。总结而言，微服务架构包括：

“组件化”与“多服务”；

围绕业务功能组织团队；

“做产品”而不是“做项目”；

“智能端点”与“傻瓜管道”；

“去中心化”的治理技术；

“去中心化”的管理数据；

基础设施自动化；

容错性设计；

演进式架构。

微服务应用是一系列自治服务的集合，每个服务只负责完成一项功能，这些服务共同合作就可以完成某些更加复杂的操作。开发者需要开发和管理一系列相对简单的服务，而这些服务可能以一些复杂的方式交互。服务之间的相互协作是通过一系列与具体技术无关的消息协议来完成的。

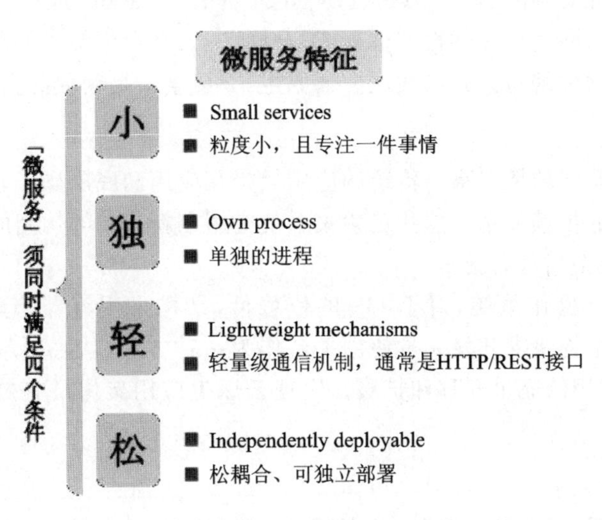

图 77 微服务特征

微服务最主要的特征标志归结起来就是图77中的“小、独、轻、松”。

小：顾名思义就是小的服务，核心是聚焦做一件事情。每个微服务只负责一个功能。服务拆分粒度更细，有利于资源重复利用，提高开发效率。这个功能可能是业务相关的功能，也可能是共用的技术功能。关于多小算小，亚马逊认为：由2－Pizza团队端到端负责1个或1组服务，大小是合适的。

独：微服务架构风格的开发方法，是以开发一组小型服务的方式来开发一个独立的应用系统的。微服务是独立的进程，每个微服务都应该可以独立演进，独立升级。区别于传统单体应用，后者各个模块、组件或动态库是集成在一个大进程中运行的。微服务自己负责编排和协作，既不是由连接微服务的消息机制来完成的，也不是通过另外的软件功能来完成的。

轻：每个小型服务都运行在自己的进程中，并经常采用HTTP资源API轻量的机制来相互通信。模块边界更为清晰，区别于传统SOA架构，后者是基于重型总线ESB、Centralized Governance集中管控的架构。每个微服务都是可代替的。每个微服务只具备一项功能，所以这很自然地限制了服务的大小。同样，这也使得每个服务的职责或者角色更加易于理解。

松：松耦合架构，并且体现在团队架构上（康威定律）。每个微服务可独立开发，独立编译（无二进制接口依赖），独立部署（无部署顺序依赖），独立运行（无启动顺序依赖）。每个微服务都拥有自己的数据存储，这能够降低服务之间的耦合度。每个微服务都是可以独立部署的，如果做不到这一点，那么到了部署阶段，微服务应用还是一个庞大的单体应用。每个服务通过明确定义的接口或者发布的事件消息与其他服务进行交互，这些交互独立于协作方的内部实现。

4. 云原生应用VS传统企业应用

对比云原生应用于传统企业应用，我们能看到有如下的区别。

(1) 可预测性

传统应用不可预测，架构或开发方式使其无法实现在云原生平台上运行的所有优势。此类应用通常构建时间更长，大批量发布，只能逐渐扩展，并且会发生更多的单点故障。

云原生应用可预测，遵循“弹性”原则构建框架，如12-factors应用。云原生应用符合旨在通过可预测行为最大限度提高弹性的框架或“合同”。云平台中使用的高度自动化的容器驱动的基础架构推动着软件编写方式的发展。云原生12要素就是阐释此类“合同”的良好示例。

(2) OS依赖性

传统应用对操作系统的依赖高。传统的应用架构在应用和底层操作系统、硬件、存储和支持服务之间建立紧密的依赖关系。这些依赖关系使应用在新基础架构间的迁移和扩展变得复杂且充满风险，与云模型相背而驰。

云原生应用抽象化操作系统，对于OS的依赖低，结构采用容器，趋向Serverless，功能API化。云原生应用架构要求开发人员使用平台作为一种方法，从底层基础架构依赖关系中抽象出来，从而实现应用的简单迁移和扩展。实现云原生应用架构最有效的抽象方法是提供一个形式化的平台。

(3) 容　量

传统应用容量滞后，资源容易浪费，扩容困难，通常会使用过多的容量。传统IT会为应用设计专用的自定义基础架构解决方案，这延迟了应用的部署。由于基于最坏情况估算容量，解决方案通常容量过大，同时几乎没有能力继续扩展以满足需求。

云原生应用使用合适的、弹性伸缩的容量。云原生应用平台可自动进行基础架构调配和配置，根据应用的日常需求在部署时动态分配和重新分配资源。基于云原生运行时的构建方式可优化应用生命周期管理，包括扩展以满足需求、资源利用率、可用资源编排，以及从故障中恢复，最大程度减少停机时间。

(4) 交付能力

传统应用交付滞后，瀑布式开发。传统 IT 将完成的应用代码从开发人员“隔墙”交接到运营，然后由运营人员在生产中运行此代码。事实上，当代码构建至发布版本时，该版本的许多组件已提前准备就绪，并且除了人工发布工具之外没有依赖关系。如果客户需要的功能被延迟发布，那企业将会错失赢得客户和增加收入的机会。

云原生应用交付迅速，云原生可协助 DevOps 快速迭代，从而在开发和运营职能部门之间建立密切协作，将完成的应用代码快速顺畅地转入生产。IT 团队可以在单个软件更新准备就绪后立即将其发布出去，快速交付新需求以天甚至小时记 。快速发布软件的企业可获得更紧密的反馈循环，并能更有效地响应客户需求。持续交付最适用于其他相关方法，包括测试驱动型开发和持续集成。

(5) 模块耦合度

传统应用紧耦合，单体架构，牵一发动全身。一体化架构将许多分散的服务捆绑在一个部署包中，使服务之间出现不必要的依赖关系，导致开发和部署过程丧失敏捷性。

云原生应用模块解耦，微服务架构将应用分解成小型松散耦合的以 API 互相调用的独立运行的服务。这些服务映射到更小的独立开发团队，可以频繁进行独立的更新、扩展和故障转移/重新启动操作，而不影响其他服务。

(6) 部署效率

传统应用效率低，软硬件集成部署费时费力；

云原生应用效率高，CICD 云端持续集成、持续部署，基础设施即代码。

(7) 恢复效率

传统应用恢复缓慢，传统 HA 架构，异地容灾，服务恢复时间长。基于虚拟机的基础架构对于基于微服务的应用来说是一个缓慢而低效的基础，因为单个虚拟机启动或关闭的速度很慢，甚至在向其部署应用代码之前就存在很大的开销。

云原生应用恢复迅速，秒级服务恢复。容器运行时和编排程序可在虚拟机上提供动态的高密度虚拟化覆盖，与托管微服务非常匹配。编排可动态管理容器在虚拟机群集间的放置，以便在发生故障时提供弹性扩展和恢复/重新启动功能。

(8) 可扩展性

传统应用可扩展性低，手动扩展。人工运营人员负责手动构建和管理服务器、网络及存储配置。由于复杂程度较高，运营人员无法快速地大规模正确诊断问题，并且很容易执行错误。手动构建的自动化方法可能会将人为错误的硬编码到基础架构中。

云原生应用可扩展性高，自动化。大规模基础架构自动化可消除因人为错误造成的停机。计算机自动化无须面对此类挑战，可以在任何规模的部署中始终如一地应用同一组规则。云原生还超越了基于以虚拟化为导向的传统编排而构建的专用自动化。全面的云原生架构包括适用于团队的自动化和编排,而不要求他们将自动化作为自定义方法来编写。换句话说,自动化可轻松构建和运行易于管理的应用。

5. 微服务架构的价值

云原生与微服务系统是关于速度和敏捷性的,旨在拥抱快速变化、大规模和弹性。业务系统正在从支持业务能力演变为加速业务速度和增长的战略转型武器,企业必须立即将新想法推向市场。与此同时,业务系统也变得越来越复杂,用户要求越来越高。他们期望快速响应、创新功能和零停机时间。性能问题、反复出现的错误和无法快速移动已不再可接受。这都将导致用户转而关注你竞争对手的产品。

(1) 微服务架构为企业带来的价值

在敏捷为王的乌卡时代,微服务架构能够适应企业快速发展与业务交付,为企业带来实际业务价值:

① 缩短 TTM 时间:由于开发周期缩短,微服务架构有助于实现更加敏捷的部署和更新。支持企业业务的敏捷性,随时可以增加新的业务功能,并快速上线。

② 易于访问:由于大型应用被拆分成了多个小型服务,所以开发人员能够更加轻松地理解、更新和增强这些服务,从而缩短开发周期(尤其是在搭配使用敏捷的开发方法时)。

③ 易于扩展:应用的各个模块可以分别扩展,便于在微服务架构的应用中添加新的功能。可以找到整个系统的瓶颈,从而有针对性地扩展或修复,避免了大量的重写。

④ 按需扩展:随着某些服务的不断扩展,可以跨多个服务器和基础架构进行部署,充分满足自身需求。

⑤ 弹性伸缩:出色的弹性能力,只要确保正确构建,这些独立的服务就不会彼此影响。这意味着,一个服务出现故障不会导致整个应用下线,这一点与单体式应用模型不同。

⑥ 可恢复性:微服务与生俱来具备故障隔离的机制,当应用或者基础设施出现故障后,故障将只会影响到整个系统的一部分功能。

(2) 微服务架构为企业带来的其他好处

除了以上这些业务价值,在技术层面,微服务架构为企业产品研发与技术服务带来的好处也是显而易见的:

① 更容易开发:微服务可通过分布式部署,大幅提升团队和个人日常工作效率。还可以并行开发多个微服务。这意味着更多开发人员可以同时开发同一个应用,进而缩短开发所需的时间。更小的代码库维护起来更简单也更快捷,节省了开发成本和时间,从而提高了生产效率。

② 更容易测试:测试平面更小了,开发者能在本地测试服务,不必非要部署在测试环境中。

③ 更容易部署:应用更小,部署很快。相对于传统的单体式应用,基于微服务的应用更加模块化且小巧,所以无须为它们的部署操心。虽然对部署时的协作要求更高,但之后能获得巨大回报。

④ 灵活的发布机制:支持灰度发布、金丝雀发布等,使得系统和应用可在线升级。

⑤ 在某些情况下更容易监控：每个服务的功能更少了，监控起来更容易（但大部分时候微服务架构带来了监控的复杂性）。

⑥ 每一个服务都可以被独立地标注版本，从而不再需要像原先那样在同一个服务实例中添加多个不同版本的支持（想想曾经的 WebShpere 或者 Weblogic）。

⑦ 面对重大故障，微服务所受的影响更小。

⑧ 更加开放：开发人员可以根据需要实现的功能，自由选用最适合的语言和技术。微服务支持技术多样性，在微服务构成的一个整体的应用系统里面，每一块的业务用最适合的技术去实现，而不是都统一用一种语言去实现，这也是微服务非常重要的一个特点。

从单体到微服务，将大型单一应用程序分解为小型、松散耦合的微服务，由小型团队设计、构建、测试、部署和管理。这使得团队可以更快地行动，并独立地进行更改，只要他们维护他们服务的应用编程接口合同。

然而微服务并非银弹，微服务提供的自由和灵活性是有代价的。一笔交易可能涉及许多服务，包括合作和共享信息。需要小心处理错误和故障恢复场景，因为必须了解和预测所有相关服务中的错误和故障情况，并且你无法控制其他服务何时以及如何更改。由于服务数量和调用链的深度，跟踪服务调用堆栈进行故障排除和调试要复杂得多。尽管微服务的功能测试很简单，但是随着不断添加服务，端到端集成测试变得更加复杂。另外还体现在安全方面，尽管任何单个微服务的攻击面都很小，并且很容易理解，但基于微服务构建的系统的总攻击面可能会迅速爆炸。必须定义并实施服务之间明确的信任边界，以及对处理敏感数据一致的控制。

6. 巴士因子

巴士因子是软件开发中关于软件项目成员之间信息集中及共享度的一个衡量指标。一个项目至少失去若干关键成员的参与（“被巴士撞了”，指代职业和生活方式变动、婚育、意外伤亡等任意导致缺席的缘由）即导致项目陷入混乱、瘫痪而无法存续时，这些成员的数量即为巴士因子。

软件项目的巴士因子是指对某些信息集中于某一个人，对关键成员的诠释为“对项目不可或缺”，即其掌握的项目信息（例如设计、源码、知识）并不被众多其他成员所熟悉、共享。在一个巴士系数很高的项目中，就算某个人突然不参与工作，也会有很多其他个人掌握相关的项目信息而足以接替他的位置。

巴士因子在单体架构应用中通常很低，这意味着任何人对其他人而言都是不可或缺的存在，项目经常因为某个成员的离开而延期。

微服务架构有别于更为传统的单体式方案，可将应用拆分成多个核心功能。微服务可通过分布式部署，每个功能都被称为一项微服务，支持独立的开发和部署，这意味着各项服务在工作（和出现故障）时不会相互影响。这将大幅提升团队日常工作效率，这意味着更多开发人员可以同时开发同一个应用，并行开发多个微服务，进而缩短开发所需的时间。也将大幅降低人员因素导致的彼此依赖。

7. 云原生的价值

总结而言，云原生所带来的价值包括：

(1) 提升需求交付前置时间，满足业务快速发展需要

在当下快速的业务变化场景下，产品及交付难以满足业务快速上线的时间要求，并且通常伴随频繁的业务需求变化，传统大单体应用变得越来越复杂。

采用微服务架构模式，能够将单体应用程序划分成一组小的服务，服务之间互相解耦、互相协同，每个服务运行在其独立的进程中，服务与服务间采用轻量级的通信机制互相沟通。每个服务都围绕着具体限界上下文进行构建，并且能够被独立地部署到生产环境、类生产环境等。并且由于每个服务体积小、复杂度低，可以由一个小规模开发团队完全掌控，易于保持高可维护性和开发效率。

(2) 形成可复用的业务能力，解决重复建设问题

传统应用存在大量的重复建设，包括服务层面，诸如权限管理、用户管理等重复建设导致每个开发团队工作量陡增，且在数据同步、联调上线、统一数据管控等层面困难重重。

采用微服务架构模式，能够将共同业务领域下的服务沉淀为一组共享的服务，对外提供能力，通过服务编排等手段消除重复开发相同功能点的弊端。与此同时，可以通过 API 快速封装服务能力，通过开放市场对外提供业务能力，快速形成良性的生态循环。

(3) 统一开发框架和流程方法，有效控制 ISV 交付质量

传统单体应用随着功能的不断累积，开发部署测试流程都会随之变得非常笨重，小型技术开发团队在后期维护中将变得举步维艰。

采用微服务架构模式，能够将各模块或服务具备独立部署的能力。当某个服务发生变更时无须编译、部署整个应用。而由服务组成的应用相当于具备一系列可并行的发布流程，使得发布更加高效，同时降低对生产环境所造成的风险，最终缩短应用交付周期。统一开发框架与开发流程，让业务方与软件供应商之间用同样的技术语言和开发节奏沟通，帮助有效控制交付质量。

(4) 通过基础设施云化，实现高可用与容错

传统的单体应用发生故障时，整体所有功能都将无法使用，而且重新启动应用花费较长时间，在宕机到重启的过程中业务都将不可使用，用户的使用体验较差。

采用微服务架构模式，能够将故障隔离在单个服务中。若设计良好，其他服务可通过重试、平稳退化等机制实现应用层面的容错。

(5) 快速按需弹性扩容，业务影响最小化

单体架构应用在进行系统资源扩展上必须经历停机—扩展—验证—启动等过程，所以，传统单体的应用扩容时，必须接受一定时长的业务中断，这对于 7×24 运行需求的应用是一种升级的挑战。

采用微服务架构与容器平台的结合能力，能够根据每个服务实际需求独立进行扩展和资源弹性伸缩，在贴近业务使用量的情况下占用相应的资源。

(6) 采用最合适的研发技术，兼顾业务与技术要求

在原有开发形态下，技术栈选型一旦落地，因业务的连续性等约束便非常难以变更。但由于业务的灵活性，技术开发团队需要寻找一种架构能够在兼顾连续性的基础上灵活地应对功能需求。因此，需要一种架构模式，能够使技术选型是去中心化的。每个技术团队可以根据自身服务的需求和行业发展的现状，自由选择最适合的技术栈。且对技术栈进行升级时所面临的风险也是低的，甚至完全重构一个组件或是服务也是可行的。

第35问　云原生应用的核心要素是什么

Well you only need the light when it's burning low. Only miss the sun when it starts to snow. Only know you've been high when you're feeling low. Only know you love her when you let her go.

——Passenger *Let Her Go*《让她离开》

云原生已成为软件行业的驱动趋势。这是一种构建大型复杂系统的新方法，充分利用了现代软件开发实践、技术和云基础设施。云原生改变了设计、实施、部署和操作系统的方式。

1. 云原生应用的概念

在软件的世界里，通过构建一个软件系统所需要的一组架构，其中包括软件元素、元素间的关系及两者的属性，这就是软件的架构。软件架构的本质，是通过结构化的抽象，将软件分解为元素，阐明这些元素之间的关系，软件的架构最终决定了软件支撑业务运行的能力。

我们来看两个来自企业的定义：

(1) Pivotal

云原生应用程序是专为云模型构建的。这些应用程序由小型专用功能团队快速构建和部署到一个平台，可提供轻松横向扩展和硬件解耦—为组织提供跨云环境的更高灵活性，弹性和可移植性。

(2) RedHat

云原生应用是独立的小规模松散耦合服务的集合，旨在提供备受认可的业务价值，例如快速融合用户反馈以实现持续改进。简而言之，通过云原生应用开发，可以加速构建新应用，优化现有应用并将这些应用全部组合在一起。其目标是以企业需要的速度满足应用用户的需求。

云原生基金会(CNCF)对云原生的说明是：

云原生技术有利于各组织在公有云、私有云和混合云等新型动态环境中，构建和运行可弹性扩展的应用。云原生的代表技术包括容器、服务网格、微服务、不可变基础设施和声明式API。这些技术能够构建容错性好、易于管理和便于观察的松耦合系统。结合可靠的自动化手段，云原生技术使工程师能够轻松地对系统作出频繁和可预测的重大变更。

CNCF关于云原生应用定义的关键是容器化、微服务、容器可以动态调度四个方面：

① 容器化：作为应用包装的载体。

② 持续交付：利用容器的轻便的特性，构建持续集成(CI)和持续发布(CD)的流水线。

③ 微服务：这是应用开发的一种理念，将单体应用拆分为微服务才能更好地实现云原生，才能独立部署、扩展和更新。

④ 组织协同：开发与运维之间的协同，上升到一种文化的层次，能够让应用快速的部署和发布。

在容器技术、可持续交付、编排系统等开源社区的推动下，以及微服务等开发理念的带动下，应用上云已经是不可逆转的趋势。随着云化技术的不断进展，云原生的概念也应运而生。

云原生应用是云平台的“当地人”，采纳云原生的相关技术。云原生背后典型的技术产品的名称也早已经是大家耳熟能详的：容器，docker，编排 K8s，微服务 ，服务网格，敏捷，持续集成—交付—部署，DevOps 等。云原生是方法和实践，云原生应用是云原生的结果，通过云原生方法实践的成果。

2. 持续交付/DevOps

应用开发中，不同的服务通常是由多个不同的团队并行开发的。强迫所有团队按照同样的节奏进行部署与发布是不合理的，会增加部署阶段的风险，并且让从业务到开发和运维的所有人都愈加焦虑。

微服务可以有效解决这个问题。如图 78 所示，根据微服务的理念，永远不应出现一个要让每个团队遵守的冗长发布周期。服务“A”的团队随时可以发布更新，而无须等到已合并、测试并部署服务“B”中的更改。

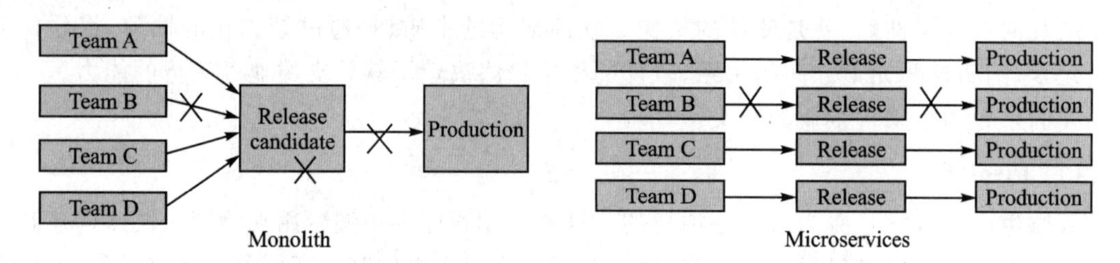

图 78　微服务架构示意

在理想情况下，服务都能够快速、频繁地发布小的改动。按照定义好的契约来通信以实现松耦合，契约隐藏了实现的细节。

微服务的自治和可独立部署，意味着工程师可以分别管理这些微服务所对应的资源需求，这带来的好处是，工程师自己知道也应该知道微服务运行所需要的资源要求，并且通过基础设施即代码的方式将其写入声明式定义文件中，确保运行环境的一致性、自主性，这一点在基础设施即代码一节中将详细阐述。一致性也意味着开发者的目标应该是围绕业务概念来组织服务和团队，只有这样安排，服务和团队的内聚性才能更高。

服务按照定义好的契约来通信以实现松耦合，契约隐藏了实现的细节，减少不必要的团队间沟通，能够在规模和职责上很自然地划定界限。与此同时这也带来一种与生俱来的减少故障的特性，由于服务自治，某一服务的不可用，不会引起连锁反应，当然需要通过熔断和降级机制来保证。

自治性也是一种团队文化，康威定律告诉我们，组织设计会对系统设计产生影响。将各项服务的责任和所有权委派给对端到端业务价值负责的团队，至关重要。清晰的服务所有权，由同一个团队负责服务的开发和生产，有助于提升团队对业务的主人翁意识，团队能够基于他们本身所处的环境和目标来迭代开发和作出决策。

从图 79 能够看到，微服务对团队能力要求更高，无论是工程能力，还是协作能力。为了实现服务的快速恢复，一旦出现问题，需要快速定位并解决问题，意味着需要采纳持续集成、持续部署、持续发布等实践，将热修复快速发布到生产环境。还需要构建自动化测试的能力，并将其植入到流水线中，运行基本的验证。

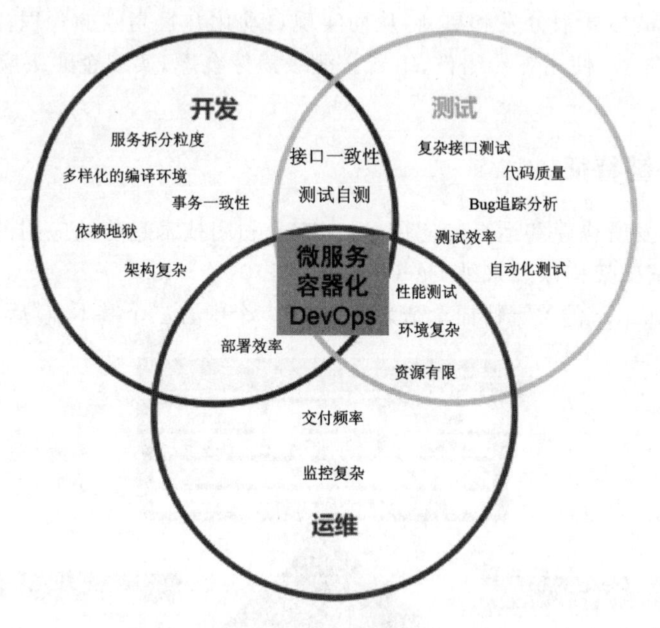

图 79 云原生要求开发—测试—运维一体化

微服务的诞生并非偶然：领域驱动设计指导我们如何分析并模型化负责的业务；敏捷方法论帮助我们消除浪费，快速反馈；持续交付促使我们更快构建更可靠和频繁的部署和发布；虚拟化和基础设施自动化 IaC 帮助我们简化环境的创建、安装；DevOps 文化的流行以及特性团队的出现，使得小团队更加全功能化。

3. 容器化

随着大数据、云计算、容器化、微服务、DevOps 等新技术和新概念的层出不穷和快速发展，在业务支撑、架构能力、平台扩展性等方面对旧有的烟囱式建设的业务支撑系统提出了巨大的挑战，越来越多的客户不再满足将业务从物理机迁移到虚拟机，而是构建容器化的云原生应用。

与传统应用相比，容器化云原生应用具有以下优势：

(1) 标准化应用的部署和交付，由于容器镜像的方式实现运行环境的标准化，屏蔽应用部署过程中针对不同环境需要的环境配置、安装步骤等复杂过程。类似“沙箱”技术，每台主机上可运行不同数量的容器提供服务；

(2) 微服务和 DevOps 的结合，容器的理念及其技术特点，能够更好地与微服务和 DevOps 技术进行融合，促进微服务和 DevOps 理念的落地，可从技术手段上保证项目管理方式和管理理念的真正有效落地；

(3) 有效整合现有资源，容器可运行在多种云平台环境中，物理、虚拟机、云平台等，可实现对企业不同的基础资源的统一化管理，降低系统运维难度；

(4) 提升资源利用率，容器是基于操作系统的轻量级虚拟化技术，共享操作系统的内核进程和内核资源，从而有效节省操作系统级资源开销，容器启动速度快，占用资源少，通过容器密度的提升更好地利用资源；

(5) 管理简单,使用容器技术,只需要小小的修改,就可以替代以往大量的更新工作。所有的修改都以增量的方式被分发和更新,从而实现自动化并且高效的管理;

(6) 生态系统完善,使用容器组件,组建企业级镜像仓库,实现企业级应用商店功能,应用系统日志监控等。

7. 云原生关键特征

云原生应用开发所构建和运行的应用,旨在充分利用技术趋势的应用模型:基于微服务的架构、基于容器的基础架构以及采纳 DevOps 流程。

云原生 Cloud Native 的关键特征总结为图 80 的一个中心三个基本点(后文还有详细介绍)。

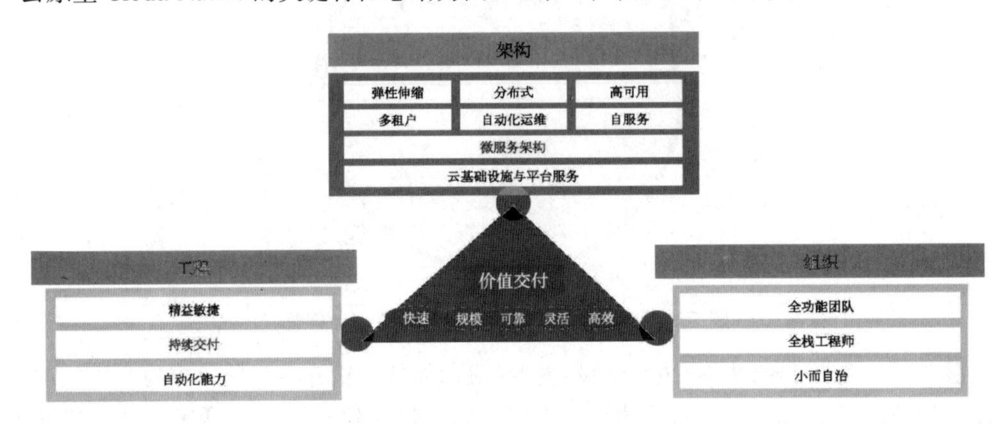

图 80　云原生的一个中心三个基本点

(1) 基于微服务的架构(如微服务)提倡构建松散耦合的模块化服务。其他模块化架构方案采用基于服务的松散耦合设计,可帮助企业提高应用创建速度,但不会增加复杂性。

(2) 云原生应用依靠容器来构建跨技术环境的通用运行模型,并在不同的环境和基础架构(包括公共、私有和混合云)间实现真正的应用可移植性。容器技术会利用操作系统虚拟化功能划分多个应用的可用计算资源,并确保这些应用安全无虞、相互独立。云原生应用采用横向扩展模式,因此,只需添加更多应用实例,即可增加容量,而且这样的添加常通过容器基础架构中的自动化功能实现。由于容器的费用低、密度高,因而可在同一虚拟机或物理服务器内托管大量容器,这使得容器成了交付云原生应用的理想之选。通过采用容器化的封装、自动化的编排和部署,以及在基础设施内保持服务之间的一致性,可以极大地降低因这些额外的复杂性引入的管理代价。

(3) 采用云原生方案时,企业会使用敏捷的方法,依据持续交付和 DevOps 原则开发应用,这些方法和原则要求开发、质量保证、安全、IT 运维团队以及交付过程中所涉及的其他团队以协作方式构建和交付应用。通过使用自动化保证部署和系统运维过程中的正确性。微服务的可独立部署意味着无须依赖其他服务的就绪,可以根据本服务自己的节奏进行开发、部署,甚至是发布。微服务的高内聚低耦合,可通过服务的解耦将团队之间的依赖降低。

因此,我们需要将微服务、容器、DevOps 等平台能力集成到应用 PaaS 平台,提供云应用开发部署的一站式工具平台,便于云原生应用的快速开发部署和验证。

第 36 问　为什么是容器 Docker 和 Kubernetes

Only fools rush in, but I don't believe.

——Spiriitualized ... *We are floating in space*《我们在太空中漂浮》

如果你是一名 IT 行业的从业者，还没有听说过容器 Docker 和 Kubernetes 其二，抱歉，你可以改行了。

如果你是一名技术人员，无论你是程序员，测试人员，运维工程师还是时髦的 DEVOPS 工程师，你还没有运行过 DOCKER PS，抱歉，你过分了。

容器伴随着 2013 发布的开源项目 Docker，以迅雷不及掩耳盗铃之势迅速席卷了整个 IT 行业，一瞬间每个人都在谈论容器，谈论 Docker，谈论 Kubernetes。但，这一切都不是一瞬间的事情。

1. 为什么是 Docker?

当年笔者(徐磊)刚刚进入北京理工大学管理学院读书时，在各种电脑类杂志上注意到一个新词汇频繁出现了，就是 Web Service。当时我们还完全看不懂这里面的玄机，而容器的发展应该说从那个时候就已经埋下了伏笔。

早在 1995 年，任何一种技术栈所开发出来的软件都是无法很方便和其他技术栈进行通信的，除非使用共享内存，文件系统的方式。跨进程访问是一个阻碍技术发展的巨大难题，而对这个难题最不满意的其实是企业的管理者。因为对于管理者而言，一旦购买了某个厂商的某个技术栈的产品，那么就必须一直"忠实"地与这个厂商合作下去，同时一直使用同样一个技术栈开发后续的扩展。什么意思呢，就是说如果用 Java 开发一个系统(注意：这只是个例子，1995 年的 Java 还仅限于 applet 的状态)，是不可能使用任何其他语言，比如 C#，PHP，Python 等，与这个系统进行集成的。这个状态让企业管理者感到非常不可接受，因为他们感觉被绑架了，明明市场上有很好的解决方案，有便宜的开发人员，但仅仅因为技术的限制就必须和这个厂商合作。

这个问题必须解决!

同时，1995 年互联网开始普及，于是科学家们开始研究使用网络通信的方式解决跨进程访问的问题，这样才出现了 Web Service 这种借助标记语言(XML)抽象不同技术栈的实现方式，统一使用简单的纯文本报文的方式实现跨进程访问的技术，从那个时开始一直在持续被改进，并最终演化成了今天的 Rest API 的标准。这件事到 2015 的时候已经不再是一个障碍了，现在可以使用任何语言，在任何系统上和其他语言的系统进行自由高效的通信。在这个过程中，IT 系统架构也随之改变，从原来只能是一个厂商，一个操作系统，一个技术栈的烟囱式架构，逐渐演变成不同厂商，不同技术，不同操作系统的网状架构，其实这就是我们所说的集中式到分布式，单体到微服务的整个演化过程。在这个过程中，企业管理者终于自由了，技术人员自由，大家不再受限于某种单一的技术，可以自由选择适合的组件来"拼装"一个 IT 系统。现如今，在一个 IT 系统中引入某种开源组件，或者与一个第三方系统进行集成都不再是一个技术问题。大家变得随意,自由,敏捷起来。

但是,任何事情都有它的两面性。在获取了自由,敏捷的同时,整个 IT 架构变得无比复杂,开发人员开始组装出高度异构化的系统,而运维环境也开始采用更加复杂的分布式,虚拟化和云来支撑这类异构的系统。

此时,企业管理者的另外一个大麻烦又来了,如何管理这复杂的 N×N 问题?不仅技术变得更加复杂,人员知识结构也成了巨大的瓶颈。原来的 IT 运维人员只需要掌握技术栈的知识,而现在每个服务都使用不同的技术栈运行在不同的硬件或者虚拟化平台上。

这个问题也必须解决!

于是,聪明的技术人又一次发挥了充分的想象力,利用容器的方式完美地解决了这个问题。Docker 通过统一开发人员打包交付代码的方式和统一运维人员运行软件包的方式,让开发人员做到“一次构建,多次运行”,让运维人员做到“配置一次,运行任何应用”,如图 81 所示。

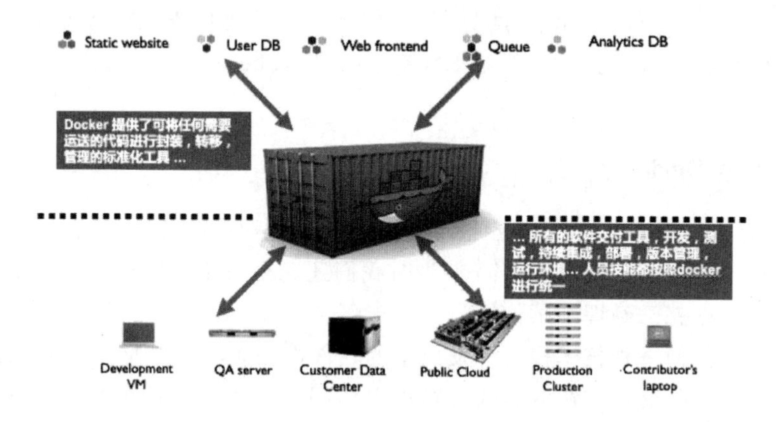

图 81　容器化示例

最终,Docker 以自己特有的逆向思维模式用最简单的方式解决了这个问题。

如果大家对运维自动化工具有所了解,就一定知晓 Ansible,Chef,Puppet 以及 Vagrant 等这些工具。但如果把 Docker 和这些工具作比较,就会发现他们其实解决了同一个问题,但使用了 2 种完全不同的思路。Docker 是用简单的办法解决复杂的问题,而其他那些工具都使用复杂的办法来解决复杂的问题。

2. 为什么是 Kubernetes?

为什么是 Kubernetes? 这个问题我想从《2018 全球 DevOps 现状调查报告》中针对云计算发展的总结来说明,云计算所需要具备的五个核心特征前文已有介绍。但是即便过去这些年各大企业都在风风火火地建设自己的云计算,但其实没有几个企业的所谓云计算具备了这些特征。特别是大多数传统企业所建设的云计算,其实是打着云计算的幌子。

即便是已经上了公有云的很多企业,也仍然按照老的方式在使用先进的云计算平台,生硬地把公有云用成了库房里面的服务器。

这些问题当然不仅是技术问题,还涉及管理,文化和传统思维方式的问题。但是抛开这些非技术因素,仅说技术,如果云计算只能够解决 IaaS 层的问题,对于企业来说确实很难挖掘出真正的价值,最后也就是个虚拟化数据中心而已。企业业务真正需要的是 PaaS 层面的东西,但因为上述整个 IT 行业向异构化发展的趋势,一直没有一个真正通用化,具体问题,大家可以看看 CloudFoundry 的发展现状就知道了。

直到 Docker 出现，那么对于企业来说，上层对接应用技术栈的问题被完美解决了，但还需要一个方案能够完美解决对接底层 IaaS 云计算基础设施的对接问题。

这个问题也必须被解决。

可以这样说，有了编排平台，就可以在一个混合的云环境上运行任何你想要运行的应用，不用关心技术栈，不用关心操作系统，也不用关心应用在哪里。你完全可以在 Azure 上放 3 个节点，在 AWS 放 3 个节点，另外在家里的破旧服务器也可以放上 3 个节点来运行你的集群和应用。

编排平台解决了困扰企业管理者上云最大的担忧，就是被厂商绑定，被技术绑定，被操作系统绑定。特别是传统企业的管理者，终于找到了一个成熟的方案可以盘活自己花费巨资建立的"云计算"数据中心，让自己的"云"成为一朵真的云，真正为业务为开发者服务。

Kubernetes 就是这样一个技术，它满足了企业管理者们这"最后一公里"的诉求。

可用一句话总结这漫漫长路：生命诚可贵，爱情价更高，若为自由故，二者皆可抛。

第 37 问　微服务架构与微服务底座有什么作用

I'll take you down the only road I've ever been down. You know the one that takes you to the places where all the veins meet yeah.

——The Verve *Bitter Sweet Symphony*《苦乐交响曲》

1. Spring Cloud 和 Spring Boot

系统一旦走向分布式，其复杂程度成倍增长，传统单体应用只考虑业务逻辑的开发方式已经不再适用。正因其复杂性，目前只有业务需求大的大型互联网公司才会（被迫）采用，而且需要投入大量的技术力量来开发基础设施，这也造成了小公司"用不起"分布式架构的情况。现在这一局面正在逐渐被打破，因为 Netflix 开源了其经过实战考验的一系列基础设施构件，加上 Spring Cloud 的大力支持，开发分布式系统已经不再像以前那样了。

Spring Cloud 和 Spring Boot 都是微服务框架，Spring Cloud 依赖于 Spring Boot。Spring Boot 是 Pivotal 在 Spring 基础上推出的一个支持快速开发的框架。

SpringBoot 旨在简化创建产品级的 Spring 应用和服务，简化配置文件，使用嵌入式 web 服务器，并内置诸多开箱即用微服务功能。以前使用 Spring 的项目，需要自己指定一大堆项目依赖，例如依赖 Spring Core，Spring MVC，Mybatis 等，自从有了 Spring Boot，Spring Boot 将这些依赖简单粗暴地直接模块化了，开发者再也不用费尽苦心地自己手动去添加多个依赖项。

Spring Boot 另外自身默认内嵌了一个 Servlet 容器，开发者的页面可以直接通过 main 方法启动访问了，不再需要部署到单独的应用服务器中，这样应用的开发调试都会方便很多；Spring Boot 的这些特点使得它比较适合用来做微服务的基础框架，但是要开发一个完整的微服务系统可不仅是从命令行启动一个 web 系统这么简单。当年的 Pivotal 公司（2013 年从

VMWare 剥离出来，现在又被 VMWare 收购回去，很折腾）看到了这点，顺势推出了基于 Spring Boot 的微服务爆品 Spring Cloud。

Spring Boot 是一套快速配置脚手架，专注于快速开发单个微服务。SpringCloud 是一个基于 Spring Boot 实现的服务治理工具包，关注全局的微服务协调框架，它将 SpringBoot 开发的单个微服务整合为微服务之间提供、配置管理、服务发现、断路器、路由网关等的集成服务，SpringCloud 依赖 SpringBoot。

SpringCloud 为开发者提供了工具快速构建分布式系统中的一些常见模式（例如配置管理、服务发现、断路器、智能路由、微代理、控制总线、一次性令牌、全局锁、领导选举、分布式会话，集群状态）。分布式系统的协调导致了样板模式，使用 SpringCloud 开发人员可以快速建立实现这些模式的服务和应用程序。

Spring Cloud 被称为构建分布式微服务系统的“全家桶”，它并不是某一门技术，而是一系列微服务解决方案或框架的有序集合。它将市面上成熟的、经过验证的微服务框架整合起来，并通过 Spring Boot 的思想进行再封装，屏蔽掉其中复杂的配置和实现原理，最终为开发人员提供了一套简单易懂、易部署和易维护的分布式系统开发工具包。

微服务是可以独立部署、水平扩展、独立访问（或者有独立的数据库）的服务单元，Spring Cloud 就是这些微服务的大管家，采用了微服务这种架构之后，项目的数量会非常多，Spring Cloud 作为大管家需要管理好这些微服务。

Spring Cloud 基于 Spring Boot，由众多的子项目组成。Spring Cloud 中包含了 spring－cloud－config、spring-cloud-bus 等近 20 个子项目，提供了服务管理、服务网关、智能路由、负载均衡、断路器、监控跟踪、分布式消息队列、配置管理等领域的解决方案。例如 Spring Cloud Config 是一个中心化的配置管理服务，用来解决微服务环境下配置文件分散管理的难题，Spring Cloud Stream 是一个消息中间件抽象层，目前支持 Redis，Rabbit MQ 和 Kafka，Spring Cloud Netflix 整合了 Netflix OSS，可以直接在项目中使用 Netflix OSS。目前 Spring Cloud 的子项目有接近 20 个，如果要使用 Spring Cloud，务必先将子项目都了解一遍，得知道哪些功能 Spring Cloud 已经提供了，避免团队花费大量时间重复做工作。

Spring Cloud 是一系列框架的有序集合。它利用 Spring Boot 的开发便利性巧妙地简化了分布式系统基础设施的开发，如服务发现注册、配置中心、消息总线、负载均衡、断路器、数据监控等，都可以用 Spring Boot 的开发风格做到一键启动和部署。Spring Cloud 通过 Spring Boot 风格进行再封装屏蔽掉了复杂的配置和实现原理，最终给开发者留出了一套简单易懂、易部署和易维护的分布式系统开发工具包。

Spring Cloud 的特点：

(1) 有强大的 Spring 社区、Netflix 等公司支持，并且开源社区贡献非常活跃。

(2) 标准化将微服务的成熟产品和框架结合在一起，SpringCloud 提供整套的微服务解决方案，开发成本较低，且风险较小。

(3) 基于 SpringBoot，具有简单配置、快速开发、轻松部署、方便测试的特点。

(4) 支持 REST 服务调用，相比于 RPC，更加轻量化和灵活（服务之间只依赖一纸契约，不存在代码级别的强依赖），有利于跨语言服务的实现，以及服务的发布部署。另外，结合 Swagger，也使得服务的文档一体化。

(5) 提供了 Docker 及 Kubernetes 微服务编排支持。

(6) 国内外企业应用非常多,经受了大公司的应用考验(比如 Netfilx 公司),以及强大的开源社区支持。

2. Spring Cloud 的常用组件及部分场景

Spring Cloud 是目前完整的微服务解决框架,功能非常强大,如图 82 所示。

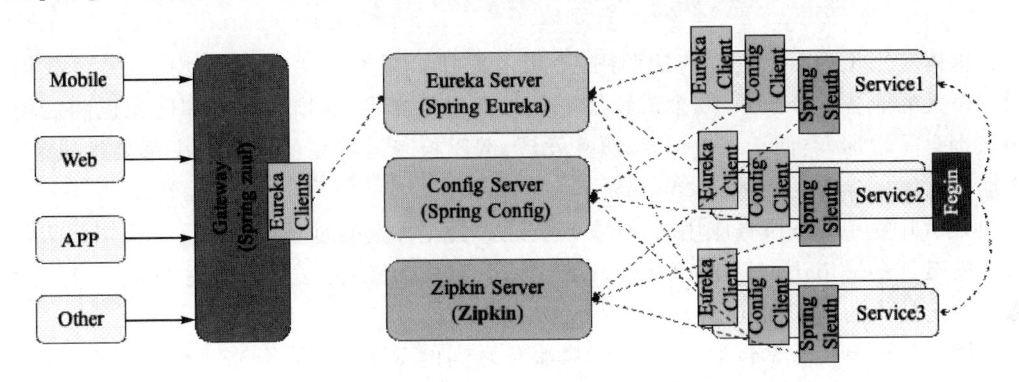

图 82 Spring Cloud 微服务解决框架

Spring Cloud 常用组件包括:

(1) Eureka 组件,Eureka 负责服务的注册与发现,将各服务连接起来。它是一种基于 REST 的服务,主要用于定位服务,以实现中间层服务器的负载平衡和故障转移。

(2) Ribbon 组件,Ribbon 是一个客户端的负载均衡(LoadBalancer,简称 LB)器,它提供对大量的 HTTP 和 TCP 客户端的访问控制。

(3) Feign 组件,是一个声明式的 WebService 客户端。它的出现使开发 WebService 客户端变得很简单。使用 Feign 只需要创建一个接口加上对应的注解,比如@FeignClient 接口类注解。

(4) Hystrix 组件,微服务架构中某个微服务发生故障时,要快速切断服务,提示用户,后续请求,不调用该服务,直接返回,释放资源,这就是服务熔断。Hystrix 负责监控服务之间的调用情况,连续多次失败进行熔断保护。

(5) Turbine 组件,微服务架构中为了保证程序的可用性,防止程序出错导致网络阻塞,出现了断路器模型。断路器的状况反应程序的可用性和健壮性,它是一个重要指标。Hystrix-Dashboard 是作为断路器状态的一个组件,提供了数据监控和直观的图形化界面。

(6) Zuul 组件,Zuul 网关主要提供动态路由,监控,弹性,安全管控等功能。在分布式的微服务系统中,系统被拆为了多个微服务模块,通过 zuul 网关对用户的请求进行路由,转发到具体的后微服务模块中。所有对外的请求和服务,都通过 Zuul 来进行转发,起到 API 网关的作用。

(7) Config 组件,在微服务系统中,服务较多,相同的配置:如数据库信息、缓存、参数等,会出现在不同的服务上,如果一个配置发生变化,需要修改很多的服务配置。Spring Cloud Config 提供了统一的配置中心服务,来解决这个场景问题。

(8) Zipkin 组件,Zipkin 是 SpringCloud 微服务系统中的一个组件,实现了链路追踪解决方案。我们可以定位一个请求到底请求了哪些具体的服务。在复杂的微服务系统中,如果请求发生了异常，可以快速捕获问题所在的服务。Zipkin 将所有的请求数据记录下来，以方便我们进行后续分析。

3. 微服务底座(CHASSIS)

Chassis，直译成中文是底盘的意思，它是一种微服务模式，由微服务大师 Chris Richardson 提出。

在单体应用里面都是进程内的调用，不用考虑什么服务发现、服务调用、服务负载均衡。当把一个大的业务拆分成了 10 个或者是更多的微服务之后，新增的成本和门槛也随之增加，故障点也会是增加，类似于日志框架、服务发现、健康检查这些在所有服务中都要解决的问题叫作横切面问题(cross-cutting concerns)。

当开始开发一个微服务应用时，开发人员经常会花大量的时间去关注这些横切面问题，比如日志框架(log4j/logback)，健康检查，metrics，分布式追踪；除了这些常见的问题，还有一些针对于特定技术的横切面问题。

微服务架构模式通常包含如下内容：微服务之间的 RPC 通信、分布式微服务实例和服务发现、配置外置及动态、集中的配置管理、提供多种(熔断、隔离、限流、负载均衡等)微服务治理能力、分布式事务管理能力、调用链、集中日志采集和检索。相应地，一个完整的微服务底座通常需要包含以下功能：

(1) 微服务之间的 RPC 通信。微服务架构模式要求微服务之间通过 RPC 进行通信，不采用其他传统的通信方式，比如共享内存、管道等。常见的 RPC 通信协议包括 REST、gRPC、WebService 等。使用 RPC 通信，能够降低微服务之间的耦合，提升系统的开放性，减少技术选型的限制。一般建议采用业界标准协议，比如 REST。对于性能要求非常高的场景，也可以考虑私有协议。

(2) 分布式微服务实例服务注册和服务发现。微服务架构特别强调架构的弹性，业务架构需要支持微服务多实例部署满足业务流量的动态变化。一般微服务设计会遵循无状态设计原则，符合该原则的微服务扩充实例，能够带来处理性能的线性提升。当实例数很多的时候，就需要有一个支持服务注册和发现的中间件，用于微服务之间的调用寻址。

(3) 配置外置及动态、集中的配置管理。随着微服务和实例数的增加，管理微服务的配置会变得越来越复杂。配置管理中间件给所有微服务提供统一的配置管理视图，有效降低配置管理的复杂性。配置管理中间件搭配治理控制台，可以在微服务运行中对微服务的行为进行调整，满足业务场景变化、不升级应用的业务诉求。

(4) 提供熔断、隔离、限流、负载均衡等微服务治理能力。微服务架构存在一些常见的故障模式，通过这些治理能力，能够减少故障对于整体业务的影响，避免“雪崩”效应。

(5) 分布式事务管理能力。常见的分布式事务处理模式包括 Saga、TCC、无侵入式等。分布式事务管理可以降低处理分布式事务一致性问题的难度。

(6) 调用链、集中日志采集和检索。日志的汇总，分类，审计和查询，查看日志仍然是分析系统故障最常用的手段，调用链信息可以帮助界定故障和分析性能瓶颈。

(7) 开发运维一体化即 DevOps 相关能力，包括服务开发(统一代码框架，支持多种编程语言)，服务构建和打包，服务测试，部署和升级，微服务 CICD 流水线，灰度发布，蓝绿部署等。

(8) 运行时管理能力，包括监控和告警，主要是监控每个服务的状态，必要时产生告警；调用链追踪与管理，统一问题跟踪调试框架；认证和鉴权；资源管理，如：底层的虚拟机，物理机和网络管理。

微服务底座是用于微服务应用的云中间件，为用户提供注册发现、服务治理、配置管理等高性能和高韧性的企业级云服务能力。SpringBoot、SpringCloud 广泛应用于构建微服务应用，通过微服务底座可无缝兼容开源及商业生态，开发者也可结合其他云服务，快速构建云原生微服务体系，实现微服务应用的快速开发和高可用运维。使用微服务底座，开发者可以更加专注于业务开发，提升产品交付效率和质量。提供了微服务底座，用户并不需要自己去处理横切关注点，可以更聚焦业务逻辑本身，可简单、快速地开发微服务。

第 38 问　微服务该如何进行治理

In all the good times I find myself longing for change, and in the bad time Ifear my self. We're far from the shallow now.

——Lady Gaga, Bradley Cooper *Shallow*《浅滩》

服务架构的流行，给应用开发带来了灵活性、扩展性、伸缩性以及高可用性等优势，但系统的整体复杂性是守恒的，微服务只是将开发时的复杂性延后到了运行时。

1. 微服务对运维的挑战

微服务将应用拆分成多个核心功能，每个功能都被称为一项服务，可以单独构建和部署，这意味着各项服务在工作（和出现故障）时不会相互影响。这对于运维监控的挑战意味着一个应用下面可能会有成百上千个微服务需要治理，这无疑是个非常庞大且复杂的工作。运行时的系统复杂性上升，服务间依赖复杂，需要监控更多复杂的系统和应用实例，事务调用链条长，定位问题更加麻烦。

(1) 微服务对应用运行时的运维和监控带来了的挑战

① 对运维要求进一步提升：更多的服务意味着更多的运维投入。在单体架构中，只需要保证一个应用的正常运行。而在微服务中，需要保证几十甚至几百个服务正常运行与协作，这给运维带来了很大的挑战。

② 分布式固有的复杂性：使用微服务构建的是分布式系统。对于一个分布式系统，系统容错、网络延迟、分布式事务等都会带来巨大的挑战。

③ 接口调整成本高：微服务之间通过接口进行通信。如果修改某一个微服务 API，可能所有使用该接口的微服务都需要调整。

④ 资源调度弹性：为应对业务高峰，需要对微服务进行动态按需扩容，要实现资源调度弹性能力。

(2) 微服务对于应用运行和运维时管理的要求

① 需要实现自动化运维、资源弹性调度、快速恢复策略的定义和导入。

② 需要实现平台对自动化运维、资源弹性调度、快速恢复策略的定义和导入能力集成。

③ 需要引入各种容错机制，例如当服务访问中断时，可自动重试；当服务运能不够时，有过载保护和负载均衡；在必要时，可随时关闭服务，实现柔性可用。

④ 需要进行容量管理与监控，例如常规监控(CPU、内存、IO 等)、调用失败次数、重试次数等。

⑤ 需要精细化运营，做到对资源进行“削峰填谷”。通过了解业务的特性，掌握每个业务峰值的不同时间，进行错峰部署。

⑥ 需要进行服务布局，将用户运用不同的方法与服务维度进行“切割”和布局，例如采用多地自治，数据中心内采用集群部署，集群内互为容错等布局方式。

⑦ 持续部署的能力，与服务的可用性相关，如何通过回滚或前滚机制快速故障恢复，如何通过技术手段降低变更与发布风险，这也是微服务与 DevOps 能力同样受到重视的原因。

2. 微服务治理

微服务治理主要包含以下方面：

服务发现：如何通过一个标志获取服务列表，并且这个服务列表是能够随着服务的状态而动态变更的。

负载均衡：将工作负载分布到多个服务器来提高网站、应用、数据库或其他服务的性能和可靠性。

灰度发布：新功能上线时，能够实现未上线功能平稳过渡上线的一种方式。

服务熔断与容错：下游服务因访问压力过大而响应异常时，为保护系统可用性，上游服务可暂停调用下游服务。

服务降级：服务超出上限阈值时，拒绝部分请求或者将一些不重要/不紧急的服务进行延迟或暂停。

服务限流：监控应用流量指标，当达到指定阈值时对流量进行控制，以避免被瞬时的流量高峰冲垮。

弹性伸缩：根据服务使用流量，对应用实例进行弹性伸缩，以更好地支持业务侧压力。

(1) 服务发现

如图 83 所示，服务治理领域最重要的问题就是服务发现与注册。

在一个微服务应用中，一组运行的服务实例是动态变化的，实例有动态分配的网络地址，因此，为了使得客户端能够向服务发起请求，必须要有服务发现机制，在此基础之上进行微服务的其他治理功能。

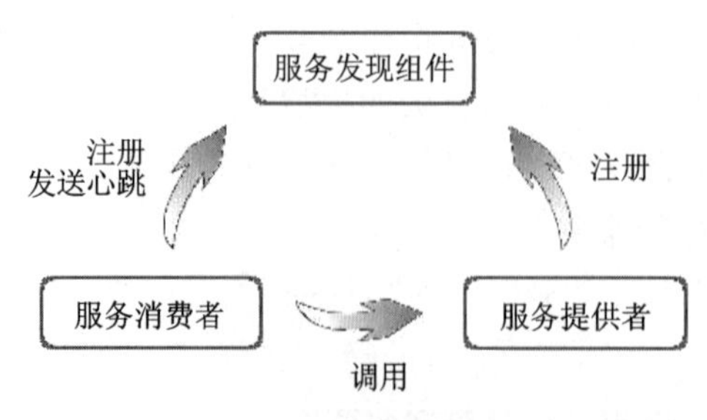

图 83 微服务治理

① 客户端服务发现。客户端通过查询服务注册中心，获取可用的服务的实际网络地址(IP 和端口)。然后通过负载均衡算法选择一个可用的服务实例，并将请求发送至该服务。

优点：架构简单，扩展灵活，方便实现负载均衡功能。

缺点：强耦合，有一定开发成本。

② 服务端服务发现。客户端向负载均衡 load balancer 发送请求。load balancer 查询服务注册中心找到可用的服务，然后转发请求到该服务上。和客户端发现一样，服务都要到注册中心进行服务注册和注销。

优点：服务的发现逻辑对客户端是透明的。

缺点：需要额外部署和维护高可用的负载均衡器。

服务注册中心是服务发现的核心，保存可用服务实例的网址（IP Address and Port）。支持可用性和实时更新功能。微服务启动时，将实例信息注册到注册中心，包括实例的基本信息，如应用名称、微服务名称、版本号、服务契约、实例地址等；微服务需要调用其他微服务的接口时，从注册中心查询实例信息，并将实例信息缓存到本地，缓存会通过事件通知、定时查询等机制更新；通过本地缓存的地址信息，实现微服务之间的点到点调用，当微服务存在多个实例的情况，可以配置不同的负载均衡策略，包括轮询、权重、灰度发布、同可用区优先等。

（2）负载均衡

在分布式系统中，负载均衡是一种将任务分派到多个服务端进程的方法。负载均衡保证了分布式服务器中，不会有某一个服务器负载过高。通过将任务均匀的分派到各个服务器，负载均衡可以提高应用的响应速度和可用性。

负载均衡主要应用于以下场景中：

场景一：应用于高访问量的业务。如果应用访问量很高，可以通过配置监听规则将流量分发到不同的 ECS 实例上。此外，可以使用会话保持功能将同一客户端的请求转发到同一台后端 ECS，提高访问效率。

场景二：横向扩张系统。可以根据业务发展的需要，通过随时添加和移除 ECS 实例来扩展应用系统的服务能力，适用于各种 Web 服务器和 App 服务器。

场景三：消除单点故障。可以在负载均衡实例下添加多台 ECS 实例。当其中一部分 ECS 实例发生故障后，负载均衡会自动屏蔽故障的 ECS 实例，将请求分发给正常运行的 ECS 实例，保证应用系统仍能正常工作。

其他的场景包括同城容灾（多可用区容灾）、跨地域容灾等。

服务端负载均衡。微服务实例启动时会将自己的实例信息（包括 IP、端口号等）注册到注册中心，并且通过心跳机制维持本实例的在线状态。

用户通过负载均衡机制从负载均衡缓存的 provider 实例列表中选取一个作为本次请求发送的地址，如图 84 所示。

客户端负载均衡。微服务实例启动时会将自己的实例信息（包括 IP、端口号等）注册到注册中心，并且通过心跳机制维持本实例的在线状态。

用户定时去服务中心查询 provider 的实例，如图 85 所示。

用户调用 provider 时会通过负载均衡机制从缓存的 provider 实例列表中选取一个作为本次请求发送的地址。

内置的负载均衡策略有 RoundRobin、Random、WeightedResponse、SessionStickiness，其中默认使用的是 RoundRobin。

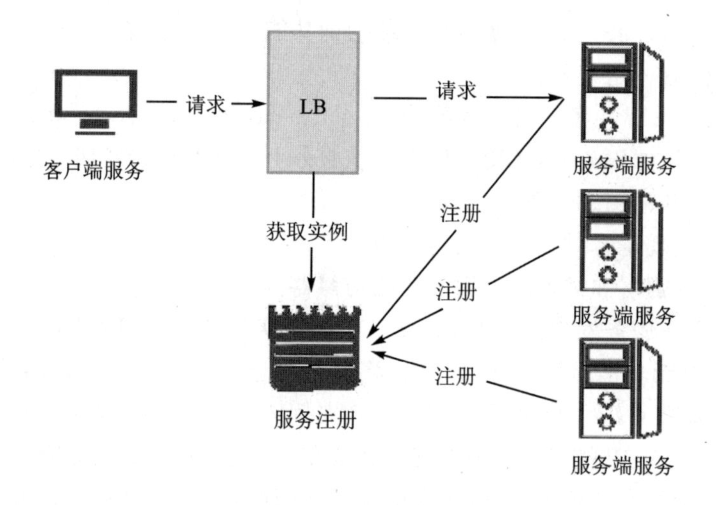

图 84　服务端负载均衡

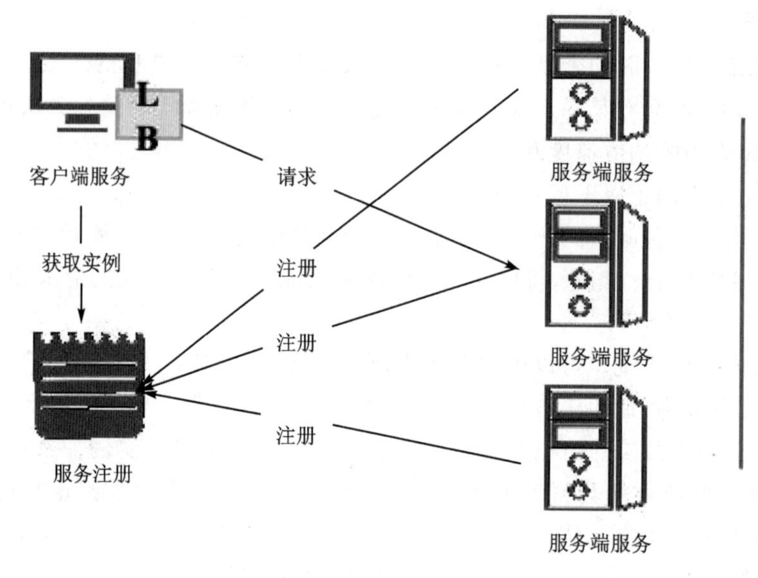

图 85　客户端负载均衡

(3) 灰度发布

更安全的发布方式,让业务上线不仅仅是快,为保障新特性能平稳上线,可以通过灰度发布功能选择少部分用户试用,降低发布风险。

通常,我们可以支持流量权重和自定义参数(根据接口参数进行灰度导流)两种方式实现灰度策略,如图 86 所示。

具体灰度发布的内容,我们将在持续发布章节中进一步详述。

(4) 服务限流

限流的目的是通过对并发访问/请求进行限速或者一个时间窗口内的请求进行限速保护系统,一旦达到限制速度则可以拒绝服务(定向到错误页或告知资源没有了)、排队或等待(比如秒杀、评论、下单)、降级(返回兜底数据或默认数据,如商品详情页库存默认有货)。在流量

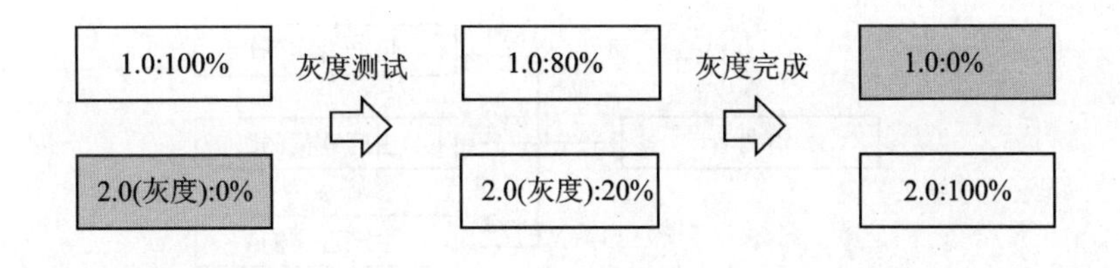

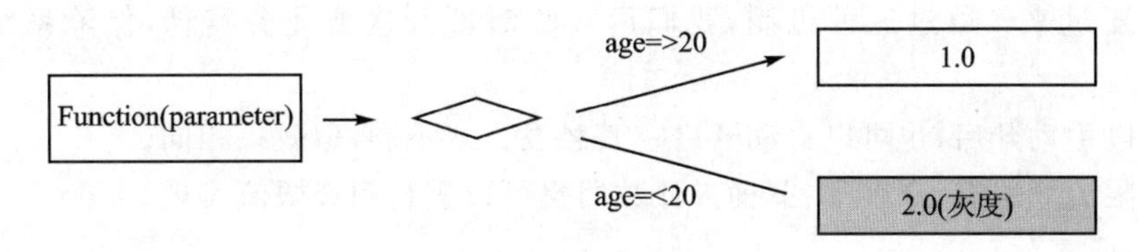

图 86　灰度发布

高峰时，可根据消费者优先级适当调整流量限制，保护生产者不被 流量击垮。

一般开发高并发系统常见的限流策略有：

① 限制总并发数（比如数据库连接池、线程池）；

② 限制瞬时并发数（如 nginx 的 limit_conn 模块，用来限制瞬时并发连接数）；

③ 限制时间窗口内的平均速率（如 Guava 的 RateLimiter、nginx 的 limit_req 模块，限制每秒的平均速率）；

④ 其他还有如限制远程接口调用速率、限制 MQ 的消费速率；

⑤ 另外，还可以根据网络连接数、网络流量、CPU 或内存负载等来限流。

(5) 服务熔断与容错

服务的熔断与容错，目的都在于保护系统整体的可用性。

对于一个分布式系统，如果某个请求的调用链中的某个服务出现故障，响应变慢，会导致整个链路的响应变慢，请求堆积。当这种情况变得越来越严重的时候，占用的资源会越来越多，到达系统瓶颈，造成整个系统崩溃，所有请求都不可用。

① 熔断。在某个生产者在指定时间段持续出现故障时，消费者主动断开其连接，如果生产者故障排除，则连接自动恢复，如图 87 所示。

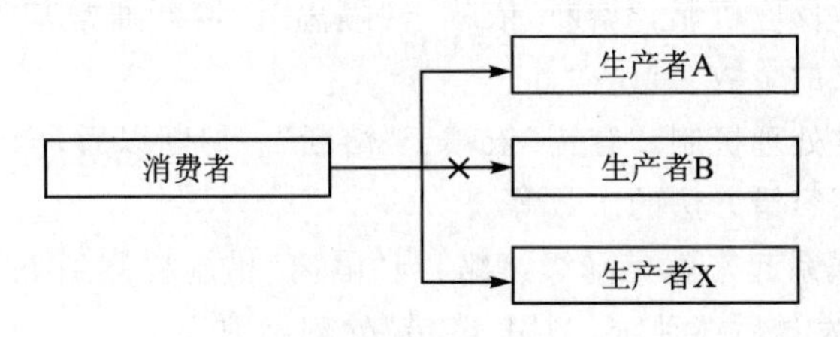

图 87　服务熔断

② 容错。在消费者访问生产者的某一个实例失败时，则根据容错策略自动进行错误处理，如选择另一个实例重试、按时间间隔持续重试同一实例，或者快速返回失败不重试，如图 88 所示。

熔断可以将问题服务隔离开，令请求可以快速返回；待问题服务变为正常状态后，再从熔

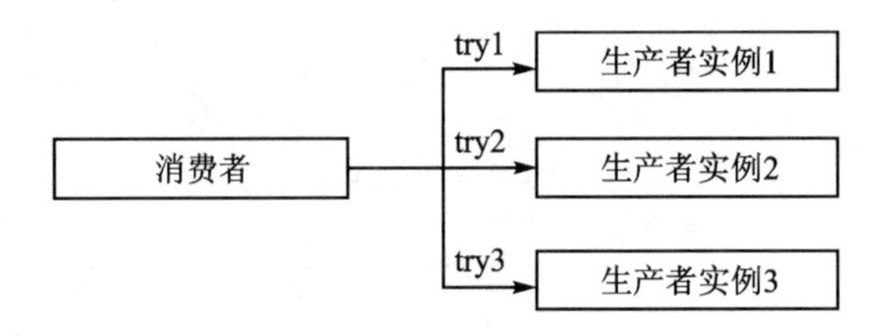

图 88　服务容错

断状态中恢复过来。通过这种机制，我们可以临时断开次要业务路径，保障系统整体的可用性。

熔断可以手动开启，也可以自动开启。其触发方式不同，但效果相同。

常见的限流算法有：令牌桶、漏桶。计数器也可以进行粗暴限流实现。

(6) 降级

在生产者出现故障时，消费者可主动断开与生产者的连接，以保护消费者避免故障传染，能正常对外提供服务，我们称之为服务降级。目的在于保证重要或基本服务正常运行，非重要服务延迟使用或暂停使用。如若不熔断，很有可能会产生如图 89 所示的服务雪崩情况。

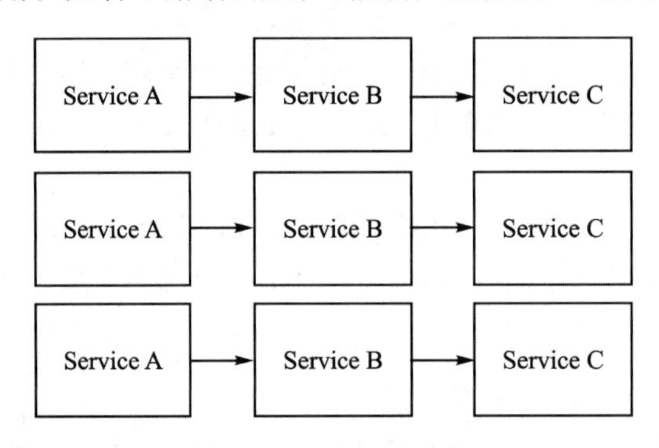

图 89　服务降级

与降级策略相关的有三个技术概念："隔离""熔断""容错"：

"隔离"是一种异常检测机制，常用的检测方法是请求超时、流量过大等。一般的设置参数包括超时时间、同时并发请求个数等。

"熔断"是一种异常反应机制，"熔断"依赖于"隔离"。熔断通常基于错误率实现。一般的设置参数包括统计请求的个数、错误率等。

"容错"是一种异常处理机制，"容错"依赖于"熔断"。熔断以后，会调用"容错"的方法。一般的设置参数包括调用容错方法的次数等。

把上述这些概念联系起来就是降级策略：当"隔离"措施检测到 N 次请求中共有 M 次错误的时候，"熔断"不再发送后续请求，调用"容错"处理函数。

(7) 弹性伸缩

自动弹性伸缩基于容器的监控指标与弹性伸缩规则实现，首先要选择合适的监控指标，使其最能够反映容器真实的负载情况。一类指标是系统内置的监控指标，包括 CPU、内存、磁盘、网络的使用率和大小，另一类是业务自定义的监控指标。当系统内置指标不能很好地反映容器的真实负载情况时，采用业务自定义监控指标是更好的选择。

基于监控指标，可以设置弹性伸缩规则，根据触发类型不同，弹性伸缩规则主要包括以下几类：

定时触发：适合计划性的弹缩场景使用。

周期触发：适合业务负载呈周期性规律的场景使用。

告警触发：根据监控指标的阈值规则触发的弹性伸缩，通用性更强。

为了防止弹性伸缩规则出现冲突和不稳定，系统通过冷却时间和多周期采样来提升弹性伸缩策略的稳定性。

第 39 问 应用应该如何迁移上云

All around the world. We could make time. Cause I'm in my prime.

——Red Hot Chili Peppers *Around The World*《环绕世界》

随着技术的发展进展，传统基于单体应用的软件架构已经全面走向云化和服务化的分布式架构，新的应用架构设计和构建基于统一的平台已经成为打破传统应用烟囱林立的必备手段。统一的平台将整合公共组件(含传统各类中间件)服务，促进软件架构复用，架构和开发技术栈统一，各方面快速提升应用开发效率，加快应用部署，缩短业务开发周期；另一方面，减少重复建设，节约投资，降低 IT 成本，加速 IT 设施发展。

1. 应用上云的价值？

应用上云趋势无可阻挡，“上云”是企业实现数字化转型的第一步，其价值主要体现在以下几个方面：

(1) 加速企业 IT 设施发展，上云有利于更好地促进各类信息技术在企业中的普及应用，从而加速企业 IT 基础设施更新发展。

(2) 降低总体 IT 成本，企业无须投入购买大量硬件和软件费用，减少人员成本，降低运维费用。

(3) 提升系统稳定性，应用系统不需要关注底层基础设施运维，云平台将提供专业的运维能力。

(4) 以云平台为基础，通过信息流带动技术流、资金流、人才流、物资流，可以有效整合优化设计、生产和市场资源，实现产业链上下游的高效对接与协同创新，重塑生产组织方式和创新机制。云平台有助于实现数据集中，企业可以存储更多数据，方便数据共享，让沉积的数据产生价值。

(5) 提升应用开发部署敏捷性，云平台能促进软件架构复用，架构和开发技术栈统一，提高研发效率，加快应用部署，缩短业务开发周期。帮助企业减少了时间与成本，方便他们更加专注于自身业务的拓展。

(6) 支持足够的上线速度，如单个特性可以按天上线。可以通过分布式配置中心设置特性开关；通过流水线实现持续交付。

(7) 分解业务复杂度，通过服务拆分实现业务复杂度分解。提升团队沟通效率。服务拆分后，服务之间通过接口隔离，单个服务使用的技术体系可以实现隔离，当出现技术更新换代的时候，可以从一个服务尝试性演进。

（8）满足技术性创新需求，通过服务的方式重用已有能力或使用云厂商提供的基础服务，当出现新业务时，可以通过接口调用快速实现新业务的开发。

2. 6R云迁移策略

我们看到软件云化的趋势，也看到了研发模式所做出的调整和优化，可谓万事俱备只欠东风，那么软件应用是否就可以直接上云了呢？还不行，传统企业内部并非一穷二白从零开始构建自己的应用，原有的应用如何如何迁移上云呢？

Gartner 提出了 6R 的云迁移策略，各云厂商也演化出自己的应用上云演化路径，图 90 是 AWS 的 6R 方案。

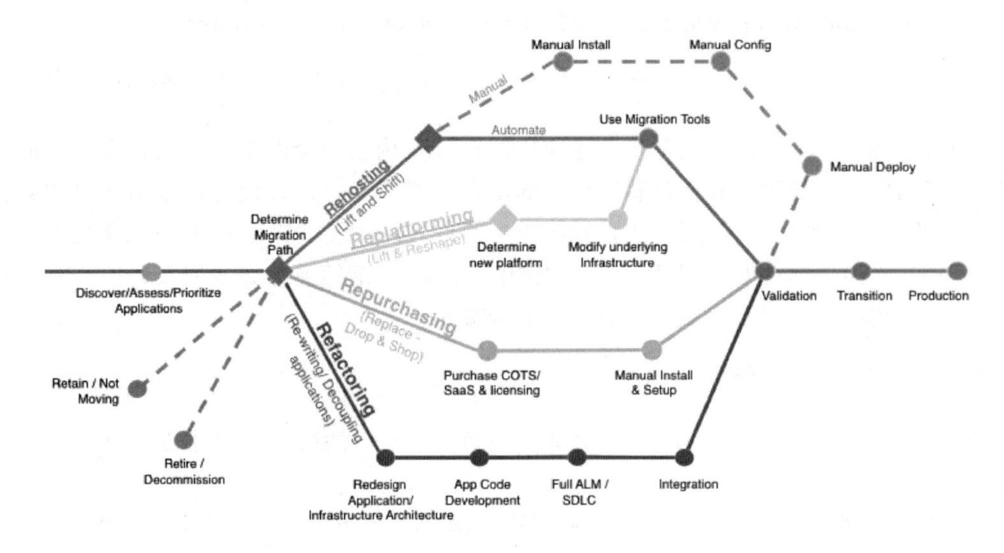

图 90　6R 云迁移策略

（1）Re-Host 重新托管，也称为“直接迁移”

Re-Host 也称为“lift-and-shift”，这是一种简单粗暴的方式，也是应用进行云迁移时最常见的策略，即对应用程序运行环境不作改变的情况下迁移上云。租用云上的“虚拟机”环境，将现有应用系统直接搬进去，P2V（Physical to Virtual，物理机迁移至虚拟机）或 V2V（Virtual to Virtual，虚拟机迁移至虚拟机）。

在企业期望快速上云或大型应用上云的场景中，这种策略比较合适。这种方式过程简单、快速，对业务影响小，缺点是无法应用云上的原生服务，长远看成本效益未达优化。

（2）Re-Platform 更换平台，也称为“修补后迁移”

在迁移上云时，在不改变应用核心架构的基础上，对应用程序做些简单的云优化。例如将关系型数据库替换成云服务商提供的数据库服务、将自建消息中间件替换成云服务提供的消息队列服务、将 HAProxy 更换成云服务商提供的负载均衡服务，以此降低部分管理成本提升效率。

这种方式既能利用云原生服务，又能保护既有投资、缩短迁移时间，其潜在风险是迁移过程的项目管理以及迁移后的运维管理都较为麻烦。

(3) Re-Purchase 重新购置，也称为“放弃后购买”

“放弃后购买”是指放弃使用原先的产品，改为采购新的替代产品，例如部署云原生的应用或现成的 SaaS 服务，例如传统企业 OA 换成钉钉、企业微信，或者自建采购平台换成云采购平台等等，这种方式优点是可以尽量利用云原生或 SaaS 的成熟功能，维护更简单，缺点是灵活性相对较低。

(4) Re-Architect 重构

即所谓的“云原生应用(cloud native application)”改造，改变应用的架构和开发模式，进行云原生的应用服务实现，例如单体应用向微服务架构改造。将老应用系统的“底座”彻底换掉，根据云应用的全新技术环境，重新构建应用程序，企业可以部分利用过去应用程序的代码和框架，基于自建的或者公有云服务商提供的应用开发平台(PaaS)，进行彻底的改造性开发和部署，例如传统单体应用解耦，API 赋能、微服务化就是“重构”的典型。

这种方式能显著提升传统 IT 应用的性能、规模和灵活性，改造彻底，但是成本高、风险大、时间长。这种策略一般是在现有应用环境下难以满足日后功能、性能或规模上的需求时采用，该策略的迁移成本最高，但是长远来看会更为满足未来的需求。

(5) 第 7 个 R：Re-Built 重建

重建是重构的一个变体，如果说重构还需要考虑是否采用绞杀者模式，重建则完全抛开原有的遗留系统。新的应用场景出现，或是现有应用停用之后依然有相关诉求的，也可以选择从零开发新的应用，此时直接在云平台上采用原生的服务，这种方式更适用于快速创新。从严格意义上讲，重建/新建的路径和前面的 6 个 R 定位不同，但同属应用的云化策略。没有了历史包袱，更容易基于应用要求进行技术和架构选择，利用云平台上的大数据、AI、物联网等服务来搭建创新应用。底层的基础设施环境可以直接基于容器甚至无服务器方式搭建，不用关心底层的基础设施架构的配置，只需专注于开发跟业务逻辑和用户前端相关的代码，基础设施由云服务商自动供给，根据实际用量计费。

(6) Retain 保留

企业内有些应用系统出于网络安全、访问性能、合规要求等原因，不适合上云或还未作好上云准备，或者更适合本地部署，则应保留现状。不强行进行迁移上云操作。应用迁移应该有优先级设定，根据业务发展实际需要来进行操作。

(7) Retire 停用

在进行上云评估时，通常还能识别到过时、无用的应用，确定不再使用当前的基础设施，表明这部分系统或应用已经没有使用价值且还在持续消耗资源，应该进行必要的归档备份后停用。

无论是 Re-Architect 重构还是 Re-Built 重建，应用的运行环境都应该是为云而生的，天生利用云化的服务以及云的弹性和分布式能力，并且在构建时也需要将云化与分布式的优势及其带来的复杂性一并考虑在内，与此同时，我们需要遵循一些设计原则。

3. 云原生应用架构设计原则

云原生应用需要遵循的架构设计原则，需要从应用建设、整体设计原则以及云原生架构原则等方面考虑。

(1) 云原生应用建设原则

从传统业务架构，转化为云时代的微服务架构，将原有组件通过搭积木方式进行组合拆解，通过“微服务化”的改造保护既往的投资，遵循构建统一业务设计、统一应用架构、统一应用开发、统一标准规范、统一应用平台等原则：

① 统一业务设计。梳理整体业务需求，统一规划业务流程和各业务间的关联关系，整体规划业务架构，确保业务层互通互联，一体化建设。

② 统一应用架构。建设基于“微服务”(组件化)的新应用，面向当前业务需求，统一进行应用系统设计，使其应用架构上可独立解耦、又可快速迭代、方便扩展。

③ 统一应用开发。对各软件开发商的开发和交付过程进行管控，引入敏捷精益管理，及持续集成、持续部署的实践方法，提高开发效率和交付质量，加快需求响应。

④ 统一标准规范。根据政务行业需求，统一数据标准、数据格式，规范访问接口和开放形式；统一应用设计、开发规范，建立上云标准体制，保障云化转型后的持续发展。

⑤ 统一应用平台。组件化拆分现有重点应用系统，沉淀专业的业务组件和通用的公共共享“服务”组件，建立统一的服务底座平台，快速为上层应用提供后端服务能力。

(2) 整体设计原则

无论是微服务类的应用，还是传统架构的应用，都需要遵循的整体设计原则包括：

① 稳定性原则。保持系统架构相对稳定，并可根据市场发展需要，在系统架构上不断丰富相关业务应用。

② 可靠性原则。系统应支持负载均衡、双机互备等手段，确保安全可靠及 7×24 h 不间断运行。

③ 开放性原则。系统中的各种网络协议、硬件接口和数据接口等应符合业界开放式标准。应逐步通过服务总线开放系统数据内容和应用功能，全面支持内部运营效率提升，提升平台应用的广度和深度。

④ 易用性原则。系统应具备用户可接受的查询效率与响应时间，有良好的客户操作界面，详细的帮助信息，统一维护的错误信息，系统参数维护与管理的可视化，有良好易用的人机接口界面与灵活多样的展现方式。

⑤ 可扩展原则。在保持系统总体架构稳定的基础上，可根据系统规模动态地进行系统资源扩展，以满足不同时期的系统使用要求。应用软件完全支持×86 云化分布式架构部署，系统具备可扩展性，支持数据库混搭部署，便于后续向企业 IT 中台化演进。

⑥ 安全性原则。根据系统合规标准设定安全目标，系统应提供对网络、数据、应用和用户访问的权限控制和轨迹跟踪等安全措施，做到事前可防、事中可控、事后可查，即时风险评估及预案准备，确保系统数据安全。要以数据保护为核心，采用进不来，看不到，拿不走的防护理念。在具体防护方案上考虑网络安全，主机安全，应用安全，数据安全。

⑦ 实用性原则。系统应用建设应满足使用人员业务需求，能够解决不同层次使用人员的

实际问题。应用开发设计符合使用人员的工作场景，能够对其实际工作进行指导，提高其工作效率。

⑧ 可维护性原则。系统应提供丰富的系统运营管理界面，方便系统日常维护。当系统出现故障时，应能在分钟级进行恢复，并快速定位引起故障的问题和原因。

⑨ 容灾性原则。采用标准化、通用性的×86 服务器及网络设备，实现微服务框架和技术组件的异地多活体系架构。

⑩ 成本设计原则。使用成本效益的资源，供需匹配，具备支出意识，持续成本优化。

(3) 云原生应用架构设计原则的内容

云原生应用是在云计算环境里具有弹性，以动态伸缩来满足应用的需求，能够使用云基础设施的规模性自主解决各种失效，如硬件故障，操作系统失效等。企业上云架构既需要满足企业 IT 中高可靠、高安全、一致性、合规性要求，又需要满足创新 IT 所需要的灵活、快速、伸缩的挑战。

云原生应用建设时，架构设计需要遵循的具体设计原则包括：

① 服务自治。微服务架构通过服务自治、接口隔离，尽量消除对其他服务的强依赖，这样可以降低沟通成本，提升服务稳定性。服务通过标准的接口隔离，隐藏内部实现细节。这使得服务可以独立开发、测试、部署、运行，以服务为单位持续交付。

② 演进式架构。企业要在快速发展业务和一个优美的应用架构之间进行取舍。好的架构需要不断锤炼。试图去设计一个面面俱到，完美的架构是不现实的。架构不要太过超前，例如，设计初期就考虑如何为未来 1 000 万的用户解决性能瓶颈纯属浪费精力。同时，软件需要适应变化的诉求，不能是一个“静止的”架构，每次变更都需要耗费巨大的成本。更好的方式是持续演进的方式快速迭代式设计、开发。

③ 适用性原则。关于如何设计一个适用的软件架构的建议是，软件架构并无对错好坏之分，只有适用与否，是一个选择和取舍的过程。有舍有得，没有最好的，只有合适的架构。一切系统设计原则都要以解决业务问题为最终目标，通过合理的系统拆分，平衡业务和技术复杂性。软件架构取舍遵循以下的三个原则：合适原则、简单原则、演进原则。此外也可以参考 Thomas Erl 对服务设计提出来的 8 个原则：标准化契约；松耦合；抽象；可复用性；自治；无状态；可发现性；可组装性。

④ 可用性设计原则。根据业务需要设定可靠性指标，保障业务高可用性，包括业务应用层高可用、系统架构设计高可用以及云服务高可用。结构松耦合，避免单点故障，预测故障并准备相关预案。云上系统高可用性设计的重要关键点包括：系统可靠性，数据可靠性，运维可靠性，演练可靠性。

企业上云业务的可用性，由业务应用层的可用性，系统架构设计的可用性以及下层云服务的可用性共同决定：业务应用层的高可用是指业务应用层自身的可靠性，健壮性（业务重试与隔离、优雅失败）等能力；系统架构设计高可用是指无单点、HA 集群、DR 容灾（又分为跨 AZ 和跨 Region 容灾部署）、数据备份、云上安全、规范运维等；云服务高可用是指可靠的基础设施以及环境修复后业务自动恢复等能力。

⑤ 韧性设计。微服务架构场景中，当服务数量越来越多，依赖越来越复杂，出现问题的概率会就会越来越大，问题定位就会越来越复杂，这时候再用传统的解决方式将是一个灾难，需要在思想上进行转变。默认所有的依赖都可能失效，在设计阶段就要考虑到如何处理这些失

效问题。为了让系统更强壮,系统需要不断的攻击自己,主动破坏,以提醒系统要进行反脆弱性设计。

⑥ 去中心化。中心化往往代表的是瓶颈点,在微服务场景下,每个服务可以独立采用自己的技术方案或技术栈,因为每个服务具有自己独立的业务场景,可以根据实际情况进行选择,服务之间通过进程隔离,一个服务实例失效不会导致大规模故障,每个服务具有独立的数据库,相对于单体架构,这是一种去中心化的设计,不会因为一个节点的故障导致整个系统不可用,系统没有一个物理或者逻辑的中心控制节点。

⑦ 无状态化。无状态的实例可以快速伸缩,可用性更高。设计时需要去触发器、存储过程。状态外置到数据库或缓存中,集中管理,抽象复杂度。

⑧ 不可变基础设施。基础设施中的每个服务、组件都可以自动安装、部署,不需要人工干预。每个服务或组件在安装、部署完成后将不会发生更改,如果要更改,则丢弃老的服务或组件并部署一个新的服务或组件。

⑨ 自动化一切。自动化一切需要自动化的操作。微服务架构的一大优势是快速交付,快速交付不只是体现在服务的粒度更小,可以独立交付,还体现在整个流程更快速,机器更稳定可靠,不受情感约束,犯错的概率更低。

⑩ 服务化一切。服务通过与技术无关的轻量级 API 来提供,企业可以通过所提供的 API 在内部和外部创建新的功能,创造新的商机。采用基于 API 的设计时,只能通过调用服务接口通信,这样可避免因直接链接、共享内存模型或直接读取其他团队的数据存储而带来的风险。这种设计能让应用和服务延伸到不同的设备、拓展出不同的形式。API 可以降低与部署、可扩展性和维护相关的复杂性和费用。

4. 应用容器化改造

(1) 容器优点

① 更高效地利用系统资源:容器不需要进行硬件虚拟以及运行完整操作系统等额外开销,对系统资源的利用率更高。无论是应用执行速度、内存损耗或者文件存储速度,都要比传统虚拟机技术更高效。因此,相比虚拟机技术,一个相同配置的主机,往往可以运行更多数量的应用。

② 更快速的启动时间:传统的虚拟机技术启动应用服务往往需要数分钟,而 Docker 容器应用,由于直接运行于宿主内核,无须启动完整的操作系统,因此可以做到秒级、甚至毫秒级的启动时间,大大节约了开发、测试、部署的时间。

③ 一致的运行环境:开发过程中一个常见的问题是环境一致性问题。由于开发环境、测试环境、生产环境不一致,导致有些问题并未在开发过程中被发现。而 Docker 的镜像提供了除内核外完整的运行时环境,确保了应用运行环境一致性。

④ 更轻松的迁移:由于 Docker 确保了执行环境的一致性,使得应用的迁移更加容易。Docker 可以在很多平台上运行,无论是物理机、虚拟机,其运行结果是一致的。因此可以很轻易将在一个平台上运行的应用,迁移到另一个平台上,而不用担心运行环境的变化导致应用无法正常运行的情况。

⑤ 更轻松的维护和扩展:Docker 使用的分层存储以及镜像的技术,使得应用重复部分的复用更为容易,也使得应用的维护更新更加简单,基于基础镜像进一步扩展镜像也变得非常简

单。此外，Docker 团队同各个开源项目团队一起维护了大批高质量的官方镜像，既可以直接在生产环境使用，又可以作为基础进一步定制，大大地降低了应用服务的镜像制作成本。

(2) 运行容器化应用需要遵从的实践原则

① 进程无状态化，对业务请求处理的正确性不依赖于本地文件或内存数据；

② 应用与配置分离，即将容器作为不可变服务器(运行环境)，将环境相关的配置外置到容器镜像以外，以实现多环境部署；

③ 支持快速启动、弹性水平扩展和优雅降级；

④ 提供服务健康度检查，包括服务存活检查和业务就绪检查；

⑤ 统一日志管理，将日志对接到统一运维平台集中处理；

⑥ 版本前向兼容，在滚动升级中支持新老版本并存。

(3) 通常需要经过的改造和适配

① 应用运行时改造，适应容器化的运行时环境和减小运行时基础软件包的大小，例如从传统重量级应用中间件切换到轻量级应用中间件；

② 应用无状态化改造，主要涉及会话状态，内存中间计算结果状态，本地文件写操作等，改为采用分布式缓存，数据库，分布式文件系统等外置存储方案；

③ 应用配置改造，将环境相关的配置信息改为采用环境变量、文件注入、外部配置服务等方式加载，并考虑可动态生效配置的热加载方案；

④ 基础镜像体系建立，合理的基础镜像体系能够增加安全性，加快镜像构建和镜像分发的速度；

⑤ 增加健康检查接口，包括应用存活检查和业务就绪检查，通常采用 Restful API 接口。

应用容器化改造策略，基于应用容器化调研和评估结果，制定基于分层的总体改造总体策略和批次，按照“逐层、逐中心”思想，从用户交互层开始迁移改造，再进行应用服务层的逐个中心化服务的改造。

5. 云应用成熟度模型

我们根据云化应用的特征，可以将其分布为不同的成熟度程度：

(1) 云就绪，一般是 0～7 年的老应用，比如 SOA 架构，使用的技术是云和容器生态圈支持的。对于此类应用的策略是把现有应用迁移到云端，不改造或是少量改造。

(2) 云友好，云感知的应用，考虑到了 12 要素的原则，可以实现云上应用的弹性和伸缩，控制伸缩的指标有限。策略是增量实现云化，获得更多的微服务价值。

(3) 云弹性，完全支持 12 要素的应用，有全线的监控和各类指标，运行在云上，包括采用服务模式、自动故障检测和弹性伸缩。策略是新的应用就按云原生模式开发。

(4) 云原生，分布式的、基于 API 和微服务的架构，运行于 Docker/K8S，采用了类似于 Spring Boot 和 Spring Cloud 框架的应用。

成熟度模型也提供了类似 6R 策略的应用迁移指导建议。

第 40 问　云原生时代的 DevOps 该如何构建

And I don't believe. In the existence of angels. But looking at youI wonder if that's true. But if I did I would. Summon them together. And ask them to watch over you.

——Nick Cave And The Bad Seeds *Into My Arms*《进入怀抱》

云原生的概念为何在近两年突然兴起？云原生能力该如何构建？云原生时代的 DevOps 体系该如何建设？我们来探讨一下。

1. 云原生缘起

商业模式决定了产品形态，产品决定了研发模式，研发模式又决定了需要采用什么样的技术。

如图 91 所示，传统应用、互联网应用、VUCA 时代的应用，所处的不同时代引发的不同需求，由此带来对技术的不同要求。

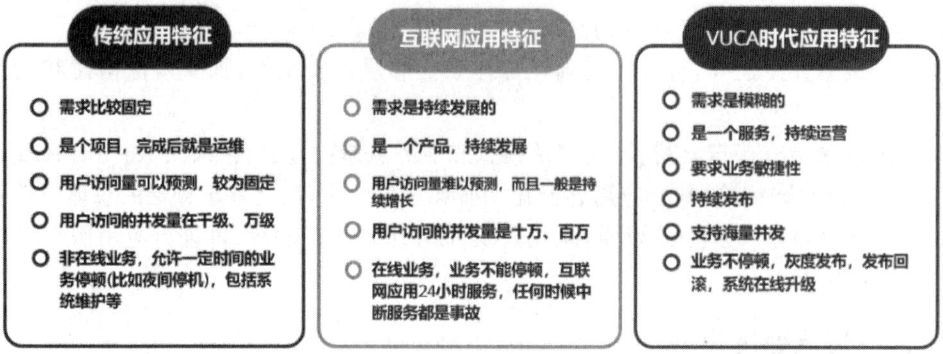

传统应用特征
- 需求比较固定
- 是个项目，完成后就是运维
- 用户访问量可以预测，较为固定
- 用户访问的并发量在千级、万级
- 非在线业务，允许一定时间的业务停顿(比如夜间停机)，包括系统维护等

互联网应用特征
- 需求是持续发展的
- 是一个产品，持续发展
- 用户访问量难以预测，而且一般是持续增长
- 用户访问的并发量是十万、百万
- 在线业务，业务不能停顿，互联网应用24小时服务，任何时候中断服务都是事故

VUCA时代应用特征
- 需求是模糊的
- 是一个服务，持续运营
- 要求业务敏捷性
- 持续发布
- 支持海量并发
- 业务不停顿，灰度发布，发布回滚，系统在线升级

图 91　各阶段应用特征

以往传统的应用需求是相对固定的，通常以项目化运作，用户的访问量可以预测，容量是有限的，对停开机的要求也没有那么严格。

而互联网应用的特征是，需求持续发展，产品化而非项目制(产品与项目的本质区别是什么？留给读者探讨)，用户量并非线性往往会有陡增陡降，7×24 h 是基本要求。

现在我们经常讲的 VUCA 时代，商业边界，业务层面是完全不可预知的，即便是对于互联网"原住民"都是巨大的挑战，要求快速地尝试、快速探测、快速感知，应用是服务化的方式提供(服务与产品的本质区别又是什么？同样留给读者探讨)，业务敏捷性前提之下，对技术体系的持续发布、分布式海量并发、灰度发布和线上测试都是基本诉求。

业务的敏捷性持续发布，应用平台的弹性诉求，商业环境的变化，这是整个云原生产生的时代背景。

企业的应用架构的演化路径，从单体到网状集成，再到 ESB 的出现，以至微服务架构分布式集成。架构是服务于应用的，而应用是服务于业务的。整体架构的演进过程，就是前面讲到业务环境变化的体现。

2. 微服务有高度，采纳需谨慎

微服务是指开发一个单个小型的但有业务功能的服务，每个服务都有自己的处理和轻量通信机制，可以部署在单个或多个服务器上，其特点有：

组件化、松耦合、自治、去中心化；

一组小的服务；

独立部署运行和扩展；

独立开发和演化；

独立团队和自治。

Martin Fowler 撰文说，You must be this tall to use microservices，如图 92 所示。微服务有高度，采纳需谨慎。

图 92　微服务有高度，采纳需谨慎

微服务诸多的好处不必强调，但微服务并非包治百病，也并非任何阶段任何团队都应该或者可以采纳的。微服务有高度，采纳需谨慎。

微服务化所带来架构和开发阶段的便利性，其代价是部署时和运行时的管理复杂性极度增加；整体复杂度不变，只是由开发时转为运行时，此外还带来分布式系统的设计和管理的复杂性。

服务拆分解耦的结果，服务可以独立地部署与发布，但运行时服务的治理，包括注册、发现、熔断等，都是需要思考和精心设计的。

此外，微服务的小而自治的团队应该如何管理？多小算小？如何定义自治？在架构的去中心化和分布式趋势下，团队的去中心化管理对传统的管理理念则是巨大的挑战。

3. 云原生能力构建

真正做到云原生的成功，总结：图 93 的一个中心（以业务价值交付为中心）三个基本点为架构、工程、组织。

(1) 一个中心

以业务的价值交付为中心，达到快速与高效的交付价值，并且在规模化扩展的同时，兼顾可靠性、灵活性等。

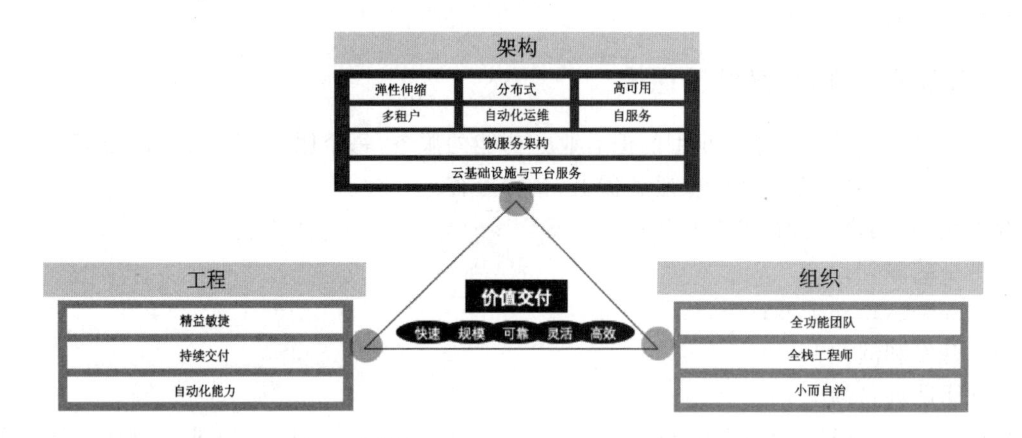

图 93　云原生能力的一个中心三个基本点

(2) 架构层面

① 采用服务化架构/微服务架构实现全面解耦:把系统划分多个功能内聚、粒度合适、业务边界清晰、独立自治的服务/微服务。以(微)服务为单位演进系统架构,演进式的以绞杀者模式,而不是革命式的一次性改造;单个(微)服务以大于一个的无状态进程运行,实现自身的高可用和负载均衡;把业务数据分布到不同的(微)服务中实现数据的垂直切分。

② 通过 API,重用云原生公共服务提供的基础能力和架构能力:内部每个(微)服务须充分利用云原生的公共服务提供底层基础能力,例如微服务管控与生命周期管理服务、数据库服务、消息队列服务、缓存服务等;内部每个(微)服务须充分利用应用与资源编排服务,实现部署、配置自动化。

③ 通过 API,打造生态化经济:API 是非常重要的方式,除了定义服务之间的业务边界,更重要的是可以通过 API 的方式做整个生态,数字化转型中比如开放银行,搭一个平台,通过各种合作伙伴在不同的行业、不同的领域提供相关的服务,这些服务是相互进行连接,通过链接和网络的思维来去做这个事情。

(3) 工程层面

① 系统与环境、流程、配置解耦:与架构层面解耦相匹配,系统和环境、流程、配置等等需要解耦,工程层面也需要去相应的匹配跟解耦。开发、测试、生产环境等价,屏蔽环境差异性;采纳不可变的基础设施。

② 构建端到端的 DevOps 研发体系:研发流程标准化、敏捷化;严格地区分构建、分布、运行的准入准出,并进行版本化和自动化;全自动化测试(单元测试、集成测试、自动生成 Mock 依赖服务);一切皆代码,代码、配置与环境严格分离,并进行版本化和自动化;(微)服务持续交付流水线(按需发布版本)。

③ 研发运维一体化:运维和开发互相融合,高度协同,共担职责;自动监控,持续可视化反馈,并最终传导到开发团队;按需实时部署、配置热加载实时生效。

④ 使用自服务、敏捷的云化基础设施服务:基础设施以自服务的方式对开发团队提供。依赖底层云化基础设施的计算服务、存储服务、网络服务提供基础运行资源;使用云监控服务监控自身的运行状态包括基础资源使用状态、自身业务运行状态,同时根据自身运行状态触发

相应的运维事件，实现弹性伸缩、故障自愈等关键架构特征。

⑤ 核心度量外部指标：业务层面的核心的一个业务指标叫 TTM，在 DevOps 有另外一个词叫 LeadTime，就是你的前置时间，从业务需求提出来那一刻起，到这个业务需求上线的时间叫前置时间，这个是可以被客户可知的，所以是端到端的业务指标。技术层面，对应的有多个前置时间，工程这一侧的，则是从提交代码那一刻起，一直到代码上线，这段时间是完全工程可控的，理论上应该是控制在分钟级。这个指标，也是华为云最为看重的一个。

(4) 组织层面

① 遵循康威定律：应用的架构和组织架构之间是高度的匹配，单体的应用，逐渐到服务化的方式，到逐渐分布式的模式。组织架构也是转移到自组织，没有一个唯一的中心在里面，自组织团队的敏捷性与多样性需要兼顾。整个团队的规模，典型的就是 5～10 人规模。

② 全功能团队：从全功能团队一直到云化的运维团队。以服务为单位组织整个团队，涵盖设计、开发、测试、发布、部署、运维全流程职能；开发人员、发布工程师、IT 和运维之间可信合作。

③ 云化运维团队：基于云平台的提供的监控、报警等能力，成立专门的团队负责系统运行时的质量，保障系统可用性和业务无中断的升级、回滚。

④ 自主经营，面向服务的全生命周期：逐渐转型为自主经营的全功能团队。除了技术栈是全功能以外，每一个服务化的团队都需要面向服务进行全生命周期的考虑，除了技术层面的怎么样去产品的设计、开发出来部署，架构层面保持优美，更多还需要去考虑商业层面的东西，需要考虑服务定位，考虑产品上线以后，运营层面应该做什么事情，应该做什么样的拉新的活动，怎么样促活，怎么样留存。整个团队都需要有商业思维和产品运营的思维。这是整个思维上的转变，考虑这个服务为什么这么做、谁去用、用的场景是什么，怎样完成商业的闭环。

4. 云原生时代的 DevOps 体系框架

云原生时代的 DevOps 体系建设，需要综合以上因素，从商业、组织、流程与工具各方面考虑(图 94)。

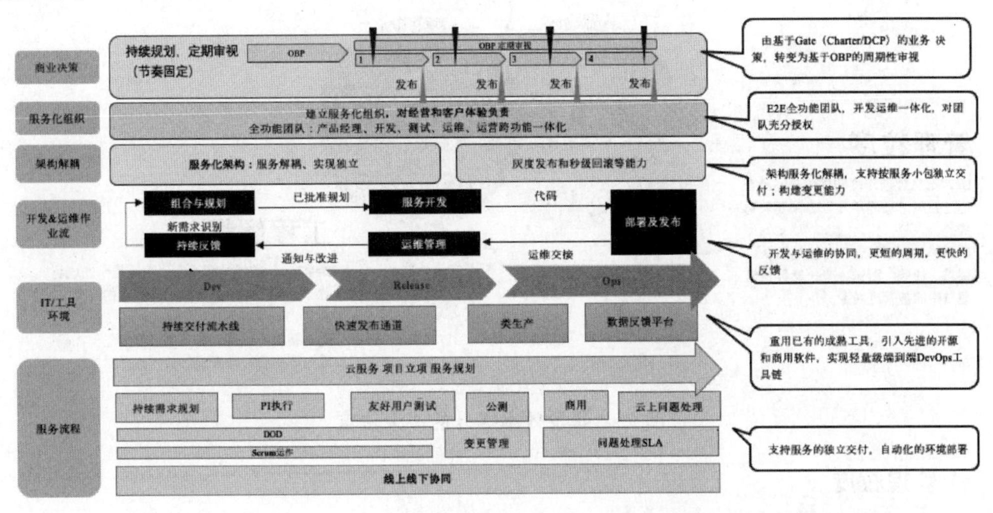

图 94 云原生时代的 DevOps 体系框架

云原生时代的 DevOps 体系框架，也需要从商业决策上由基于固定节点的业务决策，转变为基于商业目标的周期性审视；从服务化组织上，支持 E2E 全功能团队，开发运维一体化，对团队充分授权；从架构上进行服务化解耦，支持按服务小包独立交付；从开发和运维流程上，加强开发与运维的协同，支持更短的周期，更快地反馈；从 IT 工具环境上，重用已有的成熟工具，引入先进的开源和商用软件，实现轻量级端到端 DevOps 工具链；从服务流程上，支持服务的独立交付，自动化的环境部署。

第 41 问　如何通过粒度与解耦，推动 DevOps 实施落地

Born on the wrong side of the ocean. With all the tides against you. You never thought you'd be much good for anyone. But that's so far from the truth.

——Skylar Grey *Everything I Need*《我所要的一切》

不管是敏捷、精益、持续集成、持续交付或 DevOps 等概念，目的都是提高效率，即提高单位资源的产出。其关键原因在于，中国的经济发展迅速，很多企业已经度过了那个靠增加投资增加产出的阶段，现在，IT 从业人员薪资在增长，所使用的各种工具和环境，包括市场都非常成熟，很难找到一种短时间内获得爆发性收益的方式，企业之间到了拼内在实力的阶段，在这个阶段效率非常重要。

1. 研发效率提升的 2 大法宝

为了达成研发效率的提升，我们需要从图 95 的管理粒度以及工程解耦两个方面入手。

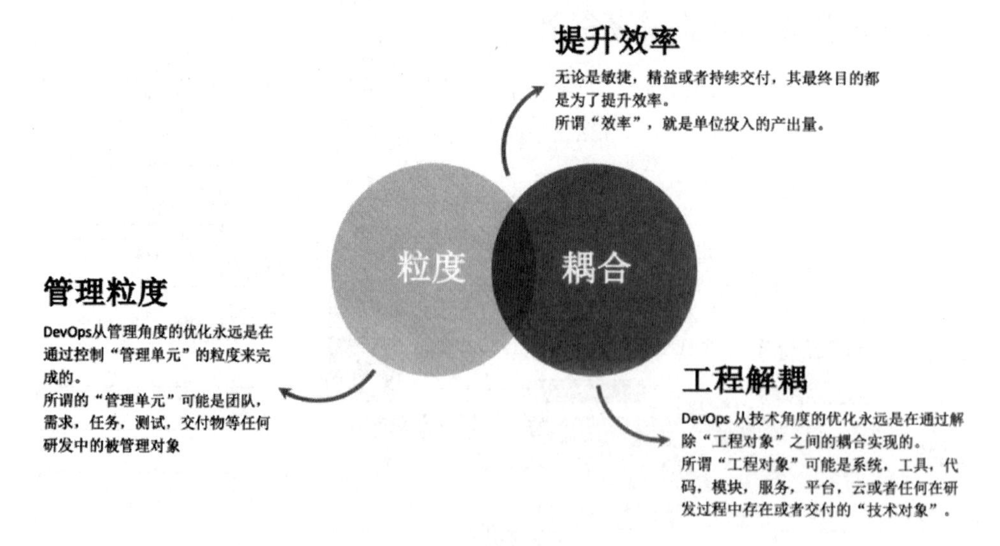

图 95　研发效率提升的 2 大法宝

(1) 管理粒度

管理粒度有两层含义：动词，管理这个粒度；名词，管理的粒度。在进行研发效率优化的时

候，我们要关注的就是各种粒度，需求大小、团队大小、交付的代码量的多少，原则是越小越好。因为软件研发本身是一个复杂的过程，对于复杂过程的管理永远没办法适应其复杂度，最有效的方式是将复杂问题简单化，然后去管理简单问题。所以，从管理的角度如果想优化效率就要尽量减少管理单元。

（2）工程解耦

软件工程涉及两个领域：管理领域——怎么去管理过程和团队；工程领域——实现要实现的内容，从软件角度来说就是怎么编码，怎么把大家脑子里的东西变成可运行的应用和服务，这个过程就是工程领域。在工程领域上想提升效率要做的就是解耦，不停地解耦，让你的程序、服务、所有部分都可以相对独立地被开发、测试、部署、运行，这样整体效率才能提升上去。

2. 软件研发的自然属性

建立正确的认知才能有正确的办法，那么对于软件研发的正确认知是什么呢？

什么是软件的生产制造过程？

如果把软件的开发过程和汽车的制造过程拿来比较。要制造一辆汽车，首先得有一辆原型车，这辆原型车被确认以后，汽车的生产工厂就会不停地重复生产同样的汽车。也就是说汽车的生产过程其实就是重复生产同样的产品。

我们看软件的开发过程，软件每次交付的内容都不一样。如果映射这两个过程的话，会发现软件开发的整个过程，包括需求、设计、开发、测试、构建、交付的所有过程都是在进行设计，而不是在进行制造。制造的过程是制造一个同样的产品，软件开发过程是每次产生不一样的产品。

汽车与软件的对比，正如图 96 所示。

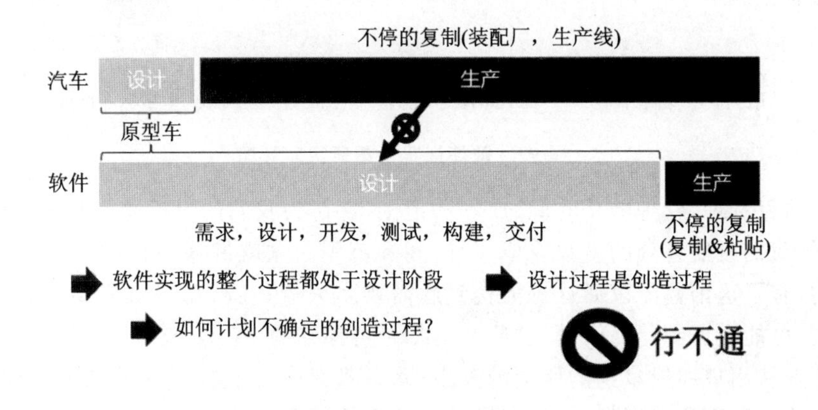

图 96 软件的生产制造过程

那么到底什么是软件的生产制造过程？其实很简单，就是把软件编译打包好，选择复制、粘贴，这就是软件的生产制造过程。

汽车最大的人员和资源投入是在工厂里，需要大量的工人和技师让工厂能运转起来，制造汽车的资源投入是在重复的过程中投入比例最大，而做软件的过程资源投入的比例 99.99% 是在设计过程，因为那个复制和粘贴的过程不需要这么专业的人来做。

理解了这两者之间的区别，但有没有想过，传统的软件研发/软件工程里所定义的管理方法，都是在用管理一个汽车生产线上的流程的方法来管理一个完全不同的设计过程。

这就是为什么传统的软件工程方法真正用到软件开发过程中会非常难用、还会出现各种问题的原因。如果采用传统项目管理方式来管理软件开发过程，就相当于看到一条笔直的路，要开车从这头到那头，打着火、挂上挡、踩油门、松开方向盘、闭上眼睛，希望自己能够顺利地到达终点。

而事实上，结果完全不是这样，会有软件变更、用户变卦、中间出现 bug、开发测试理解不一致、上线过程中环境不一样……这些问题都是无法在开发之前预见的，整个软件开发过程是一个设计过程，是无法被预计、被计划以及和通过计划控制的。

这就是所说的软件开发本身是一件个人英雄主义的事情，要靠每一个开发人员自己的创造性来解决问题，是不能通过一个看似严谨的环环相扣的过程来进行控制的。在软件研发里要强调的一点：所谓计划不是为了限制变化而是适应变化的。

3. 敏捷让我们重新定义管理

这就必须提到敏捷。敏捷是什么，敏捷到底帮助我们认清了什么。如图 97 所示，其实敏捷真正做的事情是帮我们认清了到底什么是软件开发，软件开发的管理过程到底在管理什么。

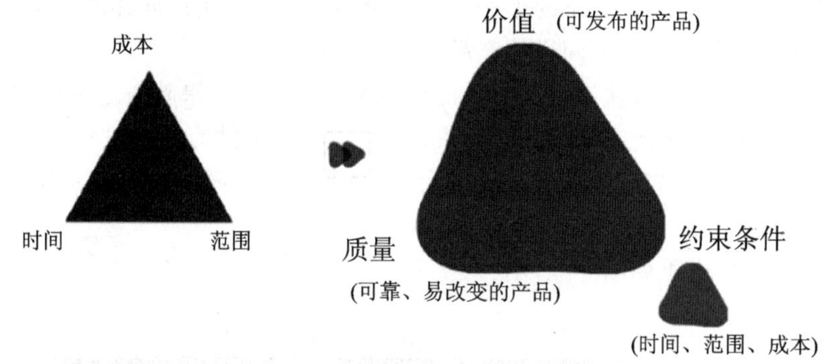
成本
时间
范围
价值 (可发布的产品)
质量
(可靠、易改变的产品)
约束条件
(时间、范围、成本)
传统研发更关注于内向型指标，没有从整体性上考虑问题。
敏捷要求我们引入用户，DevOps要求我们具备全局观！应从外向型指标评价过程！

图 97　敏捷让我们重新定义管理

传统的项目管理，管理的是时间、成本和范围，它认为我们的目标是一致的，在一个固定目标的情况下，我们所要管理的就只有成本、时间和范围。这就好像我们盖一栋大楼，肯定是有一个蓝图的，有了这个蓝图以后这栋大楼到底需要多久盖一层、盖一层需要多少资源、需要多少人力投入、可能会遇到什么问题，这些基本都是可预知的。

软件开发从用户那里拿到的所谓的需求，永远都是一个假设。为什么说是假设？需求和假设到底有什么区别？区别就在于：假设的价值和质量是可变的。当你的价值和质量是可变的时候，其实你拿到的就是一个假设而不是一个需求。

我们所做的软件是虚拟的，没有办法被实例化，在软件造出来之前没有任何人能看到它长什么样，没有任何人能体验到这个软件最终会给他什么。只有当软件已经被做出来给到用户之后，用户才真正知道这个软件到底是不是符合他当初的所谓需求。

敏捷重新定义了软件开发管理的思路。它定义的方式就是：把惯常的项目管理认为不变的价值和质量定义为可变的变量，传统的项目管理领域里的变量——时间、范围和成本，仍然是变量，所以软件开发管理领域中的变量要比传统项目管理中的变量要多得多、复杂得多。

这其实就是软件研发的本质。软件研发的项目管理和传统的项目管理不是同一个概念，如果用传统的方式管理软件研发的过程必然会遇到问题。

4. 传统开发 VS 敏捷开发

比较传统开发和敏捷开发，从过程上来其实是瀑布式和迭代式的比较。

瀑布式和迭代式到底有什么区别？图 98 中，上半部分是瀑布式的过程，下半部分是迭代式的过程。从图 98 中可以看到两者最大的区别就是：迭代式的过程每一个管理单元会变得更小，交付的时间点会更加提前，实际上这就是我所说的第一个法宝——粒度。为什么敏捷开发能更加适应软件开发过程，原因就在于它缩小了管理粒度。

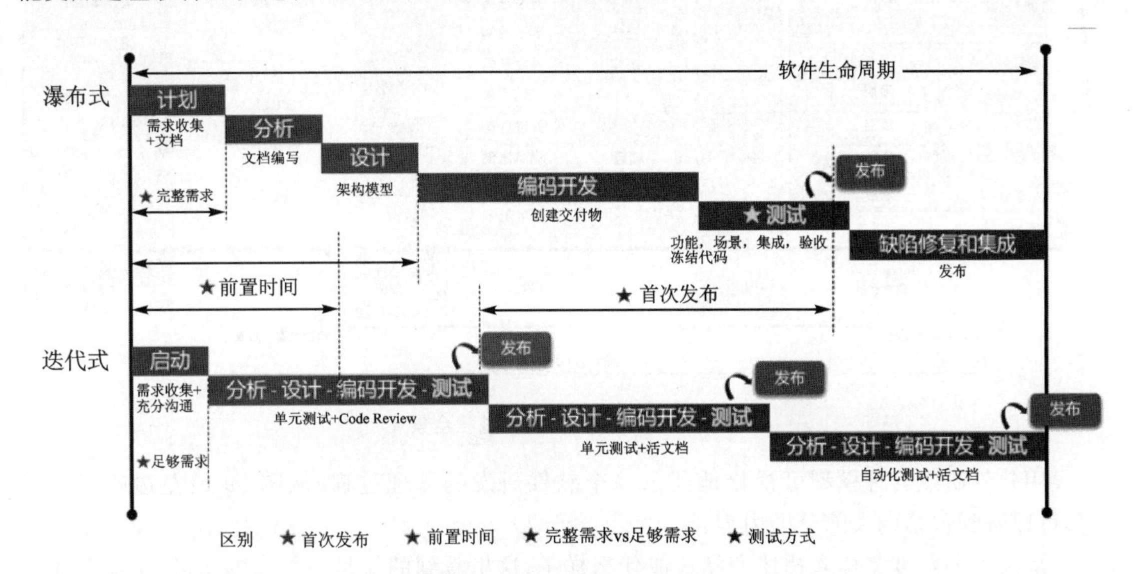

图 98　传统开发 VS 敏捷开发

当你定一个三个月的开发计划，并且一次开始执行，如果中间出现问题，可能需要把很多东西从头来过。敏捷开发要求我们把开发过程变成一段一段的，每一段都是一个完整的交付过程。这样就算犯错误，所犯错误的机会成本也会低很多。

也就是说，当你的团队规模到达一定程度，当你所开发的软件体量到达一定程度，软件开发必然会变成一个非常复杂的，并且你没有办法把它管理好的过程。当到达这样的量级时怎么处理？千万不要试图以一个非常严谨的管理流程来适应它，这是不可能做到的。我们所要做的就是尽量减少你所管理的单元。

当降低了粒度以后，并不是说你变得有多聪明了，而是在同样的聪明程度下你所处理的问题的复杂度降低了，就能把它处理好。

总结：计划不是用来限制变化的，而是用来适应变化的。软件开发的计划本身也是“管理单元”，计划对变化的适应能力来源于计划本身“粒度”的缩小。计划越大越有可能没办法被顺利执行，计划越小就越容易被成功地执行。

软件研发是一个复杂过程，不要试图用复杂方法处理复杂过程，尝试将复杂过程简化成简单过程，再用简单方法处理简单过程。

5. 软件研发管理过程全景

到底软件研发管理过程是什么样的？如图 99 所示，我们要管理的就是图上的点和线。图 99 上最下面比较粗的线上列出来的简写其实就是软件研发管理的过程。

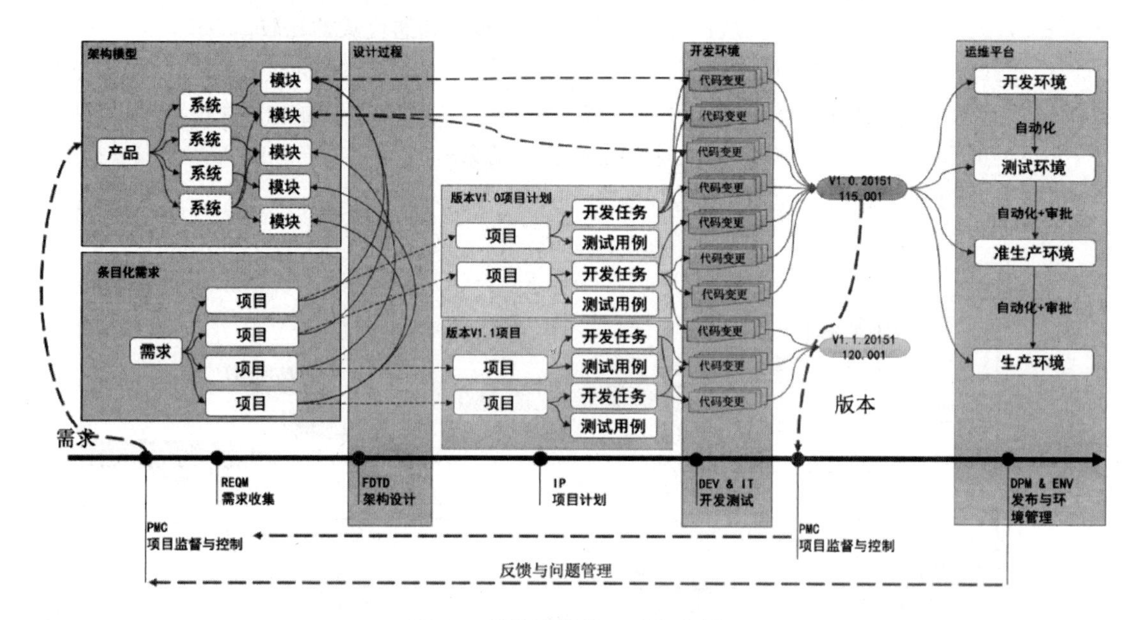

图 99　软件研发管理过程全景

用软件研发管理模型可视化地展示一个软件研发的管理过程，从图 99 最左边的需求提起，可以看到包括两大部分的内容：

从技术的角度怎样来描述产品长成什么样子，这里看到的就是一个大的产品，下面分成很多子系统，每个子系统里包含很多模块，这就是所能看到的软件的技术架构。

条目化需求，条目化需求就是用户提出的一个一个的他希望软件帮助他做到的不同的场景。

软件的架构设计就是将用户所希望实现的场景和技术架构进行映射，需要识别的是通过哪些技术可以实现用户所希望实现的场景，并且还要在用户场景不断影响技术架构的过程中保持架构的稳定性、可扩展性、性能等。

图 99 中的项目计划里会有开发任务、测试用例、可能还会有 bug 等，项目是从左边的条目化需求引过来的，这是敏捷的做法。

传统的软件开发的做法是：用户想做这个事，先作分析，需要实现哪些技术模块，然后要求把技术模块的技术点梳理成所谓的开发计划，它所传递的项目来源是来自于产品的模块，这是一种瀑布的做法。

在进行完整设计、完整开发的过程中，会发现到了最后收敛的时候，当真正实现了这些软件需求，需要通过一些软件的版本进行交付的时候，必须要让这些模块的功能收敛到用户希望的场景上。实际上你交付的还是用户场景，只是在开发的过程中把它变成了技术语言，在最后交付的时候再把技术语言转化为业务语言。这两次转化就意味着我们必须要整体开发整体交付，也就造成了管理粒度非常大，随之而来的就是各种问题。

敏捷开发从过程管理上要把握一个非常重要的原则：中间的开发过程必须围绕一个一个条目化的业务需求来组织，而不是围绕技术功能点。

用户要什么我们就开发什么，就怎样去组织开发过程，最后交给他什么。因为就算是你把它打散成技术需求，最后交付的还是业务场景，这是没有变化的。技术与业务之间转化的过程，会造成非常多的问题，包括之前说的依赖问题，都是和过程的组织方式有关系的。客户里一些传统的开发团队都非常难做到，因为这和他们现在的管理方法、组织过程以及他们对软件开发的认知都是不一样的。他们可能都会提我们要做敏捷，可能也会说我们要用户故事进行需求梳理，但他们没有意识到用户故事的时候，更深层次的要求是：整个开发过程都要围绕单个用户故事作为管理粒度，推进整个管理过程并且最后进行交付。

代码的变更会从开发任务产生出来，也可能会从测试用例产生出来，但最后都会被收敛到某一个版本上，而这个版本会按照顺序进入到我们的开发环境、测试环境、准生产环境和生产环境，最后在环境里产生出一些反馈，再回到需求，这就形成了完整的软件研发过程的闭环。

结合前面介绍的内容来看，如果从管理过程理解软件研发，管理就是这里面的点和线；如果从工程角度来理解软件研发，更多的倾向是：从开发测试这个环节开始，怎样能够让做出来的东西更快地进入到最后的环境，并且在这个过程中保持其跟踪性以及我们对质量的控制。

实际上，研发过程改进，就是对图中的点和线建立对应的管理单元的过程；并将这些管理单元形成能够快速交付需求的管理体系。

6. 软件研发过程：管理属性和工程属性

软件研发过程具有管理属性和工程属性，如图 100 所示。管理属性定义了用户要我们做什么；工程属性定义了我们的团队真正做出来了什么，就是我们交付的东西，这两个是软件开发里非常重要的转换，而这个转换靠统一的版本管理来衔接。就是要建立一个统一的版本号的规范，在任何时候都可以通过一个编码快速识别出现在软件开发处于什么样的状态、现在的需求处于什么状态、需要交付什么。

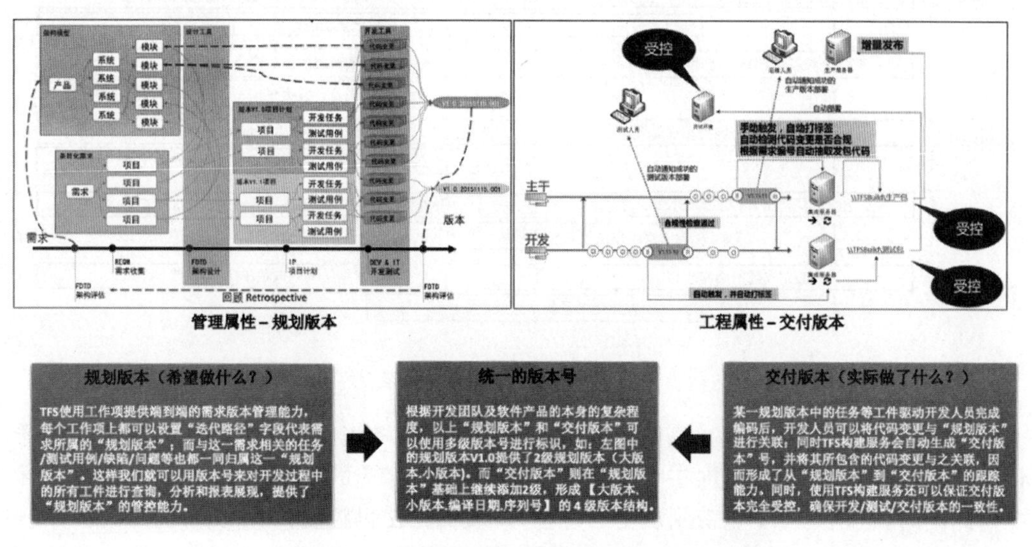

图 100　软件研发过程：管理属性和工程属性

至此,如果再次反思这个过程就会对第一大法宝——粒度有一个深入的理解了。软件开发过程要管理的其实就是这个粒度,目标是尽量缩小管理粒度。在整个软件研发体系里流动的是被管理的内容,需求、任务、测试用例、编写的代码、交付的模块都是被管理的单元,管理单元越小意味着越容易管理,交付的效率越高。

7. 持续交付就是持续解耦

前面讨论得更多的是管理属性,现在来看工程属性。从工程属性上我们要做的就是持续交付。持续交付到底是什么,持续交付意味着软件一直处于可交付状态。

持续交付本身并不完全等同于 CI/CD,不完全等于持续集成和持续部署,因为持续集成和持续部署只能保证有一个可交付的产品,或者有一个可交付的代码集并可以很快把它转化成交付件,且在交付的过程中可以自动进行,CI/CD 主要做的是这件事,而本身代码是否处于交付状态靠管理过程控制粒度进行保证。

8. 持续交付实施框架

云原生架构与 DevOps 的落地与转型,需要从团队模型、分支模型、测试模型、技术架构、部署模型、基础设施、数据库模型等 7 大领域进行相应的匹配。

图 101 是以发布频度为抓手,从 100 d 发布一次,逐步地十倍速增长,到 10 d 发布一次,在两个阶段点,从 7 个维度来看,需要匹配与采纳的实践是什么。

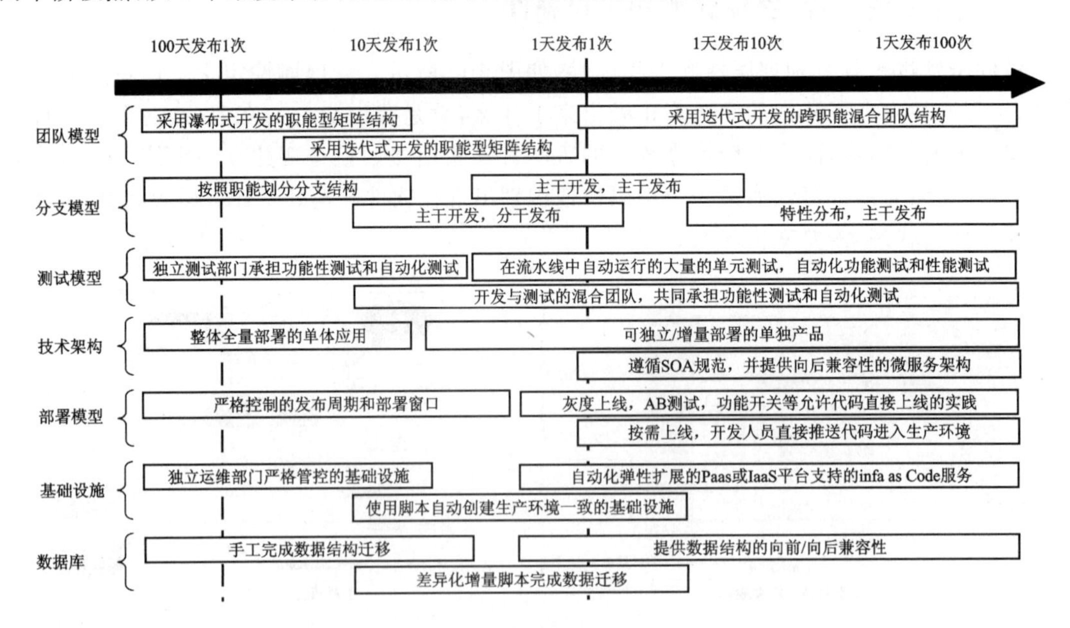

图 101 持续交付实施框架

这是一张能力演进的地图,我们可以清晰看到自己业务当前所需要的发布节奏是怎样,当十倍速地走到下一个节点,方向在哪里,有的放矢地进行相应的采纳。

与此同时,这也是一个量变到质变的过程,持续优化交付粒度,加快交付速度,提升交付质量。从 100 d 发布 1 次,到最后的 1 d 发布 100 次,10 000 倍的增长,回过头来看,就是一个升维的过程。

关注 7 大领域，持续优化交付粒度，加快交付速度，提升交付质量。在这 7 个领域里我们到底在做什么，归结到底就是：解耦。

9. 持续交付的挑战：系统耦合

想要把解耦说清楚，可以从一个简单的场景——取钱来看。站到 ATM 机面前，把卡插进去、输入密码、输入金额、拿走现金，对于用户来说是再简单不过的事情，但其实这里面的技术非常复杂，在 ATM 机里需要处理很多的事情：机器系统控制、智能卡识别、接收用户输入、连接银行系统、监控等；还要把信息和数据传输给银行，这个过程中又涉及数据加密、数据完整性、监控等；到了核心银行系统后需要查找账户、账务信息、进行审计和风险控制等。

这二十来个系统意味着数十个团队和上百人的团队规模，当从技术架构角度去看的时候，打散成技术点都会变得非常复杂，这在金融业银行业尤为严重。

这样复杂的系统造成的结果我们称之为“涟漪效应”。在一个平静的水面扔下一颗小石子，会在水面荡开一圈圈的涟漪，如果水中有几棵树，涟漪会撞到树。如果把石子理解成需求，树就是受影响的系统，一个石子的场景相对简单，尝试一下同时扔下两颗石子，第一颗石子扔下去荡开的涟漪在碰撞树的过程中会和第二颗石子荡开的涟漪产生交叉反应，继续影响，产生反过来的影响，这是复杂系统中分析需求、进行架构设计时难解决的问题，就是系统耦合的典型场景。

10. 软件开发中的三级耦合

怎么解耦是软件工程领域必须解决的问题。首先我们需要知道软件开发中到底是怎样的耦合，软件开发中的三级耦合关系如图 102 所示。

图 102 软件开发中的三级耦合

(1) 代码级耦合

所有人在同一个代码分支上同时迁入迁出代码，也就是大家同时开发同一个产品，这种情况下团队规模是没有办法超过 20 人的，这是一个经验数字，想象一下一个超越 20 人的团队频繁地在同一个代码分支上进行迁入迁出，基本上是无法工作的。

（2）组件级耦合

不管是什么开发语言都会有包管理器的概念，比如前端可能会用到 npm、bower，比如做 Python 会用到 pip，这些包管理器所做的就是进行组件级的解耦。

组件级解耦是指：当不是直接引用我们的代码，而是通过他人对版本管理的包进行引用的时候，就可以在一定程度上延迟包的变化对我们的影响，比如说我们可以一直引用一个 1.0 的包，但是这个包的开发者已经在升级 2.0，但我们可以完全不理会他人那条分支上的代码变化，那就只引用 1.0 的包，这时两个团队就被解耦了，如果这是一个产品的两个部分，也被解耦了。

（3）组件级解耦有个最大的限制条件

到达软件上线时间点的时候，要统一同一个应用里所有包的依赖。当然这是一个单体应用，所有的代码编译到一起，在一个运行时 RunTime 里运行，如果是这种情况，那么包管理的隔离就只能到达产品发布的时间点，如果这几个团队开发同一个产品，就算在开发过程中可以让大家去引用不同版本的包，但是如果要一起上线，那么必须在上线的时间点统一大家用的所有的包的版本，不然没办法在同一个环境运行。所以组件级耦合只能解决在开发测试过程中的一定程度的解耦，没办法帮助团队彻底解耦。

怎样才能彻底解耦？就会应用到现在炒得火热的微服务，其实它所做的就是彻底地运行环境级别的解耦。

大家经常看到，很多的 web api 都会在 url 里面标识不同的版本号。比如团队 1 发布了 V1 版本的 api，并且已经被团队 2 消费；那么团队 1 可以继续按照自己的步调发布 V2 版本的 api，而团队 2 可以继续使用团队 1 的 V1 版本的 api；团队 2 可以在自己觉得舒服的时间点来升级到支持团队 1 的 V2 版本。这样，团队 1 和团队 2 就彻底解耦，可以独立完成需求，开发，测试，交付的整个过程。

这时这两个团队从需求、开发、测试到交付的整个过程都是可以不去互相影响的，因为就算运行时在生产环境，这个服务被部署了以后，他们都可以在不同的版本间进行切换，这样就保证了每个团队都可以自主地组织自己的开发过程。

实际上它就是降低了管理单元，让管理单元可以小到一个团队里边，甚至小到几个开发人员，这时可能看到的还是几百人的大团队，其实里面是一个一个小的独立运作的细胞，这些细胞都可以按照自己的步调去移动、去发布、去测试，这样大家才能更加高效地工作。

这三级解耦的过程中，团队的自由度、业务能力、交付的速度、质量的控制都会得到提升，但也会造成系统复杂度、运维复杂度的提升，这是我们在不停地进行软件开发解耦的过程中所带来的副作用。

为解决这些副作用，这两年软件工程出现了一个明星项目——Docker，它到底解决什么问题？时间回溯到 1995 年，那时候经常提到一个词：web service，当时的系统都是单体架构，甚至于整个架构里都只能用同一个开发商的同一种技术，比如 C＋＋，那就从上到下都只能用 C＋＋，没办法选择其他的开发商产品，也没办法选择另外的产品，原因是不同的技术栈之间的互操作性非常差，互相之间难以交互。

web service 的出现就是为了解决不同技术栈之间的互操作性问题。因为从一个 IT 投资者的角度来说，他不希望自己被某个技术栈绑定，比如说你是一个技术管理人员，当然希望市面上流行的开发语言开发的程序都能与自己的系统融合，甚至说现在买过来一个系统，希望不管这个系统是用什么语言开发的，都可以和现在的程序一起工作。现在看来这可能不是个问题，但在那时是个非常大的问题，企业 IT 决策者、投资者没办法这么自由地选择技术栈，所以才希望通过 web service 进行解耦。

这个解耦的过程一直持续到 2015 年，现在会发现不管采用什么技术栈，应用都可以进行互相操作，我们可以用很多方式去进行跨进程、跨服务、跨系统间的通信，没有任何障碍，这会让 IT 管理者不再受制于技术栈，但也造成了另外非常大的问题。

当我们选择了很多技术栈开发系统，当这些系统被部署到我们的环境，会发现这些系统是可以互相操作，从业务的角度没有问题，但是 IT 运维人员或开发人员会发现已经陷入一个非常复杂的 $N \times N$ 的问题矩阵。

以前我们只需要处理同一个技术栈的同一类型应用的开发、测试、部署，而现在我们需要同时处理很多不同的技术栈的开发、测试、部署。如果用过一些开源的组件就会发现，当在一个项目里开始引用开源组件，可能主程序是用 Java 开发的、服务是另一种语言开发的、消息队列又是另一种语言开发的，这些程序都需要被部署到 IT 的运维环境才能一起工作。

Docker 就是用来解决这个问题的，它可以帮助我们使用同样的方式运行不同技术栈的不同应用，这些不同应用又可以在统一的硬件和操作系统环境下被运行、被部署、被测试、被发布。解决了我们在不停地解耦过程中带来的副作用：系统架构复杂度和系统运维复杂度提升的问题，解决了 $N \times N$ 矩阵的难题。

因此，在进行软件研发过程改进或效率提升的过程中，容器技术对于我们来说是非常有价值的。Docker 对 DevOps 的价值有很多，最重要的是：为不同职能/技能的人员各司其职提供了条件。

我们有很多自动化部署发布的工具，也提出来很多解决办法，但是这些解决办法其实都没有 Docker 解决得顺畅，原因在于所有这些工具的解决方式都是在采取一个更复杂的方式解决复杂问题，试图用复杂适配复杂，Docker 是用简单解决复杂问题，所以它解决问题的效率会很高。

来自 Google 的统计：Docker 和 DevOps 的发展趋势非常匹配，DevOps 效率提升的过程就是在不停解耦，解耦到一定程度后，如果不解决运维复杂度，解耦过程中产生的效率提升都会被运维复杂度吃掉，最终达不到效率提升的目的。

11. DevOps 实施落地的总体策略

DevOps 著名的三步工作法：建立全局观、建立反馈、持续改进。

这三步从可操作性的角度需要做什么？从建立全局观到建立反馈的过程中，要做的是：

(1) 先建立端到端的软件全生命周期管理的体系，如软件研发管理过程全景。

(2) 接下来，我们把所有的点适配到自己的环境中，识别出到底是什么，同时对这个体系的管理能力必须通过一些工具来实现，这个过程就是识别管理单元。

(3) 识别了管理单元之后要做的下一步是减小管理粒度。减少管理粒度的结果就是建立了流动性。对于看板有了解的人知道，看板最重要的原则是拉动原则，拉动原则的目的是让进入到研发环节的内容尽快出去，所以要做的就是建立流动性。建立看板的第一步是建立管理流程可视化，这就是全局观，看到整个过程是什么、问题在哪里，做这些事情的目的就是让进入到研发环节的内容尽快出去，怎么才能尽快出去？很简单，把这个东西变小就可以更快地流动。

(4) 有了正向的流动之后，下一步要建立反馈，而配置管理、持续解耦(包括持续集成、CI/CD)真正在做什么？持续交付真正在做的也是建立反馈，从具体落地的策略来说，实际上是在解耦，但解耦的目的是在环节中不停地建立回答“这个东西到底做得好不好?”“可以不可以继续往下走?”等问题的反馈。

(5) 有了这些反馈以后，就已经形成了如图103的整个研发过程的闭环，现在要做的就是让这个闭环不停地流动起来，这就得靠人。所以持续改进最后一步的关键是：人＋流程。

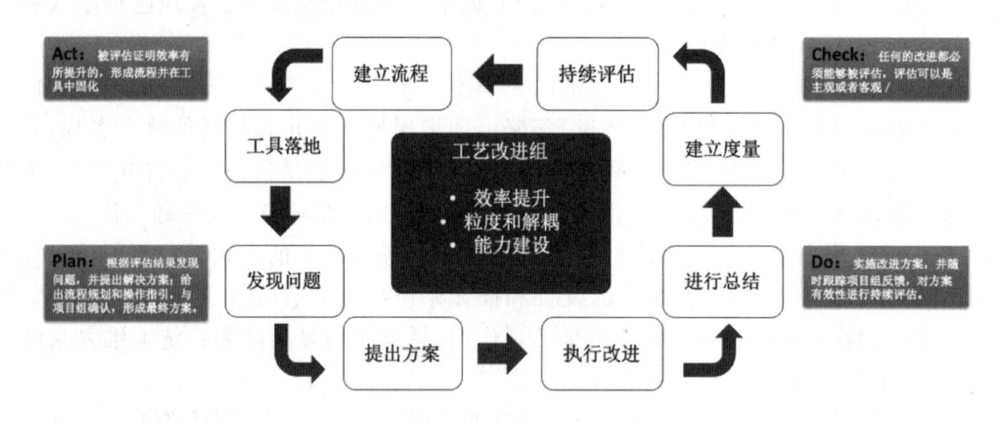

图103　软件过程的PDCA环

我们的研发过程改进永远不是一个项目，而是一个起点。开始做这件事以后就没有尽头，帮你建立起这样一个体系以后，你要做的是不停地改进这个体系，怎么能让这件事情落地，要建立起这样一个自我驱动的改进过程。

第42问　如何构建符合康威定律的团队组织架构

We passed upon the stair. We spoke in was and when. Although I wasn't there. He said I was his friend. Which came as a surprise.

——David Bowie *The Man Who Sold The World*《谁出卖了世界》

1. 康威定律讲的是什么?

构建优秀的软件不仅和选择什么方案实现有关，还与有效的沟通、协调和协作有关。

系统设计受限于组织自身的沟通结构，组织规模越大，灵活性就越差，这种现象也就越明显。在设计系统时，组织所交付的方案结构将不可避免地与其沟通结构一致。

1968年4月，梅尔文·康威(图104)发表了一篇名为“How Do Committees Invent?”的论文，提出：社会结构，特别是人与人之间的沟通途径，将不可避免地影响最终的产品设计。康威描述道，在设计的最初阶段，人们首先需要思考如何将职责划分为不同的模式。团队分解问题的方式会左右他们之后的选择，这便是康威定律。

图 104　梅尔文・康威（Melvin Conway）

以图 105 的华为云为例，产品的分布与部门组织架构不出意外地吻合，相信这也是大部分云厂商的组织架构方案，难怪有人说 HR 人力部门才是真正的架构师。

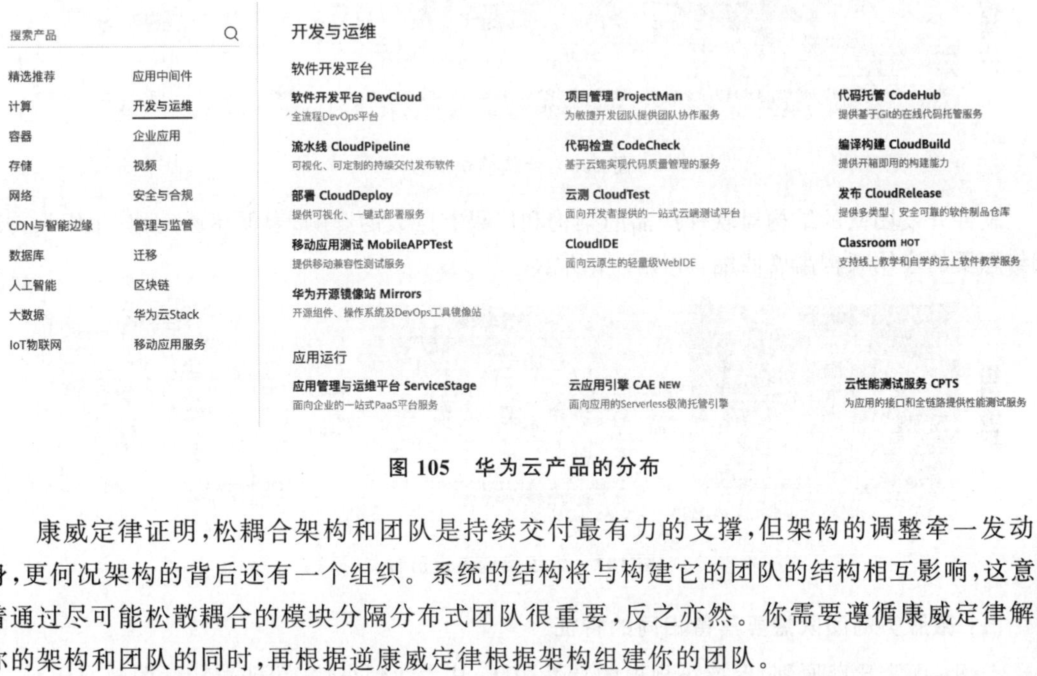

图 105　华为云产品的分布

康威定律证明，松耦合架构和团队是持续交付最有力的支撑，但架构的调整牵一发动全身，更何况架构的背后还有一个组织。系统的结构将与构建它的团队的结构相互影响，这意味着通过尽可能松散耦合的模块分隔分布式团队很重要，反之亦然。你需要遵循康威定律解耦你的架构和团队的同时，再根据逆康威定律根据架构组建你的团队。

康威定律讲的是任何涉及系统的组织，必然会产生以下的设计结果，其结构就是该组织沟通结构的写照。服务化和微服务化的拆分，通过 API 来进行解耦依赖和关联，服务的独立性和自治性，不仅是在讲述一个软件架构，更是在描述组织架构层面的沟通与协作。最好的方法是使用一组共同的原则来指导团队的形成，例如所有权、自治性和覆盖端到端的价值流。

究竟是合理的组织结构和团队表现决定了细粒度的服务开发方式，还是细粒度服务的构建经验决定了组织结构和团队表现呢？答案是：两者兼有之。康威定律展现了团队与系统之间的关联关系，设计系统的组织受到限制所以设计出来的架构方案等价于组织的沟通结构。团队结构和微服务架构是共生的，两者可以并且应该相互影响。

跨职能的端到端的团队组织方式有利于微服务开发。团队协作与业务价值保持一致,将体现在所开发的应用中,团队所构建的服务将明确实现业务功能,每个服务拥有清晰的所有权。服务架构反映了团队之间的高内聚与低耦合,不同的服务开发团队可以制订共同的契约和工作方式,不仅在服务层面,更是在团队沟通层面。

康威定律讲的是组织架构与软件架构的匹配,同样适用在人员合作与企业生态上,一切组件与组件、服务与服务、系统与系统、组织与组织之间,都应该遵循松耦合架构的标准和实践。企业职责清晰,边界模糊,连接与协作越来越重要,外部生态化发展。服务会如实地反映现实世界中一系列的团队沟通。

2. 微服务团队特征

如前面所述,微服务的架构演进,单体的应用,逐渐到服务化的方式,再到逐渐分布式的模式是从横向分层的大系统,向纵向解耦的小系统演进的过程,如图 106 所示。

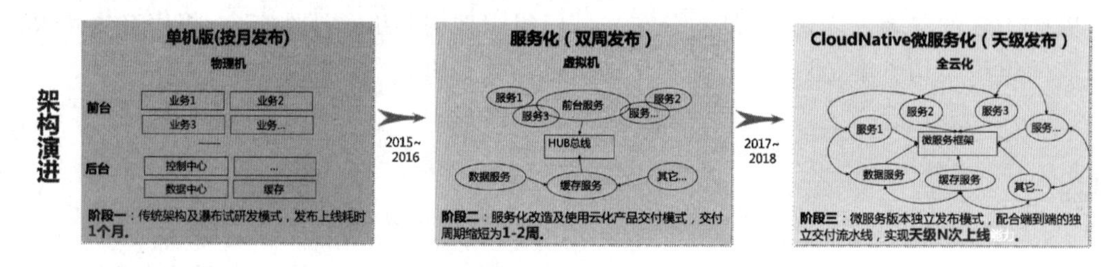

图 106 架构演进历程

软件开发团队的结构对软件产品的架构和成果有巨大的影响,遵循康威定律,组织架构应该与想要的应用架构高度匹配,如图 107 所示。

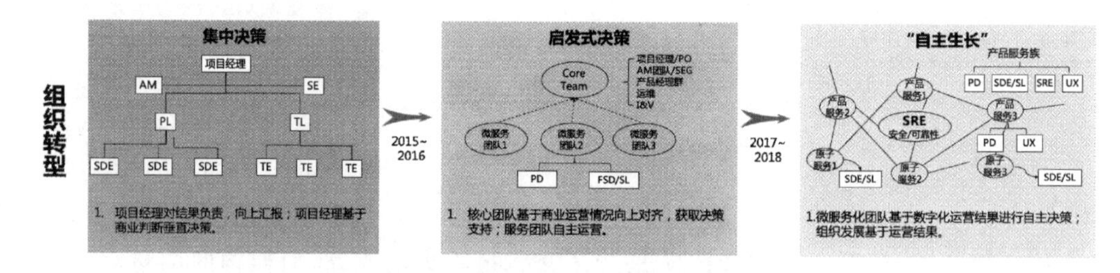

图 107 组织架构演进历程

(1) 微服务的团队需要具备相同的特征

① 小:两个比萨原则,保持小规模的特性团队,从横切到纵切,端到端特性团队自组织、扁平化运作。全功能团队,自治自主自发,对最终用户负责 。

② 独:由独立团队并行开发交付各个微服务/特性,相应匹配的团队组织架构,也由自上而下的集中式决策,逐步演进到服务化团队,向上对齐同时自主经营的模式,进而演化为生态型团队,在组织边界内甚至跨越组织边界自主生长。

③ 轻:轻流程,小步快跑。质量好是满足用户要求,持续交付刚刚好的系统,流程不要太过厚重。从服务开发到上线、获取用户反馈的业务流要真正流动起来,低成本试错,小循环短链条快速互动。

④ 松:团队之间、个人之间,松耦合独立运作,彼此充分解耦,避免过多的沟通与协调。利

用康威定律组织团队，减少工作交接次数，提升交付速度和成功率。面向服务的架构解耦，支持按服务/特性进行开发、测试、部署。架构解耦是基础，能独立交付的包越小越好，独立验证、独立打包、独立部署、独立升级、独立回滚。

(2) 构建微服务团队还需要注意的事项

① 自主经营：团队由职能型技术开发团队，逐渐转型为自主经营的面向服务全生命周期的服务业务化团队。团队需要具备商业思维和产品运营的思维。考虑服务的目标客户是谁、为什么需要服务、使用场景是什么、需要的是什么样的服务、服务的定位是什么、如何完成价值闭环。产品上线以后，运营层面应该做什么事情，应该做什么样的拉新的活动，怎么样留存。

② 全栈团队：以服务为单位组织全功能团队，涵盖业务、产品、设计、开发、测试、发布、部署、运维全流程职能。特性团队对特性负有端到端责任，除了 DevOps 强调的开发人员、发布工程师、IT 和运维之间可信合作，还需要打通业务与开发的鸿沟。除了全技术栈以外，还需要打通业务的全栈，每一个服务化的团队都需要面向业务进行产品全生命周期的考虑，除了技术层面的怎么样去产品的设计、开发出来部署，架构层面保持优美，更多的还需要去考虑商业层面。

③ 以价值流为核心：从按功能部门的强职能矩阵管理，转化为围绕产品聚焦价值流交付的强业务矩阵管理，产品经理、业务架构师、软件架构师、开发工程师、测试工程师、运维工程师、运营人员，跨功能一体化，以产品为核心，以价值交付为目的，集体对经营负责，产品经理对产品负总责。

3. 构建一体化价值流交付协作团队

架构微服务化，需要建设一体化的团队和端到端的生产平台，全面支撑落地 DevOps。由原有的团队组织架构，转化为敏捷的开发运维一体化团队，团队、职能、角色、工具，运营流程和管理机制都要发生变化。产品经理 PO、业务分析人员 BA、架构、开发、测试、运维、运营跨功能一体化，负责价值流交付的全生命周期。

从流程上讲，持续的业务与产品规划，持续的交付业务价值，持续的运维及运营并根据市场反馈作出快速的调整。

从组织上讲，除了全功能服务交付团队之外，还需要建设 COE 组织，提供共享的专业化服务能力，同时依托全流程安全可信的 DevOps 平台，使开发、测试、部署、运维等一切研发活动都在平台中完成，让软件开发简单高效。

(1) 持续规划与运营

产品团队是产品及服务发布和运营的第一责任人，对产品的全生命周期负责。负责推动产品立项及路标审批通过到分配资源预算(人力、费用、物料等)。负责建立并推动产品需求分析，针对一线业务需求进行分析和分类，需要根据对应的需求类型采用适合的研发模式。产品团队作为经营主体，根据运维/运营情况确定需求排序，争议需求升级完成决策。

运营反馈驱动需求改进，从需求的提出→研发→上线→运维→运营的需求全生命周期可追溯，通过上线后用户体验反馈情况，反向追溯前端需求的有效性，提高需求的命中率。

(2) 持续开发与发布

融合业界敏捷项目管理、精益看板、持续集成与持续交付、持续度量与反馈等理念。服务化团队聚焦于业务/服务价值，尽可能做到自主决策，持续快速，小批量地交付并持续获得反馈。

“按节奏开发、按需要发布”(Develop on Cadence，Release on Demand)。将 DevOps 工具链和流水线尽可能地打通到生产环境，按节奏开发，开发完成即部署到生产环境(至少是准生产环境)，按业务需要将产品特性开放给客户供用户使用，尽快通过用户和流量真正跑起来形成反馈闭环。

建立分布式决策的自治团队，一方面可以将大多数的低风险变更作为标准变更，做到无须人工审批，将变更进行部署与发布。另一方面，可以建立分层分级的发布门禁以及相应的工具核查或是人工审批机制。对于等级要求低于一定阈值内的发布，产品团队可以直接进行发布；对超过等级阈值的发布，可以通过不同层级的组织进行审批。

质量前馈与反馈，反馈在 DevOps 中的重要性无须多言。团队共同制定“完成的定义”DoD，产品统一质量规范与要求，统一用户体验要求，并将其固化到交付流水线门禁中，各阶段流转必须满足质量要求。

度量反馈自然而然地在产品价值流的每个环节上进行开展，包括开发、测试、架构、运维、运营等。反馈原则是尽早、尽快、公开、透明。为解决度量反馈的信息孤岛问题，DevOps 平台需要提供统一的度量反馈矩阵，实现指标的一体化展现。透明化，让团队的每个成员可以自助查看相应的指标。度量反馈是为了改进优化，因而关注哪些度量指标不是一成不变的，而是应该随着团队成熟度、业务目标等进行改变。

(对于度量指标的具体体系可以参考后文的度量体系。)

(3) 持续运维与反馈

产品运维运营践行 DevOps 的研发运维一体化理念与实践，事件和问题快速闭环，用户需求产品团队快速响应。运维能力中心可以作为专业 COE，负责运维的系统框架，运营运维规范和上线要求设计并对产品团队赋能，通过运营运维结果驱动产品开发。

产品与服务运行时产生的所有事件、问题都必须录入对应的管理平台。所有的事件、问题和监控信息对全团队实时可视。通过数据分析驱动 IT 产品改进，各领域云平台看护自己的核心数据和能力，并提供明确的数据开放机制(含 API 接口)。

对开发(Development)、测试(Test)、类生产(Acceptance)、生产(Product)等环境进行统一的环境管理。DTAP 环境的一致性是环境管理中的重要挑战，可以从技术与管理上进行考虑，一方面环境的构建要通过 IaC 等实践进行自动化构建，避免手工维护，同时加强 DATP 环境的一致性检查机制；另一方面，对于类生产环境要建立相对严格的管理制度，进行专人管理与维护。

(4) COE 共享能力中心

参考图 108 的 Spotify 行会，可以建设虚拟的专业能力中心，或是将部分较为特殊的角色成立实体的组织，建立共享的能力中心。

常见的共享能力中心，包括产品、架构、测试、DevOps(流程及工具)、SRE/运维、UX、市场/运营等，在部门或公司层面共享，成员可(半)固定的调度到各产品内部进行能力共享。

① 产品能力中心：提供云化服务产品规划、需求分析、竞争力建设等能力，拉通产品与产品的特性协作，承担能力建设以及跨领域产品拉通的职责；

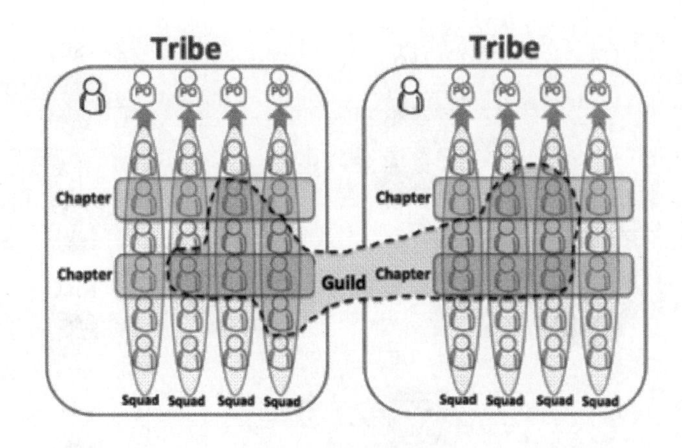

图 108 Spotify 行会

② 架构能力中心:提供架构能力和云化专业技术能力,如专业能力微服务(架构解耦),保证各领域产品的架构一致性和能力建设;

③ DevOps 能力中心:提供效率提升、工具平台、环境管理、配置管理等角色,构筑相应的研发效能体系并工具化;负责公共服务的开发和推广;

④ SRE/运维能力中心:提供服务运维运营相关能力,如故障快速恢复、监控告警、灰度发布、运营数据分析等专业方法和工具。构建基于云平台提供的监控、报警等能力,成立专门的团队负责系统运行时的质量,保障系统可用性和业务无中断的升级、回滚;

⑤ 产品核心架构团队:可以由 BA 架构师、SE 架构师、SRE 代表、运营经理组成虚线的产品技术核心团队,评审产品技术路线,对架构长期看护;

⑥ 用户体验中心:UE、UCD、UX 工程师,负责用户研究、交互式设计、美工、视觉、用户体验等能力建设。

4. 重塑角色与协作,实现快速自我决策

如图 109 所示以华为公司为例,组织阵型由“集团军作战”转变为“班长的战争”,按照特性/微服务组建 Two Pizza 的全功能团队,实现业务快速开发、决策与上线。

除了组织和团队的结构调整以外,最小颗粒度的个体也需要随之作相应的变化,这个变化包括角色和名称的变化,更重要的是心态与关系的变化。

从价值流端到端来看,团队分为图的以 SA、PD、SL 形成的铁三角,交付以服务为中心,而不是以项目为中心。

(1) SA(Solution Architect)即解决方案架构师,事实上是一类业务关系人,代表的是客户、业务和行业的声音,负责客户场景梳理及解决方案设计,是需求的提出方。

(2) PO(Product Owner)即产品负责人,承上启下,负责产品规划、设计、分析,将业务需求解读转化为产品特性,起到的是以产品化的能力来承载通用的业务诉求,并进行中长期产品演进与路线规划的作用。

(3) SL(Service Leader)即服务/特性负责人,代表的是整个交付团队,带领团队进行开发。交付团队内部包含开发、测试、运维等职能,但并非由专职人员担任。也就是团队要承担开发实现、测试验证、部署发布、运维监控、运行支撑等活动,但这些活动不是由传统意义上的

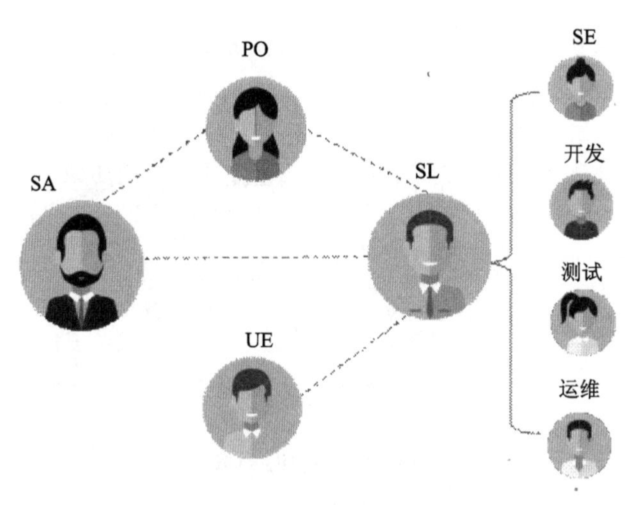

图 109 华为云团队组织阵型

开发人员、测试人员或运维人员执行，而是所有人都做所有的事。开发不只是架构设计或是开发代码，还需要承担开发者测试，需要参与部署与发布的过程，并且参与轮值 On Call 机制。将职能以活动而不是角色进行拆分，有助于在团队内部建立起信息共享机制，让所有人都知道开发、测试、运维到底是怎么回事，当部署成为痛苦的事，所以就会进行优化和自动化。一旦建立起责任共担的机制，就不会使个别人成为交付的瓶颈，不会成为依赖。这也是微服务的特性体现。

(4) 共享资源池：除了核心的 SA/PO/SL 组成的铁三角以外，一些专项的能力，将由前面讲到的 COE 共享能力中心承载。

第 43 问 如何平衡技术债务与业务交付

I never sawy you, never heard you. But I know that you were there, everywhere. I could feel you all around me.

——Great Lake Swimmers *Song for the Angels*《献给天使的歌》

在开始使用人生的第一张信用卡时，许多年轻人在查看他们的第一张月度账单时会有类似的反应，“什么情况？我现在可以选择一次性全额偿还 10 342 元，与此同时也可以选择只支付 200 元……？哈哈！这是怎么做生意的！”

最终他们当然会了解到这些经营机制……如果还不算太晚。

有没有想过，在你的软件产品中，类似的机制每天都在背后发挥作用。

1. 什么是技术债务？

如果不是新入行软件开发，你很有可能听说过“技术债务”这个词。技术债务也称为设计债务或代码债务，在技术领域被广泛使用。

究竟什么是技术债务？为什么我们这样称呼它？

信息与软件技术周刊如此定义技术债务：技术债务描述了某些软件开发行为所产生的后果，这些行为有意或无意地优先考虑客户价值和/或项目限制，例如交付期限、更多的技术实施和设计考虑等，从概念上讲，技术债务是金融债务的类比，有着相似的概念，例如债务水平、随着时间的推移产生的利息及其可能的后果，以及在某个时间点偿还债务的压力。

之所以称之为技术债务，是因为它就像贷款一样，当前可以完成比正常更多的工作，但最终会付出额外的代价。

软件系统很容易产生杂物，内部质量的缺陷使得进一步修改和扩展系统变得比理想情况下更难。技术债务描述了如何考虑如何处理这些垃圾，将其视为金融债务。添加新功能所需的额外努力是支付的债务利息。

技术债务包罗万象，涵盖了从代码缺陷、架构不足、遗留代码、脚本、配置文件、基础设施，再到文档的所有层面。较为常见的代码和系统的技术债务包括：

已知的未修复缺陷；

不充分的测试覆盖；

低代码质量和不良设计导致的问题；

不再使用但没有清理的代码/制品/功能开关；

团队缺乏领域知识，无法高效调试和维护；

未完成的迁移；

废弃的技术；

未完成或过期的文档或注释缺失。

当你为了更快地实现目标，在编写代码时走了捷径，就会发生技术债务，代价是代码更丑、更难维护。

想象一下，你有一个模块，走捷径导致结构不够清晰导致维护和更新不便，当下新增一个功能需要 6 d 的时间，如果结构清晰则只需要 4 d 时间，那么额外增加的 2 d 就是因为技术债务所产生的额外利息。重构这段代码也许需要 10 d，所以这 10 d 就是债务的本金。是偿还 10 d 的本金，还是持续每次背负 2 d 的利息，这是一个技术选择，也是一个投资选择。投资的衡量来源于当下是否有本金可以偿还，这部分本金如果投资其他领域是否可以获得更高的收益。

2. 对技术债务的进一步分析

2007 年，Steve McConnell 提出有两种类型的技术债务：有意的和无意的。在他看来，有意的技术债务是人们有意识地将其作为一种战略工具来承担的技术债务。无意的债务则相反，他称之为“工作做得不好的非战略性结果”。

Martin Fowler 将 McConnell 的概念更进一步，发表了“技术债务四象限”，根据意图和上下文将技术债务分为 4 类。Fowler 说技术债务可以首先根据意图进行分类：是有意的还是无意的？然后进一步区分是谨慎的还是鲁莽的债务。如图 110 所示。

谨慎的债务是经过深思熟虑的，因为团队知道他们正在承担债务，所以会考虑较早发布的收益是否大于还清成本。一个对设计实践一无所知的团队承担的是鲁莽的债务，甚至没有意识到自己陷入了多大的困难。

团队可能知道什么是好的设计实践，甚至能够实践它们，但决定保持“快速而肮脏”，因为

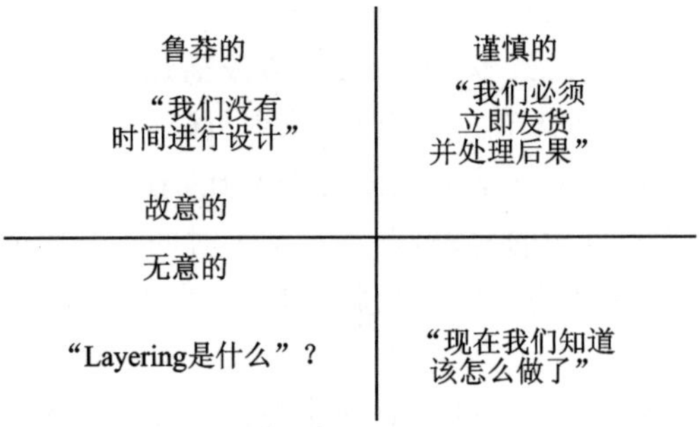

鲁莽的	谨慎的
“我们没有时间进行设计”	“我们必须立即发货并处理后果”
故意的	
无意的	
“Layering是什么”？	“现在我们知道该怎么做了”

图 110　技术债务分类

他们认为负担不起编写干净代码所需的时间。这通常是一笔不计后果的债务，好的设计和干净的代码的意义在于让你走得更快更稳。

Martin Fowler 的技术债务分类框架并未直接匹配债务的具体性质，2014 年，一些学者提议根据技术债务的性质而不是它是否具有战略意义进行分类，由此得到 13 种不同类型的技术债务，每种类型都对应一组关键指标：

需求债务；

架构债务；

构建债务；

代码债务；

测试自动化债务；

测试债务；

缺陷债务；

设计债务；

文档债务；

基础设施债务；

人员债务；

流程债务；

服务债务。

3. 技术债务是什么，不是什么

我们先从技术债务不是什么说起，再看看它到底是什么。

(1) 技术债务不是一团糟的代码

不良代码不属于技术债务，长期担任软件开发顾问的 Robert C. Martin（俗称 Bob 大叔）（同时也是《代码整洁》的作者）在一篇态度鲜明的博客中写道：一团糟不是技术债务，一团糟只是一团糟。技术债务决策是根据实际项目限制和需要做出的。它们是有风险的，但可能是有益的。弄得一团糟的决定从来都不是理性的，是基于懒惰和不专业，并且在未来没有机会获得回报。一团糟总是一种损失。

技术债务应该是人们经过深思熟虑，决定采用长期不可持续但会产生短期收益的设计策略。核心关键是债务会更快产生价值，但需要尽快安排偿还。

(2) 技术债务不是缺陷

讨论缺陷是否是债务,是一个错误的论题。很多人误解了债务的比喻,将其与浪费混淆了,技术债务容易与缺陷混为一谈。大多数程序员会说:“好吧,我只需要在最后期限之前快速完成,稍后我会回来修复它。”很多人认为只要目的是更快做好工作,就可以编写充满缺陷的代码,并认为这就是技术债务的主要来源。

编写糟糕的代码从来都不是什么好事,但我们赞成基于当前对问题的理解来编写代码,以尝试获得反馈进行验证,即使这种理解是片面的。明智的做法是该软件尽可能清晰地反映你当下的理解,以便在需要重构时,很清楚编写它时的想法,从而更容易将其重构为你当时的想法。换而言之,偿还债务的能力,取决于编写的代码是否足够干净,以便在理解问题时能够进行重构。这也是为什么鲍勃大叔的《整洁代码》和 Martin Fowler 的《重构》一书同样的重要。

(3) 技术债务是有意而为之的

正如明智的金融债务可以帮助更快地实现主要的人生目标一样,并非所有技术债务都是坏事。管理好它可以为公司带来巨大的收益,对于快速发展的公司来说尤其如此,迫切需要尽早并经常发布以确定产品/市场契合度,满足客户需求并抓住市场机会。

技术债务描述了当开发团队采取行动以加快交付,稍后再进行功能或产品重构的场景。换句话说,这是优先考虑快速交付而不是完美代码的选择,或者说是在速度与质量之间的权衡中倾向于前者。既然是选择,就应该是有意而为之的,而非无意识或下意识的举动。

Shaun McCormick 对技术债务的定义更多地关注长期的后果,“我认为技术债务是随着项目的成熟而降低敏捷性的任何代码。请注意我没有说坏代码(因为这通常是主观的)或损坏的代码。”他建议真正的技术债务总是有意的,而不是偶然的。

承担技术债务始终是有意和战略性的,故意背负的技术债务,是人们有意识地将其作为一种战略工具来承担的债务。无意的债务则相反,这是工作做得不好的非战略性结果。

(4) 技术债务是经济选择

Cunningham 描述他最初是如何提出技术债务比喻的:“有了借来的钱,你可以更快地做一些事情,但是直到你还清这笔钱,你都需要支付利息。我认为借钱是个好主意,我认为将软件推向市场以获得一些经验也是个好主意,但是当然,当你获取了相关信息之后,需要通过获得的经验来重构程序,以偿还债务。”

如果你有一个梦魇一般的模块,无人愿意触碰,你是选择对其进行重构,还是听之任之?

技术债务的概念让人们真正从经济上考虑这个问题。Reinertsen 说,“如果你只量化一件事,量化延迟成本”,同时根据最佳决策时机原则,每个决策都有其最佳经济时机。最佳经济时机的衡量需要综合考虑成本与收益,比较边际成本和边际价值,同时忽略沉没成本。

上述问题的核心在于重构的成本,以及因为此模块而背负债务的利息。利息与维护和更新的频度有关,与单次的维护成本有关,与已投入的研发成本无关。

(5) 技术债务不可避免

软件的真正成本是时间。所有软件都是为了解决问题而设计的,今天解决一个问题比明天解决它更有价值。因此,在任何工程项目中,尽快完成都至关重要。快速而不完美的代码,具有最多技术债务的代码,实现了这一点。如果在每一行代码都完美无缺之前拒绝发布软件,你的产品可能永远不会交付,你的公司会很快接近尾声。

不存在完美的产品,我们是在未知的不确定性世界中构建软件。软件的客户对他们需要产品中的哪些功能只有一个粗略的想法,并在软件构建过程中逐渐了解更多的信息,尤其是在向用户发布早期版本之后。“我们作出了很好的决定,但直到现在我们才明白我们应该如何构建它”,对于产品和架构,只有产品发布之后才会获得足够多的信息,以便更好指导构建。

所以我们不可能也不需要一开始就把它设计得最好,我们无法避免技术债务。债务比喻提醒我们可以针对设计缺陷作出选择,快速交付获得的收益足够大,并且利息支付足够小,或者债务位于代码库中很少涉及的部分,那么债务可能不值得尽快偿还。

4. 有技术债务是好还是不好?

如果你想要一个简单的答案:技术债务没有好坏之分,它就是债务,就像金融债务一样。

关于技术债务是好事还是坏事,有多种不同的观点,与其寻找客观唯一的答案,不如在这里讨论这些不同的观点。

如今,大多数软件公司都面临着来自市场和竞争力的压力,需要快速开发和发布。初创公司尤其能感受到这种压力,这不是可以纠结的问题,而是必须快速发布。这种对速度的需求导致许多产品和软件开发团队在承担技术债务或稍后发布之间作出权衡。这就是为什么大多数敏捷团队的普遍共识是技术债务本质上并不是坏事。事实上,大多数软件产品,如果不是全部,都有一定程度的技术债务,这并不难理解。

业务人员对技术债务的容忍度普遍高于技术人员,因其业务属性,业务人员经常需要进行经济层面的权衡。而技术人员通常容易存在完美主义执念,似乎认为唯一正确的是技术债务为零。这种对技术债务的不同理解,不可避免地会产生沟通挑战。

技术人员通常会向业务人员解释什么技术债务,但事实上,技术人员可能并未真正看到其中的含义,主要问题是,与金融债务不同,技术债务并非显性的存在,因此人们常常容易忽视它。

所以核心要点是,在确定技术债务是好是坏时,时机很重要。一般而言,你可以像处理金融债务一样来考虑技术债务:它的存在不会是问题,直到它成为问题。

5. 忽视技术债务的后果

任何被忽视的技术债务都可能会给组织带来问题,形成技术债务的负向循环,正如图 111 所示。

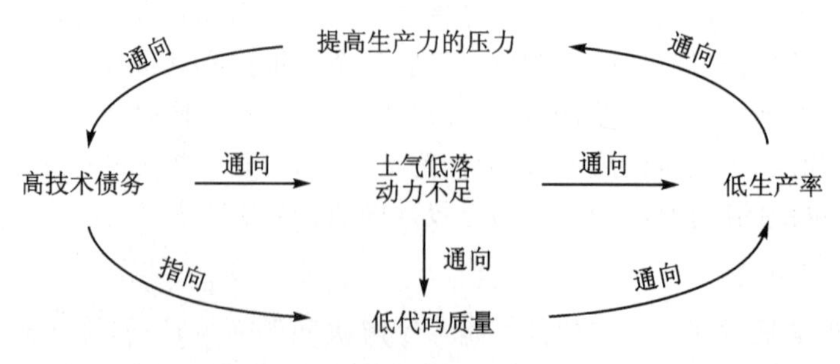

图 111 技术债务的负向循环

(1) 阻碍新版本的发布

当技术债务失控并扩散时,团队大部分时间都花在偿还前面项目的"利息支付"上,而不是致力于新功能或关键的更新。最终你必须偿还技术债务,它是以减少添加新功能或进行其他更新以推动产品向前发展为代价的。技术债务使得改变现有源代码的难度和风险呈指数级增长,这会反映在产品和市场上:更长的交付时间会减少市场机会窗口并增加新功能的上市时间。

(2) 设计糟糕的代码

在采取快速而混乱的方式到达最后期限时,开发人员会跳过编写干净、有组织的代码的编码规范。糟糕的设计,会使代码结构将变得混乱并且具有潜在的低可读性、可维护性、可扩展性。

(3) 软件熵增架构混乱

当诸如遗留系统等软件随着时间的推移,由于过时的设计、临时的修复等原因,代码在一段时间的演进后缺乏有效的整理,就会堆积技术债务。随着公司和产品的发展,这种情况最容易解决,但很难完全避免,最终将导致产品的性能下降。

(4) 逐渐枯竭的生产力

技术债务会耗尽公司的生产力,从而导致产出放缓。设计糟糕的代码需要团队花费更多的时间和精力来管理它。技术债务导致团队减慢他们的构建时间,减慢整个生产测试发布周期。根据2018年的Stripe报告,大多数开发人员有将近1/3的时间在用于处理技术债务。技术债务每周平均窃取3.8 h,这是阻碍公司开发人员生产力的主要原因之一。这意味着每年有惊人的850亿美元全部花在糟糕的代码上。

(5) 客户/员工满意度下降

系统停机、不稳定的性能或糟糕的用户界面会影响用户满意度,从而对你的产品和业务产生负面价值。技术债务不仅会给客户带来负面影响,同时也给IT部门带来很大压力,因为它非常耗时并且严重阻碍进度。换句话说,技术债务不仅会消耗工程时间,还会导致开发团队失去动力。结果,创新被淡化了,员工士气和忠诚度都会降低。

承担技术债务有时可能是好的决策,但是过多的技术债务会降低团队的敏捷性,产生低质量的代码,给测试团队带来压力,并最终降低公司的整体生产力。将技术债务视为一把双刃剑,可以用以决策产品发布周期,与此同时理解它、使用它并从长远的角度来管理它。

6. 如何对待技术债务

随着时间的推移,技术债务的积累会产生越来越高的风险,这就是为什么我们需要经常(通过重构)偿还债务。通过定期对应用程序进行小的内部修改,通过重构,可以使我们的产品保持简洁和优雅,并且更容易添加想要的新功能。

考虑业务和产品团队以及其他利益相关人,他们更希望尽快发布新产品,缩短开发周期。事实上,开发团队同样的热衷于新功能的开发,重构一类的技术需求无法直接体现到业务价值上,即便是在技术的反馈上通常也会较长。

团队没有定期进行微小但重要的重构,产品的代码库变得越来越笨拙,并且随着一次又一次的次优选择，在与完美背道而驰的道上一路狂奔。

技术债务在初期不会造成严重影响，甚至理论上应该产生相应的业务价值。随着臃肿的代码越来越相互交织，积重难返，对业务响应速度的影响越来越凸显，最终，当业务和产品团队想要对产品进行重大升级或构建重大增强时，代码和架构终于因无法支撑新的业务诉求而轰然倒塌，此时进行重构已为时过晚。通用的做法是进行大版本升级，这也是为什么我们经常听不到频繁重构的实践，却常常能看到大肆炫耀大版本更新的成功案例。毕竟，一个大版本的升级所带来的成就感，及其随后带来可吹嘘的政治资本，要远远超过"小小"的重构。

架构缺乏维护和治理，代码缺乏定期的重构和清理，就如同混乱的房间一样，并非一朝一夕形成，一旦形成，想要让其变得整洁就愈发的困难。乱序的状态遵循热力学第二定律，即熵增定律。而引入熵减机制，是需要耗费能量的，这也是违反人类长久以来形成的"能不用脑就不用脑"的节约能量的本性。

通常最好的方法是像我们通常处理金融债务一样，逐步还清本金。当一个团队能够开始偿还技术债务时，他们不仅是在偿还债务，同时也将开始从债务偿还的循环中受益：你偿还的每一笔债务都会导致有更多的时间偿还更多的债务。这是一个正向的循环飞轮。

如何偿还债务，Martin Fowler 的建议是通过重构，"重构是对软件内部结构所做的更改，以便在不改变其可观察行为的情况下更易于理解且修改成本更低。"

将重构构建到你的日常流程中，意味着需要给它预算——时间、资源、冲刺计划看板上的空位。正如自动将 10%的薪水投入长期投资可以随着时间的推移极大地增加你的财富一样，在团队日历上固定分配时间进行重构，可以在长期内为产品的健康和整洁带来巨大的红利。

技术债务管理需要在质量(包括用户的良好体验)和速度之间取得平衡，以满足业务最后期限。如果不加以控制，技术债务乍一看似乎无害，但速度和敏捷性将随之逐渐丧失。当企业专注于缩短上市时间并允许对质量缺乏敬畏之心的非专业开发人员自行创建软件应用时，技术债务的威胁就会增加。

以下是有效对待技术债务的一些建议：

(1) 识别和评估

① 认清你的技术债务。公司经常在没有意识到的情况下积累技术债务，从而成为一个水面之下的问题，变为诸多问题的诱因。越早认识它，就越容易还清技术债务。

② 记录并标识你的技术债务。在统一的系统记录你所有的技术债务，定期审视，确定债务当前状况。

(2) 修复和还债

① 制定还债策略。根据你的技术债务水平，当前的财务状况(资源状况)，变更频度影响程度，基于此制定相应的偿还策略。最佳的方式是分阶段重构，通过专注于在每个冲刺少量还债，可以有效逐步减少技术债务。还债的投入一开始可能会很昂贵，但从长远来看，它会赢得回报。

② 定期重构。定期重写软件中的组件，重构代码作为有效预防措施，有助于代码随着时间的推移带来的逐步腐蚀，增加其耐受性，聪明的团队不会等待系统崩溃，而是先发制人地采取行动来提高代码的免疫系统。

③ 为技术债分配专用力量。将中等大小的技术债当作日常迭代的一部分，以一定比例的

工作时间用于这类的活动。一种常见的分配是 70% 用于功能开发，20% 用于技术债，10% 用于学习/实验。另一种方式是不讨论投入的时间，只是从每个工期的积压工作中拿出固定数量的技术债务。明显的问题是有些技术债问题可能很大，这时候需要进行拆分，或者如果真的必要，花时间，将比较重要的技术债务当作项目或者独立的重构迭代。

④ 利益相关者。确保你的利益相关者了解重构的必要性，可以尝试用信用卡的例子解释什么是技术债务，并且在近期的迭代中先预留出少量的时间进行重构。

(3) 预防和改进

① 强调代码纪律。如前面所述，糟糕的代码不等同于技术债务，但其导致的后果与技术债务一样。代码开发的"童子军规则"是，你应该让代码库和系统变得更好。拥有一个严格遵循编程要求和规范的成熟开发团队对于避免代码债务至关重要。在没有工程质量要求并且重视代码纪律的公司，技术债务也很常见。

② 构建你的工程脚手架。敏捷与 DevOps 相关的工程实践对于重构活动而言形成了有效安全的脚手架。例如，采用 TDD 的方式进行开发，能够对每一次微小的重构进行保护；采用持续集成的实践，可以快速且高度一致的自动化手段。更快的步伐并不意味着粗心工作，敏捷也不是"快速但不整洁"的代名词。相反，敏捷方法(无论是管理实践还是工程实践)是技术债务的克星，频繁迭代，一次处理小块工作，测试自动化，架构模块化等等。

③ 灵活松耦合的架构。与代码质量一样重要的是强大的架构，它允许我们从轻量级设计开始，然后逐步增长，并积极跟踪和管理不可避免的技术债务。采用微服务的松耦合架构和接口定义和接口测试，可以有效将变更影响隔离在微服务内部。

总之，IDCF 的研发效能原则中，很重要的一点就是采纳经济视角，技术债务是绝好的从经济视角来看待软件问题的示例。

软件开发是一场投资，也是一场赛跑，用有限的时间与市场和商机赛跑，业务通常高于一切，但需要在风险可控的范围内。应该具备经济头脑，不是冒险一路狂奔，需要思考如何用相对保险的债务来作为杠杆，去调动更大的业务机会。用一定周期范围的负债，换取时间成本和机会成本。

处理不当的技术债务，会导致阻碍新版本的发布，设计糟糕的代码，软件熵增架构混乱，逐渐枯竭的生产力，客户/员工满意度下降等诸多问题。

技法篇五　CI 持续集成

持续集成是 DevOps 核心实践的第二个关键实践。持续集成(Continuous Integration,简称 CI)是指从待办事项列表获取特性,并在测试或预生产环境中对其进行开发、测试、集成及确认,为部署和发布准备的过程。

第 44 问　持续集成,集成的是什么

All give, explanation. All I give I take who not today wasn't that a put down, keepin' up with social, falling in the middle.

——The Sea and Cake *Afternoon Speaker*《午后私语》

"持续集成是一种软件开发实践,团队成员频繁地将他们的工作成果集成在一起,通常每人每天至少提交一次,这样每天就会有多次集成。每次集成都通过自动构建(包括测试)进行验证,以便尽可能快地检测集成错误。许多团队发现这种方法可以显著减少集成问题,并允许团队更快地开发内聚软件。

持续集成是每个敏捷发布火车(ART,Agile Release Train)的关键技术实践。持续集成可以提高质量、降低风险并建立快速、可靠和可持续的开发节奏。

通过持续集成,"系统总在运行",这意味着即使在开发过程中,系统也是可部署的。CI 最容易应用于软件解决方案,软件解决方案中通过测试的小型纵向主题可独立交付价值。而在规模更大的多平台软件系统中,应用 CI 的挑战就比较艰巨。每个平台都有自己的技术结构,并且平台本身必须被持续集成以验证新功能。

在复杂系统中,有机械子系统、软件、信息物理融合系统、供应商、子组件等等,应用 CI 则更加困难。然而,经常性地集成和测试互相协作的组件仍是完整验证解决方案的唯一实用方法。

因此,团队需要一种平衡的方法,通过这种方法,团队可以内建质量,并从集成增量中获得快速反馈。对于软件,应用持续集成确实更加容易。而对大规模的复杂系统而言,则需要一个"持续集成"过程,在频率、集成范围和测试之间进行经济权衡。

1. 持续集成的四个子维度

持续集成的能力,综合而言,有图的四个子维度,如图 112 所示。

(1) 协同开发

协同开发是指多个角色协同,理解需求并通过编码、测试以及提交工件到源代码管理系统中实现需求的必要技能。这一子维度中有如下必备技能:

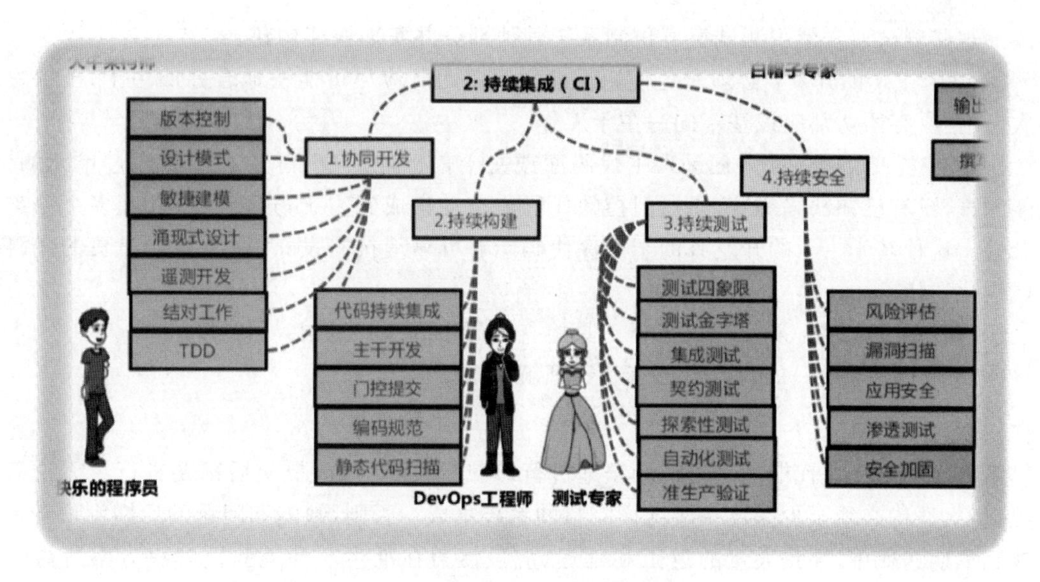

图 112　持续集成的四个子维度

① 版本控制：有效的版本控制支持团队快速从问题中恢复，并通过确保正确的组件集成在一起来提高质量。将所有资产置于版本控制下是衡量持续集成成熟度的首要指标。

② 设计模式：设计模式是一种驾驭抽象概念的技术，而描述模式的标准格式里就包括了抽象描述，代码示例和应用场景。

③ 敏捷建模：当从事开发工作时，主张最简单的解决方案就是最好的解决方案。不要过分构建你的软件。用 AM 的说法就是，如果目前并不需要这项额外功能，那就不要在模型中增加它。要有这样的勇气：你现在不必要对这个系统进行过分的建模，只要基于现有的需求进行建模，日后需求有变更时，重构这个系统。尽可能保持模型的简单。

④ 涌现式设计：设计随着需求及功能的实现而不断涌现。

⑤ 将功能拆分为故事：通过小批量和平滑集成使持续交付成为可能。

⑥ 行为驱动开发(BDD)：BDD 是产品负责人和团队通过创建验收标准和验收测试来更好地理解需求的过程，并且通常在代码编写之前就实现验收标准和验收测试自动化。

⑦ 测试驱动开发(TDD)：TDD 包括编码前编写单元测试，然后编写最少的代码通过测试。这将带来更好的设计、更高的质量和提升的生产率。

⑧ 内建质量：内建质量规定了有关流程、架构和设计质量、代码质量、系统质量和发布质量这几方面的实践。这一子维最重要的是代码质量实践。

⑨ 应用遥测开发：应用遥测是根据假设跟踪、度量数据使用情况的主要机制。

⑩ 结对工作：结对评审、结对设计、结对编程、结对测试都是很好的实践。

(2) 持续构建

通过在代码提交时自动运行构建和测试工具来实现持续构建，涵盖创建可部署二进制文件以及将开发分支合并到主干所需的技能。如下技能有助于构建解决方案：

① 持续代码集成：提交代码应自动触发对更改的编译和测试。在理想情况下，每次提交都应进行代码集成，但代码集成至少应该每天都进行几次。

② 构建和测试自动化：编译过程应该实现自动化，并且运行单元级和故事级测试以验证

更改。这些测试通常使用测试替身仿制系统其他部分并实现快速构建。

③ 基于主干的开发：必须避免使用长期分支。团队应尽可能快地合并回主干，至少每天一次，并且所有团队都应该基于同一主干工作。

④ 门控提交：确保软件在进入主代码库或主干前已经通过了门控（例如通过单元测试、性能测试，没有已知缺陷等）。通过门控的代码被自动集成到主干，这消除了管理多个分支的复杂性。这种基于主干的开发有助于确保代码能够可靠地按需发布，而不需要昂贵的代码冻结或强化迭代。

⑤ 静态代码扫描：利用代码分析工具检查代码中的已知漏洞。

⑥ 编码标准：统一的代码风格有利于理解并维护代码。

(3) 持续测试

系统级测试在迭代期间尽可能频繁地进行，理想情况是每次提交后都要进行。无论何种情况，每次迭代必须至少完成一次这样完整的系统集成。否则，缺陷和问题的后期发现会一直反映到早期迭代中，导致大量的返工和延迟，应该涵盖在准生产环境验证解决方案所需的技能。持续测试需要以下技能：

① 敏捷测试：包括关于测试四项限、测试金字塔等关键概念，对于设计好的测试策略至关重要。

② 测试和生产环境一致：环境一致能确保解决方案在如同面对实际用户的环境下被测试，这将降低缺陷被带入生产环节的可能性。

③ 测试自动化：需要运行功能测试、集成测试、回归测试等各种类型的测试。

④ 测试数据管理：为了在测试中创建一致性，测试必须是一致的和可实现的，尽可能像生产环境一样，并且进行源代码管理。

⑤ 服务虚拟化：不同类型的测试需要不同的环境。服务虚拟化允许团队模拟生产环境，而无须付出创建和管理真实环境所需的成本和精力。

⑥ 测试非功能性需求（NFR）：诸如安全性、可靠性、性能、可维护性、可伸缩性和可用性之类的系统属性也必须进行全面测试。

⑦ 探索性测试：探索性测试可以说是一种测试思维技术。它没有很多实际的测试方法、技术和工具，但是却是所有测试人员都应该掌握的一种测试思维方式。探索性强调测试人员的主观能动性，抛弃繁杂的测试计划和测试用例设计过程，强调在碰到问题时及时改变测试策略。

⑧ 与供应商的持续整合：供应商能带来独特的贡献，会对交付周期和价值交付产生巨大影响，他们的工作也必须被持续集成。

⑨ 准生产环境验证：在准生产环境里面测试，方能验证功能的完整性。

(4) 持续安全

应用的安全性越来越重要，这需要持续的关注安全：

① 风险评估：风险评估是指基于安全风险的测试策略及管理机制。

② 漏洞扫描：漏洞扫描是指通过第三方安全工具对代码及第三方软件进行安全检查。

③ 应用安全：应用安全是指专注于应用层面的安全。

④ 渗透测试：渗透测试是指为了证明网络防御按照预期计划正常运行而提供的一种机

制。不妨假设,你们的公司定期更新安全策略和程序,时时给系统打补丁,并采用了漏洞扫描器等工具,以确保都已打上补丁。如果你早已做到了这些,为什么还要请外方进行审查或渗透测试呢?因为,渗透测试能够独立地检查你们的网络策略。而且,进行这类测试的,都是寻找网络系统安全漏洞的专业人士。

⑤ 安全加固:安全加固是对信息系统中的主机系统(包含运行在主机上的各种软件系统)与网络设备的脆弱性进行分析并修补。另外,安全加固同时包括了对主机系统的身份鉴别与认证、访问控制和审计跟踪策略的增强。

2. 营造持续集成的文化

持续集成大型复杂系统是一个耗时的过程,以下部分给出了营造成功的 CI 文化和实践的一些建议。

(1) 高频度集成,团队的集成越频繁,发现问题的速度就越快。集成难度越大,就需要更频繁地集成——消除障碍并在此过程中增加自动化。这样可以缩短学习周期,并减少返工。

(2) 使集成结果可见,当集成过程失败时,每个人都应该知道它是如何以及为什么失败的。当它被修复后,应该添加新的测试以更早地检测出问题并防止它再次发生。

(3) 修复失败的集成是首要任务,在集成失败期间,如果团队只是继续工作,则制造不出修复问题的急切氛围。为了突出问题,团队经常使用闪光提醒人们注意失败的构建,以及显示系统故障时间百分比可见指示器。

(4) 建立共同的节奏,当所有团队以一致的节奏前进时,集成会更容易。如果在一个迭代过程中无法实现完整的 CI,团队可对能够集成的内容进行近期权衡,同时不断改进他们的技术和基础设施,以实现完整的持续集成。

(5) 开发和维护适当的基础设施,有效的持续集成取决于测试和预生产环境的可用性。当然,基础设施是一项投资。但是精益敏捷领导者着眼长远,进行当下必要的投入,以提高接下来“马拉松比赛”的速度。

(6) 应用支持性软件工程实践,在设计系统时关注这些实践,持续集成会更容易。测试优先开发和可测试性设计需要更好的模块化解决方案和分离关注点,以及应用主要接口和物理测试点。

持续的系统集成和频繁的解决方案集成对转型初期的团队来说是一种特殊的挑战。很多团队以前没有这样做过,也没有建立必要的基础设施,需要团队立刻行动。

第 45 问　企业开发者使用 Git 时需要回答的几个关键问题

How many roads must a man down before. Before you call him a man. How many seas must a white dove sail. Before she sleeps in the sand. The answer my friend is blowing in the wind. The answer is blowing in the wind.

——Bob Dylan *Blowin' In The Wind*《答案在风中》

为什么专门说明是针对面向企业开发者的 Git 使用?这个问题困扰很多人。其实常用的基本就是那么几个(git clone，git push)等。

1. 企业开发者使用 Git 时会遇到哪些问题？

然而 Git 其实有着非常强大的功能,如果不能系统掌握使用这些功能的技能,我们很容易在一些场景下不知所措,比如以下这些：

(1) 拉取了共享分支后出现了冲突,怎么合并？

(2) 到底该不该使用分支？

(3) 修改了分支上的代码,但是需要临时切换到另外一个分支上工作,可是当前的代码还不能提交,怎么办？

(4) 团队开始使用拉取请求(Pull Request)了？这是个什么情况？

(5) 改了代码,直接运行 git commit 为什么就不工作呢？

(6) 怎么样才能把远程分支下载到本地开始工作？

(7) 变基(rebase)和合并(merge)到底有什么区别？

(8) 如果需要别人分支上的几个改动,怎么才能只获取这几个改动而不合并所有代码？

(9) 如何比较文件,分支？又如何回退代码？

(10) 我们的代码库很大,如何才能正确切换到 Git？

(11) Git 如何能够帮助我们更安全,高效地发布？

互联网上其实有很多的 Git 教程,但是太过零散,不成体系,特别是没有考虑企业开发者所面临的许多具体而实际的问题。我们希望通过本章的内容,解决企业开发者在使用 Git 过程中所遇到的诸多疑问,让更多的团队能够享受 Git 所带来的良好开发体验,让大家能够真正在大规模复杂项目中将 Git 的优势发挥出来。本书将我们在给各种企业进行研发管理咨询中所积累的经验以及我们的解决方案融入进来,相信其中的很多场景一定会对大家有所帮助。

2. 关于 Git 的学习与使用路径有什么建议

(1) 基础内容

了解 Git 的历史,分布式版本控制系统的特点和优势,决定是否 git 真的适合你。我们也将完成一些初始化的工作,比如安装和配置 Git 工具,介绍几个我常用的 Git 工具,对你的本地 Git 环境进行初始化操作。最后我们将完成一些常见的 Git 操作,让你可以开始在日常工作中开始使用 Git。如果还在纠结以上那些问题,不要担心,我们必须勇敢地迈出这一步,因为 Git 已经是全球开发人员公认的最好的版本控制工具,相信你遇到的问题他人都已经遇到过,也一定都有解决的办法。

① 为什么要使用版本控制系统；

② Git 分布式版本控制系统的优势；

③ Git 安装和设置；

④ 了解 Git 存储库(Repo)；

⑤ 创建分支和保存代码；

⑥ 了解 Git 历史纪录；

⑦ 拉取请求 Pull Request 工作机制。

(2) 进阶内容

了解 Git 最常用的一系列功能，让你可以开始更加得心应手地完成越加复杂的开发工作，这个时候你会逐渐爱上这个小小的工具，开始欲罢不能；但请记住，在还不够了解一些复杂的功能的时候，不要随意尝试，因为这时你的破坏能力已经足够毁掉辛苦工作很久的代码了。这一阶段，需要针对很多困扰自己的问题找到解决方案，真正成为一名 git 高手。

① 使用已有 Git Repo 提交和共享代码；

② 创建新的 Git Repo；

③ 理解 Git 提交(commit)工作机制；

④ 使用 Git 分支(branch)进行工作；

⑤ 使用 Git 推送(push)共享代码；

⑥ 使用 Git 获取/拉取(fetch/pull)更新代码；

⑦ 使用拉取请求(Pull Request)进行代码检视；

⑧ 使用 Git 变基(rebase)更新代码；

⑨ 使用 Git 提交拣选(cherry pick)功能在分之间复制改动；

⑩ 解决合并冲突(merge conflict)；

⑪ 撤销改动；

⑫ 忽略文件；

⑬ 使用 Git 历史记录比较文件，分支或者获取历史版本。

(3) Git 企业开发者

Git 起源于开源软件 Linux 的开发过程，因此在开源社区中广泛流行，也因此很多企业开发者对其敬而远之，感觉无法满足企业开发的诉求。在这一阶段，需要探讨很多企业开发者更加关心的话题，比如权限管理，Repo 分库规划，大规模团队的 Git 工作流程，与敏捷/瀑布式等不同开发模式的配合，与持续集成/持续部署流水线的配合等对于企业开发非常重要的话题。同时也需要探讨如何在大规模团队中引入 git 的一些策略性思考。

① 创建 Git 仓库；

② 迁移已有代码库到 Git 仓库，如 SVN，TFVC；

③ Git 服务器的权限管理；

④ Git 分库规则；

⑤ 大规模团队的 Git 配置管理流程；

⑥ 使用 Git 支持敏捷/瀑布式开发流程；

⑦ Git 与持续交付(配置持续集成和持续部署)。

(4) Git 分支策略

在了解了 git 强大的分支功能后，如何能够设计出最为高效的分支策略就是困扰很多开发团队的问题。这一阶段将涵盖探讨如何针对不同项目/产品的交付方式和团队结构设计不同的分支策略，满足各种规模团队的不同诉求。

① Git 分支策略设计的原则，调试单元，部署单元，测试单元；

② Git 与团队结构，产品/项目发布特性，产品生命周期；

③ Git 拉取请求与可靠持续交付；

④ Git 分叉(Fork)与分支(Branch)的区别；
⑤ 传统分支模式与特性分支模式的比较；
⑥ 特性分支＋拉取请求＋质量门模式；
⑦ 混用分叉(fork)与特性分支(feature branch)。

3. 为什么要使用版本控制系统

Git 是一种版本控制系统，让我们先了解一下使用版本控制系统的必要性。

版本控制系统有助于跟踪和保存在一段时间内所修改的代码，同时帮助跟踪所有所作出的变更，它就如同一部相机，不停帮助你记录某一时刻的代码状态快照并永久保存这些快照，以便你可以在未来的任何时间找回之前的改动。

如果没有版本控制系统，需要在自己的计算机上保存同一份代码的多个副本才能确保满足很多常见的开发场景。相信很多刚刚接触编程的人都这样做过，但是这样做会非常危险，因为你可能会误删或者修改了其中某些文件，造成工作丢失，最糟糕的是，你无法知道你为什么作了这些改动以及作了什么改动。在团队开发的场景下，版本控制系统变得更加重要，因为你会非常频繁地和其他开发人员交换代码，有时需要同步，有时需要并行，如果没有版本控制系统，让我们无法专注于开发工作，这将造成极大的浪费的效率损失。

对于企业开发者而言，如果没有版本控制系统基本上就无法开展日常工作，因为与个人开发不同的是，企业开发需要几十人甚至成百上千人协同完成开发工作。同时，企业级软件还存在多个并行发布版本，多个运行环境(调测，测试，预生产，生产等)，多种专业分工(架构，设计，开发，测试，运维)等复杂情况；要适应这样复杂的情况，没有高效的版本控制系统和适当的分支策略和流程控制是不可能实现的。

使用版本控制系统的好处如下：

(1) 统一工作方式

版本控制系统工作流可防止每个人使用各种不兼容的工具按照自己的习惯进行开发的混乱局面。版本控制系统提供流程强制执行措施和权控制能力，让所有人都有章可循。这对于企业开发者尤其重要，虽然软件开发非常强调单个开发者个性的过程，但团队开发中个性化的环境和工具只能造成协作效率的下降，因此通过统一的版本控制工具来统一所有人的工作方式至关重要。

(2) 跟踪改动

每个版本都有一个关于版本更改(如修复 bug 或新增功能)的说明。此说明有助于按版本(而不是按各个文件更改)跟踪代码更改。可以根据需要随时在版本控制系统中查看和还原各个版本中存储的代码。这样一来，就可以在任意一版代码的基础上轻松开展新工作。这一特性对于很多企业开发中的场景非常有帮助，比如在同步开发新版本的时候需要临时解决一个线上问题，我们必须能够精准定位线上环境所使用的代码版本，在这个版本上进行修复并快速发布解决问题，同时还要确保这个 bug 修复不会在未来版本被遗漏。

(3) 团队协作

版本控制系统可以帮助不同开发人员同步代码版本，并确保我们的更改不会与团队其他成员的更改相互冲突。团队依赖版本控制系统中的各种功能预防和解决冲突，让团队成员可以同时进行代码修改。很多人在使用版本控制系统时最头疼的就是冲突解决,因此很多团队会禁止成员使用分支。对分支进行一定程度的控制是很有必要的,但是控制过死会让团队成员束手束脚,造成团队成员之间的紧耦合,从而降低开发效率。有效的分支策略需要综合考虑多种因素,包括团队结构,发布方式,环境部署流程,职能团队间的配合,代码质量的控制等。Git 所代表的分布式版本控制系统有效平衡了管控和自由之间的矛盾,允许我们设计成最适合自己团队的编码协作模式。

(4) 保留历史

在团队保存代码的新版本时,版本控制系统会保留变更历史记录。团队成员可以查看此历史记录,了解是谁在何时进行更改以及更改原因。有了历史记录,我们就有信心进行各种尝试和探索,因为可以随时回退到上一正常版本。历史记录不仅仅可以帮助成员有效地了解代码的来龙去脉,还能帮助成员避免犯错误。基于历史记录进行一定的数据分析后,我们可以让开发人员更智能地进行工作。

(5) 配合持续集成

持续集成/发布工具必须和版本控制系统有效集成才能发挥出真正的能量,一个高效分支策略的设计必须考虑持续集成和发布的要求,同时兼顾开发流程的有效性。持续集成和持续发布已经成为现代企业级软件开发的必需品,降低软件发布过程的成本,减少错误,避免失误,这些都需要 CI/CD 的配合。但是我们该在怎样的代码版本上进行 CI/CD,这恐怕是困扰很多人的难题。大多数团队的 CI/CD 都是与某一分支绑定的,这其是一种错误的做法,因为这样只能在代码已经进入分支之后才能进行验证,CI 对于代码质量的验证成了马后炮,无法起到预防的作用;使用 Git 我们可以针对代码变更进行预评审,预合并和预构建和发布,让我们更为有效的组织自己的 CI/CD 流水线。

版本控制系统的优化对于提高软件开发团队效率至关重要,充分了解我们所使用的版本控制系统的特性并加以利用是每个开发人员都必须掌握的基本能力。

4. Git 分布式版本控制系统的优势有哪些?

Git 是当前最棒的版本控制系统,已经迅速成为了事实的业界标准,图 113 是 Stackoverflow 网站在 2017 年中针对版本控制系统使用情况的统计,可以明显看出 Git 所占的绝对领导位置。

Git 和其他版本管理系统最大的区别在于它是一种分布式的版本管理系统(DVCS),这主要是针对类似 SVN, TFVC 或者 ClearCase 这种集中式版本管理系统(CVCS)而言的。简单来说,每个 Git 存储库都是一份完整的代码,历史记录以及分支的集合,而 CVCS 系统只在服务器上保存所有这些信息,在本地一般只有当前版本和至多一个历史版本。这种能力赋予了开发人员非常灵活的工作方式,因为分支/查找历史/比较/合并等操作都不需要通过服务器进行,就可以更为轻松脱机工作或者远程工作;同时在连接到网络的时候又可以和其他人共享代码。

Git 的灵活性和用户接受度使之成为任何团队的首选。现在,许多开发者大都已知道如何使用 Git。Git 的用户社区中已有许多资源可用来培训开发者,同时 Git 的用户接受度使得用户可以在需要时轻松获得帮助。几乎所有的开发工具和技术栈都支持 Git,Git 命令行工具

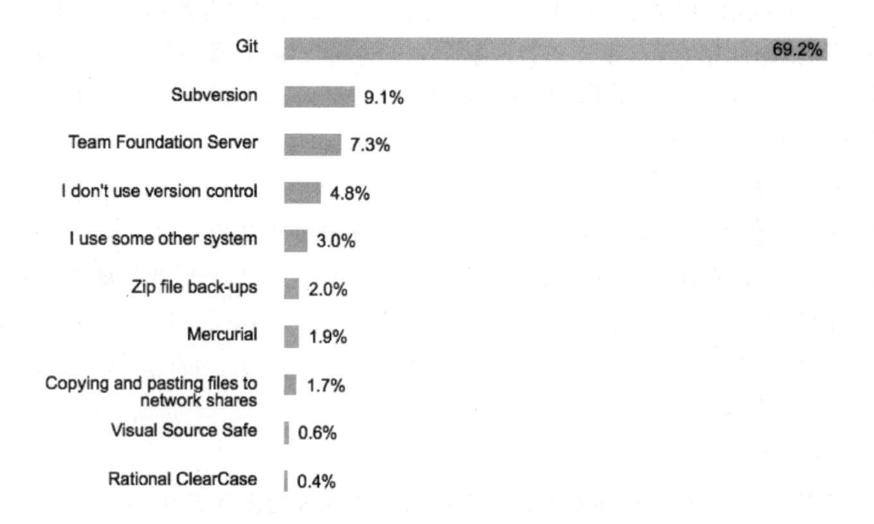

图 113　Stackoverflow 网站针对版本控制系统使用情况的统计

可以在所有主要操作系统上运行。对于企业来说，如果不使用 Git 会让那些新入职的开发者感到非常不适应，并且大幅度降低他们的开发效率。

5. Git 的优势

综合而言，使用 Git 可以带来以下的一些优势。

(1) 并行开发

每个人都有自己的代码本地副本，可以同时在自己的分支上工作。你也可以脱机使用 Git，因为几乎所有操作都是在本地执行。

(2) 加快发布速度

借助分支，可以灵活地进行同步开发。主分支(master)作为发布版本的稳定代码。功能分支(feature branch)包含正在进行的工作，完成后将合并到主分支中。通过将主分支与正在进行的开发分隔开来，可以更好地管理稳定代码，并更为高效安全地发布代码。

(3) 内置集成

因为 Git 用户接受度非常高，它已被集成到大多数工具和产品中。所有主流的 IDE 都内置有 Git 支持，还有很多工具提供了与 Git 集成的持续集成、持续部署、自动测试、工作项跟踪、指标和报表功能。这种集成简化了日常工作流，降低了企业开发中工具二次开发，集成和定制的需求。

(4) 强大的社区支持

Git 作为开放源代码管理系统，已经成为版本控制系统的业界标准，为团队提供所需的一切工具和资源。相比其他版本控制系统，Git 的社区支持非常强大，可以在我们需要时轻松获得帮助。

(5) Git 适用于团队协作

将 Git 与其他工具配合使用，可以鼓励团队协作、同时确保策略的实行、实现自动化，并能提高工作的可见性和可跟踪性，从而提高团队的工作效率。你可以单独选择不同的版本控制系统、工作项跟踪系统以及持续集成和部署工具。也可以选择 Visual Studio Team Services / Team Foundation Server 作为端到端的管理工具，其团队要具备非常高的自主性和灵活性。

(6) Git 结合拉取请求(Pull Request)

使用拉取请求可以确保代码检视过程的有效，然后再将它们合并到主分支中。在拉取请求中进行的讨论非常有价值，可确保代码质量并促进团队成员相互学习和协作。Visual Studio Team Services / Team Foundation Server 提供了非常棒的拉取请求体验，大家可以浏览文件更改、发表意见、检查提交、查看生成，并能通过社交化投票来批准代码合并。

(7) 分支策略

分支策略是一项有效保持主分支(master)代码质量的策略机制，让团队可以通过配置灵活的策略实现对主分支的保护，比如不允许直接向主分支提交代码，必须经过代码检视才能合并，必须经过特定人员批准才能合并，必须解决所有代码检视意见才能进行一系列非常有效保护手段的实施；同时也允许大家自己定制更加复杂的策略规则来适配团队的不同诉求

6. 为何一定要使用分支

为什么改动一定要放在分支中实现。这与软件开发本身的特性有关系，软件开发过程本身是一个不确定的过程，没有人可以在代码写完之前预测出到底应该怎样写。这与产品生产制造不同，产品生产制造之前，所有的工序，操作和零件都是确定的，因此我们可以清晰规划如何完成制造过程，也可以将这个过程组织成流水线顺序执行。软件的开发过程则完全是一个探索过程，开发人员需要经过多次失败尝试才能最终找到正确的实现方式，这个过程需要多次修改代码，有时还可能会推翻重来。这种循环往复过程越接近开发人员的日常编码，越接近最小的功能实现就越发频繁。因此，开发人员必须能够在不影响主干代码的情况下，自主创建代码副本，在这个副本上完成以上尝试；同时，也需要兼顾代码主干上的变更，确保自己的改动的基准永远与整个团队对齐，否则就算写好了也无法与整个团队的工作集成。这个矛盾是所有配置管理策略要处理的核心矛盾，我们所遇到所有问题，各种复杂的分支策略以及后续的持续交付流水线的设计都是基于这个问题延展出来的，只不过在更加复杂的团队/产品/项目中，这个矛盾被放大，因而需要我们提供更为复杂的配置管理流程来适应。

从这一点上稍微扩展一下，就可以理解其实所有的配置管理流程的设计原则应该是“适应”而不是“控制”，找出最适合团队的流程，让流程为人服务是所有配置管理流程目标。所以我们需要将配置管理流程视为一个变化的规则，它必须根据团队的情况适时改变，才能确保可用。

理解了以上内容，就知道为什么 Git 的工作一定要放入分支，而不是在主干上直接操作。如果代码变更直接进入 master 或者团队成员共享的分支，则会直接对生产环境或者团队成员共享的环境造成影响，在变更还未成熟稳定之前，最保险的做法就是尽量隔离地进行修改，直到代码可以被其他成员或者某一环境接受的时候再合并进去。

虽然任何的配置管理工具都允许创建分支，但是 Git 的以下几个特性决定了它超越其他

任何配置管理工具成为团队的首选：

(1) 轻量级分支

Git 的分支非常轻，可以在瞬间完成创建，也可以随时被销毁；拉分支不会增加 Git 存储库的存储开销，只有当你提交修改的时候才会增量地增加相应的存储内容。

(2) 同文件夹内切换分支

Git 分支切换不需要切换文件夹，这样可以和开发工具更好集成，开发人员可以快速的在不同分支间进行切换，甚至都不需要停止 IDE 里面的 Debug 进程。这让开发人员更加敏捷地进行尝试，更加快速解决问题。

(3) 本地分支

因为分布式的特点，Git 分支不需要依赖服务器就可以完成。给予开发人员独立的，不依赖其他人就可以进行尝试的可能性。而在集中式配置管理工具中，任何分支的创建都必须是由配置管理员才能完成的工作，这大大降低了单个开发人员的效率。

采用集中式版本控制(CVCS)的系统并不是不能创建分支，但是由于分支过于沉重，团队往往会选择只允许配置管理员才能执行这个操作，这就让开发人很受束缚。

注意：当然，也正是因为以上这些优势，才让很多企业的大规模团队管理者对 Git 敬而远之，觉得它太过灵活。其实 Git 完全兼顾了大规模团队的管控要求，只是实现的方式与传统的配置管理工具不同而已。

7. 为什么推荐拉取请求 Pull Request

拉取请求是 Git 中特有的工作方式，可以帮助团队更好地控制代码质量，集成自动化构建和部署，创建更好的协作氛围。要理解拉取请求是如何做到这些的，我们首先需要了解什么是拉取请求。

(1) 什么是拉取请求

拉取请求，从字面意思理解就是"希望对方进行拉取的请求"；但这也是大家最迷惑的一点，拉取请求最早出现于 github，是为了让多个不同的 git repo 之间可以交换代码而提供的功能。基本的操作方式为：

① 开发人员希望为 repo A 代码进行共享，那么可以 fork 一份 repo A 的代码，并在自己 fork 出来的副本中进行修改。

② 当开发人员觉得代码已经成熟并希望推送给 repo A 的所有者的时候，他会提出一个请求，并将这个请求发送给 repo A 的所有者，由 repo A 的所有者对所提交的修改进行审核；

③ 如果 repo A 的所有者角色接受这些代码修改，则会批准这个拉取请求，将代码合并至自己的 repo 中。

通过以上过程可以看出，拉取请求是为了最终合并操作所进行的准备/审核代码的过程而设计的。这里的"请求"是针对代码的接收方而言的，所以我们会有"发送拉取请求"的说法，接收方最终会将代码"拉进"自己的 repo，所以名字才会被叫作拉取请求。

在企业开发中，我们一般采用分支的方式来替代 github 上面的 fork 方式，分支更加适合团队成员之间的紧密的协作开发，因此企业中的拉取请求一般是创建在分支之间的。

注意：其实不同的 fork 之间的拉取请求也同样是在分支之间的，因为 git 独特的分布式特性，不同 fork 库之间的 commit id 仍然是一致并且可以被跟踪的，所以我们可以在不同的 repo 的分支之间进行合并。

(2) 拉取请求的典型流程

下面我们就通过图 114 所示的一个典型的拉取请求操作流程来了解它的一些特性。

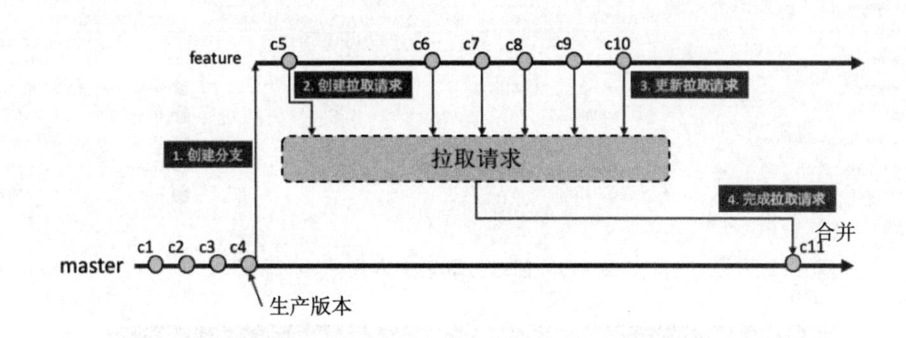

图 114 拉取请求的典型流程

① 拉取请求的操作步骤。

a. 创建分支。这个动作一般是在 master 分支上，针对某个已经发布到生产环境的版本进行的。在图 114 中，我们针对 c4 的这个提交创建了一条 feature 分支出来，在这个 feature 分支中开始进行功能开发，bug 修复等改动。

大家可以通过图 114 来创建分支。

b. 创建拉取请求。当在 feature 分支上完成了至少一次提交的时候就可以创建拉取请求了。创建拉取请求必须要指定“希望拉取这个改动”的目标分支。也就是说，图 114 中的拉取请求的目的是让 master 将分支上的代码拉进去，这也是拉取请求这个名字的来源。这里需要注意的是，当分支上还不存在变更的时候，是无法创建拉取请求的，因为没有东西可以让 master 进行拉取。

另外，拉取请求这个名字还包含了一层含义是，当前我们只是提出了一个请求，希望 master 接受我们的改动，但是 master 是否接受，是由 master 分支所有者决定的。这一点非常重要，因为它建立了一种“请求→接受”的协作机制。这种机制分离了修改代码和接受代码修改这两件事情，让我们可以在这两个动作之间进行代码评审，静态代码检查，测试等质量验证动作，同时它明确了修改代码的权限和接受代码变更的权限的界限，让代码合并操作更加可控。

拉取请求上所显示的代码变更，其实一直是以 master 上的最新版本作为基准的，它可以持续的跟踪在 feature 分支上的代码与 master 代码之间的差异，无论是 master 还是 feature 发生变化，拉取请求都可以检测到。

② 创建拉取请求的方式。

方式一：TFS/VSTS 会在分支上代码发生变化后提示用户来创建拉取请求，如图 115 所示。

创建拉取请求方式二：通过拉取请求页面直接创建，如图 116 所示。

创建拉取请求包含以下关键信息(图 117)：

源分支和目标分支：源分支是包含了代码变更的分支，目标分支是将会接受这些变更的分

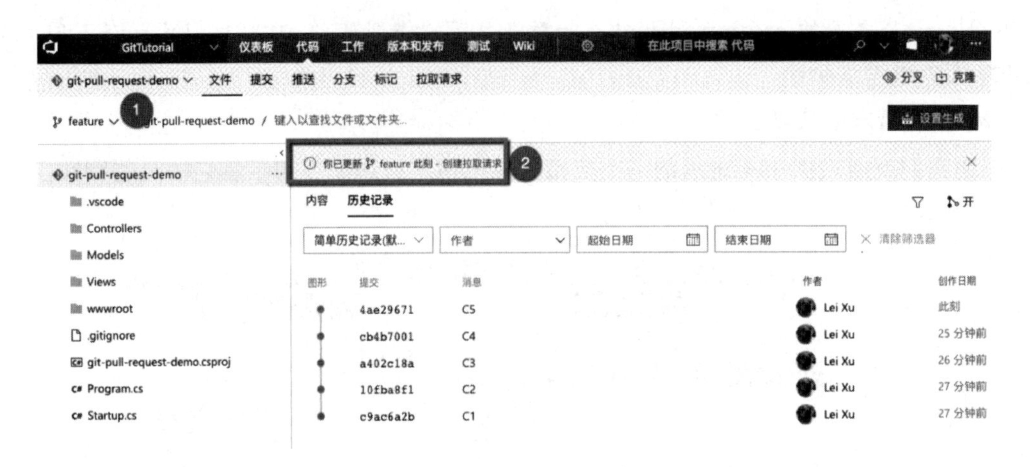

图 115　创建拉取请求方式一

图 116　创建拉取请求方式二

支，也就是将会“把这些改动拉取进去的分支”。

标题和说明：这里应该尽量详细描述 feature 分支上将会完成的修改，之所以说“将会”，是因为拉取请求一般在分支上存在变更后的这个时间点就立即创建了，而在完成拉取请求进行合并之前，我们会持续在分支上提交变更。

审阅者：指定那些需要给出意见的代码检视人，添加到这里的检视人会收到 TFS/VSTS 自动发送的通知邮件。

工作项：将当前拉取请求上的代码变更所涉及的需求/任务（工作项）关联到这里，帮助团队跟踪这些变更的目的。

文件和提交：这里 TFS/VSTS 会列出已经修改过的文件和提交。

拉取请求一旦创建，团队成员就可以通过概述视图进行讨论，跟踪代码变更。

注意：*在注释中可以使用 Markdown 格式编写文本的内容，包括表格，图片等都可以使用，也可以添加附件。*

团队也可以针对某行代码进行注释，并将这些注释意见直接作为任务进行跟踪。

③ 更新拉取请求。拉取请求一旦创建，就会持续跟踪所包含的两条分支上的改动，开发

图 117　创建拉取请求填充信息

人员可以持续的在分支上提交代码，拉取请求会动态地更新并给出提示。

如图 118 所示，当开发人员推送了新的更改后，拉取请求页面立即提示用户。

用户可以切换到任何一次变更上查看修改，也可以将所有变更叠加起来一同查看；这一点对于代码检视非常重要。

注意：在代码检视过程中，我们其实更加关心代码的最终状态，不太关心中间的变更。因此拉取请求默认会显示每个文件的初始状态和最终状态的 side-by-side 对比视图，帮助检视人更加直观地了解自己最关心的内容，如图 119 所示。相对而言，如果直接使用历史记录视图进行检视就会非常不方便，因为每个 commit 中都是非常细碎的变更，无法帮助检视者了解所关心的内容。

④ 完成拉取请求。当团队认为 feature 分支上的改动已经完成后，需要等待审阅者批准拉取请求，以便可以点击“完成”按钮。

在审阅者列表中的所有用户都应该给出自己的评审意见，然后团队根据这些意见判断是否可以点击“完成”按钮。

注意：这里需要注意，我们不会使用权限控制哪些人可以点击“完成”按钮，而是允许任何

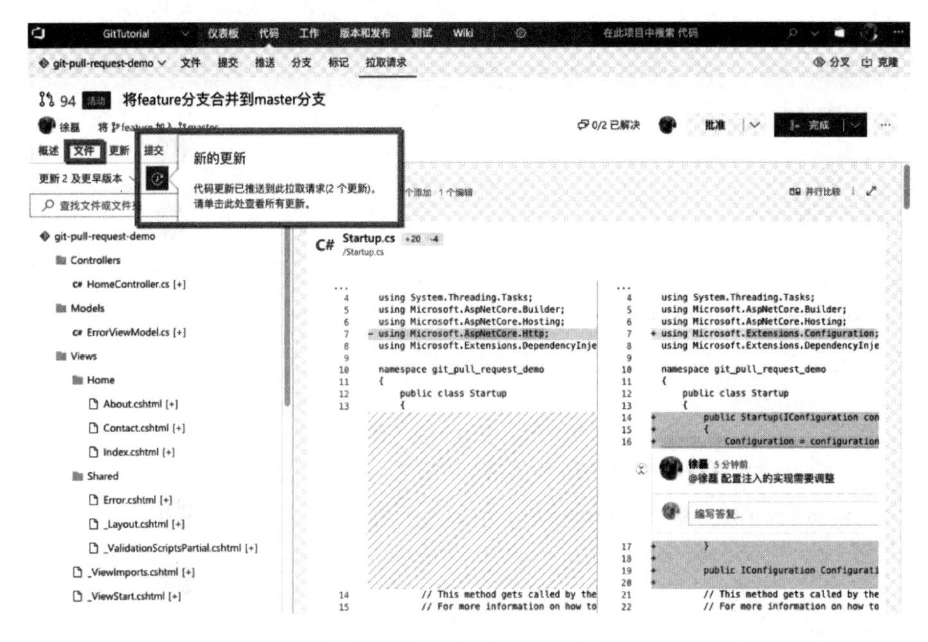

图 118 拉取请求提示信息

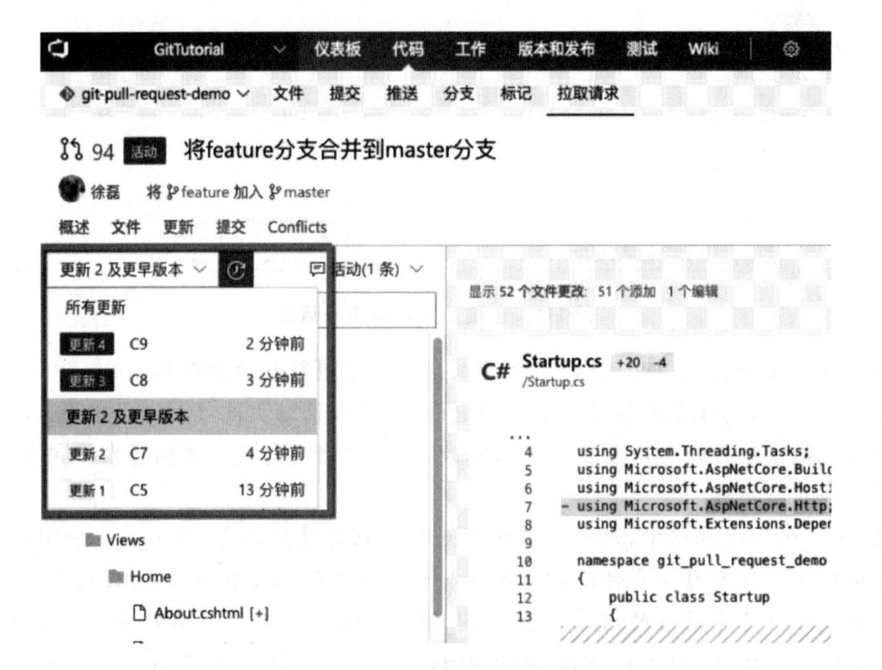

图 119 拉取请求显示差异信息

人在满足条件的情况下进行这个操作。这种设计鼓励团队采用协作的方式而不是流程的方式来管理代码质量;同时也推动团队真正将代码质量规范形成可执行可操作的规则。非常多的团队有编码规范,但是无法执行的情况,其原因就是缺少一种简单易用的工具来支持这些规范的落地。

一旦团队点击完成合并按钮,TFS/VSTS 会将分支的代码合并进入 master,同时你可以选择是否删除 feature 分支，以及是否进行 squash 合并，如图 120 所示。

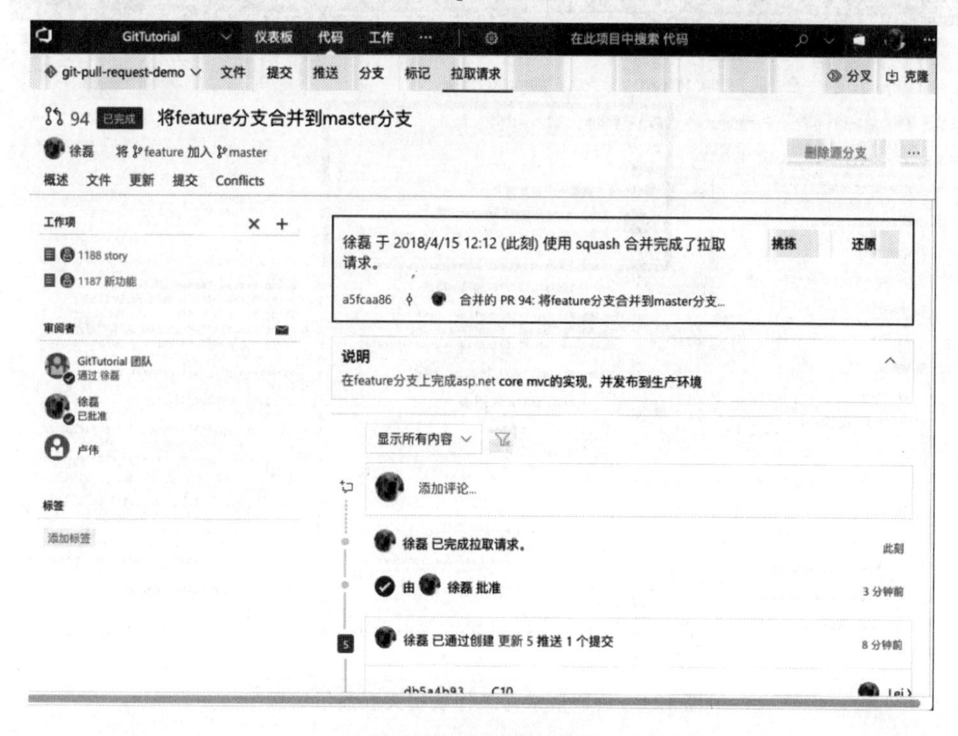

图 120　批准拉取请求

注意： 所谓的 squash 合并就是将在分支上所进行的所有提交压缩成一个提交放入 master 分支，这种做法可以有效的控制进入 master 分支的提交数量，帮助我们在 master 分支上建立干净和高可读性的历史记录。

合并完成后，拉取请求的状态会变成图的状态，提示我们已经完成了代码合并。此时查看 master 的历史记录，可以看到有一条提交被创建。

点击查看这条提交，可以跟踪到已经完成的拉取请求和关联的工作项，帮助团队在后续的开发中更好地了解所发生的改动，如图 121 所示。

拉取请求是 Git 中最有特色的功能，如果使用 Git 而不使用拉取请求那么实际上根本没有发挥 Git 的最大优势。在这里，我们对拉取请求的工作流程进行了介绍，相信大家已经对其中的代码评审环节印象深刻。实际使用中，这也是吸引很多团队开始使用拉取请求的原因，同时也是很多团队抛弃其他配置管理工具而切换到 Git 的重要原因。

不仅如此，当开始使用拉取请求之后，还有很多其他的可能性等待挖掘；比如我们可以通过控制评审者和代码路径的映射做到针对不同代码模块自动指定评审者，我们还可以强制要求某些代码必须要由特定人员审核，如果结合持续集成工具，我们可以将持续集成结果作为完成拉取请求的先决条件，这样就可以将代码评审，代码合并与质量控制，测试结果等联系起来，真正做到一体化的质量控制。

总之，一个企业的软件交付效率中最重要的环节永远的是编码过程，因为这才是软件交付的核心，没有任何的管理实践可以替代开发人员自由自在地编写代码所带来的效率提升。

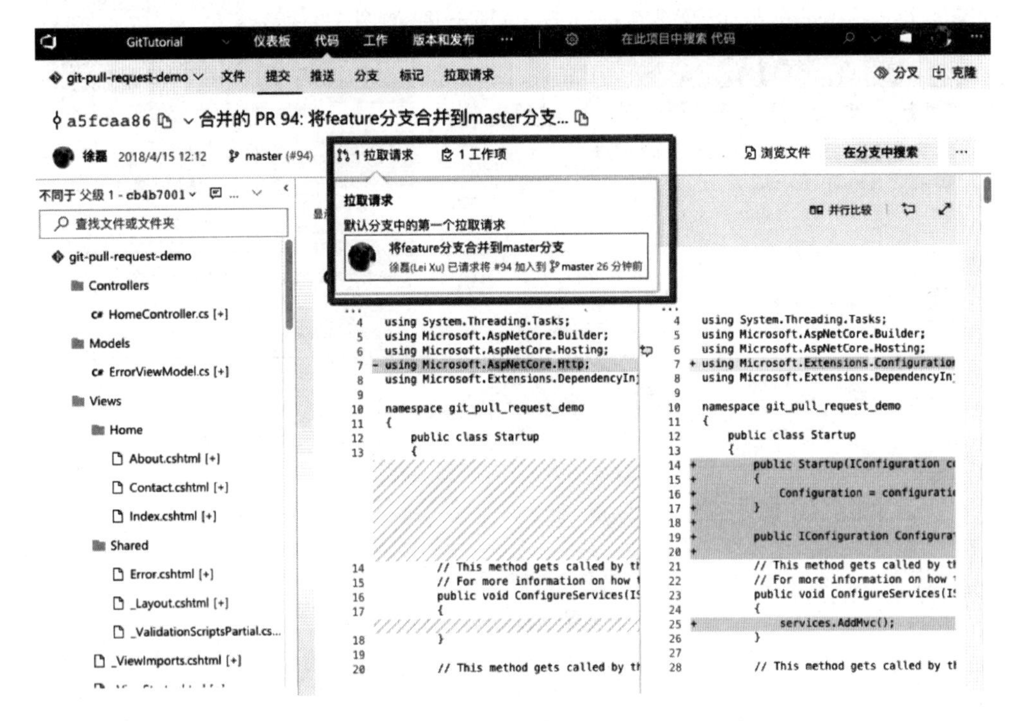

图 121　拉取请求与工作项相关联显示信息

第 46 问　如何将 Git Pull Request 和部署目标环境绑定

Only in my head you don't exist, who are you fooling.

——James *Born of Frustration*《沮丧而生》

前面介绍了使用 Pull Request 加强团队对代码质量的关注，同时也提到了使用 Pull Request 配合 CI/CD 将能够实现更好的持续交付场景。其实，对于持续交付过程的改进一直都是我们给客户实施 DevOps 以及自己的开发团队的日常工作重点。我们最希望做到如图 122 所示的这样一种场景。

在图 123 的整个流程步骤中，有一个关键环节就是在创建 PR 时动态地创建测试环境，我们希望每个 PR 都能够有独立的测试环境；因为 PR 对应到 Feature Branch 的代码变更，Feature Branch 又对应到特定的用户故事，所以实际上我们的独立测试环境就对应到了特定的用户故事(需求)，就可以实现真正的端到端持续交付流水线。建立起用户故事(工作项)—Feature Branch—PR—环境的完整持续交付链路，而且这个链路上的每个点都是和用户故事对应的。

想象一下，当你拉出分支提交了 PR，马上就有一个和你的改动对应的环境进行测试，而且这个环境不会和其他分支的代码互相覆盖。团队清晰地知道当前的故事应该在哪个环境中测试，按用户故事进行规划，开发，测试和交付才真的落到实处。这绝对是我们所向往的。

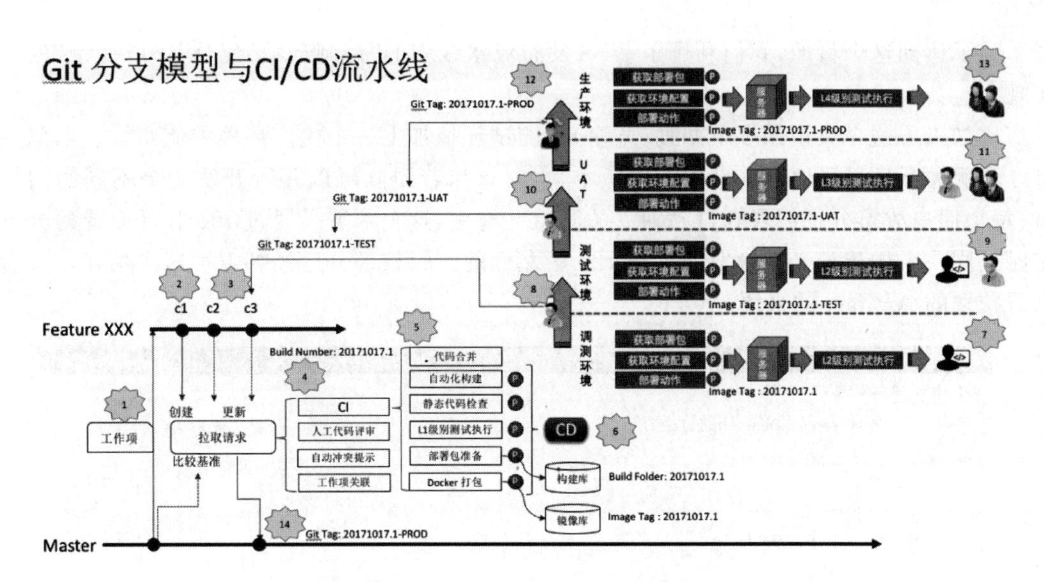

图 122　Git 分支模型与 CI/CD 流水线

流程编号	说明	图示
1	开发人员在VSTS/TFS电子看板上根据用户故事创建 feature branch，并开始在feature branch 上持续提交修改	步骤 1
2	当开发人员感觉feature branch的代码已经可以部署，就创建从 feature branch到 master branch的Pull Request	步骤 2
3	根据预先在VSTS/TFS中配置的分支策略，CI/CD流水线会被触发	步骤 4
4	CI中会包含L1级的测试，这些测试不需要部署应用即可执行	步骤 4 步骤 5
5	成功的CI会触发CD，将打包好的应用部署到测试环境，根据需要这个环境可能会有多个，主要根据所需要运行的测试不同而提供	步骤 6 步骤 8 步骤 10 步骤 12
6	CD流水线中会包含L2到L3级别的测试，这些测试需要应用已经完成部署才可以运行，同时也包括需要人工完成的测试	步骤 8 步骤 10
7	CD流水线会根据预先配置的策略，在部署完成最后一个测试环境后暂停并等待用户的确认	步骤 8 步骤 10 步骤 12
8	团队持续在feature branch提交代码，持续的查看CI中的L1测试结果，同时在CD中查看自动化L2/3测试结果，组织测试团队完成手动用例测试或者UAT测试	步骤 3 步骤 4 步骤 5 步骤 6 步骤 7 步骤 9 步骤 11 步骤 13
9	当某一版本上所有的测试达到团队认可的状态，团队在CD流水线上确认针对生产环境的部署。VSTS/TFS会完成生产环境部署。	步骤 12
10	生产部署完成后，团队使用 CD 中预先配置的 Quality Gate 策略等待生产环境部署成功的确认，这可能包括查看 health check url结果，或者Application Insight中的报警信息。	步骤 13
11	如果在设定的时间内没有Quality Gate事件发生，团队认为部署成功，并在 Pull Request 上点击完成，代码合并进入 master 分支，同时在电子看板上将用户故事拖入完成列。	步骤 12 步骤 13 步骤 14

图 123　CI/CD 流程步骤

为了达到这个目的，我们利用了 TFS 发布流水线中的“控制选项”配合“环境变量”的功能实现。

比如以下这个典型的多个并列(共享)的测试环境加上一个生产环境的流水线。团队一共有 3 套服务器环境可以用来部署测试版本，也就意味着团队可以并行开发 3 个不同的用户故事，每个用户故事分别部署到自己独立的测试环境中，这个部署是通过 PR 上所配置的分支策略触发同一个构建定义来触发的。图 124 中左侧的“项目”部分已经绑定了这个构建定义做不部署拉取的 Artifact 的来源。

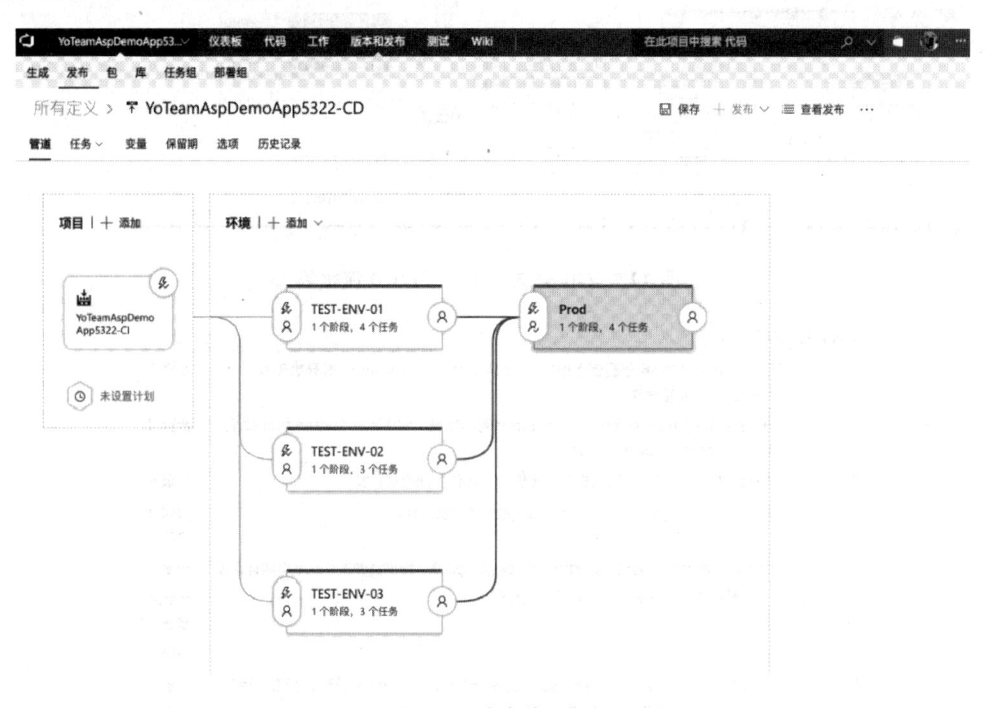

图 124　流水线示例

作为配置管理员，需要确保每个团队清楚知道自己现在所提交的 PR 正部署在哪个环境中，那么这个团队就知道应该在哪个环境中测试自己的用户故事。这个映射可以通过以下环境变量完成，如图 125 所示。

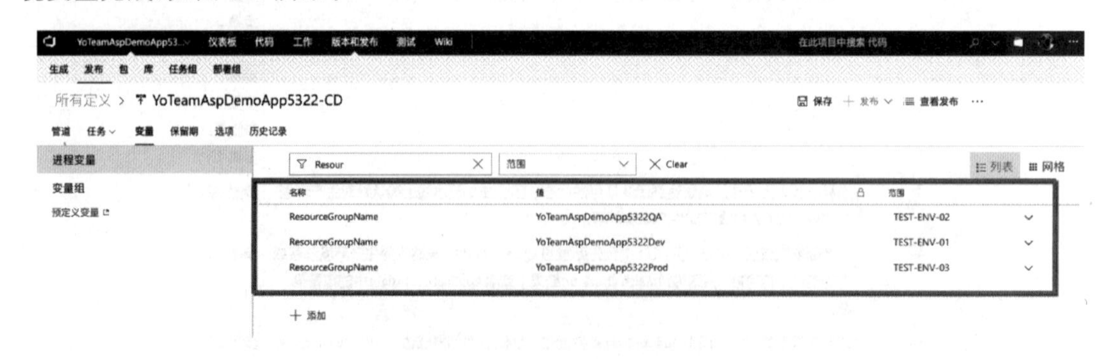

图 125　流水线环境变量设置

在以上的环境变量配置配置中，我们使用 3 个不同的环境中绑定了同一个变量名的不同变量值，这个变量都是 ResourceGroupName（因为我们使用 Azure 作为我们的云环境，这个资源组名称就包含了一套可以独立部署和销毁的云环境，如果不使用云环境，也可以把这个简单替换成一台服务器的 IP 地址），分别在 3 个环境中对应不同的名字：

- TEST - ENV - 01 使用资源组 YoTeamAspDemoApp5322Dev；
- TEST - ENV - 02 使用资源组 YoTeamAspDemoApp5322QA；
- TEST - ENV - 03 使用资源组 YoTeamAspDemoApp5322Prod。

另外一组变量则将不同的 Pull Request ID 映射到这 3 个环境上，如图中可以看到 Pull Request 1，2，3 分别绑定到了图 126 流水线中所定义的 3 个环境中。

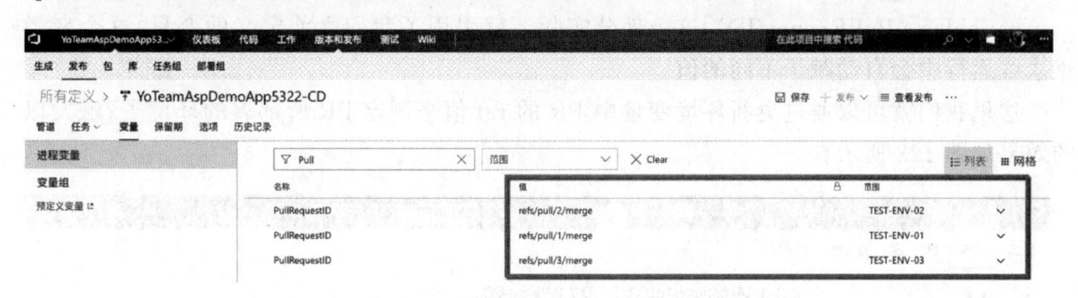

图 126　流水线环境变量设置

最后，我们只需要使用流水线任务的控制选项就可以让流水线自动根据以上变量判断要部署的目标，如图 127 所示。

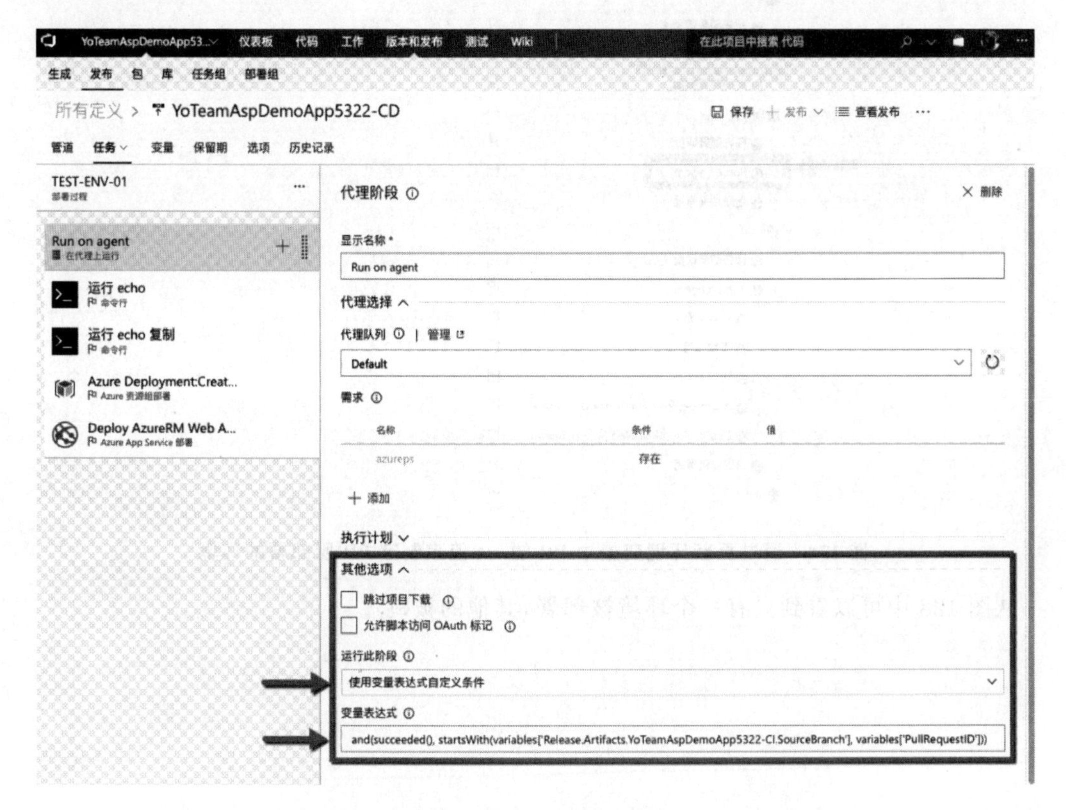

图 127　流水线任务控制选项

在每个环境的 Run on agent 阶段上的其他选项中，选择“使用变量表达式自定义条件”，并制定以下表达式：

and(succeeded( )，startsWith(variables['Release. Artifacts. YoTeamAspDemoApp5322 - CI. SourceBranch']，variables['PullRequestID']))。

注意这里所引用的 2 个变量：

variables['Release. Artifacts. YoTeamAspDemoApp5322-CI. SourceBranch']这个变量是 TFS 自动从触发 CD 的 CI 中带过来的用来标识分支的。当 CI 通过 PR 触发时，这里所带过来的就是 PR 的 ref 了；

variables['PullRequestID']这个部分实际上就引用了我们之前定义的变量，这个变量在流水线运行中会自动赋予不同的值。

这里我们就可以通过更新环境变量中 PR 的 ref 值来制定 PR 所部署的环境了；触发以后的效果如图 128 所示。

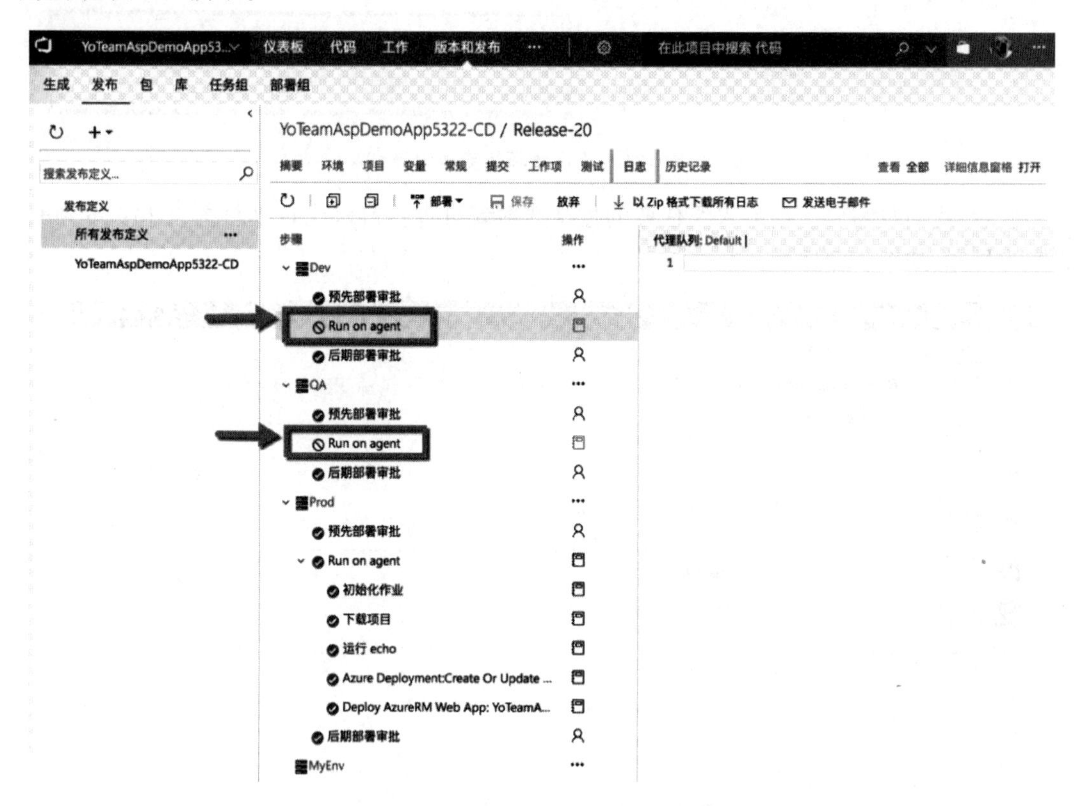

图 128　通过更新环境变量中 PR 的 ref 值来制定 PR 所部署的环境

从图 128 中可以看到只有一个环境被部署，其他的被跳过。

第 47 问 大型科技公司产研团队如何进行开发部署的

In the city of concrete, you're trapped under your feet. Just don't cry. Realize, we are living in elysium.

——Mandarin *Cradle Song*《摇篮曲》

本书这里结合某大型科技公司产研团队是如何使用版本管理以及分支策略完成应用生产环境部署的案例,来了解分支策略以及开发模式。

团队使用“基于主干的分支策略”实现产品的持续快速交付。这个策略需要满足开发需求:整个产品存储在一个代码仓库中,支撑分布在 3 个办公区域的数百名研发人员,并能部署至多个云数据中心。这一流程涵盖了整个 DevOps 的流程:从开发到发布。

1. 开发流程(从创建分支→推送代码→创建拉取请求→合并)

(1) 分支

当开发人员想要修复一个缺陷或者是开发一个功能时就会在主集成分支(master 分支)上创建一个分支,归功于 Git 轻量级分支模式,团队会创建一个短暂的功能分支,并且鼓励开发人员通过使用“功能标签”尽可能地避免功能分支长时间存在。

(2) 推送

当开发人员准备好将自己的变更集成并推送给其他团队成员时,他们将本地的分支推送到服务器上,并创建一个拉取请求。由于有几百名开发人员在同一个代码仓库上工作,并且每人都有很多分支,这需要通过定义分支的命名规范来避免混淆,团队称之为“branch proliferation”,通常开发人员创建一个本地分支并将它命名为“users/<username>/feature”,例如,创建一个分支在 /users/tony 文件夹。

(3) 拉取请求

通过拉取请求会将开发人员的功能分支到 master 分支的,确保代码符合分支策略的要求。

第一步,执行构建来验证提交的变更并且执行快速测试,大约会在 5 min 内完成 60 000 多个测试的运行(“level 0”到“level 1”的测试套件),这并不是所有的测试矩阵,但已经足以保证拉取请求的质量了。

第二步,会邀请团队的其他成员来进行代码评审以及审批。代码评审会在自动化测试完成后进行,通过代码评审可以比较方便地看到一些静态代码检查看不到的问题,比如架构问题,让团队成员了解彼此的工作情况,最重要的是能保证代码质量。

(4) 合并

当所有的构建策略满足条件时,并且审阅者也完成了评审后,拉取请求就完成了。这意味着功能分支被合并到了主集成分支(master 分支)。

合并后会花费一点时间运行额外的验收测试,这看起来像传统的迁入后的测试,用来执行更彻底的检查。这样做的目的是寻求一种平衡:既能在拉取请求阶段完成快速测试,又可以在发布之前保证测试覆盖率。

以上就是开发人员如何将代码变更提交至主分支的,这里团队的分支策略有点像“基于主干的分支策略”模式。但是跟其他的“基于主干的分支策略”又有不同(如:GitHub Flow),其并没有在合并拉取请求之前部署那些变更到生产环境并进行测试,也不是在合并请求完成之后部署至生产环境。

GitHub Flow 经常被忽视的一点是:拉取请求是在代码合并到 Master 之前直接部署至生产环境进行测试的。这意味着开发人员在合并拉取请求之前需要等待“部署队列“测试对应的变更。

团队有几百名开发人员持续在同一代码仓库工作,并且每天会完成 200 多个拉取请求的合并,如果每一个拉取请求都需要部署到多个数据中心,开发人员将会浪费太多时间在等待“部署队列”完成部署。从而耽误他们写代码的时间。

相反,团队继续在主分支中进行开发,并将部署集中到两周后,与迭代节奏保持一致。

2. 按迭代里程碑发布

在迭代结束时,团队会通过 master 分支创建一个发布分支:比如,在“迭代 129”结束时,会创建一个分支 releases/M129(这里分支开头的 M 是 milestone 的简写),然后将“迭代 129”的分支发布到生产环境。

一旦创建了部署分支,开发人员就可以继续在 master 分支上合并代码,当然这些变更不会被部署到生产环境,他们都会在下一个迭代时进行部署。

3. 快速修复补丁(Hotfixs)

显然有些变更是需要快速部署至生产环境的,通常不会将大的功能添加到一个正在进行中的迭代中,但是有的时候需要修复一些妨碍用户正常使用的重要缺陷。比如有的明显的拼写错误,或者一些导致不可访问的缺陷——称之为“线上事故”。

当类似事情发生时,团队开始正常的处理流程:在 master 分支上创建一个分支,并完成代码评审、合并请求,应注意在 master 分支上做变更,可以快速修复问题,并在本地进行测试。

更重要的是,通过遵循这个流程,可以保证所有的代码变更都会进入 master 分支,这个非常重要。如果在发布分支上修复缺陷,并且意外地忘记将代码变更反向合并到 master 分支,将会在下一个部署中重现此缺陷(比如 2 周后的 130 发布分支)。

要在 master 分支上完成代码变更,并确保修复的代码同时存在两个分支中 master& release 分支。

大家可以通过拉取请求上的“Pick”功能支撑此流程:在拉取请求页面可以挑拣此拉取请求上的所有提交到其他分支上。为了能快速将变更部署到生产环境,当将拉取请求合并到 master 分支后,应立即挑拣这个变更并应用到 release 分支。这将会创建一个新的拉取请求到合并到发布分支(将刚刚从 master 分支上修复的补丁合并至发布分支)。

创建新的拉取请求后,可以通过分支策略的“工作项链接”可追溯性以及“构建验证”来保证应用的可靠性。DevOps 平台的挑拣功能可以实现快速挑拣:并不需要将 release 分支下载到本地进行挑拣,所有的操作都可以在服务器端来完成。如果需要做变更,比如修复合并冲突或者做细微的调整，都可以通过 DevOps 平台在线的文本编辑器来实现。当然也可以通过使用“拉取请求合并冲突插件”更方便地解决冲突。

一旦创建到 release 分支合并的拉取请求，需要重新进行代码评审、验证分支策略、测试。合并完成后，将会在几分钟内部署到第一个“反馈环”，我们将使用“部署反馈环”逐步将它部署给越来越多的用户。随着修复补丁应用给越来越多的用户，团队会持续的监控应用，进而确保线上问题得以修复，并且没有引起任何其他问题。

4. 继续

两周后，团队将完成“迭代 130”的功能开发，并且将已经准备好部署这些变更，会在 master 分支上创建一个发布分支 release/M130 并部署它。

这个时间点，其实在生产环境会有 2 个分支：由于使用“反馈环”确保应用安全的部署。快速反馈环将会部署迭代 130 的变更，慢速的反馈环会依然保留迭代 129 的变更。

一旦所有的“环”被部署后，“迭代 129”老分支将会被彻底移除，将不会再使用它。因为确定在迭代 129 做的任何变更，比如 hofix 都已经合并到了 master 分支。所有那些变更也在 releases/M130 分支存在了。

以上是团队研发模式的核心，它允许团队可以使用简单的“基于主干的分支策略”的方式进行开发。避免了开发人员因等待部署队列被搁置，让开发人员专注于产品研发。发布与部署流程让团队可以按照固定的节奏将新的功能部署到不同的数据中心并高效地完成线上问题的修复。

第 48 问　大规模应用系统双模研发的 GIT 分支模型是怎样的

Long age and so far away, I fell in love with you before the second show.

——Sonic Youth *Superstar*《超级明星》

（以中国农业银行研发中心，银行大型 IT 系统端到端全流程敏捷转型的研究与实践为例说明。）

近年来，传统企业 IT 研发面临的“双模研发”场景越来越多，在完成瀑布式研发任务的基础上还要承载新市场形势下快速迭代的研发需求，由于传统企业 IT 研发的历史原因与系统应用场景的特殊性，无法直接采用现有成熟的 Git 代码分支模型进行代码管理，如何在这种复杂协作型项目中进行代码分支管理是项目管理和开发人员亟待解决的问题。我们分析了传统企业软件研发的特点，提出了一种适用于复杂协作型项目、兼容“瀑布＋敏捷”双模研发的 Git 代码分支管理模型，并根据传统企业 IT 研发特点制定了相应的分支管理与操作规范，解决了大团队协作研发中的诸多代码管理难题，并在农业银行信贷管理系统群（C3）中进行了应用实践。

1. 传统企业双模研发的趋势

纵观大型企业面临的市场环境，产品快速迭代的压力扑面而来，谁先推出符合市场需求的产品谁就占领了先机，对企业 IT 研发的快速交付能力提出了新的要求和挑战，各大型企业 IT 研发领域都提出了敏捷研发的要求，同时对研发中的代码管理方式提出了新的要求。

但由于传统企业本身业务的特殊性，软件研发存在很多特殊研发场景：

产品线庞杂，开发架构、运行架构各异，且存在大量遗留系统。

很多 IT 产品研发往往有明确的需求和明确的研发时间期望，但并不完全符合经典的敏捷场景。

研发团队规模较大，IT 管理文化有别于互联网企业等。

传统 IT 研发交付测试的产品不一定能够及时投产，存在长期处于测试并迭代优化的状态，同时由于业务的复杂性、多变性及涉及部门的多样性，需求变更、延期多，导致产品交付日期不可控，存在长期未上线的功能，并且功能之间存在较强的代码依赖性等问题。

现有的分支模型各有千秋，都有其最佳的应用场景，但由于传统企业 IT 研发团队与系统的特殊性，不能直接照搬某一种分支模型。为了兼容"瀑布＋敏捷"的双模研发，对代码分支管理更高的要求，以及如何探索与实践高效、易用的分支模型越来越受传统企业研发领域的关注。

2. 一种适于传统企业双模研发的全场景分支模型

基于传统企业 IT 双模研发场景的特点，我们在充分研究业内典型分支模型的基础上提出了一种适用于复杂协作型项目、兼容"瀑布＋敏捷"双模研发的全场景代码分支管理模型。

(1) 全场景分支模型的组成

如图 129 所示，我们提出的全场景分支模型包含 Master 分支、Dev 分支、Test 分支 3 个长期分支和功能分支、投产分支、其他测试分为 3 类短期分支。

① Master 分支是主分支，始终保持最新的投产在运行代码，通过标记区分不同的投产窗口(投产窗口是系统的上线时点，对应一个唯一的正式代码版本，如图中"窗口 1""窗口 2""窗口 3"所示)，所有其他分支都从 Master 分支创建，普通开发人员不能直接在 Master 分支进行代码推送，必须通过拉取请求的方式进行代码更新。

② Dev 分支用于代码的存储、共享及协作开发，不合并回 Master 分支，根据具体研发情况对 Dev 分支进行定期清理。

③ Test 分支用于发布功能测试，保持功能测试的最新代码，根据运行情况从 Master 分支进行阶段性更新，普通开发人员不能直接在 Test 分支进行代码推送，只能通过拉取请求的方式进行代码合并，根据具体研发情况对 Test 分支进行定期清理。

④ 功能分支(即特性分支)从 Master 分支创建，用于管理某个功能的代码，用于发布功能测试与投产，开发人员一般不直接在功能分支进行代码提交，而是通过将 Dev 分支已经开发完成的代码通过工具整理到功能分支。

⑤ 投产分支包含 Rel 分支和 Hotfix 分支，用于投产准备及投产发布，从 Master 分支创建，投产完成后将其合并到主分支并删除，其中 Hotfix 分支用于紧急缺陷修复。

⑥ 其他测试分支是临时测试分支，如正式上线前的区域性测试等，可以直接从 Test 分支新建分支，也可以从 Master 分支拉取分支后再合并待测试内容。

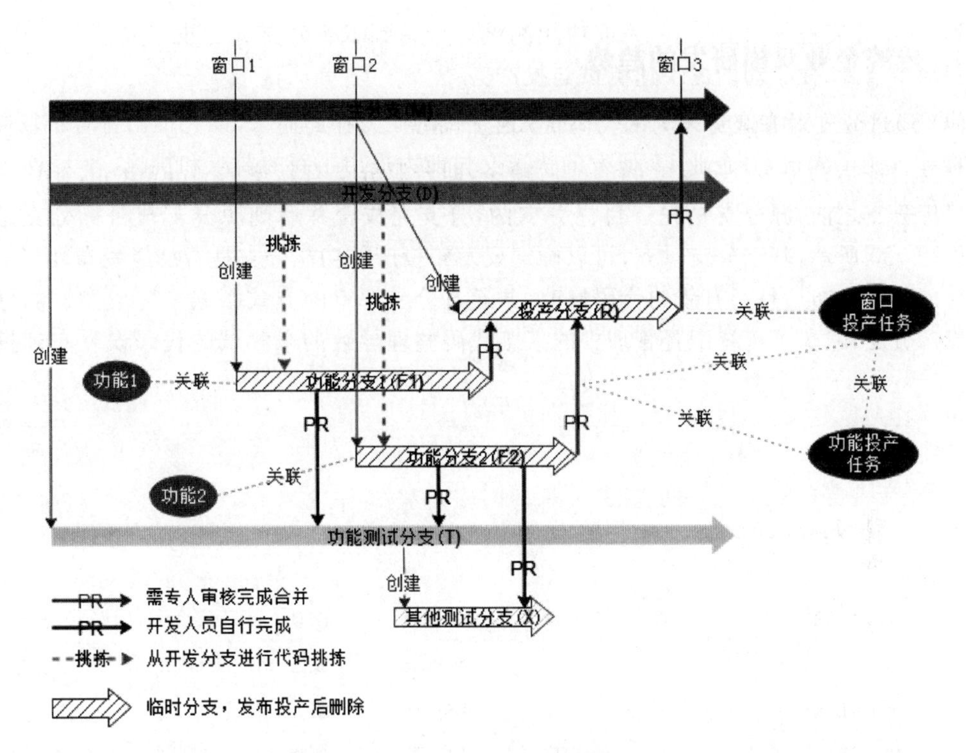

图 129 全场景分支模型

在开发任务分解完成后，开发人员基于 Dev 分支进行协作开发，开发完成后需要进行功能测试时，开发人员基于最新的 Master 分支新建功能分支，将待测试内容通过 cherry-pick 的方式从 Dev 分支整理到功能分支，并通过在线 pull request 的方式发布到 Test 分支进行测试，测试完成后同样通过 pull request 的方式发布到投产分支进行投产，投产完成后对所有的短期过时分支进行清理。

(2) 通过共享开发分支实现瀑布型场景的即时研发

在双模研发项目中的瀑布型开发场景是需要进行长期开发的项目，瀑布型开发中往往涉及跨职能组或部门的大团队协作，经常存在一个或多个大型系统协同研发，由于项目的特殊性经常面临项目周期不可控、开发阶段需求尚未完全明确、项目最终投产前存在大量需求变更、延期等常见问题。

在此开发场景中，开发人员可以在需求粒度、投产日期不完全明确的情况下直接基于 Dev 分支进行代码修改提交，待到开发功能基本确定、测试点基本明确的情况下，申请功能分支，将 Dev 分支已经完成开发的功能代码挑拣（通过 Git 的 cherry pick 命令实现）到功能分支，将功能分支合并到 Test 分支进行功能测试，在投产时将功能分支合并到 Rel 分支进行投产验证及投产包构建，此流程能够很好兼顾瀑布型研发开发周期长的特点，方便了研发功能的整体规划与投产。

(3) 通过短平快分支实现迭代型场景的研发

双模研发项目中的迭代开发场景包括临时项目、紧急变更或缺陷修复等，在此类开发场景中，开发人员直接申请新的功能分支，基于最新的投产代码进行开发，开发完成后将功能分支合并到 Test 分支进行功能测试，完成功能测试后合并到 Rel 分支进行投产验证与投产打包，此流程简单清晰，便于功能的快速测试与投产。

(4) 通过分支对齐避免未测试代码带入生产环境

分支对齐指的是多个分支之间的前后顺序，即若源分支有新增的 commit id，在该分支合并到目标分支之前，源分支是先于目标分支的，分支完成合并后则源分支与目标分支是对齐的。如图 130 所示，基于分支对齐，可以确定要发布投产的功能分支是否已经发布功能测试以及在功能测试发布后是否有新的代码修改，并通过分支评审的方式拒绝未完成测试的分支合并到投产分支，避免了传统配置管理中的人工代码整理导致的未测试的代码误发布到投产的问题。

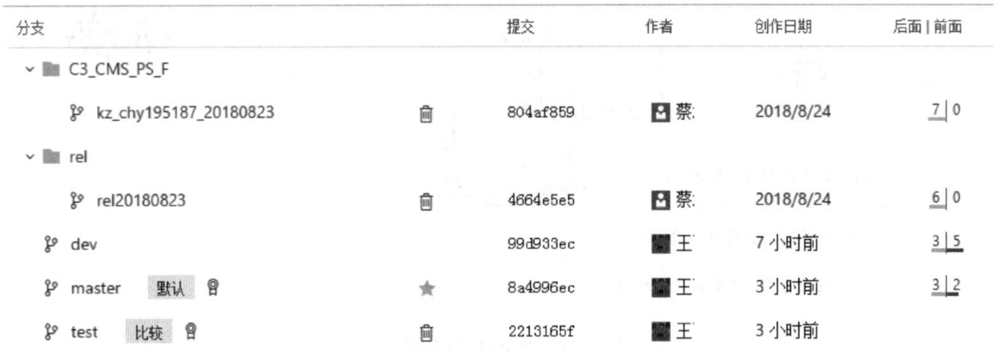

分支		提交	作者	创作日期	后面 | 前面
C3_CMS_PS_F					
kz_chy195187_20180823		804af859	蔡	2018/8/24	7 | 0
rel					
rel20180823		4664e5e5	蔡	2018/8/24	6 | 0
dev		99d933ec	王	7 小时前	3 | 5
master 默认		8a4996ec	王	3 小时前	3 | 2
test 比较		2213165f	王	3 小时前	

图 130　通过分支对齐避免未测试代码带入生产环境

(5) 通过分支的权限控制与多级评审机制确保版本安全

在全场景分支模型中，对分支添加了强制权限控制，开发人员拥有 Dev 分支与功能分支的代码提交、推送权限，但对于 Test 分支、Rel 分支、Master 分支只能通过拉取请求进行合并，避免了代码的误修改。同时对于所有分支，开发人员只能增量修改、不能存量删除，保证了整个代码库的安全性与可追溯性。

在基于 Git 进行代码开发时，由于分支包含的是全量的系统代码，为了保证分支中修改代码的安全性，我们引入了可视化的多级分支评审机制，功能分支到 Test 分支，功能分支到 Rel 分支，Rel 分支到 Master 分支的拉取请求都设置了代码评审机制，针对研发模块进行了分支策略设置(图 131)，保证关键核心文件要经过系统控制人员审核、跨模块文件修改要经过对方的负责人审批，确保代码不会被误修改、误合并，并通过可视化的方法提高了协同研发与问题解决的效率。

(6) 通过代码分库实现关键配置文件的扎口式管理

在双模研发项目中，尤其是跨团队协同的大项目，部署环境依赖性文件、生产环境安全配置文件等核心文件需要进行特殊的处理，为此我们在分支拥有全量代码的基础上设计了关键代码分库存储的方式，即将特殊文件从主流分支中剥离，在另一个库中由专人负责配置管理，开发人员所见的分支拥有全量开发环境的代码，在持续集成与版本发布的过程中，设计了文件自动替换的方式，对于开发人员来说，整个过程是透明的，在保证了特殊文件便于开发人员操作的基础上保证了文件的安全性，确保测试文件不会误带入生成环境，同时通过自动替换的方

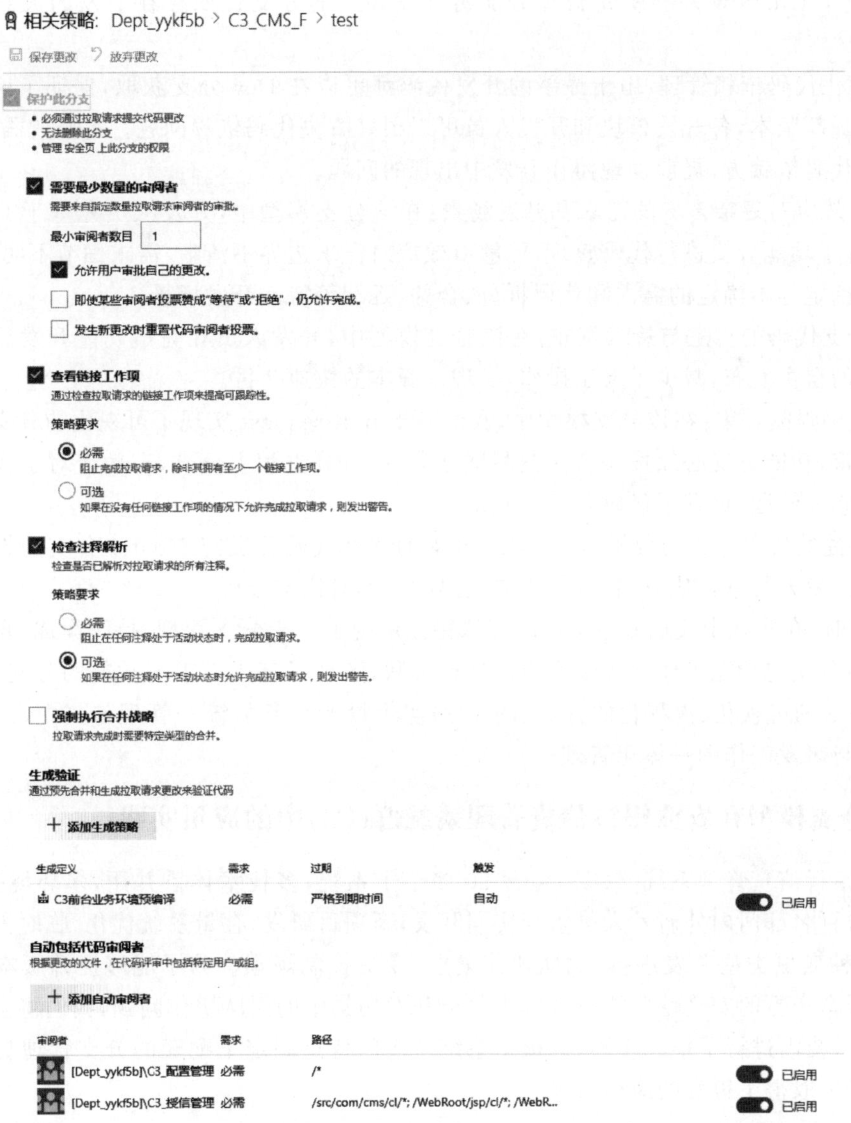

图 131　通过分支的权限控制与多级评审机制确保版本安全

式实现了代码的一次编译多环境发布。

(7) 全场景分支模型在双模研发中的应用优势

与常见分支模型相比，全场景分支模型具有以下优点：

① 支持双模研发模式：支持瀑布、敏捷两种研发模式，有效应对复杂多变需求的并行开发、多时点上线。

② 支持大团队协同开发：团队开发分支与功能特性分支相结合，适合跨职能组的大团队并行协同开发，在开发阶段，所有开发人员的代码修改都会及时推送到 Dev 分支，团队人员可以及时看到其他成员的代码更新，方便代码的实时共享和复用。

③ 有效避免了功能分支的长期存在引发的文件冲突问题：在全场景分支模型中，功能分支是"事后整理"，即功能开发完成并明确了测试与投产时间后再进行功能分支的申请与代码

整理，避免了 Git flow 模型中先新建分支再开发导致的分支长期存在引发的大量文件冲突问题。

④ 简化代码依赖管理：由于最新的开发代码都可以在 Dev 分支获取，保证了所有代码依赖的都是最新版本，各开发模块和开发人员可以很好解决代码依赖问题。每当代码变动，会及时反馈到代码依赖方，提前发现协作开发中出现的问题。

⑤ 有效应对复杂多变的需求和开发场景：在该分支模型中，开发人员先基于 Dev 分支进行开发，基于功能分支进行代码整理，能够有效应对需求边界不清晰、需求细节不明确、需求上线时间待确定等不确定的需求和代码拆分、合并、延期等特殊开发场景。

⑥ 分支代码的自主与持续发布：在该分支模型中，开发人员在完成功能开发后可以及时进行版本的自主发布，减少了人工操作，实现了版本的快速交付。

⑦ 代码强制评审：在该分支模型中，我们基于 pull request 实现了可视化的分支代码的多级强制评审，功能分支必须按序合并到测试分支、窗口分支和主分支，有效应对了代码合并过程中的误修改问题，提升了代码开发的质量。

⑧ 便捷的代码对比与分析：基于 Dev 分支的线性代码开发与 Master 分支的投产节点标记方便了开发人员进行代码的查找、历史代码的版本对比与分析。

⑨ 同时，在实践中我们基于 Git 的开源特性定制了便于分支管理、持续集成、自动化测试的工具，将分支与功能工作项及投产窗口进行关联，实现了基于需求与功能的分支代码管理，并基于 TFS 的可视化、流程化的方式（图 132）实现投产任务的统一管理与集中发布，完成了代码分支与研发工作的一体化管理。

3. 分支模型在农业银行信贷管理系统群（C3）中的应用实践

农业银行信贷管理系统群（C3）包含 20 多个子系统，多技术体系并用，多环境并存，多时点交付，数百名部门内外研发人员参与协同开发，新项目研发、存量系统优化、临时需求及紧急变更等多种变更类型并发进行，团队协作复杂、变更控制烦琐。为了能够提升版本管理的效率、保证版本变更的安全性并能有效解决复杂开发场景中的团队协作问题，我们将全场景分支模型在该系统内进行了推广实践，并根据系统与部门特点制定了配套的分支管理与规划的规范，在实践中取得了很好的应用效果。

（1）通过分支规范化命名降低代码管理的成本

Git 分支在提供极大灵活性的同时，难免会存在分支管理混乱的问题，尤其是在大团队协作中，不规范的分支命名容易导致分支的查找与切换困难，甚至会导致代码误提到其他分支。基于此，我们结合该系统研发特点提出了适合跨团队协作的功能分支命名规范。功能分支命名构成如下：

“GIT 库名称/研发团队简称—变更来源及编号—功能简称及工作项编号—拟投产时间”。

如分支名称 CMS_F/fd_xm2018189_mcl192659_20180809 的含义是前台的分支，归属于 fd 团队，项目编号为 2018189，对应的研发功能为“mcl”，对应的功能编号为 192659，投产日期为 2018 年 8 月 9 日。

图 132　代码分支与研发工作的一体化可视化管理

(2) 统一的分支粒度原则可提升功能分支规划的准确性

在该系统中进行团队协作开发的过程中，由于瀑布型研发与迭代型研发并存，并且涉及跨团队、跨项目的协作，在多场景并存的情况下，分支规划的粒度是一个要重点考虑与设计的关键点。为此在该系统全场景分支模型中制定了“以同时投产的最小独立功能点为分支规划的基本粒度”的分支粒度规划原则，同时投产是指能够在很大概率上确定开发的功能点能够在同一窗口投产，最小是指只要分支间没有依赖关系就可以拆分出一个单独的功能分支进行维护，独立是指单个分支能够正常完成功能的开发、联调、测试，并且具备独立投产的能力。在此基本原则下规划的分支可以保证功能分支的最小变动性。

(3) 通过代码挑拣实现大团队协作开发中的版本快捷传递

在该系统中进行团队协作开发的过程中，代码开发过程首先要经过 Dev 分支的共享开发，申请功能分支后将 Dev 分支的开发内容挑拣到功能分支，同时开发人员在代码管理过程中经常会用到历史版本的选取、为其他人员传递代码文件等操作。针对分支间经常存在代码依赖关系，我们提供了“整体摘取、局部挑选”（图 133）的方式实现代码的快捷传递，整体摘取用于保证开发功能的完整性，即将分支 A 上的提交作为整体传递到分支 B 中，“局部摘取”用于特殊文件特殊版本的处理，即满足特殊的开发要求，所有的操作通过界面一键式完成，无须开发人员通过线下手工传递代码，由此提高了版本共享的效率与准确性。

(4) 分支按需创建解决特殊场景中的代码管理与测试混乱的难题

在该系统双模研发场景中，瀑布型研发与迭代型研发经常并行，投产日期经常交替，投产功能点存在临时延期、拆分、合并等特殊场景，同时对于特定功能的特定阶段，经常需要经过多个专有的测试环境进行测试，在传统的代码管理方式中缺乏有效的代码管理方式会导致代码管理混乱、代码一致性差，尤其是在多个测试环境长时间并行的情况下各个环境的代码差异巨大，“所测非所投”现象普遍存在，影响功能测试、其他临时测试的顺利开展，同时代码拆分、合并、撤销等操作工作量大、易发生错误。

针对双模研发场景中特殊难题，我们通过对长期分支、短期分支进行统一规划，制定分支合并过程中的单向传递规则，对投产分支实行窗口化管理，对测试分支实行定向拉取管理等一系列措施实现了分支的按需创建、按需合并与定期销毁，并通过规范的标签管理、注释管理实现了代码版本的清晰分类、定向追溯。功能分支的按需合并，增加了功能测试、投产发布的灵活性，提高了版本制作的效率，同时保证了不同测试环境版本的强一致性。

(5) 通过浅克隆解决历史记录数量庞大问题

在该系统的协作研发过程中，随着研发时间的推进，本地会积累大量的代码历史记录，为了提升开发人员的代码对比及摘取效率，同时节约磁盘空间，我们提供了代码浅克隆的机制，具体操作如图 134 所示 Git 命令。

通过实践对比发现，开发人员本地的代码历史数据量减少极为明显，进而减少了本地无效分支与标签的克隆，简化了本地工作区的管理。

(6) 通过稀疏检出解决开发人员本地代码工程巨大的问题

整个系统中存在数十个大的研发模块，众多模块的代码增加了开发人员本地的代码量，严重影响代码的开发与调试效率，为此我们为开发人员提供了稀疏检出(sparse checkout)的配置策略，可以实现本地工作区中部分代码目录、文件的按需显示或隐藏，可以在本地工作区把与自己无关模块的代码进行隐藏，提高本地工程的编译、调试效率，具体操作如下：

① 打开 sparse checkout 功能。在本地工作区右键“Git Bash Here”，打开 Git 命令行窗口执行如图 135 所示。

② 配置.git/info/sparse-checkout 文件。如图 136 内容所示，创建并修改文件.git/info/sparse-checkout，文件首行是指要显示所有文件，行前有“!”符号表示该目录隐藏，无“!”符号表示该目录显示，根据本模块开发需求进行修改配置即可。

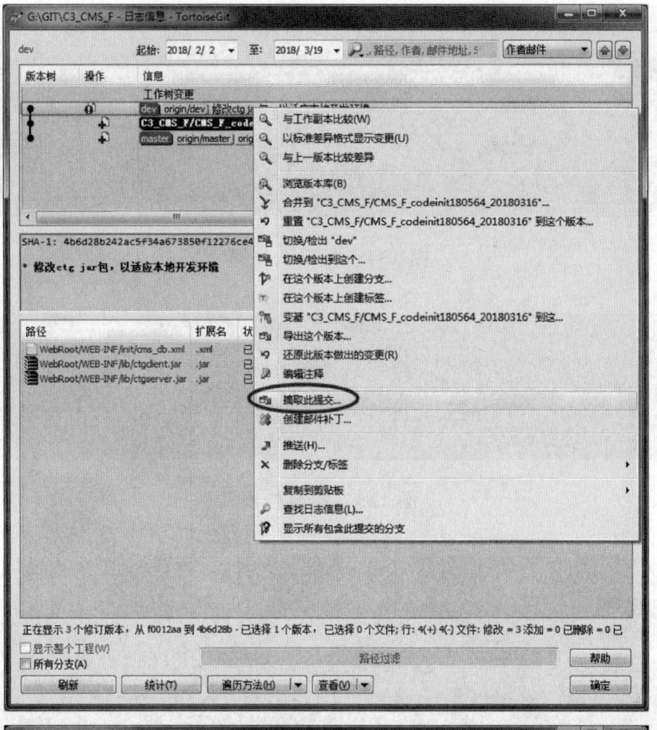

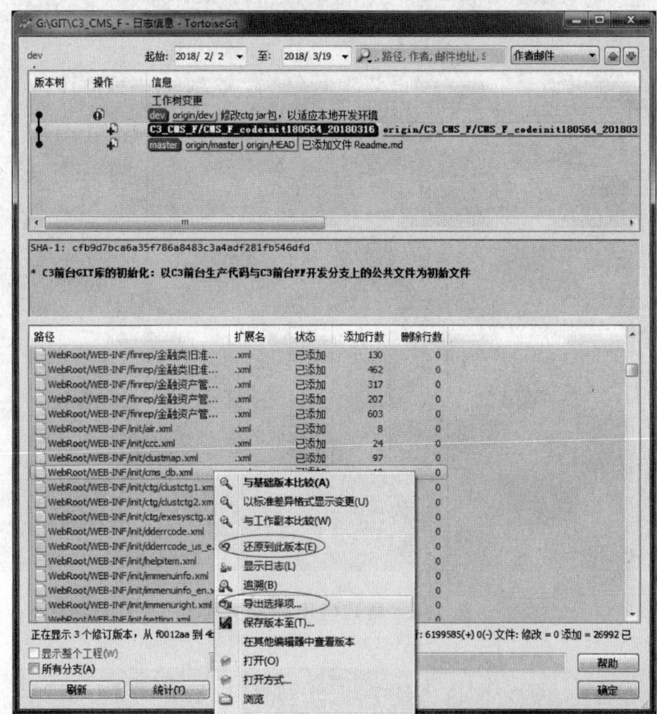

图 133 整体摘取、局部挑选

③ 重新切换检出 Git 分支。如图 137 所示，重新执行一次 Git 分支检出操作，稀疏检出的配置就会生效，可以看到本地工作区中被排除的文件或目录将会被隐藏。

```
MINGW64:/d/Oracle/GIT

DELL@DELL-PC MINGW64 /d/Oracle/GIT
$ git.exe clone --progress -v --depth 10 "http://tfscode.tfsx.abc:8080/tfs/ABCDev/Dept_yykf5b/_git/C3_CMS_F" "D:\GIT\C3_CMS_F"
```

图 134　代码浅克隆

```
MINGW64:/d/Oracle/GIT/C3_CMS_F

DELL@DELL-PC MINGW64 /d/Oracle/GIT/C3_CMS_F (dev)
$ git config core.sparsecheckout true
```

图 135　稀疏检出

```
MINGW64:/d/Oracle/GIT/C3_CMS_F

DELL@DELL-PC MINGW64 /d/Oracle/GIT/C3_CMS_F (dev)
$ cat .git/info/sparse-checkout
/*
/src/com/cms/action/
!/src/com/cms/ad/
/src/com/cms/as/
/src/com/cms/asyncsch/
/src/com/cms/au/
/src/com/cms/cc/
/src/com/cms/cd/
/src/com/cms/cl/
/src/com/cms/cm/
/src/com/cms/cmp/
/src/com/cms/colp/
/src/com/cms/cp/
!/src/com/cms/cs/
/src/com/cms/df/
/src/com/cms/dm/
/src/com/cms/ea/
/src/com/cms/ec/
/src/com/cms/el/
/src/com/cms/ep/
!/src/com/cms/et/
!/src/com/cms/eu/
/src/com/cms/exporter/
!/src/com/cms/ez/
/src/com/cms/filter/
!/src/com/cms/fs/
!/src/com/cms/gfac/
!/src/com/cms/gm/
/src/com/cms/im/
!/src/com/cms/is/
```

图 136　稀疏检出配置文件

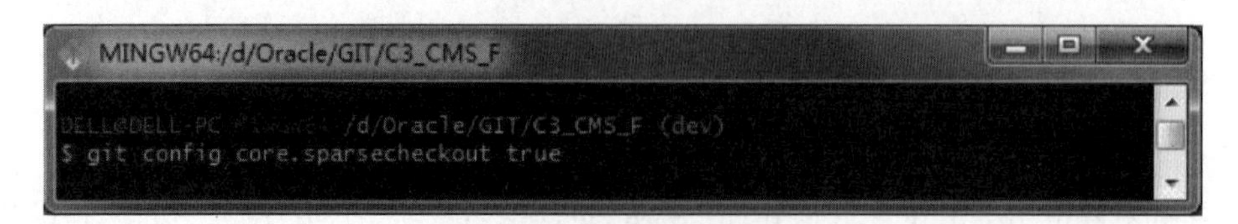
MINGW64:/d/Oracle/GIT/C3_CMS_F
DELL@DELL-PC MINGW64 /d/Oracle/GIT/C3_CMS_F (dev)
$ git config core.sparsecheckout true

图 137　重新切换检出 Git 分支

通过稀疏检出的配置，某前台开发人员的本地的代码空间占用从 900M 减少为 300M，极大节省了本地磁盘空间并提升了本地工程开发与调试的效率。

这里提出了一种适用于大规模应用系统双模研发的全场景 Git 分支模型，并在农业银行信贷管理系统群（C3）中开展了应用实践，充分验证了模型推广的可行性与交付产品的准确性。分支模型的结构、管理规范及在实践中总结的经验能够为同类型的大型项目提供有益的参考与借鉴，可以通过局部改造的方式为更多的项目提供分支管理服务。

总之，任何分支模型都不是完美的，该分支模型也存在一定的缺点，如基于 Dev 分支的代码开发在及时共享代码的同时也会把不规范的代码暴露给其他开发人员，Dev 分支与 Master 分支长期运行后也可能会导致代码不一致的情况发生等。综合整个分支模型的优缺点和适用场景来说，该分支模型可以有效解决瀑布与敏捷双模型项目中的代码管理问题，适合大团队的协作，能够有效地应对复杂多变的需求和开发场景①。

---

① 本部分文章引自宋绍磊、葛江浩、王丽敏所写文章，特此备注。

技法篇六　持续测试/质量管理

在研发效能转型的过程中，传统的测试团队与测试人员面临的挑战是巨大的，在工作方式，组织架构，技术要求等各方面都需要转变。

第49问　什么是敏捷测试

Hey honey what you trying to say. As I stand here. Don't you walk away. And the world comes tumbling down.

——The Jesus And Mary Chain *April Skies*《四月的天空》

在传统项目中，我们常常更习惯于严格定义软件开发生命周期中的各个阶段；对于测试来说，往往被迫担当质量看护者的角色；对于团队的领导或者大部分项目关系人来说，测试往往被寄予期望承担项目质量控制的职责。

事实上，这一点在传统项目中很难做到，因为测试既不能控制代码如何编写，也不能控制开发人员测试他们的代码，但所有的质量把控都寄希望于开发之后的测试阶段完成，而开发的延误、业务的压力、对测试活动价值的忽视，再加上长期质量意识的欠缺，通常会导致测试周期的压缩，致使线上BUG频出，进一步挤占开发时间，客户与业务人员频繁抱怨，进入一个恶性循环的怪圈。

1. 什么是敏捷测试？

我们先说什么是测试，维基百科的解释是：在规定的条件下对程序进行操作，以发现程序错误，衡量软件质量，并对其是否能满足设计要求进行评估的过程。

相比于测试本身是什么的问题，更重要的在于其目的是什么。测试的目的在于提升信心，降低风险。方法要确保以下的两点：产品做了它应该做的事情，产品没有做它不该做的事情。前者我们通常称为验证，后者我们称为排错。

除了验证功能性要求以外，测试还需要确保产品满足非功能性要求，例如性能、速度 、健壮性、适用性等要求。

你会逐渐发现，为达成上述提升信心和降低风险两个基本目的，不仅需要测试人员，更需要产品、开发、运维等人员一同参与，并且对于测试的活动分布、测试能力、测试技术、测试工具等有更多的要求，这也是敏捷测试想要解决的问题。

理想很丰满，现实很骨感。在理想情况下，测试范围应该足够广，频率应该足够高，但这只是理想情况。项目执行中实际情况往往是因为赶进度，测试周期被压缩，同时测试人力也不足，这就要求测试人员技能必须提升，以当时同时通过高度的自动化、测试、左移等方法，尽早发现问题，要做到这些就要开展敏捷测试。

说过了测试，那么什么是敏捷测试？敏捷测试是一种遵循敏捷软件开发原理的软件测试实践。敏捷测试涉及跨职能敏捷团队的所有成员，这些团队具有测试人员的特殊专业知识，确保以可持续的速度定期提供客户期望的业务价值。

(1) 敏捷测试的特点

① 强调从客户的角度，即从使用系统的用户角度来测试系统。

② 重点关注持续迭代地测试新开发的功能，而不再强调传统测试过程中严格的测试阶段。

③ 建议尽早开始测试，同时随着测试深入，持续进行回归测试保证之前测试过内容的正确性。

敏捷测试和敏捷开发密切相关，简单讲敏捷测试就是想要回归测试/软件本质，以人为本，以可持续的速度进行快速迭代。强调的是可持续敏捷而不仅仅是速度快，更强调在快速的同时要保持稳定的质量。测试人员不再坐在那里等待测试工作的降临，而应该主动寻找在整个开发周期中都贡献价值的方式：与用户一起编写需求的测试用例，与开发人员一起寻找程序中的漏洞，聚焦使用覆盖面更广、更灵活的测试方法。在敏捷中，开发人员的工作从来都不会超前于测试人员，因为一个功能在被测试之前处于“未完成”状态。

敏捷测试中，测试是一类活动而非一个阶段，应该是贯穿软件全生命周期的，从商业想法到真实上线，这其中的所有环节都应该有测试人员的参与。测试不只是测试人员的事，质量也从来都不只是 QA 的职责，而是整个团队的职责。QA 在团队里的工作，可以分为两大类：确保我们在正确地交付产品，确保我们交付了正确的产品。这两点都不能只靠 QA 或测试人员执行。

传统开发使用了大爆炸式的延迟测试方法，敏捷测试以小批量开发和测试系统，通常在编写代码之前就开始了开发测试。这样，即使在系统实施之前，测试也可以参与详细说明和更好地定义预期的系统行为，质量从一开始就内建。

与敏捷开发一样，敏捷测试是一个协作的、面向团队的过程。所有团队成员共同负责测试系统。这种“测试优先”的方法适用于所有类型的敏捷工作。这包括功能、特性、故事、NFR 以及代码，它甚至可以应用于系统的硬件组件。与编码期间编写测试的方式相同，功能、特性和故事的验收测试也是在详细说明期间编写的。详细说明所提议的系统行为的及时实践也减轻了对过于详细的需求规范和签核的需求。与传统编写的需求不同，这些测试尽可能自动化。但即使它们还不是自动化的，仍然可以提供系统做什么的明确描述。

(2) 敏捷测试关注 3W

Who：团队每个成员都要对质量负责，同时测试人员自身能力也要提升，DevOps 强调团队合作和紧密沟通，团队中每个成员都需要对质量负责。测试不再仅仅是测试人员的工作。开发人员和运维人员也要承担测试任务。

When：测试工作贯穿始终，从产品准备初期到上线之后。

What：能提高产品质量的工作，就是测试工作。

2. 敏捷测试如何有效保障质量

测试的职责是质量看护，当然质量不是测试自己的职责，那么如何有效地保障质量呢？

以下是保障质量的一些简单的建议：

(1) 让听得见炮声的人作出决策，而不是远离一线的管理者；

(2) Build Quality In，Everybody Matters，质量并不是 QA 部门专属的工作，正如可用性不仅仅是运维部门的专属工作一样，质量内建，人人有责，所有人都需要对质量负责；

(3) 尽早和持续地开展测试，小步快跑迅速获取验证反馈，通过持续测试实现快速与高质量，及时的质量反馈非常重要，最好是几分钟后就可以得到；

(4) 完整描述用户的需求/价值，以及如何对其进行验证；

(5) 关注非功能性需求，并且提前考虑；

(6) 测试与架构相关，包括技术架构，以及组织架构，组织与架构要匹配；

(7) 不要浪费，更不要惧怕失败，测试的过程是从失败中学习的过程，这是最好的成长机会；

(8) 自动化，自动化，自动化，尽可能地自动化一切该自动化的，但又不要过度依赖自动化，不要过度追求自动化；

(9) 结对编程、结对测试、结对设计、结对上线，让结对无处不在，让知识更顺畅地流动起来；

(10) 鼓励全栈测试工程师，对质量心存敬畏，(团队)对测试工程师心存敬意；

(11) 渴望持续学习，对测试技术精益求精，不断反思，持续优化测试流程与设计；

(12) 计划是一切，计划又什么都不是，测试计划也是如此，适应变化胜于响应计划。

第 50 问　敏捷测试宣言说了什么

It's amazing how you can speak right to my heart.

——Alison Krauss *When you say nothing at all*《你什么都没说时》

自从有了敏捷宣言，似乎每一篇与敏捷相关的内容都要把敏捷宣言和敏捷的 12 条原则讲一遍。而模仿敏捷宣言的各类宣言也层出不穷，只是因为太过经典并且容易记忆，IDCF 的 DevOps 核心价值观也在一定程度上借鉴和敏捷宣言的格式。

关于敏捷测试，似乎没有统一的定义。即便是 Lisa Crispin 和 Janet Gregory 后来有进一步的描述，也不如敏捷宣言来得深入人心。与此同时，敏捷测试其实也有宣言，从网上搜一下，发现还不止一个版本。最广为流传的应该是 Karen 和 Samantha 在 *A Coach's Guide to Agile Testing* 一书里的版本，如图 138 所示，其他的几种版本大部分是基于它的演化，不作分享了，大家可以自行搜索。

1. 测试是一个活动胜于测试是一个阶段

我们经常说测试阶段，无论测试在 Scrum 任务板、Kanban 还是传统的项目管理中，都被放成了一个单独的状态栏。但我们都知道质量不是测出来的，质量是内建的，测试应该从需求进入就开始，甚至到上线以后还要进行。测试是一个独立的阶段，会导致严重的质量问题，开发会认为有测试兜底，放松对开发阶段所需要进行测试活动的要求。强调测试是一个(事实上

敏捷测试宣言

测试是一个活动 胜于 测试是一个阶段
预防缺陷 胜于 发现缺陷
做测试者 胜于 做检查者
帮助构建最好的系统 胜于 破坏系统
团队为质量负责 胜于 测试为质量负责

图 138 敏捷测试宣言

是一大类)活动,进而将活动分布在软件研发生命周期的各个阶段,并且这个分布是不平均的,测试金字塔告诉我们测试需要左移,测试的双金字塔告诉我们测试还需要右移。

2. 预防缺陷胜于发现缺陷

"测试人员的职责是什么?发现 BUG",大概 99%的人会这样告诉你。如果测试就是为了发现缺陷,会导致三类问题的发生:第一是测试人员与开发人员成为对立的个体,第二是那些未发现的缺陷可能比已发现的更为严重,第三是前面说的对测试的依赖心理。

如果测试的职责是发现缺陷,那么他们的考核是否需要以发现缺陷的数量来进行呢?发现越多事实上意味着代码质量越差,那些未发现的缺陷可能比已发现的更为严重。那么我们到底应该希望测试发现越多的缺陷,还是希望代码中没有那么多的缺陷存在呢?这就形成了一个悖论。

如果测试的职责是发现缺陷,而他们发现的每一个问题事实上都是开发人员引入的,开发人员是应该高兴自己埋下的 BUG 被测试人员发现,进而幸免流入到线上阶段,还是暗地里希望 BUG 可以逃过所有人的眼睛?这实在是挑战人类的道德底线。

测试的职责是防患于未然,而这也是遵循成本最低、质量最高、以终为始,团队整体利益至上的原则。

3. 做测试者胜于做检查者

检查者通常会按 Checklist 逐项进行检查,这就失去了测试者作为独立思考的个体,给出有建设性角度的思考,对系统可能的缺陷和风险进行测试设计的作用。测试是一种天赋,测试人员都是非"一般人"的存在,测试人员可以"一秒钟变小白"。好的测试人员既懂技术、又懂业务,还懂得用户行为心理学,这样的角色绝非检查者所能定义。

4. 帮助构建最好的系统胜于破坏系统

测试的目的是确保"产品做了它应该做的事情,没有做它不该做的事情",测试并非要去破坏一个系统。测试会以异常的方式对系统进行考验,只是希望系统能够在功能性要求之外,满足安全性、健壮性、可用性等非功能性要求。

破坏不是目的,破坏成功也没什么好得意的,因为构筑良好的产品是整个团队的共同目标。测试人员在确保交付了正确的产品之外,更重要的是确保正确交付产品,这就是质量内建的意义所在。测试应该是赋能者,将对质量的意识和看护的方法告诉开发者,进而以一个团队的形式一同构建最好的产品。

5. 团队对质量负责胜于测试对质量负责

这里不用过多解释，当测试是分配在各个环节的活动，测试的行为就应该是大家的行为，质量也应该是集体共同看护的，而非测试人员自己的职责。

第 51 问　如何评估测试管理能力的成熟度

Just a perfect day. Feed animals in the zoo. Then later, A movie too and then home. Oh it's such a perfect day. I' m glad I spend it with you.

——Lou Reed *Perfect Day*《完美的一天》

一个组织的测试管理能力，包括其测试流程、测试策略以及测试设计等，我们用测试能力成熟度对其进行评估。

1. 测试管理流程

测试管理是对测试过程进行全生命周期的管理，一个完整的测试过程包括测试策略、测试设计、测试执行和测试报告，如图 139 所示。

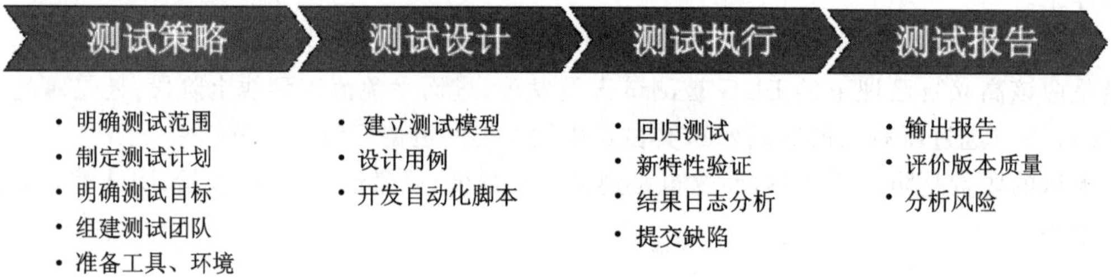

测试策略
- 明确测试范围
- 制定测试计划
- 明确测试目标
- 组建测试团队
- 准备工具、环境

测试设计
- 建立测试模型
- 设计用例
- 开发自动化脚本

测试执行
- 回归测试
- 新特性验证
- 结果日志分析
- 提交缺陷

测试报告
- 输出报告
- 评价版本质量
- 分析风险

图 139　测试管理流程

测试策略需要进行的活动包括明确测试范围，制定测试计划，明确测试目标，组建测试团队，准备工具、环境。

测试设计需要进行的活动包括建立测试模型，设计用例，开发自动化脚本。

测试执行需要进行的活动包括回归测试，新特性验证，结果日志分析，提交缺陷。

测试报告需要进行的活动包括输出报告，评价版本质量，分析风险。

2. 测试策略 5W1H 法

测试策略描述测试工程的总体方法和目标。描述目前在进行哪一阶段的测试以及每个阶段内在进行的测试种类（功能测试、性能测试、覆盖测试等）以及测试人力安排等。在制定测试策略时，可以采纳 5W1H 方法进行分析：

(1) Why，为什么要进行测试，测试目的是什么；

(2) What，测试的内容及范围，测哪些，确定测试重点（RBT，Requirement Based Testing，基于需求的测试等）；

(3) When,测试的起止时间,考虑影响时间的因素;

(4) Where,相关文档的存放位置,缺陷的存放,环境地址;

(5) Who,测试人员安排;

(6) How,选用何种工具及方法进行测试。

3. 设计测试需要考虑哪些因素

《SRE:Google运维解密》一书建议,在设计测试时,需要考虑以下因素:

(1) 如果你还没有亲自试过某件东西,那么就假设它是坏的。

(2) 先测试最可能的情况,按照可能发生的顺序执行测试,同时考虑该测试对系统的危险性。这种低成本、高收益的行为应该作为第一步,从而建立起更可靠、更全面测试过的软件。

(3) 将测试的重点集中在投入产出比最高的地方,用最小力气得到最大收益。可以先从如下的问题开始:是否能够将源代码按重要程度分出优先级?是否可以将要测试的系统组件按重要度排序(用什么标准来衡量重要度都可以,关键要排序)?是否有某些函数或者类是非常关键的,或者对业务运营极为重要的?哪些API是其他团队需要集成使用的?

(4) 遵循测试金字塔原则,从小型的测试开始做起。小型的单元测试可能只有很少的依赖:一个代码文件,测试类库,运行时库,编译器和本地硬件。相反,某项发布测试可能依赖特别多,以至于它最终间接地依赖了整个代码仓库中的所有代码。

(5) 当出现缺陷时,应该放下手中的一切其他任务,优先处理该问题。原因在于:如果问题引入系统之后,又有新的变动,修复会更难;不工作的代码会对团队造成影响,因为它们必须手动绕过这些问题;定时地每晚构建和每周构建将失去意义;团队响应紧急发布的能力将会受严重影响,甚至非常复杂和困难(例如,发现代码中以及依赖中的安全漏洞等)。

(6) 一种建立强测试文化的方式是将所有遇到的问题都进行测试案例化。如果每个Bug都变成一个测试用例,每个测试用例都应该在问题修复好之前处于失败状态。随着工程师修复好Bug,测试用例也一个一个通过,这样用不了多久,就会有一套完善的回归测试体系了。

(7) 理想的测试用例之间应该具有互斥性,通过执行这个测试,可以将一组假设推翻,同时确认另外一组假设。在实际执行中,会比较难,但需要筛选最大覆盖率的最小有效测试集合。

4. 测试能力成熟度评估

我们从以下几个方面评估测试能力成熟度(图140):

第一,初始级,测试混乱,缺乏成熟的测试目标,测试可有可无。

第二,定义级,测试的目标是验证软件符合需求,会采用基本测试技术和方法。

第三,集成级,测试贯穿整个软件的生命周期,建立在满足用户和的需求上的。

第四,管理和测试级,测量集,测试是有度量和质量的控制,这里面会就涉及一些IT的系统用例或者是相关文档。

第五,优化级,具有缺陷预防和质量控制,建立起测试规范和流程,并不断改进测试。这是最开始提到的,整个的持续测试的一个范畴。

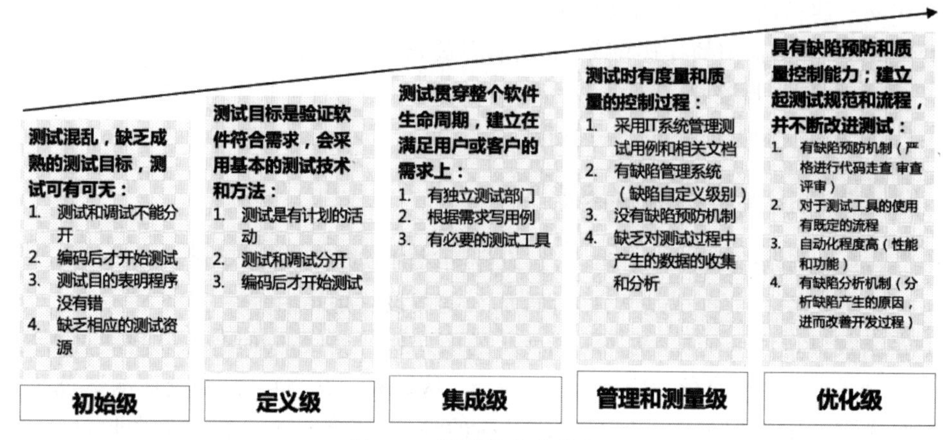

图 140　测试能力成熟度

第 52 问　敏捷测试四象限如何分类

I have climbed the highest mountains. I have run through the fields. Only to be with you. But I still haven't found. What I'm looking for.

——U2 *I Still Haven't Found What I'm Looking For*《我还没找到，我在寻找什么》

关于测试分类，业内较为著名的方式，是极限编程（XP）支持者和敏捷宣言合著者 Brian Marick 的敏捷测试矩阵。针对测试类型，基于纵轴的面向业务与面向技术，以及横轴的支持编程与评判产品，分为图 141 的四个象限。

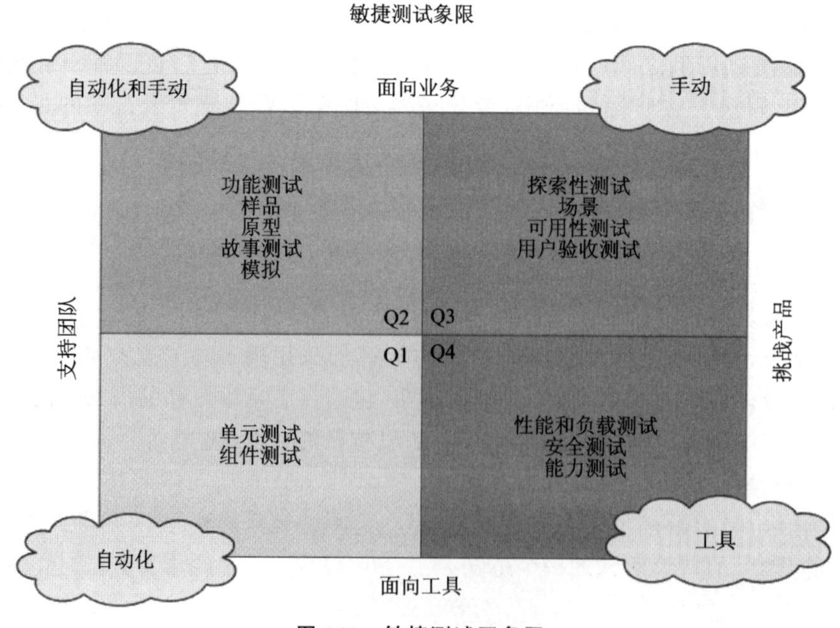

图 141　敏捷测试四象限

面向业务与面向技术：当谈论敏捷项目中的测试时，确定这些测试是面向业务的还是面向技术的会很有帮助。面向业务的测试是你可以用业务人员感兴趣的术语进行描述的测试，例如"当通过微信进行支付时，用户可以选择信用卡或是借记卡"；面向技术的测试是你用程序员领域中的词来描述的测试："不同的浏览器以不同的方式实现 Javascript，因此我们测试产品需要支持那些最重要的浏览器"。

支持编程与评判产品：谈论测试是支持编程还是评判产品也很有用。"支持编程"的意思是程序员将它们用作编程行为的组成部分。例如，程序员编写测试告诉他们接下来要编写什么代码。通过编写代码，他们改变了程序的一些行为，在更改之后运行测试可以让他们确认更改达成了想要的行为，并且没有改变其他的行为。"评判产品"的测试不关注编程行为，相反，他们的目的是发现不足。

我们参考 Brian Marick 的敏捷测试矩阵，以及后人基于此进一步细化发展出的补充版，对测试类型进行一个分类。

1. 支持开发，面向技术

从图 142 中左下 Q1 象限开始，支持开发编写代码面向技术的测试，这些类型的测试主要用于构建可工作的软件过程，着眼于质量和技术细节。

(1) 静态测试

静态测试是在没有实际执行代码情况下执行测试的总称，包括通过静态代码分析提供诸如圈复杂度、漏洞报告以及技术债务反馈等指标，常用工具例如 SonarQube。编码风格检查工具，主要是各类编程语言的 linter 以及编程语言的类型检查，在出现拼写错误和错误时发出警告。

(2) 单元测试

单元测试是针对程序设计中的每一个单点函数进行测试的过程。通常是由开发人员编写和运行的自动化测试，确保应用程序的一部分(称为"单元")符合其范围并按预期运行。在面向对象编程中，一个单元通常是一个完整的类或单个方法。一个单元可以是一个完整的模块，但更常见的是：它是一个单独的功能或过程。测试驱动开发(TDD)方式建议开发人员在编写实现代码之前先编写单元测试用例。单元测试主要采用例如 JUnit，TestNG，. net 的 NUnit，C/C++专用的 CppUnit，PHP 专用的 PHPUnit 等测试框架的支持下进行。

(3) 集成测试

集成测试在单元测试上一层，其关注单元(组件)与单元(组件)之间的交互。以汽车作比喻，集成测试检查汽车的整个制动系统。可以使用单元测试的相同测试框架编写集成测试，此外有一些专门的工具可以采用测试替身技术，例如使用 Mockito 等 mock 框架，这样当需要和其他对象交互时，就使用 mock 对象来保持被测单元的独立性。

(4) 系统测试

系统测试用以测试模块间的交互，其从一个产品的整体角度来进行测试。系统测试是端对端的，对整个系统进行测试，使用真实的用户场景和数据。如仍以汽车作比喻，是把整辆车放在测试台上，检查重要的东西是否彼此正常工作，比如发动机与变速箱。系统测试评估系统产品是否符合要求，常用的工具是 Robot Framework。系统测试和功能测试的主要区别是系统测试要利用所有真实的数据来进行测试，模拟真实的用户，同时关注点是整个软件系统，而不是单点的功能。

(5) 变异测试

变异测试是一项新的测试技术，“变异”是故意修改代码的一部分，验证是否有测试能够捕获生成的错误。如果代码的变异在测试中幸免于难，就知道是否存在遗漏了。对于汽车，这就像断开大灯电缆，查看仪表板上是否显示相应的警告灯。这里，PITest 和 StrykerJS 都是不错的工具。

2. 支持开发，面向业务

向上移动到图 141 中 Q2 位置，我们来到面向业务的区域，允许利益相关者和开发人员检查当前对业务规则的理解。对于汽车，这是试车手开始将其驶向赛道的地方。

(1) 功能测试

功能测试是按照软件的各个功能划分，进行有条理的测试。在功能测试时要保证测试项覆盖了所有的功能，以及各种条件的组合。

(2) 验收测试

验收测试是业务和开发团队之间的一种契约。例如，在开发认为完成一个功能时，至少用一个验收测试来证明遵循了业务规则并正确运行。验收测试通常会是用户故事的一部分，以汽车为例：“以一辆刚出厂的汽车，在状况良好沥青路面的道路上，从零加速到 100 km/h 的制动距离必须小于 100 m。” 我们可以使用前面的测试框架来组合业务行为，或者采用行为驱动开发 (BDD)方法结合 Cucumber 工具更好地表达意图，并在开发人员和业务专家之间培养通用语言。

(3) 端到端测试

我们尝试端到端运行软件解决方案，查看是否满足所有功能要求。即查看“所有电缆是否已连接”，我们对新车进行了短暂的试驾，以确保在将其交付给汽车经销商之前一切都按预期工作。前面提到的许多工具都适合进行这些类型的测试，在构建 Web 应用程序时，也可以使用 Selenium、Cypress 或 Postman 等工具。

(4) 冒烟测试

冒烟测试来自从电子硬件测试，表示第一次对硬件原型加电时，如果硬件冒烟了，就表示产品有问题。冒烟测试是 E2E 测试的一个子集，目的不是执行详尽的测试，而是验证系统的基本功能是否正常工作。冒烟测试通常是自动化的，但在一些复杂的解决方案中，需要人工干预。

(5) 契约测试

契约测试是一种确保两个独立系统（例如两个微服务）兼容并能够相互通信的方法。它捕获每个服务之间的交互，将它们存储在契约中，然后用于验证双方是否遵守。这种形式的测试与具有相同目标的其他方法之间的区别在于，每个系统都可以独立于其他系统进行测试。合约由代码本身生成，这意味着它始终是最新的。这方面的主要工具是 Pact。

3. 评判产品,面向业务

在图 141 中,向右移动进入 Q3 象限,这一系列测试验证是一些我们无法轻松将其自动化的,例如网站的可访问性、可用性或受欢迎程度(或不受欢迎程度)等。

(1) 技术演示

这可能是大家熟悉的用户验收测试(UAT),或者 Scrum 里的 Sprint 验收评审。演示软件并收集反馈,最大程度地减少错误风险。技术演示主要是通过像用户一样使用软件确认预期行为。这就像邀请潜在买家试驾,看看是不是他们正在寻找的汽车。

(2) 探索性测试

技术演示是确认现有路径,而探索性测试是寻找新的路径,也是 QA 工程师通常发现“意外”的地方,探索性测试也经常会由项目经理或需求经理执行。汽车行业最著名的探索性测试之一可用来确定某款车是否能避开意想不到的障碍物。

(3) 可用性测试

可用性测试包括观察用户使用产品,执行开放式任务(例如:如果你正在这个电子商务网站上寻找礼物,你会怎么做?)或封闭式任务(例如:使用导航菜单查看大学的学位课程)。

(4) Alpha 和 Beta 测试

Alpha 和 Beta 测试的目的是先向愿意接受故障并乐于提供反馈的受控群体提供新的或修改过的功能。两者之间存在一些细微差别:在 Alpha 阶段,通常是本公司员工;而 Beta 测试对公司以外的人开放,通常是由值得信赖的客户组成。另一个重要区别是,在 Alpha 阶段,通常使用测试环境,更多地关注功能而不是性能或可靠性等技术方面;而在 Beta 阶段,将在实际环境中测试最终解决方案,当测试阶段结束时,该解决方案已准备好向所有客户开放。

(5) 无障碍、国际化、本地化测试

全球性的解决方案不能忽视国际化、本地化和可访问性等测试。可访问性是指产品可供尽可能多的人群使用,在 Web 领域的标准是 Web 内容可访问性指南。

传统上,我们认为这与残疾人有关,但使网站更易于访问的做法也有利于其他群体,例如使用移动设备的群体或网络连接速度较慢的群体,以及无可回避的问题,老年群体如何使用移动 APP。虽然有一些工具,但这些测试主要还是由人执行。例如,在 Web 应用程序中,基本测试包括在仅有键盘模式下浏览或在语音合成系统的帮助下盲目浏览。国际化是测试软件应用程序是否可以适应各种语言和地区,而无须更改任何代码。本地化是通过添加特定于区域设置的组件,使应用程序能够适应特定区域或区域的文化、语言和其他要求。这不仅关系翻译文本,还包括满足当地法规和习惯。

4. 评判产品,面向技术

在图 141 中,Q4 象限主要针对软件解决方案的非功能进行测试,例如性能、可用性、可靠性、弹性和安全性,重点是确保系统的整体准备就绪。

(1) 韧性测试

韧性测试也称弹性测试或可恢复性测试,它是一种通过技术的测试方法,用于观察应用程

序在压力下的行为，旨在确保产品能够在混乱情况下运行而不会丢失核心功能或数据。韧性测试在云原生时代尤其重要，其可确保在发生不可预见、无法控制的事件之后可以快速恢复。由此也演化出混沌工程的理念和技术，Netflix 是这个领域无可置疑的先驱，拥有著名的混沌猴子军团。

(2) 性能测试

性能测试是对软件性能的评价，简单说就是衡量软件具有的响应能力。采用测试手段对软件的响应的及时性进行评价，旨在测试应用程序及其组件的可持续性。通过将软件推向极限，发现和定义可接受的负载，压力测试或负载测试是常用的方式，成熟工具如 JMeter。

(3) 极限值测试

韧性测试与性能测试的旁支是极限值测试，即对软件在各种特殊条件、特殊环境下能否正常运行进行测试。特殊条件一般指软件规定的最大值，最小值，以及在超过最大值超过最小值的情况下，如何进行测试。特殊环境一般是指软件运行的机器处于 CPU、高负荷或者网络高负荷的状态。

(4) 安全测试

在此维度上可以做的测试数不胜数，目的是确保软件解决方案可以抵抗已知的安全隐患。正如没有“零缺陷”的代码，软件开发人士都知道没有“100％安全”的软件。安全测试技术主要是针对我们的解决方案而言，“足够安全”意味着什么。该领域最大的支持者是 OWASP 基金会，在基金会的网站上，有精心挑选的应用程序安全和漏洞扫描工具列表，每年也会评选出十大安全漏洞。

图 141 中的四象限只是一种归类方式，与此同时的测试类型并非穷举，很多测试视测试的阶段、覆盖的范围、采纳的技术和工具，会有所重合。例如回归测试，即验证新加的代码，是否会对现有的功能产生影响，确保现有功能正常可用。回归测试既可以是一个独立的测试集，也可以结合功能测试、系统测试与契约测试，主要用于进行软件功能的回归。

第 53 问　测试金字塔与测试分类如何对应

There are twenty years to go. Twenty ways to know. Who will wear, who will wear the hat. There are twenty years to go.

——Placebo *Twenty Years*《二十年》

Mike Cohn 最早提出测试金字塔的概念，随后敏捷测试专家 Lisa Crispin 在其著作《敏捷软件测试：测试人员与敏捷团队的实践指南》一书中对其详述并进一步宣传，到现在已经广为(测试)人知。

1. 测试金字塔

传统测试中，基于界面端到端的手工测试占据绝大部分活动，测试人员疲于人工进行每一轮的回归。测试金字塔就是基于这样的背景提出来的，其理念是越往下的部分，例如单元测试、集成测试，投入精力应该越大，发现的缺陷应该越多，自动化程度越高，执行频度应该越高。根据《谷歌软件测试之道》的建议，精力投入的比例如图 142 所示：70%的精力放在单元测试，20%放在 API 测试，而剩下 10%的精力放在 UI 测试。

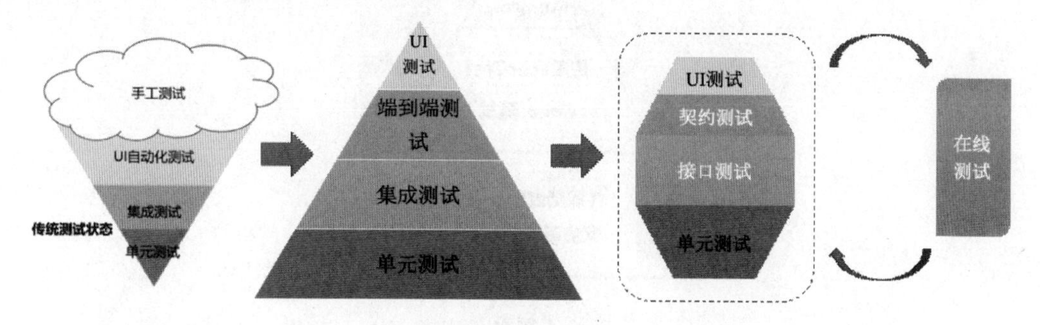

图 142　测试金字塔

测试金字塔的核心是从关注测试的数量转向关注测试的质量，尤其是在持续集成之下，测试执行时间要求是快速闭环的。越往下，隔离性越高，定位问题就越容易，反馈也会越快，因此应该要发现更多的问题，投入更多的精力；越往上，反馈周期越长，运行效率越低，修复和维护的成本都很高，复杂性也随之升高，定位问题所覆盖的路径也越长，应该做的频度越少。测试金字塔衡量的是每一个环节的自动化能力和质量，而非简单的覆盖率、工作量投入和执行时间。

持续测试将测试金字塔的三层自动化测试加入持续集成(CI)中，代码提交，自动触发自动化测试过程，反馈测试结果。持续测试可以保证产品源码具备随时可发布上线的状态，保证团队持续交付能力。DevOps 步入深水区，自动化测试一定是绕不开的，因为这才是保障随时拥有潜在可交付版本的前提，只是快还不够，还要质量高。

在传统的测试金字塔之上，还有一层金字塔，如图 143 所示。上面这层是线上环境的测试，包括拨测、捣乱猴子的测试，以及各类的性能和安全测试。这部分也是我们常说的测试右移，右移指的是一直到生产环境依然持续进行测试。线上测试包括：

(1) 业务测试，例如 A/B、灰度等在线测试；

(2) 在线测试，服务团队针对生产环境的功能验证，保障升级活动的正常开展；

(3) 拨测，服务团队对生产环境的持续测试，主动线上监控用户的一些行为，并从行为轨迹里面快速捕捉相应的问题，主动推送给相关的责任人；

(4) Chaos 测试，专职团队对生产环境的可靠性、稳定性、健壮性测试；

(5) 性能测试和安全测试：专职团队对(非功能属性)的解决方案级验证。

2. 测试的分层分级

合理的测试分层，可以以最低的成本，最高的质量最大化测试性价比。代码可测试性决定了如何隔离和集成测试性价比是最高的。降低软件函数、类、模块、组件之间的耦合和依赖程度，边界清晰，才能最低成本地将各元素隔离开测试，达成投入产出最高的金字塔分层。测试分层本身的目标原本是降低测试成本，在耦合较大的情况下强行拆分而匹配到金字塔分层，这可能会导致测试成本过大而本末倒置。对于耦合度高，依赖性大的功能单元或者组件不要强行隔离测试，建议先行联合地集成测试，强行隔离测试会导致测试构造工作量大，测试成本高，

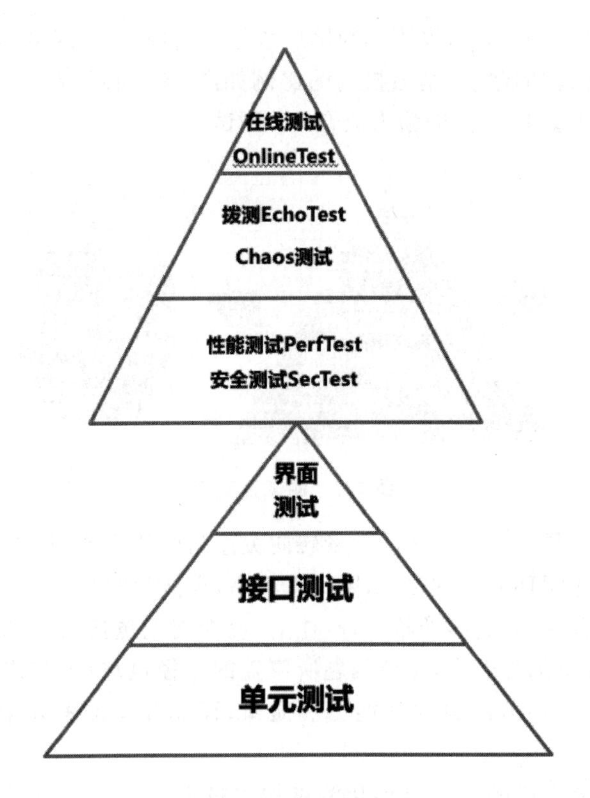

图 143　测试双金字塔模型

质量收益低。通过架构解耦或者绞杀者模式逐渐分离依赖后，再进行独立的测试。

在实际操作中，由于单元测试的写作难度和投入时间较大，在能力尚未成熟，项目时间相对紧张，遗留系统较多的团队中，可以考虑由金字塔模型向纺锤形模型的演进。适当减少单元测试的数量，同时增加接口测试的数量，这样投入产出比可能会更高。同时因为服务化和微服务化的拆分，每个服务所负责的范围相对较小，可以较好地进行服务间隔离。

如图 144 所示，测试分层通常会与分级流水线结合，在(微)服务交付过程中有不同的环境，比如 Alpha 环境、Beta 环境、Gamma 环境等，每个环节有相关的质量检查门禁和验收标准，以及现网的质量活动。分层的测试固化到流水线中，分别是个人级、服务级、产品级，与相关的环境结合。

每级的流水线都会涉及相关的质量保障活动，由不同的角色承担，并且将质量门禁固化到流水线作为各阶段间的流转标准，通过流水线多门禁自动化管控，支撑产品版本出口质量标准。并且通过自动收集的门禁指标公布到发布看板，自动通知版本发布，支持在线签发，持续开展质量活动。

个人级流水线的质量活动是从本地开发环境到 Alpha 环境，包括代码检查单元测试、编译构建、安全扫描、接口测试等的活动，然后通过分支合并到 Beta 环境；服务级流水线的质量活动是从 Beta 环境到 Gamma 环境，除了上述测试以外，还需要进行特性回归测试、浏览器兼容性测试、性能测试等的活动；产品级流水线的质量活动是从 Gamma 环境到生产环境，本层级需要加入专项测试，比如产品级性能测试、可靠性测试、长稳测试、安全测试等的活动。

与此同时，最值得关注的是各阶段核心参与角色。在 Alpha 测试结束之前，测试的主体

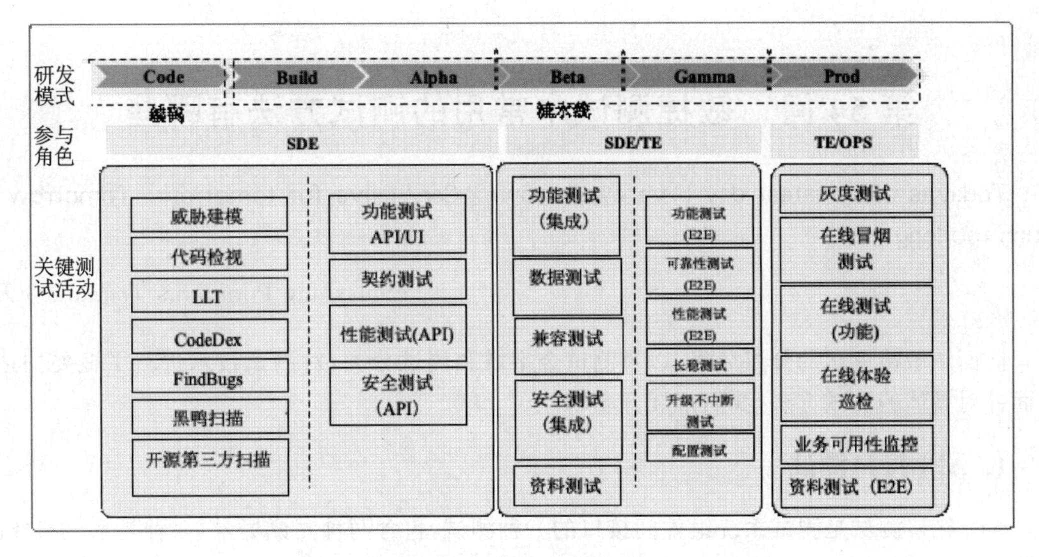

图 144　测试分层分级

是开发人员，这意味着无论是测试用例的编写、测试的执行还是质量的看护，第一责任主体应该是架构师和开发工程师，开发过程主要由开发工程师承担，架构师也会承担开发的工作，但他做得更多的是关键跨服务之间的设计和开发。Beta 和 Gamma 环境测试是由开发人员和测试人员一同参与，开发工程师执行发布的动作，测试工程师会从端到端进行质量把控，并对开发工程师进行支撑和赋能。因为开始进行服务间的测试，开始有一些专项的测试，这依赖于测试人员的专业技能。Prod 生产环境的测试，是由测试工程师与运维工程师一同进行，这也是我们经常讲到的测试右移，即便是在产品上线以后依然进行大量的测试，开发工程师和运维工程师一起对系统进行支撑，会做一些现网测试、在线巡检、导流测试、可用性测试，混沌测试等。

线上的测试覆盖大量的非功能性测试，支持现网峰值性能测试场景，可以有效支持性能风险预警。通过现网 Chaos 可靠性测试场景，来拦截深层次可用性隐患。基于在线测试平台，与监控数据结合，提升告警精准性。基于数据驱动测试，通过分析现网问题，提升内外部测试精准度与质量。

3. 测试分层与测试四象限如何对应

我们基于前面提到的测试四象限，结合测试金字塔，看看这些类型的测试都处在什么位置。

可以看到，测试分层与测试四象限完美匹配，从 Q1 到 Q4 的过程，几乎就是沿着整个软件研发的生命周期从开发设计阶段，到集成测试，一直到生产环境的线上测试，我们可以称之为测试流水线。

测试四象限的分类，对于测试流水线的设计，以及工具自动化与手工测试的设置，质量门禁与设置目的安排，都有极好的指导意义。

第 54 问 敏捷测试中常用的测试方法有哪些

Today is the greatest day I've ever known. Can't live for tomorrow. Tomorrow's much too long.

——Smashing Pumpkins *Today*《今天》

前面从敏捷测试的分层分级,以及测试金字塔和测试分类,对测试技术进行了概要描述,下面针对具体的测试方法,我们来展开聊聊。

1. API 接口测试

API 接口测试是测试系统组件间接口的一种测试,包含两种测试场景:一种是系统与外部其他系统之间的接口,另一种是系统内部各个子模块俗称子系统之间的接口。

(1) API 接口测试四个测试重点

① 检查接口参数传递的正确性;

② 接口功能实现的正确性;

③ 输出结果的正确性;

④ 对各种异常情况容错处理的完整性和合理性。

API 接口测试分为单 API 接口测试和组合 API 接口测试。

单 API 接口测试是针对单个 API 接口的测试场景,主要关注单个功能的各种取值以及多个参数的取值的组合;组合 API 接口测试,即把多个 API 的逻辑串联起来测试。

一个业务逻辑也经常需要通过调用多个 API 才能实现,所以组合 API 接口测试是比较贴切业务功能的,主要关注功能的完整性和正确性,完整性是指要完成一个特定的功能,正确性是指通过组合调用多个接口完成一个业务逻辑后还要关注执行结果,正确满足业务测试的要求。

(2) API 接口测试的挑战

API 接口测试目前面临挑战,随着微服务架构的流行,微服务开发迭代周期短,版本多,单个微服务需要具备独立测试和快速验证的能力,以支持测试活动的前移。其主要的挑战有如下两个:

① 挑战一,服务不具备独立验证的能力。传统的技术架构使大量测试活动在集成测试等阶段进行验证,而微服务需要独立测试能力,亟需落地服务独立测试能力,通过测试活动前移,提前发现问题,提升版本质量。

② 挑战二,自动化用例开发效率很低。传统的技术框架自动化用例开发效率低,无法满足用例快速增长需求,自动化用例开发存在效率瓶颈。

(3) API 接口测试需要满足的三个原则

① 同源。同源是指设计开发、测试三个活动基于同一个源头开展,最好是基于完备的 API 定义文档,API 定义文档就是我们所说的同源。

② 独立测试。在当前流行的 DevOps 模式下，微服务需要具备独立测试的能力，而 50% 以上的服务都涉及服务之间的依赖，必须通过 Mock 等技术才能使环境解耦，否则微服务独立测试很难开展。

③ 100%的自动化测试。在开发自测试阶段，开发人员时间有限，为了提高测试效率，快速得到测试结果，应该尽量高效使用自动化，也就是说能自动化解决的工作尽量自动化解决，我们倡议 100%的自动化。

(4) API 接口测试设计

基于接口设计文档，从功能流程、接口参数、数据遍历、组合交互等方面开展接口的功能测试分析：

① 功能流程。分析业务功能流，从流程分支角度进行分析设计；

② 接口参数。从接口的参数组合进行分析和覆盖；

③ 数据遍历。通过合理取样，完成对接口数据的覆盖和遍历；

④ 组合交互。多接口间交互影响，组合测试分析。

(5) API 接口测试的步骤

① 接口梳理。接口梳理指的是参考接口设计文档、业务流图等梳理出我们要测试的所有接口。

② API 接口参数分析。熟悉接口参数类型和每一个参数的作用。

③ 业务场景梳理。开展业务场景分析，分析出涉及的 API 组合、业务逻辑之间的关联关系等。

④ 单接口测试设计。单接口单参数取值，单接口多参数组合，测试输入数据设计、返回检查点、设计等。

⑤ 多接口组合场景设计。多接口组合、调用、还原真实的业务场景。

2. 契约测试(Mock 测试)

MicroService 微服务是一种架构风格，它将单个的应用设计成一组服务的集合，优点是高度模块化，可独立部署，保持技术多样性，但测试微服务的难点在于分布式难以保障最终一致性，需要处理复杂性。

测试微服务时我们通常使用契约测试，即测试一个微服务的修改不会影响其他使用者。契约测试是一种针对外部服务接口进行的测试，它能够验证服务是否满足消费方期待的契约。这个契约包含了对输入和输出数据结构的期望，性能以及并发性。

契约测试既是一种测试技术，也是一种测试规范。这就好像我们生活中的螺母和螺丝，它们分别由 A 和 B 厂商制造，但他们会遵循一些契约，保证螺丝的长度、宽度、对应的型号和间距都会对应标准，最终两个厂商生产的螺丝和螺母能够正常工作，严丝合缝地合在一起。这就是契约测试的价值。

契约测试有三个要素如图 145 所示。

Consumer：Service 的使用者，向 provider 发起 HTTP 请求来获取数据。

Provider：Service 的提供者，接收 consumer 的 HTTP 请求并返回数据。

Contract：契约，一种定义在 consumer 与 provider 之间的交互方式。

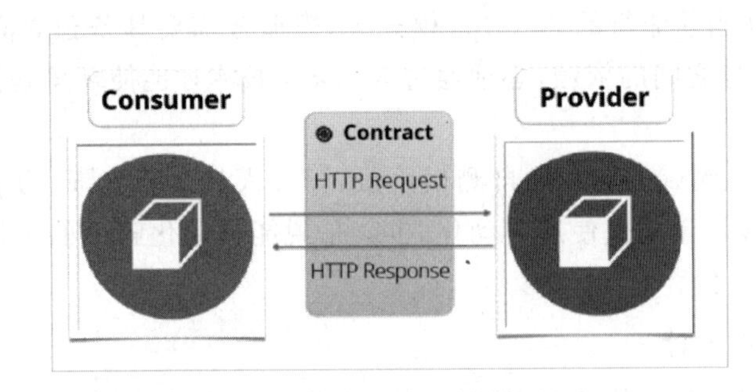

图 145　契约测试三要素

所以契约测试涉及两个微服务，其中一个作为 Consumer，另一个作为 Provider，Consumer 向 Provider 发起 HTTP 请求，获得 HTTP 响应，请求和响应这个过程通过契约(Concract)固化下来。

契约测试的目的是验证 Provider 是否按照期望的方式与 Consumer 进行交互。契约测试是消费者驱动的，即 Consumer Driven，保证 Provider 对 Contract 的修改永远都基于 Consumer 的需求，并且是全体 Consumer 需求的总和。

Contract Testing 的实践方式如图 146 所示。

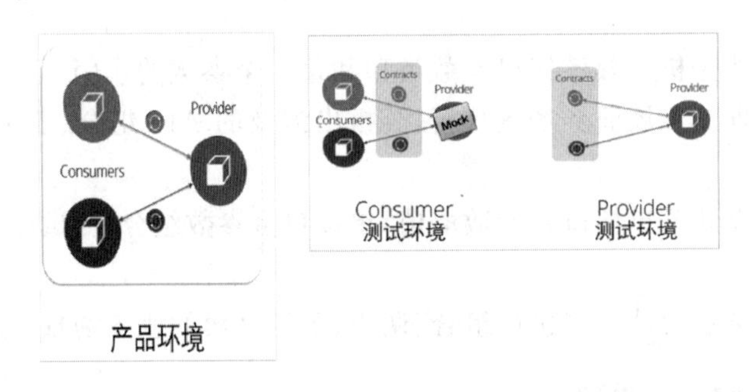

图 146　契约测试实践方式

契约测试具体实践时有两种关键技术：

通过 Mock 技术解除 Consumer 对 Provider 的依赖；

通过契约测试保证 Provider 的修改对 Consumer 保持一致。

如图 146 所示的消费者与生产者的关系：左起第一张图是真实的产品环境：消费者与生产者的调用关系；第二张图是表达通过 mock 技术解除 consumer 对 provider 的依赖；第三张图是表达通过契约测试保证 Provider 的修改对 Consumer 保持一致。

在实际的生产环境(线上真实环境)中通常就会有多个 consumer(周边节点的 service)对 Provider(中心节点的 service)有依赖，需要确保 Provider 的修改不会影响所有的使用者。

测试的解决方案是，在测试环境中，通过 Mock 代替这些 consumer(周边节点的 service)，通过对契约的测试确认 Provider(中心节点的 service)的修改不会造成任何的契约失效。

Mock 测试的概念：mock 测试就是在测试过程中，对于某些不容易构造或者不容易获取的对象，用一个虚拟的对象来创建欲测试的测试方法。

通过 Mock 来解决微服务测试所面临的两个核心诉求：①如何实现环境无依赖，服务间无依赖？②如何实现快速测试，支撑服务快速上线？

如图 147 所示，根据 Mock 测试的目标分，有不同的 Mock 测试：

服务解耦：通过 mock 解除对其他服务的依赖；

分层测试：微服务接口测试，服务组集成测试，场景测试等；

精准测试：通过 mock 技术精准模拟其他服务的返回；

Mock 自服务：将服务自己对外提供的接口 mock 化，从而达到与 yaml（API 接口定义文档）同源；

TIP：线上测试，也叫生产环境测试。

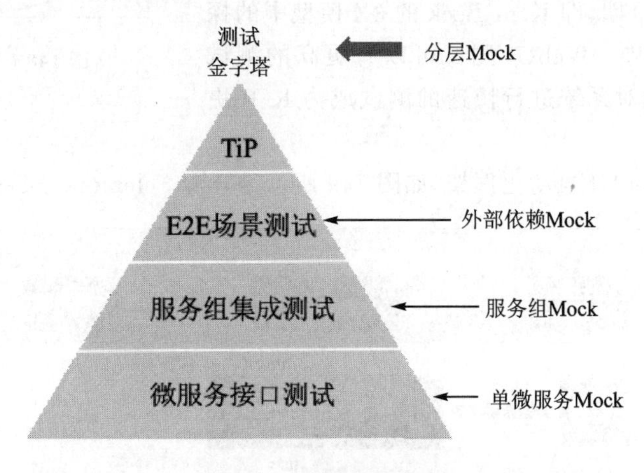

图 147 Mock 测试分层

3. WebUI 测试

在测试金字塔中 WebUI 测试居于金字塔的顶端，建议是尽量少做，但是在传统的冰淇淋模型中 WebUI 测试是做的最多的，传统测试人员之所以细化 WebUI 测试，是有它存在的价值的。

Web 自动化测试有三大优点：

（1）更快的测试速度，带来更高的测试效率。一般而言，运行一遍功能测试都要以小时为单位，有的甚至以天为单位。而自动化测试则一般都在分钟级别，如果运行在分布式环境下，甚至可以降到秒级。

（2）更高的测试覆盖率，测试场景越复杂，所需的测试用例越多。当测试场景的复杂度超过一定程度后，纯手工的功能测试显然就无力覆盖所有的测试用例了，并且随着复杂度的升高，测试覆盖率会越来越低。

（3）更好的稳定性和可扩展性，功能测试靠人，自动化测试靠机器，因此，无论是运行测试的稳定性，还是测试能力的可扩展性（比如从测试 1 个应用变为测试 10 个应用）。

如图 148 所示，WebUI 测试的场景包括：冒烟测试（主业务流程），新功能测试，回归测试，兼容性测试（一套测试脚本，多个浏览器执行），完成手动测试无法完成的工作下班后无人值守的测试。

其中，新功能测试由于需求不稳定，变化较多，并不适合进行自动化测试。对于回归测试和兼容性测试，前者需要执行大量的回归测试用例，后者需要将这些用例在不同的浏览器重复执行，我们完全可以利用自动化测试工具，将这些重复、低效、易错的工作做得更为高效和专业。

所以 WebUI 测试的诸多诟病，主要集中在需求变化时需要对测试脚本进行修改，维护成本较高，这一点我们可以通过新老功能的分流规避。新的需求可以通过 WebUI 进行快速测试，但不适用于自动化的回归，当需求相对稳定时，再将其纳入到回归测试用例中。另外的问题在于 WebUI 测试的爆炸覆盖面太大，定位困难，但这一弊端在业务发展的早期，即 Kent Beck 的 3X 模型中的探索阶段反而成了优势。WebUI 测试可以有更高的测试覆盖率，这让在早期对系统进行快速的测试成为 ROI 更高的选择。

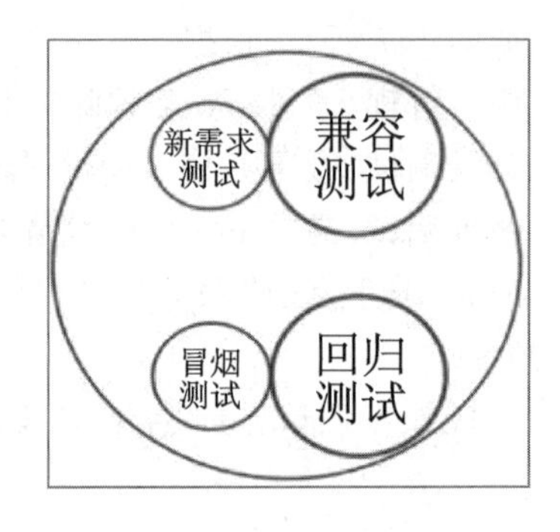

图 148 WebUI 测试

我们通常的 WebUI 自动化框架，如图 149 所示的开源 Selenium+TestNG 的方式。

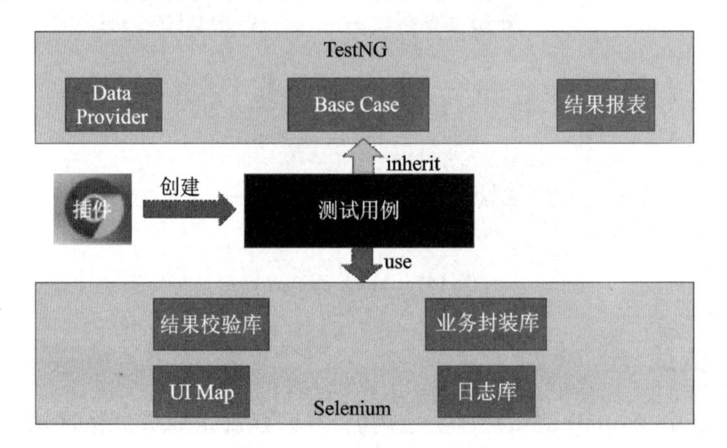

图 149 WebUI 自动化框架

步骤如下：①测试和编写业务逻辑；②编写配置文件 TestNG. xml；③运行 TestNG 类型的工程。

TestNG 包括三个部分：DataProvider 使得对同一个方法的测试覆盖变得非常轻松，非常适合进行边界测试，只要给出多种测试数据就可以针对一个测试方法进行覆盖；Base Case，提供基础的方法和框架；结果报表，顾名思义，就是运行 TestNG，TestNG 默认情况下，会生产两种类型的测试报告 HTML 的和 XML 的。测试报告位于“test-output”目录下。

下面的 Selenium 会有四大组件：结果检验库，执行过程中添加检查点进行校验；业务封装库，封装成共有的方法可以供大家来共同共用；UI Map，生成脚本必须的 Map 文件；日志库，同样的存储执行日志。

4. 韧性可靠性测试

韧性可靠性测试主要是通过触发或者激活系统中的故障，测试故障是否可被检测、故障冗余容错机制是否生效、是否有潜在的失效发生等情况。测试场景为绕过防御或防御机制失效的情况下，维持系统核心业务（关键 Mission）状态的能力评估。关注点为攻击者攻击或者渗透到系统内部直接对关键资产、架构元素产生破坏、泄漏、控制、故障注入，仿真的系统故障、人因差错、过载攻击等。韧性可靠性测试需要在服务的功能稳定后开展，否则测试结果不可信。韧性可靠性测试主要包括 Chaos 测试、故障注入测试、LDFI、可靠性演练。

可靠性设计里面会有哪些度量的测试指标，主要分四种：数据可靠性、系统可用性、升级部署，业务可用度，主要关心的是数据恢复用时(RTO)、数据恢复点(RPO)故障检测时间、故障隔离时间，故障定位时间，故障恢复时间、上线升级时间、升级中断时间和业务可用度，如图 150 所示。

类别	关注灾难场景	指标	描述	测试/运维活动
数据可靠性	运维误操作或基础平台问题造成数据大量丢失	数据恢复用时（RTO）	从数据丢失开始，到数据恢复的时间	数据恢复演练
		数据恢复点（RPO）	数据丢失后，能够保证数据恢复到之前的某个时间点	定时备份、每日备份巡检
系统可用性	单点故障对业务的影响：虚拟机或容器下电；虚拟机重启；网络闪断、中断；进程异常退出；资源类：CPU、内存占用率高；……	故障检测时间	从故障发生，到系统检测到故障的时间，比如HA对后端健康检查的频率	单节点故障下的高可用测试
		故障隔离时间	从故障发生到系统管理节点隔离故障的时间，比如HA隔离后端掉线节点的时间	单节点故障下的高可用测试
		故障定位时间	从故障发生到检测告警平台发现并定位到最小故障单元（如进程）的时间	监控告警测试
		故障恢复时间	单节点故障能够自动或手动被恢复的时间	单节点故障下的高可用测试
升级部署	升级时业务中断	上线、升级时间	从提交代码到完成部署的时间	升级流水线测试
		升级中断时间	升级过程中业务中断的时间	升级中断测试
业务可用度	现网业务异常	业务可用度	全年内业务可用的时间百分比，业界一般为3个9到4个9	现网拨测

图 150 韧性可靠性测试

5. 故障注入测试

软件可靠性测试方法主要有两种：

(1) 基于操作剖面开展测试，按照软件操作剖面对软件进行随机测试的测试方法。根据软件在客户实际使用过程各种操作的使用概率选择操作剖面，对软件系统进行可靠性测试。

(2) 基于故障注入开展测试，故障注入是按照选定的故障模型，采用人工的方法将故障注入到特定的目标系统中，同时采集系统对所注入故障的反应信息，通过这些信息对系统进行可靠性分析。

与其他可靠性评价技术相比，故障注入方法能方便灵活、便捷有效地处理各种可靠性问题，得到了越来越多的关注。核心价值有：在服务实例冗余情况下执行故障注入测试，观察对业务的影响，验证服务的容错性；故障注入与恢复后，检验告警是否产生和恢复，验证服务的故障检测能力和恢复能力；在环境进行故障注入测试，验证服务是否具备应对某项故障的能力。

故障注入技术有模拟实现的故障注入、硬件实现的故障注入和软件实现的故障注入三种：软件故障注入，静态故障注入，动态注入。

① 软件故障注入。软件故障注入是通过修改硬件或软件的状态变量或相关数据模拟故障的产生，加速系统的失效，分为静态注入和动态注入两种类型。

② 静态故障注入。静态故障注入主要通过程序变异方法，改变原程序，使被测系统文件静态存在错误，从而使其运行时出现故障。静态注入占用很少的系统资源，能够较好地保持系

统原来的时序，这种注入法有很好的优化性。

③ 动态注入。动态注入是在被测系统正常运行过程中，实现故障注入。该种方式是根据被测系统的运行状态或条件注入故障的，具有灵活性。

6. Chaos 混沌测试

在 2017 年，有 98% 的企业表示，一小时的宕机时间将给他们带来超过 10 万美元的损失。一次服务中断有可能让一个公司损失数百万美元。据英国航空的 CEO 透露，2017 年 5 月发生的一次技术故障造成数千名乘客滞留机场，给公司造成 8 000 千万英镑的损失。

随着微服务和分布式云架构的崛起，微服务的故障给公司造成巨大损失，也给用户带来很大的麻烦，影响他们进行在线购物、交易或打断他们的工作。即使是一些简单的故障也会触及公司的底线，因此，宕机时间就成为很多工程团队的 KPI。Web 变得日趋复杂，"随机性"的故障因此变得越来越难以预测，而我们对这些系统的依赖却与日俱增，企业需要想办法解决这些问题，因为等到下一次事故发生就为时已晚。为此，混沌工程应运而生。

混沌工程(Chaos Engeering)最早是从 Netflix 的 Chaos Monkey 工具发展出来的一种测试方法论。2008 年，Netflix 开始将服务从数据中心迁移到云上，之后就开始尝试在生产环境中开展一些系统弹性的测试。过了一段时间，这个实践过程才被称为混沌工程。最早被大家熟知的混沌测试原型是"混乱猴子"(Chaos Monkey)，因为其在生产环境中随机关闭服务节点而"恶名远扬"。进化成为"混乱金刚"(Chaos Kong)之后，这些之前获得的小规模益处被扩大到非常大。规模的扩大得益于一个叫作"故障注入测试"(Fault Injection Test，FIT)的工具。

Chaos 混沌测试是基于混沌理论的可控随机时间、随机对象、随机故障模式注入的可靠性测试方法。基于混沌原理的实验学科，混沌工程用于支持在分布式系统上做对照实验，帮助建立对系统承受不可避免的故障的能力的信心。这种基于实验的系统性方法，可以支持有效测试大规模的分布式系统，降低系统本身混沌带来的风险，提高系统应对现实突发故障的能力。

混沌测试的核心价值在于：在生产环境中自动运行 Chaos 测试，持续测试真实系统/服务的健壮性。通过随机测试，在不过度测试的前提下，通过随机方法实现所有实例覆盖，避免实例老化。Chaos 测试用于网络故障发现潜在问题，避免在非工作时段紧急应对突发故障。

7. 在线测试

我们先回答为什么要做在线测试？生产环境是测试工程师较有用的资源，在线进行测试的一些挑战如下：

我们如何知道在开发人员自测或测试环境中没有问题的服务将在生产环境中工作？

我们可以从生产中收集哪些信息，帮助我们发布更高质量的产品？

我们如何检测和应对软件升级后发现的问题？

在线测试基于以上 3 个挑战出发，利用生产环境真实数据回流至研区环境提升产品质量，成为当前服务/微服务研发必需的测试活动。在线测试是指在生产环境中开展的，或者利用生产环境数据开展的各种类型的测试活动，我们在做在线测试活动过程中要能回答以下几个疑问：

如何构造生产环境数据进行测试？

灰度发布应该观察多久时间？需要观察哪些数据？

如何模拟现网用户真实使用场景测试？

现网架构越来越复杂,如何保证系统时时刻刻都是可用的?

在线测试包含的测试活动包括图 151 所示的情况。

图 151 在线测试包含的测试活动

8. 导流测试

导流测试就是将现网数据引流到研发区进行测试。目标是研发侧全量自动化测试通过后的 DailyBuild 版本,用现网真实流量进行回归测试验证,以确保测试版本对历史功能 100% 兼容。

导流测试的基本原理:将真实的数据引流到研发区验证环境,将对比研发区鉴定结果与生产环境真实结果是否一致,判断新版本是否有潜在的问题,从图 151 中得知,把生产环境的数据然后返回到研发区来,然后进行数据和流量的回放,通过日志里面进行结果对比,如图 152 所示。

(1) 导流测试要点

请求收集:收集生产环境用户真实请求;

数据同步:生产环境冷备 DB 数据,同步至 A/B 两套环境;

流量回放:将真实流量回放至 A/B 两套环境;

结果对比:比对 A/B 两套环境流量执行结果。

(2) 导流测试的关键技术

流量采集,流量采集里面会涉及对日志,抓包以及调用链配置文件和插件的一些采集方法,然后当然还会涉及信息的安全以及加密等;

流量改造和流量清洗流量分析,这里其实涉及对流量的数据清洗,包括流量分析、压缩的一些方法;

流量回放,流量回放就是将清洗、压缩等处理后的现网流量直接回放到被测业务中。然后链路(流量)回放+mock 提供丰富的第三方组件 mock 能力,可灵活地模拟现网全链路的实际请求,屏蔽现网 DB 缓存第三方服务的依赖。

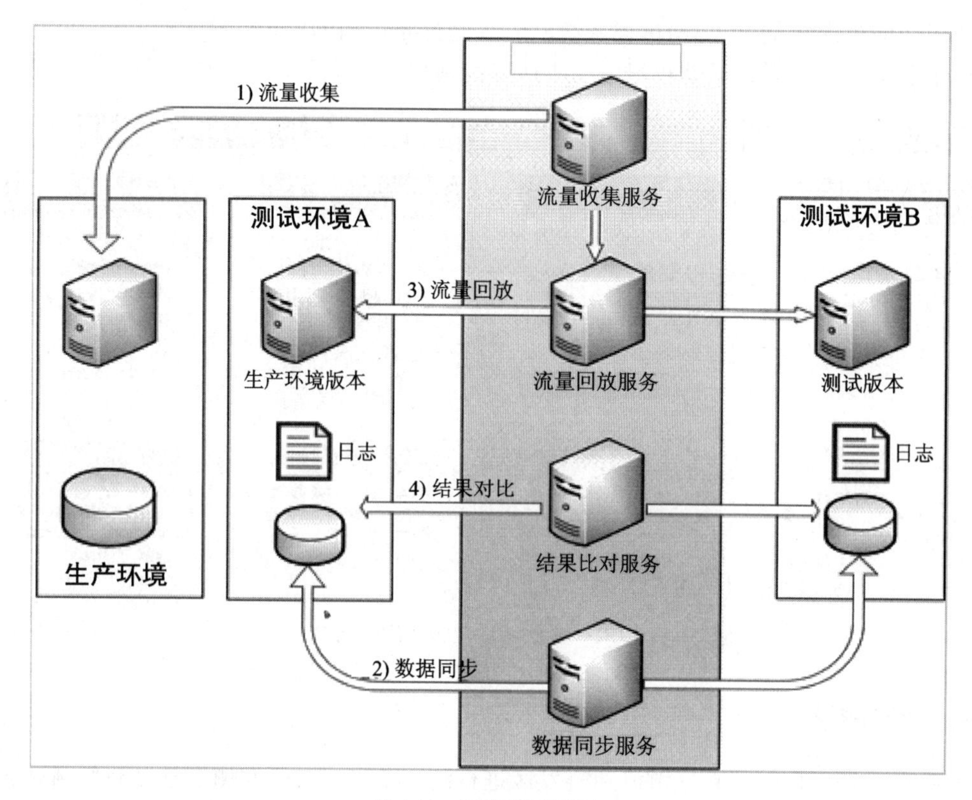

图 152　导流测试活动

9. 灰度测试

在灰度发布环节，将灰度用户作为测试数据进行预发布的验证。目标是：对于分布式系统版本灰度部署过程，比监控系统更精准校验版本正确性。辅助用户合理规划灰度流量及灰度时间，提升灰度发布效率。

10. 部署测试

正式发布前，要进行一轮冒烟测试，快速验证现网环境下是否正常。目标是：正式版本在部署后，需要通过 SmokeTest 快速验证新的版本在生产环境可用。

部署测试的原理是，部署在生产环境后，快速启动基于现网真实数据对该发布版本进行快速验证，保证新版本重要功能运行正常。

部署测试要点：

(1) 测试时机，在生产环境部署后快速启动部署测试；

(2) 测试数据，基于生产环境的真实数据请求；

(3) 测试范围，执行核心功能和常用功能所对应的测试用例；

(4) 测试结果，核心功能或者常用功能用例执行失败立即定位解决或回退。

11. 在线持续测试

在生产环境中持续不断对现网功能进行拨测的目标是：正式版本在生产环境运行时，模拟全球用户发起真实请求能力，以短、平、快的方式验证生产环境实时健康度。

在线持续测试是在线测试很关键的一个能力。产品发布之后，在生产环境下对产品服务重要工程进行 7×24 h 持续拨测，以尽早地或者先于用户发现问题，并协助研发人员快速修复上线。

一旦上线的服务发现问题，是通过自动化的脚本，实时地拨测，及时发现问题，而不是等从用户那儿得到反馈，发现当前什么服务宕机了，或是派测试人员去手工测试，因为有时候现网问题，如环境，部署的方式，或某一些服务器异常了，这些都可能会影响最后的结果。

所以在线持续测试包括如下要点：

(1) 筛选用例，筛选版本重要功能对应的测试用例；

(2) 定时拨测，定时(每隔 5 min、1 h)对重要功能进行拨测；

(3) 现网告警，拨测用例执行失败并发送告警短信，提示告警等级；

(4) 处理上线，研发人员根据告警快速处理并快速修复上线。

第 55 问　向左走，向右走，测试应该何去何从

Riders on the storm. Into this house we're born. Into this world we're thrown.

——The Doors *Riders On The Storm*《风暴中的骑手》

测试到底应该向左走，还是向右走？

传统的测试金字塔说应该测试前移，投入更多的在短周期的活动；而双层的金字塔说，测试要延展到生产环境中，覆盖发布和线上的运行阶段。事实上，测试应该向两端延展，测试活动应该是真正贯穿在整个产品生命周期的。

1. 全场景测试三要点：测试左移，测试右移，自动化一切

全场景测试服务有 3 个要点，通过测试的左移、右移和自动化，以便有效地减少测试时间，提升测试的效率，如图 153 所示。

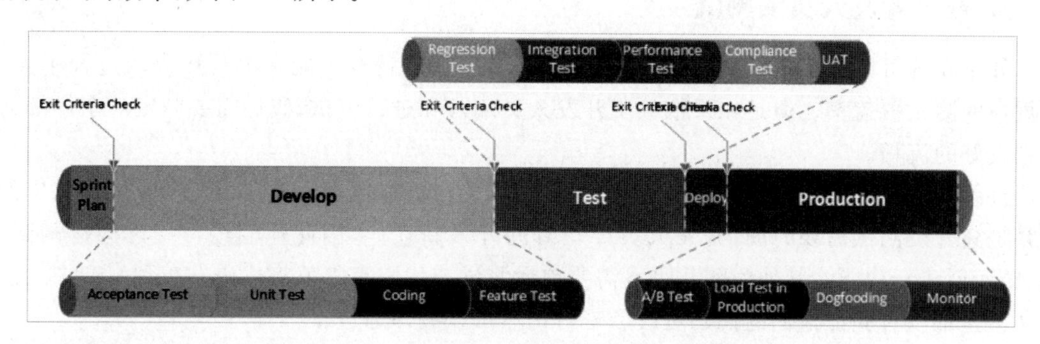

图 153　测试活动测试覆盖整个软件生命周期

(1) Test Left，测试左移

左移就是前移，尽量把活动向前移，在研发或产品生命周期的早期阶段就可以介入和开展测试，并且测试的工作不是只由测试人员来承担，也就是说测试是一个活动，而不是一个独立

的角色。左移测试所宜鼓励开发者自测试，在开发阶段就尽早地开展测试，使用测试驱动开发行为驱动开发，强制在编码之前就充分考虑测试，通过契约测试和 Mock 机制，解耦前后端和服务间开发依赖，提升测试速度和稳定性。使用 TDD（Test Driven Development）、ATDD（Acceptance Test Driven Development）和 BDD（Behavior Driven Development）；加强开发自测试，这个也被称为开发者测试。

（2）Test Right，测试右移

测试右移是指要把测试活动的覆盖范围尽量向后蔓延，我们现在的测试只进行到了版本发布之前，测好之后发布一个软件包，而测试右移就要求我们要把软件包发布到生产环境，以及到线上运营环节，都要去做测试。类生产环境始终不是真正的生产环境，没办法模拟所有生产环境的场景，我们还需要开展大量的线上测试。在发布阶段和线上阶段进行测试，测试类型主要包括灰度测试、在线拨测以及在线监控。灰度测试是指灰度发布过程中进行的测试；在线拨测是一种主动监控，持续高频对被测系统常见功能进行测试；在线监控，是以各种系统指标为核心进行被动监控，在真实的环境中快速发现问题，快速反馈并闭环问题。

（3）Automate Everything，尽可能多自动化

在业务早期阶段，快速构建起来做一些验证，所有这些测试用例都要逐渐变成自动化的方式，这样才能重复性地、一遍一遍地支撑业务快速交付的过程。

从图 153 中会发现，测试的活动覆盖整个的软件生命周期，从需求开始测试就需要介入，一直到软件发布 上线以后还要做测试。从这个角度讲，测试人员的前途应该是无限可期的。

但我们又看到自动化一切是一个永远不可能完全达成的目标，但自动化是趋势。如若还是按照以往传统的方式做测试，尤其是大量的手工测试，这部分工作是很容易被替代的。被什么替代？自动化测试的脚本和工具。所以测试人员应该开始做自动化测试，而是去做测试自动化框架、测试自动化工具，做测试能力赋能的事情，而非陷入到重复性的测试自动化脚本生成中。将测试的能力赋能给开发人员，将测试的活动内化到开发过程中，从而解放自己去做更为高效和有效的事情。这才是研发效能的真正意义。

2. 基于开发人员的测试

如果真的可以在整个组织中持续的完成开发者测试，就有可能在编写代码的过程中实现大规模的测试覆盖率。但是如果依赖于开发人员编写和进行测试，我们需要制定一个详细的、管理良好的流程。

许多团队要求开发人员至少进行单元测试，有些还要求他们生成自动化的集成测试用例。但是构建开发测试需要时间，开发人员要花时间开发新代码，因此他们经常绕过构建测试用例，转而创建新功能。其他团队几乎不需要单元测试或代码审查就将代码发布到生产中，有些团队甚至都没有验证他们的代码更改后是否仍然可以编译通过！

为什么开发人员要绕过测试新代码呢？“我见过很多经过程序员测试的应用程序都惨遭失败，因为开发人员高度评价他们的代码，以至于认为没有必要进行测试。(James Jeffery)”。

除了自信，开发人员还会抱怨说创建单元测试浪费时间，过于复杂且难以重复执行。即使测试过程是自动化的，他们也会暗示测试会减缓开发过程并降低编码效率。许多开发人员讨厌测试，因为他们认为测试很无聊、重复且太复杂，他们通常也不了解应用程序的各个部分如何协同工作。

但优秀的开发人员会彻底测试他们的代码，他们使用守护测试来确定修复是否会破坏现有代码、构建或应用程序的基本功能。懂测试的开发人员通常很有竞争力，并且交付的代码质量更高，他们不希望测试人员或客户发现缺陷，这是事关尊严的问题。

可重复执行的测试集能够让开发人员确保代码变更后应用仍然正常运行。从长远来看，编写测试所投入的时间，可以通过减少发布问题和生产停机时间以及减少客户发现的缺陷数量来得到回报。

如果管理得当，当团队在发布周期中增加足够的时间来完成功能开发以及测试时，开发者测试会是质量保障计划的一个富有成效的部分。

3. 基于 QA 的测试

尽管摆脱专职的测试人员的说法很受欢迎，但许多企业发现，当他们这样做时，客户投诉会增加。测试人员在专业上一向富有争议，对开发人员来说，测试人员似乎很烦人，但他们确实让开发面对现实进行工作。从某些方面讲，测试是开发 Leader 的延伸。

对测试人员的技能要求是独特的，与成功的开发人员的截然不同。一个优秀的测试人员的价值无可限量。优秀的测试人员会洞悉整个应用系统的所有细微差别，并且能够高效地进行测试。他们比任何开发人员都更了解应用程序的演进历史。测试人员会执行不常用的功能，尝试将应用程序推向不同的方向。他们不惧怕尝试和失败，未能找到错误也许意味着他们需要用额外的创造力来设计并执行测试。

测试是重复性的工作，但优秀的测试人员可以让它并不枯燥，因为他们必须运用他们的想象力预测客户可能会做什么。正是这种换位思考、了解整个应用程序如何运作的能力，使测试人员变得更有价值。此外，测试人员创建的测试用例和测试计划也为培训和客户使用提供了额外的文档来源。

4. 开发与测试协同搭配的方式是最好的

无论是作为开发团队的支持角色还是作为独立的事实主体，基于 QA 的测试都很重要。但是，你可能只需要一个小的测试团队，或者在每个团队内安排一个测试人员。

测试人员在开发人员团队中会工作得最好，因为当开发与测试密切合作时，工作效率更高，成功质量也更好。人类通常会以令人惊讶的方式对应用程序做出啼笑皆非的事情，测试人员提供了四眼原则和独立视角来帮助，从而提高编码测试的效果。

第 56 问　为什么说自动化测试是持续交付的基石

Now don’t take this away. I could do that too. We had one eye closed. All that time. Follow me to nowhere.

——Devics *Don’t Take It Away*《不要拿走》

组织在测试上花费了大量的时间和金钱，包括功能测试、集成测试、性能和容量测试、韧性测试、合规性测试、安全性测试和回归测试，想方设法确保变更不会破坏现有的行为和接口。

1. 自动化测试是持续交付的基础

自动化测试是持续交付的基础。没有自动化测试，我们就无法通过流水线进行变更可持续交付。敏捷开发已经将组织从手动验收测试和离岸测试模式，推向开发人员主导的自动测试，以便跟上快速迭代开发的步伐。DevOps 和微服务将这一点推得更远，为每一个变更创造了持续和即时的反馈循环。

如图 154 所示，测试的执行往往是要通过自动化的方式进行的。自动化测试不是为了发现问题，而是要减少人力成本，降低重复的工作，确保新特性引入不影响老特性，版本升级不丢特性，问题不会重复出现。如果不进行自动化测试，那么会如何，自动化的防护效果将会很差？过度依赖手工测试，那么将造成一个恶性循环，越来越依赖于手工测试，只能做一些最基本的大量重复的测试。而如果自动化的防护效果好，则可以进行正向循环，构建自动化的防护网，越来越快地提升测试效率。

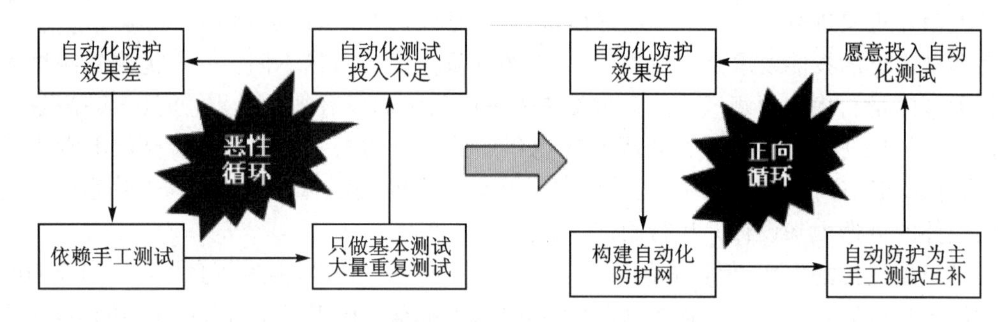

图 154　自动化测试是持续交付的基础

自动化测试对于持续交付非常重要，团队的持续测试的能力需要所有人的一同构建。通向自动化测试的路径说起来很简单，但并不容易实现。我们需要从持续集成的基础开始，自动化单元测试和集成测试，并将回归测试的责任从 QA 转移到开发人员身上。持续交付需要在建立测试基础设施、将测试职责从离岸测试团队转移到开发、创建虚拟化测试平台、选择测试工具并将其连接到构建流水线。

DORA 报告提出持续测试的重要实践包括：

持续验证和优化测试套件，以更好地发现缺陷并管控复杂度和成本；

测试人员在整个软件开发和交付过程中与开发人员一起工作；

在整个交付过程中开展探索性测试、可用性测试和验收测试等人工测试活动；

让开发人员在对代码库做任何变更时，先写单元测试再写生产代码，以实现测试驱动型开发；

无论是在本地工作站还是 CI 服务器端，都可以在十分钟之内得自动化测试的反馈结果。

2. 关于测试自动化的误解

尽管近年来开发和测试人员的质量意识不断增强，但测试自动化仍然受到一些误解。

(1) 测试会减慢开发速度

那些声称测试会减慢开发速度的人是错误的，也是正确的。他们是对的，编写测试会让开发人员花时间考虑他们想要实现的结果，暂时控制对编写代码的狂热。在这种情况下，放慢脚步是一种专注于未来的刻意而为之的行为。他们又是错的，编写测试并非浪费时间，并且从长远来看，反而会整体节约时间。

我们需要将编写测试所花费的时间视为一种投资，因为故障容忍的环境使得快速进行变更和实验成为可能。开发人员可以在很短的时间内找到解决方案，并得到尝试。这就像在人行道上步行回家与在两座建筑物之间走钢丝一样，走钢丝的人并不以速度著称，但安全尝试最终让他走得更快，也走得更远。

亚伯拉罕林肯曾经说过“给我 6 h 砍一棵树，我会用前 4 h 来磨斧头”。自动化测试就像有一个小帮手，可以不断磨砺你的斧头，这样就可以“解决”出现的任何问题，而无须花几个小时来发现再修复它。

(2) 测试只是为了发现错误

另一个误区是测试只是为了发现错误。寻求错误可能是目的，但肯定不是唯一目的。测试真正的价值在于在每次更改后都可以轻松检测和修复错误。这就是测试自动化的全部意义所在：让开发人员更容易更改代码，因为他们知道自己有一个安全防护网。

(3) 必须达到 100%的覆盖率

我们通常会统计代码覆盖率的指标，它表示测试覆盖的代码量。对于不懂测试的人来说，会很自然地认为 100%的覆盖率意味着他们的代码库中完全没有错误。

编写测试是一种介乎于艺术和科学之间的职业，覆盖率当然不是保证测试质量的利器。覆盖率仅保证至少有一个测试对特定部分的代码进行审查，它并不保证执行的测试有意义，是否验证了所有可能的输入组合，或总是能够按预期运行。

代码覆盖率有用吗？Martin Fowler 提出，将测试覆盖作为质量目标没有任何意义，我们应该把它作为一种发现未被测试覆盖的代码的手段。代码覆盖率的意义在于：

① 分析未覆盖部分的代码，从而反推在前期测试设计是否充分，没有覆盖到的代码是否是测试设计的盲点，为什么没有考虑到？是因为需求与设计不够清晰，测试设计有误，还是工程方法造成的策略性放弃等，之后决策如何补充测试用例设计。

② 检测出程序中的废代码，可以逆向反推在代码设计中思维混乱点，提醒设计/开发人员理清代码逻辑关系，提升代码质量。

③ 代码覆盖率高不能说明代码质量高，但是反过来看，代码覆盖率低，代码质量不会高到哪里去，可以作为测试自我审视的重要工具。

3. 建立你的安全防护网

一个好的测试套件是一个安全防护网。一开始，当你没有测试时，每一次更改都是未知的风险。随着时间的推移，随着测试的增加，风险降低，信心增加，开发加速。这是一个漫长的过程，不能指望在几周内解决所有累积的问题。重要的是不断添加测试，并加强团队中的测试实践。

从一开始就让自动化测试成为不可或缺的一部分。如果一个新项目即将启动，这是最好的时机，用全面的测试策略和一套可靠的 CI 工具开始。一旦确定，测试必须自动化，然后必须在安全、隔离的 CI/CD 流水线环境中运行。

这与反馈周期有关，等待的时间越长，就越晚知道你的自动化测试是否像预期的那样具备独立性和幂等性，或者它们是否“仅在你的计算机上工作”。

简单和自动化是安全的先决条件，开发人员必须确保自己工作的质量。质量意味着低缺陷率，低缺陷率意味着大量的测试。因此，编写好的测试并构建一个可以快速准确地执行它们的系统是不可或缺的。团队必须致力于使用CI/CD搭载自动化测试来构建安全防护网，以确保顺利开发。

一个好的测试是确定性和幂等性的。无论何时何地运行，在给定相同输入的情况下，它应该始终产生相同(可验证)的输出。没有什么比随机失败的不可靠测试更令人沮丧的了。

一个好的测试是全自动的。一个好的测试必须是无休止和毫不费力可重复的。当开发人员努力实现新功能时，测试可以确保预期的行为，这是通过持续自动化运行测试而无须额外工作来达成的。机器擅长重复性任务，与此同时通过发挥开发人员的创造力，让他们承担更高、更有价值的任务，即满足用户需求。

一个好的测试是响应式的。一个好的测试可以提供快速、诚实的反馈。有经验的开发人员知道测试主要目的是反馈。一个需要数小时或数天来提供反馈的测试套件是一个大问题，因为它打破了认知流程。开发人员如果可以越早发现错误，就可以更快、更有效地修复它们。

4. 自动化测试是越多越好吗

是否在产品开发之初，就要把整个自动化测试的能力构建起来呢？测试活动是越多越好吗？自动化测试呢？都不是。

图155所示Kent Beck的3X模型，说的是产品在不同阶段的不同策略，那么我们把它映射到测试上也一样奏效。

处于探索阶段的产品，不确定性极高，此时投入过多精力去搞测试，一味地追求测试覆盖率等指标，最后发现市场方向不对，要推翻重做。同时，从前端的风格和整体的布局到后端的API都时刻在变化当中，而且变化比较频繁。在这个时候创建一些自动化测试用例是不太合适的，频繁修改，前面投入的测试就全是浪费，此时应该以手工功能性验证和探索性测试为主。

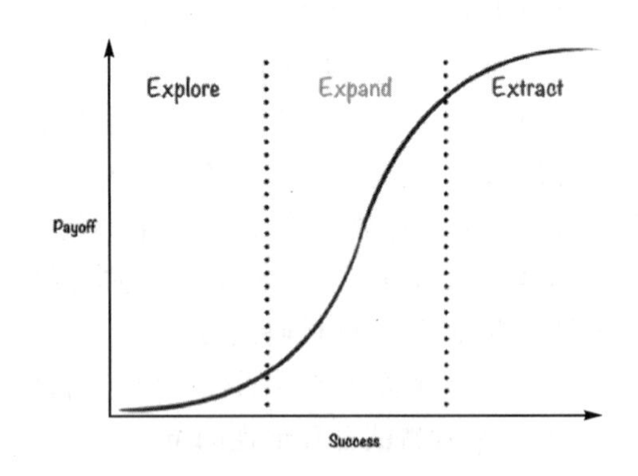

图155 Kent Beck的3X模型

当发现市场正确，快速投入人力和物力，此刻需要的是产品的快速增长，需要开始逐步引入关键的自动化测试来保障效率和质量。而此时通常是业务的快速增长期，一切的增长都将会掩盖质量的缺陷。这既是好事也是坏事，好的是只要不是致命缺陷，业务增长是可以抵消缺陷成本的；坏的是债务从此埋下，坏味道的代码积累到一定程度将会积重难返。我们不可能每一轮上线的时候都做全部的测试，这时候旧的模块就需要自动化用例去保证。

到产品稳定阶段，自动化测试的目的是回归，保障质量的稳定。此阶段往往会伴随着工程效能基础能力的补足，这里面很重要的一部分就是自动化测试的补齐，以及技术债务的偿还。有太多的大公司停下功能开发，而集中几个发布专门偿还技术债务。产品已经到了需求的饱和期，产品的利益增长也到了饱和期，这时候要严格控制产品需求，自动化用例的职责变成守护，不允许变动引入额外的风险点、大的特性变动，将导致对成熟的用户造成攻击。

5. 过度关注测试自动化，也会适得其反

测试自动化本身是非常好的，是值得做的一件事情。可以让我们在不需要人工干预的情况下，自动完成测试。没有自动的回归测试作保证，我们每次对产品的改动，所需的测试如果全由手工来做，已经是不可能完成的任务，尤其是在微服务与持续交付的模式下。

举例来说，单元测试是最应该自动化进行的测试，这是每一个开发人员都必须做的事情！单元测试用例越多，覆盖的代码越多，效果越好。但基于用户使用情形的自动化测试，未必总是越多越好。如果有一个核心测试集，能够覆盖用户使用一个产品的常用情形，会更有价值，没有必要对所有用户的使用情形都做自动化测试。

一个自动化测试用例，无论如何也不可能模仿真实的用户行为，即使你在测试中引入了一些随机因素。过度依赖自动化测试，会造成一些测试黑洞 ，有些问题只有在产品发布后才能发现。

如果自动化测试的基础架构非常脆弱、不稳定，产品的每次更改，都需要对自动化测试本身作很多的修改。测试人员花太多的时间去保证自动化本身的正常工作，而忽略了对产品进行真正的测试，那就南辕北辙了。过度关注自动化，最终会让测试人员落后于开发人员。如果开发人员所做的设计是具备可测性的，那不会有什么问题的，测试人员可以很快地据此开发出自动化测试用例来；反之，如果开发人员已经在做下一个产品特性了，而测试人员还没有开始测试。当测试人员发现 Bug 的时候，开发人的内容上下文没有切换回来，需要重新召唤回记忆，如果间隔太久，修复效率就会很低。

所以自动化测试需要根据当下实际的情况，结合投入和产出来综合考虑，并规划合适的路径去达成，而非一刀切强硬地一律要求自动化。

6. 测试能防范所有的问题吗

常规安全与弹性安全：常规的安全指的是尽可能多的发现并消除错误的部分，达到绝对安全，这是理想；另一种则是弹性安全，即使发生错误，只要及时恢复，也能正常工作，这是现实。

测试当然不能防范所有问题，试图发现尽可能多地，甚至是消除错误的部分，达到绝对的安全，这过于理想，不可实现，在实际工作中是不可能把整个系统中不安全的因子全部识别到的，这其中涉及能力、架构等各方面的原因。

所以我们推荐第二种，弹性安全，尤其是适用于云化的场景，即便是发生了错误，我们需要追求的是快速恢复的能力。弹性安全，就是通过场景模拟的方式将不安全因素尽量展现出来，从而基于这种不安全场景，给出快速的修复方案弥补这个不安全因素，从用户角度来讲是感知不到的。从产品来讲，它的商业目的和质量目的都可以达到，这就是所谓的弹性安全，即便发生了错误，能够及时快速修复漏洞或者自我修复，达到正常工作的目的。（Eric Hollnagel 的Ⅰ型和Ⅱ型安全，后面还有详细介绍）

7. 缺陷成本是越来越大吗

要从源头来保障质量，缺陷随着时间的推移，修复的成本越高；变化的成本随时间的推移

而以指数级上升。与此同时，敏捷又支持变化，精益建议要推迟决策，这是不是矛盾呢？

《DevOps 软件架构师实践指南》一书，是从架构师的角度阐述 DevOps，值得一读。书中提出，问题不在于变化，因为变化总是要发生的；问题在于发生变化时，是否有能力来应对。

所以如果我们尝试换一个角度思考，如何将修复缺陷的成本降低。那么，哪些因素可以决定是否易于修改呢？简单设计，这也是极限编程的建议；松耦合的架构；频繁并主动修改设计；锻炼组织的工程能力；构筑快速反馈、快速应对变化的能力；自动化流水线所提供的持续部署能力。

8. 测试自动化与自动化测试的区别

最后，我们需要澄清一下测试自动化与自动化测试的区别。

如图 156 所示，自动化测试是指的测试的过程应该是自动化执行的，更多关注在执行层面。而测试自动化则范围更广，其目的是减少手工测试和手工操作。

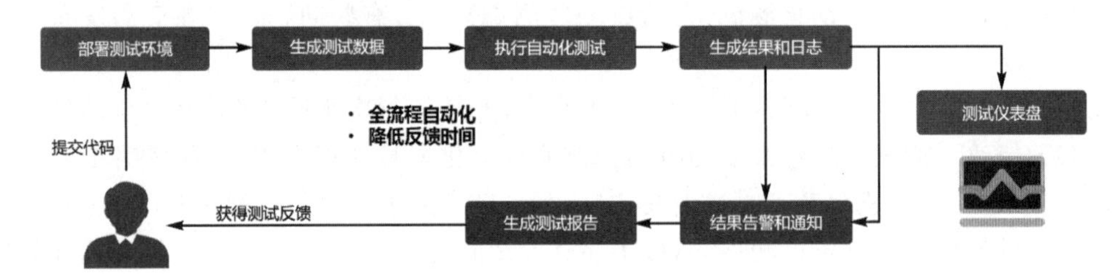

图 156　测试自动化与自动化测试

我们讲的很多的自动化测试，属于测试的执行部分，例如把一些测试执行的人工测试手段做成自动化测试。测试自动化不仅包括自动化测试执行，还包括其他所有可以减人力投入的活动，例如自动化环境创建、自动化部署、自动化监控、自动化数据分析等。也包括了从环境的获取到生成测试数据、执行自动化测试，最终生成结果，一旦发现问题，自动推送给相关的人对应进行解决，自动生成测试报告并推送测试人员测试结果。

第 57 问　对于测试人员的职业发展有什么建议

Once I was seven years old my momma told me, go make yourself some friends or you'll be lonely. It was a big big world but we thought we were bigger. Pushing each other to the limits we were learning quicker.

——Lukas Graham 7 *Years*《七年》

总会有测试同学询问职业发展方向，感觉眼前过于真实的苟且，看不清楚的诗和远方，谁能够指点迷津？

无论是因为测试人员关心测试如何开展以及自身的职业发展，还是开发人员对测试活动理解的缺乏，关于测试的问题，几乎是每次大家提到最多的，测试人员问职业发展的很多，这从某个角度体现了这一职业的焦虑，虽然 IT 从业人员普遍都比较焦虑。

1. 测试的现状与挑战

关于测试，当下的普遍现状是：

(1) 重开发，轻测试，测试人员职业发展受限；

(2) 测试人员编程能力不足；

(3) 开发人员对测试重视不足；

(4) 测试工作量高，但人员配比低；

(5) 产品耦合度高，可测试性差；

(6) 测试人员对需求理解不足；

(7) 过于依赖黑盒功能测试；

(8) 测试策略、方法不恰当；

(9) 迭代速度快，测试时间少；

(10) 测试环境部署时间长，频繁升级；

(11) 质量向速度过分妥协；

(12) 忽视敏捷文化和价值观。

测试是什么？以前，很多测试人员归属于一个部门。如果按这个名字来说，只要是归属于质量保障的范围，都可以是你的职责范围，测试人员的职业生涯会豁然开朗。

关于 QC 质量控制，赖以生存的不应该是这个职位，而是自身的能力。所以通过行政或管理而非技术的手段把关，首先在当前的时代已经不再奏效，其次即便奏效也只是因为这个角色。

2. 测试职业关心的问题

我们来集中探讨普遍关心的几个与测试职业相关的问题。

首先，大家最关心的问题会是，应该有专职的测试人员吗？

我们换一个角度回答这个问题，如果没有专职的测试人员，那么我们可以有哪些选择？

我们可以让非测试人员(开发人员、业务人员、运维人员等)执行测试四象限(会单独阐述)中相关的系列活动。或者反过来，让测试人员从事编程、业务分析、运维监控等工作。上述选择的前提是“测试”只是一组需要时就可用的技能，资源可以分布在团队的各个角落，为所有人提供需要这项技能的服务。

Brian Marick 的观点是，测试专家依然必要是基于以下的原因：

(1) 测试技能很难学习，成为一名足够好的测试人员需要付出经年累月的努力。

(2) 测试技能是种天赋，测试可能与其说是一种习得的技能，不如说是一种天生的才能。有些人是天生的批评家，有些人则不是。

(3) 测试活动是一种责任分离的行为，我们经常说灯下黑，许多人很难在自己的工作中找出错误。将测试和其他任务混合在一起的人测试效果会很差，感情上的冲突太大了。

(4) 测试人员受益于一定程度的有用的无知，不知道实现细节更容易想到真实用户可能会犯的错误类型。

(5) 专业的人做专业的事，你可以是世界上最好的篮球运动员，与此同时也可以是最好的厨师。尽管如此，你还是会请人做饭，从经济效益而言，这是一个比较优势的例子。这是专业化分工的观点：专业化对你和你雇用的人都有好处。那么为什么不应该由测试技巧的人只做测试，而编程能力相对强的人只做编程呢？

所以，应该由专职的测试人员（专家）对被测系统进行研究和探索。与此同时，将测试能力进行分层，将可以自动化的并且也应该在这个阶段自动化的测试活动，通过自动化工具承载。

注意：并没有说自动化这项活动需要专职测试人员来进行，所以另一个好消息是，测试活动的进行不需要全由测试人员进行！通过测试能力的分层，我们将相对不需要那么深厚专业测试技能积累的活动，从宝贵的测试人员那里剥离，将其分散到软件生命周期的各个阶段，现时现物，由相应阶段的人员承接，例如业务分析人员，开发人员，运维人员。

那么随之而来的一个问题会是，非测试人员没有相应的测试技能怎么办？赋能和学习。由测试人员进行赋能，包括测试方法、测试实践、测试工具、测试流程等，赋能给相关人员，测试是一项活动，而不是一个阶段，更不是一种专属职业的责任。

另一个相关问题是，测试人员需不需要懂开发？

这个问题就像汽车修理工需不需要懂开车一样，不懂依然可以修车，甚至可以做高级修理工，但不懂开车一定会成为掣肘，与此同时，学习开车又不是那么困难，何苦不去学呢？

有些人可能既不是纯测试人员中那种优秀的测试人员，也不是纯开发人员中那种优秀的程序员，但是敏捷项目确实并且应该重视通才而不是专家。

进而引发另一个问题，测试人员需不需要写代码？

还记得我们的一个理念吗？一切皆代码，所以你做的大部分活动，都需要代码支撑，所以请告诉我，测试人员需不需要写代码？

“一切皆代码”省略了一个字，更准确说应该是“一切皆可代码”，这样说太过理想化，现实是有些测试依然需要通过人工完成，无论是从技术可行性上还是从投资回报率上。

但是除此以外的大部分测试活动，也就是测试四个象限中的三个，都可以通过自动化而非人工完成，其中又有相当部分还是需要测试人员做的。

与此同时，测试的框架引入、测试方法及实践的落地、测试工具平台的构建，都需要编写代码。

回到一开始的问题：测试同学路在何方？对于测试人员的职业发展有什么建议？

敏捷开发与 DevOps 是大势所趋，业务与开发要频繁沟通，开发与运维要一体化，测试人员与开发和运维的融合也是趋势。

好的测试人员不多，既要懂技术，又要了解业务，上能体验产品，下能写脚本，测试理论上应该是全能型选手，不要让自己作为“全天候救火队员”，找到自己的定位，体现出测试真正的价值。

所以归纳而言，测试人员需要做专业的测试、要懂得并且进行代码开发、要构筑测试方法体系与工具平台，同时需要赋能相关人员进行测试，这里的相关人员，通常是所有人。

第 58 问　什么是质量，质量与速度无法兼得吗

Nobody say it was easy, no one ever said it would be this hard.

——Coldplay *The Scientist*《科学家》

我们的时间，应该是用于提高软件质量，还是专注在发布更有价值的功能？这貌似是软件

研发中永恒的话题。我们来集中探讨以下内容：

质量到底是什么？质量有什么特质？

质量与速度是什么关系，两者是一个硬币的正反面，无法兼得吗？

质量与成本又是什么关系，质量无价指的是什么？

还有，质量与创新呢？关注质量会扼杀创新吗？

技术债务与质量是什么关系呢？

1. 质量是什么？

我们先聊聊第一个问题，质量是什么。搞清楚了定义，才好探讨质量与其他事项之间的关系。

日常开发中有很多方面都与软件质量相关，例如，用户界面是否可以轻松引导用户完成需要完成的任务；再例如软件的可靠性；还有架构是否高内聚低耦合，以便开发人员可以轻易修改和发布；以及代码是否清晰易读，方便维护。

似乎有很多事情可以算作软件的质量范畴，那么，质量到底是什么？

下面是关于质量，与软件相关的有管理学概念、哲学定义、工程术语、产品术语等几个词条：

管理学概念中，质量的定义是：客体的一组固有特性满足要求的程度。

质量工程术语中，质量是"产品或服务的总体特征和特性，基于此能力满足明确或隐含的需要"。

质量产品术语中提出，"产品质量就是产品的适用性，即产品在使用时能成功地满足用户需要的程度"。

质量哲学定义中，"时间、空间、质量合称宇宙三要素，质量是三要素中的原生要素，没有质量就没有空间，没有空间就没有时间，如果采用老子道德经的诗化描述，则有原生质，质生空、空生时，时生万物。"（哲学定义中的质量与我们讨论的软件质量不是一个概念，但是其中时间、空间与质量的三要素，事实上在软件开发过程中的理念可进行借鉴，这个我们后面会提到。）

管理学的词条与我们讲的软件质量更为相关，但似乎各种质量管理大师，对质量的理解又各有不同：

美国著名的质量管理专家朱兰（J. M. Juran）博士从顾客的角度出发，提出了产品质量就是产品的适用性。即产品在使用时能成功地满足用户需要的程度。用户对产品的基本要求就是适用，适用性恰如其分地表达了质量的内涵。

美国质量管理专家克劳斯比从生产者的角度出发，曾把质量概括为"产品符合规定要求的程度"。

美国的质量管理大师德鲁克认为"质量就是满足需要"。

全面质量控制的创始人菲根堡姆认为，产品或服务质量是指营销、设计、制造、维修中各种特性的综合体。

从各位大师的定义，我们可以总结得出观察产品或者软件质量的两个角度：

内部质量：作为过程指标，更多聚焦在产品功能研发环节内部，比如缺陷数量，代码覆盖率等，也就是克劳斯比提到的"生产者的角度"。

外部质量：作为结果指标，关注是否真正满足了用户的功能性需求以及非功能性需求，在满足用户基本诉求的同时，对于可靠性及用户体验，是否超出用户的预期，也是朱兰和德鲁克的观点。

如果说软件开发是要产生对客户有价值的产品，那么为了让客户持续的、更多获得价值，我们需要构建质量。外部质量是对客户对价值的认可直接相关的，内部质量是为了更快更多更持续地交付价值。

内部质量对于生产者而言相对可控，也是我们经常讨论的质量内建以及质量保障的主体。外部质量是客户/用户（这里不对客户和用户进行区分，统一称为用户）能够感知的，我们交付的产品是可控的，但用户对质量的预期是不可控的。外部质量是产品价值存在的根本，没有用户认同的产品是没有存在意义的。内部质量要体现到，最终也会反映到外部质量，是外部质量的保障因素，不可忽略。

2. 内部质量是否重要？

用户和客户通常可以看到是什么使软件产品具有较高的外部质量，但无法区分内部质量的高低。用户可以判断他们是否愿意支付更多费用来获得更多的功能，更易用的用户界面，因为他们可以评估这些是否足够值得额外花钱。但是用户看不到软件内部的模块化结构，更谈不上判断它的好坏。

为什么要为没有效果的东西付出更多？那么内部质量到底重不重要呢？答案当然是重要。

内部质量与外部质量是一个事务的两个方面，外部质量是结果，内部质量是基础。

质量是内建的，Build In Quality，但最终是需要由外部质量来体现。如果因为对内部质量的过程保障，影响了对外部质量的结果诉求，两者产生了冲突，就是本末倒置了。外部质量是真正用户可见可感知的，而内部是对外部质量的保障，通常称为 Quality Assurance。

外部质量，针对客户而言有两类，一类是满足了客户会满意的，一类是不满足客户会不满意的。第一类，简单讲就是通常我们说的功能性需求；而第二类，就是通常说的 NFR 非功能性需求，当稳定性、易用性、安全性、性能等无法满足时，客户会不满意。而第二类事实上与我们讲到的内部质量息息相关，事实上也会影响外部质量。

内部质量常见的一个类比是技术债务，是否能够简便添加功能，其额外的成本就像支付利息，清理阻碍交付的障碍就像偿还本金一样。技术债务这一隐喻的好处是可以让人更容易从经济的视角看待内部质量，如同外部质量一样，我们可以理解内部质量的价值，以及一旦（或多或少都会）缺失时所需要支付的利息。

忽视内部质量会导致债务快速堆积，这种堆积会减慢功能开发的速度。债务是无法避免的，但通过重构等实践，可以保持内部质量，并将债务堆积保持在最低限度，使团队能够以更少的精力、时间和成本添加功能。

在日益复杂的系统中实施软件开发是困难的，失败/故障也在所难免。但是技术债务不可避免，即使是最好的团队在他们的软件中也会有缺陷，不同之处在于，好的团队不仅新创建的债务要少得多，而且还不断偿还了足够多的历史债务 ，以便他们可以继续快速的添加功能。

高绩效团队的秘密在于：

主干开发保证紧凑的提交与发布节奏，短分支、小批量提交；大批量、低频的变更会给部署环节带来风险，一旦有失败/故障出现，找到问题的根因和恢复服务是非常困难的。更糟糕的是，部署还会在整个系统里引发一连串其他的故障，全面恢复这些次生故障需要的时间更是惊人的；

持续集成，以便于最大限度地减少跨团队协同而造成的集成麻烦；

花时间创建自动化测试，测试自动化对持续交付影响重大，尤其是与持续集成结合，以便于快速发现问题，进而花更少的时间修正错误并发布上线；

经常性地重构，以便于在多余的"脂肪"堆积到足以妨碍行动之前消除它；

通过持续交付，按需交付到生产环境或是客户；

将交付质量与系统部署快速反馈视为第一优先级；

持续不断优化与改进。

3. 不同阶段的产品对质量的要求不同

对于质量的要求，在产品整个的生命周期不同阶段，是不同也必须是不同的。

(1) 质量具有时效性

质量不是一个固定不变的概念，它是随时间而动态变化和发展的。质量会在不同时期不断变化，不断充实、完善和深化。

质量具有时效性，会随着时间、地点、使用对象的不同而不同，随着社会的发展、技术的进步而不断更新和丰富。客户的需求和期望是不断变化的，因此，需要不断地调整对质量的要求。

人们使用产品的过程会对产品质量提出一定的要求，这些要求往往受使用时间、使用地点、使用对象、社会环境和市场竞争等因素的影响。外界的因素变化，会使人们对同一产品随之产生不同的质量要求。

(2) Kent Beck 的 3X 模型

Kent Beck 在 Facebook 工作期间，见证了 FB 的产品及研发模式，可以说一定程度上颠覆了他对开发与质量的理念，由此 Kent 提出 3X 模型。

创新阶段的质量如何评估？缺乏用户和市场的产品是最大的浪费，也是最大的质量问题。在产品的早期探索 Explore 阶段，需要快速获取市场反馈，而不是推出面面俱到的产品，此时的质量衡量，应该是反馈的速度以及应对的速度，而不是稳定性、易用性等。

到中间产品的快速扩张 Expand 阶段，需要的是能够支撑产品指数级增长，此时交付速度、性能、可扩展性等是质量的表现。

而到收割阶段，需要的是稳定的最大化的产出 Extract 产品价值，此时稳定性、效率、安全等需要重点考核的质量因子。

外部与内部质量的好坏直接影响产品在市场上的受欢迎程度，但总体而言，质量关注点是由市场决定的，是由外部因素决定的，并非一概而论地以一堆内部指标衡量。

不同的产品阶段，对于质量的定义与要求不同，对质量的容忍度和失败风险不同，应该考虑质量的边际效益，即边际投入和边际收益的关系，一分钱的投入要同比至少获得一分钱的回馈，而非一味追求高的质量，而错失市场时机。

4. 不同的客户群体对于质量的定义不同

一般认为，产品质量越高越好，质量愈高，价值就愈高，但事实上，这种观点并不一定是正确的。质量高的产品并不一定在市场上受欢迎，事实上不同受众群体对于质量的定义都不同。

一款产品需要有其匹配的市场与人群，这在特劳特的《定位》理论中有详尽介绍。与产品的定位相同，对于产品的质量应该控制在什么程度也需要有一个定位，即产品的质量定位。

质量具有相对性，不同客户群体可能对同一产品提出不同的功能需求，也可能对同一产品的同一功能提出不同的要求。需求不同，质量要求也不同，只有满足需求的产品，才会被认为是质量好的产品。

近些年拼多多的快速崛起就是极好的案例。早在拼多多小有名气时，京东就曾对其进行研究，得出的结论是不足为据，等到拼多多上市再对其进行复盘才发现，京东这样的电商巨头居然走偏了，拼多多的用户最看重的居然是产品质量。但是拼多多的用户对于质量与京东的用户定位完全不同，例如高质量的卫生纸是“三层，遇水不化”，而京东的用户心目中的好纸，是“环保，无漂白剂”。

质量定位如同产品定位一样，需要考虑不同的市场，不同的客户群体，对于产品价值（包括质量）的接受和欢迎程度，根据市场实际需求状况确定产品的质量定位。你心目中的“高质量”，未必与别人心目中的一样。

5. 质量与速度无法兼得

质量与速度是否无法兼得？提升了质量就势必会影响交付速度吗？事实上，从长远来看，质量与速度是一个问题的两个方面。

(1) 快速交付带来更好的外部质量

通常，业务压力以及部门绩效考核的原因，会让人将注意力放在交付业务价值上。而质量往往容易被忽视，直至出现问题。

需要注意的是，我们并非要做一个功能来满足客户需求，而是要去了解客户的目的和意图是什么，客户想要的不是一匹更快的马，或是一辆更快的车，而是按时从 A 地去 B 地。如果是上千公里的距离，飞机会合适；如果是几百公里，说明汽车不错；如果是几十公里，说明汽车挺好；如果是几公里，自行车就足够。因此客户的需求不是一概而论的，要根据真实的目的去提供相应的产品。

人们往往把保证质量与快速响应客户需求看成一对矛盾，缺乏与客户一起去平衡机会与风险的理念。

客户的意图，是不断通过沟通与探索，逐渐清晰，这就需要我们通过方法和技术的手段，快速获取反馈，不断澄清，不断调整产品方向。客户的目的即产品的方向，是一个移动靶，而敏捷就是要通过快速交付、快速反馈、快速调整，曲线式尝试击中移动的标靶。

所以快速交付所带来的快速反馈，是与外部质量直接相关的。没有外部客户的反馈，任何功能、性能都是水中捞月。速度可以帮助更好地达成客户真正的诉求。

(2) 从长远来看，质量是速度的保障

与此同时，编写好的软件需要一些额外的付出，这在短期内确实会花费一些成本。但是，

如同技术债务章节探讨的，内部质量也需要有意的牺牲，以获取更快的速度。

当然随之而来的是代码的可读性、可扩展性、稳定性、易用性等的缺失，并且在未来会附着在每一次的新功能交付中。$1.01^{100} \approx 2.705$，$0.99^{100} \approx 0.366$，所以从短期来看，内部质量多消耗了资源(人力、物力、时间)，但长远看是指数级的回馈。

所以短期看，故意牺牲内部质量，要保证能够带来更大的经济价值。但是从长远看，内部质量的根本作用是降低未来变更的成本。更好的内部质量使添加新功能更容易，因此会更快、更便宜，所以内部质量事实上也会带来外部收益。高内在质量使我们每天进行10次部署，每周都能添加新功能，而低内在质量却让我们困在烦琐程序中无法自拔。尽管早期可能落后，但高内在质量的软件很快就比低内在质量的产品功能强大得多，然后所有的客户都会选择功能多的那个应用，即使它的价格更高(事实上价格可以更低，因为投入的资源反而更少)。

提升内部质量是为了减少生产力的下降。这一点，从Martin Fowler的时间—功能—质量图中可见一斑。内部质量差的情况下，最初进展很快，但随着时间的推移，添加新功能变得越来越困难。即使是很小的改动也需要程序员修改大范围的代码；那些难以理解的代码，在更改时大概率会发生意外损坏，导致测试时间过长和额外需要修复的缺陷。

从图157中也可以看出，有一段时间，低内在质量比高内在质量更有效率。在此期间，质量和成本之间存在某种权衡。问题是在两条线交叉之前的这段时间有多长？根据图157所示，低质量的代码会在几周内显著降低交付速度，所以用质量换速度仅适用于极短的期限。

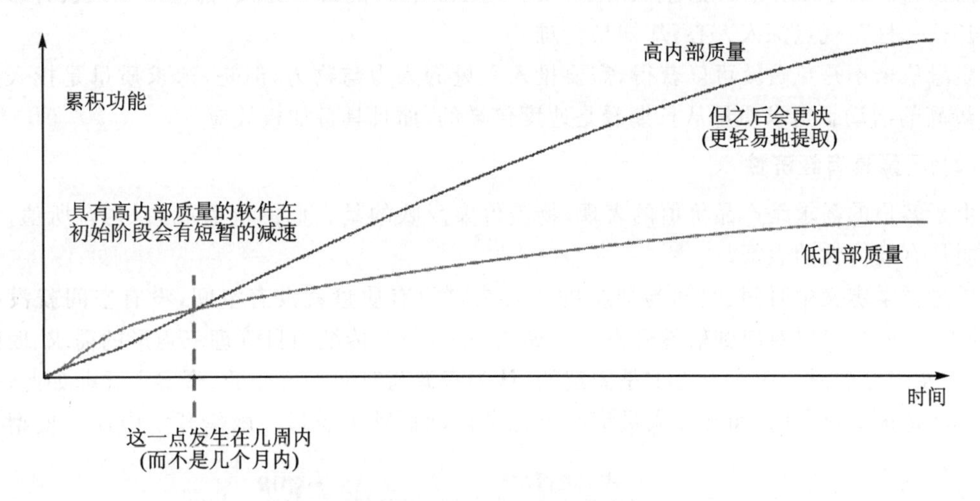

图157　质量活动投入产出比

(3) 速度与质量可以兼得

在吞吐量和稳定性之间进行取舍(权衡)是一种常见的行业实践，尤其是在政府或高度监管的领域里，组织更愿意采取保守型的软件开发和交付策略。他们保证，低频次地发布代码是一个有效的策略。因为这样就可以有更多的时间用于部署、测试和质量检验，从而失败/故障发生的可能性将会降到最低。

在双模IT模型中，我们探讨了稳态和敏态两种模型的划分，是否适用于当下的IT转型，更进一步引申出IT转型与数字化转型的区别与联系。Jez Humble的观点是，双模模型是伪命题的，从“DevOps现状报告”可见一斑。报告指出，软件研发效能对零售行业影响巨大，金融服务紧随其后，对零售和金融这两个我们通常认为迥然而异的行业而言，问题不再是选择保守还是追求卓越，高效并非是一个可要可不要的问题，而是必须。

事实上，速度与稳定可以兼得，最优秀的高绩效组织总是能在吞吐量和稳定性上同时达到卓越的水平，而不是在两者中取舍。根据DORA的“DevOps现状报告”，高绩效组织可以做到速度与质量的兼得，通过内建质量、自动化以及持续的反馈，加强质量的同时，并不丧失短时的速度。

“精英软件团队每天多次更新生产代码，在不到一个小时内将代码更改从开发推向生产。当他们这样做时，他们的变更失败率明显低于速度较慢的组织，因此他们可以更快地从错误中恢复。”

“我们没时间编写高质量的代码，因为这需要太长时间”，管窥效应，稀缺思维，只盯着那些短期内收益更高的选择，容易忽略投资在长期而言更高效的事情上。

6. 质量是免费的？给质量算笔经济账

质量真的是免费的吗？我们给质量算一笔经济账。

(1) 质量免费，但从来不可以免费获得

克劳士比的《质量免费》管理学的经典名著，“质量不仅是免费的，而且它还是一棵货真价实的摇钱树。由于工作一开始就做对了，没有返工而省下的每一分钱，都会被列入会计报表中‘利润’这一栏”，观点深入人心，却知易行难。

质量从来不是免费就可以获得，需要投入大量的人力与物力，但是，追求质量是投入产出ROI最高的活动。追求质量从长期看是速度倍增的，而且具备加权效应。

(2) 质量具有经济性

由于客户的需求是产品价值的表现，物美价廉反映的是人们的价值取向，物有所值，就是表明质量有经济性的表征。

质量哲学定义中时间、空间与质量的三要素，“没有质量就没有空间，没有空间就没有时间”的理念，同样可以对应到软件开发中。如图158所示，传统项目管理三角形的需求、时间和资源，以及隐含的质量因素。需求是固定的，认为资源与时间是可变的，事实上并非如此，所以质量往往是被动牺牲的，而开发人员事实上也是被动牺牲了质量。敏捷开发中这一模型变成

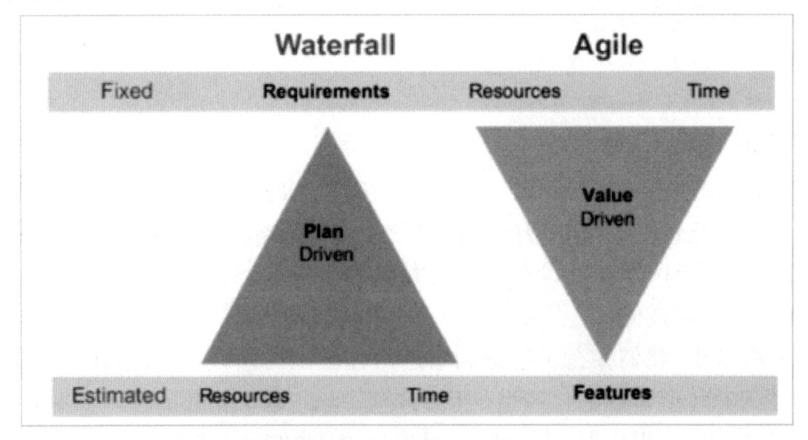

图158 质量三角形

了倒三角，我们承认资源与时间总是有限的，所以需求是可以商量的，而需求也体现了客户对外在质量的要求，也就关联到了内部质量，所以对质量的要求是可以随时间变化的，但这一过程中，我们是主动的。（当然，我们还需要主动把短期的质量牺牲弥补回来。）

适合的才是最好的，过快的速度与过度追求质量同样都是浪费。以服务等级协议 SLA 为例，从 99%提升到 99.99%的追求，所需要的是 10 倍甚至 100 倍的资金与时间投入，而对客户而言，感知未必是 100 倍的提升，也许是 10%不到的感受。

所以，一味地追求高质量并非明智之举，质量高低除了与速度相关，也与出错概率所带来的风险如影随形。结果若是在承受范围，就完全可以承担起质量略低的风险。

7. 从华为案例看德企与日企对待质量的态度

以华为为例，“在华为看来，创新要向美国企业学习，质量要向德国、日本的企业学习”，在华为的“大质量”形成过程中，与德国、日本企业的对标起到关键作用。

德国企业的特点是以质量标准为基础，以信息化、自动化、智能化为手段，融入产品实现全过程，致力于建设不依赖于人的质量管理系统。德国强调质量标准，特别关注规则、流程和管理体系的建设；大约 90%的德国发布的行业标准被欧洲及其他洲的国家作为范本或直接采用。德国的质量理论影响了华为质量演进过程的前半段，即以流程、标准建设的质量管理体系。

日本企业的特点则是以精益生产理论为核心，减少浪费和提升效率，认为质量不好是一种浪费，是高成本。日本企业侧重关注“点”上的质量改进，高度关注“人”的因素，强调员工自主、主动、持续改进。这也帮助华为慢慢形成持续改进的质量文化。

华为认为高质量企业的根本是质量文化。工具、流程、方法，是“术”；文化是“道”。

在以客户为中心这一永远不变的主题外，华为讲的最多的是“质量文化”，而对质量的关注恰恰是华为可以不断创新的基石。

8. 数字化对质量工作者的影响

作为质量人员，要思考数字化对 QA 未来的职业发展，数字化转型对 QA 工作方式冲击是很大的，以前由于数据不透明需要 QA 作为监察提供可视性，由于数据无法自动获取没有自动评估模型，项目组也需要 QA 帮助分析质量或者给予质量方法引导，现在 QA 的工作，大多数都可以不用做了。

但事实上，只要产品开发是一个过程，通过构建一好的过程保证好的结果的自然法则不变，产品开发就需要质量管理，就需要有专业人员去建设质量管理体系。

只是数字化转型中，质量管理体系的使能方式发生变化了，QA 应该深入业务分析质量问题总结优秀实践，提取要求和方法，把他们工具化嵌入作业流并跟踪其执行效果且不断完善，QA 从以前贴身服务变成通过做质量工具提供服务，数字化转型的路标是先 IT 化，再自动化，后面是大数据以及 AI 技术，把这些技术应用到质量保证和效率提升上，都是需要有人承担的，如果以后质量机器人就是 QA 了，那未来我们就是造机器人的工程师。

第 59 问　微软如何测试 VSTS 以实现持续交付

I don't remember how to share. You never not.

——*Atmosphere*《气氛》

当微软 VSTS 团队(事实上是一个大部门)于 2011 年开启加速交付之旅时,针对诸多流程进行了加速,但效果很快表明这样做是不奏效的,团队必须以完全不同的方式做事。此后的几年,经历了许多变化,包括如何进行计划、跟踪进度、部署、管理反馈、监控、架构、开发和测试。这一过程也遵循了 DevOps 与精益敏捷的小步快跑的方式,一次采取一两个关键实践。直到有一天,团队意识持续交付道路上最大的阻碍是测试——与测试有关的一切,包括组织、角色、框架、测试活动、测试用例、分析等。

1. 团队现状

VSTS 团队原本也会进行大量测试,这些测试是由"测试人员"编写的,用于测试"开发人员"编写的代码。这种模式有很多的优点,比如在测试、测试学科的专业知识和职业发展等方面的投资清晰可衡量和可控。但与此同时缺点也非常明显:开发人员缺乏责任感、反馈周期慢(引入 bug、发现错误,修复错误),开发人员几乎没有动力让他们的代码"可测试",代码架构和测试架构之间的分歧使得重构和转向非常困难/昂贵,诸如此类。

原有数以千计的测试中有很大一部分是端到端的功能"集成测试",通过自动化 UI 或命令行界面驱动,也就是测试金字塔顶端的部分。UI 代码并没有真正设计成可测试的,经常会由于网络故障或是其他原因,出现随机时序问题,并且测试代码中充斥着"Sleep(5000)"以等待 UI 达到稳定状态。这意味着这些测试会非常脆弱,并且运行非常缓慢。导致的结果是,完整的测试几乎要花费一天进行(对于 VSTS 这样的系统已经是难能可贵了),大量的时间浪费在"分析结果"以识别错误的故障,以及花费数天或数周的时间修复因代码修改而被破坏的测试用例。

由此,VSTS 团队开始了测试的重构之路。将开发和测试组织合并为一个整合的"工程"组织,消除了编码人员和测试人员之间的区别,每个人都参与进来,并对最终的产品质量负责。同时彻底抛弃了此前花费 8 年时间创建的数千个测试,并用完全不同的新测试来进行替换。

2. 测试分层

为减少对脆弱、缓慢、昂贵的 UI 自动化测试的依赖,团队创建了一个分类法帮助思考不同"种类"的测试:

(1) L0 - L0 测试是经典的单元测试,聚焦于 API 层面,不依赖于正在开发的产品。除了测试内容,它没有任何状态。

(2) L1 - L1 类似于单元测试,不同之处在于它可以依赖于环境中的 SQL Server。

(3) L2 - L2 测试是针对完全部署的 TFS/Team Services"实例"编写的,但有些关键的东西被模拟掉了。进行模拟是为了简化测试并消除脆弱性,例如模拟身份验证,这样就不必创建测试身份、管理机密等。一小部分的 L2 是 UI 自动化的方式。

(4) L3－L3 测试是针对生产 TFS/VSTS 实例的端到端功能测试，可以将其称为“生产中的测试”，其中许多是 UI 自动化。事实是，直到后期才准备好推出 L3 测试，并且只有少数的几个(真的是几个)。随着时间的推移，计数会有所增加，但它的比例始终是 L0 和 L1 的一小部分。

在这个过程的早期，团队创建了图 159 来展示在转换中所追求的测试。TRA，代表“Tests Run Anywhere”——上一代的测试框架，它生成的测试只能在受控的实验室环境中运行(开发人员不能自己运行测试)。

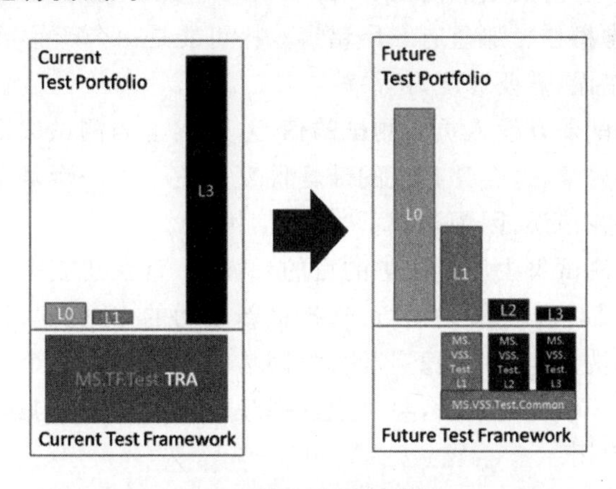

图 159 微软测试框架演化

图 160 是团队当前各级别测试的数量：

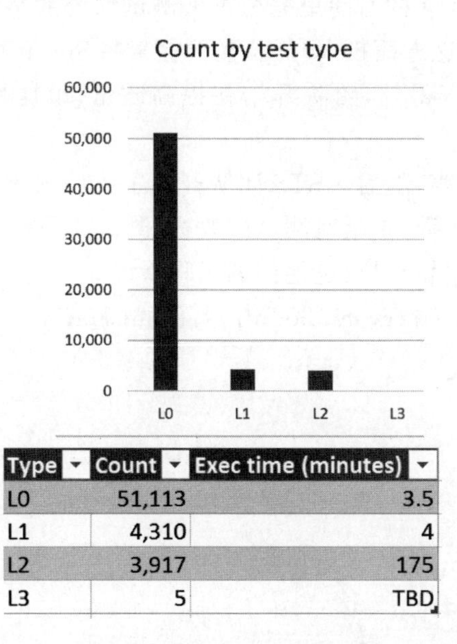

Type	Count	Exec time (minutes)
L0	51,113	3.5
L1	4,310	4
L2	3,917	175
L3	5	TBD

图 160 各级别测试的数量

团队将 L0 和 L1 测试作为每个 Pull Request 的一部分运行——因此每次签入都会得到如此多的验证。然后每天滚动运行 L2。针对 L3，还没有建立运行的一致实践，预计将作为每个发布定义的一部分运行，以验证部署后产品的状态。

VSTS 团队每天运行约 450 次 L0/L1/L2/L3 测试，每次运行有约 45 300 次测试（典型工作日），这相当于每天执行 2 000 万次测试。

3. 测试的可靠性

上述更改对帮助测试可靠性大有帮助——但并不能 100% 解决。测试仍然是代码，代码就会有错误。即使正在测试的代码正常工作，测试也可能失败。其中最隐蔽的形式是"不稳定"测试——有时通过但有时失败的测试。"pass on re－run"是错误的解决方案，只是绕开了这个错误，事实上这非常糟糕。那里有一个错误——可能是一个产品错误，也可能是一个测试错误，但终究它是一个错误，需要修复。

不稳定的测试还会削弱开发人员对测试的信心，事实上当测试失败时，绝大多数时候，确实有一个产品错误需要修复，这会让真正的破坏性变更流入下一个环节。这可能进一步导致团队默许永久存在的潜在错误，因为测试不"值得信赖"。

不稳定的测试会让测试失去质量防护的目的，微软一直在建立一个正式的测试可靠性流程。测试可靠性运行是 24×7 的滚动运行，选择最新成功的 CI 构建，运行所有测试并查看结果。任何失败的测试都被认为是"不稳定"测试（因为它之前在同一个版本中通过了），将被禁用并提交一个测试缺陷。修复完成后，会再次选择最近的后续 CI 构建，一旦解决了相关的错误，该测试将自动重新启用。

目前，可靠性系统仅针对 L2 测试推出，目前还没有涵盖 L3，而 L2 就其性质而言，远不如 L0 和 L1 可靠，这也是选择从 L2 开始的原因。

总体而言，微软用了 2 年多的时间里完全重做测试系统的努力是一项巨大的投资。每个 Sprint 都有很多功能团队在这方面投入时间，甚至在某些 Sprint 中，这是功能团队所做的大部分工作。从长远来看，这是值得的，团队开始在提高质量、敏捷性和工程师满意度方面获得收益。

测试的整改已经接近尾声，随后 VSTS 团队开始了下一项重大工程投资——服务的容器化，这一项举措的好处数不胜数，包括对测试的改进，测试部署将更快也更容易进行兼容测试。任何工程团队都不应该停止投资以改进他们的工程系统。

（本部分内容引自 Brian Harry 的 Blog 内容，Brian Harry 是微软的技术 VP，也是 VSTS 的负责人。）

技法篇七　持续安全 DevSecOps

DevOps 技术的发展在不断成熟，并且随着组织更好地打破开发和交付过程中的孤岛以更快地交付软件，而安全性将成为前沿问题。事实上，Forrester 曾预测 2019 年将是安全之年，并提出 DevSecOps 概念："许多组织已经成功地自动化了某些应用程序的持续发布和部署，但由于缺乏治理和分散的工具链而面临越来越大的风险。"

第 60 问　DevSecOps 是如何产生的

Teardrop on the fire，Feathers on my breath，Stumbling a little，shakes me makes me lighter.

—— Massive Attack *Teardrop*《泪落》

DevOps 已经提出多年，但是革命尚未成功。DevOps 的理念是通过技术手段实现快速交付：通过自动化实现持续构建、测试、部署流程，从而加快应用发布速度；通过管理基础设施即代码提高开发人员和运维效率；通过自动化促进软件交付的高效、高质量、一致性和标准化；通过即时反馈环路和持续改进提升客户体验。

1. DevOps 与安全背道而驰么？

那些创新的、性感的、工程驱动的互联网科技公司，如 Flickr、Etsy、脸书和谷歌。

DevOps 始于这些公司，因为他们必须找到某种方法在高度竞争、快速变化、急速扩张或快速失败的商业环境中取得成功。这些公司必须找到新的、简单的、直达效果的工作方式，使他们能够以更低的成本更快地创新和学习，并比以往的组织更有效地扩展。

与"独角兽"类型的公司相比，事实上那些"马驹"类公司也面临着同样的压力，需要创新和提供新的客户体验，寻找如何提高信息技术交付速度、如何更快地创新、如何降低运营成本以及如何解决在线规模化问题的思路。

而此时，似乎横亘于 DevOps 与传统公司之间的，是"安全"这道看似难以逾越的鸿沟。"马驹"们寻找的是简化验收测试、安全性和合规性审查工作的方法。DevOps 与传统的安全理念似乎看上去背道而驰，给安全带来了挑战：

（1）DevOps 提高了速度并扩张了规模，无论是发布频度、应用规模还是系统复杂性都急剧上升，让安全团队面临着新的挑战。

（2）DevOps 的透明性和不指责的文化，似乎与数据安全与保密，以及安全问责机制背道而驰。

所以问题是，"DevOps 与安全背道而驰吗？""我们应该如何构建应用程序安全策略？"

“我如何开始合并 DevOps 与安全？”

在时代背景下，这看起来不是一个做还是不做的选择。DevSecOps 是 DevOps 自然的下一次迭代，安全从业人员必须将 DevOps 原则引入他们的工具和工作流，以便跟上现代应用交付的步伐。将 DevOps 与安全合并，DevSecOps 应运而生。

2. DevSecOps 是什么？

权衡 DevOps 速度与现有安全要求的需求催生了 DevSecOps 模型。DevSecOps 最早由 Gartner 咨询公司研究员 David Cearley 在 2012 年提出。2016 年 9 月，Gartner 发布的报告 *DevSecOps：How to Seamlessly Integrate Security into DevOps* 可以视为是首个详细阐述 DevSecOps 理念的材料，对模型及配套解决方案进行了详细分析。其中的核心理念是：安全是整个 IT 团队（包括开发、测试、运维及安全团队）所有成员的责任，需要贯穿整个业务生命周期的每一个环节。

（1）DevSecOps 的出现是对现有 DevOps 的完善

DevOps 的核心价值是快速交付价值，灵活响应变化。相应地，DevSecOps 的价值是在不牺牲所需安全性的前提下，快速和规模地交付安全决策。DevSecOps 基于“安全问题，人人有责”的原则，强调应用程序开发人员可以怎样把安全检查与他们的集成和部署流水线构建到一起。

DevSecOps 的出现是为了改变和优化之前安全工作的一些现状，比如安全测试的孤立性、滞后性等问题，通过固化流程、加强不同人员协作，通过工具、技术手段将可以自动化、重复性的安全工作融入到研发体系内，让安全及合规作为属性嵌入到 DevOps 开发运营一体化中，在保证业务快速交付价值的同时实现安全内建（Build Secuirty In），降低 IT 安全风险。

根据 GitLab 近期发起的第四次年度全球 DevSecOps 年度调查，超过 25%的开发人员表示对安全性完全负责，而 33%的安全团队成员表示他们拥有安全性。共有 29%的人认为每个人都应对安全负责。

（2）云计算与 DevOps 实践推动了 DevSecOps 的落地

传统安全人员管控安全的思维已经无法满足云计算与 DevOps 对于持续交付的诉求，需要新的方法来应对面临的挑战。

与此同时，云计算与 DevOps 的广为实践，也同时推动了 DevSecOps 的发生和落地。

① 架构发展：数以千计的分布式微服务不可能再依赖传统的手动流程管控，安全必须基于工具、自动化构建。

② 云计算技术：基础设施即代码、标准化配置、镜像管理，在线监控等，带来软件工程的本质变化。

③ 软件生命周期管理：CI、CD、CMDB、基线管理、变更控制等流程与工具的有机集成，形成完整的软件全生命周期能力，进而让“无人参与”变得可能。

④ 一切皆代码：一切皆代码，可在根本颗粒度上完整记录和监控开发过程中的所有信息。

⑤ 云化实践：灰度发布使能云服务在线升级能力，大大降低了漏洞修复，软件生命周期管理的成本。

（3）DevSecOps 的定义

我们看看各方对于 DevSecOps 的定义：

① Gartner 在 2016 年 6 月报告中的描述：DevSecOps 将安全控制融入 DevOps 开发的全生命周期，采用模型、设计、模板、工具链等驱动的安全方法对开发和运维过程进行自保护，譬如开发时测试、运行时测试、开发和上线前安全漏洞扫描等，它是一种自动化的、透明化的、合规性的、基于规则（Policy）对底层安全架构的配置。

② 2017 年 RSA 大会的描述：DevSecOps，是一种全新的安全理念与模式。从 DevOps 的概念延伸和演变而来，其核心理念为安全是整个 IT 团队（包括开发、运维及安全团队）每个人的责任，将安全作为管理对象的一种属性，从应用和 IT 基础设施开发开始进行全生命周期的安全管理，构建一个安全属性很高的应用或 IT 基础设施，而不仅仅是通过安全为应用和 IT 基础设施提供保障。

③ 维基百科中没有专门的 DevSecOps 词条，而是嵌在 DevOps 词条中的：DevSecOps，左移安全。DevSecOps 是 DevOps 的增强，允许将安全实践集成到 DevOps 方法中。与传统的集中式安全团队模型相反，每个交付团队都有权在其软件交付中考虑正确的安全控制。安全实践和测试在开发生命周期的早期执行，因此可以使用术语“左移”。

综上所述，结合 Gartner 对 DevSecOps 模型（图 161），简单而言，DevSecOps 就是融合了安全的广义的端到端 DevOps。

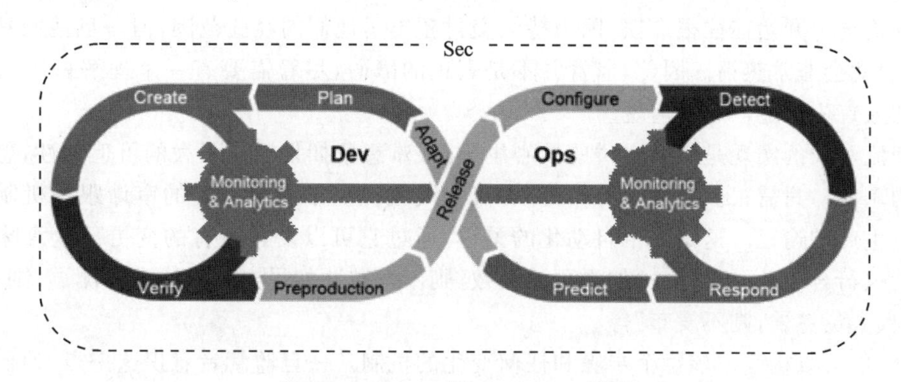

图 161 Gartner 的 DevSecOps 模型

3. DevSecOps 宣言

DevSecOpsorg 网站发布的 DevSecOps 宣言，虽然传播不广，但我觉得可以在一定程度上让我们了解 DevSecOps 的核心理念是什么。

（1）通过安全即代码，我们已经并将要了解，像我们这样的安全从业者有一种更好的方式以更少的摩擦运作和贡献价值。我们知道我们必须快速调整我们的方法并促进创新，以确保数据安全和隐私问题不会因为我们改变太慢而落在了后面。

（2）通过将安全作为代码开发，我们将努力创建出色的产品和服务，直接向开发人员提供洞察力，并且通常倾向于迭代而不总是在部署之前提出最佳答案。我们将像开发人员一样运营，使安全性和合规性可用作服务。我们将解锁并打开新的方式，帮助其他人看到他们的想法成为现实。

（3）我们不会简单地依靠扫描和报告改进代码，我们会像外人一样攻击产品和服务，帮助你捍卫自己创造的东西。我们将学习漏洞，寻找弱点，我们将与你合作提供补救措施，而不是列出长长的问题，让你自行解决。

(4) 我们不会等待我们的组织成为错误和攻击者的牺牲品，我们不会满足于寻找已知的东西；相反，我们会寻找尚未被发现的异常现象。

(5) 我们将通过建立和你相同的价值，努力成为更好的合作伙伴：

躬身入局胜于总是说“不”；

数据和安全科学胜于恐惧、不确定和怀疑；

公开贡献和协作胜于纯安全要求；

通过 API 提供可消费的安全服务胜于强制性安全控制和文字工作；

业务驱动的安全评分胜于橡皮图章的安全；

红蓝团队漏洞攻防测试胜于依赖扫描和理论漏洞；

24×7 主动安全监控胜于事件通知之后的反应；

共享威胁情报胜于将信息保留给自己；

合规操作胜于剪贴板和清单列表。

4. DevSecOps 带来的价值

Dave Farley 曾帮助几家金融公司进行 DevOps 转型，他对此颇有发言权：

监管机构一开始往往很谨慎，因为持续交付超出了他们的经验范围，但一旦他们理解了这一点，他们就会非常热情。因此，监管并不是真正的障碍，尽管需要有一个理解持续交付理论和实践的人首先向他们解释清楚。

部署流水线的实现是持续交付的核心思想，很难想象如果没有强大的可追溯性，怎么能实现这样的东西。只需很少的额外工作，部署流水线就提供了一个完美的审计跟踪机制。部署流水线是生产的途径。这是一个自动化的渠道，通过它可以发布所有的变更。这意味着我们可以自动执行合规性要求——“如果测试失败，则不发布”“如果交易算法未经测试，则不发布”“未经授权人员签署，则不发布”等。

此外，你可以构建审核每个步骤和任何变化的机制。一旦监管者意识这一点，他们就很少希望回到纸质流程的糟糕旧时光。

综上，我们可以看到，通过实施 DevSecOps，可以为企业带来的价值包括：

(1) 风险可控

DevSecOps 在产品全流程中引入安全的活动，让安全的基因植入产品质量。产品设计之初就考虑安全机制，在产品全生命周期实施风险管控、漏洞检测与安全攻防。可控的安全风险能增加产品上线的信心和保证产品的质量，降低因在生产中提交新软件特征而造成运行故障的概率，减少在生产部署后识别和解决问题的平均时间。

(2) 降低成本，提高效益

在产品开发甚至计划阶段就引入安全机制，能够做到尽早检测，尽早修复。就像新冠病毒一样，早发现，早治疗，早康复，避免了病症加重带来的救治压力与死亡风险的增加。与此同时，安全的产品总是受欢迎的，也会带来更多的客户。虽然在初期，不会在短期内看到明显的效果，但是 DevSecOps 是个长期的目标，从长远看，是能够做到降低成本，提高效益的。

(3) 持续安全的特性交付

几乎所有组织都面临的一个问题就是，即使知道自己系统中存在严重的安全漏洞，通常也无法足够快地修复该漏洞，以阻止攻击者利用该漏洞。漏洞暴露的时间越长，系统就越有可能受到攻击。WhiteHat Security2013 年和 2014 年的数据显示，35%的金融和保险网站“总是容易受到攻击”，平均而言，严重漏洞保持开放状态达 739d，由于修补所涉及的成本、风险和开销，只有 27%的严重漏洞得到修复。

DevSecOps 借助持续交付以及开发人员、运维人员和安全人员在交付过程的协作可以快速关闭这些漏洞。大多数安全补丁都很小，并且不需要花很长时间编写代码。可重复、自动化持续交付流水线意味着找出并修复安全漏洞或从供应商处下载补丁程序的时间可以以小时计算，进行回归测试以确保不会引入新的问题，并以最低的成本和风险快速完成上线。

(4) 安全事故的恢复时间缩短

减少新软件从确定特征到生产的平均时间，提高新软件版本达到可在生产环境中部署的频次，可以快速交付软件更新和补丁，提高网络安全性。不同于以往，发现漏洞时，需要在每套环境上对漏洞逐个修复。如今采用不可变基础设施，直接对部署环境所对应的镜像进行修复，重新生成多套安全的环境(这里面的不可变基础设施以及包含的宠物与奶牛的类比，会在后续的基础设施即代码 Infrastructure as Code 章节中详细介绍)。

(5) 团队协作、安全意识、责任意识的提高

传统上，安全性一直是开发生命周期中的“最后一道障碍”，在开发人员提交代码后很长时间才得到重视。当安全性与 DevOps 工作流程分离时，它会成为交付的潜在瓶颈。DevSecOps 旨在将安全最佳实践集成到 DevOps 工作流程中，以确保每段代码在提交时都经过测试。

在 DevSecOps 模型中，安全不再仅仅是安全团队的工作，而是人人为安全负责。开发，运维，安全团队需要通力协作解决已知安全问题，并积极发现潜在的安全问题。

5. 安全的相关模型与框架有哪些

(1) NIST CSF 的 IPDRR 模型

NIST(美国国家标准和技术研究院)，制定和发布了《改进关键基础设施网络安全框架》，Cybersecurity Framework，网络安全框架，简称 CSF。NIST CSF 中定义了企业安全能力框架模型，包括风险识别、安全防御、安全检测、安全响应和安全恢复五大能力。

① 风险识别：通过对组织信息化环境全面分析，识别可能产生网络安全风险的系统、资产、数据。例如资产管理、业务环境、治理机制、风险评估以及风险策略管理。

② 安全防御：制定并实施相应的网络安全保障措施，以确保提供重要的基础设施及应用防护服务。例如访问控制、意识和培训、数据安全、信息保护流程和程序、安全运维和保护技术。

③ 安全检测：制定并实施适当的活动，以识别网络安全事件的发生。例如异常和事件、安全持续检测以及检测过程。

④ 安全响应：制定并实施适当的活动，以采取有关检测到的网络安全事件的行为。例如响应计划、事件沟通、风险分析、风险控制和持续改进。

⑤ 安全恢复：制定并实施适当的活动，对网络安全事件受损的任何功能或服务进行还原操作，以保持业务的连续性。例如恢复规划、恢复与改进和沟通。

IPDRR 能力框架实现了事前、事中、事后全过程覆盖，从原来以保护能力为核心的模型，转向以检测能力为核心的模型，支撑识别、预防、发现、响应等，变被动为主动，直至自适应(Adaptive)的安全能力。IPDRR模型体现了安全保障系统化的思想,管理与技术结合有效保障系统核心业务的安全。通过持续的安全检测实现IPDRR的闭环安全,为用户提供完善的安全能力框架和支撑体系。

(2) CIA模型

我们也可以通过CIA的缩写来记住安全相关的要素,CIA代表了机密性(Confidentiality)、完整性(Integrity)和可用性(Availability)。机密性意味着没有未经授权的人可以访问信息;完整性意味着没有未经授权的人可以修改信息;可用性意味着经过授权的人员可以访问信息。

授权包括回答下面问题的2个元素:谁正在试图访问或者修改信息?这些人是否拥有他们请求操作的执行权限?

与CIA相关联的也是不可否认性的特性:个体不能否认别人在你系统内的数据上执行过的操作。这一点对审计来说是重要的。

(3) STRIDE威胁模型

微软引入了STRIDE威胁模型:身份欺骗(Spoofing identity)、篡改数据(Tampering with data)、否认性(Repudiation)、信息泄露(Information disclosure)、拒绝服务(Denial of service)和权限提升(Elevation of privilege)。

① 身份欺骗(Spoofing identity):身份欺骗的一个例子是非法访问,然后使用另一个用户的认证信息,例如用户名和密码;

② 篡改数据(Tampering with data):篡改数据是指对数据的恶意修改;

③ 否认性(Repudiation):否认性威胁是指用户否认执行了一个动作,而且没有其他的当事人能够提供相反的证明;

④ 信息泄露(Information disclosure):信息泄露威胁是指将信息暴露给不应该访问它的个体;

⑤ 拒绝服务(Denial of service):拒绝服务攻击的目标是对有效用户的服务器暂时不可用或者无法使用;

⑥ 权限提升(Elevation of privilege):在这种类型的威胁中,非特权用户获得了特权访问,因此他有足够的权限破坏或者摧毁整个系统。

这些威胁与CIA模型的定义同样相关:身份欺骗绕过了认证;篡改数据破坏了数据的完整性;否认性是对在发生了入侵事件或者试图违背规则以后发生了什么的明确表述;信息泄露是机密性的反面;拒绝服务违背了可用性;权限提升是允许违反任何CIA特性的技术。

第61问　DevSecOps安全工具如何分层

You know you're gonna live thru the rain. Lord you got to keep the faith. Don't let your love turn to hate. Right now we got to Keep the faith.

——Bon Jovi *Keep the faith*《保持信念》

应用程序是IT最核心的产物,也是价值的真正体现。安全是贯穿在应用程序的整个生命周期中的。常用的包括威胁建模,SAST,DAST,IAST,渗透测试,当然还包括代码风格检测，性能、功能测试、压力测试等其他手段。从源码到产品，从静态到动态，都有相应安全手段。

参考测试的金字塔，安全领域也有类似的金字塔模型，如图 162 所示。与测试金字塔不同的是，安全工具金字塔描述的层次结构中，处于金字塔底部的工具是基础工具，随着组织 DevSecOps 实践成熟度的提高，组织可能会希望使用金字塔中较高的一些更先进的方法。但是需要注意的是，金字塔中的安全工具分层与组织的 DevSecOps 成熟度分级没有直接关系。

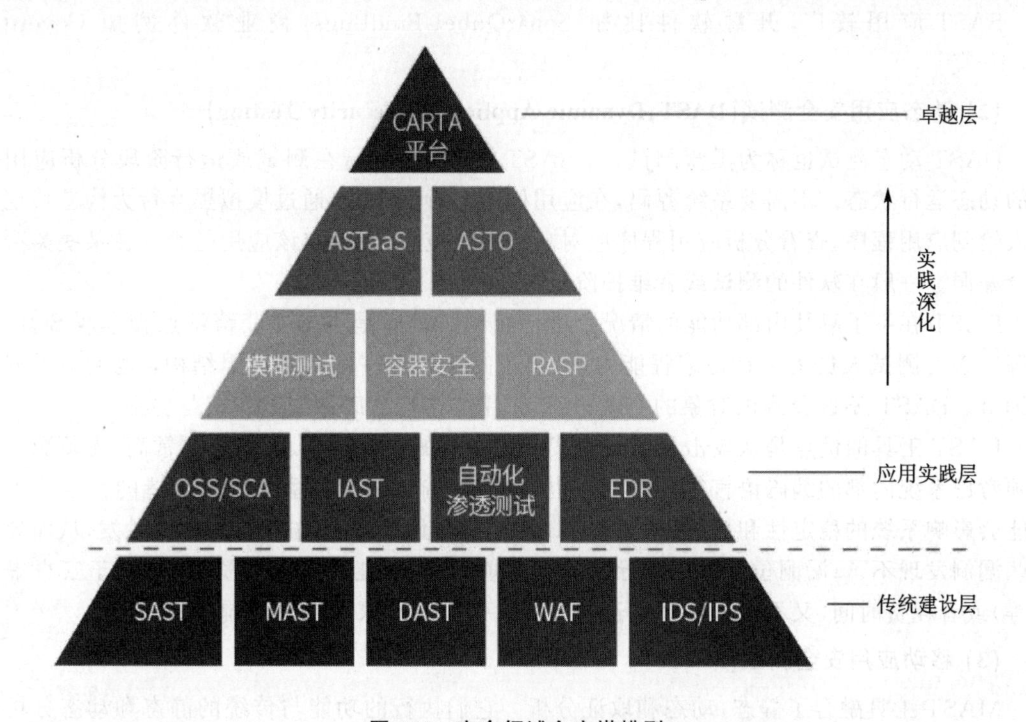

图 162　安全领域金字塔模型

图 162 中金字塔中的工具分层与该工具的普适性、侵入性、易用性等因素相关。普适性强、侵入性低、易用性高的安全工具更适合作为底层基础优先引入，普适性弱、侵入性高、易用性低的工具则适合作为进阶工具帮助 DevSecOps 实践变得更加完善且深入。

我们依次自下而上来看一下下面的工具。

(1) 静态应用安全测试(SAST，Static Application Security Testing)

SAST 也称为白盒测试，通过分析应用的源码，字节码，二进制文件发现安全漏洞，一般在软件的开发，测试阶段进行。测试人员可以在其中了解有关被测代码的信息，包括体系结构图、常规漏洞、不安全编码等内容。SAST 在不运行代码的条件下，验证代码是否满足规范性、安全性、可靠性、可维护性等指标的一种代码分析技术，能够快速定位代码中的 Bug。

SAST 部署在研发环境，端到端代码级监控。可以发现源代码中可能导致安全漏洞的脆弱点，还可以通过 IDE 插件形式与集成开发环境结合，实时检测代码漏洞问题，漏洞发现更及时，使得修复成本更低。根据编程语言的不同，需要不同的工具进行这种静态代码分析。

SAST 的优点是能够发现代码中更多更全的漏洞类型、漏洞点可以具体到代码行便于修复、无须区分代码最终是变成 Web 应用还是 App、不会对现网系统环境造成任何的影响。但缺点也不少，比如研发难度高、多语言需要不同的检测方法、误报率很高、不能确定漏洞是否真的可利用、不能发现跨代码多个系统集成的安全问题等。传统的 SAST 因为始终不能很好解决误报率问题，并且因为研发模式的问题，导致研发人员很难在编码结束之后又要花费非常长的时间做确认漏洞的工作（其中可能大部分的都是误报），所以在一些行业并未大规模应用，但是 DevOps 时代，结合 CI 的过程，上述一些新型的工具开始广泛利用编译过程更精确检测漏洞降低误报率，并且极小的 CI 间隔也让误报率问题带来的负担大大降低。

SAST 应用较广，开源软件比如 SonarQube、FindBugs，商业软件例如 Coverity、Fortify 等。

（2）动态应用安全测试（DAST，Dynamic Application Security Testing）

DAST 动态测试也称为黑盒测试，与 SAST 相对应，是指在测试或运行阶段分析应用程序的动态运行状态。不需要系统源码，在应用处于运行状态时，通过模拟黑客行为构造特定的输入给到应用程序，查看分析应用程序应对攻击的反应，从而确定该应用是否存在某些类型的安全漏洞。一般在软件的测试或者维护阶段进行。

DAST 在不了解其内部功能的情况下进行测试。目标是尽早捕获跨站点脚本或 SQL 注入等错误。测试人员无须具备编程能力，无须了解应用程序的内部逻辑结构，也无须了解代码细节。DAST 不区分测试对象的实现语言，采用攻击特征库做漏洞发现与验证。

DAST 工具的优点是从攻击者的视角发现大多数的安全问题、准确性非常高、无须源码也无须考虑系统内部的编码语言等。但缺点也很明显，需要向业务系统发送构造的特定输入有可能会影响系统的稳定性和坏数据；因参数合法性、认证、多步操作等原因难以触发，从而导致有些漏洞发现不了；漏洞位置不确定导致修复麻烦；某些可能非常耗费资源（如基于安卓虚拟机等）或者耗费时间（又不能影响环境运行又要发送大量请求并且等待响应）等。

（3）移动应用安全测试（MAST）

MAST 工具融合了静态，动态和取证分析。它们执行的功能与传统的静态和动态分析器类似。MAST 工具具有专门针对移动应用程序问题的独特功能，例如越狱检测、伪造 WI－FI 链接测试、证书的处理和验证、防止数据泄漏等。

（4）WAF（Web Application Firewall）

WAF 即 Web 应用防火墙，是通过执行一系列针对 HTTP 和 HTTPS 的安全策略专门对 Web 应用提供保护的一类产品。WAF 初期是基于规则防护的防护设备；基于规则的防护，可以提供各种 Web 应用的安全规则，WAF 生产商维护这个规则库，并实时为其更新，用户按照这些规则，可以对应用进行全方位的保护。

（5）IDS/IPS（instruction detection system，IDS）/（ instruction prevention system， IPS）

入侵检测系统、入侵防御系统是两类传统的安全保障产品，主要用于应对网络安全系统中的黑客攻击事件。

IDS 是依照一定的安全策略，对网络、系统的运行状况进行监视，尽可能发现各种攻击企图、攻击行为或者攻击结果，以保证网络系统资源的机密性、完整性和可用性。

IPS 能够监视网络或网络设备的网络资料传输行为，能够即时中断、调整或隔离一些不正常或是具有伤害性的网络行为。

（6）软件组成分析（SCA）

SCA 工具检查软件，以确定软件中所有组件和库的来源。SCA 工具在识别和发现常见和流行组件(尤其是开源组件)中的漏洞方面非常有效。但是,它们通常不会检测内部自定义开发组件的漏洞。

SCA 工具在查找通用和流行的库和组件(尤其是开放源代码部分)方面最为有效。它们的工作原理是将代码中的已知模块与已知漏洞库进行比较。SCA 工具查找具有已知漏洞并已记录漏洞的组件,并且通常会提示使用者组件是否过时或有可用的补丁修补程序。

(7) 交互式应用安全测试(IAST)

SAST 通过分析源码、字节代码或二进制文件从"内部"测试应用程序检测安全漏洞,而 DAST 从"外部"测试应用程序检测安全漏洞。有没有可能有一种结合"内外部"更好的自动化方式进行检测,更准确发现更多的安全漏洞？IAST 正是寻求将外部动态和内部静态分析技术结合起来,以达到上述目标。

IAST(Interactive Application Security Testing)是由 Gartner 公司在 2012 年提出的一种新的应用程序安全测试方案,兼具 SAST 和 DAST 特点的一种安全测试手段,曾被 Gartner 多次列为十大安全技术。

与 SAST 和 DAST 不同,IAST 在应用程序内部工作。IAST 工具利用对应用程序流和数据流的了解创建高级攻击方案,并递归地使用动态分析结果:在执行动态扫描时,该工具将基于应用程序对测试用例的响应方式了解有关应用程序的知识。IAST 工具擅于减少误报数,并且可以很完美地使用在敏捷和 DevOps 环境中。在这些环境中,传统的独立 DAST 和 SAST 工具在开发周期中可能会占用大量时间,而 IAST 几乎不会对原有应用生产效率产生任何影响。

在微服务中,交互式应用程序测试(IAST)有助于检查在运行自动化功能测试时执行了哪些代码,重点是检测应用程序中的漏洞。

(8) PTE 自动化渗透测试

自动化渗透测试是近年来逐渐被关注的一项新技术,其目的是用自动化测试的方式实现以往只有依靠白帽子人工完成的渗透测试工作,以提高漏洞检测效率,降低检测成本。这一类工具是随着机器学习等 AI 技术的发展而产生并成熟的。自动化渗透测试工具可以将白帽子在大量渗透过程中积累的实战经验转化为机器可存储、识别、处理的结构化经验,并且在测试过程中借助 AI 算法自我迭代,自动化地完成逻辑推理决策,以贴近实际人工渗透的方式,对给定目标进行从信息收集到漏洞利用的完整测试过程。

渗透测试或"渗透测试"涉及引入外部参与者尝试攻击系统。这些攻击者可能是外部咨询公司或其他业务部门具有良好安全知识的开发人员。他们被授予全权尝试颠覆系统。通常,他们会发现需要修补的大量安全漏洞。

(9) EDR(Endpoint Detection & Response,EDR)

端点检测与响应是一种主动的安全方法,可以实时监控端点,并搜索渗透到公司防御系统中的威胁。这是一种新兴的技术,可以更好地了解端点上发生的事情,提供关于攻击的上下文和详细信息。EDR 服务可以让我们知道攻击者是否及何时进入我们的网络,并在攻击发生时检测攻击路径——帮助我们在记录的时间内对事件作出反应。

(10) 运行时应用自保护(RASP)

运行时应用自保护 (RASP) 是一种嵌入到应用程序或应用程序运行时环境的安全技术,

在应用层检查请求，实时检测并阻断攻击。与 IAST 非常相似，运行时应用程序自我保护（RASP）在应用程序内部运行。它的检测重点不是在测试周期中检测攻击，而是在生产运行时检测攻击。攻击可以通过监控和警报进行报告，也可以主动阻止。RASP 产品通常在应用程序上下文中进行解包和检查应用程序请求。可以在多个执行点分析完整的请求，执行监控和阻止，有时甚至更改请求以去除恶意内容。完整的功能可通过 RESTful API 访问。防止所有类型的应用程序攻击，并确定攻击是否会成功。RASP 工具可以查明漏洞所在的模块，还有特定的代码行。RASP 警报有助于安全信息和事件管理（SIEM）。

（11）容器安全

容器安全是保护云原生环境免受漏洞和主动攻击威胁所需的安全工具。可以说容器技术的发展极大促进了云计算的发展，容器交付模式也大大缩短了应用程序开发周期。对于镜像，可以通过镜像扫描扫描出镜像漏洞；镜像签名可以防止镜像被恶意篡改；制作没有漏洞的基础镜像，确保多个项目应用的基础镜像是安全的。最小权限确保了应用程序所在的容器是以非 root 权限运行的。

容器安全工具可完全集成到构建和部署管道中，提供针对容器镜像的漏洞管理功能，实现并强制实施合规性。容器安全工具能保护容器的完整性，包括从其承载的应用到其所依赖的基础架构等全部内容。通常而言，组织拥有持续的容器安全包含以下方面：保护容器管道和应用；保护容器部署环境和基础架构；整合企业安全工具，遵循或增强现有的安全策略。

（12）模糊测试

模糊测试（fuzz testing）是一种介于完全手工渗透测试与完全的自动化测试之间的安全性测试类型，能够在一项产品投入市场使用之前对潜在的应当被阻断的攻击路径进行提示。

（13）应用安全测试编排（Application Security Testing Orchestration，ASTO）

应用安全测试编排由 Gartner 首次提出，目前该技术和工具还处于较为初始的阶段。其目标是对生态系统中运行的所有不同的应用安全测试工具进行集中、协调的管理。ASTO 综合管理 SAST/SCA/IAST/DAST 等各种安全工具的检测能力，完善与开发工具链条的集成与自动化能力，提供安全能力编排方案。用户自定义编排安全检测的手段、工具与其他安全产品的自动化集成响应。

（14）应用安全性测试即服务（ASTaaS）

ASTaaS 的发展动力主要来自云应用程序的使用，在云应用程序中，用于测试的资源更易于配置。随着应用开发环境的开放化以及云服务日趋成熟，更轻量级的 ASTaaS 逐渐开始被接受。在 ASTaaS 上，使用者通常仅需按需付费对应用程序执行安全测试，而不必再分别购买昂贵的私有化安全设备。该服务通常是静态和动态分析，渗透测试，应用程序编程接口测试，风险评估等安全功能的组合。ASTaaS 通常用于移动和 Web 应用程序。

（15）CARTA 平台（Continuous Adaptive Risk and Trust Assessment，持续自适应风险与信任评估）

CARTA 由 Gartner 在 2018 年十大安全技术趋势中首次提出，在 2019 年再次被列入十大安全项目，也是 Gartner 主推的一种应对当前及未来安全趋势先进战略方法。

第 62 问　DevSecOps 落地从哪些方面入手

And I was thinking to myself, this could be heaven or this could be hell.

——The Eagles *Hotel California*《加州酒店》

当今时代,各种规模的企业都在寻求更高的敏捷性和更快的速度,以加速数字化改造。实现数字化业务突破的途径在于快速发布代码以完美解决全部功能性需求,而这种高效的规模化执行方式则令企业陷入新的困境——网络攻击威胁。

通过采用 DevOps,使得应用程序开发人员能够专注于自己最擅长的事情:创建和发布新软件。与此同时,安全人员也应该继续专注于他们做得最好的事情:把攻击者阻挡在外。

1. DevSecOps 落地面临的挑战

正如 DevOps 的出现满足了新的业务需求一样,我们也需要安全领域内的新方法应对新的挑战。这些新的安全方法必须与依赖于模块化、自动化、标准化、可审计性和镜像系统的 DevOps 实践整合起来。通过将 DevOps 原则与安全原则融合,应用于新工具和新的工作流程,安全能够成为企业重要优势,有助于企业在今天快速变化的市场中获得成功。

DevSecOps 是开发安全与运维安全的合一。DevOps 的全面成功除了速度之外,还要求在质量保障、功能化要求以及安全性层面受到必要关注。这意味着企业需要在文化层面进行转变:确保安全性能够在 DevOps 初期即被纳入考量。鉴于攻击活动在强度与复杂性方面日益增长,因此必须建立一套坚实的安全架构,这将成为代码安全与质量保证的基础性前提。

知易行难,DevSecOps 在企业中的落地将面临种种的挑战:

(1) 战略与文化的挑战

对传统开发模式和安全运营模式来说,DevSecOps 实质上是一种颠覆性的模式变革,其实践的推动首先需要从战略层面推动。实现 DevSecOps 需要改变过去只有安全人员对安全负责的态度和观念,必须能让开发团队、运维团队和安全团队认识每个人都需要对安全负责。

(2) 团队协作的挑战

安全人员通常是作为独立团队存在,且与研发和运营分开。此外,在 IT 人员的概念中,安全往往会增加 IT 人员额外的工作量,拖累项目的进度甚至延期,因而 IT 人员与安全往往站在对立面。同时研发人员和运营人员大都不懂安全。由此造成的文化与意识壁垒,一时间很难打破。

(3) 知识与技能结构的挑战

DevSecOps 需要研发、运维及安全人员协作,共同承担安全职责,可站在对方的视角看待问题。但是对于研发和运维人员来说,往往缺少安全意识及技能,在系统设计开发及部署运维等环节,无法高效协同保障安全性。

(4) 研发流程的挑战

安全测试工具有很多种类,如源代码安全扫描、黑盒安全测试、开源组件安全测试、主机安全测试等。这些安全测试工具通常为独立的工具及单独的 Web 页面，需要研发人员分别登录查看漏洞及修复，部分测试工具的扫描时间可能还会长达小时级。由于安全与研发流程的割裂，便会影响 DevOps 的快速迭代。

(5) 流程与工具对接的挑战

DevSecOps 达到目标需要实现快速迭代，在开发和运营的过程中需要高度自动化。开发、运维、安全工作的工具和流程需要无缝对接。

2. DevSecOps 落地从哪些方面入手

综上所述，DevSecOps 落地路漫漫兮，面临诸多挑战。那么，DevSecOps 在落地时如何着手？总结而言，需要从组织 People、流程 Process 与技术 Technical（即 PPT 模型）等方面综合考虑。

(1) 组　织

组织层面，应该遵循以下理念和实践，并将其纳入日常活动和软件生命周期管理过程。

① 组织建设：组织阵型建设，设立安全工作组，包括安全组长、安全架构师、数据隐私工程师、安全技术工程师等角色。培养软件工程师能力，安全无小事，具备安全意识比任何事情都重要。通过组织安全培训，从公司法规、安全审计、权限管理、代码规范、应急机制等层面，让每个人明确安全的范围，每个人担负的责任。打造安全氛围，通过安全宣传周、攻守道安全直播间、安全开发 OpenDay、安全编码大赛、隐私技术沙龙等方式，将安全理念和技能构筑到每一个人体内。建立安全智库，包括代码样本库靶场、安全法律法规、安全工具体系以及最佳实践等。

② 整体团队：传统的安全方式是，只有在代码部署后才会进行测试以及安全验证，通常是一个专门的安全专家团队进行。问题是无论是团队还是流程，都与开发过程断裂，反馈问题和解决问题的速度很慢。软件现代化要求安全分析需要是持续并且自动化的，安全专家需要成为整体团队的一部分，安全可以也应该作为代码审查的一部分进行持续防护。需要打破组织孤岛。在软件生命周期的所有阶段增加团队沟通和协作。将 DevSecOps 概念和新技术作为培训内容。逐步获得所有利益相关者的认同。

③ 集体责任感：采取整体观点，打造开发，运维，安全团队共担责任、相互信任、不推诿的文化。在 DevSecOps 中，安全是整个团队的努力结果，而不是一个人的职责。

④ 特性团队：组建小规模的特性团队，遵循 two pizza team 原则。团队内部沟通高内聚，团队之间沟通低耦合。与此同时，团队之间的沟通要方便快捷，包括业务、开发、运维、安全的跨团队甚至跨部门之间的沟通。可以用实时通信工具，如微信、飞书等实现团队内、跨团队的协同工作。在整个软件生命周期中应用开发、网络安全和运营的跨职能技能集，采用并行的持续安全方法，而不是按阶段依次应用每个技能。

⑤ 无指责文化：通过在整个组织内分享正面和负面事件的事后报告，建立安全文化。团队应利用成功和失败作为学习机会，改进系统设计，强化实施，并增强事件响应能力，作为 DevSecOps 实践的一部分。共享与安全相关的报告，无论是成功案例还是失败案例，都应该在各个团队共享，通过案例研究改进系统设计，强化实施和增强事件响应能力。比如代码扫描报告，测试覆盖报告，镜像扫描报告等。举行无指责的事后分析会议。

⑥ 安全标准与能力：建立安全基线与规范，包括安全/隐私需求基线、安全设计规范、隐私设计规范、安全编码规范、安全测试规范、开源及第三方软件安全管理策略、数据分级分类标准、运营数据处理规范等。建立安全技术与能力库，包括安全风险评估方法、安全威胁库/威胁消减方案库、攻击模式库、公共安全组件库、安全用例库、安全漏洞库、基础安全公共技术研究等。建立隐私技术与能力库，包括加密/Hash、泛化/随机化/K 匿名、差分隐私/数值型差分隐私、联合学习/安全聚合/SGX、隐私产品包（隐私声明网站、数据主体权利、同意和撤销同意、个人隐私中心等）、数据源管理系统等。对标国内外标准及认证，例如 lPCI DSS/ADSS、VISA lEMV、EuroPriSe lTRUSTe、ISO27001/ISO27018、CSA STAR 等级保护，并建立企业自身规范体系。合规即代码，将合规性构建到开发和运营中，并将合规性策略和检查与审计连接到持续交付中，从而使法规合规性成为 DevOps 团队日常工作的一个组成部分。

⑦ 安全能力建设：一种方式是通过在开发和运营团队中嵌入信息安全专家做到安全能力的构筑，但是这种方式很难进行扩展，因为信息安全工程师太少了，尤其是那些可以在设计和代码级别工作的工程师。这意味着开发人员和运维人员需要在安全工具、安全原则和实践方面进行培训，帮助他们在构建和运行安全系统的工具方面承担更多责任。要进行安全工具使用、安全编码规范、安全流程、安全需求定义、制定和发布标准化安全功能的培训，以便于帮助其在不同阶段使用安全工具进行检查。

⑧ 安全文化构建：安全必须是促成因素，而不是阻碍因素。在 DevOps 中，安全不再是阻碍，而是文化的一部分，需要一个大的改变。信息安全需要更接近开发和运维，安全需要成为开发和运维的一部分，他们如何思考和进行工作的一部分。这意味着安全性必须变得更加面向工程，而不是关注审计，并且更加协作，这就是 DevSecOps 的意义所在。

(2) 流程

① 流程共识：流程需要标准化，标准的制定应该由多团队共同参与，更关键的是各团队对流程达成共识，明确各团队所承担的安全责任以及边界。明确应用生命周期中对应阶段的安全标准以及阈值设定，例如代码提交阶段的静态安全测试，持续集成阶段的动态安全测试，集成验证阶段的交互式安全测试，运行阶段的动态安全防护，从开发直至上线，都需要设置相应的安全防护机制以及相关安全门禁，一旦超出阈值设置便采取相应措施。适合跨团队的流程，方便管理的同时，也便于推广。

② 人员左移：信息安全人员通常只在软件交付生命周期的最后阶段才参与进来，这时候再实施信息安全方面的改进，往往是痛苦且代价昂贵的。信息安全人员应该在整个开发过程中与团队合作，并参与应用的设计，包括对所有主要功能进行安全性评审。使团队可以轻松用上已通过安全评估的库、软件包和工具链，并为团队提供可以参考的安全流程模板。在软件开发过程中内建安全性可以提高研发效能和安全质量。传统组织需要数周时间来开展安全审查来完成所需变更，相比之下，高效能组织将安全性内建在流程中，可以在短短几天内完成安全审查和变更。

③ 活动左移：为了跟上持续交付的步伐，安全性必须“左移”，安全相关活动应该更早地进入需求、设计和编码过程以及自动化测试周期，而不是在发布前等待和运行安全性检查。安全风险前移可促进持续交付，应该采用持续以及可持续的方式来交付安全的系统。事实证明，安全评审不会也不应该减慢开发过程。开发人员需要学习如何通过威胁建模来识别和减轻设计中的安全风险，以及如何利用应用程序框架和安全库中的安全特性来预防常见的安全漏洞，

如脚本注入等攻击。OWASP 和 SAFECode 社区提供了许多有用的免费工具、框架和指导，帮助开发人员处理系统中常见的应用安全问题。

④ 贯穿始终：安全治理贯穿在整个生命周期中，积极评估和管理与任务计划相关的风险。流程设计是多学科团队的集体努力，为了建立安全性，团队应在整个软件开发过程中执行测试来发现安全问题。安全治理活动不会在发布上线之后停止，而是在整个软件生命周期中继续进行，包括运维和监控。

⑤ 小步快跑：利用敏捷的软件原则，支持小规模、增量、频繁地更新，而不是较少的、更大的、更零星的大的发布。在 DevOps 中进行较小的变更不仅降低了故障的运维风险，还降低了安全风险。较小的变更范围更有限，更易于管理。

⑥ 因地制宜：根据业务环境、系统复杂性、系统架构、软件设计选择、风险容忍度和系统成熟度，每个应用的产品生命周期都应该有自己独特的管理流程。

⑦ 符合人性：安全性必须符合工程师的思维和工作方式，更多迭代和增量，并以简单的方式自动实现。DevSecOps 的建设也应该是一个小步快跑的过程。从小处着手，循序渐进，力求持续改进。必要时，根据流程的成熟度级别和团队对自动化的信任水平，在控制门禁设置人工干预。从较多的人工干预开始，逐步自动化，大多数流程应该通过工具和技术实现自动化，最终尽可能地减少人工参与。

⑧ 持续安全：端到端的安全交付流程不是一蹴而就的，同样是小步快跑的过程。从持续集成阶段开始，可以加入代码静态扫描，敏感信息检测步骤，然后循序渐进，再持续测试，持续交付，持续部署，持续运维，持续监控中加入相应的安全步骤。每个步骤都应该形成一个闭环，通过反馈做到持续改进。这种改进可以按照迭代的方式来进行。

⑨ 流程透明化：流程应该是高度透明的，透明有两层含义：首先是信息公开透明，这种透明，是要培养团队之间的相互信任。完全的可见性会驱动全面的信任；其次是安全防护自动化在后台执行，如果没有漏洞，安全相关的活动应该对开发者而言是透明无感知的。必须度量和量化底层基础设施的安全风险，以便了解软件应用程序的总体风险和影响。

(3) 技术

① 工具：DevSecOps 驱动了自动化的执行，而自动化离不开工具的支撑。前面已经介绍了 DevSecOps 金字塔以及众多的工具，可以执行软件生命周期中的大部分任务，而无须人工参与。除了安全测试相关的工具以外，其他的例如协作和通信工具同样重要，可以促进和帮助人与人之间的交互以提高生产力。一些 DevSecOps 工具旨在帮助处于特定生命周期阶段的活动。例如，用于开发 IDE 的安全插件，或用于构建阶段的静态应用程序安全测试工具。

② 技术：我们熟知的安全技术包括静态应用安全测试、动态应用安全测试 DAST、交互式应用安全测试。容器与编排技术让环境的实例化可以从配置文件进行编排，而不是一次手动设置一个组件。基础设施即代码技术让基础设施环境的生成和配置可以从基础设施配置文件、工具配置脚本和应用程序运行时配置脚本得到。采用与 IaC 相同的方法，安全团队将安全策略直接编程到配置代码中，并将安全合规检查和审计作为代码来实现，这称为安全即代码(Security as Code)，或合规即代码(Compliance as Code)。IaC 和 SaC 都被视为软件代码，需要经历严格的软件开发过程，包括设计、开发、版本控制、同行评审、静态分析和测试，以保证环境和配置的安全与不可篡改。

③ 自动化：DevSecOps 的目标是将安全控制尽可能、自动化、透明地并入 DevOps 周期

内,并且不会妨碍 DevOps 的灵活性,同时满足管理安全风险的要求。技术和工具在 DevSecOps 实践中扮演着关键的角色,它们不仅使软件生产自动化成为软件工厂的一部分,而且还允许操作和安全流程编排,缩短软件生命周期并且提升效率。尽可能多使开发和部署活动自动化,消除瓶颈(包括人工瓶颈)和手动操作。我们需要采纳自动化和自主的安全措施,以便于让安全能力能够规模化。安全需要尽可能减少人工参与,应该作为持续交付的一部分尽可能自动化。尽可能采用相应的工具实现自动化,以此减少人工干预。比如静态安全测试(SAST)、动态安全测试(DAST)等工具,业界都有较为成熟的工具以及实践可供选择。将其进行自动化改造,融入到 CI/CD 流水线中,做到持续测试。持续的监控和分析是使整个循环快速运转的核心。

第 63 问 DevSecOps 有哪些最佳实践和原则

The wind of change. Blows straight into the face of time. Like a stormwind that willring the freedom bell. For peace of mind.

——Scorpines *Wind of Change*《变革之风》

技术、实践以及相关工具的采纳,对于 DevSecOps 而言至关重要,我们将在这里将进一步介绍 DevSecOps 的最佳实践以及原则。

1. 安全左移

DevSecOps 相比于 DevOps 最大的一个特点就是安全地全流程融入。在传统开发模式下,安全都是在开发的最后阶段介入,甚至上线之前。大多数金融机构对信息技术安全采取的方法是“扫描,然后修复”,在很大程度上依赖瀑布式的安全审查,在交付测试后扫描代码,在系统上线前测试系统。

在 DevSecOps 中,需要在软件开发的整个生命周期中都融入安全意识及操作,从设计到上线之后的运维、监控阶段,安全贯穿始终。安全并非是一个阶段,而是一种活动,安全性需要纳入开发和运维,并植入在持续交付流水线中。

安全的活动左移需要在软件开发的初期就介入进来。从安全需求定义、威胁建模、安全扫描、安全黑盒测试等多方面进行安全能力内建,如安全需求导入至统一需求管理流程与工具、安全测试工具集成到 CI 持续集成和 CD 持续部署、安全漏洞结果导入到缺陷管理工具等,由此顺利衔接安全与研发相关工具及流程。

无论称为 DevSecOps 或 DevOpsSec 或是其他的什么名称,DevOps 中安全性的保障都基于将安全基因植入各团队,各种角色以及各流程阶段中。打破开发、运维和安全、合规以及风控团队之间的壁垒,将他们聚集在一起解决安全问题。将安全控制和检查提前转移到设计和开发中。在持续集成和持续交付中进行安全测试和安全自动化检查,包括对依赖项的安全检查,利用基础设施即代码和持续交付来标准化和保护运行时环境,利用持续交付中的日志记录和工作流控制,为监管人员提供安全检查的审计跟踪。将安全性连接到应用程序运维监控和反馈循环中。

真正端到端的 DevSecOps 自动化工具链也需要与流程框架以及软件业务及架构形态紧密地关联起来，利用自动化工具承载向左移动，端到端的威胁建模，构建安全测试流水线，加入例如静态应用安全测试、动态应用安全测试、漏洞扫描（组件漏洞、注入漏洞）、渗透测试等，并结合安全专家进行人工攻击测试。

2. 安全扫描一切

Everything as Code，一切皆代码所带来的好处是显而易见的，自动化、标准化、防篡改、可追溯。这对于 DevSecOps 而言也是至关重要的实践。代码化一切的结果就是除了应用代码之外，我们还会有脚本和模板等代码形式，同样需要将脚本、模板当作敏感代码对待。扫描脚本存在的错误和存在的风险包括入式证书，加密密钥等这些明显的、可避免的风险。

Versionlize Everything，版本化一切，可确保 DevOps 的团队有良好的版本控制（方法和工具），以确保应用程序部署到现场环境中的所有软件，有明确的问责制和可追溯性。与此同时，基础设施已经变成可编程的代码，各种脚本也需要进行安全管理，需要将版本控制的范围扩展到自动化部署工具的配置、基础设施的安装和监控配置方面。

Puppet 与 Chef 脚本的编写和审查同样需要考虑安全性，部署脚本的单元测试应该包括安全检查，建立标准的强化步骤，而不是依赖脚本或手工清单。

3. 加固流水线

高度的一致性、完整性并且受监管的环境，在 DevOps 中很大程度上依赖于持续交付流水线以及相应的审计跟踪和检查。因此，必须确保流水线自身的完整性和安全性，将构建和部署流水线视为生产运维环境的扩展，因为攻击者会这么做。

(1) 全流程监控，即从代码签入到应用部署，每个步骤都必须经过审核并且记录日志。这些审计日志需要归档，作为记录保留的一部分。

(2) 身份与权限管控，即必须能够证明执行某项操作的每个人的身份，记录签入代码、代码审阅者、代码的合并以及推送到不同环境等活动以及执行者。不允许匿名、公开地访问构建流水线。需要确保 CI/CD 流水线及其创建的所有工件的完整性，包括版本控制系统、持续集成服务器配置、二进制文件和系统配置数据、依赖项的制品库、注册表以及所有的日志等。

(3) 保证干净的环境，即在构建和测试等过程中，使用凤凰服务器等实践。利用诸如 Ansible、Chef 等工具在需要时自动调配和配置服务器，确保服务器始终处于已知和可复制的状态，然后在工作完成后将其拆除，以减少受攻击面。强化所有工具及其运行的基础设施，永远不要依赖供应商的默认设置。

(4) 扫描漏洞及配置文件，即将自动扫描所有已知的漏洞和配置问题作为持续集成过程的一部分，扫描系统镜像中的所有内容，包括基本操作系统，应用平台和容器，确保不存在已知的关键漏洞。用反漏斗扫描集成到持续集成，确保恶意代码没有被引入到开发过程中的镜像。

4. 安全的基础设施即代码

在对基础设施进行更改时，需要遵循相同的思路和控制。锁定生产环境的基础设施和服务，信息安全架构师应该与 DevOps 的团队合作，采用不变基础设施的设计理念，自动完成全部的对环境的更改。能够简单地以一种自动化、系统化的方式完成新老镜像和示例的替换。

部署不可变更的基础设施,如容器等。不可变基础设施的概念是一种 IT 战略,在这种战略中,部署的组件被整体替换,而不是就地更新。部署不可变的基础设施需要对通用基础设施组件进行标准化和仿真,以实现一致和可预测的结果。这可以使用配置管理工具轻松完成,如 Puppet、Chef 和 Ansible。这些工具通过使用模板使得在整个环境中设置一致且标准化的配置变得非常简单,从而最大限度地降低未打最新补丁的服务器被黑客利用的安全风险,以及服务器设置不正确的操作风险。这意味着,当例如 OpenSSL 报告安全漏洞时,我们可以很容易识别哪些系统需要打补丁并加以推送。

环境的所有配置信息在统一的代码仓库中,受版本控制,提供文件完整性监控。同时工具也提供对配置漂移的控制,它们持续审核运行时配置,以确保它们与环境定义相匹配,在出现不一致时发出警报,并自动纠正。

通过 IAM 和基于角色的权限控制实现职责分离,定义和分配不同的必需角色,用于开发与生产。在理想情况下,没有人直接触及现场环境。在采用零信任原则的基础上负责和审核产品更改,可以通过使用审计日志和配置库(如 Git)来实现验证。

5. 开源治理

系统的安全依赖于其各个部分,所以我们需要考虑的是软件供应链安全。开发团队大量利用开源三方库来减少开发时间和成本,这就意味着他们同时也从其他人的代码中"继承了"质量问题和安全漏洞。开源软件已经无处不在了,我们所有用到的软件和技术都绕不开开源,开源生态已经渗透到企业的方方面面。

根据 Sonatype(负责管理全球最大的开源软件 RepoCentral Repository)的说法,如今多达 80%的应用程序代码来自于开源库和框架,其中很多代码都存在严重的问题。在 2015 年,来自十万个不同组织的 310 亿次下载请求中,每 16 个下载请求中就有一个是针对包含至少一个已知安全漏洞的软件组件。与此同时,Sonatype 发现大型金融服务组织等企业平均使用 7600 家不同的软件供应商,每年平均采购 23 万个"软件部件",可想而知,这里面隐藏了多少安全漏洞。RepoCentral Repository 中超过 5 万个软件组件存在已知的安全漏洞。在超过一半的开源项目中,安全漏洞从未被修复,即使是项目正在被积极维护。每天有 1 000 个新的开源项目被创建,并且其中 50 个开源软件中被报告存在新的关键漏洞。

新思科技在 2020 年审计了 1 546 个代码库,平均每个代码库有 158 个漏洞,扫描到的这些漏洞平均年龄是 2.2 岁,也就意味着这个漏洞发生了两年多了,你都还不知道,但是黑客知道,同时你的产品带着"漏斗"上线了,这就是现实。

大多数组织不了解自己使用的是什么组件,也不了解面临的风险。你需要知道自己的应用程序中包含哪些开源代码,以及这些代码何时发生变化,并且需要检查这些代码是否存在已知的安全漏洞。一些开源工具,如 OWASP 的依赖检查,以及 BlackDuck、Sonatype 等商业工具可以连接到 CI/CD 流水线中,检测开源依赖关系,识别已知的安全漏洞,并在发现严重问题时自动使构建失败。

同时,需要在企业内部建立起开源控制机制,内部各产品各自用到哪些开源组件?版本是多少?这些开源软件的来源是什么?从哪里下载的?最好在内部建立一个开源共享库,甚至是内源机制。统一开源与内源组件的版本管理,哪些是推荐版本,哪些是抢占要求更新的版本,哪些是已下线版本要求清退的。

扫描第三方开源软件，扫描所有应用程序、系统映像、虚拟机和容器所使用的操作系统、应用平台或应用本身中使用的开源第三方软件中未知、包含的或缺陷。实施“安全防火墙”，积极主动地防止从 Maven、Github 或其他开源软件下载和使用存在已知安全的漏洞的代码。

6. 安全右移

安全左移还不够，安全活动不会随着开发或部署而结束，DevOpsSec 的另一个关键部分是将安全性与应用程序监控、度量以及运行时检查联系起来。

许多企业的安全监控由安全运营中心负责，由专职关注网络流量异常的安全分析师进行。这还不足以做到安全性，还需要与应用程序和运维监控联系起来，以便在上下文中识别和捕获探测和攻击。

使用类似 OWASP 的设计框架在应用程序中构建检测和入侵检测，当应用程序受到攻击以及其他异常对运维人员及开发人员可见。试着理解攻击者，根据攻击者在生产中正在做什么或试图做什么，了解你需要将安全精力集中在哪里。

将运行时安全检查作为应用程序运维的一部分，采用例如 Netflix 的安全“猴子”及“合规猴子”，可以进行线上环境的持续自动检测。这些猴子通过规则驱动，自动监控运行时环境，检测配置更改并确保与预定义的规则相匹配，检查任何违反安全策略和常见的安全配置缺陷，或是偏离合规要求的配置。

7. 降低学习曲线

如果你想让开发人员更加主动对应用程序的安全性负责，需要给他们简单易用并且易于访问的工具，这些工具可以独立和增量地被采纳，并提供快速和易懂的反馈。

大多数安全防护采用 DAST 自动化工具扫描应用程序的安全漏洞，但它们在持续集成或持续交付中并不能很好地发挥作用。这些工具中大多数是由安全分析师或测试人员运行，而非集成在 Jenkins 这样的持续集成流水线中。

这就意味着 SAST 静态分析安全测试成为持续交付的首选安全扫描技术。开发人员可以利用 IDE 插件，在开发时查找安全漏洞，例如 Coverity、Klocwork、Fortify 的插件，可以方便在编写代码时捕捉安全问题和常见的编码错误。

也可以将增量静态分析预提交和提交检查置入到持续集成中，以尽快捕获组件错误和安全的反模式，而完整的扫描可能需要几个小时才能完成，通常需要在流水线之外单独运行。重要的是这些工具在后台自动运行，不会独立占用开发人员时间。但是需要注意最小化误报，以便为开发人员提供清晰、可操作、是否通过的反馈。

8. 面向开发人员进行优化

使应用程序安全更接近于开发人员，在开发过程中解决安全问题，需要尽可能向左移，早期消除缺陷。向开发人员靠近，与个人构建和单元构建自动化集成，融入开发流程。将缺陷修改、建议和培训推送到桌面，实现问题的精准指导。

缩短测试时间，做差异或增量扫描，减少所执行的测试的范围，相应也减少了保存时间。不同于安全团队的测试，对于 CI/CD 集成流水线中内嵌的安全测试，关注的焦点应在快速且频繁的安全测试，而非以彻底安全为目标。

80/20 原则,安全活动并非越多越好。需要控制规则集,优化检测规则,重点关注高风险和低误报的缺陷检测(例如外部输入校验、缓冲区溢出、空指针引用),以减少误报和运行时间,让团队可以正确快速的识别出问题,只需提供高价值低误报的结果。

第 64 问　软件生命周期各阶段有哪些安全措施

Yesterday has been and gone, tomorrow will I find the sun, or will it rain.

——Ozzy Osbourne *Goodbye to Romance*《再见浪漫》

根据 Gartner 的 DevSecOps 模型,安全活动匹配到软件生命周期过程。目标是打造产品端到端全生命周期安全隐私可信治理框架,构建过程透明、结果可追溯能力,支撑产品持续可信、高效、高质量交付,建设用户可信任的安全能力。如图 163 所示,软件全生命周期的安全防护可以分为 10 个阶段:计划、创建、验证、预生产、发布、配置、检测、响应、预测、适应。

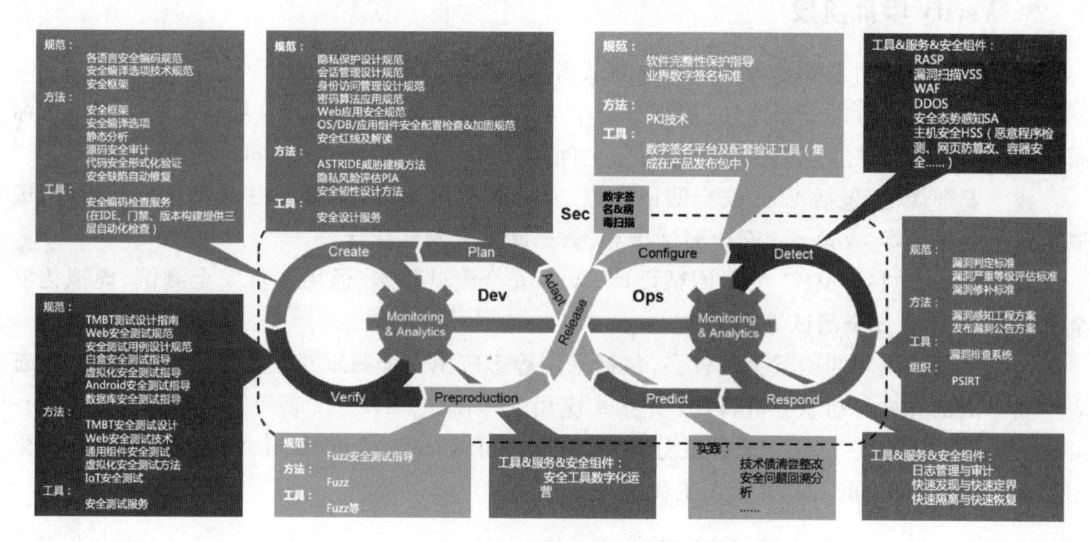

图 163　软件生命周期各阶段安全措施

1. Plan 计划阶段

计划阶段是 DevSecOps 的第一个阶段,主要关注的是开发前的安全动作,包括安全需求、安全设计、安全策略等。Gartner 官方工具链模型主要包含有偿还技术安全债务、安全开发衡量指标、威胁建模、安全工具培训等。

安全需求,包括必备特性/敏感特性、高阶威胁建模、评估安全与隐私风险、制定安全质量门限。

安全设计,包括安全架构设计原则、安全/隐私基线及规范遵从、低阶威胁建模、安全设计检视、开源/第三方软件选型等。

安全规范,包括隐私保护设计规范、会话管理设计规范、身份访问管理设计规范、密码算法应用规范,Web 应用安全规范、OS/DB/应用组件安全配置检查与加固规范、安全红线及解读。

培训开发人员了解安全编码的基础知识如何构建和维护简单的“威胁建模”场景输入白名单、过滤、净化 SQL 注入跨站点脚本跨站点请求伪造凭据管理。学习安全相关方法与实践，包括 ASTRIDE 威胁建模方法、隐私风险评估、安全韧性设计方法。

2. Create 创建阶段

创建阶段主要就是指编码阶段，主要进行安全编码及检查，旨在在编码阶段进行安全风险的消除。

安全编码实现，包括编码规范遵从、代码扫描及告警清理、代码安全检视、编译器安全选项遵从等。将安全嵌入开发人员生态系统，确保安全工具嵌入开发人员查看分配的安全问题和建议，直接修复问题，确保安全漏洞与缺陷相关联，作为构建过程的一部分自动调用安全工具。

安全规范，包括各语言安全编码规范、安全编译选项技术规范、安全框架等。

安全相关方法，包括安全框架、安全编译选项、静态分析、源码安全审计、代码安全形式化验证、安全缺陷自动修复。

3. Verify 验证阶段

验证阶段的活动主要是各类的安全测试活动。

在每次变更中考虑安全性，在规划过程中嵌入安全性，确定监管和合规性要求在整个生命周期中跟踪，执行“威胁建模”，优先考虑安全问题，确保所有变更的完整审计跟踪。

建立安全规范，包括 Web 安全测试规范、安全测试用例设计规范、白盒安全测试指导、虚拟化安全测试指导、Android 安全测试指导、数据库安全测试指导等。

安全方法，包括 TMBT 安全测试设计、Web 安全测试技术、通用组件安全测试、虚拟化安全测试方法、IoT 安全测试等。

这个阶段可采用的测试手段较多，包括采用静态应用安全测试对代码进行规则扫描，动态应用安全测试等进行动态分析，以及交互式应用安全测试(IAST)、应用安全测试(AST，Application Security Testing)、软件成分分析(SCA，SoftwareComposition Analysis)等。除了采用工具，重要的模块也需要引入人工代码评审机制。

4. Preproduction 预发布阶段

预发布是测试转生产之间的阶段，与测试阶段不同的是，预发布环境类生产环境与生产环境保持高度的相似，其等同于独立部署的非对外公开的生产环境，甚至可以作为生产环境的备份。预发布阶段主要包含有混沌工程、模糊测试、渗透测试、集成测试等活动。

在此阶段，应加固持续交付基础设施，管理和锁定开发代码仓库，版本控制一切，存储和管理可部署制品，通过代理、中继、SSH 安全部署。

预发布阶段需要作发布前准备，包括最终安全审视、制定安全应急响应计划、制定操作和维护指导安全文档等。

5. Release 发布阶段

发布阶段主要动作是软件签名，病毒扫描，通过加固的流水线进行产品的发布。如果是持续部署落实到位，这个步骤应该是简单的一键发布的过程。

6. Configuration 配置阶段

配置阶段在最新的模型中被调整为预防阶段。该阶段主要包含有签名验证、完整性检查和纵深防御。对于配置的管理,需要保障其完整性、一致性、端到端可追溯。

安全规范包括软件完整性保护指导、业界数字签名标准等,如可配套使用数字签名平台及配套验证工具(集成在产品发布包中)。

7. Detect 检测阶段

上线之后,就从开发阶段的预防,切换到运维阶段的检测。这个阶段更符合传统安全相关的监控与防控动作,主要包含网络流量监控、渗透测试、漏洞扫描、主机安全 HSS(恶意程序检测、网页防篡改、容器安全……)等。在漏洞发生之前识别漏洞,以便在威胁成为问题之前处理它们。

与此同时,在运行阶段,需要进行身份管理和认证控制。身份管理指的是创建、管理和删除等任务所需的身份和权限。为了审计的目的,身份管理任务中的所有活动都应该记录在日志中——不仅包括人触发的活动,而且要包括通过工具或者脚本执行的活动。服务或者微服务之间的调用也需要认证。

认证控制的目的是验证你确实是你所说的那个"你",但认证体会却因为大量的原因而变得复杂。"你"可能代表你的系统。"你"可能不能够被系统唯一地识别出来,相反,"你"可能是一个角色。你的认证机制(例如密码或者证书)可能已经被泄漏了。你可能不再是一个雇员或者系统的授权用户了。

8. Respond 响应阶段

在响应阶段,安全动作主要包含安全编排、代码混淆、漏洞排查等,建立安全应急响应机制,持续提升应急响应能力,建立安全生态环境。安全规范包括漏洞判定标准、漏洞严重等级评估标准、漏洞修补标准等。采用的方法有漏洞感知工程方案、发布漏洞公告方案。此阶段采用事件响应流程,事件发生后持续监控应用程序和基础设施,创建可操作的警报,确定谁需要响应以及需要采取什么行动。

9. Predict 预测阶段

预测阶段主要涉及漏洞相关性分析与威胁情报等问题,可采用日志管理与审计、快速发现与快速定界、快速隔离与快速恢复等方法进行相关处理。

10. Adapt 适应阶段

适应阶段主要强调安全技术债务、修改应急响应方案、安全防御方案等。这个阶段也是PDCA 环的优化与调整阶段,主要是基于整体 DevSecOps 实施情况,以及过程中出现的问题,进行持续的适配改进与调整优化。制定技术债清偿整改策略,进行安全问题回溯分析,无指责的事后分析会议等。

第 65 问　DevSecOps 有哪些行业案例

I want to live. I want to give. I've been a miner for a heart of gold.

——Neil Young *Heart Of Gold*《金子般的心》

DevSecOps 是 DevOps 在安全与合规层面的延伸，对于安全与合规最为关注的莫过于金融行业了。如果说在金融行业都有可以很好实施 DevOps 的案例，是不是意味着为其他行业扫清了障碍与借口呢？

事实上，DevOps 在金融行业落地已有多年，我们看到 Capital One、荷兰 ING 集团、LMAX 等案例，都可以说是 DevOps 在金融领域的"独角兽"，而他们在满足金融合规类诉求层面，也有诸多的实践可供参考。

1. Capital One

Capital One 的敏捷实验始于 2011 年末，一开始只有两个试点团队，紧接着越来越多的团队接受敏捷开发的培训。Capital One 开发人员遵循的是规模化敏捷框架(SAFe)。他们利用了 SAFe 中系统团队的理念，在每个项目中创建专门的 DevOps 团队帮助简化开发和运维之间的交接。建立和管理开发和测试环境，自动化构建和部署过程，以及发布管理，充当"空中交通管制员，在出租车中导航"。

最初，集成测试、安全测试和性能测试都是由独立的测试团队在开发冲刺之外完成的。他们逐渐将这种测试引入专门的 DevOps 团队，并将其自动化，将所有测试前移到开发冲刺阶段，将行为驱动/验收测试驱动的开发和布线集成、安全性和性能测试纳入连续交付流水线。如今，Capital One 有超过 700 个遵循持续交付的敏捷团队，有些团队每天向生产推送变更多达 20 次。

2. 荷兰 ING 集团

荷兰 ING 集团对其原有的应用产品组合进行了合理化，消除了大约 500 个重复应用。采用持续交付与开发运维一体化，将开发人员和运维人员合并成 180 个跨职能工程团队，负责设计、交付和运维不同的应用程序。从移动和网络应用程序开始，然后逐步转向核心银行功能，如储蓄、贷款和往来账户。将发布周期从每年几次缩短到每隔几周一次。过去需要 200 d 的基础架构设置现在可以在 2 h 内完成。与此同时，他们大大减少了停机时间。

3. 伦敦多资产交易所(LMAX)

伦敦多资产交易所(LMAX)是英国一个高度监管的外汇零售市场，Dave Farley(《持续交付》的合著者)在这里帮助开创了持续交付模式。LMAX 的系统是遵循敏捷最佳实践从零开始构建的：测试驱动开发(TDD)、结对编程和持续集成。但是 LMAX 更进一步，自动将代码部署到集成、验收和性能测试环境中，构建了一个持续交付流水线。

LMAX 已经全力投入自动化测试。每个构建运行 25 000 个单元测试，包括代码覆盖率失败、简单的代码分析(使用像 FindBugs、PMD 和定制架构依赖检查工具)和自动化集成健全性检查。提交的每一段代码都必须通过所有这些测试和检查。自动挑选出最近的、好的构建,并提升到集成和验收测试。在测试集群上运行着超过 10 000 个端到端测试,包括 API 级验收测试、多级性能测试和故障注入测试,这些测试有选择地使系统的某些部分出现故障,并验证系统在不丢失数据的情况下正确恢复。以往超过 24 h 的测试,现在可以在不到 1 h 的时间内并行执行完毕。

如果通过所有的测试和评审,本次构建将被标记。所有的构建都保存在一个安全的存储库中,包括相关的二进制文件(比如 Java 运行时),一切都在版本控制中被跟踪。

质量保证可以在构建中进行手动探索性测试或其他类型的测试。然后,运维部门可以将标记通过的构建从开发存储库拉到他们单独的安全生产存储库,并使用相同的自动化工具部署到生产中。每两周一次,选择在交易时间之外的一个周六,发布到生产环境。

4. Wealthfront 财富前沿

Wealthfront 财富前沿是 DevOps 的另一个典型案例,它展示了 DevOps 的想法和实践在金融服务中可以走得很远。Wealthfront 从一开始就是用 DevOps 的想法构建的。它遵循持续部署,由开发人员直接推出变更,每天 10 次、20 次、50 次或更多次,就像在 Etsy 一样。和 Etsy 一样,Wealthfront 也有一种工程驱动的文化,鼓励开发人员在工作的第一天就将代码更改推送到生产中。但这一切都是在一个处理投资资金和私人客户记录的高度规范的环境中完成的。

Wealthfront 是怎么做到的?通过遵循 DevOps 中描述的许多实践和想法,并且将其做到极致。

Wealthfront 的开发人员痴迷于编写好的、可测试的代码。他们执行一致的编码标准,运行静态分析(依赖性检查,识别禁止的函数调用,使用像 FindBugs 和 PMD 这样的工具进行源代码分析,以发现坏代码和常见的编码错误),并审查所有代码更改。他们从一开始就遵循测试驱动开发来构建广泛的自动化测试套件。如果代码的关键区域的代码覆盖率太低,构建就会失败。每隔几个月,会举行"修复日"来清理测试,并提高关键领域的测试覆盖率。对于基础设施的变更,使用 Chef 遵循基础设施即代码进行实践。

工程师的首要任务是优化安全性以及速度,该公司不断的投资平台和工具,使工程师能够轻松地以正确的方式完成工作。他们定期暗发布新功能;他们使用金丝雀部署逐步推出变更;而且构建了一个运行时"免疫系统",正如精益创业方法论中所描述的那样,在部署变更后,如果监控日志和关键的应用程序和系统指标看起来有问题,就自动回滚最近的变更。

Wealthfront 没有运维人员或质量保证人员,系统由工程师设计、开发、测试和运行。所有这些听起来更像是一家工程驱动的互联网初创公司,而不是金融服务提供商。

5. Intuit 的 DevSecOps

当 Intuit 决定采用云计算时,他们花时间试验和了解了平台是如何工作的,为其他团队创建了批准的服务和工具白名单,并构建了一套安全的模板、工具和工作流帮助工程团队完成工作。Intuit 的安全团队在其成功迁移到云的过程中发挥了重要作用。

安全团队持续扫描和评分 Intuit 的所有系统的安全性和合规性,并发布跨产品安全记分卡，以便工程团队及其他人员知道他们是否以及何时会承担不必要的风险。当他们发现安全漏洞时，安全团队会将它们直接放入工程团队的待办事项中，这样它们就可以像其他缺陷一样被先验化和修复。

Intuit 还会在每周的第一天进行安全战争演习，红队是一个由熟练的攻击者和安全专家组成的小组，他们在一周内识别目标系统并建立攻击计划，并每周五在内部公布其目标。负责防御这些系统的蓝队通常会在周末进行准备工作，自行寻找和修复漏洞，让红队的工作变得更加困难。红队周一练习结束后，团队聚在一起听取汇报，回顾结果，并制定行动计划。然后又重新开始。这个过程不仅能识别真正的问题并确保问题得到解决，还能发挥 Intuit 的事件响应和取证能力，以便使安全团队随时准备应对攻击。

6. 美国国防部 DOD 企业 DevSecOps 战略指南

2021 年 3 月，美国防部(简称 DoD)发布《国防部企业 DevSecOps 战略指南》《DevSecOps 基础》《DevSecOps 参考设计》等相关支撑文件，提出了国防部全面应用 DevSecOps 的原则，为 IT 能力提供方、消费者、应用开发团队和授权官方组织提供教学、最佳方案及实施和运行指南。

《国防部企业 DevSecOps 战略指南》等系列战略文件提出 DoD 应用 DevSecOps 的指导原则，如图 164 所示，对 DevSecOps 的定义、优势、应用原则进行了梳理，并重点强调了软件供应链和软件工厂概念。DoD 推荐 DevSecOps 作为整个部门未来软件开发工作的最佳实践。

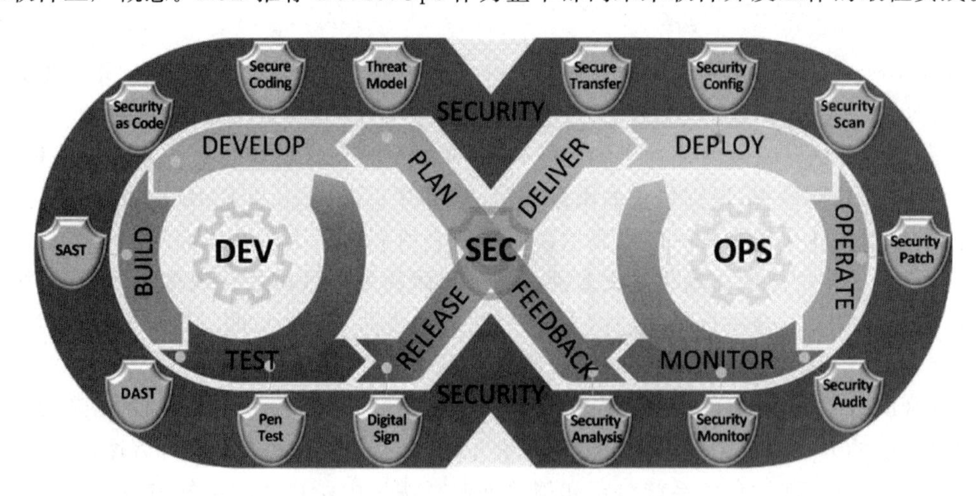

图 164　美国国防部 DOD 企业 DevSecOps

现代网络战要求具备快速、安全地更新软件产品的能力，依赖于高质量、安全、经过认证的软件，DevSecOps 是实现这一目标的最佳方式，DevSecOps 将重新激活国防部的软件开发。

DoD 采纳 DevSecOps 的原因之一是 DevSecOps 可以提高安全性，能够更迅速地应对安全威胁；内嵌安全到应用程序中；允许更加快速的更新软件，加快部署速度；让新功能更快地发布；良好应对网络战争等新威胁；不在部署速度上落后于对手。

7. 美国国防部 DOD 软件现代化战略

与此同时，DoD 依次发布了数字现代化战略，云战略和软件现代化战略等多个相关规划。

软件现代化的愿景很简单——以相关的速度提供弹性软件功能。弹性意味着软件是高质量和安全的，能够承受和恢复面对挑战的条件。相关性速度意味着保持竞争优势所需的加速交付。

现代作战系统都有一个共同的组件并且关键的依赖就是软件。软件可以用作增速器，实现精确的杀伤力和更快的决策。但是，软件可能需要数月或数年的时间来更新产品，这可能会成为一个严重的障碍，既延迟了重要的新功能，也造成了网络安全漏洞。从部署软件开始，漏洞就开始出现在软件组件中，例如操作系统，库和其他软件组件。在网络战争中，必须能够尽快更新和修补软件。使用旧的构建和部署软件的方式是不可能的，而部署新版本可能要花费数月甚至数年。

DoD 认识到，迫切需要重新思考软件开发实践和文化，利用商业部门提供新的方法和最佳实践。

“谁能最快地实现软件定义的军事能力，谁就在未来的冲突中处于优势地位。我们必须将开发周期从数年缩短到数月，以便我们能够在面对威胁的观察—导向—决定—行动（OODA）循环内作出反应和响应。诸如 DevSecOps 之类的敏捷方法可以实现这种快速循环方法。”

8. 从 SDL 到 DevSecOps，微软的安全方法论和工具演进路线

微软安全可信软件开发历史可以追溯至 2002 年的 TWC，2002 年 1 月 15 日，在 Windows 计算机和浏览器遭到一连串的蠕虫和病毒如代号红色（Code Red）和“Anna Kournikova”的高调攻击之后，盖茨（Bill Gates）向所有员工发送了一份邮件作为备忘录，提出了“可信赖计算”，提出安全的 4 个关键领域：安全性、隐私权、可靠性和业务完整性。并且宣布微软内部进入紧急状态，新版停止开发，8 500 名工程师参加安全编码规范培训，员工从开发代码上转移到识别和修正漏洞，将安全性作为他们工作中最为重要的一项指标。

此次中断让微软付出 1 亿美元代价，这标志着当时世界上最大的软件公司对其产品安全性的看法已经发生了改变。微软首先开始尝试用系统化的思想避免产生有漏洞的产品，减少”攻击者”滥用它所创建的各种操作系统和工作的机会。为了执行可信赖计算，逐步引入形成了 SDL（安全开发生命周期）。

微软的安全开发生命周期管理开发框架 SDL（Security Development Lifecycle）成了业界标准之一。SDL 的目的在于保证服务底层的软件在全生命周期的设计和开发活动都具备安全意识。2009 年之前 SDL 只是一个过程框架，2009 年首次对外发布几个相关工具。2012 年，TwC2.0 发布，认为关注点已经变为“和谐、冲突、相关性、复杂性”。此后微软认为 SDL 已经融合到开发工具中，2014 年 SDL 专职推行团队解散。

随后 SDL 演进为 OSA（Operational Security Assurance）。OSA 是微软的运维安全框架，旨在保证服务的部署和运维的全生命周期内都包含有效的安全实践。融合了安全响应机制、网络威胁认识、运维全球 DC 经验等。2013 年 SA 第一个版本发布，最新版本 2018.9 发布，OSA 最终未完全工具化。

1ES（One Engineering System）是微软云战略转型下建立的统一研发工程工具体系。为符合云战略，微软原先的 VSTS 也在 2018 年正式更名为 Azure Devops，同时 SecureDevops-Kit for Azure（AzSK）套件发布，微软对外提供安全工程解决方案 SecureDevOps：包括 SDL、OSA、SecureDevops 开源和咨询服务。

微软方法论和工具演进路线是:SDL→OSA→Secure DevOps,这是一脉相承的。与此同时,微软可信开发过程演进路线是:面向角色→面向开发活动→Build in DevOps。

一开始微软SDL定义安全是每个人的工作,并面向角色(PM、开发、测试)针对安全改进定义了相关的实践。进一步,微软意识到一刀切无法适合所有开发方法,SDL开始面向开发活动定义更灵活的实践集,这些实践集已被证明对安全有改进作用,对采用传统瀑布或新的敏捷开发方法都适用,然而,除了在定义上考虑了生产环境,SDL不包括运维工程师的活动。

DevOps方法改变了这一切,开发和运维紧密集成保证快速和持续的给最终用户交付价值,DevOps替代了烟囱式的开发和运维,建立全功能团队共享实践和工具以及KPI,在快速变化的环境中交付高安全的软件和服务,安全也需要同样的响应速度变得极其重要。为达到此目标,一个途径就是把安全内建在开发和运维过程中,在微软,传统的SDL活动已被分布在DevOps的各个阶段。微软已经不再统一规定具体的时间,工具及方法来完成这些活动。

微软Secure DevOps的一些核心实践包括:

可结合业务场景订阅的安全开发过程:场景→活动→规则→工具。服务创建前根据不同业务和场景,形成该服务的安全活动列表。制定安全活动合规标准(漏洞修复标准),通过安全设计,转换为安全活动执行工具的检查规则。规则完全实现自动化和程序化,配置到流水线中,在开发中自动执行。

将安全测试自动化,通过工具和过程提供保障。DevSecOps工具化,集成6大安全能力:订阅/配置需要执行的安全活动;帮助写安全代码;将安全检查集成到CICD流水线中;持续监控基线和状态变化;安全开发全生命周期的监控和风险预警,提供丰富视图,生成告警和监控看板;风险治理、数据驱动改进。

以工程师和代码为中心的IDE实现工具/安全规则/知识Build in:将安全工具嵌入IDE,将工具扫描规则和安全规则对齐。IDE集成安全分析插件,给出代码函数级安全指导,可以分析和定位出安全问题的代码路径,并且内嵌如何修复漏洞的指导。开发团队和安全团队在线协作。支持定位漏洞所在代码行,找到根因。

更早进行安全规划和测试,采用安全的开发库和框架,有效的威胁建模,定义安全任务并使它成为流程的一部分,采用静态扫描工具,安全资源的管控,进行安全测试和运行时保护,对敏感代码进行代码安全审计,让安全专家参与,应用敏捷思维中融入安全考虑。

技法篇八　CD 持续交付 & 持续部署

持续部署(Continuous Deployment)是 DevOps 核心实践的第三个关键实践。持续交付是从准生产环境或者测试环境获取经过验证的特性并将其部署到生产环境中的过程,并在生产环境中作好随时发布准备。

第 66 问　持续部署,需要注意什么

There goes my heart beating, cause yo u are the reason.

——Calum Scott *You are the reason*《你就是原因》

为了使业务能够按需发布,这些特性必须在业务需要之前,在生产环境中处于等待或已验证状态。因此,部署过程与发布过程是分离的,其中部署的变更以不影响当前系统行为的方式迁移到生产环境中。这使团队能够进行较小的增量变更,这些变更可以持续部署到生产环境中,除非时机成熟,否则不会发布给最终用户。

越长的部署间隔时间,越会让每一次的部署包含更多的代码变更,就越会增加出现事故的风险,为防范就会增加更多的评审环节,如此又进一步增加了部署间隔时间,这会是一个恶性的增强回路。

“如果每次部署都很痛苦,那么就频繁多次做”,只有高频的持续部署可以颠覆这个恶性循环。

持续部署的四个子维度如图 165 所示。

1. 环境部署

部署过程需要快速、轻松、高度可靠。这是通过自动化整个部署过程实现的从服务器配置和基础架构配置到数据库脚本和代码的迁移。因此,必须在版本控制中维护所有可部署资产,并在部署自动化工具中编写所有部署步骤的脚本。

在理想情况下,部署流程在成功构建、集成和验证后由部署流水线自动触发。这使得从代码提交到生产部署的整个工作流程成为一个完全自动化的“一键式”流程。此外,组织应该能够在一天中的任何时间,一周中的任何一天以及一年中的任何一周(即使在高峰期)都可靠地部署。以下 7 种技能助力部署能力:

暗启动,在不向最终用户发布该功能的情况下,部署到生产环境的能力;

特性开关,通过在代码中实施开关功能助力黑暗启动的技术,这使在新旧功能之间切换变为可能;

部署自动化,从提交到自动部署已测试的解决方案到生产环境的能力;

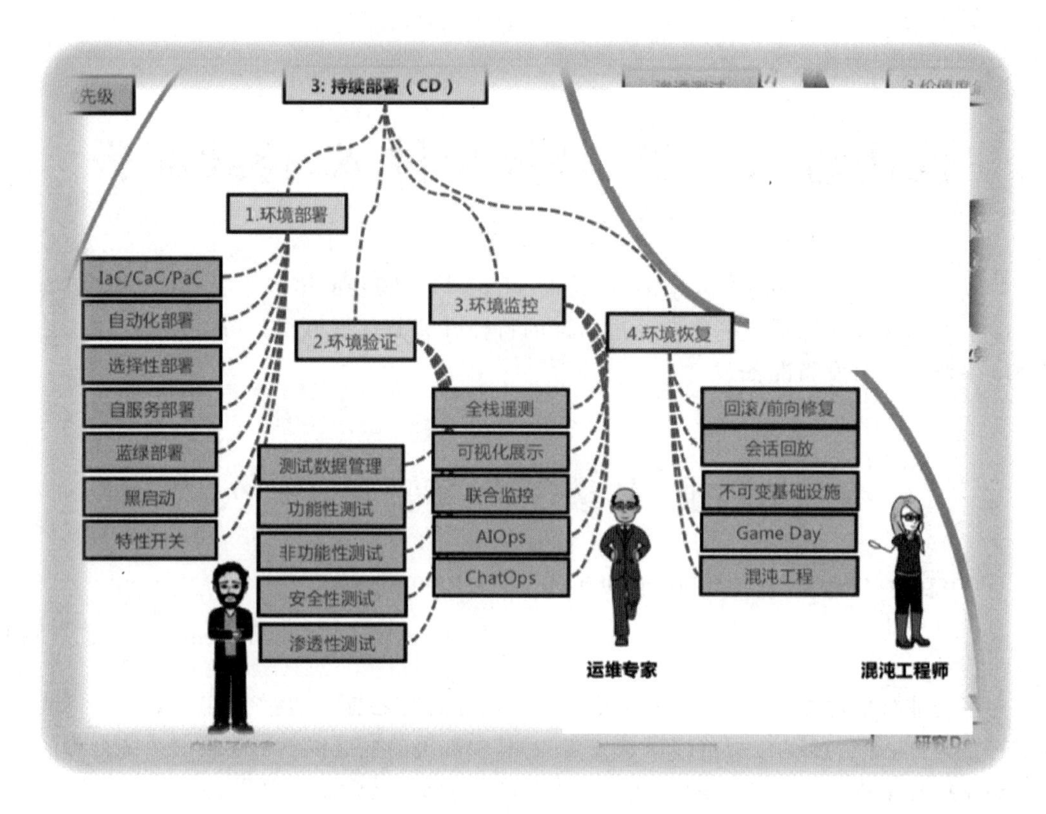

图 165　持续部署的四个子维度

选择性部署，根据地理位置，用户角色等标准部署到特定生产环境而不是其他环境的能力；

自助部署，当自动化部署未完全实现时，自助部署允许单个命令从准生产环境到生产环境实施解决方案；

版本控制，版本控制下的环境维护可实现快速部署和快速恢复；

蓝/绿部署，指允许在两个环境之间自动切换，一个用于部署，一个用于线上。

2. 环境验证

在发布给最终用户之前，必须验证部署功能的完整性和健壮性。在迁移到生产环境之后，会立即对解决方案进行最后一轮测试，通常采用冒烟测试和/或轻度用户验收测试的形式，以及只能在生产环境中进行的压力和性能测试。这样提供了关键健全性检查，可以在实际生产环境中测试解决方案的行为。

当验证测试暴露出关键缺陷时，必须回滚或快速修复部署，以防止它们污染环境或破坏业务流程。如下技能有助于推动验证测试：

生产环境测试，当解决方案仍处于“黑暗”时，在生产环境中测试该解决方案的能力；

测试自动化，通过自动化反复测试的能力；

测试数据管理，在版本控制中管理测试数据以在自动测试中创建一致性；

测试非功能性需求(NFR),系统属性(如安全性,可靠性,性能,可维护性,可伸缩性和可用性)也必须在发布之前进行全面测试。

3. 环境监控

验证已部署的特性在进入生产过程中不被损坏,是一项重要的预发布质量检查。但是,团队还需要确保他们能够度量特性的性能和价值,这只有在真实的业务环境中才能验证最初假设,最终对业务成果做出快速和明智的判断。推动这一关键反馈环的洞察主要来自强大的监控功能,这些功能必须在发布给用户之前就位。

有效监控要求对通过持续交付流水线部署的所有特性启用全栈遥测。这可以确保在生产中快速准确地确定系统性能、最终用户行为、事件和业务价值。该信息允许跟踪和监控每个特性,从而提高关于业务价值的断言的保真度,以及提高对生产问题的响应能力。如下技能有助于支持这一点:

全栈遥测,能够监控系统覆盖的整个堆栈中的问题;

可视化呈现,显示自动测量数据的工具;

联合监控,在解决方案中跨应用程序进行统一监控,从而创建问题的整体视图和表现;

AIOps(Artificical Intelligthce for IT Operations);

ChatOps(ChatOps for IT Operations)。

4. 环境恢复

快速恢复是 DevOps 高成熟度最可靠的领先指标,通过平均恢复时间度量,作为 SAFe 的 5 个核心 DevOps 原则之一。

响应和恢复的目标是在潜在问题变成事件之前识别它们并防止它们影响业务运营。这需要能够在最终用户发现之前检测到困难,快速识别根因,并通过精心排练的程序恢复服务。相比之下,直接对生产系统进行仓促,反应性改变—“只能保持灯亮”—会导致配置偏差,未经证实的变更和长期风险。如下技能支持这个子维度运行:

主动检测,在解决方案中主动创建故障的实践,以便在问题发生之前识别潜在问题和情况;

跨团队协作,跨价值流合作的思维方式,以识别和解决出现的问题;

会话重放,重放最终用户会话以研究事件并识别问题的能力;

回滚和修复,能够快速将解决方案回滚到以前的环境,或者通过流水线快速修复问题而无须回滚;

不可变基础设施,不去更改环境本身的元素,而是让变更流经持续交付流水线;

版本控制,应在版本控制下维护环境,以便快速回滚;

Game Day;

混沌工程。

第 67 问　为什么需要有 DevOps 流水线

If you miss the train I'm on. You will know that I am gone. You can hear the whistle blow. A hundred miles. Lord I'm one, Lord I'm two, Lord I'm three, Lord I'm four, Lord I'm 500 miles from my home.

——Joan Baez 500 *miles*《500 英里》

快就是好吗？敏捷和 DevOps 一直教育我们，需要小步快跑、快速交付、快速反馈、快速优化。人们思维意识层面所根深蒂固的：快的就是好的，而慢的就是不好的。快就真的好吗？慢就绝对不好吗？

1. 快与慢思考

丹尼尔卡尼曼教授的《快与慢思考》一书，将人类思维的两种模式：快思考与慢思考，分别对应系统 1 和系统 2。

系统 1 的运行是无意识且快速的，不怎么费脑力，没有感觉，完全处于自主控制状态。

系统 2 将注意力转移到需要费脑力的大脑活动上来，例如复杂的运算。系统 2 的运行通常与行为、选择和专注等主观体验相关联。

长期演化下来的系统 1 和系统 2 是有分工的：

系统 1，负责生存，专注当下的概率，无意识思维系统为主导，响应速度快，但有思维惯性。

系统 1 的运行是无意识且快速的，不怎么费力，没有感觉，完全处于自主控制状态。当系统 1 遇到麻烦，才会调动系统 2。

系统 2，负责思考，专注未来的概率，由意识思维系统为主导，响应速度慢，但是可以通过学习来增加自己的认知带宽和选择概率。

系统 2 将注意力转移到需要费脑力的大脑活动上来，例如复杂的运算。系统 2 的运行通常与行为、选择和专注等主观体验相关联。

2. 当系统 1 与系统 2 遇到 DevOps

我们天生喜欢简单系统，默认事物之间存在因果关系，习惯于输入与输出有确定关系；不喜欢复杂系统与繁杂系统，因为可能没有直接的因果关系，太费脑子，甚至费了脑子也想不出因果。

软件研发就是一个复杂系统，研发的对象是，交付的过程是，交付的主体，人(们)更是。所以软件研发是一个很难复制成功的领域，同样的项目做两次，结果未必相同，或者说一定不同。

研发的过程明显分为两段：(探索)做正确的事情，和(高效)正确地做事情，前者我们追求的是效果，后者追求的是效率。从 IDCF 的 DevOps 核心实践来看，CE 持续探索主要是前者，如何找到正确的事情；而 CI 持续集成、CD 持续交付与 RoD 按需发布则更多聚焦于正确且高效地做事情。

以代码提交代码仓库为分水线，之前的部分是创造性的劳动，增值类的活动，包括业务、需求、分析、设计、架构与编码；之后的部分，非增值类的活动包括编译、构建、测试、部署、发布等。

(1) 对于探索阶段和创造性的活动，我们需要慢思考

创造性的活动，我们需要慢思考，它很消耗脑力，却很有必要。

探索阶段是创新的可变性较大的，是需要"将注意力转移到需要费脑力的大脑活动上来"的阶段。

Cynefin 模型告诉我们，复杂系统中同样的事情做两次，结果会有不同。同样的业务，会产生不一样的需求，不一样的架构，不一样的编码。

慢思考确保我们真正需要的结果南辕北辙，如果方向错误，更快的 IT 交付只能意味着在错误的道路上一路狂奔。精益思想告诉我们，最大的浪费是没有客户需要的功能。当目标不清晰，哪怕是阶段性目标，也会在高效率地交付之后产生高度的浪费，在制造业中的结果是大量库存堆积。

慢思考是要尝试引入更多的衡量，这并不意味着从总体上而言 IT 进展缓慢。欲速则不达，前期多作一些思考绝对是有必要的投资。

(2) 对于交付阶段，非增值类活动，我们需要快思考

非增值类的尤其是重复性的劳动，我们希望尽可能减少脑力投入。这部分工作，我们将其编排到自动化流水线上，包括持续集成，持续测试，持续部署以及持续发布。

流水线，正如同系统 1，"无意识且快速，完全处于自主控制状态"，同样的代码，同样的环境，同样的编译构建，同样的版本，同样的测试用例与数据，同样的部署脚本，执行两次，我们预期结果会相同。

部署是技术行为，发布是业务决策。我们要做的就是部署与发布解耦，技术与业务解耦，系统 1 与系统 2 解耦。

3. 流水线是懒人创造出来的

DevOps 中的系统 2，即创造性、可变性较大的部分，同样也是最消耗脑力的活动，不确定性最大的部分(所以我们称为知识工作者，事实上是脑力工作者)。我们没有办法减少或者不思考，能做的是，让系统 1 的部分，流水线上挂载的活动，尽可能自动化，稳定可靠运行，不去和系统 2 争夺脑力活动。在流水线上唯一值得消耗能量的，就应该只有创建流水线的过程，以及反馈环节检测出问题以后的排查过程，其他的无论是脑力还是体力，都不应该消耗。

4. 象与骑象人

没有系统 1 将寸步难行，系统 1 维系着人类生存的最基本诉求。

系统 1 是《象与骑象人》中的大象，系统 2 则是引领大象的骑象人，决定大象的奔跑方向。骑象人要引领方向，从业务到设计到开发的过程，就是为了指明方向。

DevOps 中的流水线就是那头大象，没有大象，骑象人只能自己行走；没有流水线保障的软件价值交付过程，只能手动执行编译、构建、测试、部署、上线等操作，步履艰辛，这就是 DevOps 出现以前的状态，也是狭义 DevOps 试图核心解决的问题。

这也是 DevOps 中之所以强调部署前置时间的原因，部署前置时间所涉及的部分，就是系统 1，就是那头大象。有了系统 1 的稳定的高效(率)的保障，系统 2 才能高效(果)地决策。

第 68 问　Everything as Code 一切皆代码，在说些什么

There was a game we used to play. I' ve always put my cards upon the table. Let it never be said that I'd be unstable. It was just my imagination. It's not my imagination.

——Cranberries *Just My Imagination*《这是我的想象》

1. "远古"时代的部署

每一次的部署几乎都需要全体人员全程参与，浪费大量时间。如果需要的节点多，时间就成倍增长，但未必是线性增长（总有意外）。部署过程诸多人为干预因素，人为导致的失误众多。每台与每台服务器的配置貌似都不一样，每一台都是独立的环境配置，就像是无数的平行宇宙并行运转一样。开发与运维常常相持不下，如图 166 所示。

部署经历过三个阶段的发展：

单体结构部署，较为简单，通过手工操作就可以完成。

随着分布式应用的普及，出现了很多自动化部署工具，需采用脚本的形式，按照提前准备好的逻辑，按序执行。

以应用为中心的微服务快速发布的诉求，通过流水线出发部署任务，实现标准化，版本化的部署。

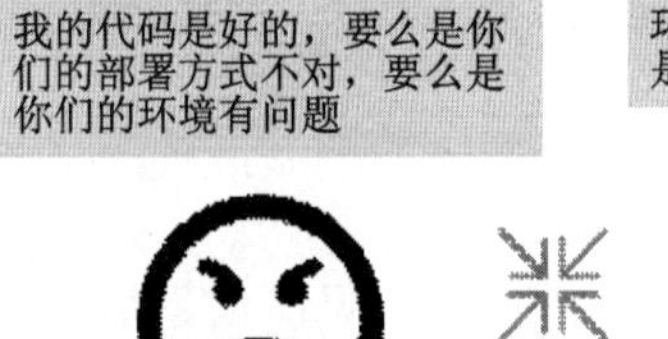

图 166　"远古"时代的 Dev 与 Ops

传统项目中，采用开发人员手动部署的方式，每次需要发布、更新都要远程连接服务器，手动部署新版本。这种方式存在的问题是：

容易出错、效率低；

依赖人员、耗费大量人力成本；

流程烦琐、操作复杂；

机器集群部署服务实现困难。

所以，随着公司的业务的不断扩大、项目迭代速度变快，实现自动化部署显得尤为重要。自动化部署是将可交付产品，快速且安全地交付用户使用的系统和工具。系统会自动构建、测试并准备代码变更，以便将其发布到指定环境的过程，包括开发环境、预发布环境、生产环境等。

2. 一切皆可代码

一切皆代码，Everything as Code，这个说法最早来源于基础设施即代码 Infrastructure as Code，我们从图 167 中可以看到其与技术堆栈的对应关系。

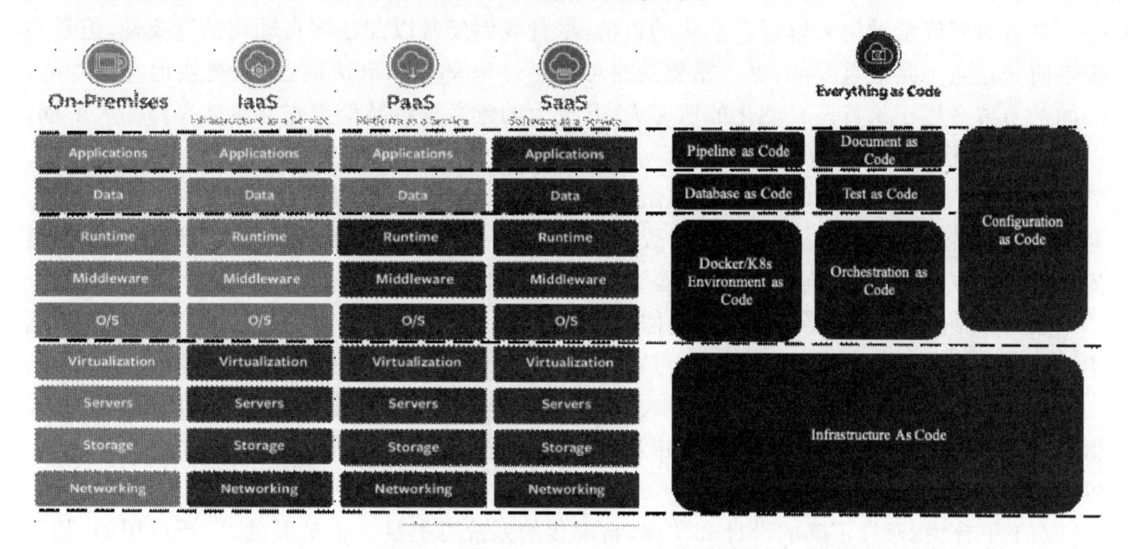

图 167 一切皆代码，Everything as Code

基础设施可以代码化，通过脚本来定义，环境也可以通过 Dockerfile 进行定义，进而将环境代码化，在此之上进一步将环境的编排、环境配置信息、数据库结构和数据、测试用例/测试数据/测试环境、流水线的编排以及文档都代码化和脚本化，从而实现(几乎)一切皆代码。

一切皆代码的好处在于，一旦代码化就可以版本化，将其纳入版本管理系统，纳入统一的分支管理模式，从而将代码与其需要的基础设施、运行的环境、环境上的配置、配套的数据库和测试等，通过统一的一个基线连在一起。当版本发布时，构建出来的二进制包与其依赖的所有环境信息全都是打包在一起，不会出现“在你的环境上可以运行，在我的环境上不行”的情况。

代码化(脚本化)的另一个好处是，可以通过自动化的方式来驱动，实现一致性和幂等性。所谓幂等性就是无论是何时何地在什么样的基础环境，都可以根据脚本的描述构建出同样的一套环境出来。这样就可以解决环境和配置不一致的情况，而大部分的部署错误都是因为环境和配置信息导致的。

一切皆代码实际讨论的就是自动化，利用自动化来处理烦琐的工作，从而让“痛苦的事情反复做”。

3. 自动化的价值

自动化不仅对于管理、更改和调整 IT 基础架构至关重要，同时对于业务流程运作的方式也至关重要。通过自动化简化变更，使我们可以将时间和精力专注于创新，更快地确定性地完成工作，让 IT 人员能够专注于解决更大的问题。

自动化并不一定意味着人要被取代，重点和优势在于提升生产力、一致性和效率。采用自动化使我们的工作变得富有效率。

自动化是迈向 CI/CD 快速向客户发布新软件能力的关键一步，通过自动化所有这些步骤,可以比以往更快、更安全、更可靠地部署软件。

Joseph Bironas,负责 Google 数据中心集群上线流程的 SRE 提出:“如果我们持续产生不可自动化的流程和解决方案,我们就继续需要人进行系统维护。如果我们要雇佣人来做这项工作,这就像是一个没有特效但是充满了愤怒的系统管理员的 Matrix 世界。”

节省时间经常被用来解释自动化的价值,尽管我们经常以此证明自动化的重要性,但是在很多时候这还不是最重要的,更为重要的是可以更快地交付和更快地迭代,更快地实现功能。时间的节省适用于执行该自动化的所有人,其更大的意义是将某个操作与具体操作的人解耦。

自动化意味着:

(1) 生产力,员工可以花更多时间做业务,将重复事务留给工具。

(2) 可靠性,通过减少人工干预的数量,会相对较少发生疏忽和问题。你可以准确地知道流程、测试、更新、工作流何时发生,需要多长时间,并且可以信任其执行结果。

(3) 可控性,代码化一切意味着我们有更好的控制力,更多的人工参与意味着更多的信息不对等,无法预知未来。

(4) 一致性,任何一个人或者一群人执行数百次动作时,不可能保证每次都用同样的方式做。这种不可避免的不一致性会导致错误、疏漏、数据质量的问题和可靠性问题。通过自动化可以规避这些问题。

(5) 平台性,通过正确的设计和实现,自动化的系统可提供一个扩展的、广泛适用的,甚至可能带来额外收益的平台。

4. Infrastructure as Code 基础设施即代码

基础设施即代码的目标就是通过可重用的代码实现 IT 环境变更的自动化,并通过可信的研发流程保证一致性和安全性。

如图 168 所示,基础设施即代码,Infrastructure as Code,坚持 IaC,是用代码、脚本或配置文件来声明应用系统所需使用的基础设施资源,从图 168 中能够看到,基础设施包括应用堆栈底层的计算、存储、网络资源以及虚拟化能力。一旦采用了环境定义脚本,实现对环境的控制后,需要将环境定义脚本纳入版本管理中,并且之后所有的环境变更都应该先修改环境定义脚本,再由环境定义脚本来触发。

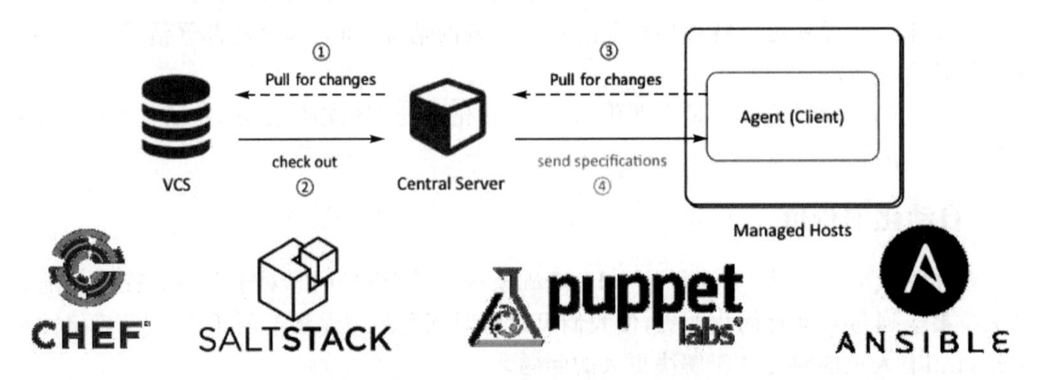

图 168　Infrastructure as Code 基础设施即代码

5. Environment as Code 环境即代码

基础设施的计算、存储、网络还不能构成应用运行的环境,在基础设施之上,还需要操作系统 OS、中间件、数据库以及运行时所需的其他依赖资源。环境即代码就是在 IaC 之上进一步构建应用所需运行环境的实践,以往通常采用虚机实现,云原生时代当然是 Docker。

如图 169 所示,Dockerfile 就是用容器镜像构建文件,即环境描述性脚本。Dockerfile 是包含若干指令的文本文件,可以通过这些指令创建出 dokcerimage。Dockerfile 文件指令集用以描述如何自动创建 Docker 镜像,DockerFile 中的指令执行后,会创建一个个新的镜像层。

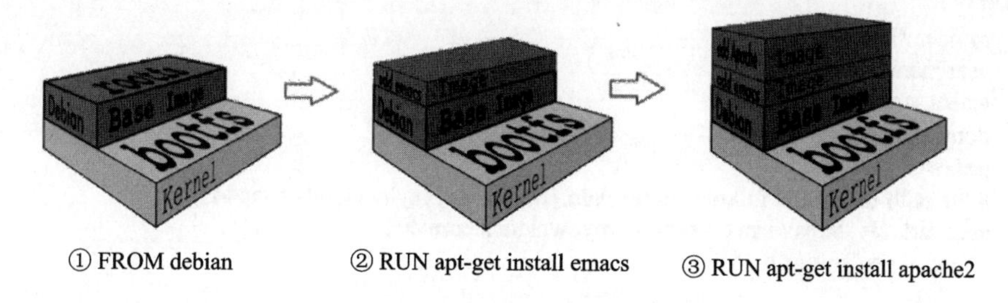

图 169　Environment as Code 环境即代码

6. Docker as Code 应用容器即代码

如图 170 所示,通过 Kubernetes manifest 文件可以用 YAML 形式来描述在 Kubernetes 中以 Pod 的形式运行的应用容器以及要运行多少应用的副本。

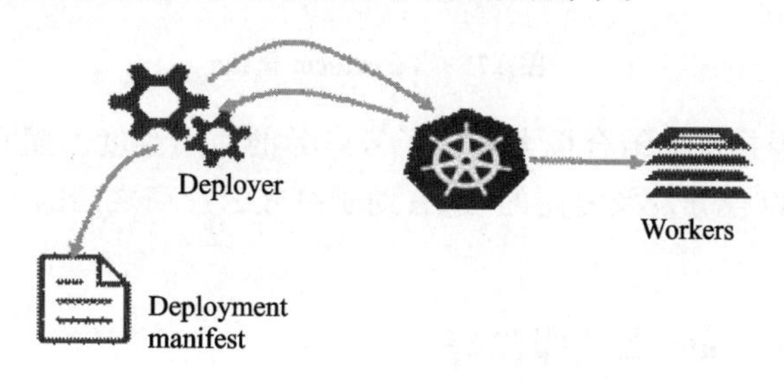

图 170　Docker as Code 应用容器即代码

7. Orchestration as Code 编排即代码

“Multi-Cloud”多云即企业将多个应用部署在多个云平台上,比如华为云、AWS、Azure、OpenStack 或其他云平台。那么如何对不同云平台的资源进行统一管理?

Terraform 是一个 IT 基础架构自动化编排工具,它的口号是“Write, Plan, and create Infrastructure as Code”。Terraform 要解决的就是在云上那些硬件资源分配管理的问题。相比较 Chef, Puppet, Ansible 这些软件配置工具,Terraform 提供的是软件配置之前,软硬件(基础)资源构建的问题。

我们可以用 Terraform 管理多层次的资源,从上层的软件配置到底层的网络、系统配置。通过一致的模板形态定义基础设施的创建/更新/销毁的全生命周期。

Terraform 使用云供应商所提供的 API 来配置基础架构,使用云提供商提供的身份验证机制，构建及访问我们的服务器。API的对外开放，也是对云计算供应商的基础性要求，是考察其开放性、互通性和可操作性的关键因素。

Terraform提供了对资源和提供者的灵活抽象，允许表示从物理硬件、虚拟机和容器到电子邮件和DNS提供者的所有内容。Terraform与其他系统并不互相排斥，它可以用于管理小到单个应用程序或大到整个数据中心的不同对象。

下面以Terraform使用华为云的样例释放其使用。如图171所示，Terraform的模板形态大体一致：定义resource，填写不同的参数，比如数量、镜像、实例类型，对于Multi-Cloud的多平台基础设施管理将大幅度降低学习成本。

```
provider "huaweicloud" {
  user_name   = "user"
  tenant_name = "tenant"
  domain_name = "domain"
  password    = "pwd"
  # the auth url format follows: https://iam.{region_id}.myhwclouds.com:443/v3
  auth_url    = "https://iam.cn-north-1.myhwclouds.com:443/v3"
  region      = "cn-north-1"
}

# Create a web server
resource "huaweicloud_compute_instance_v2" "test-server" {
  name                          = "test-server"
  image_name  = "Standard_CentOS_7_latest"
  flavor_name = "s1.medium"
}
```

图171　Terraform模板

Terraform与容器技术的结合极大降低了云产品的使用难度。而且一套符合标准的基础设施即代码文档是可以被分发及复用的，这有助于打破云厂商之间的产品界限，促进云计算技术的革新与发展。

8. Document as Code 文档即代码

文档即代码是很有意思的实践，编写文档是开发人员深恶痛绝的任务。敏捷宣言强调个体和互动胜过面面俱到的文档，文档必不可缺，只是无须面面俱到。如何保持轻量级的文档编写，核心是JIT，即非不要不编写。文档的目的是沟通和知识留存，如果可以通过其他更有效的方式进行，例如面对面的沟通，就没必要文档“满天飞”。

Markdown是编写软件文档的最广泛的形式，它是一种轻量级的标记语言，可以轻松转换为HTML或其他格式。

Markdown成为首选的原因是我们几乎可以使用任何纯文本编辑器来创建Markdown文件，我们可以通过Markdown桌面文本编辑器、Markdown浏览器在线编辑器来编辑文档。通过git版本控制系统像管理代码一样管理Markdown文件，实现文档及代码。通过文档自动生成工具(例如LaTex)来发布以Markdown格式编写的文档。

如图172所示，IDCF官网的内容，就是在github上采用Markdown的方式协同编写，并通过流水线发布到IDCF官网。

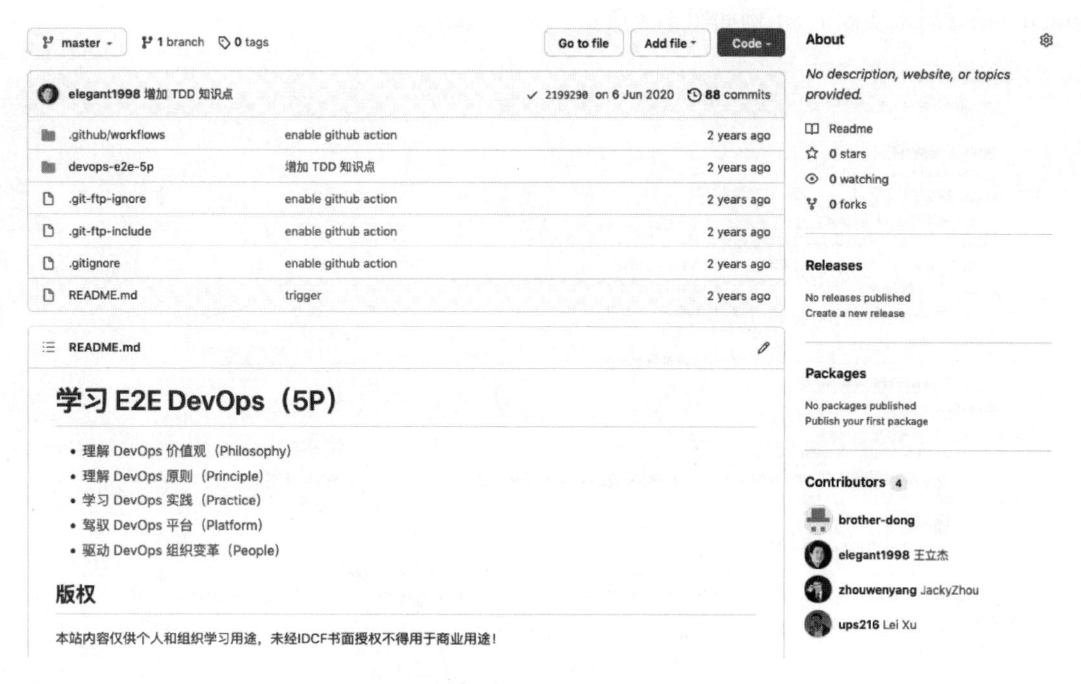

图 172　IDCF 官网通过流水线发布

9. Pipeline as Code 流水线即代码

流水线是 CI/CD 的核心组件，如果我们把基础设施等都代码化，没理由不把流水线也代码化。

如图 173 所示，团队在使用流水线时，通常会按不同的存储库，不同的集成阶段设置不同的流水线，图形模板化的流水线初次容易上手，但在复制和重建时会造成过多工作量，因此流水线即代码和需要提上议事日程。

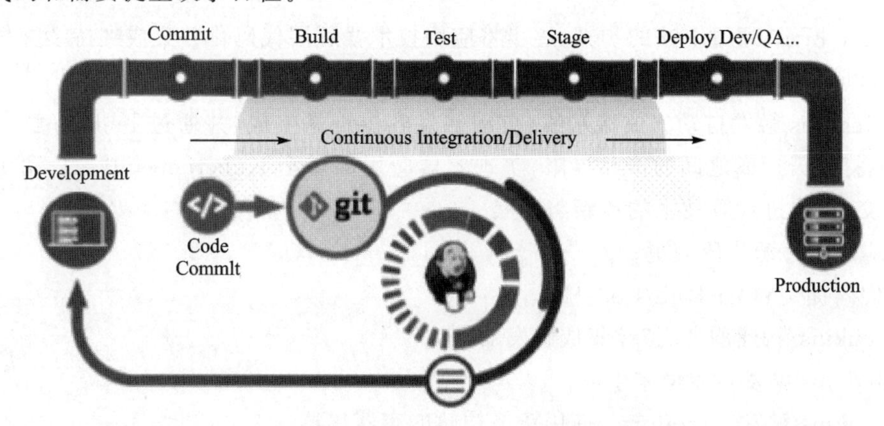

图 173　Pipeline as Code 流水线即代码

Jenkins 是事实上的流水线标准工具，它允许我们在项目的特定目录下放置一个 Jenkinsfile 文件，Jenkinsfile 是 Jenkins 核心特性 pipeline 的脚本，由 groovy 语言实现。Jenkinsfile 一般放在项目根目录，随项目一起受源代码管理软件控制。流水线即代码也就是通过对 Jenkinsfile 的管理来实现的，示例如图 174 所示。

```
node('nodeJs') {
  currentBuild.result = "SUCCESS"
  try {
    stage('Checkout')
      checkout scm
    stage('Test')
      env.NODE_ENV = "test"
      print "Environment will be : ${env.NODE_ENV}"
      sh 'node -v && npm prune && npm install && npm test'
    stage('Build Docker')
      sh './dockerBuild.sh'
    stage('Deploy')
      echo 'Push to Repo ssh to web server and tell it to pull new image'
      sh './dockerPushToRepo.sh'
    stage('Cleanup')
      echo 'prune and cleanup'
      sh 'npm prune && rm node_modules -rf'
      mail body: 'project build successful', from: 'xxxx@yyyyy.com', replyTo: 'xxxx@yyyy.com', subject: 'project build successful', to:
'yyy@yy.com'
    } catch (err) {
          currentBuild.result = "FAILURE"
          def specificCause = currentBuild.rawBuild.getCause(hudson.model.Cause$UserIdCause)
      mail body: "project build error is here: ${env.BUILD_URL}" , from: 'xxxx@yyyy.com', replyTo: 'yyyy@yyyy.com', subject: 'project build
failed', to: 'zz@yy.com'
    throw err }}
```

图 174　Jenkinsfile 示例

通过 Jenkinsfile 实现 Pipeline as Code 的好处是：可以实现流水线上的代码评审、迭代；允许对流水线进行审计跟踪；作为流水线的单一可信数据源，能够被项目的多个成员查看和编辑。

node 为流水线分配了一个执行者和工作区，没有 node 流水线就无法工作，便于控制；Stage 代表阶段，一个 pipeline 可以划分成若干个 stage，每个 stage 代表一组操作。

10. 一切皆代码 Everything as Code

如图 175 所示，通过上述的步骤，逐步将应用技术栈逐层代码化并集成到持续交付流水线中，进而可以进一步贴近一切皆代码 Everything as Code 的目标。

通过 Jenkins 触发自动集成流水线，自动触发容器镜像生成，并通过 Jenkins 触发 Terraform，可以打破云厂商之间的产品界限，实现容器应用部署至 Kubernetes 中。自动化流程促进了持续交付，促进计算技术的革新与发展。

（1）应用程序源代码变更；

（2）代码提交到 GitHub/CodeHub；

（3）Jenkins/构建服务，持续集成触发器；

（4）Jenkins 触发容器镜像生成；

（5）Jenkins 触发 Terraform，使用镜像构建的容器集群；

（6）云上收集并分析日志；

（7）监控应用程序并进行改进。

一切皆代码是一种思想，通过可重用的代码来实现 IT 环境变更的自动化。一切皆代码的好处在于，一旦代码化就可以版本化，将其纳入版本管理系统。一切皆代码实际讨论的就是

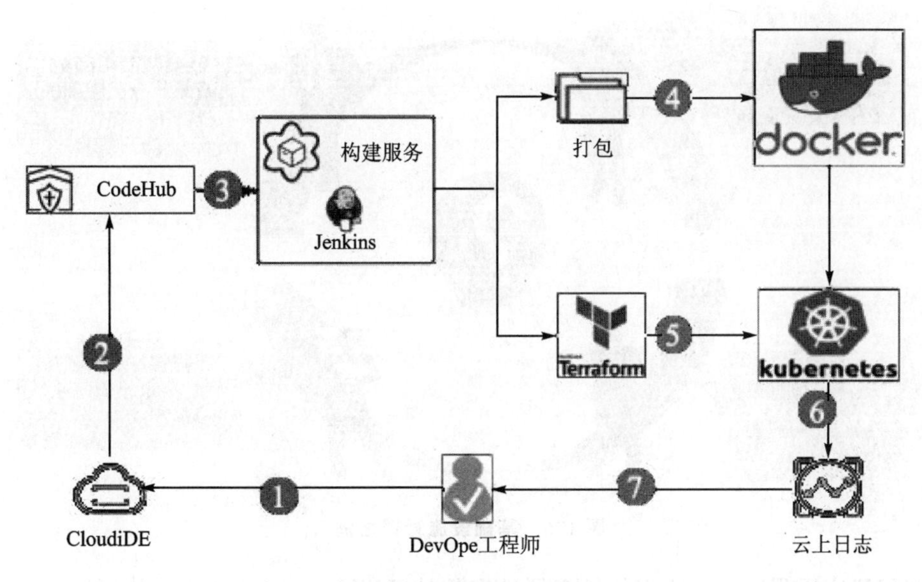

图 175　持续交付流水线

自动化,利用自动化来处理烦琐的工作,从而让“痛苦的事情反复做”。自动化意味着生产力、可靠性、可控性、一致性、平台性的提升和确立。一切皆代码逐步将应用技术栈逐层代码化,并最终通过持续交付流水线进行调度和执行,将应用与环境解耦,将部署与人员解耦,进一步解放人力,实现效能最大化。

第 69 问　为什么“基础设施即代码”至关重要

So do what you gotta do, and don't misunderstand me. You know you don't ever have to worry about me. I'd do it again.

——Beth Gibbons & Rustin Man *Tom the model*《汤姆模特》

很久很久以前,在 IT 信息技术的“远古时代”,发布一个新的应用程序意味着需要找到一些物理硬件(如果没有,还需要采买),在操作系统和相关依赖正确设置后,才开始部署应用程序。

1. 基础设施管理之痛

大家对图 176 的场景眼熟吗?各种要求、各种变化、各种不同的配置,而且每一个都是 ASAP 越快越好。

通常基础设施是使用脚本与手动流程的结合进行搭建的。这些脚本和操作被记录在文本文件或运行手册中。通常,编写运行手册的人与执行这些脚本或运行手册的是不同的人,如果这些文档疏于更新,就可能会造成各种阻碍。这导致新环境的创建并不总是可重复和顺利的,更不用说轻松愉快。

管理 IT 基础设施是一项艰苦卓绝枯燥,并且风险高易出错的工作。系统管理员必须手

图 176　基础设施管理之痛

动管理和配置应用程序运行所需的所有硬件和软件，IT 运维经常以“背锅侠闻”名天下，应用一旦出错，第一个背锅的就是运维。

然而近年来，情况发生了巨大变化。今天我们生活在云时代，随着业务发展，基础设施组件的数量不断增加，每天都有更多的应用程序发布到生产环境中，并且基础设施需要能够频繁地启动、扩展和关闭。如果没有适当的实践，管理当今基础设施的规模将变得越来越困难。

云计算带来的云原生趋势彻底改变并改进了组织设计、开发和维护其 IT 基础设施的方式。启动新服务器只需要，同时也要求只需要几秒钟，应用的底层是一个动态的基础架构。

2. 雪花服务器

“每一片雪花都是独一无二的，每一台服务器也是”，所以我们称之为雪花服务器 Snowflake Server。雪花服务器是一种反模式，因为它像雪花一样脆弱难以维持和运维。

为了保持生产服务器的运行，除了风火雷电，我们必须确保操作系统之上一直到应用程序所依赖的所有相关软件处于正确的版本、定期升级打上合适的补丁（不能过少，最好也不要过于频繁）、定期匹配并更新配置、各版本之间最好达成良好且微妙的平衡，任意一个因素的改变，都有可能造成应用程序无法正常运行，更不要说在当下分布式的时代动辄数以千计的服务器了。所有这些操作，都需要运维人员混合使用各种界面，包括命令行、编辑器和程序 GUI 界面，输入或执行各类命令、脚本或参数设置。难怪我们称这种模式下的服务器如同宠物一般，娇贵又难以伺候。

雪花服务器会带来诸多的问题：

(1) 首先很难重现，包括服务器以及故障。无法轻松地镜像生产环境以进行测试或迁移，当遇到生产故障时，我们往往很难在其他环境中重现事务。

(2) 其次，如同宠物，雪花服务器也很挑主人，换了其他人很难伺候它。你要了解它的特性，要知道它从哪儿来，完整的形成历史，却无从得知它要到哪儿去，还会发生什么，无人能够预知。

(3) 还有，雪花服务器太过脆弱，所以只能养在特殊病房即层层设防的数据中心，一切的更新升级和维护都需要特殊的流程、层层的审批,并且通常与其他环境网络隔离甚至是物理隔离,这让持续部署成为可望但不可即的梦境。

4)最大的问题是成本。你必须聘请大量专业人员执行流程每一步所必要的任务,从网络工程师到硬件维护技术人员。所有这些人都需要得到酬劳,他们也需要得到管理。这会导致更多的管理开销,并增加组织内部沟通的复杂性。这还不包括建设和维护自己数据中心几个数量级成本的增加以及为了等待服务器的时间,所承担的商机丢失的机会成本。

雪花服务器的根本原因在于其配置漂移对未记录的系统配置的临时更改。有两种主要的方法可以对抗配置漂移。一种是经常性的重建机器实例,这样它们就没有太多时间偏离基线。另一种是使用自动化配置工具,例如 Puppet 或 Chef,并经常重复运行它们以保持机器一致。前者 Martin Fowler 称之为凤凰服务器,后者我们称之为基础设施即代码。下面我们一个一个介绍。

3. 凤凰服务器

与雪花服务器对应的是凤凰服务器,这个命名还真是针尖对麦芒一般的精准,是水与火的对抗。

避免雪花服务器出现的方法是自动化,通过工具保存服务器的完整操作配置。对服务器进行的任何操作,都不应该通过人工,而是通过脚本或工具进行,确保记录对环境的每次更改,支持审计和回溯,并且通过版本控制与应用版本匹配,同时支持完全自动化。

服务器应该像凤凰涅槃一样,能够从灰烬中重生,而每一次的重生,都会提供给它更强的生命力。这一生命力,不来自于坚硬的硬件设备,而是来自于运维人员软性的技能。比坚硬更好的是韧性,是反脆弱,是从灾难中学习、改进、从而获益的能力。

与凤凰服务器相匹配的,我们应该定期地模拟服务器宕机,这一概念在 Netflix 的混乱"猴子"Chaos Monkey 得到充分的体现,当 AWS 的健壮性已经足以忽略 Chaos Monkey 的时候,Netflix 适时推出 Chaos Gorilla 以及 Chaos Kingkong。从早先的 Chaos Monkey 模拟几个实例的中断,到 Gorilla 模拟整个 AZ,再到新的 KingKong 模拟一个 Region 瘫掉。随着击打训练范围的逐步加大,基础设施与组织的健壮性、韧性与强压之下的弹性,也会随之增强。这就是我们常说的"一切杀不死你的,让你更坚强"。

4. Game Day

无独有偶,Amazon 在 2000 年初创造了 Game Day,设计用来提升系统从失效中恢复的能力。演练范围包括系统的严重宕机,子系统的依赖,以及缺陷等。Game Day 目的是测试一个公司的系统、软件以及人员,应对灾难事件的响应能力。Jesse Robbins 作为主架构师,独自设计并推动了亚马逊的 Game Day,被官方誉为 Master of Disaster 灾难大师。他在 2006 年离开了亚马逊,创立了 Velocity Web Performance and Operations Conference,即有名的 Velocity 大会。DevOps 与 Velocity 大会渊源深厚,2008 年,多伦多举办的 Velocity 大会,Patrick DeBois 和 AndrewClay Shafer 先生首次提议讨论"敏捷基础架构"这个话题。在第二年的敏捷大会上,有一个具有里程碑的意义技术分享,来自 Flickr 公司《每天部署 10 次》的分享,它激发了随后 Patrick DeBios 在同年十月,在比利时的根特市举办的首届 DevOpsDays 活动。

而在 Velocity 大会上发表《每天发布十次,开发与运维在 Flicker 的协作》演讲的 John

Allspaw，作为 Esty 的工程 VP，一手主导了 Etsy 的 Game Day 版本。

Game Day 的理念是，当模拟的攻击发生，众多团队需要协同起来一起解决问题，而这一场景，很难在日常开发过程中发生，这有助于团队之间的沟通协作，有助于团队之间彼此了解。当真正的事件发生时，团队间已经建立起了彼此的了解和信任，同时知道出现什么事情应该找谁来帮助。而这一点，也正是反脆弱的典型体现。

Good weather doesn't make good sailors，好的天气不会练出好的水手。Game Day 的启示是，一个组织首先要接受系统和软件是会失误的，这是必然的，以开放的心态去接受，从失误中学习，甚至于有意识地创造失误的机会来以战养兵。

GameDay 的另外一个好处是，当模拟的攻击发生，众多团队需要协同起来一起解决问题，而这一场景，很难在日常开发过程中发生，这有助于团队之间的沟通协作，有助于团队之间彼此了解。当真正的事件发生时，团队间已经建立起了彼此的了解和信任，同时知道出现什么事情应该找到谁来帮助。而这一点，也正是反脆弱的典型体现。

无论是凤凰服务器的涅槃重生，还是 Game Day 的打不死你会让你更坚强。服务器的重建频率会因所提供服务的性质和基础设施实施而异，甚至可能因不同类型的机器而异，但是现在的微服务、容器化与 DevOps 三剑客时代，我们倾向于更短的重建频率，并且是按需随时可进行。

5. 基础设施即代码

由于雪花服务器和配置漂移，我们需要花费大量精力让在开发环境中运行良好的应用程序，在生产环境中也可以正常部署和运行。那么吸引我们使用基础设施即代码最大的好处是可以消除雪花服务器。

维基百科对基础设施即代码的定义如下：基础设施即代码（ Infrastructure As Code，缩写 IaC ）是通过机器可读定义文件而不是物理硬件配置或交互式配置工具来管理和配置计算机数据中心的过程。由此管理的 IT 基础设施既包括物理设备，如裸机服务器，也包括虚拟机和相关的配置资源。定义文件可以在版本控制系统中保存，可以使用脚本或声明性定义。

Kief Morris 在《Infrastructure As Code》一书中对基础设施即代码定义如下：“基础设施即代码是一种使用新的技术来构建和管理动态基础设施的方式。它把基础设施、工具和服务以及对基础设施的管理本身作为一个软件系统，采纳软件工程实践以结构化安全的方式来管理对系统的变更。”

这一定义将 IaC 的重点悉数带出，简而言之，基础设施即代码（IaC）意味着使用配置文件管理你的 IT 基础设施。

基础设施即代码是通过源代码定义计算和网络基础设施的方法，我们可以像对待任何软件系统一样对待它。此类代码可以保留在源代码控制中，允许可审计性、可复用性、可测试性以及持续交付的完整合规要求 。这是一种诞生于云计算时代，用于处理不断增长的应用运行环境，并将成为未来处理计算基础设施的主要方式。

基础设施即代码的主要好处是能够轻松、负责地管理针对基础设施的更改。我们希望能够低风险，快速作出修改，即使基础设施以及使用团队的规模和复杂性不断增长，也同样以可持续的方式来实现。

6. 不可变基础设施与可变基础设施

在采纳基础设施即代码（IaC）来自动化基础设施，以及选择 IaC 解决方案时，要做出的一个重要决定是基础设施是可变的还是不可变的。

可变基础设施是在最初的配置之后，可以继续修改或更新。可变基础设施的好处是，开发团队能够灵活地进行临时的服务器调整，例如，更快速地适应开发或应用程序的要求或响应紧急安全事项。但是这一做法破坏了 IaC 的一个关键价值，在部署之间或版本内保持一致性的能力，并且使基础设施版本跟踪变得更加困难，这也是配置漂移产生的原因。虽然我们可以在服务器的生命周期内继续直接进行配置管理更新，但配置漂移所带来的风险相对较大。

基于以上原因，大多数 IaC 被实现为不可变的基础设施。如果需要更改不可变的基础设施，必须从修改基础设施定义文件开始，摧毁老的基础设施，用新的基础设施替换。因为新的基础设施（容器）可以在云上快速启动，不可变的基础设施实际采纳起来会更可行和实用。

不可变基础设施将服务器基础环境的配置管理转移到了基础镜像的管理上。对基础环境的修复、更改和更新都应该基于基本映像而不是在运行的系统上直接操作。每次需要更新时，都会修改基础镜像并通过自动化测试工具运行测试，只有通过测试验证，才能够纳入镜像库。镜像库是基础镜像的唯一可信源，每一次的新建服务器，都会从镜像库进行拉取。通过频繁地从基础镜像销毁和重建服务器，保证服务器状态始终保持为已知状态，避免花费大量时间来确认和维护配置差异。

除了基础镜像之外，环境之上的配置也需要进行管理。自动化配置工具（例如 CFEngine、Puppet 或 Chef）可以避免使用手工方式修改服务器配置。如果需要配置的更改，我们会在配置规范（recipes，manifests 等文件）中进行，然后应用于所有相关服务器。配置同步会在服务器实例的整个生命周期中不断地将这些规范应用到服务器实例，无论是定期还是变更触发。如果有人绕开规范，在工具之外对服务器进行了更改，在下次同步服务器时，将被恢复为配置文件所描述的配置。

在实现不可变基础设施时，还需要考虑在服务器被销毁时需要保留哪些数据，以及新建服务器时需要复制哪些数据。当然这带来另一个问题，就是数据应该存储在哪里。综合权衡设计方案，可以将不必要的数据从服务器实例中移走，例如将日志文件发送到中央系统日志服务器。

让一个应用能够运行起来，需要合适的基础设施、合适的软件版本、合适的环境配置、合适的运行数据。合适意味着这四者需要相互匹配。基础设施即代码的实践，同样可以运用于环境的配置以及运行数据，而将其理解为代码，便于将这些信息与软件版本存储在统一的代码仓库中，打上一致的版本标签。应用运行环境的完整信息是由“基础环境镜像＋软件包＋自动化配置管理＋数据”的组合构建的，通过分层，降低了 100％自动化配置服务器的难度。

不可变性不仅存在于服务器层面，还需要考虑服务组件。与基础设施类似，软件安装包也需要参考不可变基础设施的思路，因此我们提出不可变制品的概念。不可变制品封装了尽可能多的服务依赖项，这使得开发者可以最大程度地确信在整个部署流水线中，测试所使用的包与部署到生产环境中是一样的。一次构建多次部署，让制品库成为部署动作的唯一可信源。不可变性还使得开发者可以将服务实例视为一次性用品——如果服务出现问题，开发者可以轻松地用一个具有最新状态的正常新实例替换它，这也是应用实例幂等性的表现。

不可变基础设施从本质上加强并捍卫了 IaC 的发心，并进一步确保了 IaC 所提供的好处。这几乎可以消除配置漂移，使得各环境之间的一致性变得更加容易。与此同时，其还可以更轻松地维护和跟踪基础架构版本，并在必要的时候，轻易回滚到任何版本。

7. IaC 的原则及实践

大多数 IT 组织都面临不断增长的基础设施规模和复杂性问题。由于时间和人员有限，IT 团队常常难以跟上这种增长的步伐，从而导致更新、修补和资源交付延迟。将自动化应用于常见的管理任务（如提供、配置、部署和停用）可简化大规模操作，从而重新掌控和了解基础设施。

通过基础设施即代码，我们能够毫不费力且高度可靠地重建基础设施中的任何元素。可任意处理系统，轻松创建、销毁、替换、更改以及移动资源。保持环境的高度一致，DTAP（开发、测试、准生产、生产）环境均可以 IaC 的方式创建并保持最新状态。对基础设施执行的任何行为都是可以重复的、安全的、开发无感知的。

(1) 基础设施即代码的目标

① 标准化：代码定义环境，实现开发环境、测试环境、准生产环境、生产环境的标准化。

② 自动化：自动化工具驱动代码准备环境包括创建环境、更新环境以及销毁环境。

③ 可视化：可视化环境信息，状态可见、变更历史可审查、可追溯。

(2) 基础设施即代码的关键原则

① 再生性，环境中的任何元素都可以轻松重生。

② 一致性，无论原始状态如何，重建的环境应完全保持一致的。

③ 简便性，能够频繁且简易地进行重建，并快速获知结果是否正确。

④ 透明性，包含两层含义，首先所有对环境的变更应该容易理解、可审计、受版本控制；其次，操作对所有人透明，无感。

(3) 基础设施即代码的核心实践

① 配置即定义文件：以对待代码的方式对待基础设施，所有配置都在可执行的配置定义文件中定义，要采用预定义解释性并且可执行的格式和语法，例如 shell 脚本、Ansible 的 playbook、Chef 的 recipes 或 Puppet 的 manifests 文件。

② 严禁一切直接修改：严禁直接对服务器的操作，任何人都不应登录服务器，并进行调整，此类修改是产生雪花服务器和配置漂移的原因。所有的操作，都应该通过修改配置文件，并通过驱动流水线的方式进行，保证一致性。

③ 持续消除手工操作：基础设施即代码的对立面是手动驱动的流程，手动的创建、配置、修改、更新和修复等操作是最容易被识别和消除的事物。然而，人工驱动的流程和治理却不那么容易被消除，而这些对于频繁的、低风险的变更来说会是一个很大的障碍。随着组织的发展，这变得尤其难以处理。

④ 版本化一切：版本控制是 IaC 的重要组成部分，配置文件应该像任何其他软件源代码文件一样受到源代码控制，需要以对待代码的方式对待基础设施，将对基础设施的操作存储为定义文件，将所有这些配置文件保存在源代码管理中，记录完整的开发、更改和错误修复的历史记录，保持每个配置和每个更改都会被记录以供审核，帮助诊断问题。

⑤ 持续测试和持续交付基础设施代码：配置文件也是代码，需要针对其进行持续测试和验证，允许快速发现基础设施配置中的错误，与其他的应用程序一样，为基础设施代码设置持续交付流水线，允许持续交付基础设施的更改，基础设施定义文件会与应用代码一同被编译和构建到应用程序中，并且保证构建是可重复和可靠的。

⑥ 小批量更改：与任何代码一样，基础架构的更新越多，包含错误的可能性就越大，并且越难以检测，尤其是在缺乏有效的系统监控手段情况下，小的变更可以更容易地发现错误，并且更容易恢复。

⑦ 保持服务与环境持续可用：现代化的系统无法承受升级或修复所导致的停机时间，采用"金丝雀发布"、蓝绿部署、滚动升级等方式可以在不损失可用性的情况下进行持续的更新和发布。

⑧ 模块化组件：将基础设施作为代码部署还意味着我们可以将基础设施划分为模块化组件，从而可以通过不同方式组合这些组件，实现组件的重用和编排。

(4) 采用声明式的方法

① 基础设施即代码的定义文件通常有两种方式：声明性(功能性)与命令性(程序性)。两种方法之间的区别本质上是"什么"与"如何"。

② 声明式方法侧重于最终的目标配置应该是什么，定义系统所需的状态，包括需要哪些资源以及它们应该具备的属性，IaC 工具将为自动进行配置。声明式方法还保留了系统对象当前状态的列表，这使得拆除基础设施更易于管理。

③ 相比起来，命令式关注如何改变基础设施来满足得到目标结果，命令式方法定义了实现所需的特定命令，以及正确执行这些命令的顺序。

④ 许多 IaC 工具使用声明式方法，并会自动提供所需的基础设施。如果对所需状态进行更改，声明式 IaC 工具将应用这些更改，命令式工具则要求我们弄清楚应如何应用这些更改。

⑤ 通常两种方法都能够支持基础设施即代码，而我们的首选是声明式定义。声明式定义指定环境需要什么。换句话说，它可以将服务器组件的特定版本和配置定义为需求，而无须指定安装和配置它的过程。这种目标与实现的解耦方式具有更大的灵活性，例如基础设施提供商可采用优化技术，这助于减少维护命令式代码(例如部署脚本)的技术债务，同时这些代码会随着时间的推移而累积。

8. 基础设施即代码带来的好处

衡量 IaC 的价值，可以分解为几个可衡量的层面：效率提升，成本降低，风险降低，团队提升。

(1) 效率提升

基础设施即代码提供最显著的优势就是速度与效率的提升。自动化运行脚本，快速完整地设置基础设施，可以使整个软件开发生命周期实施更为高效。通过使用基础设施即代码，团队可以在多个阶段部署基础设施，将团队的生产力提升到新的水平。

基础架构自动化通过配置基础架构时更快地执行来提高速度，并提供可见性以帮助整个企业的其他团队更快、更高效地工作，相反手动系统配置无法扩展，还可能导致积压任务溢出。

(2) 成本降低

毫无疑问，基础设施即代码降低了基础设施管理的成本，通过将云计算与基础设施即代码结合，可以显著降低成本，这是因为不需要花钱购买硬件、雇用人员来操作它，也不必建造或租用物理空间来存储它，并且可降低人员管理和沟通的成本。

降低成本不仅是在财务方面，使用自动化配置基础设施意味着开发人员无须在每次开发或部署应用程序时手动配置和管理服务器、操作系统、存储和其他基础设施组件。通过去除手动操作，人能够将精力聚焦在核心增值任务上。与此同时，消除重复性的劳动也意味着节约时间成本，消除过程浪费，最大限度地减少甚至消除手动、耗时的任务，例如补丁管理、系统配置、访问管理和其他烦琐的系统配置任务，能够以更少的资源在更短的时间内完成更多任务。

最重要的是，基础设施即代码还以另一种更微妙的方式降低成本，这就是我们所说的“机会成本”。把有用的人放置在适当的位置才能最大限度地发挥效用。如果只是让他们做一些重复性的劳动，无疑是在浪费资源。

(3) 风险降低

手动过程无可避免地会产生错误，人的记忆会出错，人的动作会犯错，彼此之间的沟通也是问题。无论你多么努力，手动的基础设施管理都会导致环境的差异。基础设施即代码通过让可执行的配置文件成为唯一可信源来解决这个问题。使用代码来定义服务器配置意味着服务器之间有更大的一致性，可以为每一个环境执行同样的操作，从开发、测试、准生产到生产，保证重复部署相同的配置，而不会出现差异。

自动化消除了手动配置等人为错误导致的风险，消除错误和安全违规，减少停机时间并提高了可靠性。不合规的成本是维持合规成本的两倍以上，通过自动化的力量进行合规性检查，可以有效提升合规性水平。通过持续的系统检查和自动修复可以防止配置漂移，从而保持整个基础架构的一致性。

(4) 团队增强

心理安全是衡量团队归属感的重要因素。通过将基础设施定义为受版本控制的代码，对配置所做的每一次更改都可以被记录下来，有助于合规性和审计。大家可以像任意源代码文件一样对基础设施配置文件进行版本控制，因此可以完全跟踪每个配置所经历的更改。这将对系统的更改变为日常的例行公事，我们无须担心修改环境所带来戏剧性结果及其压力。

使用配置代码将活动与人员解耦，使更改更为安全，允许以更低的风险，升级应用程序和系统软件。用户能够自主定义、创建和管理他们需要的资源，无须 IT 人员参与。我们可以让程序员使用基础设施即代码创建和启动沙箱环境，让他们能够安全地进行隔离开发。对于 QA 专业人员来说也是如此，他们可以拥有生产环境的完美副本，并在其中运行测试。到了部署阶段，任何人员都可以用很容易将基础设施和代码推送到生产环境。通过所有这些所获得的人员成就感，以及工作专注度，都是让价值快速流动的保障因素。

9. 基础设施即代码工具

基础设施即代码事实上实现了 DevOps 的目标，即开发运维一体化——开发人员更多地参与定义配置，而运维团队更早地参与到开发过程中。自动化和协作是 DevOps 的核心，基础设施自动化工具也同时作为 DevOps 工具链的重要组成部分。采用 IaC 工具为服务器的状态和配置带来可见性,并最终为企业内的用户提供透明性。工具带来的自动化可以消除手动流程容易产生的混乱和出错,并使整个过程更为高效。IaC 允许以灵活的方式更好地以创建应用程序的方式创建环境,减少停机时间,使整体成本收益最大化。

有许多开源 IaC 工具可供使用,最常用的工具是 Ansible 和 Terraform。

Ansible 是一个由 Red Hat 赞助的开源社区项目,旨在帮助组织实现配置管理和应用程序部署的自动化。Ansible 是一种声明式自动化工具,创建"剧本"(用 YAML 配置语言编写)以指定所需的基础架构。Ansible 也是自动化 Docker 容器和 Kubernetes 部署流行的选择。

Terraform 是另一种声明式配置和基础架构编排工具,可让工程师自动配置其企业基于云和本地基础架构的所有方面。与 Ansible 不同,Terraform 不提供配置管理功能,但它与配置管理工具(例如 Cloud Formation)协同工作,以在配置文件描述的状态下自动提供基础设施。

10. 反模式:雪花即代码

我们用 IaC 的方式,用代码定义一切环境,将所有对环境的操作都定义到描述性的配置文件中,并存储到版本管理系统,似乎一切都按部就班地开展,而稍不小心,问题会出现在代码的分支模式。

对于每个环境上所需的资源大小可能不同,配置信息也不同,有两种方便的处理方法:其一是为每个实例维护一个单独的基础设施代码副本,通过不同的名称来区分不同的资源,例如 env-test、env-staging 和 env-prod;另一种方式是,针对不同的环境开出不同的代码分支。

Kief Morris 在书中称之为基础设施代码的反模式,雪花即代码,特征是为基本相同的多个基础架构实例维护单独的基础架构代码实例。如图 177 所示,当多个环境被配置为独立的基础设施实例时,每个环境都有自己独立的代码副本。当基础设施实例之间的差异由代码差异维护时,这些代码实例就是雪花。

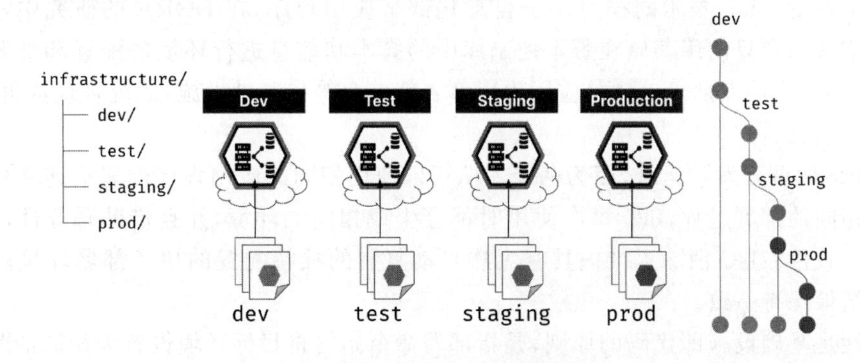

图 177　基础设施代码的反模式

一旦环境信息发生变更,我们会修改其中一个环境的实例代码,通常是开发环境或者生产环境。然后(如果记得)将变更复制或合并到其他的环境分支/目录中,执行此操作的过程通常是手动的,需要确保不同实例之间有意而为之的差异,与此同时又需要避免意外产生的差异,需要付出额外的努力。

这导致 IaC 代码的维护成本随着环境的增多而极剧上升,也违反了简便性、一致性和幂等性等原则。这种模式将雪花的脆弱存储到了代码分支中,就是雪花即代码反模式这一名字的原因,其结果是另一种形式的配置漂移,而且更不容易被发现。

雪花即代码的解决方案是不同的环境通过同一个基础设施代码进行实例化,如果不同实例之间需要变化,例如资源大小和名称,这些变化应该被提取到每个实例的配置值中,并在实例化时进行传递。

11. 基础设施即代码对 DevOps 至关重要

随着科技发展,微服务架构的流行、DevOps 实践(如基础设施即代码)的广泛采用以及使用云服务提供商运行应用的情况日益增多,这三者同时存在并非巧合。这些实践的组合能够让服务快速迭代和部署,从而使微服务架构成为一种可实行和可扩展的方案。

IaC 是实施 DevOps 实践和持续集成/持续交付(CI/CD)的重要组成部分。IaC 带走了开发人员的大部分配置工作,开发人员可以执行脚本以准备好他们的基础设施。

成熟的 CI/CD 方案对于构建可靠且稳定的持续交付能力是至关重要的。CI/CD 流程,尤其是部署流程需要得到开发者的充分信任,能够在不损害整体可用性或引入严重缺陷的情况下推出新特性和新服务。

自动化的部署方案对于大规模微服务开发而言是必不可少的,微服务应用的重要特征是其可以独立部署,这就将部署单元从应用层级变为了微服务级别,加上我们强调的持续不断的交付小的特性,部署新服务的成本必须小到可以忽略不计,能够让工程师快速创新、引进新内容并向用户交付价值。如果开发者不能快速且可靠地将微服务部署到生产环境中,那么微服务方案所提高的开发速度就会被烦琐的部署活动消耗掉。

我们以自动化的方式从版本控制库里提取用重建和变更环境状态的代码,而不是用人工方式来配置基础设施。这种工作方式非常适用于云化的基础设施,可以通过 API 准备和配置资源。通过 IaC 工具使用声明式配置文件,并且置于版本管理系统的控制之下,可轻松地准备和持续更新云基础设施。通过这种方式,准备各类环境变得快速而可靠,从而有效减轻传统运维人员的工作量。IaC 技术同样可用于自动化部署应用程序,在 DORA 的研究中,44%的云化基础设施采用者只使用存储在版本控制库中的脚本和信息进行环境的配置和部署,而无须人工操作环节(除了审批)。这样,应用程序部署就不会等待基础设施,系统管理员也不会管理耗时的手动流程。

IaC 帮助协调开发和运维,因为两个团队可以使用相同的应用程序部署描述文件,每个环境都使用相同的部署过程,IaC 每次使用时都会生成相同的环境,并且借助幂等性,保证环境和结果的一致性。IaC 消除了维护具有无法自动复制的独特配置的单个部署环境的需要,并确保最终结果保持一致。

幂等性是基础设施即代码的原则,是指部署命令始终将目标环境设置为相同的配置属性,而不管环境的起始状态如何。幂等性是通过自动配置现有目标或通过丢弃现有目标并重新创建新环境来实现的。

DevOps 最佳实践也适用于 IaC 中的基础设施,IaC 本质上是将软件工程实践(例如版本控制、测试、流水线)应用到基础设施环境上。基础设施即代码 (IaC) 用管理应用程序方式一样的方式来管理环境定义。

基础设施即代码是在描述性文件中管理基础设施,用开发团队管理源代码的相同方式对描述性文件进行版本控制。基础设施可以通过与应用程序在软件开发期间相同的 CI/CD 管道，对基础设施代码应用相同的测试和质量门禁机制。就像相同的源代码会生成相同的二进制文件的原理一样，IaC 文件每次应用都会生成相同的环境。基础设施的部署是自动化的、一致的和可重复的。

基础设施即代码使 DevOps 团队能够于开发生命周期的早期阶段在类生产的环境中测试应用程序。团队能够可靠地按需提供各测试环境，还可以验证和测试以代码描述的基础设施，防止常见的部署问题。同时，云平台会根据 IaC 定义动态的配置和拆除环境。

实施 IaC 的团队可以快速、大规模地交付稳定的环境。避免团队手动配置环境，并通过代码表示其环境的所需状态强制一致性。使用 IaC 的基础设施部署是可重复的，并防止由配置漂移或缺少依赖项引起的运行时问题。DevOps 团队可以使用一组统一的实践和工具协同工作，以快速、可靠和大规模地交付应用程序及其支持的基础设施。

第 70 问　如何做到低风险的部署与发布

The last time I saw you, you were on stage.

—— Cat Power *I don't blame you*《我不责怪你》

Develop on Candence, Realease on Demand。按节奏开发，按需要发布。将(功能)发布与(代码)部署解耦，是持续交付的基本原则。将代码部署到生产环境，并不意味着对客户开放了相关功能。针对哪些群体开放，什么时候开放什么时候关闭，都是业务和运维基于业务决策与应用运行状况做出的决策，与部署本身不直接相关。

1. 将(功能)发布与(代码)部署解耦

传统的实践中，将代码部署到生产环境，也就意味着对客户开放了相关功能。因此部署也就意味着变更上线，而变更是造成线上事故的最主要来源；所以变更需要是受控的，需要通过层层检查门禁；部署/发布是一个高风险的事情，需要运维人员放在业务不繁忙的夜间实施；此时恰好是开发人员力量最薄弱的时刻，出现问题又很难及时响应和定位；因此运维会严格控制上线的频度，这又进一步造成每一次的发布中包含了过多的变更，增加了发布的风险；发布的层层门禁进一步减缓了发布的流程，导致整个过程痛苦不堪；于是很多的功能发布伪装成了缺陷修复，绕开门禁机制，走快速发布流程，这让原本就名声不佳的生产上线雪上加霜。

这样的"传统"至今依然在各企业频繁上演，让人谈虎色变。这也是持续交付试图去解决的问题，同样也是研发效能的效与能的目标之一，而且是绕不开的环节。

如何让部署与发布变成低风险的事情？需要将部署和发布解耦。我们讲过，部署是一个技术行为，而发布则是业务决策。两者的区别和定位分别是：部署是在特定的环境上安装指定版本的软件，部署可能与某个特性的发布有关，也能无关。发布是把一个/组特性提供给(所有或部分)客户。

《DevOps 实践指南》的对于部署与发布的定义如下：

(1) 部署是指在特定的环境中安装指定版本的软件(例如，将代码部署到集成测试环境中，或者部署到生产环境中)。具体说，部署可能与某个特性的发布无关。如果部署与某个特性发布有关，部署后即时生效，即代表着发布，部署＝发布。

（2）发布是指把一个特性（或者一组特性）提供给所有客户或者一部分客户（例如，向5％的客户群开放特性）。代码和环境架构要能够满足这种要求：特性发布不需要变更应用的代码。

2. 发布的定义和目标

软件发布就是将开发好的应用程序正式公布出来的过程，ITIL中定义的发布管理目标包含：

（1）规划、协调软件和硬件的实施（或安排实施）；

（2）针对分发和安装对系统实施的变更而设计和实施有效的程序；

（3）确保与变更相关的硬件和软件是可追溯和安全的（正确的、经过批准和测试的版本才能被安装）；

（4）在新发布的规划和试运行期间与用户进行沟通并考虑他们的期望；

（5）保障发布软件的原始拷贝被安全地存放在最终软件库，配置信息存储在配置管理数据库；

上述与软件相关的环境，包括环境、部署、配置、发布等，需要通过IaC基础设施即代码、部署流水线、软件配置管理、软件制品库、镜像仓库等综合实践达成。

3. 低风险发布

简单讲，部署是技术动作，发布是业务行为。所以我们需要通过技术的手段，实现低风险的发布。如果混淆部署和发布，就很难界定谁对结果负责。解耦部署和发布，可以提升开发人员和运维人员快速且频繁部署的能力。按需部署，让特性发布作为业务和市场决策，而不是技术决策。

无须停机发布对于为客户持续提供服务是至关重要的。如果确需停机，就会将其安排到非工作时间，这就要求系统管理员和运维人员要在非工作时间工作，这是避免停机的另一个原因，而且因为不可持续，会影响人员士气。

低风险的发布有两大类实现方式，基于环境的发布模式和基于应用的发布模式。

（1）基于环境的发布模式实现机制是关注两个或更多环境，但只有一个环境正在接受实时客户流量。将新代码部署到非生产环境中，将流量切换至此环境，让新版本开始接受流量，确认没问题，再升级另外的环境，逐步全网升级。基于环境的发布模式好处是只需要很少或者不需要更改应用程序。基于环境的发布模式包括Blue-green蓝绿部署、Canary金丝雀发布、Cluster immune systems集群免疫系统等。

（2）基于应用的发布是通过Feature Toggle功能开关启用特定应用程序功能的发布和展示。例如按照启用范围，分为开发团队、内部员工、1％的客户。基于应用发布模式的优点是切换快速，可以通过界面直接进行功能的打开与关闭；缺点是有代码侵入，与此同时，特性开关也是技术债务，需要定期清理，功能开关的存在也增加测试的复杂性，需要打开所有特性开关（也许需要排列组合），还需要测试特性开关功能本身是否正常。基于应用的发布的例子如Dark Launching灰度发布。

下面我们分别针对典型的低风险发布模式进行分析。

(需要说明的是,下面我们可能会交叉使用部署与发布,甚至不严格进行区分。这是由于有很多约定俗成的名称,例如蓝绿部署,其事实上是一个部署行为,但如果没有控制开关,它也带有部分发布的性质。要记住,部署是技术动作,发布是业务行为。在这里,重要的是根据具体技术与业务的需要,来选择部署与发布的方式。)

4. "金丝雀发布"

"金丝雀发布"是一种降低在生产中引入新软件版本风险的技术,它通过先将变更发布给一小部分用户,再逐渐推广到整个环境并使其对所有人可用。这项技术的名称来源于矿工,他们将笼子里的金丝雀放入矿井,由于金丝雀对毒气非常敏感,如果存在毒气体泄漏,它会在杀死矿工之前杀死金丝雀。在潜存问题影响整个生产环境或全体用户群之前,"金丝雀发布"提供了类似的警告。尽管这种技术的名称独特,但"金丝雀发布"的做法早已存在多时,被称为分阶段部署或增量部署。

如图 178 所示,"金丝雀发布"机制先将新版本应用部署到少量环境,但是并不直接将流量切过来,而是测试人员对新版本进行线上测试,这个新版本应用设计的少量环境,就是我们的金丝雀。

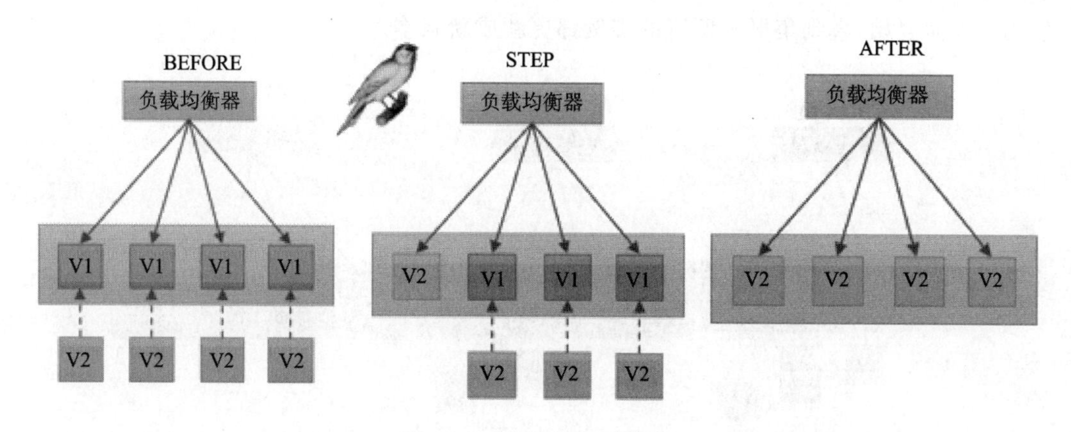

图 178 "金丝雀发布"机制

当对新版本感到满意时,我们可将一些选定的用户路由到新环境。选择哪些用户到新版本有不同的策略:一个简单的方法是使用随机样本;有些公司会选择先向内部用户和员工发布新版本,然后再向全网发布;另一种更复杂的方法是根据用户的个人资料和其他人口统计数据选择用户,这需要更复杂的标签机制以及切换策略控制。

当我们对新版本越来越有信心,可以将其发布到更多的服务器,并将更多用户路由到新版本。推出新版本的一个好做法是使用不可变服务器方式配置新的基础设施,并停用旧的基础设施。

"金丝雀"的优势是用户体验影响小,"金丝雀发布"过程如果出现问题只会影响少量用户。劣势是发布自动化程度不够,发布期间可能引发服务中断。此外我们必须一次管理多个版本的软件,甚至可能在生产环境中同时运行多个以上的版本。但建议将开发版本的数量保持在最低限度,否则管理的复杂度将极剧上升,进而削减了金丝雀带来的好处。

金丝雀适用的场合包括对新版本功能或性能缺乏足够信心,用户体验要求较高的网站业务场景，缺乏足够的自动化发布工具研发能力等情况。

使用"金丝雀发布"的另一个好处是能够在发现问题时使用安全回滚策略在生产环境中对新版本进行容量测试。由于迁移阶段一直是将用户路由到新版本，如果发现新版本有任何问题，回滚策略只需要将用户重新路由回旧版本，直到解决金丝雀的问题。回滚非常快速并且成本低廉。

由于技术实现的相似性，"金丝雀发布"也可用作实现 A/B 测试，但是我们最好避免将这两个问题混为一谈：金丝雀的目的是隔离发布问题和快速检测并回滚，而 A/B 测试是一种使用不同实现版本来测试不同设计假设的方法。由于目的不同，如果将金丝雀与 A/B 混在一起，确切说，收集足够的数据以证明 A/B 测试可能需要数天时间，而我们希望金丝雀部署在几分钟或几小时内就能完成。

5. 滚动发布

滚动发布是在"金丝雀发布"基础之上的进一步优化改进，是一种自动化程度较高的发布方式，用户体验平滑，是目前成熟型技术组织所采用的主流发布方式。

如图 179 所示，滚动发布一般是停止一个或者多个服务器服务，执行更新，并重新将其投入使用。周而复始，直到集群中所有的实例都更新成新版本。

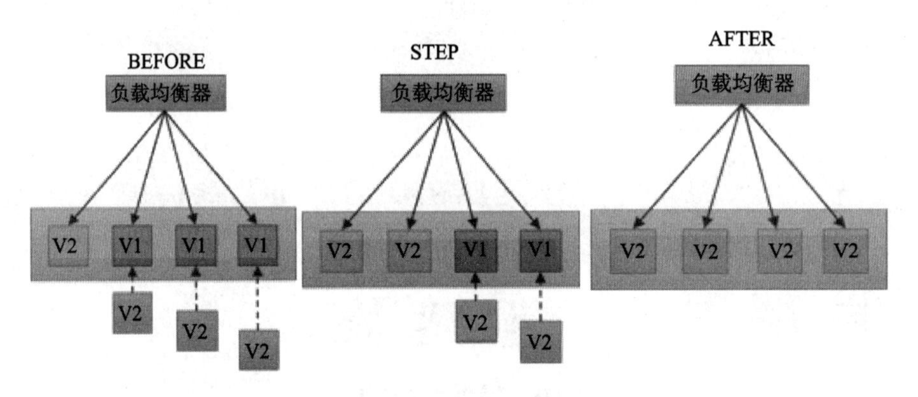

图 179　滚动发布

一般，一次滚动式发布由若干个发布批次组成，每批的数量一般是可以配置的(可以通过发布模板定义)。例如第一批 1 台(金丝雀)，第二批 10%，第三批 50%，第四批 100%。每个批次之间留观察间隔，通过手工验证或监控反馈确保没有问题再发下一批次，所以总体上滚动式发布过程是比较缓慢的。其中，首批金丝雀版本的时间一般会比后续批次更长，因为需要检测的内容较多。

滚动式发布需要比较复杂的发布工具和智能负载均衡 LB，支持平滑的版本替换和流量拉入拉出。实现步骤是先将老版本 V1 流量从 LB 上摘除；清除老版本，发布新版本 V2；再将 LB 流量接入新版本。这样可以尽量保证用户体验不受影响。

滚动发布的优势是用户体验影响小，体验较平滑。劣势是发布和回退时间比较缓慢，发布工具比较复杂，LB 需要平滑的流量摘除和拉入能力。滚动发布的适用于用户体验不能中断的网站业务场景和有一定的复杂发布工具研发能力的场合。

6. 蓝绿部署

蓝绿发布是一种可以保证系统在不间断提供服务的情况下上线的部署方式。蓝绿部署的模型中包含两个集群，其部署过程中，老版本并不停止，直接部署一套新版本，等新版本运行起来后，再将流量切换到新版本上。

如图 180 所示，蓝绿发布适用于双服务器组发布，V1 版本称为蓝组，V2 版本称为绿组，发布时通过 LB 一次性将流量从蓝组直接切换到绿组，不经过金丝雀和滚动发布，蓝绿发布由此得名。蓝绿发布出现问题回退也很直接，通过 LB 直接将流量切回蓝组。发布初步成功后，蓝组机器一般不直接回收，而是留一个待观察期，视具体情况观察期的时间可长可短，观察期过后确认发布无问题，则可以回收蓝组机器。

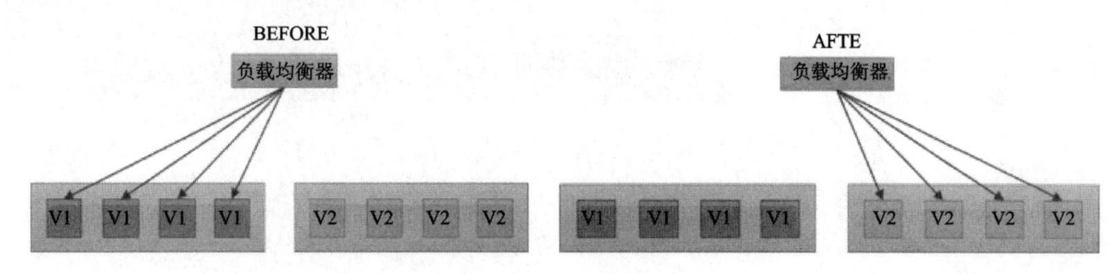

图 180 蓝绿发布

蓝绿发布的优势是升级切换和回退速度非常快。劣势是切换是全量的，如果 V2 版本有问题，则对用户体验有直接影响，另外此发布需要两倍机器资源，投入较多。适用场合：对用户体验有一定容忍度的场景；机器资源有富余或者可以按需分配（AWS 云，或自建容器云）；暂不具备复杂滚动发布工具研发能力。

蓝绿部署法通过确保两个尽可能相同的生产环境实现版本的快速切换。在任何时候，其中之一（例如以蓝色为例）处于活动状态。当准备软件新版本时，将在绿色环境中进行最后阶段的测试。一旦软件在绿色环境中工作，就可以切换路由将所有传入的请求都进入绿色环境，此刻蓝色环境保持空闲。

蓝绿部署还提供了一种快速回滚的方法，如果出现任何问题，都可以将路由切换回蓝色环境。在绿色环境处于活动状态时仍然存在处理遗漏事务的问题，但是根据设计，可以将事务分别提供给两种环境，以便在绿色环境处于活动状态时将蓝色环境作为备份。为保证数据一致性，也可以在切换前将应用程序置于只读模式，在只读模式下运行一段时间，然后将其切换到读写模式。

一旦将绿色环境投入使用，并且对其稳定性感到满意，就可以将蓝色环境作为下一次部署的最后测试步骤的暂存环境。基本思路是保持有两个易于切换的环境，这种方法的优点是基本机制与热备份的基本机制相同。因此，我们可以在每个版本上测试灾难恢复过程，主动的灾难恢复测试应该比被动的灾难要频繁许多。

如图 181 所示，作为对蓝绿部署的一种简单优化方法，可以在发布时先从绿组拉入 1 台金丝雀，待金丝雀验证通过再发全量，这样就集合了金丝雀与蓝绿两种部署模式的优点。

如图 182 所示，双服务器组的滚动式发布是对上面的蓝绿和“金丝雀发布”的进一步优化，其按批次增量滚动发布，提供更平滑的用户体验。

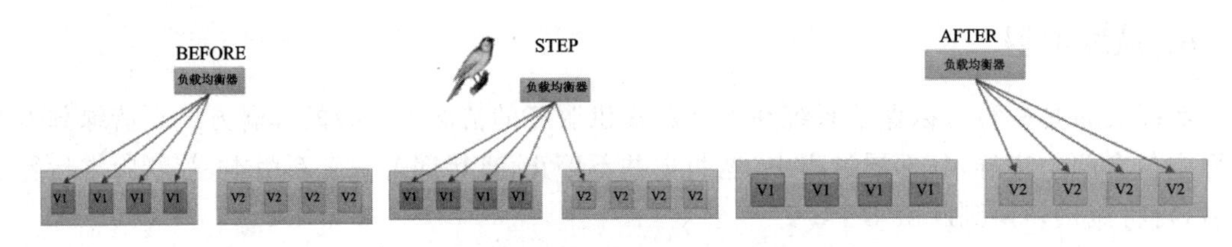

图 181　金丝雀与蓝绿发布结合

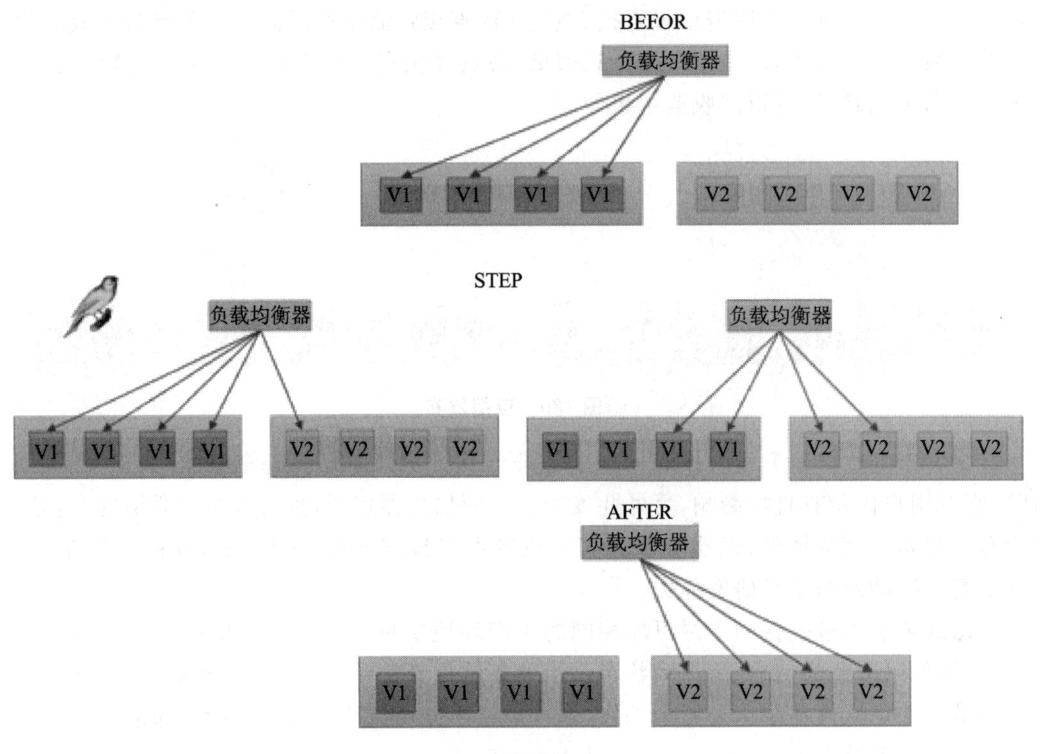

图 182　双服务器组的滚动式发布

7. 灰度发布

灰度发布是在“金丝雀发布”基础上进行的延伸，其不是将发布分成两批，而是将发布分成不同的阶段/批次发布，每个阶段/批次的用户数量逐级增加。如果新版本在当前阶段没有发现问题，就再扩展用户数量进入下一个阶段，直至扩展到全部用户。

灰度发布可以结合滚动部署一起使用，通过分批部署，部署即发布，让部分客群可见。灰度发布结合特性开关、流量切换等技术，可以做到更复杂灵活的灰度设置。

如图 183 所示，以华为云 DevCloud 灰度发布的实践为例，整个 DevCloud 的产品中采取的灰度发布特点主要有三个方面：

(1) 根据用户画像，精准分层用户，灰度逐步递进，保证能够全部检测到所有的用户分群。

(2) 结合了多种灰度策略，如特性开关、AB 测试、在线验收测试、友好用户测试等模式。

(3) 精准把控灰度批次比例，借助 SLB 服务，严格按照 1%、9%、45%、45%，小心比例逐步放大灰度群体。

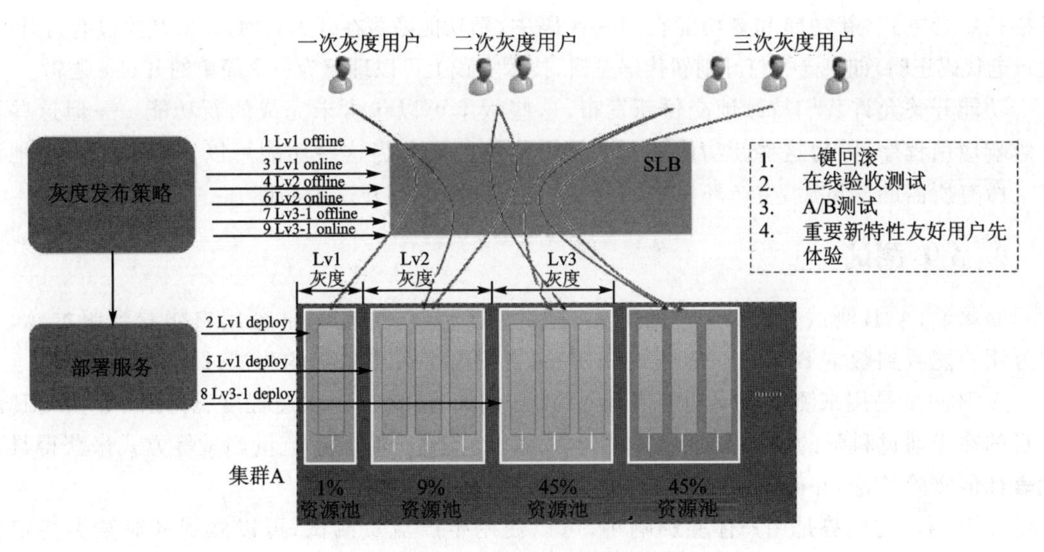

图 183 华为云灰度发布

8. 功能开关

如图 184 所示，功能开关利用代码中的开关(FeatureFlag/Toggle/Switch)控制发布逻辑，一般不需要复杂的发布工具和智能 LB 配合，是一种相对比较低成本和简单的发布方式。这种方式也支持现代 DevOps 理念，研发人员可以灵活定制和自助完成发布方式。应用上线后开关先不打开，然后运维、研发或业务人员通过开关中心打开新功能，经过流量验证新功能没有问题后，发布完成，如果有问题，随时可以通过开关中心切回老功能逻辑。

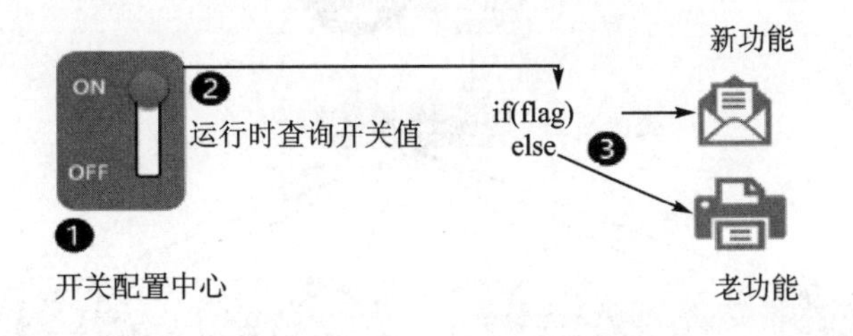

图 184 功能开关

采用功能开关方式的优势是升级切换和回退速度非常快，相对于复杂的发布工具，实施比较简单，成本相对低廉，研发能够灵活定制发布逻辑，支持 DevOps 自助发布。而劣势是切换是全量的，如果 V2 版本有问题，则对用户体验有直接影响；另外对代码有侵入，代码逻辑会变复杂，需要定期清理老版本逻辑，维护成本变高。

功能开关的适用场合包括对用户体验有一定容忍度的场景；已有配置中心或开关中心服务；暂不具备研发复杂发布工具能力等。

从实现角度看，功能开关方式需要一个配置中心或者开关中心的服务支持，运维或研发人员通过配置中心可以在运行期间动态配置功能开关的值。功能开关发布只是配置中心的一种使用场景，配置中心还能支持其他动态配置场景，功能开关服务一般提供客户端的 SDK 方便开发人员集成，在运行期客户的 SDK 会同步最新的开关值。技术实现有推方式也有拉方式或者推拉结合方式，新功能和老功能在同一代码中，新功能隐藏在开关后面，如果开关没有打开，则运行老代码逻辑，如果开关打开则新代码逻辑，技术实践上可以理解为一个简单的 if else 逻辑。

功能开关允许我们持续地交付新发布，这些版本可以包含未完成的新功能——但这些不会影响应用程序，因为这些新功能还处于关闭状态。只有当这些功能可以发布并且成功地通过了所有所需的测试后，生产环境中的开关才会打开（即打开这个功能）。

9. A/B 测试

简单说，A/B 测试是针对用户的需要，提供两个版本功能，一部分用户能看到版本 A，一部分用户能看到版本 B，我们要经过对比实验，得出哪个版本更优的测试过程。

A/B 测试是用来测试应用功能表现的方法，例如可用性、受欢迎程度、可见性等。A/B 测试目的在于通过科学的实验设计、采样样本代表性、流量分割与小流量测试等方式来获得具有代表性的实验结论，并确信该结论在推广到全部流量可信。

A/B 测试的优势是用户体验影响小，可以使用生产流量测试，可以做到针对某类特定目标用户进行测试。但 A/B 测试搭建复杂度相对高，有一定技术门槛，需要具备一定的 A/B 测试平台研发能力

A/B 测试示例如图 185 所示，假设原来的 PC 端和手机端都访问老版本 V1 服务（也称 A 组或控制组），当 V2 新版本（也称 B 组或实验组）发布以后，为了验证 V2 的功能正确性，同时也为了避免 V2 有问题时影响所有用户，先通过 LB 将手机端的流量切换到 V2 版本，经过一段时间的 A/B 比对测试和观察（主要通过用户和监控反馈），确保 V2 正常，则通过 LB 将全部流量切换到 V2。

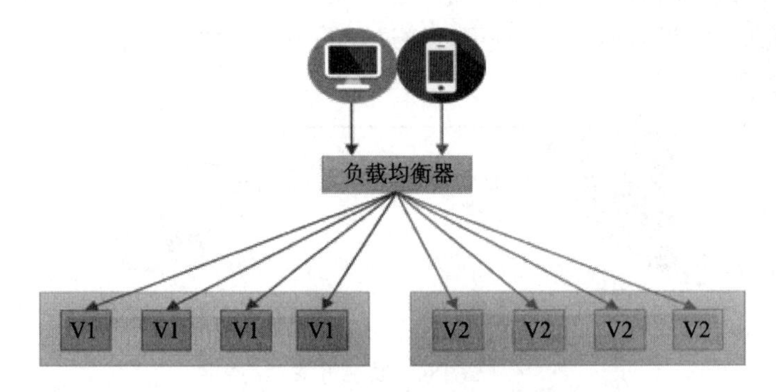

图 185　基于 LB 方式实现 A/B 测试

基于 LB 方式实现 A/B 测试，LB 需要能够通过某种条件做流量路由，例如通过 Client IP，设备类型，浏览器类型，甚至是定制的 HTTP Header 或查询字符串。

通过功能开关的方式和 AB 测试有点相似，但功能开关一般是无状态和全量的，无法做到针对某类特定用户进行测试。而 AB 测试一般是有状态的，能够根据事物和用户级别的状态实现针对某类特定用户的测试。

虽然 A/B 测试名字中只包含 A、B ，但并不是说它只能用于比较两个版本的好坏，事实上，完全可以设计两个以上版本进行测试，即 A/B/n 测试。

10. 暗启动 Dark Launch

暗启动原意是指将新版本部署到生产环境后，对用户无感。所以暗启动意味着暗部署。当然，暗启动终极目的还是为了发布，对原有暗启动含义扩展之后，就会先让小部分用户感知新功能，再逐渐扩大感知到新功能的用户范围，那么暗启动就代表发布。

马丁·福勒(Martin Fowler)提到，暗启动针对的是后端行为，后端系统部署在生产环境之后，现有用户使用前端界面的时候，新部署的后端功能被调用，但是用户并没有感知。也就是说用户和系统的交互逻辑保持不变，用户在界面上没有选择新部署功能的地方，也就是对用户不可见。

暗启动的暗(Dark)代表用户无感知，也就是新版本的功能已经被部署到生产环境，但是用户无感知。例如百度的搜索框输入提升推荐，可以在客户界面不发送改变的情况下，对算法进行数据采集和训练，再与客户实际点击的链接结果集进行比对，便于更好优化在未来才正式推出输入时推荐的功能。

暗启动将部署与发布解耦，功能部署之后，对用户而言无感，这样可以获得部分真实用户的反馈，测试缺陷，评估基础设施性能、系统的额外负载和性能影响等。暗启动还可以启用重新实现的功能的并行运行。旧代码和新代码都可以调用，并检查它们的结果以查看新算法是否有变化，但只有一个答案返回到界面。暗启动也可以选定公司内部员工作为用户，这样内部员工可以先对新功能进行测试，而真实用户并未真正使用新功能。这一场景事实上与灰度发布类似。

第 71 问　如何通过功能开关，实现业务灵活发布

Oh my life is changing everyday. Every possible way. I know I've felt like this before. But now I'm feeling it even more. Because it came from you.

——The Cranberries *Dreams*《梦》

产品在新功能发布前，为减小发布风险，可以采取小流量测试的方式，或者在确定方案前使用 A/B 测试来衡量。一般开发人员会跟运维人员合作，通过一些现有平台切换机器或者流量实现，即基于环境的“金丝雀发布”或者蓝绿发布。这里介绍另外一种简便的方式，功能开关，解释其在持续低风险发布的应用以及相关注意事项，提供一些具体的开发框架及工具，并结合具体案例对其进行详细拆解。

1. 功能开关(Feature Toggle)与特性分支(Feature Branches)

功能开关 Feature Toggle(也称为 Feature Flag)是一种允许控制线上功能开启或者关闭的方式，通常会采取配置文件的方式来控制。提到 Feature Toggle 功能开关，一般都会跟 Feature Branches 特性分支(也有译为功能分支)进行比较。两者都与功能特性有关，有什么关联与差别呢？我们可以通过一个简单的示例比较。

假设产品需要添加一个功能，如果我们在主干上进行开发，通常的做法是由前端开发人员

在界面上添加功能，然后可能会有其他人员完成后端服务、安全保障，最后测试及 Bug 修复并发布上线。如图 186 所示。

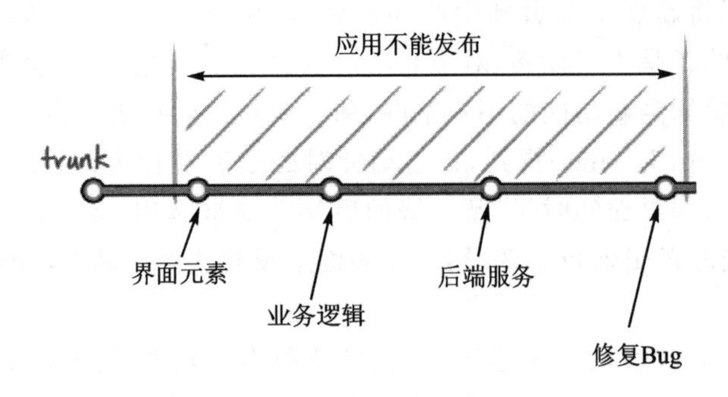

图 186　主干开发方式

图 186 中有个明显的问题是在主干分支上功能测试完毕之前是不能进行发布的，必须完备之后才能发布给用户使用。

当然解决方法也很简单，例如，使用特性分支来解决。在主干上拉取一个分支，然后在分支上测试完之后再合并到主干上，这样就不会影响主干的持续发布了。如果有另外新的功能那么同样拉取新的分支来解决，这也是通常讲到的分支开发、主干发布模式的典型场景。如图 187 所示。

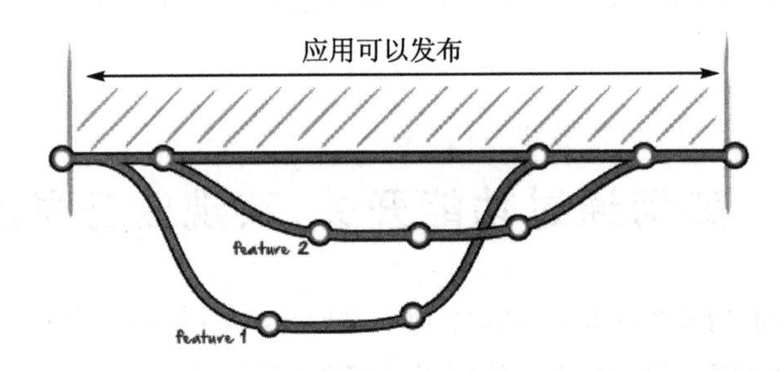

图 187　特性分支方式

支持特性分支的最常见观点是它提供了一种机制，可以支持比单个发布周期更长的功能特性。

但这种方式同样存在问题，如果功能比较复杂，开发的周期较长，此期间主干上已经多次修改代码，那么等到分支上开发完之后向主干的合并将是一项烦琐的工作，如要处理各种冲突，与其他开发人员沟通修改点，这是很多人不愿意做的。长期存在的分支会导致 Big Bang 大爆炸式的合并。

如何使用持续集成让每个人都在主线上工作，而不会在版本中存在半实现的功能？

于是有人提供了新的方案解决这个问题。例如将开发工作拆分成多个小块，在各个分支开发测试完成后及时合并到主干中，并且可以先隐藏界面功能，直到所有的功能开发完成之后才展现。这样每次合并的难度会小许多；或是每次将主干上的修改都及时同步到分支上，这样分支上开发完成后再合并到主干上就简单多了。如图 188 所示。

有什么方式既能避免分支合并的麻烦、保持主干快速迭代随时发布，又能更好地控制新功

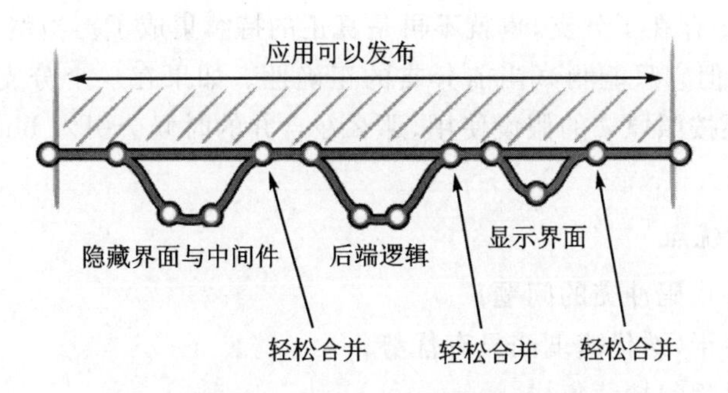

图 188 优化特性分支方式

能的发布、方便进行小流量或快速回滚操作呢？答案就是功能开关。

如图 189 所示，功能开关允许关闭未完成的功能，你可以在主干上进行迭代开发，新功能即便未开发完成也不会影响发布，因为它对用户是关闭的。当功能开发完成之后，修改配置而无须修改代码，便可以让功能发布。这种操作甚至可以在线上进行，例如代码已经发布，但功能不可见，就可以修改配置让功能对特定的用户（线上测试、小流量或者全量发布等）可见。如果发现新功能存在问题，那么可以通过配置文件来迅速关闭，而无须回滚或前滚（即上线修复分支）。

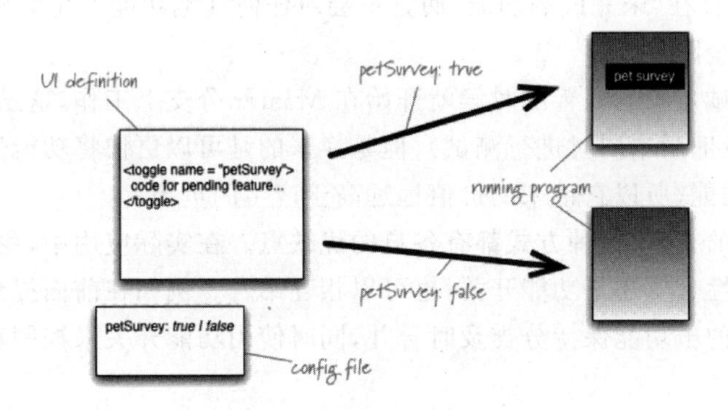

图 189 功能开关方式

2. 各自的优缺点

(1) 特性分支的优点

① 同时开发多个特性分支不会影响主干和线上代码；

② 在分支上开发新功能时不用担心对其他在开发功能的影响；

③ 现有很多持续集成系统支持分支的构建、测试、部署等；

④ 缺点也很明显，Martin Fowler 的文章中已经作了全面的阐述；

⑤ 分支分出去时间越长往往代码合并难度越大；

⑥ 在一个分支中修改了函数名字可能会引入大量编译错误，即语义冲突（semantic conflict）；

⑦ 为了减少语义冲突，开发人员会尽量少做重构；

⑧ 重构是持续改进代码质量的手段。如果在开发的过程中持续不断的存在特性分支，就会阻碍代码质量的改进；

⑨ 一旦代码库中存在了分支,也就不再是真正的持续集成了。当然大家可以给每个分支建立一个对应的 CI,但它只能测试当前分支的正确性。如果在一个分支中修改了函数功能,但是在另一个分支还按照原来的假设使用,那么在合并的时候会引入 bug,需要大量的时间来修复这些 bug。

(2) 功能开关的优点

避免了分支合并代码冲突的问题;

每次提交都在主干,迭代速度明显有优势;

新功能的整个过程都持续集成。

(3) 功能开关的缺点

未完成的功能可能会部署到线上,如果配置有误可能将未完成的功能开启。可以最后开发界面层,以避免过早暴露;

主干上担心提交代码影响其他功能;

功能开关增加管理复杂度,尤其是长期存在的开关,需要定期清理,否则会造成类似骑士资本的悲剧(参见“4 亿美元公司如何在 45 min 内因部署失败而破产的故事”)。

功能开关是让我们能在 Master 分支上工作的一个重要利器,通过功能开关的配置使得 Master 分支上可以存在“未完成的功能”而且不会对任何其他功能产生影响,但是需要考虑功能开启后带来的安全隐患。

我们可以在测试还没有完善的时候就开始在 Master 分支上工作,这虽然会带来一些负担(必须对新版本以及旧版本同时进行测试),但是换来的是可以更快将功能发布到生产环境、持续迭代、试验新的功能,所以它带来的价值远远高于产生的负担。

并不存在万能的方案,两种方式都有各自的优缺点。在实际应用中,我们可以根据业务场景来选择是否用特性分支还是功能开关,也可以相互结合。例如在前面提到的示例中,可以使用分支来开发细分的子功能保持分支及时合并,同时使用功能开关来控制功能的发布,提升工作效率。

3. 功能开关的种类与生存周期

Pete Hodgson 从开关存在的时间与决策的动态性两个维度,将功能开关分为如图 190 的几类:发布开关、运维开关、实验开关、权限开关。

(1) 发布开关

① 发布开关允许在发布时将未完成的和未经测试的代码路径关闭,并将其部署到生产环境;

② 以这种方式使用发布开关是实现“将(功能)发布与(代码)部署分开”的持续交付原则的最常见方式;

③ 生存期短,功能开关本质上是过渡性的,尽管某些以产品为中心的功能开关可能需要保留更长的时间,但它们通常不应停留超过一两周。所以针对发布版本制定功能开关的释放决策是有必要的;

④ 静态决策,发布开关的决策通常是非常静态的,通过修改配置文件来更改开关决策通常是完全可以接受的;

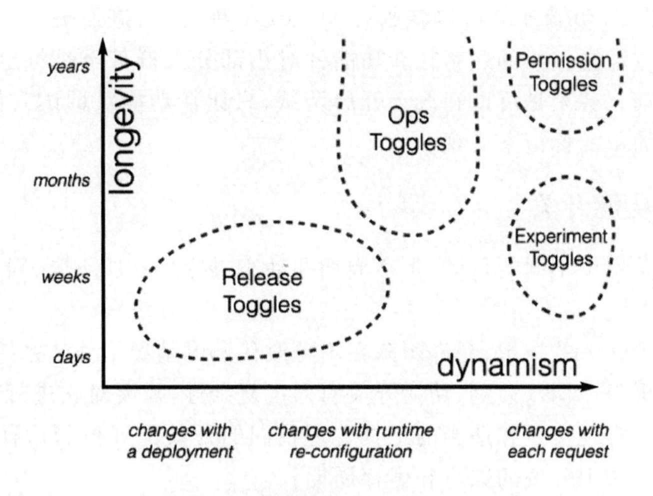

图 190 功能开关的种类与生存周期

⑤ 功能发布或等待稳定后就要马上删除。

(2) 实验开关

① 实验开关用于支持 A/B 测试,通过跟踪不同群组的聚合行为,可以比较效果不同的代码路径;

② 快速实验可以使特定人群尽早获得反馈;

③ 实验开关的生命周期从数小时到数周不等;

④ 就其性质而言,实验开关是高度动态的,业务通常会尝试多种实验组合,并支持动态调整。针对特定条件开启或者关闭功能,例如,可以设置在指定时间点开启,这样新功能将按照设定自动上线,下线。同时可以在线上直接开启或者关闭,实现快速回滚,通常匹配如 GUI 的界面。

(3) 运维开关

① 运维开关用于控制我们系统行为的操作,在推出可能存在不确定性能影响的新功能时,可以引入运维开关,以便系统管理员可以在需要时在生产中快速禁用或降级该功能。

② 大多数运维开关的寿命都相对较短,一旦获得新功能的操作方法,就应该停用该标志。

③ 系统拥有少量较长寿命的“终止开关”并不少见,它们允许生产环境的管理员在系统承受异常高负载时优雅地降低非重要系统功能,当然也可以通过微服务定义优雅降级策略达成。

(4) 许可开关

① 许可开关可以为特殊用户启用某些功能,例如内部用户先行体验功能,客户定制化功能,只为付费用户启用的高级功能等。许可开关也可以用于早期用户进行产品体验。

② 许可开关在很多方面与“金丝雀发布”相似。两者之间的区别在于,金丝雀功能面向随机选择的一组用户,而许可开关功能面向一组特定用户。

③ 当用作管理仅向高级用户公开的功能时,与其他类别的功能开关相比,许可开关的寿命可能非常长,如以年为规模。

④ 由于权限是特定用户,因此许可开关决定将始终按需进行,因此这是一个动态的开关。

发布开关主要是为了隐藏未开发完成的功能,而业务开关则可以帮助我们快速满足某些需求。例如 A/B 测试，功能开关可以轻松控制展现某种功能，进而提升 A/B 测试的可维护性。我们也可以通过配置里面的逻辑让新功能针对小部分人群甚至是特定地域的人群发布，尽早获取功能的反馈。甚至是可以在线上开启调试，只让新功能对调试人员可见。而这些都只需要配置文件和简单的标记来实现。

4. 定期清理功能开关

不同类型的开关用于不同的目的，生存周期和动态方式均有所不同，因此实现机制以及定期的清理机制也会不同。

功能开关是一种强大的技术，允许团队在不更改代码的情况下修改系统行为，许多团队都在使用它们。但它也是一柄双刃剑，功能开关引入了复杂性，需要对它进行精心看护。我们可以通过使用智能开关实现实践和适当的工具管理我们的开关配置控制这种复杂性，但我们还是应该致力于限制系统中开关的数量和生存周期。

如果不做清理，很快就会积累大量过时的功能开关，骑士资本的 4 亿美元错误是一个警示，说明当没有正确管理功能开关时会出现什么问题。所以当功能已经发布到生产环境并且完全可见时，团队需要在适当的时间在代码里移除对应的功能开关。这通常会发生在几个星期后，或者几个月后，具体取决于功能涉及的范围。

5. 功能开关的实现机理

功能开关的基本思想是通过一个配置文件处理的各种功能定义了一堆开关。然后，正在运行的应用程序使用这些切换来决定是否显示新功能，原理示意如图 191 所示。

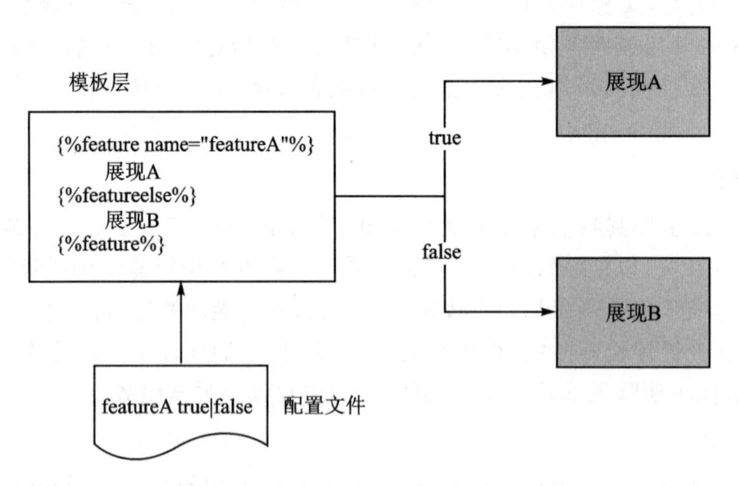

图 191　功能开关的实现机理

功能开关实质上是代码中的一个 if 逻辑判断，如果功能开关启用，则执行新版本的业务逻辑，否则执行老版本的业务逻辑。让我们再来看微软 Azure DevOps 的具体例子，在这个示例中需要控制的是“拉取请求回滚”功能是否对用户可见，如图 192 所示。

(1) 定义功能开关

首先我们需要定义一个“功能开关”，在这里我们使用 XML 文件来定义，VSTS 的每一个服务都独有一套对应的功能开关，以下是这个功能开关按钮对应的部分代码：

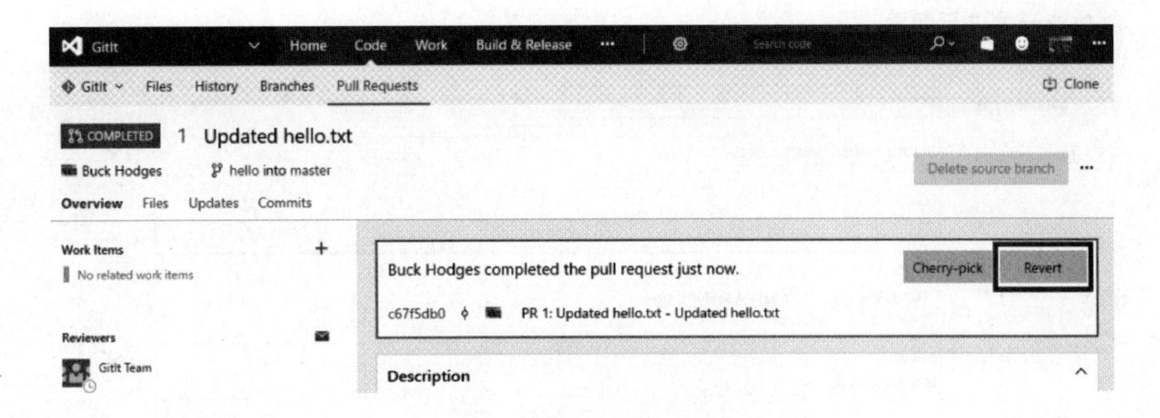

图 192　功能开关的示例

```
<? xml version = "1.0" encoding = "utf - 8"?
<! --
In this group we should register TFS specific features and sets their states.
<ServicingStepGroup name = "TfsFeatureAvailability"
<Steps>
<! -- Feature Availability
<ServicingStep name = "Register features" stepPerformer = "FeatureAvailability"
<StepData>
<! -- specifying owner to allow implicit removal of features -- >
<Features owner = "TFS">
<! -- Begin TFVC/Git -- >
<Feature name = "SourceControl.Revert" description = "Source control revert features"
```

当我们部署定义在功能开关里的服务时，部署引擎将会在数据库里创建功能开关。

(2) 运行时检测功能开关状态

在代码里使用功能开关很简单，下面是使用 TypeScripts 创建按钮的代码。

```
private _addRevertButton(): void {
if (FeatureAvailability.isFeatureEnabled(Flags.SourceControlRevert)) {
this._calloutButtons.unshift(Dialogs.revertPullRequest(this.props.repositoryContext,
this.props.pullRequest.pullRequestContract(),
this.props.pullRequest.branchStatusContract().sourceBranchStatus,
this.props.pullRequest.branchStatusContract().targetBranchStatus)
} > {
VCResources.PullRequest_Revert_Button});
}
}
```

(3) 通过界面控制功能开关状态

也可以通过内部的站点提供在线的功能开关配置，如以图 193 示例的功能开关“代码回滚”，可以设置为对某个账户开启、对另一个账号关闭。通过这种方式可以实现根据租户需求对功能开关进行配置。

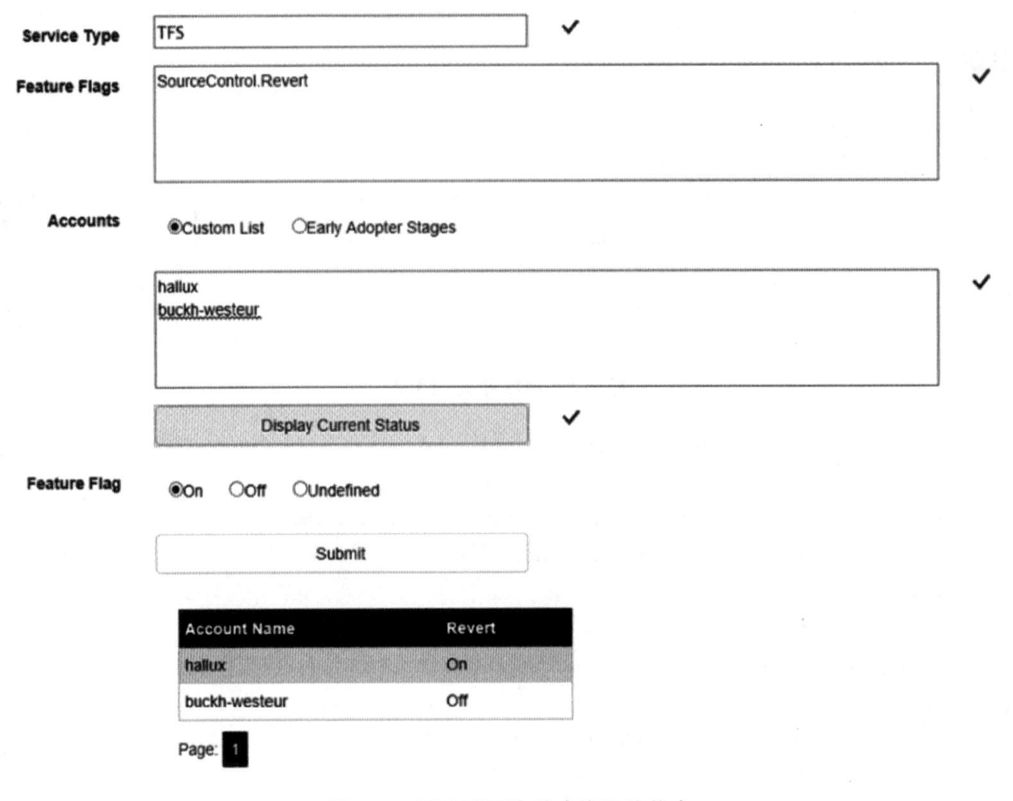

图 193　通过界面控制功能开关状态

(4) 关闭功能开关

对新功能的线上监控是非常重要的，如果我们发现某个功能出现问题，可以使用功能开关下线功能。即便在没有重新部署的前提下，仅仅通过一个脚本或者在线的开关就可以将应用回滚至之前的状态。

(5) 测试注意事项

如果隐藏在功能开关背后的新功能被部署到环境上，会默认设置为关闭。当我们对某些租户或用户开启功能时，新的业务逻辑与老的业务逻辑都会被执行。我们需要同时对新的以及老的业务逻辑进行测试，以确保应用的正常运行。这也是至关重要的，以保证功能出现问题时可以顺利下线。

(6) 开发框架

开源框架有哪些呢？几乎各种语言都有相应的实现。例如 FEX FIS 小组提供了基于 php 和 node.js 的框架，此外还有多种语言的开源实现，常见框架见表 2。

表 2 功能开关开发框架

语言	Feature Flag 框架
php	基于 smarty 的 Feature Flag 框架
NodeJs	基于 Node 前后端解决方案 Yogurt 的 Feature Flag 框架
java	Togglz
.NET	FeatureToggle
Ruby	Rollout、Degrade
Python	Gargoyle、Nexus admin
Groovy	GrailsFeatureToggle

6. 功能开关的使用场景

除了主干开发，什么情况下选择使用功能开关呢？下面是使用功能开关的一些典型场景：

在 UI 中隐藏或禁用新功能；

在应用程序中隐藏或禁用新组件；

对接口进行版本控制；

扩展接口；

支持组件的多个版本；

将新功能添加到现有应用程序；

增强现有应用程序中的现有功能；

支持“金丝雀发布”，通过针对选定的少量用户组 ID 进行开关切换；

用于 A/B 测试的实验切换，通过针对不同的用户组 ID 进行开关切换；

为操作人员提供控制的操作切换；

用于控制不同用户子集的功能访问的权限切换。

可以看到，由于功能开关本身是对业务功能的控制，所以不适于功能大范围的改动等情况。另外使用过程中需要注意一些问题：

只在需要的地方创建开关，滥用任何技术都会出现问题；

控制开关的数量，开关应按需使用并及时清除；

开关之间代码保持独立，如果代码存在依赖就没法删除，最终维护性反而变差；

清除发布开关和废弃代码，发布开关应当在功能稳定后删除，旧代码也是；

界面层最后暴露。

功能开关已经变成开发团队进行功能发布、收集反馈的一个重要组成部分，通过使用功能开关，研发团队和市场人员可以按照自己的节奏做事，很难想象 DevOps 链条上缺少这一利器。

第 72 问　功能开关有哪些使用案例[①]

I'm trying to hold my breath, let it stay this way.

——Loren Allred *Never Enough*《永远不够》

功能开关看起来很酷,但是不是新东西呢?谁在用呢?

事实上功能开关已经在国外互联网公司中获得广泛的使用。例如 Facebook、Google 等公司使用基于主干的开发模式来持续集成开发,功能开关是其中的基础技术。下面的图 194 展现了 Facebook 开发模式的转变历程,可以看到几年前 Facebook 就开始使用 Feature Toggle,使用了功能开关关闭主干上未开发完成的功能来保证快速迭代和高频率的发布。

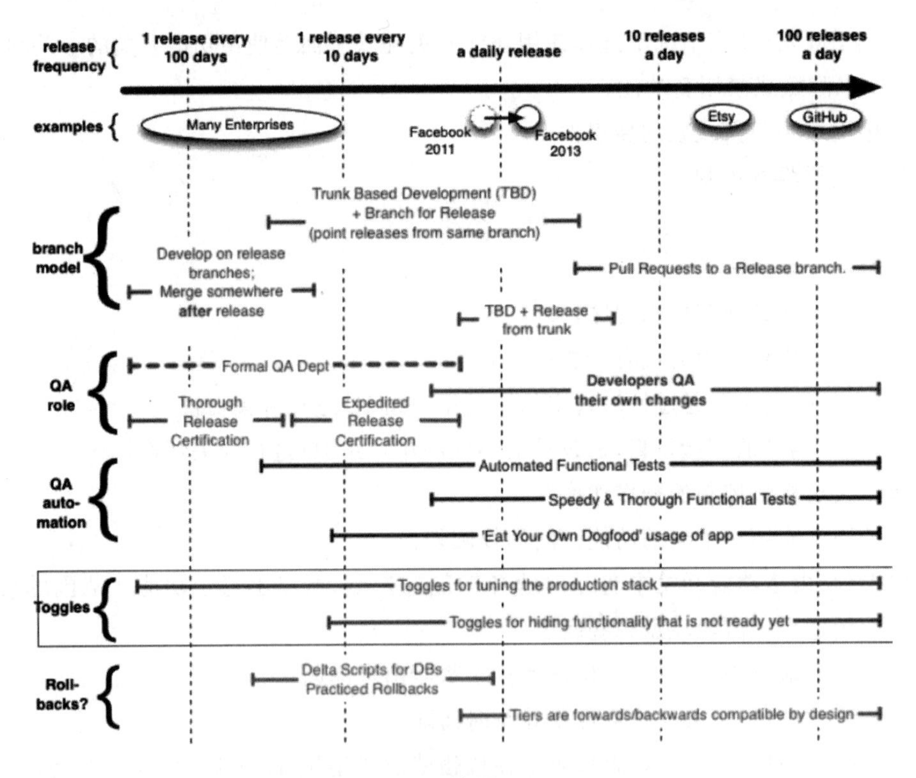

图 194　Facebook 使用 Feature Toggle

1. Azure DevOps 团队如何使用功能开关实现产品快速迭代

下面我们介绍一下 Azure DevOps 团队的案例,看看他们是如何做到每三周完成一次产品迭代上线,如何管理以及控制功能上线的问题,特别是对于还没有完成或者需要在特定时间

① 本案例参考自 Azure DevOps 技术总监 Buck Hodges 的 Blog,Buck Hodges 曾参与 TFS 第一个版本的 TFVC 代码管理模块开发工作,并引领团队完成向云以及 DevOps 的转型。

点开放的功能，以及如何尽早获取用户反馈，完善产品的。

功能开关可以实现将应用部署与功能上线分离，避免代码提交部署后不得不暴露功能给用户的问题，实现功能开启或关闭的灵活控制。达到可以以任何条件或范围控制功能的上线，可以部署一个功能然后选择需要将此功能开放给哪些账户或者具体用户，控制全部用户、特定范围用户、某些租户、具体用户，对功能进行便捷的控制。进而尽快获取反馈，不仅包括用户反馈，还包括应用运行情况收集。一旦功能出现问题，快速响应。

为了实现以上的能力，需要在不重新部署任何应用以及服务的前提下，完成功能开关状态的变更(功能上线、下线)，需要所有的服务根据变更自动响应，以便影响范围最小。

最终，其团队确立了下述目标：

将“应用部署”与”功能上线“分离；

功能开关设置粒度控制到单个用户；

尽早获取用户反馈；

实现功能快速下线；

在不重新部署应用的情况下实现功能上、下线。

(1) 发布阶段

我们可以通过使用功能开关获取用户反馈，内部团队也可以通过它来开始试用功能找出缺陷，与其让每一个团队内部定义自己的流程，不如建立一套标准化的功能发布流程，通过这种方式可以在研发阶段尽快获取用户反馈以及发现缺陷。功能在阶段间推进的速度取决于功能的范围、反馈以及数据统计。这些阶段包含了越来越广泛的用户群体，以及多元化的观点、看法。

① 阶段 0——金丝雀。第一个阶段主要是一些 VSTS 团队的账户以及内部账户，一旦功能开关启用，项目经理便要通知用户。

② 阶段 1——微软最具价值专家与某些客户。第二个阶段将包含微软最具价值专家，以及选择报名参加试用的客户。

③ 阶段 2——私有预览。私有预览主要是开放一些重要的新功能以及服务给一些客户进行测试。有很多获取“私有预览”客户的方式，如社区互动、博客评论等。同时也可以通过提供邀请码、电子邮件请求、体检计划等方式。团队可以在新的导航面板上直接管理或与“私有预览”客户进行沟通交流。

④ 阶段 3——公共预览。公共预览主要是为了收集一些重要的功能以及服务的反馈，但是还没有完全准备好提供 SLA(服务等级协议)，公共预览对所有的 VSTS 客户开放，但是在界面的主入口上会标注“预览版”，以便客户了解到此功能并不完整。当一个功能进入到公共预览阶段将会在 VSTS 的产品更新版块，官宣并伴随着市场性宣传。

⑤ 阶段 4——General Availability (GA)

GA 表示功能或服务已经对所有用户开放，并提供相应的支持。

(2) 从真实事件吸取的教训

在 Connect 2013 大会上，团队在主题演讲以及 Demo 之前开启了大量的功能标签，由于在同一时间打开了大量的功能标签，有大量的新的业务逻辑与生产环境系统进行交互，导致系统崩溃。

通过这次事件得到的教训，团队会在活动开始前，确保功能开关至少在生产环境负载下运行 24 h，以便有时间作出合适的响应，选择是修复问题还是关闭功能。

2. LaunchDarkly 让你的代码和业务逻辑解偶

LaunchDarkly 是美国的一家产品测试和优化企业。自从此公司在 A 轮融资 260 万美元后，公司首席执行官 Edith Harbaugh 和团队发现了一个新的受众群体：营销人员和业务团队似乎能够成为一个 DevOps 工具的直接用户。这一潜力也引起了投资者的注意，最终由 DFJ 领投，Softech 和 Bloomberg Beta 参与了给予 LanuchDarkly 的 870 万美元的投资。

2015 年，其获得了 A 轮投资以后，LaunchDarkly 已经帮助了很多优质客户正确执行他们的 DevOps 策略，这些客户包括 AppDirect，CirleCI，Lanetix 和 Upserve；而且如微软，Atlassian 等 DevOps 领域的主力玩家都向自己的客户推荐使用 LanuchDarkly 的服务。原先任职于 Tripit 的 LaunchDarkly CEO Edith Harbaugh 是一名优秀的产品经理，她本来认为 LaunchDarkly 的主要用户会是移动应用开发者，但她最终发现这个市场比她想象的要大得多。基本上，任何人都可以使用 LaunchDarkly 的服务，甚至包括业务人员和企业管理者，他们不用编写任何一行代码就可以通过 LaunchDarkly 的服务改变自己的 App，从而完成各种实验，验证自己的市场推广手段是否有效。也正因为此，LaunchDarkly 最终获得了投资人的青睐，并得到了 870 万美金的投资。

LaunchDarkly 所提供的 SaaS 服务实际上是 DevOps 领域的一系列最佳实践，A/B 测试，蓝绿发布，“金丝雀发布”等的基础性服务都是功能开关。功能开关本来只是开发人员通过一些配置文件来控制代码逻辑的一种方法，但 LaunchDarkly 通过提供一系列与业务场景紧密相关的特性，让功能开关起到了分离代码和业务逻辑的作用，允许非技术人员可以通过功能开关来完成各种业务操作。比如销售团队可以通过切换页面上某一促销广告的切换来测试哪种设计会带来更高的转化率。

比较图 195 同一页面的左下角促销栏位，你可能会觉得左边的设计更加图文并茂，会带来更好的额转化率，但实际测试结果却是右边的转化率更高，而且高出左边 5 倍之多。

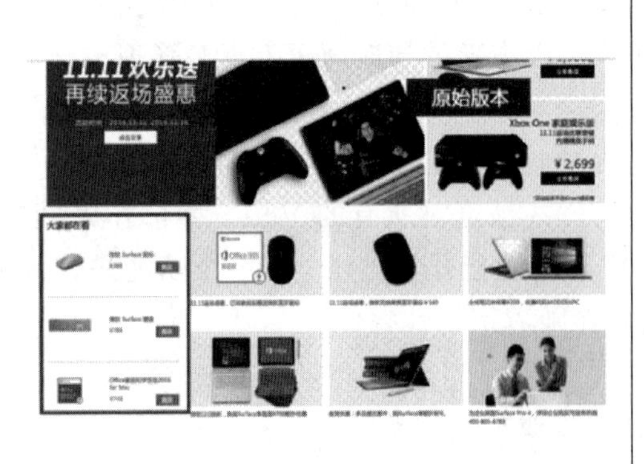

图 195　功能开关示例(以上示例来自国内的类似产品吆喝科技)

LaunchDarkly 所提供的服务可以帮助用户通过可视化的界面来控制程序的行为，通过在以下界面中打开或者关闭某些功能，甚至针对某一部分用户进行类似的设置来验证各种假设的成立。

这些开关不仅可帮助用户控制逻辑，同时也帮助管理者统计用户行为，进行分析。或者进行 A/B 测试，确定哪种方案的转化率更高

在 DevOps 领域中，我们经常提到打通不同部门，让不同角色的人员协作。要做到这一点，文化和管理方式的转变毋庸置疑是必须的，而类似 LaunchDarkly 这样的工具也是非常有帮助的，因为它真的能够通过开发人员的工作为业务人员赋能，而不是每次业务修改逻辑都要等待开发团队。

第 73 问　双模 IT 模型是合理的存在吗

Think I'll walk me outside. And buy a rainbow smile. But be free. They're all free. So maybe tomorrow. I'll find my way home.

——Stereophonics *Maybe Tomorrow*《也许明天》

对于双模 IT 的看法，你的观点是什么？传统行业的记录型系统 SoR，差异型系统 SoD，参与型系统 SoE，应该如何采纳 DevOps？Gartner 的双模 IT 模型，是合理的存在吗？

1. Gartner 的双模 IT 模型

Gartner 的双模 IT 模型，自推出之日就受广泛的关注，评论呈两极分化。支持者认为传统企业的遗留系统，是十几年甚至几十年积累下来的，对其的改动伤筋动骨且脆弱，传统行业并非不想拥抱持续交付，只是包袱太重，而双模 IT 给了一条貌似可行的路径。反对者认为这是饮鸩止渴，治标不治本。

Gartner 的"双模" IT 模式席卷了企业 IT 领域。Gartner 将双模 IT 定义为"管理两种独立、一致的 IT 交付模式的实践，一种专注于稳定性，另一种专注于敏捷性。模式 1 是传统模式和顺序模式，强调安全性和准确性；模式 2 是探索性和非线性的，强调敏捷性和速度。"

Gartner 模型的实质是：我们可以将很多企业 IT 划分为两种系统：①记录型系统 Systems Of Record，该系统管理对我们的组织最有价值的敏感数据（例如银行账户信息）；②参与型系统 System of Engagement，即面向公众的系统，客户可以通过该系统访问我们的服务。（除此以外，Gartner 还谈到了差异型系统，该系统的特征介于记录型和参与型系统之间，对双模 IT 的概念并未产生质的影响，我们在这里不作区分。）

Gartner 说，建立和发展记录型系统所固有的风险可以通过瀑布得到更好的管理，而敏捷方法更适于建立和管理参与型系统。这是一个很简单的模型，它也印证了我们大多数人在 IT 界的经验：对企业核心的陈旧系统进行更改，通常是在大型机上运行数十年的 COBOL 软件或由供应商构建的打包软件是痛苦、昂贵和冒险的。

2. 相关的观点

网络上可以找到众多观点，其中有支持的，有部分同意的，有提出质疑和挑战的：

加速应用程序交付计划与其传统解决方案的节奏不同。这些解决方案在失败的情况下具

有更长的开发周期和更高的声誉风险，并且在某些情况下必须满足合规性要求。

不同的变化节奏需要不同的方法，金融机构的做法很简单。他们拥有内部所描述的创新系统——利用 DevOps 方法的变革，他们的记录系统（例如 SAP 实施）遵循更传统的瀑布方法。

基于 API 的 XaaS 将继续以极快的速度被采用，而基于 ITIL 的托管服务购买也将继续，尽管速度会放缓。这两者将在未来许多年共存。关键是要有一个框架来确定哪种交付模型适合哪个业务流程或应用程序。

大型企业可能永远无法像亚马逊公司那样一天进行 100 次部署。他们没有理由不调整他们的 ITIL 流程以达到每天交付的程度。他们还可能决定某些应用程序符合高风险特征，并且不允许每天发布。毕竟，并非所有应用程序都是网络应用程序。有钉子时用锤子；有螺丝时请使用螺丝刀。当应用程序具有高风险时加强控制；当它们不是时松开控制。

很多人会说你不能让“独特的雪花”永久化，所以必须标准化环境。这很容易宣扬，原则上是一种最佳实践，但实际上对于大多数企业来说它过于简单化。不同环境的存在通常有充分的理由（例如，为了适应成本、技能、吞吐量、集成或其他技术要求）。

下一代业务技术解决方案的上市时间很短，以敏捷的方式创建和交付，并且在最接近业务的地方开发和拥有。这些解决方案就像“踏板车和汽车”，而当前的应用领域通常包含“火车和公共汽车”。考虑何时应用正确的节奏；构建支持多速 IT 的平台。

如果组织能够接受允许系统管理系统的转变，那么他们就可以利用 ITSM 实践建立的稳定性基础，使 DevOps 培育的价值能够创建可扩展的流畅发布流，从而使业务价值流能够更快地测试新的市场机会并降低风险。卓越运营 ＋ 创新速度 ＝ 业务敏捷性。

较小的齿轮比较大的齿轮移动快得多，但是在两个齿轮互锁的地方，它们的齿轮保持对齐，不会停止运动。但这在现实中意味着什么？例如，手机上的银行应用程序。银行可能会每周更新应用程序，提供报告和/或改进的用户界面等新功能。这是一个合理的快速发布周期，而位于后台并为移动应用程序提供你的账户余额和交易详细信息的大型机系统不必以相同的速度变化。事实上，它可能只需要每季度为移动应用程序提供一次新服务。尽管如此，当推出新功能时，这两个系统之间的变化需要保持一致。但是，这并不意味着两个系统都需要以相同的速度释放。一般，面向客户的系统是快速的应用程序（参与系统，数字），而较慢的系统是记录系统或后端系统。发布周期应该考虑到这一点。

从根本上说，双峰 IT 建议维护你的组织孤岛，这与业务转型的整个概念背道而驰。诚然，我建议高管知道何时优化，知道何时中断——但不要在单独的孤岛中！在敏捷/创新 IT 和慢速/传统 IT 中，优化和中断驱动的创新都扮演着角色，尽管特定的优化和创新活动在更大的组织中会有很大不同。

3. 双模模式的问题所在

双模（双速）IT 推出至今在行业内饱受争议，从批判视角出发，很多专业人士认为这种分类的思维观念阻碍了敏捷思想的全面落地，为本该全面改革的 IT 系统团队提供了“借口”；也有不少从组织创新视角出发的观点，认为“短跑”是对创新的错误比喻，妨碍了组织建立数字化产品持续设计和持续运营的能力。

按照 Jez Humble 的总结，双模模式存在三个主要问题：

(1) 第一个问题是该模型过于简化

“事情应该力求简单,不过不能过于简单”,成也萧何败萧何,双模 IT 模型好处是简单易懂,而问题也在于过于简化。

在 Gartner 的世界中,我们从一种“一刀切 One size fits all”的模型转移到了一种“二刀切 Two size fits all”的模型。

一千家企业有一千种采纳路径,这要视技术、文化和流程的现状,以及短期与长期目标而定,没有 One size fits all 的方法,Two size fits all 也不行。

也许双模对于停留在“中低效能”的组织,这算是一种进步,但是高效能的数字化企业会基于产品和服务的级别作出更精细的风险管理决策。

高效能团队在产品快速迭代和稳定性上可以兼得,甚至在高效能之上扩展出精英效能组织,快速、可靠并且安全地交付软件是技术转型和组织级表现的核心。诸如谷歌和亚马逊等市场领先者默认采用的是持续交付的方式,快速交付并不代表牺牲质量和增加风险,而并非互联网企业才能拥有高等效能,实现高效能的软件交付和行业无关,核心是关键技术实践驱动高效能。

事实上速度与稳定可以兼得,最优秀的高绩效组织总是能在吞吐量和稳定性上同时达到卓越的水平,而不是在两者中取舍,或者牺牲掉某一个。

(2) 第二个问题是忽视了系统的耦合度

敏捷通常会(选择)发生在轻量级的、偏互联网的应用中进行试点,而不出意外,大概率会成功。先期的成功是为了证明敏捷的有效性,紧接着(如有预算)会对试点项目进行深化和推广,而毫无例外会遇到巨大的阻碍。这就是所谓的敏捷深水区,深水区常见的两大障碍:架构与测试。这里我们只谈架构问题。

快速发展的面向用户的 SOE 服务几乎总是与 SOR 记录型系统紧密耦合,现实情况是,除非模式 2(“敏捷”)系统的产品所有者在整个交付生命周期中和与其集成的记录型系统的产品所有者进行良好协作(这几乎是不可能的),否则任何模式 2 系统的发展速度都将受限于与之对话的最慢记录型系统的变化率。实际上,情况甚至更坏:由于这种耦合的紧密性,大多数企业甚至仍为他们的敏捷类型产品和服务而被迫不频繁地进行大规模的精心策划的部署。

事实(康威定律)证明,松耦合架构和团队是持续交付最有力的支撑,但架构的调整牵一发动全身,更何况架构的背后还有一个组织。

技术上能解决的都不是问题,问题是往往不单纯是技术能决定的。无论是因为架构的原因设立的组织,还是因为组织的原因形成的架构,总之这里面利害关系错综复杂。这也是敏捷无法深化落地的最常见的也是 最大的问题:组织和政治。

(3) 最后,也是 Jez Humble 认为最重要的——Gartner 的模型基于一个错误的假设:我们必须权衡响应性与可靠性

这个错误假设仍然在我们的行业中普遍存在,传统的看法是,如果我们更快,更频繁地对产品和服务进行更改,我们必将降低其稳定性,且增加成本,并降低质量。

高效能组织实际上并没有在敏捷性与安全性之间进行权衡。事实上,通过同时加强敏捷和安全性可以获得高的效能。

双模 IT 的问题在于它讲的都是事实,但都是现状,而没有站在更长远的视角来看企业的数字化转型目标。

双模 IT 可能存在的另一个问题，同样也是人们思维意识层面所根深蒂固的：快的就是好的，而慢的就是不好。

《思考，快与慢》一书中介绍了人类思维的两种模式：快思考与慢思考，分别对应系统 1 和系统 2。系统 1 和系统 2 的设计是有道理的，快思考是保命的，但是看到的是眼前的风险；而慢思考看的是更为长远的问题。

同理，快的开发模式，就一定优于慢的开发模式吗？这难道不是粗暴的一刀切吗？

“我们对外在世界认知的边界，是由内在认知的边界所决定的。”自我设限是生活最大的“监狱”，DevOps 运动的独特之处在于它代表游戏规则改变者。创造 DevOps 运动的人必须解决一个棘手的问题：以前所未有的规模如何构建可靠、安全的分布式系统，同时让变化率比行业曾经达到的速度还要快几个数量级。

2009 年，在 John Allspaw 和 Paul Hammond 开启 DevOps 运动的原始演讲文稿中，可以看到他们采用方法的成果：每天部署 10 次，开发与运维的协同。目前，亚马逊实现的变化率比这高 2～3 数量级。

高性能的企业能够做到随着规模增加的同时提高每个开发人员每天的部署频次。与低等效能的同行相比，高等效能企业的员工既可以实现更高水平的吞吐量，又可以达到更高的稳定性。他们通过实施高等效能、精益文化，并在所有产品和服务中采用持续交付实践来实现这一目标。

这种范式转变并非史无前例，其与丰田改变制造业的方式相映成辉。丰田并非仅仅通过比竞争对手更快的速度将汽车推向市场。丰田是通过建立更快和更便宜的汽车，并且拥有比竞争对手更高的质量，然后通过持续改进自己的能力，而加速甩开其他竞争对手的。

遵循双模 IT 建议的领导者意味着无法超越受限的天花板，最终会越来越落后于竞争者。他们将继续投入更多的资金来维护随着时间的流逝变得越来越复杂和脆弱的系统，同时却无法通过采用敏捷方法获得预期的投资回报。

传统方法认为稳态不能用于构建现代的、响应式的、以用户为中心的服务，这一点是对的，但反之并非亦然。敏捷方法和持续交付已成功应用于从大型金融服务公司的大型机系统到消费电子产品中的嵌入式系统的所有方面，在产品生命周期中始终如一地提供更高的质量，更快地交付更强的业务响应能力，并降低了成本。这一点，从 IDCF 研究过的 Capital One、平安科技等案例中可见一斑。

4. 从双模到无级变速

在不断变化的技术世界中，互联网企业正在努力应对相互冲突的需求，以追求竞争力，在 IT 领域，我们也陷入了同样的困境。

企业架构，流程，预算，治理，风险和合规性都不应成为阻碍企业追求卓越的障碍，Gartner 关于双模的工作为如何启动企业数字化转型提供了宝贵的建议，但是这仅仅是第一步，最终的目标是突破双模的思维模式。

正如约翰·科特(John Kotter)在《领导变革》(Leading Change)中所写，最重要的，也是最难实现的——在公司的各个层次进行重大变革。

存在即合理，双模 IT 模型并非一无是处。双模 IT 的提出也有数年了，已经完成了它的历史任务，是时候让其成为过去式，只有这样我们才有可能帮助企业打造真正的现代数字化业务。

双模的 Two sizes fit all 的两刀切，不同的团队会有不同的需求，不同的系统结构，不同的文化，对 DevOps 的接受度不一样，不同的客户具有不同的风险偏好。

DevOps 不是全有或全无的事情，我们不应该“做”所有的事情。我们采纳，并调整创意，因为它们会带来价值。DevOps 中有一些理念，我们可以潜在地应用于 IT 的所有领域，而不仅是创新系统。

第 74 问　数据库的 DevOps 流水线如何搭建

If you want something, and you call, call. Then I'll come running, to fight.

——Glen Hansard *When your mind's made up*《当你下定决心》

部分企业在实施 DevOps 过程中，发现数据库的升级成为企业 DevOps 流水线上的核心瓶颈，应用程序发布频率越来越快，但是数据库依然采用手工更新的方式，由此导致数据库升级效率低下、风险较大。所以建立一套完整的应用＋数据库的 DevOps 流水线是至关重要的。接下来，我们将带大家手把手搭建一套基于 Team Foundation Server 的数据库 CI、CD 流水线。

1. 方案与工具

基于数据库升级\迁移脚本：采用像编写应用代码一样的方式编写数据库升级脚本，对脚本文件进行顺序编号，并迁入代码库，在持续发布阶段按照编号并依次顺序执行数据库升级脚本，完成数据库的升级\变更动作。

大家可以使用如图 196 所示的 Flyway，Evolve，Liquebase 等工具完成数据库脚本的升级/迁移。为了灵活应对各种场景，平台、语言，以及方便大家学习，大家可使用一个简单的跨平台小工具 SQLToolkit 完成数据库脚本的顺序执行。

图 196　数据库升级工具

2. DevOps 流水线图

DevOps 流水线如图 197 所示：

开发人员在编写应用逻辑的同时，编写 SQL 升级脚本，确保将应用代码以及 SQL 升级脚本一并迁入到配置库；

配置库变更后触发持续集成，自动编译应用，以及发布数据库升级脚本；

发布服务在测试环境数据库中按编号顺序依次执行 SQL 升级脚本，完成数据库升级，并完成应用升级部署；

测试环境经过测试后，执行 QA 以及 Staging 环境的数据库升级，并应用升级部署；

相关环境测试没有问题，相关人员要对应用以及数据库升级脚本进行评审，并完成生产环境的自动化部署。

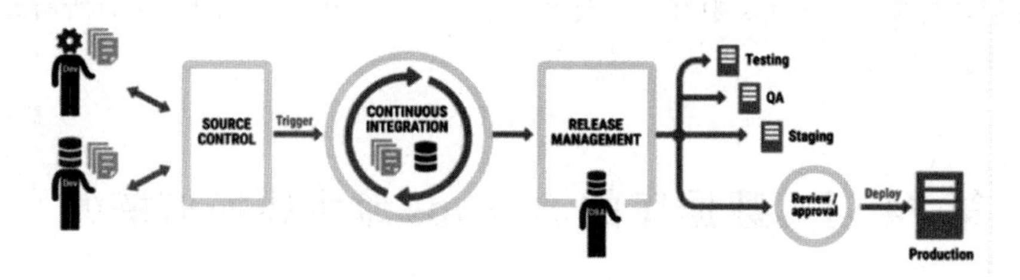

图 197　数据库升级 DevOps 流水线图

注意：这里的数据脚本评审需要针对数据库上下文进行评审，而不是仅仅评估脚本，这样才能保证数据的完整性。

这一方案的优点在于：

代码与升级脚本同时迁入到配置库，保证了应用程序与数据库版本统一，避免出现应用程序与数据库无法对应版本的问题；

利用数据库脚本记录跟踪数据库变更历史；

利用明智数据库升级脚本中的事务控制回滚；

通过对数据对象以及数据的灵活处理保证数据的完整性。

3. 流水线搭建

首先，需要在应用目录下创建一个文件夹，用来存放对应的数据库升级脚本，并按照顺序对存储的脚本文件进行编号，如图 198 所示。

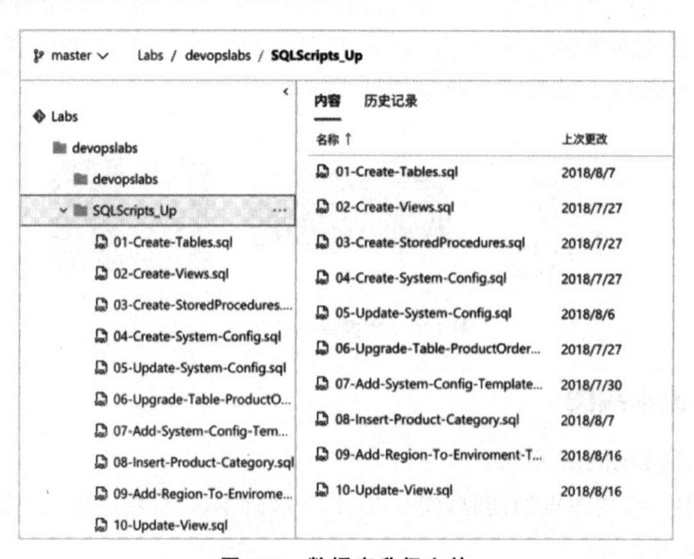

图 198　数据库升级文件

脚本内容参考如图 199 所示:01— ****. sql。

```
Use devopslabs

CREATE TABLE [dbo].[Configuration]
(
[Id] [int] IDENTITY(1,1) NOT NULL,
[Description] [nvarchar](MAX) NULL,
[Key] [nvarchar](MAX) NULL,
[Value] [nvarchar](MAX) NULL,
[DisplayName] [nvarchar](MAX) NULL
)
ALTER TABLE [dbo].[Configuration] ADD CONSTRAINT PK_Configuration
PRIMARY KEY ([Id])
```

图 199 脚本内容参考:01— **. sql**

脚本内容参考如图 200 所示:02— ****. sql。

```markup
Use devopslabs
Insert into Configuration(DisplayName,[Key],Value,[Description])Values
(N'站点名称','GeneralSetttings_SiteName','','SiteName')
```

图 200 脚本内容参考:02— * * * * . sql

4. 持续集成搭建

这里只介绍数据库升级相关步骤,不介绍应用程序相关步骤,在持续集成中,将 SQL 升级脚本文件夹发布到 Build Artifacts,供持续部署使用,如图 201 所示。

图 201 将 SQL 升级脚本文件夹发布到 Build Artifacts

发布结果如图 202 所示。

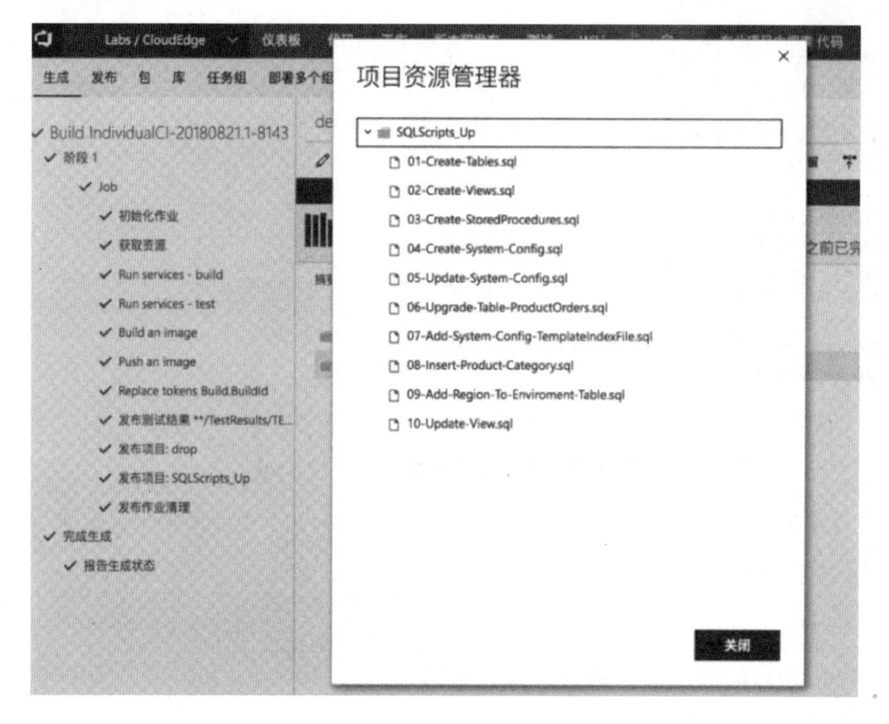

图 202　发布结果

5. 持续部署搭建

如图 203 所示，在持续部署步骤中，通过 SQLToolkit 工具完成数据库备份和升级。

图 203　通过 SQLToolkit 工具完成数据库备份以及升级

备份脚本命令如图 204 所示。

```
SQLToolkit Backup -s $(DATABASE_SERVER) -n $(DATABASE_NAME) -u
$(DATABASE_USERNAME) -p $(DATABASE_PASSWORD)
-path /home/sqlbackup/database.bak
```

图 204　备份脚本命令

升级脚本命令如图 205 所示。

```
SQLToolkit RunScripts -s $(DATABASE_SERVER) -n $(DATABASE_NAME)
-u $(DATABASE_USERNAME) -p $(DATABASE_PASSWORD)
-path ~/LabsUpgrade/SQLScripts_Up
```

图 205　升级脚本命令

6. 数据库状态

如图 206 所示，数据库自动生成 ST_DatabaseVersion 表，用来存储当前应用程序的数据库版本，包括数据库脚本名称、执行结果、执行时间等。这样下次升级时，工具会判断当前数据库版本，并从当前数据库版本的基础上按顺序执行“_未执行的数据库脚本_”。即便是环境版本不一致，依然可以完成数据库的升级动作。

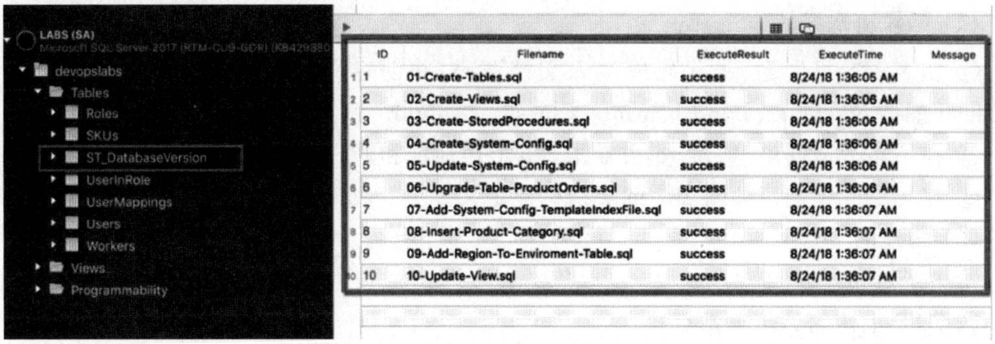
LABS (SA)
devopslabs
Tables
Roles
SKUs
ST_DatabaseVersion
UserInRole
UserMappings
Users
Workers
Views
Programmability
ID | Filename | ExecuteResult | ExecuteTime | Message
1 | 01-Create-Tables.sql | success | 8/24/18 1:36:05 AM
2 | 02-Create-Views.sql | success | 8/24/18 1:36:06 AM
3 | 03-Create-StoredProcedures.sql | success | 8/24/18 1:36:06 AM
4 | 04-Create-System-Config.sql | success | 8/24/18 1:36:06 AM
5 | 05-Update-System-Config.sql | success | 8/24/18 1:36:06 AM
6 | 06-Upgrade-Table-ProductOrders.sql | success | 8/24/18 1:36:06 AM
7 | 07-Add-System-Config-TemplateIndexFile.sql | success | 8/24/18 1:36:07 AM
8 | 08-Insert-Product-Category.sql | success | 8/24/18 1:36:07 AM
9 | 09-Add-Region-To-Enviroment-Table.sql | success | 8/24/18 1:36:07 AM
10 | 10-Update-View.sql | success | 8/24/18 1:36:07 AM

图 206　数据库状态

通过搭建数据库的 CI、CD 可以消除应用流水线的主要瓶颈，让应用程序发布与数据库发布保持一致，由此减少了 DBA 手工操作带来的效率低下，人为错误，安全风险等问题。让 DBA 专注于更有价值的工作。结合基于功能分支的开发方式，可方便跟踪数据库变更对应的功能。由于数据是公司的核心价值，大家在数据库升级过程中一定要确保数据得到有效的备份，在出现问题时可以顺利回滚，以确保数据的完整性，所以有效的备份以及回滚脚本至关重要。

第 75 问　如何通过 Markdown/reST 文档发布流水线，构建 DevOps 文档中心

You don't know what's going on. You've been away for far too long.

——Joyside *Out of Time*《不合时宜》

这里介绍的工具链是 Azure 及 VSTS，IDCF 的官网工具链采用的是 Github，工具也许会更新，但内容和方法依然适用，没有本质区别。

1. DevOps 文档中心 V1.0

相信很多朋友都在使用 Markdown 或者 restructuredText 格式编写一些技术文档，也会把这些文档放在 github 上分享给社区。GitHub 提供了很好的 Markdown 格式解析支持，但是这些文档的阅读体验并不好，而且有些时候我们可能只希望给用户提供可阅读的 html 格式而不希望直接把 Markdown 格式也分享出去。

为了满足这些要求，可以搭建类似 ReadTheDocs 的自动化文档发布流水线，实现文档源代码签入后的一键式自动发布。思路很简单，就是利用 VSTS 所提供的持续集成 CI 引擎，在推送代码后自动触发脚本完成文档编译（把 restructuredText/Markdown 格式转换为 html 格式），同时使用 FTP 上传到 web 服务器的特定目录，再把 html 压缩后的zip 包上传到 vsts 作为备份。

(1) 配置流水线操作

① 在 VSTS 里创建 git 代码库签入文档源码，并创建文档编译脚本 build. sh。以下是 build. sh 的内容：sphinx-build-b html ./docs/ ./_build/

② 在 Azure 上创建 Website，并获取 ftp 上传地址和账户。

③ 在 VSTS 中创建如图 207 的文档构建定义。

(2) 构建的步骤

① 执行 build. sh 脚本；

② FTP 上传到 Azure 站点；

③ 发布文档 zip 包作为交付件到 VSTS 中；

④ 在 VSTS 中创建如图 208 的 github 同步构建定义。

同步 github 状态：git pull https://github. com/lean-soft/ $(Build. Repository. Name). git master；

推送到 github。git push https://$(github-token)@github. com/lean-soft/ $(Build. Repository. Name). git head：master。

注意：*以上使用了 ${Build. Repository. Name}替代了代码库的名称，这样只要在 vsts 和 github 上保持代码库名称一致，就可以不必每次都重新修改这个脚本的内容。*

DevOpsHub 的文档中心现在已经有多套不同内容的培训实验手册文档，为了跟踪所有这些文档的更新状态，我们可以在 VSTS 里面建立一个仪表盘来整体显示，如图 209 所示。

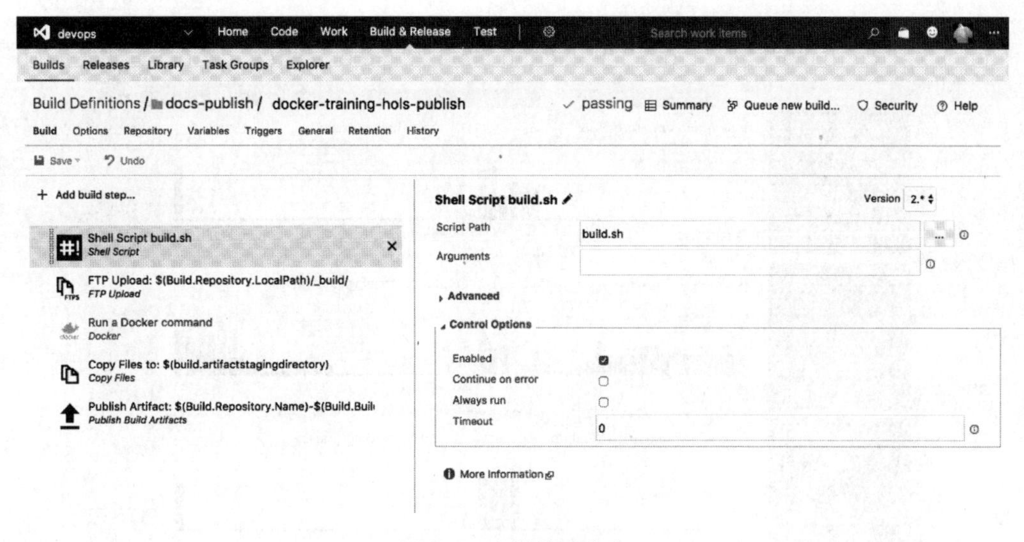

图 207 文档构建定义

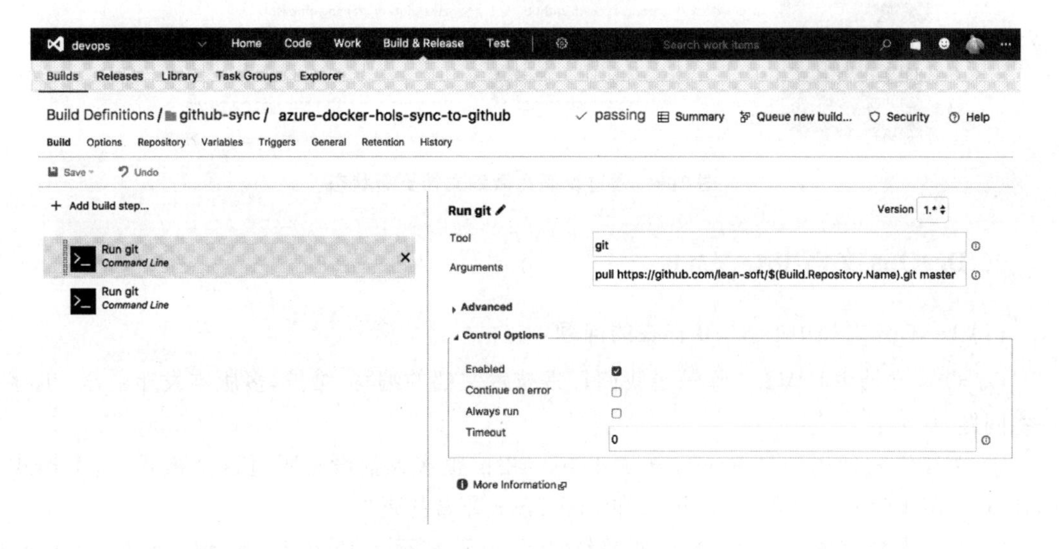

图 208 github 同步构建定义

这些文档通过以上提到的 github 同步任务同步到 Leansoft 公司的 github 主页上，大家可以直接获取这些文档的源码。

(2) 流水线更改

更新 1，使用 docker 来运行 sphinx 工具，这样就不必在构建服务器上安装 python 等一系列的工具了。脚本如下：

使用容器运行 sphinx 工具，并执行自定义的 build. sh 脚本；

更新 2，使用微软发布基于 Linux 的托管构建服务器，就不必自己构建服务了，只需要使用 Hosted Linux 修改构建就可以了。

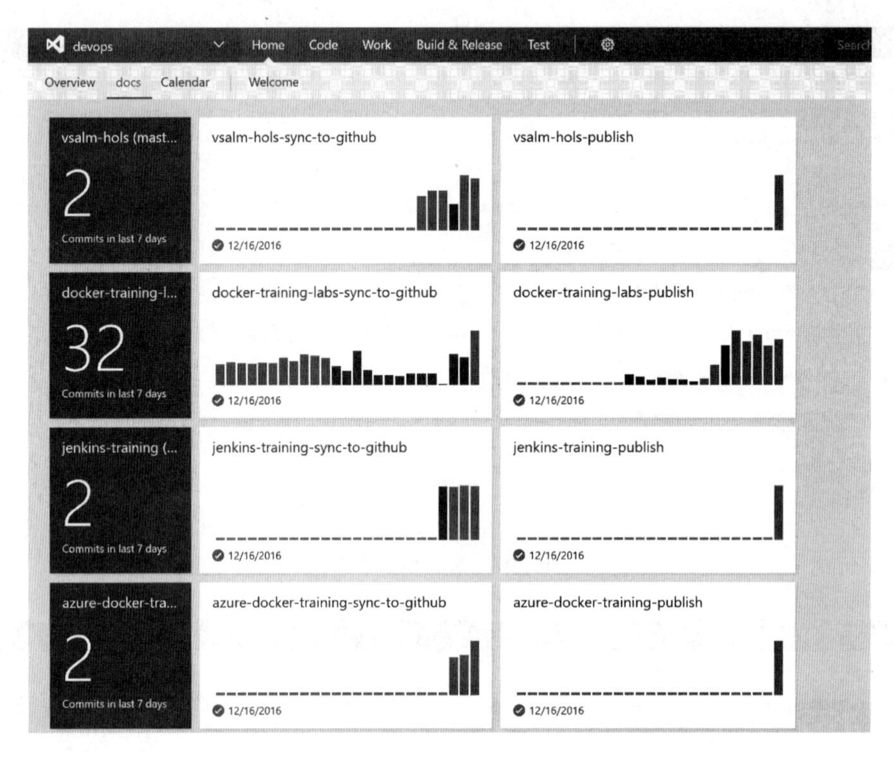

图 209　通过仪表盘跟踪文档更新状态

2. DevOps 文档中心 V2.0

(1) DevOps 文档中心 V2.0 存在的问题

DevOps 文档中心 V2.0 除满足我们日常技术文档的编写，维护，多版本发布需求，也存在一些问题，比如：

① 文档格式使用的是 RestructuredText：相信很多人都没有听过这个格式，这个格式是 Python 中用于编写文档的格式，语法和 Mardown 非常接近。

② 文档库规模越来越大：例如，粗略统计了一下，截至 2017 年 12 月，编写超过 2 000 页的 rst 文件，总代码行数会超过 200 000 行，其中还包括大量的图片资料。这些内容都散布在超过 40 个 git 存储库中，总数据量会超过 2 个 G。这 40 多个 Git 存储库每个后面都连接了一个 TFS 的发布流水线，这让管理起来成本很高。

③ 定制困难：在 v1.0 的过程中，虽然剥离了 Readthedocs 的引擎，仅保留 sphinx 工具来转换 rst 到 html，简化了 TFS 发布流水线，但是这个引擎很难定制。

基于以上这些诉求，采用 MDWIKI 可直接通过 js 转换 md 为 html，这样就避免了在构建的时候进行文档格式的转换，可以与大家在 github 上发布文档的方式高度统一；同时因为全部前端技术实现，定制也更加容易。对于大型 Git 库的问题我们暂时采用 git submodule 的方式将多个库进行整合，这样可以避免使用多条 TFS 发布流水线。

(2) DevOps 文档中心 V2.0 的工作方式

当前的 DevOps 文档中心 V2.0 的工作方式如图 210 所示。

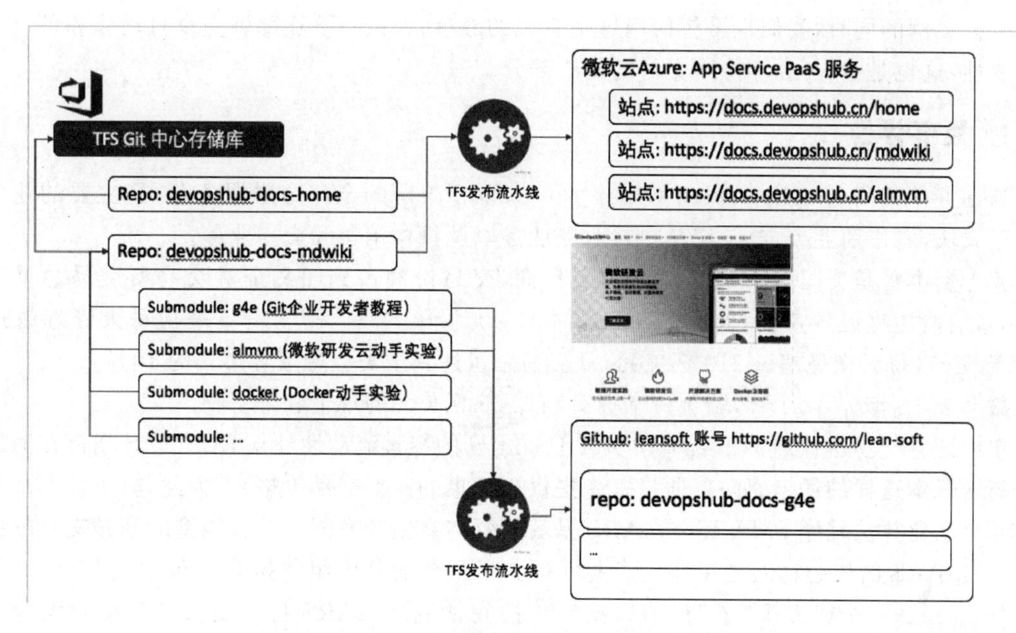

图 210　DevOps 文档中心 V2.0 工作方式

核心 git repo 现在只有两个：home 和 mdwiki，分别承载首页和 mdwiki 的解析工作。所有的文档都在独立的 repo 之内，通过 git submodule 的方式集成到 mdwiki 的存储库，可解决以下两个问题：

① 大家通过 submodule 的引用关系就能知道文档结构，并能找到对应的 git 仓库。

② 主库大小得到控制，数据仍然存放在子库，只是在构建发布的时候才集成进来。

主站点 TFS 发布流水线负责将 home/mdwiki 发布到 Azure 的 App Service 中的不同应用。Github 的 TFS 发布流水线负责将分库的内容双向到 Github 上的 lean－soft 账号下面，使用双向同步是为了能够从社区接受 pull request，为未来添加留言和评论留出地方。

第 76 问　4 亿美元公司是如何在 45 mill 内因部署失败而破产的

You were there like ablowtorch burning. I was a key that could use a little turning. Runaway train never going back, wrong way on a one way track.

——Soul Ayslum *Runaway Train*《失控列车》

这是关于一家拥有近 4 亿美元资产的公司在 45 min 内因部署失败而破产的故事，我们从 DevOps 的视角复盘骑士资本集团 Knight Capital Group 的破产案例。

2012 年 8 月 1 日，因为一个 Bug 被部署到生产环境，45 min 内环环相扣的错误，让骑士资本在交易中损失了 4.65 亿美金，进而导致破产。

这个故事涉及的代码库是一个巨大的、无人维护、散发着“坏味道”的代码库，而肇事代码本身将近 9 年没有被用过，却依然留存在代码库中。真是一次集合了所有典型技术债务的惨案。

分析案例的同时，我们也希望借用这个真实的故事，讨论一下让部署完全自动化和可重复的重要性，这也是 DevOps /持续交付的核心部分。

1. 故事背景

骑士资本集团 Knight Capital Group 是一家位于美国的全球金融服务公司，主要的业务涉及三大块，做市商业务、电子交易执行服务业务以及机构销售和交易业务。

骑士资本曾是美国股票市场最大的交易商，交易份额占到纽约证券交易所交易总量的 17.3%，纳斯达克证券市场（NasdaqStock Market）的 16.9%。骑士资本平均每天管理超过 33 亿笔交易，每天交易超过 210 亿美元，日交易总量达到全美金融证券市场的 10%。

截至 2012 年 7 月 31 日，骑士资本拥有约 3.65 亿美元的现金和等价物。

纽约证券交易所计划于 2012 年 8 月 1 日推出新的零售流动性计划 RLP(该计划旨在通过类似骑士资本这样的经销商向普通投资者提供更优惠的股票交易价格）。为此，骑士资本准备更新其自动化算法程序 SMARS，SMARS 是骑士资本自主开发的一款智能型的高频交易软件系统。SMARS 的核心功能之一是从骑士资本交易平台的其他组件接收订单（“父”订单），然后拆分，并发送一个或多个“子”订单以执行。换句话说，SMARS 将从交易平台接收大笔订单，然后将其分解成多个小笔订单，以找到与股票数量匹配的买家/卖家。父订单越大，生成子订单越多。

SMARS 的本次更新主要是为了把过时或没用的功能替换掉，比如说“Power Peg”。自 2003 年之后 PowerPeg 模块就已经被弃用，2005 年，其中的检验功能被软件开发人员从 PowerPeg 模块中删除，移植到其他的模块中继续使用（分单功能依然在，却没了检验功能）。这个功能已经 8 年没有用到过了（ 8 年都没用到的功能代码仍然存在，这的确很稀奇，但这不是重点）。更新后的代码对以前用来激活 Power Peg 功能的 Flag 进行了更改。这次更新经全面测试后证明安全可靠，那么问题出在哪？

2. 可能出错的地方就一定会出错？的确！

从 2012 年 7 月 27 日—31 日，骑士资本把软件手动部署到公司为数不多的服务器上——总共 8 台。以下是美国证交会关于这次人工部署过程的档案描述（顺便一提，如果你的操作被记录到证交会档案里可就大事不妙了）。

“在部署过程中，相关技术人员忘记把新代码拷贝到这 8 台服务器其中的 1 台上。骑士资本也没有安排另外的技术人员对部署过程进行复查，所以没有人意识到第 8 台机器上的 Power Peg 代码并没有被删除，新的 RLP 代码也没有被添加。对于复查，骑士资本并没有相关的书面流程。

美国东部时间 2012 年 8 月 1 日早上 9:30，股市开盘，骑士资本开始处理来自 RLP 新项目的交易商的订单。正确部署的服务器开始正确地处理订单。但是发向第 8 台服务器的订单触发了被更改的标识符，并从死角处恢复了旧的 Power Peg 代码。

3. 来自“僵尸”代码的攻击

我们得弄清楚这段“僵尸”代码是用来干什么的。这个功能以前是用来对比买/卖股票的父订单和子订单的数额的。父订单数额一旦达标，Power Peg 就会向系统反馈停止订单拆分。

总之，Power Peg 功能会跟踪子订单，并在父订单完成后停止它们。然而在 2005 年，骑士资本便将这一跟踪检查功能挪走了(因此 Power Peg 不再具备跟踪计数功能了)。

当第 8 台服务器上的 Power Peg 功能被激活后，Power Peg 功能开始拆分，并执行子订单，但是由于它无法跟踪对比父订单的股票数，所以子订单被不断产生，并执行，这就形成无法终止的死循环。

4. 45 min 的地狱

想象一下，当一个失去追踪计数功能的"智能型"高频交易软件系统，疯狂地、高速地、毫无限制地向市场发出订单，是什么情况？

9:30，市场开放，立即有人意识到出了问题；

9:31，1 min 后，华尔街大部分人都感觉到大事不妙了，股票市场中某些股涌现出大量不符合常规交易量的订单；

9:32，又过了 1 min，人们发现交易仍然没有停止——就高速交易系统而言，交易根本停不下来。为什么没人尝试停止出问题的系统呢？事后发现，这个系统根本没有切断开关 kill-switch。

在 45 min 之内，骑士资本执行了超过日均交易额 50% 的订单，导致部分股票市值上升超过 10%，带来的连锁反应是其他股票价格暴跌。

更糟糕的是，早在上午的 8:01(这时 SMARS 在进行开市前交易)，骑士资本的系统就自动发送了有关问题的邮件。这些标记为 SMARS 的邮件提及 Power Peg 功能出现了问题。从 8:01 到 9:30，共有 97 个骑士资本人员的邮箱收到了这封邮件。然而，这些电子邮件并没有设计为系统警报，因此没有人立即查看它们。

在这灾难性的 45 min 里，骑士资本尝试了几种对策终止错误的交易。由于这个系统没有切断开关(也没有相关情况的文档说明)，因此他们只能在每分钟交易 800 万股的线上环境中诊断问题。然而他们无法确定是什么原因导致了错误的订单，因此他们作出的反应是卸载掉已经部署到几台服务器上的新代码。即他们删除了工作代码，并留下了损坏的代码。这导致情况进一步恶化，除了第 8 台未被正确部署的服务器，另外 7 台服务器中的父订单也触发了 Power Peg 功能。最后，他们终于想办法终止了交易系统，然而已经过去了 45 min。

在开市后的 45 min 内，骑士资本接收并处理了 212 个父订单，SMARS 发出了数百万个子订单，累计对 154 只股票进行了 400 万次交易，交易量超过 3.97 亿股。

在内行人看来，骑士资本建立了 80 只个股 35 亿美元的净多头仓位和 74 只个股 31 亿 5 000 万美元的净空头仓位。用非专业人士的话来解释，就是骑士资本在 45 min 内亏损了 4.6 亿美元。

请记住，骑士资本仅有 3.65 亿美元。仅仅 45 min 内，骑士资本在美国股市最大的交易商和纽交所以及纳斯达克市场上变得一文不值。破产后，骑士资本有 48 h 的时间筹集资金弥补损失(他们设法从大约 6 名投资者那里获得了 4 亿美元的投资)。

骑士资本 Knight Capital Group 最终于 2012 年 12 月被 Getco LLC 收购，合并后的公司现在称为 KCG Holdings。

5. 从 DevOps 的角度复盘"骑士资本"事件

骑士资本的事故，体现出 DevOps 领域一些关键的典型控制故障。让我们通过 DevOps

的视角，再次看看这里面存在的问题。

手动部署多台生产系统服务器；

没有对部署过程进行复查的机制；

非工作代码长期遗留在系统中；

缺乏对代码 Flag 标签的管理；

系统没有设置切断开关 kill-switch；

标记为 SMARS 的邮件并没有设计为系统警报，因此没有人立即查看它们；

没有机制来确定是什么原因导致了错误的订单。

(1) 自动化发布/部署

运维工程师遵循手工流程来部署更改，但是错过了在其中的一台服务器上部署程序，不幸的是也没有人注意到该错误。

这一问题正是自动化配置管理以及自动化部署旨在防止的问题。经过审核的、自动化的，并且经过良好测试的部署流水线，通过发布后检查和冒烟测试(包括在所有服务器上查找版本不匹配)来检查部署是否成功，可以避免此问题。

软件发布过程应该是可靠且可重复的，部署应该是自动化且可重复的，这个过程应该尽量排除人为因素的干扰。假如骑士资本采用的是自动部署系统——配置、部署和测试完全自动化，这场骑士悲剧可能就不会发生了。

(2) 代码中的功能开关和分支

将代码更改风险最小化的一种方法是将变更保护在功能开关后面，以便在运行时运维人员可以通过打开或关闭标志控制系统。

骑士资本在修改 SMARS 的过程中重新加进了一个 Flag，这个 Flag 与之前使用 PowerPeg 的 Flag 完全相同。如果该 Flag 在运行新的 SMARS 软件系统的过程中被设置成“是”，则执行与 RLP 相关的新软件模块。

新代码是基于每个订单消息中的 Flag 而不是运行时开关值执行的，这意味着运维人员没有简单的方法可以立即停止代码。

这也凸显了使用功能开关和代码分支来控制系统运行时行为的风险。对于新功能，骑士资本的开发人员选择重新设置一个标记，然而该标记在旧版本的代码中具有完全不同的含义。且由于上述部署错误，这些旧代码仍在其中一台服务器上运行，这意味着它被意外触发了，其结果是无法预测且令人困惑。

使用条件逻辑来“分支代码”可以在运行时控制系统的不同行为，但这也使代码更难理解，更难更改和更难测试。代码中保留的逻辑条件和功能开关的时间越长，随着时间的推移添加的开关越多，这种问题就越严重。过不了多久，就没人会知道打开某些 Flag 或 Flag 的组合会发生什么，这就是骑士资本发生的事情。

代码中的功能开关和分支是一种危险的技术债务，团队需要纪律严明的管理代码，以确保一旦条件逻辑和 Flag 不再需要时就将其删除。

对于代码也是一样，需要定期对代码进行清理和审视。

(3) 可视性和监视/反馈循环

高频交易系统曾自动向公司内部共计 97 名员工发送了包含“(PowerPeg disabled)”信息

的电子邮件，却没有引起任何收到信息人员的警惕。

DevOps 中的另一个重要实践是确保开发人员随时待命，并随时可以帮助他们进行更改。如果开发人员在清晨看到" Power Peg"警报，他们应该意识出了问题，并能够在股市开放前阻止事态的发生。

(4) 应对失败

始终为故障作好准备，并拥有成熟的事件响应能力极为重要。这包括知道何时回滚代码，并且知道代码是否起作用，以及定义明确的问题升级机制，以便于在问题失控之前迅速关闭设备。

"无法确定是什么原因导致了错误的订单，因此他们作出的反应是卸载掉已经部署到几台服务器上的新代码。即他们删除了工作代码，并留下了损坏的代码。这导致情况进一步恶化，如除了第 8 台未被正确部署的服务器，另外 7 台服务器中的父订单也触发了 Power Peg 功能。"

骑士资本的团队花了过长时间来做出关键的(错误)决定，到系统真正关闭时，公司实际上也已经倒闭了。

在这个事件中，我们不应该把矛头全部对准部署 SMARS 的技术人员，骑士资本的业务流程设置根本不足以应对他们所面对的问题。此外，这种流程(或缺陷)本来就很容易出错。不论何时，只要你的部署过程依赖于人工指令操作，就有可能出现问题。隐患可能存在于指令本身、对指令的解读以及指令的执行过程中。

所有的开发与运维团队都应该从骑士资本惨案中吸取教训。仅仅开发出好的软件(骑士资本距离好的软件差很远)并对其进行测试还不够，还需要把软件正确地被交付给市场，这样客户才能获得正确的结果 (以免公司破产)。

技法篇九　RoD 按需发布 & 持续反馈

按需发布是 DevOps 核心实践的第四个关键实践。按需发布是将新功能部署到生产中，并根据需要立即或增量发布给客户的过程。

第 77 问　按需发布(RoD)的核心活动有哪些

Cut of the bottoms of my feet, make me walk on salt.

——Jack White *Freedom at 21*《21 岁的自由》

按需发布之前的三个维度有助于确保新功能够在生产环境中保持就绪和验证通过状态。但是,由于有形的开发价值只有最终用户在其实际环境中运行解决方案时才能得以体现,因此在恰当的时间发布该价值对于企业真正从敏捷性中获益至关重要。

关于何时以及发布什么的决定是由关键经济要素驱动的,需要仔细考虑。对许多人来说,持续交付是理想的最终状态。新功能一经研发完成就发布了。但对另一部分人来说,发布通常更是一个解耦的按需执行的活动。

1. 按需发布的四个子维度

按需发布四个子维度如图 211 所示。

2. 按需发布

当解决方案投入生产,并经过适当的可操作性验证后,就是向客户交付该解决方案的时候了。这是一个至关重要的商业决策,因为过早或过晚发布价值都可能会产生重大的经济影响。从开发人员将代码提交给源代码控制开始,接下来的一切都可自动化进行。下面是有助于发布的技能:

(1) 黑/暗启动,提供了无须向最终用户发布,就可以将功能部署到生产环境的能力;

(2) 特性开关,是一种通过在代码中实现开关,用以触发黑暗启动的技术,使服务能够在新旧功能之间切换;

(3) “金丝雀发布”,在向更多客户扩展和发布解决方案之前,提供了向特定客户群发布解决方案并衡量结果的机制;

(4) 解耦发布要素,即便是非常简单的解决方案也会有多个发布要素,每个要素都按照不同的发布策略运行。

3. 方案稳固

对解决方案的更改在部署后就已经过验证,可一旦客户开始访问它们,还可能出现新的问

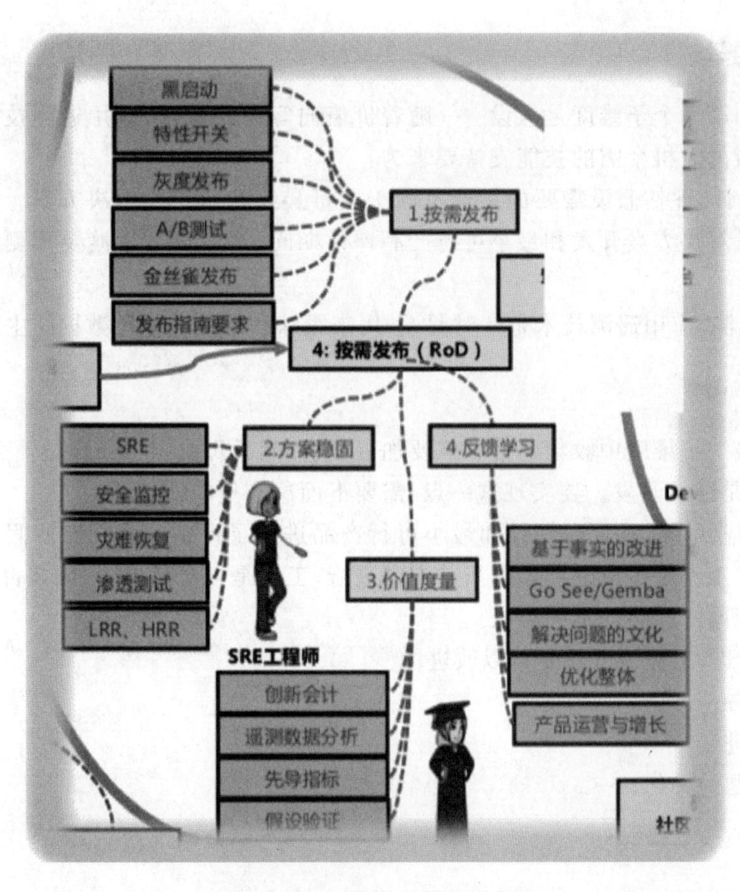

图211 按需发布的四个子维度

题。这些问题原因可能由于使用量的增加，也可能是由于异常操作引起的。一旦发现事故或安全威胁时，必须在商定的服务等级协议(SLAs)范围内迅速解决它们。有助于文档解决方案的主要技能有：

(1) 跨团队协作，跨价值流的合作思维对于发现和解决问题至关重要，这包括构建能够开发和运行解决方案的敏捷发布火车。

(2) 故障/灾难恢复，故障一定会出现，构建故障转移机制以允许服务快速恢复，甚至避免服务中断，这一点很重要。灾难恢复必须经过系统规划、融入服务架构设计，并通过实践验证。

(3) 持续安全监控，安全之于代码和渗透测试，着重于防止已知漏洞进入生产环境。但是，持续对服务测试来发现和报告新的漏洞，以及对服务和基础架构进行侵入性和攻击性检测也很重要。

(4) 运营架构，必须考虑运营需求。在每个应用程序和整个解决方案中构建遥测和日志功能。在高负载或进行事故响应时，允许服务降级甚至移除。构建快速恢复和前向修复的能力。

(5) 监控非功能性需求，必须持续监控系统属性，如可靠性、性能、可维护性、可扩展性和可用性，以避免服务中断。

4. 价值度量

核心实践的第一个子维度是假设——随着价值向客户的发布，应用遥测技术来度量假设和交付业务价值的时机个需的技能支持要求为：

(1) 创新会计，评估假设需要的指标不同于度量最终状态工作解决方案。创新会计关注如何在初始增量解决方案开发和最小可行产品评估期间，对假设的过渡及预测业务成果进行度量。

(2) 应用遥测，应用遥测技术是针对假设，用来跟踪和测量其相关数据的主要机制。

5. 反馈学习

对于度量这一子维度中收集的信息需要加以分析，然后再决定下一步做什么，调整方向还是坚持，转型还是继续开发。要实现这一点，需要下面这些技能：

(1) 精益创业思维，是否对假设和最小可行产品进行了评估？有没有就假设被证明还是推翻得出结论？工作是否应继续朝着当前方向进行，工作是否应该停止，或是否应该形成新的假设来评估实现同一战略的不同路径。

(2) 持续改进，工作流程总是可以改进的。

① 实地察看；

② 持续改进；

③ 解决问题的文化。

第 78 问　按节奏开发，按需求发布，到底讲的是什么

I see people going down, and I should not be alone, and I should be on my phone.

——Jesus and Mary Chain *Sowing Seeds*《播种》

有了持续交付与持续部署，如果再加上持续发布，会怎么样？和持续交付、持续部署又是什么关系？归结为一句话，就是：将技术行为与业务决策解耦。

以终为始，要想将持续交付、持续部署与持续发布讲清楚，就必须了解它们最终的目的，所有这些实践都是围绕这一目的展开，且相互关联的。持续交付也好，DevOps 也罢，终极目标是快速交付价值。

正如 Jez Humble 对持续交付的定义："能够以可持续的方式安全、快速地将更改功能、配置更改、错误修复、实验引入生产或用户手中。"

对于交付价值，除了快速以外，还需要稳定可持续，安全高质量等。

区分持续交付与持续部署的核心在于一句话——将技术行为与业务决策解耦。

按节奏开发是技术域的事儿，按需发布是业务域的，下面我们就分别从这两个领域来聊聊持续交付流水线。

1. 技术域

我们先看技术域。

从业务上，并非每一个功能都需要发布给每一位用户，而是应根据不同的业务决定哪些功能需要发布出来，针对哪些用户进行开放。发布决策由业务来做。而技术需要的是提供高效的交付能力，并保持随时可发布的版本状态。

技术层面的核心，在于保障价值的交付能够顺畅、频繁且快速地通过整个价值交付流水线。

(1) SAFe 的持续交付流水线

对图 212 的 SAFe 持续交付流水线的划分很认可，事实上，Develop on Cadence，Release on Demand，也是来自于 SAFe 的概念。中间的持续集成与持续交付，正是关系部署前置时间的部分，前端的持续探索，属于产品、设计与开发内容。后面何时发布，如何发布，则是按业务的需求决定。

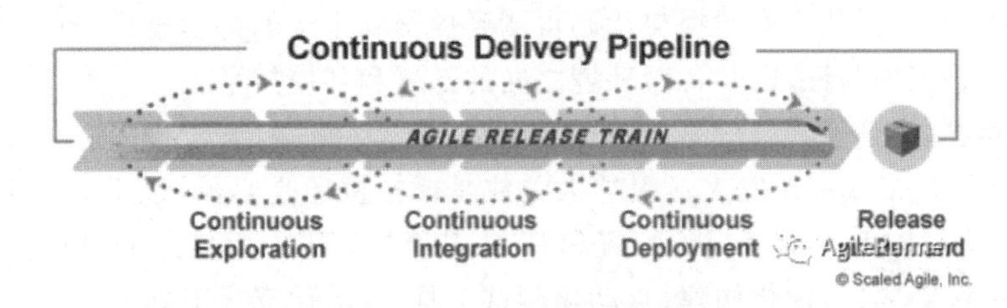

图 212 SAFe 的持续交付流水线

(2) 聚焦于部署前置时间

修改一行代码，上线需要多少时间决定了持续、稳定地交付的程度，还决定了 MTTR，多久服务可以恢复，多快能够上线一个严重的缺陷修复，多快能够发布一个服务，并获取价值反馈。这一指标，就是部署的前置时间，部署前置时间，开始于工程师在版本控制系统中提交一个变更，截至变更成功地在生产环境中运行，为客户提供价值，并生成有效的反馈和监控信息为止。

部署前置时间将整个价值流交付过程分成了两段，前一段的活动，主要是产品、设计和开发，具有高度的不确定性和变化性，需要创造性的工作，且很多工作无法复制。后一段的活动，主要在集成、测试和部署运维，相比起来，技术更可控。

所以部署前置时间的核心是把可控的部分做到极致，力求可预见性和自动化，将可变性降到最低，来支撑变化的部分。

(3) 目标是分钟级的部署前置时间

通过小批量代码交付，在不同环境中通过不同层级的自动化测试与探索性测试，快速进行验证，同时持续将成功验证的变更部署到下一环境，从而在 DTAP(开发、测试、验收、生产)不同环境中形成自动化的测试和部署节奏。这也就是部署流水线的概念。实现部署流水线，需要版本管理、自动化测试、持续集成、自动化部署、环境管理，以及松耦合架构等的协调统一。

(4) 分层级部署流水线

“高质量交付”时要考虑质量如何界定，功能和非功能以及质量验证的手段如何分层。验证就是反馈，为了快速获取反馈，应这些手段分布在整个流水线的各个阶段。

部署流水线，是保障质量，并缩短部署前置时间的有效支撑。同时，部署流水线是分层、分级的。

从影响范围来看，流水线分为个人级、项目级、版本级与解决方案级。执行的频度单位分别是分钟级、小时级、以天为单位和以周为单位。同时也分别对应不同的环境：Development、Testing、Acceptance、Production。

各个层级，在不同的环境下，执行不同的测试，这也与理想的测试金字塔分层测试相互对应。

每个层级的目的和预设的反馈回路，涉及的范围，验证的方法与内容，定位问题区间都有所不同。

(5) 流水线越来越成为开发运维一体化的代名词

开发与运维之间"不可调和的矛盾"，可以通过流水线来解耦。流水线成为开发和运维人员最常使用的平台，包括从日常的提交代码自测到提交到主干的持续集成，再到测试和准生产环境的自动化与手工的验证，以及各级环境之间的部署和环境拉平。

流水线的存在，接管了底层的基础设施，包括计算、存储、网络，无论是 On Premise，还是 On Cloud；接管了 PaaS 层，开发人员无须太关注是虚拟机还是容器，也不必太多了解 K8s 的配置和编排，以及 DTAP 不同环境的配置和差异；甚至接管了上面使用的自动化工具，包括版本库、制品库、持续集成、自动化构建、自动化测试工具、自动化部署工具。

这些都将成为流水线的一部分，所以流水线越来越不可或缺，不同的语言也好，架构也好，环境也好，容器也好，微服务也好，K8s 也好，都可以往流水线上挂。流水线也就成为 Dev to Ops 事实上的标配和代名词。所以流水线的作用：第一，接管和屏蔽底层环境的差异；第二，作为自动化流程引擎；第三，挂载执行分层分级的流水线任务。

另外，流水线也是"持续稳定可重复提供高质量价值"的重要不可或缺的实践，服务于持续交付同时也是 DevOps 的终极目标。

流水线确保代码和基础设施始终处于可部署状态，所有提交到主干的代码都可以安全部署到生产环境。

所有在流水线上面挂载的任务，理论上都应该服务于这一目的，所有不对这一目的提供价值的任务，理论上都不应存在于流水线之上，都应该被消灭。

(6) 解决开发与运维之间"根本的、长期的冲突"

通过流水线，让部署成为日常的、低风险的工作，来解决开发与运维之间"根本的、长期的冲突"：开发人员负责对市场变化作出响应，以最快的速度将新功能或者变更上线。而 IT 运维则需要为客户提供稳定、可靠和安全的 IT 服务。同时公司对不同部门的考核和激励不同，更是让开发部门与运维部门的目标和动因之间存在巨大的冲突。

通过小批量的、独立的快速交付周期，让各个功能/服务团队之间彼此解耦，快速获取反馈，快速验证问题。DevOps 并不能解决问题，它只是让你快速失败。（所以在 DevOps 里，失败原本就是学习的一种方式）

通过频繁、快速生产环境部署，保证稳定可重复的自动化部署。

通过 Feature Toggle，Black Launch，让功能早在发布之前，就已经部署到生产环境中，并已经进行了多次小范围验证。

为下游工作而优化，从而在业务需要时，可以不依赖于技术，可以自行进行功能的发布。

因此，技术提供给业务的是一个自服务平台，正如将运维能力封装成自服务提供给开发一样。

2. 业务域

我们再看业务域。

持续交付跟持续集成、持续部署、持续发布都不同，它是一种组织的能力，这种能力让组织可以持续交付价值，具体是否采用以上三种技术实践并不一定，另外还要考虑其他非技术因素，比如团队管理模型，需求结构，项目管理方式，人员能力等。所以此持续交付和以上持续操作不是一个层次的问题，但它们之间确实有互相推动影响的关系。

(1) 发布策略与发布节奏

持续集成与持续部署是技术域的事情，持续交付是业务域的，而持续发布两者都有，且偏业务层面多一些。按需发布的发布还是业务的决策。

业务需要决定发布策略：

什么时候发布？

发布哪些特性？

发给哪些用户？

发布节奏不需要与开发节奏保持一致，开发保证环境和功能是随时可用的，业务决定发布策略，如图 213 所示。

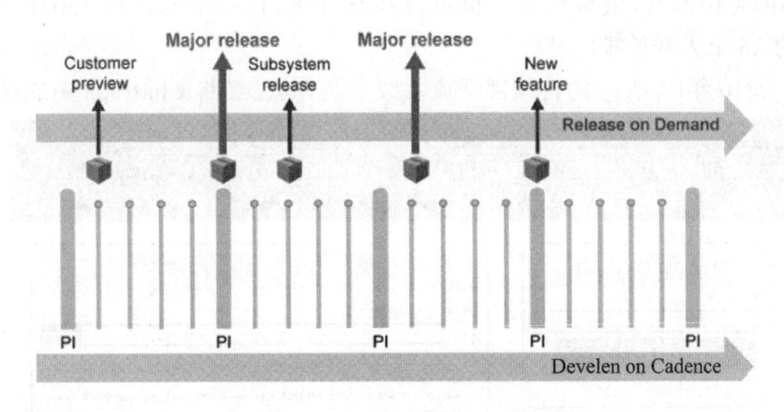

图 213 按节奏开发，按需要发布

(2) 假设驱动开发

持续交付流水线是 Flow，是价值交付的过程，但如何确定交付的就是客户想要的价值？

所有交付的功能特性都是基于假设：We believe that (*building this feature*) (*for these people*) will achieve (*this outcome*). We will know we are successful when we see (*this signal from the market*).

这就是假设驱动开发的概念，所以单向的不叫持续交付(价值)，要实现闭环还需要反馈回路来验证假设。

完整的闭环才是价值交付的过程，只有验证了假设，才能说将价值交付给了客户。

通过发布获取反馈，验证假设，进一步完善价值，进而提出新的需求(假设)。

SAFe 的 DevOps 理论大多来自于 DevOps Handbook。SAFe 的模型是 DevOps Handbook 三步工作法的另一种解读。

(3) 多快的频度算是持续

什么叫持续交付？多快的频度算是持续？一周一个版本还是一天多个版本？

对于不同类型的产品，在类生产环境验证之后，有两条实现路径：

一条是传统的软件模式，即部署到生产环境或是商业软件产品交付客户，就意味着发布给最终客户。这里要有一个业务的决策过程，判断是否可以将特性交付给最终客户。

另一条路径是通过技术解耦，因为即使部署到了生产环境，也并不意味着发布给了最终客户，例如特性开关和 Dark Launch。相比于第一种，这里业务决策过程就相对灵活一些。

以上两条路径，均需要技术手段来支撑，均可实现将特性先行发布给一部分用户，以及功能对用户是否可见。

(4) 持续部署对业务的赋能

“黑启动已经让每个人的信心达到几乎对它冷漠的程度，大家根本就不担心，我不知道，在过去 5 年里的每一天中，发生过多少次代码部署，我根本就不在乎，因为生产环境中的变更产生问题的概率极低。”，John Allspaw 在 Flickr 担任运营副总裁时说了上述的话，之后他发表了一天十次部署的著名演讲。然后他来到 Etsy，Etsy 的自助式部署流水线，使得“任何想要执行部署的人都能直接部署，董事会成员也可以执行部署，在一个普通的工作日里，刚到上午 8 时，就有大约 15 个人开始排队。”

图 214 是 2010 年时 Etsy 的持续部署流水线工具，其已经将 ChatOps 集成进去，“提交代

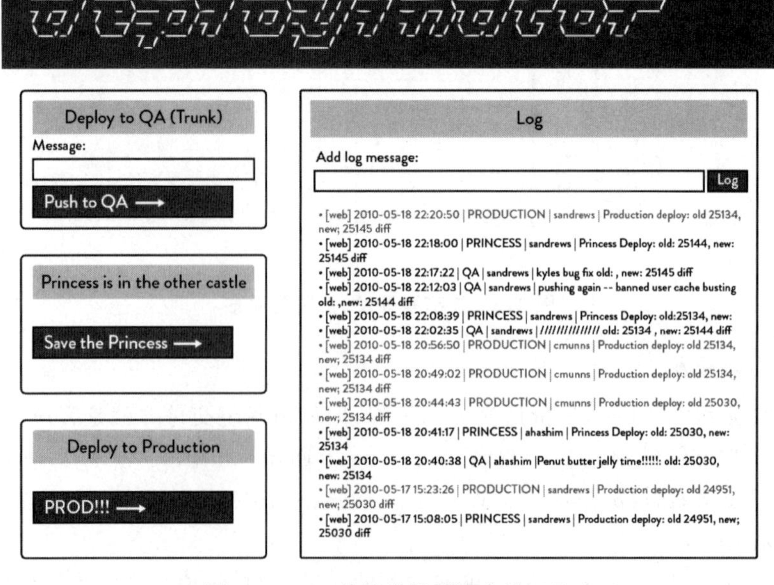

图 214　Etsy 的持续部署流水线工具

码之前，在自己开发环境执行了 4 500 多个单元测试，UT 运行仅需要不到1 min，外部调用打桩……提交到主干后，CI 服务器上立即执行 7 000 多个自动化测试用例，通过并行测试，11 min 执行完毕，MTTR20 min，到 2011 年，每天有 25～50 次部署。"

从上述的例子，可以看出技术对业务极大的赋能情况。如果我们能做到每天几十次部署到生产环境，那么每次的变更又能有多大，一个月一次的版本，发布的时候的确需要严格审核，一天几十次呢？不难想象，此时的业务决策该有多简单，甚至可能不需要决策过程，这就是技术能力赋能给业务决策的体现，也是精益中强调小批量的原因。

3. 持续交付框架

我们看一下图 215 的持续交付框架。

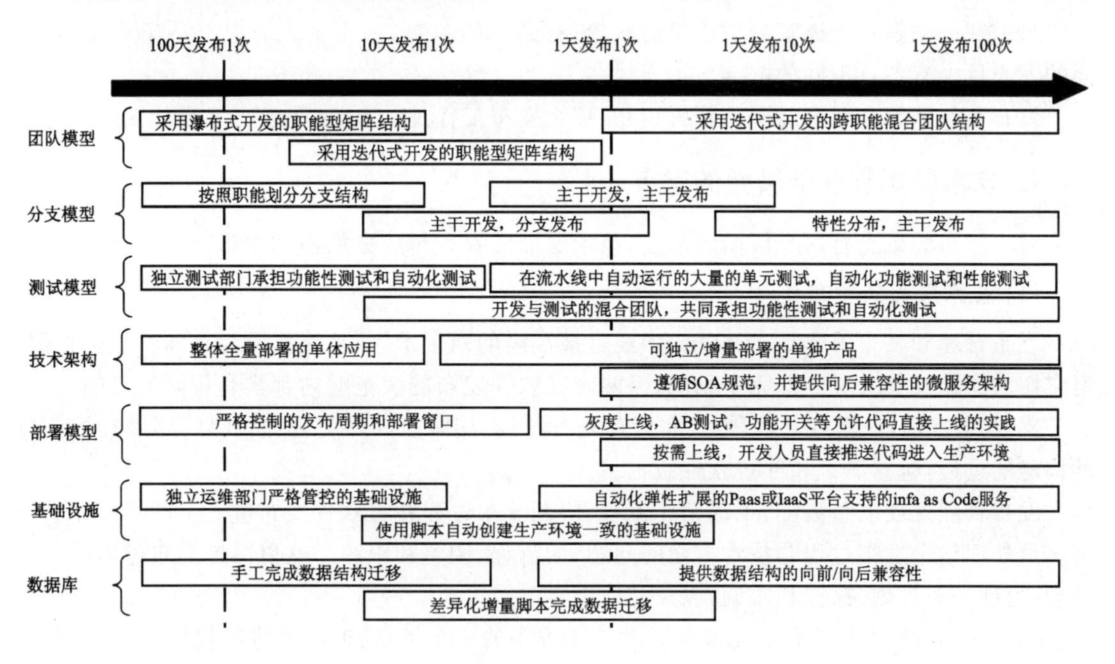

图 215　持续交付框架

量变产生质变，每 100 天一次发布与每天 100 次发布，无论是从技术上，实践上，还是对业务的帮助上，都不可同日而语。更重要的，是 mindset 的转变，做一个具体的工程实践不难，但要把它做到极致很难，这里面更多的困难不是技术本身，而是思维方式的转变。

持续交付流水线将整个价值交付过程贯穿起来，即使只是后半段的 DevOps 实践，也同样牵一发动全身，单单发布频度这一个关键指标，就需要分支策略、测试自动化、部署自动化、架构解耦、发布策略以及数据库等多方面的支持。

第 79 问　发布工程都做些什么

Well I know when you're around cause I know the sound. I know the sound of your heart.

——The 1975 *The Sound*《声音》

软件的发布就是从头到尾数一数，察看一下有没有忘记谁，有没有忘记哪个步骤，从头到尾再数一回吗？

“发布”一词是一个极容易被混淆的概念，有诸多的解释，一千个人心里有一千个发布，不同的人心目中有各自不同的解读。

发布在谷歌等企业已经不是新鲜事物，那么发布工程是什么，按需发布又是什么？

1. 技术层面与业务层面的发布

对于发布的概念有两个层面的描述，技术层面的发布与业务层面的发布。

(1) 技术层面的发布

发布管理和发布工程是 DevOps 中经常被混淆的两个术语，从字面看起来和听起来相似，但它们的功能及其实现方面完全不同，但两者在软件发布的大范畴内都具有相同的目的。

① 发布管理，根据维基百科，发布管理是“通过不同阶段和环境管理、规划、调度和控制软件构建的过程，包括测试和部署软件版本。”

发布管理处理发布流程、跟踪工作流程、协调发布过程并将软件发布带入生产。发布管理更多地处理整个发布过程非技术方面的问题，如流程、调整和跟踪。这更像是发布过程的项目管理，处理发布计划、执行和协调，以及完成事宜。

② 发布工程，维基百科的定义是，“软件工程中的一个子学科，涉及将源代码编译、组装和交付到成品或其他软件组件中。”

发布工程侧重于软件发布的纯技术方面，涉及软件配置管理、构建、部署和环境管理，构建快速可靠的流水线，以将源代码转换为可行的产品。发布工程涉及 CI/CD 的诸多活动，处理从开发到生产发布的技术问题，简单来说，发布工程意味着设计(软件)发布。

发布工程和发布管理对于发布是否成功都非常重要，它们共同将软件增量通过同一列发布火车送达目的地。

(2) 业务层面的按需发布

SAFe 框架里说，按需发布是将新功能部署到生产中并根据需求立即或增量发布给客户的过程。按需发布是持续探索(CE)、持续集成(CI)、持续部署(CD)和按需发布(RoD)持续价值流交付管道中的最后一个环节，是软件价值交付的“最后一公里”。

从业务角度看，发布需要考虑的是：什么时候发布？发布哪些功能？发布给哪些用户？发布的动作就像是站在业务的作战沙盘上，俯视着整个业务沙盘，决策产品何时发布、发布哪些、发布给谁。这是一个需要综合考虑的业务驱动决策，业务的战略决策与战术落地是通过将部署的技术动作与发布的业务决策进行解耦,实现技术与业务的解耦、开发与发布的解耦而实现的。开发可以不依赖于业务持续进行价值交付,业务可以基于具体场景进行更为灵活的价值传递。

对于不同的行业和企业而言,持续交付,即在开发新功能后立即发布,是理想的终极状态。更普遍的情况是我们无法做到实时部署即发布,也无法发布即全量客户不现实也风险极高。

发布是一种解耦的按需活动,针对特定用户特定场景特定需要发生,按节奏开发,按需发布。

简而言之,与软件发布相关的技术动作都涵盖在发布工程里;与其相关的管理流程属于发布管理,而发布如何赋能业务,达到按业务需要发布的目的属于按需发布的范畴。

2. 发布工程为何如此重要

大家可以尝试回答如下问题:你对利益关系人/客户需求反馈的速度有多快,有多容易?通过发布生产修复程序,你能多快、多轻松地解决生产问题?

这进而引出了 Mary Poppendieck 的一个经典问题,“在仅进行一行代码更改后,将应用程序发布到生产环境需要多长时间?”

作为敏捷软件开发宣言中的第四个价值,响应变化而不是遵循计划。不仅是响应,而是需要快速响应,“我们的首要任务是通过早期和持续交付有价值的软件来满足客户。”

为什么要强调速度和敏捷性?

发布速度是重要的度量词,它不仅代表了对业务和市场的响应程度,也体现了对内部熵增和无序的治理程度。随着应用程序变得越来越复杂,发布过程也会变得越来越复杂。发布可能会变得痛苦,且非常耗时,尤其是当 CI/CD 的工具与实践被忽视或几乎不存在时。

发布的基本过程是构建编译应用程序、打包、部署、测试、发布,这一流程几乎在任何企业的应用发布中都是同样的,但为何会有精英效能和低效能企业的不同呢?自动化在这里起着至关重要的作用。

任何被认为是痛苦的事情都应该经常做,让工具自动化完成。这里所说的痛苦,是指那些手动的、重复的、枯燥的、易出错的、可自动化的任务。这类的工作由人工完成时会存在诸多问题,首先是极易被打断,例如电话、即时通讯、同事的到访,会分散注意力和破坏性;其次没有持久价值,多次重复任务不会获得额外的附加价值,低效低价值,使人们无法专注于更高价值的任务;不可扩展,此类任务会随着项目的增长线性增长或是更快,此时自动化的好处就更为凸显,因为它是可扩展的。

发布工程是负责将开发人员的代码贡献以高质量软件发布的形式带给最终用户的过程。

发布工程体现了 DevOps 的三大支柱原则,流动、反馈和持续改进:

流动:从开发到运维,再到最终用户价值流的移动。如果我们想要快速地价值流动,并尝试限制在制品数量,那么可视化和自动化工作流程在这里至关重要。

反馈:发布过程中的反馈,首先就是测试自动化。流水线的每个阶段事实上都是在判断软件产品状态,寻找是否在此中止的指示,静态代码分析失败?中止。构建失败?中止。集成测试失败?中止。部署失败?中止。从左向右发布的过程是价值流动的过程,每一个阶段都需要从某种程度获得产品价值(质量也是一部分)的信息,更快地检测和解决问题(由于缺陷而需要时停止流动),流水线的效能就越高。

持续改进：快速反馈支持实验和学习的文化，持续改进来自整个组织的持续学习状态，旨在为团队创造集体所有权，使组织中的任何人在工作时都能有这种所有权意识。

始终如一地快速发布优秀软件产品的奥秘就基于上述这三大支柱原则，通过合理设计的反馈系统，持续不断地识别软件产品开发过程中的瓶颈和问题，并加以修复解决和改进，进而提高生产力，即研发效能。

3. 发布工程包含哪些内容

发布工程（Release Engineering，简称 RE 或 RelEng）与软件发布生命周期相关，Google 的 Boris Debic 说，发布工程之于软件工程，就像制造之于工业过程。

发布工程是软件工程主干上一个较新、发展较快的分支。发布工程专注于从构建到交付软件，发布工程师通常对源代码管理、编译器、构建配置语言、自动化构建工具、包管理器和自动化部署等非常了解（甚至是这方面的专家），其技能横跨很多领域：开发、配置管理、测试集成、系统管理，甚至用户支持。

在软件开发过程中，应用程序完成后需要分发给客户或部署到服务器上才能使用，发布工程专注于寻找自动化工具来提高这一过程的速度和可靠性，试图以稳定可靠、可预测的方式制作质量更好的软件。

(1) 发布工程关注的一些事情

① 实施版本控制，发布工程试图为代码添加可追溯性和可靠性，因此，代码要在 Git 版本控制存储库中维护。开发团队使用这些版本控制系统更好地跟踪代码演变。版本控制过程跟踪程序的开发进度，使用版本控制系统，在程序开发过程中跟踪和标记程序的每个步骤，还可以存储程序快照，以便以后调用。

② 自动化构建和发布流水线，为了成功编译构建程序，除了源代码之外，还需要存储有关正在使用的工具以及所使用的不同库或其他资源的信息，其最终目标是能够在程序开发期间的任何阶段重新编译程序，独立于用于创建它的开发系统。

③ CI/CD，持续集成和持续交付是 DevOps 理念的重要组成部分，在现代自动化构建/发布系统中发挥着重要作用。成熟的 DevOps 实践使用基础设施即代码来自动化传统 IT 任务。

④ 配置管理，软件代码在开发、测试、准生产和生产（DTAP）的各个阶段和环境中流转时，配置管理确保产品配置在整个软件生命周期中保持一致。

⑤ 基础设施设置即代码，传统做法是：IT 部门规划并提供基础设施，即人工＋脚本方式。DevOps 理念鼓励采用以开发人员为中心的方法。开发人员对他们的应用程序在生产中的行为负有更多责任，需要什么样的环境配置也应该由开发人员来定义，并将其写在描述性脚本中。通过创建流水线使程序及其所需的环境保持一体化，顺利通过 DTAP 的各个阶段。

⑥ 生产和部署，最终要将二进制文件移动到目标介质或服务器，在生产环境中交付给客户的每一个软件都需要与其来源密切相关。因此，如果出现问题，企业可以追溯其源头。

⑦ 组织监控和改进，除了传统的发布流程，DevOps 实践还强调收集有关流程的数据以进行分析和改进。收集数据、将其转化为可参考的信息，并使用它来改进当前流程是重要的任务。

(2) 发布工程可衡量的方面

软件发布能力被视为组织和开发成熟度的标志,现代发布工程可以通过以下几个方面进行衡量。

① 可识别性,能够识别构成特定版本的所有源、工具、环境和其他组件。

② 可重复性,集成软件系统的源、第三方组件、数据和部署外部以保证操作稳定性的能力。

③ 一致性,为软件组件的开发、部署、审计和问责提供稳定框架。

④ 敏捷性,不断研究现代软件工程技术的优势及其对软件周期的影响。

4. 与发布工程相关的几个概念

(1) 发布工程和 DevOps

有些公司采用某种形式的 DevOps 的管理和工程实践方法:自动化流水线,专注于软件发布流程。而有些公司可能更专注于更大的流程管理。

发布工程有时容易与 DevOps 混淆,正如 CI/CD 经常被当作 DevOps 的代名词一样,两者的一部分角色和职责有所重叠。相比于发布工程,DevOps 有更广泛的范围和活动,DevOps 专注于价值流的完整交付过程,而发布工程只包括其中最靠近流程结束的一部分。

例如在配置管理中,发布工程可能仅将其用于软件产品发布上线时保持环境与产品的一致性,但 DevOps 的组织和流程的各个方面都需要借鉴配置管理的方法。这些方面包括如双向可追溯性的保证,即从需求到代码再到发布上线版本的前向端到端一致性,以及从线上事故可以回溯到上线版本、修改代码以及为了什么需求进行的修改,反向的追溯性等。目的是通过系统和流程自动化、版本化以及端到端的信息关联,使整个组织运行更为顺畅。

在过去,开发团队和运维团队各自为政。当开发团队在生产环境中部署代码时,双方会激烈争论谁来负责发生的生产问题。此外,开发团队希望尽快部署最新、最酷的功能,而运营团队则希望避免任何风险。如此导致两个群体之间不断发生冲突,所以 DevOps 需要通过创建团队之间的跨职能协作来打破开发与运维之间的部门墙。

由于软件过程改进问题复杂交织,发布工程经常与 DevOps 混淆,DevOps 的范围会更大。发布工程可以作为一个单独的部门存在,狭义 DevOps 实践的目的是使开发和运维更加紧密地结合在一起,而广义的 DevOps 则需要更多地与组织整体工作流程集成。

(2) 发布工程与 SRE

《Google SRE 运维解密》一书中指出,"SRE 发现大约 70% 的中断是由于实时系统的变更造成的。"

保障服务可靠运行需要稳定的发布流程,SRE 需要保证二进制文件和配置文件是以一种可重现的、自动化的方式构建出来的,这样发布才是可以重复的,而不是"独特的雪花"(俚语,意指没有两片雪花是完全相同的)。对发布流程的任何改变都应该是有意为之,而不是意外之举。

在 Google 内部,发布工程是一项具体工作,其与产品研发部门的软件工程师(SWE),以及 SRE 一起定义发布软件过程中的全部步骤——包括软件是如何存储于源代码仓库中的,构建时是如何执行编译的,如何测试、打包,最终进行部署的。保障软件发布流程能够满足业务需求，为变更进行测试，以及为变更顺利回归制定策略。

开发团队、SRE 和发布工程师的紧密协作是很重要的。发布工程师需要明白代码开发时对构建与部署的预期。开发团队不应该只是编写代码，然后“将结果扔过墙”，两个团队必须互相了解。这就是狭义 DevOps 想要达成的效果。

发布工程以工程和服务理念为指导，Google SRE 团队建议遵循以下的四个主要原则：

服务自助：为了进行大规模工作，团队必须自给自足。发布工程提供最佳实践和工具，使开发团队能够自助控制和运行自己的发布流程。各团队可以自行决定发布新版本的发布频率和周期，实现相互解耦的高速发布速度，支持规模化的产品和团队，以实现发布水平扩展。

高速高频：面向用户的软件会经常重新构建，因为目标是尽快推出面向客户的功能。遵循精益原则，保持小批量的版本频繁发布，可以保证版本之间变更较少，速度更快，风险更低，使测试和故障排除更为容易。

密封结构：构建与发布必须确保一致性和可重复性。如果两个人试图在不同机器上以相同的源代码版本构建相同的产品，会期望得到相同的结果。构建是密封的意味着构建活动本身应该对于构建服务器上安装的库和其他软件不敏感，构建依赖于已知版本的构建工具(例如编译器)和依赖项(例如库)。构建过程是独立的，即不得依赖于构建所定义环境之外的服务。这也是华为的可信工程中可信构建核心定义的内容，“围绕构建源，构建环境，构建过程，打造可信构建能力，实现软件构建过程可重复，防篡改，构建结果可信”，即在同样的软件版本，及在任何环境下，编译沟通出来的版本应该是一样的。

门禁策略：将质量和安全的政策和执行固化到流水线的门禁中，决定在发布时谁需要执行哪些特定门禁操作。相关的门禁包括源代码的 PR 审批，代码的静态检查和人工评审，单元测试和接口测试，安全合规类测试等。

(3) 发布工程与 CI/CD

从范围上讲，发布工程与 CI/CD 重合度更高，可以说发布工程关心的内容涵盖了 CI 和 CD 的范畴。

发布工程是站在应用发布这个点上，往前回溯，所有与应用发布相关的事项都属于发布工程所关心的范畴。从 Google 的分工协作看，开发团队、发布工程师与 SRE 三种角色的划分，囊括了从开发到发布再到运维的职能。发布工程师作为承前启后的角色，类似于我们说的(狭义)DevOps 工程师的职责。

DevOps 历史上最著名的演讲“每天 10 次部署”，所采用的技术，例如自动化的基础上设施、功能开关、自动化构建与部署、共享的版本控制、IRC 和通信机器人、共享的度量指标等，也正是发布工程所关心，并且正在采纳的实践。

需要注意的是，发布工程师关心 CI，但 CI 具体操作应由开发团队执行。发布工程师应是提要求、定规则、搭平台、建流程，赋能开发人员去使用。

(4) 发布工程与应用程序发布自动化(ARA)

应用程序发布自动化(ARA)是另一个与发布工程相关的概念，在 Gartner 有专门的 ARA 魔力象限。ARA 是指打包和部署应用程序或应用程序更新从开发、跨各种环境并最终到生产的过程。ARA 要结合部署自动化、环境管理和建模以及发布协调的能力，可以看作是传统发布工程在 DevOps 模式之下的具体实现。

ARA 工具通过提供自动化、环境建模和工作流管理功能的组合使 DevOps 实现最佳实践。这些实践可帮助团队快速、可靠和负责地交付软件。

ARA 不仅是软件部署自动化——它采用结构化发布自动化技术部署应用程序，提高整个团队的可见性。它结合了工作负载自动化和发布管理工具，因为它们与发布包相关，以及可在流水线内不同环境中移动。ARA 工具有助于规范应用部署、环境创建、部署方式及发布管理。

5. 发布管理

发布工程师是随发布工程活动的角色，其定义或参与定义发布相关工具的最佳实践，以确保使用一致且可重复的方法发布项目。这些发布管理实践涵盖了发布过程的所有要素，确保工具在默认情况下正确运行，并被正确使用，使团队可以专注于功能和用户，而不是在发布软件时花费过多时间或重新造轮子。

发布工程是复杂软件开发团队的集成中心，是开发、产品管理、质量保证和其他相关工程工作的融汇点。对于某些关键产品，发布工程团队还扮演看门人的角色（例如，在 Facebook、谷歌、微软等公司），通常会以门禁的方式体现。

例如，一个常见的 CI/CD 流程，可能包括的门禁有：

（1）编译构建必须通过，构建应该是密封的，也就是说，构建应该是一致性的和可重复的。

（2）通过静态代码分析，用于衡量应用程序代码质量，不同产品可以定义自己的扫描规则集，但有些规则是必选的。

① 必须通过单元测试和集成测试；

② 必须满足一定程度的测试覆盖率和其他相关指标；

③ 必须通过功能验收测试，例如用户界面和端到端测试）；

④ 必须通过非功能测试，例如性能测试和安全测试；

⑤ 分发部署应用程序二进制文件至相关环境；

⑥ 进行探索性测试或基于员工的 Beta 测试；

⑦ 发布应用程序给客户。

（3）借助标准化和自动化，发布过程可以实现最少化人员参与。使用自动化构建系统、自动化部署工具、自动化的流水线编排和自动化的测试工具组合，实现真正自动发布，只有在出现问题时才需要工程师介入。

（4）为实现发布流程的高速执行，除了自动化以外，还需要借助限制理论，对发布流程中的约束点进行重点优化。如果构建是瓶颈，可以借助云计算和虚拟化，在云端进行分布式构建；也可以进行分层分级的增量式构建，按需或定时执行构建，然后基于构建和测试结果和给定构建中包含的功能，从生成的版本库中选择要实际部署到生产的版本；有的团队采用"绿色发布"的方式，部署通过所有测试的每一个构建版本。

6. 发布工程价值总结

发布工程可解决在价值流快速交付时消除障碍的问题，现已演化成一门学科。发布工程包括 DevOps 所关心的版本控制和源代码管理、制品库管理、构建自动化、测试自动化等工程实践和相关过程优化，例如，优化构建工具和流程以提高开发人员的生产力并提高软件交付和部署的速度。

当采用合适的工具、合理的自动化方式，以及合理的策略时，开发团队和运维工程师都无须担心如何发布软件，发布过程可以像按一个按钮那么简单。正如 Etsy 作为投资人参观时的常规动作，会让他按下按钮，体验运行 Deployinator（Etsy 开源的部署工具），进行软件的部署。

团队应该在开发流程开始时就留出一定资源发布工程，尽早采用最佳实践和最佳流程可以有效降低成本，节约宝贵的开发资源，更为关键的是降低发布风险。

不要让发布变得如此刺激和紧张，每一次的发布都变得像抽彩票一样，期待或不期待中奖。应用发布是很枯燥的，而且原本就应该是一件无趣的事情，这意味着应该没有意外发生，按下按钮、应用发布，就是这么简单。

第 80 问　SRE 工程师与 DevOps 工程师是什么关系

It's a quarter after one. Said I wouldn't call but I lost all control. And I don't know how I can do without you. I just need you now.

——Lady Antebellum *Need you now*《现在需要你》

SRE，站点可靠性工程源自 Google，其是 Google 保证生产系统可用的工作方法。如果用来指代人，那么可以称为 Site Reliability Engineer。

1. SRE 是什么？

SRE，Site Reliability Engineering，维基百科上的解释：是一门综合了软件工程各方面，并将其应用于基础设施和运维的学科，其主要目标是创建可扩展且高度可靠的软件系统。

初次了解 SRE 大约是 2017 年左右，《SRE：Google 运维解密》一书中文版的引进，点燃了 SRE 在国内的热潮。《SRE：Google 运维解密》一书的译者孙宇聪曾经在一次会议上说过："SRE 就是跑偏的软件工程师"，这说明 SRE 首先应该是软件工程师。

SRE 的概念最初是由 Google 工程团队的 Ben Treynor Sloss 提出，根据 SRE 团队创始人 Treynor 的说法，SRE 是"当软件工程师承担了过去被称为运维的任务"。"SRE 团队成员相信软件工程方法能解决复杂的运维问题，倾向于通过设计、构建自动化工具来取代人工操作，并且有足够的技术能力快速开发出软件系统来代替手动操作。"

早些时候，Google 官方介绍 SRE 负责：保证站点健康（无论用何手段，不可用？都是 SRE 的问题）；大规模场景（服务多，数据多，SRE 人数少，单人平均 4 000 以上服务器）；满足市场竞争需求（增强功能，提升效率）。

SRE 是运用软件工程的方案解决 IT 运维领域的问题，SRE 团队使用软件作为工具来管理系统、解决问题并实现运维任务自动化。

在《SRE：Google 运维解密》中文版中，王璞老师的推荐序对 SRE 职能的解读非常到位："SRE 和传统的 IT 运维有很大区别，SRE 真正实现了 DevOps：首先，SRE 深度参与开发阶段的工作，对应用程序的设计实现方式、依赖库、运行时的资源消耗都有严格的规约；其次，SRE 工程师本身也要做不少编程工作用各种工具来解决问题和故障，换句话说，SRE 强调的是对问题和故障的自动处理，而非人工干预；另外，按照 SRE 的约定，开发人员自行负责程序上线部署更新，毕竟开发人员对自己开发的程序更熟悉，易于处理程序上线过程中遇到的问题。总之，作为 Google 的 DevOps 实践，SRE 非常注重开发和运维职能的结合，极大地加快了业务应用迭代周期，提升了 IT 对业务的支撑能力。”

我们中国 DevOps 社区翻译过的一本书中，Rundeck 公司的 Damon Edwards 描述道，“运维团队通过各种脚本、工具、命令和 API 中创建标准的操作程序，这使团队内部有了很大的效率提升。然而当他们通过访问控制功能，使运维以外的人员可以访问这些程序时，事情会变得很有趣，因为那才是他们真正重新考虑组织应该如何工作的时候”。

华为云有专门的 SRE 团队负责云平台以及其上服务的稳定与安全，除了维护公共组件，还有定向维护具体服务的 SRE 工程师，形成横向与纵向相对完整的体系。

SRE 团队的精华在于将最传统、最朴素的软件工程方法运用于运维领域，用运维自动化替代传统模型中的人工操作，SRE 团队 50%的时间要做工程相关的事。

SRE 可以帮助团队在发布新功能和确保用户可靠性之间找到平衡。

2. SRE 工程师职责

SRE 工程师的职责，从《SRE：Google 运维解密》一书的第三部分实践中可见一斑：

第 10 章：报警；

第 11 章：值班；

第 12 章：高效查找故障根源；

第 13 章：应急响应；

第 14 章：管理突发情况；

第 15 章：验尸报告：从失败中学习；

第 16 章：故障跟踪；

第 17 章：可靠性测试；

第 18 章：SRE 与软件工程；

第 19 章：入口负载均衡；

第 20 章：数据中心内的负载均衡；

第 21 章：系统过载；

第 22 章：级联故障；

第 23 章：管理关键状态：分布式一致性；

第 24 章：分布式的周期性任务；

第 25 章：数据处理流水线；

第 26 章：数据一致性；

第 27 章：产品上线。

SRE 职能可以概括为以下几点：

为应用、中间件、基础设施等提供选型、设计、开发、容量规划、调优、故障处理；

为业务系统提供基于可用性、可扩展性考虑决策，参与业务系统设计和实施；

定位、处理、管理故障，优化导致故障发生相关部件；

提高各部件资源利用率；

负责部署、配置和监控代码，以及生产服务的可用性、延迟、变更管理、应急响应和容量管理。

SRE 基本是从软件研发工程师转型，有很强的编程算法能力，同时具备系统管理员的技能，熟悉网络架构等，是一个要求非常高的职业，是软件工程师和系统管理员的结合，一个 SRE 工程师基本上需要掌握很多知识：算法，数据结构，编程能力，网络编程，分布式系统，可扩展架构，故障排除。

SRE 的目标是“高扩展性”和“高可用性”。高扩展性是指当服务用户数量暴增时，应用系统以及支撑其服务（服务器资源、网络系统、数据库资源）可以在不调整系统结构，不强化机器本身性能，仅增加实例数量方式上进行扩容。高可用性是指应用架构中任何环节出现不可用时，比如应用服务、网关、数据库等系统挂掉，整个系统可以在可预见时间内恢复，并重新提供服务。当然，既然是“高”可用，那么这个时间一般期望在分钟级别。

SRE 使用服务水平指标（SLI）和服务水平目标（SLO）以规定的方式量化故障和可用性。SRE 作为站点可靠性的保障者，需要服务稳定可靠。而这个稳定，不是靠不出问题获得，而是出了问题可以快速恢复。

SRE 可帮助团队确定要启动哪些新功能，以及在何时根据服务水平协议（SLA），并利用服务水平指标（SLI）和服务水平目标（SLO）定义系统所需的可靠性。

SLI 是针对提供的服务水平特定方面所定义的测量指标。关键 SLI 包括请求延迟性、可用性、错误率和系统吞吐量。SLO 根据 SLI 而指定服务水平的目标值或范围，然后根据认定为可接受的停机时间确定所需系统的可靠性。这个停机时间称为误差量，即出错和中断的最大允许阈值。SRE 并不是要实现 100% 可靠性，而是针对故障做好计划，并妥善应对。

开发团队在发布新功能时允许出现一定量的误差。利用 SLO 和误差量，开发团队可确定产品或服务是否能够在可用误差量的基础上启动。如果某个服务在运行时处于误差量以内，则开发团队可在任何时间发布它，但是，如果当前系统有太多错误或停机时间超过误差量的允许范围，则必须使错误数减少至误差量以内后才能发布。开发团队可执行自动化运维测试以验证可靠性。

保持运维和开发工作之间的平衡是 SRE 的重要组成部分。站点可靠性工程师的时间要均衡分配给运维任务和项目工作。根据 Google 的 SRE 最佳实践，站点可靠性工程师最多只能将一半的时间花在运维上，所以监控应不超过这个时间。剩余的时间应专注于开发任务上，比如创建新功能，扩展系统，以及实施自动化。额外的运维工作和表现欠佳的服务应重新指定给开发团队，而不是让站点可靠性工程师将太多时间花在应用或服务的运维上。

自动化是站点可靠性工程师的重要工作部分。如果他们要反复处理一个问题，就会努力实现解决方案自动化。这有助于控制运维在他们工作中所占的比例。

3. SRE 工程师与 DevOps 工程师有什么区别？

SRE 与 DevOps 的关联与区别是绕不开的话题。两者均关注软件和工程，也都试图解决开发与运维的鸿沟，因为这两种方法有相似的核心原则和目标。

DevOps 的概念我们讲得比较多，这里不做赘述。DevOps 遵循精益与敏捷原则的软件开发方法，重点是通过频繁的发布和自动化的方法实现持续交付，这是通过专注于构建和部署的端到端自动化以及将整个基础设施作为代码有效管理来实现的。DevOps 将传统上独立的开发和运维团队集中在一个屋檐下,以改进协作、沟通、集成和软件发布。

根据 Ben Treynor 所说,SRE 是"软件开发工程师开始承担运维人员的任务"。开发工程师与运维人员都旨在弥合开发团队和运维团队之间的鸿沟,都想要提高软件部署的效率和软件运行的可靠性。"它们"似乎是同一枚硬币的两个面,《SRE:Google 运维解密》书中一书指出,SRE 和 DevOps 彼此之间并没有太大区别:"在软件开发和运维方面,他们不是竞争关系,而是旨在打破组织障碍,使得更快地交付更好软件的亲密朋友。"

Sustainable Deliver High Quality Working Software Faster,DevOps 的目标是快速可持续地交付高质量可工作的软件,SRE 则是让这个可工作的软件更加可靠。

为了实现快速恢复,意味着一旦出现问题,需要快速定位并解决问题,意味着需要采纳持续集成、持续部署、持续发布等实践,将热修复快速发布到生产环境。还需要构建自动化测试的能力,并将其植入到流水线中,运行基本的验证。另外,需要采纳基础设施即代码等实践,需要遵循康威定律解耦你的架构和团队,服务化和微服务化拆分,通过 API 来进行解耦和关联。而这些,都是典型的 DevOps 实践。

高质量不仅意味着你的产品和服务是满足功能性需求的,更重要的是需要满足各种 NFR,即非功能性需求,这意味着你的服务应该是:稳定的,可(快速)恢复,安全的,合规的,可扩展的,高性能的,易用的,可测试的,可维护的,可记录可跟踪的。这些 NFR 事实上都是架构师需要考虑的问题。

可持续意味着你需要通过工具和自动化来帮助我们实现目标,尤其是在遇到服务过载或不可用时,不只靠运维监控来发现问题,更重要的是通过前面讲述的 IaC、CI/CD,以及借助容器与 K8s 来自动拉起服务或进行弹性扩缩容。可持续还意味着你不能靠人力来实现以上种种要求,不是 24 h 值守,而是通过监控与自动化的能力,实现无人值守,辅以在线通知随时机制。这些,已经超出了传统运维工程师的技能范畴。

所以我们看的是一种全栈的能力,并非一种角色能兼顾,需要团队协同。与此同时,我们需要的是全栈工程师,全栈工程师并不意味着你精通所有技能,而是你要了解,并且在多个维度专精。

同根同源:SRE 是 DevOps 在运维测的落地,和 DevOps 一样,SRE 也与团队文化和关系密切相连。SRE 和 DevOps 都致力于搭建开发团队和运维团队之间的互通桥梁,以便加快交付服务。

殊途同归:和 DevOps 一样,SRE 也与团队文化和关系密切相连。SRE 和 DevOps 都致力于搭建开发团队和运维团队之间的互通桥梁,以便加快交付服务。DevOps 的目标与 SRE 的目标是一致的,正如我们经常讨论的,一个团队的绩效只能从外部获得。无论 SRE 与 DevOps 的定位如何,毋庸置疑的是两者都是为了达成统一的组织目标而努力。

究其本质:SRE 不只是一个角色或是一个团队的设置与成立,正如 DevOps 工程师与研发效能部门一样,我们更多应该考虑的不是一个角色应该叫什么,而是真正去考虑组织应该如何工作,流程应该如何运作,价值应该如何更快、更稳定、更高质量地流动。

工作内容:DevOps 工作内容主要为开发链路服务,一个 DevOps Team 通常会提供一串工具链,这其中会包括开发工具、版本管理工具、CI 持续交付工具、CD 持续发布工具、报警工具、故障处理。而 SRE Team 则更为关注变更、故障、性能、容量相关问题,会涉及具体业务,产出工具链会有容量测量工具、Logging 日志工具、Tracing 调用链路跟踪工具、Metrics 性能度量工具、监控报警工具等。

核心思想:“核心思想是尽早将 IT 相关技术与产品设计和开发过程结合起来,着重强调自动化而不是人工操作,以及利用软件工程手段执行运维任务等。这些思想与许多 SRE 的核心思想和实践经验相符合。我们可以认为 DevOps 是 SRE 核心理念的普适版,可以用于更广范围内的组织结构、管理结构和人员安排。同时,SRE 是 DevOps 模型在 Google 的具体实践,带有一些特别的扩展。”——Benjamin Treynor Sloss(Google VP,SRE 创始人)

适用程度:DevOps 具有普遍意义,现代互联网公司都需要 DevOps,但并非所有团队对高可用性、高扩展性存在需求,它们不需要 SRE。DevOps 工程师掌握相关技能之后,也可以发展为 SRE 工程师。而一位合格 SRE 工程师,在有选择情况下面,我相信不会去转型为 DevOps 工程师。

技能要求:从专业背景来看,无论是 DevOps 还是 SRE 工程师,都需要研发背景,前者需要开发工具链,后者需要有较强架构设计经验。如果有运维工程师想转型成为 DevOps 或者 SRE,那么需要补上相关技术知识。毕竟,不是会搭建一套 Jenkins + Kubernetes 就可以自称为 DevOps / SRE 工程师。

4. SRE 与反脆弱

前两年 IDCF 经常宣讲反脆弱理念,也是在每次的反脆弱理念宣导时一定会提及的概念。我们认为,SRE 中 Reliability 与同样是 R 开头的字母 Resilience 异曲同工,而后者充分代表了 DevOps 理念。SRE 所维护的系统是复杂,并且事故不可预知的,事故是小概率事件,但由于系统的复杂性急剧上升,大概率会发生。

我们永远不可能在实验室里面验证现实世界中的一切,避免大多数失效的主要方式就是经常失效,这意味着,我们需要在生产环境中注入故障来恢复和学习。

正如 Jesse Robbins 所言,在云计算的时代,我们需要将可靠性构筑在一堆不可靠(相较于 IBM 的大型主机)的 x86 服务器之上。在不稳定之上去构建稳定性,这正是反脆弱的核心理念。

5. Google SRE 给我们带来的启示

首先,Google 的做法别人无法单纯效仿,但其中的原则与道理是触类旁通的。每一个做法在具体场景下都可能会发生变化,就好像丰田的精益生产是在不断精进和改善中动态存在。做法是——钟摆最下面的摆锤,不断变化,而原则则是钟摆上面的轴心,相对静态保持不变。

其次,Google 的做法也不必效仿,做法是具体呈现的看得见的那些行为,而背后看不见的原则才是真正重要的。当理解了原则,理顺了逻辑,也就明白这些行为存在的原因,以及彼此的相关性。至于具体是哪些做法反而显得没那么重要。

再次,Google 的做法也没有奥秘,有的是对事实的尊重,遵循最朴实的理念,有的只是极强的务实态度。“Google SRE 团队的精华在于研发软件系统,将运维自动化替代传统模型中的人工操作。利用最传统、最朴素的软件工程方法将其一一解决”。精心维护团队的各种文档和项目源代码,一点一点地提高服务质量,用工具与自动化逐渐替代人工操作。

第 81 问　独角兽们如何开展韧性工程实践

What doesn't kill You makes you stronger. Stand a little taller. What doesn't kill You makes a fighter. Footsteps even lighter.

——Kelly Clarkson *Stronger*《更强大》

作为在线零售商最核心业务之一的交易处理模块所在的数据中心出现问题。压力水平超出了设计，有些系统起不来了，没有人知道为什么，工程师团队日以继夜地工作了 3 天来试图恢复服务。

好消息是这并非一场真正的灾难——尽管它原本可能会是。相反，它是一场演习，旨在教会公司如何适应那些不可避免的问题：系统故障演练。没有人愿意看到事故的发生，也没有人愿意相信他们无法防止失败，但做好防范的关键是首先接受事故一定会发生。

许多企业的运维部门正在尝试韧性工程，并非希望能够免受故障的影响，而是希望在故障发生时，能够更好地适应它。航空和医疗保健等高风险行业对于韧性工程非常熟悉，现在韧性工程也大规模地被互联网厂商所采用。

1. 韧性工程

在 20 年代初期，亚马逊创建了 Game Day，这是一个旨在通过故意将重大故障定期注入关键系统，以发现缺陷和微妙复杂的依赖关系来提高系统韧性的方式。Game Day 演习的目的是在应对灾难性事件的过程中，考验公司的系统、软件和人员。亚马逊 Game Day 参与者包括杰西·罗宾斯(Jesse Robbins)，他被正式称为“灾难大师”。他于 2006 年离开亚马逊，创立了 Velocity Web 性能和运维大会，一年一度的 O'Reilly 会议。2008 年，他创立了 Opscode，并使得 Chef 成为一种流行的基础设施自动化框架。

Game Day 概念被广泛接受花了几年时间，但随后许多公司看到了它的价值并开始实践自己的版本。

John Allspaw 在 Velocity 大会上发表的《每天发布十次，开发与运维在 Flicker 的协作》文章作为标志性事件，启动了 DevOps 运动的车轮。随后作为 Esty 的工程 VP，John Allspaw 又主导了 Etsy 的 Game Day 版本，也成为最广为人知的韧性工程实践案例。

以战养兵，Game Day 就是要将团队与个人扔到实战场景中，模拟生产环境真实事故，考验团队与系统的能力。而这个能力，不只是抵御或抗住击打，或是失败中恢复的能力，更重要的是从中获取经验，并持续成长的能力。

Resilience Engineering 韧性工程(也译成弹性工程)应运而生，Resilience 在我们看来是等同于 Anti-Fragile，而让 Esty 能够敢在生产环境搞各种 Game 的，是背后安全的工程文化，与无指责的事后分析会议的方式。

无独有偶，Netflix 的混沌工程 Chaos Engineer 实践与 Game Day 同出一辙，并因其放出的一众“猴子”军团而闻名于世。

2. I 型的安全与 II 型的安全

John Allspaw 在 2011 年的 Velocity 演讲中说，在复杂系统中，没有某个特定事件的根本原因，更像是导致失败的几件事情的巧合。事后看来，似乎只有一个行动可以阻止事件的发生。管理者在进行根因分析时会寻找这一点，他们希望能够防止这种事件再次发生。但是，如果该事件是由于许多事件的巧合而发生的，那么寻找单一的根因是没有意义的。这将导致一种错误的安全感，因为在一个复杂的系统中，事故可能发生的方式太多了。

Web 类的应用在实际运行中，会面临各类的挑战，系统在设计时需要考虑可用性与可恢复性，以便能够在面对失败时(尽可能地)保持提供服务。为确保系统内置的韧性是健全的，并且按预期运行，首先必须了解生产中可以容忍哪些类型的故障，而且越是发生概率小的，一旦发生，造成的伤害可能越大。

为什么要在真实生产环境中演练，而不是在测试或准生产环境中模拟？首先，环境存在的任何差异都会给演练带来不确定性；其次，这可能会将隐藏的假设带入容错设计和恢复中。演练的目标是减少不确定性。

工程师的目标是尽量避免事故，通常并不习惯于应急演练，就好像都知道防火很重要，但防火演习并非人人都会喜欢。所以更好地应对失败的第一步，是在思想上接受失败本质上是无可避免的。人类与生俱来会寻求基本的安全感，而事实上真正的安全感来自于对失败的无所畏惧。最好的训练方法，就是经常体验“失败”，直至习惯于失败的发生，并将应对机制深深印入肌肉记忆。

韧性工程领域的先驱埃里克·霍尔纳格尔 (Erik Hollnagel) 指出，韧性的四个基石是：知道会发生什么(预期)；知道要寻找什么(监控)；知道该做什么(如何回应)；知道刚刚发生了什么(学习)。

比较重要的方面，也是很少受到关注的，是从失败中学习。而韧性工程认为，当我们谈论一个复杂的产品/系统时，任何缺陷实际上很可能源于整个设计过程中的某些失误，或是众多产品开发步骤中的某一个出现的问题。也就是说出现的任何问题应该由集体来承担而非某一个体。因此，当所有的责任最终都归咎于个人时，其实只是荒谬的简化论，只不过是事后偏见的经典例证。

解决方案不是解雇这个人，事实上，你需要保留他，并深入研究导致错误的原因。找出为什么他认为所做的事情是有效的。

Erik Hollnagel 对安全独到的阐述是：常规的安全指的是尽可能多地发现，并消除错误的部分，即绝对安全，这是理想世界；另一种则是韧性安全，即使发生错误，只要及时恢复，也能正常工作，这是现实场景。

一个应用想要正常运行，需要依赖的条件至少包含：

服务器(或云计算实例)就位；

正确的操作系统、存储、网络等；

正确的数据库、中间件等；

应用正常部署；

配置到位，包括硬件、操作系统、存储、网络、数据库、中间件、应用自身、依赖的其他应用；

应用程序正确启动，底层服务正确启动。

上述已经是极为简化的版本了,这也是我们通常讲到的应用运行环境。任意环节的失败,都可能导致应用无法正常运行。而韧性工程,就是要模拟所有这些可能出现的失败!

韧性工程期望达成的最终目标是,应用可以通过某种方式在此类故障中幸存下来:允许应用程序优雅地降级、重启、退出,并对故障的细节发出警报等。

传统的验证是在应用程序投产之前采取措施的。一旦投入生产,传统的方法是依靠监控和日志记录来确认一切正常。这意味着一旦系统投入生产,不碰它是最好的选择。异常一旦发生,需要人工介入进行故障排查、分析、解决,需要对事件作出反应,并尽快恢复正常。

你需要为所有的可能情况做好准备:电源可能会突然中断,应用程序的升级可能无法正常运行,配置的更改可能会产生无法预料的行为,诸如此类的故障都将影响生产,那么应该如何进行有效预防呢?

挑战在于,像许多"复杂"系统一样,应用系统尤其是分布式系统在很大程度上是难以预测的,根据墨菲定律推断,会发生的就一定会发生,"预"与"防"恐怕都不现实。虽然在测试和准生产环境进行的测试是有价值的,但还不足够,因为有些行为只能在生产环境中看到。

因此,Game Day 的故障注入演习应运而生。Game Day 的目标是让这些故障在生产中发生,以便观测未来的类似行为,了解故障对底层系统的影响,深入了解它们对业务构成的风险,并最终训练出对这些故障的应对方案。

在复杂系统中引发故障并不是新的概念。几十年来,各公司都会进行消防演习,银行的数据中心也有常规的灾备演练。与这些类型的演习相比,软件应用韧性工程的优势在于系统工程师可以精心安排,以极高的分辨率收集有关故障的大量细节,对复杂的故障机制进行大量控制,并学习如何较快速地从灾难中恢复。

3. 故障注入

John Allspaw 说,在 Etsy 构建 Game Day 需要遵循以下模式:

想象一下你的基础设施中可能发生的不愉快事件;

找出需要用什么来防止该事件影响你的业务,并加以实施;

使事件在生产中发生,最终证明事件无影响。

这一设计思路事实上就是典型的"设计—实施—验证"的精益创业回路,也是 PDCA 戴明环观点的体现。

Game Day 演习最大的价值是弄清楚如何防止失败影响业务。前面两步的重要性不言而喻。让一组工程师聚集在一起,集思广益,讨论特定应用程序、服务或基础设施可能遇到的各种故障场景。这将有助于消除对整个系统安全性的自满情绪。自满是韧性的敌人,即便系统在一段时间内几乎没有出什么问题,也不要错误地相信不存在任何问题。

想象失败的场景并问自己:如果失败了,会怎么样?可以帮助消除这种幻想,持续的不安全感给组织带来真正的安全。这种不安全感是高可靠性组织的标志,可帮助持续构筑和优化业务连续性保障。

精心策划的中断,包括从技术故障(例如关闭整个数据中心或故意破坏后端数据),到测试人为因素的练习(例如整个团队 72 h 无法与外界交流的情况),以及模拟地震可能发生的情况。涉及不太严重问题的测试可能只持续几个小时,而更大规模的测试往往需要运行几天。我们的想法始终是尽可能多地发现公司在压力下如何在长时间内减少产能。

Google 通常会给大家提前三四个月通知，告诉他们将在某个特定一周或一个月内发生演练。Game Day 本身通常是 72～96 h 全天候活动。尽管人们不知道确切的时间，但他们知道会有一段时间会出现大量中断事件，并且预期他们需要对每一次中断作出反应，就好像它是真实事件一样。

4. 构建韧性系统必将经历失败

从理论上讲，Game Day 演习的想法似乎是合理的：努力预测失败场景，作好准备，优雅地处理它们，然后有目的地将这些失败注入生产确认这种行为。

在实践中，这个想法可能看起来有些疯狂：把风险带到了最前沿的生产环境，并且在没有上下文的情况下，故意造成失败可能无法有效地说服他人，“如果出现问题怎么办?”。

事实上出现问题恰好是 Game Day 想要看到的，正如凤凰需要涅槃重生。“我们知道系统的某些部分将不可避免地发生故障，我们需要确信系统有足够的韧性来优雅地处理故障。”这是 Game Day 的底层逻辑，需要秉持构建韧性系统注定将经历失败的理念。

传统的观点是要不惜一切代价避免生产出现事故，假设事故是完全可以预防的，如果确实发生了，那么找到负责人(通常是那些最接近代码或系统的人)并解雇他们，摆脱“坏苹果”是你认为可以给组织带来安全的方式。

当然，这种观点是荒谬的。与其被动，不如主动注入故障，相比起来，Game Day 场景更加务实，也更为现实。“我们希望更频繁地预测和确认我们对失败的期望，而不是更少”，错误尝试降低风险回避失败，将导致糟糕的设计、陈旧的恢复技能和错误的安全感。

在进行 Game Day 演习时，最坏情况是演习期间会出现问题。在这种情况下，整个工程师团队都准备好应对意外，系统也会因此变得更强大；在没有 Game Day 演习的情况下，最坏的情况是在团队缺乏准备，也没有加以关注时，与故障不期而遇，通常还是团队忙于其他工作的时刻。

最好为生产中的故障作好准备，并在我们观测时让故障发生，而不是寄希望于系统在我们不加观察时能够正确运行。

只有在接受了失败是不可避免的现实之后，才能开始真正具有韧性的系统之旅。每个韧性计划的核心，无论是在 Google、Facebook、Etsy、Flickr、Yahoo 还是 Amazon，都是基于这样的一种理念，即无论何时开始设计一个大规模的系统，在完全不可靠的组件之上试图去构建一个可靠的软件平台，这意味着复杂故障既不可避免又不可预测。

Amazon 曾遇到过圣保罗等地关闭网络的情况，结果却发现这样做会破坏在墨西哥的网络链接。从表面上看这似乎很奇怪，但是当进行深入挖掘时，最终会发现一些以前没有人知道的依赖项。

如何确保将故障注入实时生产系统不会影响实际流量、收入和最终用户体验? 你可以将容错和优雅降级机制纳入业务连续性方案设计范围，通常也会这样做。但所有其他建立信心的方式，例如单元测试、功能测试、全链路压测等措施，都无法取代将其真正部署到生产环境，并验证其工作正常。

最重要的是，未经测试的灾难恢复计划根本不是真正的计划。痛苦的事情要经常做，重复将有助于使它变得容易。在 Google，即使发生故障的可能性只有不到 1% ，这也意味着在 Google 如此大的规模之下，该故障可能会多次发生。Google SRE 的计划是先发制人地触发故障,观察它,修复它,然后重复,直到它不再是一个问题。

通常在测试的前 24 h 内,一切都与最初的设想一致。此时大的问题才开始逐渐浮出水面,在 24～48 h 之间,会进行许多团队间测试。由独立的工程团队为其他的团队编写测试。然后,到了 72 h 大关,精疲力竭的迹象才真正开始显现。事实证明,疲惫和其他人为因素是测试的重要组成部分。这是因为,在真正的紧急情况下,你可能无法在轮班结束时交接工作。

5. Etsy 的支付系统案例

Etsy 推出了一个新的支付系统,为网站上的买家和卖家提供更大的灵活性和可靠性。众所周知,支付系统极为复杂,包含欺诈检测、审计跟踪、安全机制、状态机处理等主要组件,以及组件之间的频繁交互。所以,这是一个复杂的关键任务系统,韧性对于项目的成功至关重要。

为了确认系统"优雅"承受故障的能力,Etsy 整理了一系列合理的场景以便在生产中进行准备、开发和测试,包括以下内容:

其中一个应用服务器死机(电源线被拉出);

所有应用服务器都离开负载平衡池;

其中一个应用服务器被清除干净,需要从头开始完全重建;

数据库死机(电源线被拉出和/或进程被不正常地停止);

数据库完全损坏,需要从备份中完全恢复;

需用异地数据库副本来调查/恢复/重播某个事务;

与第三方网站的连接被完全切断。

然后,工程师将上述这些操作放在一起,如果这些场景发生在生产中,系统将如何表现,以及他们如何通过日志、图表和警报确认这些预期。一旦确认了场景,他们继续研究如何处理这些失败:

完全没有关系(透明地恢复并继续处理);

只是暂时的(降级而不会丢失数据并向用户提供建设性的反馈);

或仅对最小的用户子集有影响(包括用于快速且自动地重建和恢复审核日志)。

在这些机制被编写,并在开发中测试通过之后,是时候在生产中测试它们了。Etsy 团队将事故引入生产系统,支持团队和产品团队随时待命,准备进行任意必要的帮助。团队成员经历了每一个场景,收集了以下问题的答案:

是否成功地通过冗余、复制、排队等机制进行了透明恢复?

在从头自动重建节点、恢复数据库等情况下,每个过程需要多长时间?

能否确认在整个演习过程中没有丢失数据?

有没有什么惊喜/意外?

团队能够确认大多数预期行为,并且 Etsy 客户(卖家和买家)能够继续在网站上体验其功能,而并未受故障的阻碍。

然而,在此过程中出现了一些意外,Etsy 团队将其作为演练之后的补救项目。首先,在支付过程中,第三方欺诈检测服务被调用获取信息,Etsy 使用了大量外部 API(欺诈、设备信誉等),但此特定服务在外部调用时没有设定超时。在测试无法联系服务时,Etsy 团队使用防火墙规则来硬关闭连接,并尝试将其挂起。没有设定超时意味着依赖默认值为 60 s,这对于在线支付而言太长了。这出人意料但相对容易修复,但是在测试期间影响了生产。

从数据库损坏中恢复的时间也比预期的要长。Game Day 演习是在一对主—主数据库的一侧进行的，虽然恢复发生在损坏的服务器上，虽然没有丢失生产数据，但产能减少的暴露时间比预期的要长，因此 Etsy 团队开始分析，并尝试缩短此恢复时间。

这项运动的文化影响是显而易见的。它大大减少了对支付系统升级的焦虑；它暴露了代码和基础设施的一些不理想的角落，并加以改进；它增加了对系统的整体信心。

6. 局限性

故障注入和 Game Day 演习的目标是增加对复杂系统韧性能力的信心，但它们也存在局限性。

首先，这些演习并不是要了解工程团队如何在时间压力下处理不断升级的，有时甚至是方向混乱的场景。

其次，故障和故障模式是人为设计的，反映了故障设计者的想象力，因此不能全面地保证系统的安全。尽管对系统韧性的信心增加是积极的，但它仍然只是增加，而不是 100%的信心。无论你注入和恢复多少不同类型的故障，任何复杂的系统都可能（并且也将会）以令人惊讶的方式失败。

有人建议，与手动运行 Game Day 演习相比，不断自动引入故障是获得对系统适应性信心更有效的方法。但无论是手工还是自动，前面提到的限制依然存在，即它们增强了信心，但不能用于实现完全的安全覆盖。

自动故障注入可能会带来一个悖论，如果注入的错误（即使是随机的）以透明和优雅的方式处理，可能会被错误地认为是目标：让失败在发生时无关紧要。然而，对失败发生时的无感与毫无感知是有区别的。换句话说，当你成功地随机生成并持续注入故障时，必须提高系统状态监控的敏感度。否则，故障本身会成为增加系统复杂性的另一个诱因。

何时可以宣布胜利呢？恐怕这是一场没有终点的赛跑。系统会随着新功能的添加而不断发展，复杂性也随之而来。每当需要合并新的代码时，就会引入更多的复杂性。这只会让你更难预测哪里可能会出现问题，越来越难以看到依赖项在哪里，以及什么可能导致级联故障。找到这些潜在问题的唯一方法是进行可以触发实际故障的练习。

7. 提高系统安全性的“疫苗”

韧性工程所涉及的很多内容，应是对组织已有工具和实践的扩展。自动化测试、容错性设计、A/B 测试以及灾备演练，都属于 Game Day 场景的范畴，只是可能没有那么戏剧化。

所有企业都应该有类似的 Game Day 演习吗？可能需要，也可能不需要，取决于你对应用程序和基础架构中的组件、交互和复杂程度的信心程度。即使你的企业认为 Game Day 演习没有必要，也并不妨碍它们在研发效能工具包中占有一席之地。

为什么要在一个“表现良好”的生产系统中引入故障？

首先，这些演习可以作为提高系统安全性的“疫苗”，注入少量故障以帮助系统（更重要的是团队）适用并能够自愈；

其次，可以在容易自满的工程文化中保持对失败的忧患意识；

还有，将通常不一起工作的人聚集起来，共同分享失败的经历并建立容错能力；

最后，这也有助于知识的传递，使生产中的可操作性概念让平时不熟悉的开发人员所了解。

真正的成功不仅来自于每年运行一次 Game Day 测试，而是来自于让团队在内部不断测试他们的服务。Game Day 为我们提供了测试那些较少被使用服务的机会。设计 Game Day 测试需要来自通常不一起工作的工程师进行交互。这样，一旦真正发生大规模灾难，这些人就已经建立起了牢固的工作关系。

另外，重要的是，人们在 Game Day 上执行大胆的测试并会遭遇故障，这样，如果发生真正的故障，就不会有任何理由需要恐慌，这与他们普通的一天所做的没有什么显著不同。

Google 负责 Game Day 的 Kripa Krishnan 说，"今天，Game Day（在 Google 内）被广泛接受。我们最近的练习涉及测试的数量是 5 年前的 20 倍，参与的团队来自技术团队和业务团队。现在，当我们发现损坏东西时，没有人会感到羞耻。他们接受这是了解问题并解决问题的机会。也就是说，现在大家似乎都明白，演练的全部意义在于发现问题，以便可以主动进行补救或纠正。"

生产故障注入应被视为是获得对系统安全性和韧性信心的诸多方法之一，与单元测试、功能测试和代码审查一样。每一种方法都存在局限性，但韧性工程的好处不止如此，还有很多文化层面的深远意义。

GameDay 的引入启动了一种艰难的文化转变，从坚信系统永远不应失败（如果发生，需要关注谁应该受责备），到接受系统注定失败。与其将资源花费在构建不会失败的系统上，不如转移到如何在系统失败后迅速而熟练地处理和恢复方面。

接受 GameDay 理念的公司还希望建立一种更公正的文化，在这种文化中，人们可以承担责任，而不会因失败而受指责或惩罚。

一旦组织接受了这种想法，文化就会很快发生变化。经历了这个过程的人，虽然可能很困难，但发现了一些有价值的东西，他们中的许多人很快就成为强有力的拥护者。通常很快就会有相当数量的人接受失败的发生，因此坦率地说，他们非常愿意享受破坏东西的乐趣，知道他们潜在的问题。随之而来的是一种新的运营文化，但它只能通过一系列练习来建立。

第 82 问　如何开展无指责的事后分析会议

Face to face, nothing could get in their way.

——The Corrs *Forgiven Not Forgotten*《原谅而不是忘记》

下面这个故事很有意思，是关于我们最喜欢的公司 Etsy，关于公正文化，三只袖子的毛衣，以及无指责的事后分析会议的事情。

1. 公正的文化

在 2017 年 9 月的一次谈话中，Etsy 的 CEO Chad Dickerson 透露，Etsy 有一个传统，会鼓励人们把自己犯的错误写下来，并通过公开的邮件广而告之，"这是我犯的错，你不要再犯哦！"

Chad 称之为 Just Culture（公正的文化），基于一个理念，即免责会让人更有责任心，愿意承认错误，并从错误中吸取教训。

Etsy 的 CTO John Allspaw(各位看官,Allspaw 先生又出现了,而且升职为 CTO,所以多玩 Game Days)在博客中描述,Etsy 会给搞砸的工程师再次机会,把他们做了什么,结果是什么,原先的预期和假设是什么,从中得到了什么教训,以后应该怎么做原原本本表述出来,且不会因此受惩罚,这被称为"a blameless post-mortem"。

第一封 PSA 邮件来源于,一个工程师遇到一个特别模糊不清的,常识不会犯的缺陷,而他们认为别人可能也会遇到,因此把这一问题广泛分享给大家,以免别人未来碰到。从此 PSA 开始在 Etsy 广为实践。

如下是 Allspaw 分享的一封 PSA 邮件样例,我们可以从中看到内容框架,并从语气中感觉到 blameless 的氛围:

各位好!

在些具体的开发工作中,我在代码中引入了一些 bug。工程师提醒我当他们审查代码时,什么可能是一个严重的问题。我与大家分享这篇文章是为了提醒大家几件事:

测试只能做你告诉它们要做的。我写了测试,测试通过了。这让我确信一切都是好的,而事实并非如此。其中一个测试,尤其是从字面上证明我错误地调用了一个方法。教训:你可以在出错时编写通过的测试——通过测试很好,但并不意味着你就完成了。

我检查了代码,但第一次没有人发现问题。教训:多关注你的代码。风险越大,你需要的眼睛就越多。如果我没有让更多人查看这段代码,feature A 可能有问题。没有人希望 feature A 出现问题!附加课程:像工程师一样——仔细阅读评论。额外的教训:他们捕获的一个 bug 与团队的代码没有直接关系。领域知识不是全面代码审查的直接要求。

手动测试!在这种情况下,手动测试将失败。我没有这么做,也不打算跳过手工测试,但我提到这一点是为了强调:不要跳过手动测试!

2. 三只袖子的毛衣

Etsy 还有一个好玩的举动,公司每年会颁发一个年度大奖,一件真的三只袖子的毛衣(图 216),这一毛衣,颁发给造成最大意外失误的员工,这是在提醒员工,事物真正发生的情况,往往与预期的情况大相径庭。

这也同时表明了公司的态度,犯错不是什么应该羞耻的事情,Etsy 的员工反而会因收到这一件毛衣而开心,因为他是无意中犯的错误。这种做法给了所有 Etsy 员工成长的机会。

免责的事后回顾,安全的企业文化,成长型思维,从失误中获益,这都是反脆弱的核心体现,也是反脆弱的思想来源。

3. 无指责的事后分析会议

事故就是这样的,公司不会不在意你是否精心设计了代码架构,你所编写和审查的代码,或是你严防死守设置的警报和指标。错误就这样发生了,任何做过开发的人对出错都并不陌生,这一点在你决定处理复杂系统时就早已注定。

Game Day 可能会造成系统不可用,这个所有人提前都有预期。但如果是那些由于个人的失误,或在某些情况下缺乏判断而导致的失误呢?对于那些因为粗心而影响其他人的人,该怎么办?直接解雇他们,或是禁止他们再次触碰危险工作,还是给他们更多的培训练习?

如果惩罚那个犯错的工程师,那么所有人都不会主动提供必要的细节信息。想要真正了

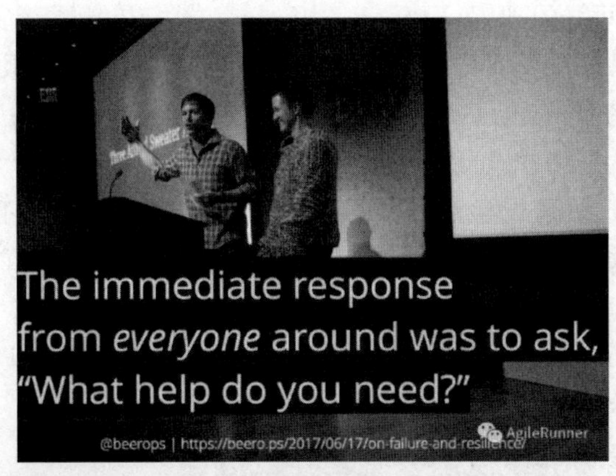

图 216 Etsy 三只袖子的毛衣

解故障的场景、原因和相关操作，就无从谈起了。那么这个故障注定一定会再次发生。

对失败的恐惧会以某种方式弥漫在工作场所的空气中，这使得人们要么不愿意冒险，要么隐藏错误，要么倾向于责怪他人。

失败是成功之母，当工程师犯错误时，可以拥有公正的文化，并且在提供细节时感到安全，会发生一件有趣的事情：他们不仅愿意承担责任，而且还热衷于帮助公司其他人在未来避免同样的错误。毕竟，他们是自己这次错误的“专家”，他们应该积极参与提出补救措施。

无论是系统，还是人，都需要快速地从失败中恢复 。并且大家都应该从正向来看待失误，因为无意中犯的错误，给了所有成员一个成长的机会。

对待失败的态度是学习和安全的心理，系统的失败是可以接受的，而且要快速失败。每一个问题都是一个改进的机会，每一次失败都是一个学习如何更好解决问题的机会。

在 Etsy ，从学习的角度来看待错误以及失误，拥有公正的文化以及对事故进行无指责的事后分析是其中至关重要的一环。拥有公正文化意味着努力平衡安全性和责任感。良好的事后反思可以使我们事半功倍，无指责的事后分析流程意味着导致事故的工程师可以详细说明：

他们在什么时间采取了什么行动；

他们观察到了什么影响；

他们的期望；

他们作出的假设；

他们对事件发生时间线的理解。

重要的是，他们可以提供如此详细说明，而不必担心受到惩罚或报复。

这对于持续提升系统的安全性与可靠性至关重要。如果将“责备”作为主要方法，那么我们就隐含地接受了“威慑是组织变得更安全的方式”。这也变相认为个人而不是系统的复杂性，导致了事故的发生，这一假设显然搞错了事情的根源出在系统而不是人身上。与此同时，这也让员工无可避免地担心失败与用不正确方式完成工作，因为这可能会招致惩罚，难道对惩罚的恐惧会激励人们正确和积极地做事吗？

Name/Blame/Shame，是指责与惩罚文化的典型场景：

工程师采取行动并导致故障或事故发生；

工程师受到惩罚、羞辱、指责或再培训；

工程师与管理层之间的信任减少，因为对方正在寻找替罪羊；

工程师对相关操作的细节保持沉默，或试图进行掩盖，因为害怕受到惩罚；

由于工程师的沉默，管理人员对日常工作的执行方式越来越不了解，其他工程师对潜在故障或潜在风险的了解也越来越少；

由于信息的缺失，系统更可能出错；

从第 1 步开始重复。

我们需要打破这种恶性循环，我们希望犯错的工程师能够详细说明为什么这样做；为什么在当时的场景下做出这样的行动。这对于理解失败的根因是至关重要的。我们要相信每个人都在尽力而为，作出了在当时的场景下他们认为最合理的选择。

Erik Hollnagel 解释说，“我们必须努力理解事故不会因为人们有意而为之。事故发生是因为他认为即将发生的事情是不可能的，或者即将发生的事情与他们正在作的事情无关，抑或是获得预期结果的可能性值得承担这一风险”。

Erik Hollnagel 将挖掘行为背后的原因，称为寻找“第二个故事”。在事后分析会议上，我们希望深入挖掘工程师当时所处的环境和在环境下的想法，找到第二个故事可以帮助了解哪里出了问题，如表 3 所列。

表 3　第一个故事和第二个故事

第一个故事	第二个故事
人为错误被视为失败的原因	人为错误被视为组织内部更深层次的系统漏洞的影响
强调人们应该做的事情是防范失败的有效方式	强调人们应该做的事并不能解释为什么他们会在当时做出那样的决策
告诉人们要更加小心将使问题消失	只有不断寻找漏洞，组织才能提高安全性

事实上，一个组织意愿度的最重要的预测指标是该组织中的人以往如何处理失败。如果此前的工程调查并没有将责任归咎于个人，而是努力寻找根本原因，那么该组织几乎无一例外地渴望参与 Game Day。如果此前聚焦在对“罪犯”的追捕，那么通常该组织对 Game Day 表现得并无意愿。

无指责的事后分析会议是 DevOps 文化的重要组成部分，可有条理地回顾出了什么问题，并理解出问题的原因，让运维部门和开发部门聚在一起，讨论如何防止类似问题再次发生，并在整个组织内甚至是和客户共享所有这些信息。

这不是确定责任或分担责任，也不是决定谁将被解雇，也不仅是列出一个需要修复的缺陷列表，或者需要改进的过程。事后分析是一个探索错误和错误产生原因的机会；面对更深层次的技术和组织问题，如设计韧性、培训、决策和沟通；试图找到问题的根源，并找出一个组织如何变得更好。如果处理得当，通过关注事实，相互信任和分享，事后分析是使开发和运维联系更加紧密的另一种方式。

4. 失败时的责任模型

失败一定会发生，问题只是何时。为了解失败是如何发生的，我们首先要了解我们对失败的反应。

图 217 的责任模型很好地解释了当人们遇到错误或问题时的反应历程。能否从第一阶段和第二阶段的下行心情曲线有效走出，惊讶—否认—挫败—低落；进入第三阶段的对事故本身的探索以及第四阶段的重建过程，实验—决策—整合。

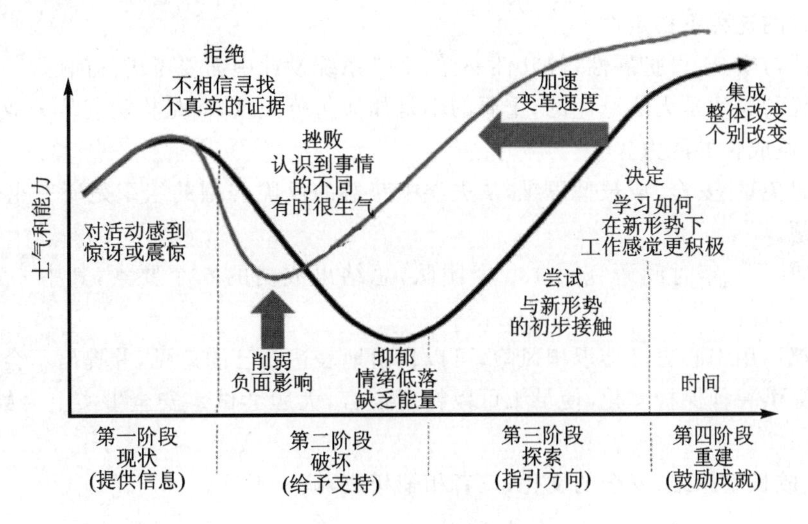

图 217 责任模型

这里面领导者的作用至关重要，一种选择是假设唯一的原因是工程师的无能，然后对他们大喊大叫，让他们“注意！”或“小心！”。另一种选择是仔细研究事故的实际发生情况，尊重涉及的工程师，并从事件中吸取教训，无论是他们还是自己。

提供信息，给予支持，指引方向，鼓励成就。这就是为什么无指责的事后分析以及公正的文化对于构建韧性系统如此的重要，不可或缺。

5. Etsy 如何实现“公正文化”

John Allspaw 对此的总结是：

(1) 通过对停机和事故进行无指责的事后分析来鼓励学习；

(2) 目标是了解事故是如何发生的，以便更好地装备自己应对未来发生的事故；

(3) 寻找第二个故事，从多个角度收集有关失败的细节，我们不会因为犯错而惩罚他人；

(4) 不会惩罚工程师，而是赋予他们必要的权力，允许他们详细说明他们对故障的贡献，从而提高安全性；

(5) 欢迎并鼓励那些确实犯过错误的人成为专家，教育组织的其他成员如何在未来不犯错误；

(6) 承认人类总是有合理的判断来决定是否采取行动，一切对这些决定的评判都是事后诸葛亮；

(7) 承认偏见将继续影响对过去事件的评估，并努力消除它；

(8) 承认基本归因错误也难以逃脱，因此我们在调查事故时关注人们的工作环境；

(9) 努力确保组织管理者了解工作的实际完成方式(而不是通过甘特图和想象的方式)；

(10) 让一线员工判定适当和不适当行为之间的界限，而不是管理者自己想出来的。

6. 为什么无指责的事后分析会议如此重要

在互联网与云化的时代，系统原本就是架构在分布式不稳定的平台之上，分布式的好处毋庸置疑，云计算的优势也众所周知，不可能因为不稳定而抛弃显而易见的优势，系统设计就是要适应分布式的这种不稳定性。

可恢复性与安全、可扩展性、健壮性一样，都是系统设计中需要考虑的问题。

复杂系统的失效是无法避免的，重要的不是如何防范失效，而是构建起从失效中有效的恢复，并从中获益成长的能力。

如何构建免责、安全、成长型思维，从失误中获益的反脆弱型的组织是所有组织和团队需要思考的问题。

Google 花了 2 年时间研究了 180 个团队，总结出成功的 5 个要素，其中一点就是心理安全。

每个人都不用担心自己会承担风险，可以自由地表达自己的意见，并提出不会被评判的问题。管理者提供一种保护文化，使员工可以畅所欲言，大胆尝试。安全事实上会鼓励创新，鼓励持续改进。

反脆弱、成长型思维、安全的文化，三者相辅相成，缺一不可。

结束语

最后一问：过去的1000天里发生了什么

Tears stream down your face. I promise you I will learn from my mistakes. Lights will guide you home. And I will try to fix you.

——Coldplay *Fix You*《携扶你》

影视剧《士兵突击》中许三多说，“要做很多很多有意义的事”，或许这也是IDCF的写照。

在IDCF成立的这些年，我们投入了许多精力和心血，正因为这是有意义的事，故而不求回报，并且不计投入，进而乐此不疲。

1. DevOps案例深度研究

佛云：借假修真，借事修人，借人修己。在实践的道路上，业界已经有许多公司将精益敏捷、DevOps、微服务与云计算用于支撑自身业务的发展。

案例研究是IDCF的第一个项目，2019年6月，我们正式开启了IDCF DevOps案例研究。迄今举行了6期，共研究了近30家业界领先公司，研究话题涵盖从企业文化、精益敏捷、工程实践，到商业模式、产品设计、运营体系，再到DevOps落地工具等不同领域。

针对案例研究的组织过程，在本书中有专门介绍。我们从这历届案例研究中精选制作成电子书供大家下载。在此也一并感谢所有参与过案例研究的小伙伴，希望这件有意义事情的产出，可以帮到更多的人！

2. 黑客马拉松

业界经常说，“I hack, therefore I exist”（我以黑客方式工作，所以我存在更有价值）。IDCF说：“有过DevOps黑客马拉松的人生，才算完整”。

黑客马拉松是一种文化，也可以是一场线下好玩又有趣的DevOps训练营。在2019年9月7日，我们举办了业界第一场DevOps黑客马拉松，通过36 h全景浸入式的DevOps黑客松，将精益创业、敏捷开发和DevOps工程实践的诸多方法带给大家，给予参与者一种前所未有的体验。

我们热爱IPA精酿啤酒，我们视DevOps为匠艺，我们致力于培养端到端DevOps人才与教练，我们强调理论、实践与工具的良好结合。黑客马拉松将IDCF所信奉与热爱的人，良好地集成于一体。喝啤酒，写代码，已经成为IDCF黑客马拉松的标志性动作。

IDCF DevOps黑客马拉松在短短的时间里大获好评，目前，已跑了近100场，覆盖数千学员，我们也会继续坚其志、苦其心、勤其力，将黑马带给更多感兴趣的小伙伴。

3. 开源项目 Boat House

开源是一种精神，也是一场实践。在 2020 年，我们在全球开源软件社区 GitHub 上发起并组织了 Boathouse(船屋)开源共创项目，免费向技术社区提供包括 DevOps 工程实践范例，工具链搭建和实施文档，人才培养培训体系文档等资料，其中代码上百万行，文档资料几十万行，开源社区贡献者近百人。为 DevOps 相关技术实践的推广作出了非常有意义的尝试。

“开源，开放，社区驱动，来自社区，回馈社区”，是 BoatHouse 开源共创项目的设计初衷，这个项目涵盖了开发流程方法与规范、业务逻辑开发、流水线架构、ChatOps 等多方面内容。各个角色的人员都能在 BoatHouse 里发挥自己的特长，并补齐自己的短板。

4. 出版《敏捷无敌之 DevOps 时代》

《敏捷无敌之 DevOps 时代》这本书的出版历程可谓艰辛异常，前前后后一共花了差不多一年半的时间，内容不仅要有广度，还要有深度，就如我们在前言里写的那样，“十年磨一剑，只为把示君”。本书出版后，得到了读者的各式花赞，京东及当当网均获得诸多好评，很是难得。

5. 冬哥有话说

熟悉《敏捷无敌之 DevOps 时代》的人会知道我们每一章的结尾，都会有一段“冬哥有话说”，堪称经典点评。当我们策划直播栏目的时候，选了好几个名字，后来有人提议“冬哥有话说”的时候，就是众里寻他然后蓦然回首的感觉，当时就敲定了！很多时候，真的是自然而然，却又似乎冥冥之中早已注定。正如《敏捷无敌之 DevOps 时代》一书的出版，“冬哥有话说”栏目，以及 IDCF 的成立，是我们十几年的相识相知，在相同领域的默默耕耘，彼此职业轨迹的平行与交织，都似乎是在为 IDCF 所作的铺垫。

“冬哥有话说”迄今举办了百期，内容涵盖研发效能、质量测试、案例分享、金融科技、读书分享等诸多领域，俨然成为 IT 直播界的一股清流。

6. IDCF 推荐丛书

我们一直在致力于编写和翻译研发效能 DevOps 相关技术书籍，除了本书，还编写出版了《敏捷无敌之 DevOps 时代》《京东敏捷实践指南》。另外，还参与翻译了《事半功倍的项目管理》《运维困境与 DevOps 破解之道》《价值流动：数字化场景下软件研发效能与业务敏捷的关键》《DevOps 精要：业务视角》以及即将与大家见面的《基础设施即代码，模式与实践》(暂定书名)和《图解持续交付》(暂定书名)。

7. 敏捷 &DevOps 人才互助招聘求职社区

经常有很多朋友找我们推荐人选，也有很多朋友在看机会，为了帮双方有效对接，特意上线了互助招聘求职平台，大家可以自行发布信息，我们定期会帮忙推送。从 idea(想法)提出到上线，只用了 26 min，再次体现了我们将敏捷/DevOps 发挥到极致的追求理念。

8. IDCF 人才成长地图与 IDCF 官网

我们每个人的成长路径各有不同，从最初开发工程师的角色成为现在的 DevOps 教练角色。社区的小伙伴也经常会征询职业发展路径以及相关的技能要求。因此有了后来的 DevOps 人才成长地图,“地图”覆盖了主要的 18 个角色和职业,每个 DevOps 从业者都可以从中找到自己的位置和人才成长路径。

IDCF 人才成长网站,即 IDCF 官网,是随着人才成长地图构建的同时开始规划的,这应该是集 IDCF 之大成的一个平台。IDCF 在做的事,我们关于 DevOps 的见解和耕耘,我们形成的知识体系,我们信奉的理念与实践,都明明白白呈现在这里。我们希望这里是一个聚集地,聚集知识,聚集社区,聚集互动,聚集分享内容与伙伴。我们希望这是一个开放的平台,大家可以贡献自己的内容,可以提各种建议与需求,也可以评论与反馈。

IDCF 在成长,也希望可以陪伴更多读者一起成长。

9. IDCF 认证体系

曾经在朋友圈看到一句话“Qualified>Certified”,深为认同。认证体系是顺势而为的事情,我们更重视能力的培养,而非一次性的认证考试。

认证不代表什么,只是对你当前能力水平的一次衡量,而能力需要日常不断学习与实践进行积累。

今年由 IDCF 与工信部教考中心联合推出的研发效能(DevOps)工程师认证正式发布。相信通过培养研发效能工程师,可以助力于技术和方法的落地,使得软件研发和交付过程更加高效、快捷和灵活。

10. 未来会做什么

本书出版时,IDCF 成立已有多年(图 218),时光飞逝,感触很多,收获也是良多。我们始终保持一份热情,全力前行又乐在其中,其间结识了众多好学求知的朋友,你们赋予 IDCF 所做一切存在的意义!

关于 IDCF 未来的演进路径,我们有明确的使命感,但不会限定,保持不确定性就是保持无限的可能性,希望一切是完全自然成长与进化,都是水到渠成的结果。

做好当下,即是未来。在黑天鹅满天飞,灰犀牛四处跑的 VUCA 时代,我们坚信,只有在每一个当下都努力做到最好,未来的目标才会离你越来越近。

图 218　IDCF 成长路径

参考文献

[1] 阿佩罗. 管理 3.0:培养和提升敏捷领导力[M]. 李忠利,任发科,徐毅译. 北京:清华大学出版社,2012.

[2] [美]帕蒂·麦考德. 奈飞文化手册[M]. 范珂,译. 杭州:浙江教育出版社,2018:210.

[3] 斯坦利·麦克里斯特尔,坦吐姆·科林斯,戴维·西尔弗曼,克里斯·富塞尔. 赋能[M]. 林爽喆,译. 北京:中信出版社,2017.

[4] Pollyanna Pixton,Paul Gibson,Niel Nickolaisen. 敏捷文化:如何打造优秀的高效能团队[M]. 方敏,译. 北京:清华大学出版社,2015.

[5] 詹姆斯 P. 沃麦克,丹尼尔 T. 琼斯精益思想[M]. 沈希瑾,张文杰,李京生,译. 北京:机械工业出版社,2011.

[6] 迈克·科恩. 用户故事与敏捷方法[M]. 永超,张博超,译. 北京:清华大学出版社,2010.

[7] 迈克·科恩. 敏捷软件开发实践估算与计划. [M]. 金明,译. 北京:清华大学出版社,2016.

[8] 赵卫,王立杰. 京东敏捷实践指南. [M]. 北京:电子工业出版社,2020.

[9] 王立杰,许舟平,姚冬. 敏捷无敌之 DevOps 时代. 北京:清华大学出版社,2019.

[10] GojkoAdzic. 影响地图:让你的软件产生真正的影响力. [M]. 何勉,李忠利,译. 北京:图灵社区,2014.

[11] 丹尼尔·卡尼曼. 快与慢思考. [M]. 胡晓姣,李爱民,何梦莹,译. 北京:中信出版社,2012.

[12] 摩根·布鲁斯,保罗·A. 佩雷拉. 微服务实战. [M]. 李哲,译. 北京:人民邮电出版社,2020.

[13]夏忠毅. 从偶然到必然. [M]. 北京:清华大学出版社,2019.

[14] B B, C J, J P, 等. SRE: Google 运维解密. [M]. 孙宇聪,译. 北京:电子工业出版社,2016.

[15] 爱德华·L. 德西,理查德·弗拉斯特. 内在动机. [M]. 王正林,译. 北京:机械工业出版社,2020.

[16] 丹尼尔·平克. 驱动力. [M]. 尹碧天,译. 北京:中国人民大学出版社,2012.

[17] 约翰·惠特默. 高绩效教练. [M]. 林菲,徐中,译. 北京:机械工业出版社,2013.

[18] 马歇尔·戈德史密斯,劳伦斯 S. 莱昂斯,莎拉·麦克阿瑟. 领导力教练. [M]. 徐中,戴钊,胡金枫,译. 北京:机械工业出版社,2013.

[19] Kenneth Rubin. Scrum 精髓. [M]. 姜信宝,米全喜,左洪斌,等,译. 北京:清华大学出版社,2014.

[20] Lyssa Adkins. 如何构建敏捷项目管理团队. [M]. 徐蓓蓓,白云峰,刘江华,译. 北京:电子工业出版社,2012.

[21]Mark C. Layton. 敏捷项目管理. [M]. 傅永康,郭雷华,钟晓华,译. 北京:人民邮电出版社出版社,2015.